工程數學－基礎與應用

Engineering Mathematics-
Fundamentals and Applications

武維疆 著

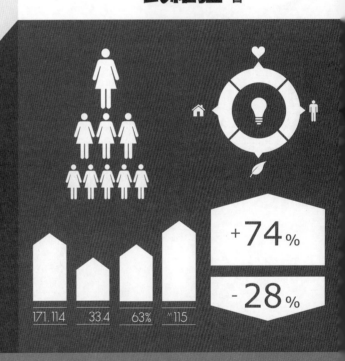

>>> 完整收錄

國內各大學相關系所**研究所考古題**，為有志升學者

必備之工具書籍，並提供讀者正確之準備方向

五南圖書出版公司 印行

序言

　　「工程數學」是引領理、工科系的學生與相關從業人員進行深入研究的必要工具，正如同荀子在「勸學」中所云：「登高而招，臂非加長也，而見者遠；順風而呼，聲非加疾也，而聞者彰。假輿馬者，非利足也，而致千里；假舟楫者，非能水也，而絕江河。君子生非異也，善假於物也。」工程數學有如一對強壯的翅膀，載著我們悠遊於浩瀚無垠的科技領域之中。本書撰寫之目的在提供理、工學院各科系大學部學生基礎數學之教科書，並滿足不同研究領域所需之數學工具書。

　　本書之章節安排由淺入深、循序漸進，可提供三個學期之授課所需。第一章為「微積分綜合論述」，深厚的微積分基礎是學好工程數學之必要條件，所謂「工欲善其事，必先利其器」，「礎不深則學不固」，根不固而求木之長，猶如緣木而求魚，故本章將微積分重點做完整論述，特別是針對一般同學觀念較模糊之多變數函數之微積分。第二~四章探討微分方程式，由一階至高階、常係數至變係數、齊性（homogeneous）至非齊性，鉅細靡遺。此外，利用級數法求解 O.D.E. 亦有詳盡探討。

　　第五章探討在控制及信號處理領域中非常重要的 Laplace 轉換，並介紹其在求解微（積）分方程式及聯立微分方程式上的應用。第六章討論函數之正交（orthogonal）性以及邊界值問題（boundary value problem），此外，在工程上兩個非常重要的函數，Legendre 及 Bessel function，之正交性亦有詳盡說明。第七、八章探討之重點為 Fourier 級數及 Fourier 轉換，分別為分析週期訊號及非週期訊號之頻譜的利器，對於有志於從事通訊、信號處理、光電領域之同學或工程師，此兩章維非常重要的工具知識。

　　許多工程上的問題常要處理多個自變數，例如溫度相對於空間（x, y, z）及時間（t）之關係。本書之第九~十一章即根據不同的應用（波動、熱傳導、Laplace 方程式）探討偏微分方程式，除了分離變數法之外，轉換法（Laplace 轉換，Fourier 轉換）以及 D'Alembert Method 均能分別針對不同之邊界與初始條件求解。有關向量函數之微積分在本書之第十二~十四章探討，其中梯度基本式，散度定理，旋度定理之原理與其運用為此單元之重點。有志於電磁（波）領域

之同學，此單元務必熟讀以求融會貫通。

　　第十五～十八章探討的是複變數函數，其中留數（residue）定理及其應用為本單元中最重要的部分。此外，隨著通訊科技的日新月異，數位訊號處理之重要性與日俱增，本書最後一章針對離散系統所需之數學基礎，進行深入的分析與探討，包含了 Z 轉換以及離散 Fourier 轉換等。

　　值得一提的是，本書並未包含有關線性代數之單元，其原因一方面受限於篇幅，再者筆者於 2012 年 12 月於五南圖書所出版之《線性代數──基礎與應用》已有廣泛而深入的探討，有興趣的讀者可自行參閱。

　　蘇軾在「觀潮」一詩中寫道：

「盧山煙雨浙江潮，未到千般恨不消；到得還來別無事，盧山煙雨浙江潮」

　　如同蘇軾在「觀潮」中心境之轉變，希望每位修習工程數學之學生在研讀前熱切渴望，魂牽夢繫，若不能一睹為快則此心無安定之時，研讀完之後能發出會心的微笑，感嘆「正是如此」，「想當然耳」！

　　本書是累積筆者在大學教授工程數學十年之經驗與心得編撰而成，雖焚膏繼晷戮力以赴，唯才疏學淺，難免有不甚周延之處，尚祈各方大師及讀者不吝評論、指正、與提出問題，在此先表達感恩與謝意。本書得以出版特別要感謝我的指導教授國立台灣大學電機工程學系特聘教授陳光禎博士持續的鼓勵與關心，同時也要感謝五南文化事業的支持與精細的校對。

　　謹以本書獻給內人陳婷芳女士，凡是和我熟識的朋友都知道，沒有她，我是不可能走得到今天的。本書終於付梓，她亦將重新獲得一位丈夫。

武維疆
謹識於大葉大學電機系

目　錄

19 Z 轉換與離散時間系統

1 微積分綜合論述

Wisdom is knowing what to do next, skill is knowing how to do it, and virtue is doing it.

D. S. Jordan

1-1　多變數函數之極限

定義：函數 $f(x,y)$ 在點 (x_0,y_0) 之一去心鄰域內有定義，若對於任意 $\varepsilon>0$，恆存在一 $\delta>0$，$\begin{cases} 0<|x-x_0|<\delta \\ 0<|y-y_0|<\delta \end{cases}$ 或 $0<(x-x_0)^2+(y-y_0)^2<\delta$，使 $|f(x,y)-l|<\varepsilon$，則稱函數 $f(x,y)$ 在點 (x_0,y_0) 之極限存在，且其極限值為 l，表示為 $\displaystyle\lim_{(x,y)\to(x_0,y_0)} f(x,y)=l$

觀念提示： 1. 可將 ε 看成是誤差而 δ 是指使 $|f(x,y)-l|<\varepsilon$ 達成的方式，若不論誤差多小都能藉著縮小 δ 來達成 $\Rightarrow$ 稱 $f(x,y)$ 在點 (x_0,y_0) 之極限存在。

2. $\displaystyle\lim_{\substack{x\to a\\y\to b}} f(x,y)=l_1,\ \lim_{\substack{x\to a\\y\to b}} g(x,y)=l_2$

$\Rightarrow$(a)$\displaystyle\lim_{\substack{x\to a\\y\to b}} [f(x,y)\pm g(x,y)]=l_1\pm l_2$

(b)$\displaystyle\lim_{\substack{x\to a\\y\to b}} f(x,y)\,g(x,y)=l_1\times l_2$　　　　　　(1)

(c)$\displaystyle\lim_{\substack{x\to a\\y\to b}} \frac{f(x,y)}{g(x,y)}=\frac{l_1}{l_2}$（$l_2\neq 0$）

　　由極限之定義可知：若極限存在，則極限值與趨近的路徑無關；換言之，若極限存在，則由任何路徑趨近 (x_0,y_0)，所得之極限值均相同。

　　就單變數函數 $f(x)$ 而言，若 $f(x)$ 在 $x=x_0$ 點之極限存在，則表示左極限與右極限均存在，且收斂至相同的值。

$$\lim_{x\to x_0} f(x)=l \Leftrightarrow \lim_{x\to x_0^-} f(x)=\lim_{x\to x_0^+} f(x)=l$$

定理 1

多變數函數 $f(x,y)$ 在某點 (x_0,y_0) 之極限（iterated limit）具有以下的性質：

$$\lim_{\substack{x\to x_0\\y\to y_0}} f(x,y)=l \Rightarrow \lim_{x\to x_0}\lim_{y\to y_0} f(x,y)=\lim_{y\to y_0}\lim_{x\to x_0} f(x,y)=l$$

觀念提示： 1. 若 $\displaystyle\lim_{x\to x_0}\lim_{y\to y_0} f(x,y)\neq \lim_{y\to y_0}\lim_{x\to x_0} f(x,y) \Rightarrow \lim_{\substack{x\to x_0\\y\to y_0}} f(x,y)$ 不存在

2. 若 $\displaystyle\lim_{x\to x_0}\lim_{y\to y_0} f(x,y)=\lim_{y\to y_0}\lim_{x\to x_0} f(x,y) \Rightarrow \lim_{\substack{x\to x_0\\y\to y_0}} f(x,y)$ 不一定存在

因上式並不能包含所有 (x,y) 趨近 (x_0,y_0) 點可能的路徑，故定理 1 僅

可用來證明極限不存在。

3. 連續性：

若 $\lim_{\substack{x \to x_0 \\ y \to y_0}} f(x, y) = f(x_0, y_0)$ 則稱 $f(x, y)$ 在 (x_0, y_0) 點為連續

4. $\lim_{\substack{x \to x_0 \\ y \to y_0}} f(x, y) = l \Rightarrow \lim_{x \to 0} f(x, mx) = \lim_{x \to 0} f(x, mx^2) = \cdots = l$

若極限存在，則以任何方式逼近均可收斂至相同的值，通常上式用來證明極限不存在。

5. 令 $y = mx$

則 $\lim_{\substack{x \to 0 \\ y \to 0}} f(x, y) = \lim_{x \to 0} f(x, mx) = g(m)$

若 $g(m)$ depends on $m \Rightarrow$ limit does not exist

$g(m) = l \quad \Rightarrow$ 極限不一定存在

例題 1：$\lim_{\substack{x \to 0 \\ y \to 0}} \dfrac{x^2 - y^2}{x^2 + y^2} = ?$　　　　　　　　　【交大工工】

解　（法一）疊極限：

$$\lim_{x \to 0} \lim_{y \to 0} \frac{x^2 - y^2}{x^2 + y^2} = \lim_{x \to 0} \frac{x^2}{x^2} = 1$$

$$\lim_{y \to 0} \lim_{x \to 0} \frac{x^2 - y^2}{x^2 + y^2} = \lim_{y \to 0} \frac{-y^2}{y^2} = -1$$

∴ 極限不存在

（法二）令 $y = mx$ 代入

$$\lim_{(x, y) \to (0, 0)} f(x, y) = \lim_{x \to 0} \frac{1 - m^2}{1 + m^2} \text{ is a function of } m$$

∴ 極限不存在

例題 2：$\lim_{(x, y) \to (0, 0)} \dfrac{x^3 y}{x^6 + y^2} = ?$　　　　　　　　　　　【逢甲】

解　令 $y = mx$ 代入 $\lim_{x \to 0} \dfrac{m^2 x^3}{x^2 + m^4 x^4} = 0$

三次逼近：令 $y = mx^3$ 代入

$$\lim_{(x,y)\to(0,0)}\frac{x^3y}{x^6+y^2}=\lim_{x\to0}\frac{mx^6}{x^6+m^2x^6}=\frac{m}{1+m^2} \text{ is a function of } m$$

$\therefore$ 極限不存在

1-2　微分與偏微分

一、微分

微分（derivative，或稱為導數）是函數在某一點上的瞬間變化率，或是討論自變數的微量變化對函數（因變數）所產生的相對影響。導函數之定義可表示為：

$$f'(x)=\lim_{\Delta x\to0}\frac{f(x+\Delta x)-f(x)}{\Delta x} \tag{2}$$

上式若不取極限是指區間$[x, x+\Delta x]$上因變數相對於自變數的平均變化率，取極限後則表示在 x 特定點之瞬間變化率。就幾何觀點而言，微分即為函數曲線在某一點的斜率，斜率愈大則變化率愈大，表示自變數的微量改變即造成函數值巨大變化，換言之，斜率＝0 表示該點附近自變數的微量改變對函數值（因變數）毫無影響，因此，此點必為函數極值發生處。

二、偏微分

偏微分（偏導數）則在討論一多變數函數中函數（因變數）相對於某一個自變數的變化率。

定義：偏導數 Partial Derivatives

$$
\begin{aligned}
\frac{\partial f}{\partial x} &= \lim_{\Delta x\to0}\frac{f(x+\Delta x,y)-f(x,y)}{\Delta x}\equiv f_x \\
\frac{\partial f}{\partial y} &= \lim_{\Delta y\to0}\frac{f(x,y+\Delta y)-f(x,y)}{\Delta y}\equiv f_y \\
\frac{\partial}{\partial x}\left(\frac{\partial f}{\partial x}\right) &= \frac{\partial^2 f}{\partial x^2}=\lim_{\Delta x\to0}\frac{f_x(x+\Delta x,y)-f_x(x,y)}{\Delta x}\equiv f_{xx} \\
\frac{\partial}{\partial y}\left(\frac{\partial f}{\partial y}\right) &= \frac{\partial^2 f}{\partial y^2}=\lim_{\Delta y\to0}\frac{f_y(x,y+\Delta y)-f_y(x,y)}{\Delta y}\equiv f_{yy}
\end{aligned}
\tag{3}
$$

$$\frac{\partial}{\partial x}\left(\frac{\partial f}{\partial y}\right) = \frac{\partial^2 f}{\partial x \partial y} = \lim_{\Delta x \to 0} \frac{f_y(x+\Delta x, y) - f_y(x, y)}{\Delta x} \equiv f_{yx}$$

$$\frac{\partial}{\partial y}\left(\frac{\partial f}{\partial x}\right) = \frac{\partial^2 f}{\partial y \partial x} = \lim_{\Delta y \to 0} \frac{f_x(x, y+\Delta y) - f_x(x, y)}{\Delta y} \equiv f_{xy}$$

觀念提示： 1. 若多變數函數為連續 $\Rightarrow f_{xy} = f_{yx}$，此時可任意變換偏微分次序。

2. 多變數函數對某一自變數偏微分時，其餘自變數均視為常數。

3. 根據以上之結果可延伸出多變數函數的偏導數：

令 $f(x_1, x_2, \cdots, x_n)$ 是 n 個變數的函數，則 f 對 $x_i (1 \le i \le n)$ 的偏導數為 f_{xi}

$$f_{xi}(x_1, \cdots, x_i, \cdots, x_n) = \lim_{h \to 0} \frac{f(x_1, \cdots, x_i + h, \cdots, x_n) - f(x_1, \cdots, x_i, \cdots, x_n)}{h}$$

$$(4)$$

例題 3： $f(x, y) = x^3 + xy$, find $f_x(1, 1) = ? f_y(1, 1) = ?$

解 $f_x(x, y) = 3x^2 + y, f_y(x, y) = x$，$\Rightarrow f_x(1, 1) = 4, f_y(1, 1) = 1$

例題 4： 已知 $f(x, y) = \sin\dfrac{x^2}{1+xy}$，求 f_x 及 f_y。

解 $f_x(x, y) = \dfrac{\partial}{\partial x}\left(\dfrac{x^2}{1+xy}\right)\cos\left(\dfrac{x^2}{1+xy}\right) = \dfrac{2x+x^2 y}{(1+xy)^2}\cos\left(\dfrac{x^2}{1+xy}\right)$

$f_y(x, y) = \dfrac{\partial}{\partial y}\left(\dfrac{x^2}{1+xy}\right)\cos\left(\dfrac{x^2}{1+xy}\right) = \dfrac{-x^3}{(1+xy)^2}\cos\left(\dfrac{x^2}{1+xy}\right)$

例題 5： 已知 $f(x, y) = xy\ln x + xe^{xy}$，求 f_{xx}、f_{xy}、f_{yx}、及 f_{yy}。

解 $f_x = y\ln x + y + e^{xy} + xye^{xy}, f_y = x\ln x + x^2 e^{xy}$

$f_{xx} = \dfrac{\partial f_x}{\partial x} = \dfrac{\partial}{\partial x}(y\ln x + y + e^{xy} + xye^{xy}) = \dfrac{y}{x} + ye^{xy}(2+xy)$

$f_{xy} = \dfrac{\partial f_x}{\partial y} = \dfrac{\partial}{\partial y}(y\ln x + y + e^{xy} + xye^{xy}) = 1 + 2xe^{xy} + x^2 ye^{xy} + \ln x$

$f_{yy} = \dfrac{\partial f_y}{\partial y} = \dfrac{\partial}{\partial y}(x\ln x + x^2 e^{xy}) = x^3 e^{xy}$

$f_{yx} = \dfrac{\partial f_y}{\partial x} = \dfrac{\partial}{\partial x}(x\ln x + x^2 e^{xy}) = 1 + 2xe^{xy} + x^2 ye^{xy} + \ln x$

例題 6：Consider the following partial differential equation

$$\frac{\partial u(z,t)}{\partial z} = i\left(\frac{\partial^2 u(z,t)}{\partial t^2} - t^2 u(z,t)\right)$$

Assume the solution is known to be a Gaussian function of the following form

$$u(z, t) = u_0 \exp(-At^2 - iKz)$$

Please determine the numerical constants A and K.

【101 交大光電】

解　　substituting $u(z, t) = u_0 \exp(-At^2 - iKz)$ into

$$\frac{\partial u(z,t)}{\partial z} = i\left(\frac{\partial^2 u(z,t)}{\partial t^2} - t^2 u(z,t)\right)$$

比較後可得

$$A = \pm\frac{1}{2}, K = \pm 1$$

1-3　連微法則與全微分

(一) Mean Value Theorem（均值定理）

　　若單變數函數 $f(x)$ 在區間 $[x_1, x_2]$ 上為可微分，則必存在一實數 $t \in (0, 1)$ 使得

$$f(x_2) - f(x_1) = f'(x_1 + t\Delta x)\Delta x$$

其中 $\Delta x = x_2 - x_1$

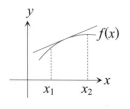

圖 1-1

　　如圖 1-1 所示，均值定理在說明二端點的函數值差（因變數變化量）必然等於自變數變化量乘上區間 $[x_1, x_2]$ 內某一點的斜率。

(二)全微分

　　若 f 為多變數函數，則全微分 df 的涵義是指多變數函數 f 內的每一個自變數均做一個無限小（但不是 0）的變化後，所導致 f 的總變化量。

　　令　$z = f(x, y)$

$$\Rightarrow \Delta z = f(x + \Delta x, y + \Delta y) - f(x, y)$$
$$= [f(x + \Delta x, y + \Delta y) - f(x + \Delta x, y)] + [f(x + \Delta x, y) - f(x, y)]$$

根據單變數均值定理：

$$f(x + \Delta x, y + \Delta y) - f(x + \Delta x, y) = f_y (x + \Delta x, y + t_1\Delta y)\Delta y \; ; \; t_1, t_2 \in (0, 1)$$
$$f(x + \Delta x, y) - f(x, y) = f_x (x + t_2\Delta x, y)\Delta x$$

當 $\Delta z \rightarrow dz, \; \Delta x \rightarrow dx, \; \Delta y \rightarrow dy$

則可得

$$dz = \frac{\partial f}{\partial x}dx + \frac{\partial f}{\partial y}dy \tag{5}$$

(5)表示因變數的總變化量, dz, 等於各自變數的微量變化所導致的變化量總和。

㈢ Chain rule （連微法則）

Case 1：令 $\phi = f(x, y) \begin{cases} x = g(u, v) \\ y = h(u, v) \end{cases}$

$$\Rightarrow d\phi = \frac{\partial f}{\partial x}dx + \frac{\partial f}{\partial y}dy$$

$$\Rightarrow \frac{\partial \phi}{\partial u} = \frac{\partial f}{\partial x}\frac{\partial x}{\partial u} + \frac{\partial f}{\partial y}\frac{\partial y}{\partial u} \tag{5a}$$

$$\frac{\partial \phi}{\partial v} = \frac{\partial f}{\partial x}\frac{\partial x}{\partial v} + \frac{\partial f}{\partial y}\frac{\partial y}{\partial v} \tag{5b}$$

(5a), (5b)即應用了連微法則，以(5a)而言，等號左邊表示因變數（ϕ）相對於自變數（u）之變化率（$\frac{\partial \phi}{\partial u}$），而等號右邊則表示由於自變數 u 之微量變化導致變數 x, y 產生變化，其變化率分別為 $\frac{\partial x}{\partial u}, \frac{\partial y}{\partial u}$，而 x, y（相對於 ϕ 而言為自變數）之微量變化分別導致 $f(x, y)$ 產生變化，其變化率分別為 $\frac{\partial f}{\partial x}, \frac{\partial f}{\partial y}$，不難理解，將所有可能因 u 之微量變化而致 ϕ 改變之路徑相加起來即為 $\frac{\partial \phi}{\partial u}$，(5b)同理可得。

Case 2： Let $\phi = f(x, y)$，$\begin{cases} x = g(t) \\ y = h(t) \end{cases}$，則應用連微法則可得：

$$\Rightarrow \frac{d\phi}{dt} = \frac{\partial f}{\partial x}\frac{dx}{dt} + \frac{\partial f}{\partial y}\frac{dy}{dt} \tag{6}$$

㈣ Exact differential（正合微分）

若 $z = f(x_1, x_2, \cdots x_n) \Rightarrow$ 全微分之一般式可表示為：

$$dz = \frac{\partial f}{\partial x_1}dx_1 + \frac{\partial f}{\partial x_2}dx_2 + \cdots + \frac{\partial f}{\partial x_n}dx_n \tag{7}$$

顯然的，若 $f(x_1 \cdots, x_n) = c$

$$\Rightarrow df = f_{x_1}dx_1 + \cdots\cdots f_{x_n}dx_n = 0 \tag{8}$$

稱為 Exact Differential

定理 2

$M(x, y)dx + N(x, y)dy = 0$ 正合的充要條件為
$$\frac{\partial M}{\partial y} = \frac{\partial N}{\partial x}$$

證明：由(7)可知若 $Mdx + Ndy = 0$ 為正合

$$\Rightarrow Mdx + Ndy = \frac{\partial f}{\partial x}dx + \frac{\partial f}{\partial y}dy = 0$$

$$\Rightarrow M = \frac{\partial f}{\partial x} \Rightarrow \frac{\partial M}{\partial y} = \frac{\partial^2 f}{\partial y \partial x}$$

$$N = \frac{\partial f}{\partial y} \Rightarrow \frac{\partial N}{\partial x} = \frac{\partial^2 f}{\partial x \partial y}$$

$$\therefore \frac{\partial M}{\partial y} = \frac{\partial N}{\partial x}$$

觀念提示：

$$P(x, y, z)dx + Q(x, y, z)dy + R(x, y, z)dz = 0 \text{ 為正合}$$

$$\Leftrightarrow \frac{\partial P}{\partial y} = \frac{\partial Q}{\partial x} \ ; \ \frac{\partial Q}{\partial z} = \frac{\partial R}{\partial y} \ ; \ \frac{\partial R}{\partial x} = \frac{\partial P}{\partial z}$$

例題 7：函數 $u = f(x, y)$ 之各階微分均存在，且 $x = r\cos\theta$，及 $y = r\sin\theta$, prove：

$$\frac{\partial^2 u}{\partial x^2} + \frac{\partial^2 u}{\partial y^2} = \frac{\partial^2 u}{\partial r^2} + \frac{1}{r}\frac{\partial u}{\partial r} + \frac{1}{r^2}\frac{\partial^2 u}{\partial \theta^2}$$

【交大光電】

解

$$\begin{cases} r=\sqrt{x^2+y^2} \\ \theta=\tan^{-1}\dfrac{y}{x} \end{cases} \Rightarrow \begin{cases} \dfrac{\partial r}{\partial x}=\dfrac{x}{\sqrt{x^2+y^2}}=\cos\theta \\[2mm] \dfrac{\partial r}{\partial y}=\sin\theta \\[2mm] \dfrac{\partial \theta}{\partial x}=\dfrac{-y}{x^2+y^2}=-\dfrac{1}{r}\sin\theta \\[2mm] \dfrac{\partial \theta}{\partial y}=\dfrac{1}{r}\cos\theta \end{cases}$$

$$\Rightarrow \begin{cases} \dfrac{\partial u}{\partial x}=\dfrac{\partial u}{\partial r}\dfrac{\partial r}{\partial x}+\dfrac{\partial u}{\partial \theta}\dfrac{\partial \theta}{\partial x}=\cos\theta\dfrac{\partial u}{\partial r}-\dfrac{1}{r}\sin\theta\dfrac{\partial u}{\partial \theta} \\[3mm] \dfrac{\partial u}{\partial y}=\dfrac{\partial u}{\partial r}\dfrac{\partial r}{\partial y}+\dfrac{\partial u}{\partial \theta}\dfrac{\partial \theta}{\partial y}=\dfrac{\partial u}{\partial r}\sin\theta+\dfrac{1}{r}\cos\theta\dfrac{\partial u}{\partial \theta} \end{cases}$$

$$\therefore \frac{\partial^2 u}{\partial x^2}=\frac{\partial}{\partial x}\left(\frac{\partial u}{\partial x}\right)$$

$$=\left(\cos\theta\frac{\partial}{\partial r}-\frac{\sin\theta}{r}\frac{\partial}{\partial \theta}\right)\left(\cos\theta\frac{\partial u}{\partial r}-\frac{\sin\theta}{r}\frac{\partial u}{\partial \theta}\right)$$

$$\frac{\partial^2 u}{\partial y^2}=\frac{\partial}{\partial y}\left(\frac{\partial u}{\partial y}\right)=\left(\sin\theta\frac{\partial}{\partial r}+\frac{\cos\theta}{r}\frac{\partial}{\partial \theta}\right)\left(\sin\theta\frac{\partial u}{\partial r}+\frac{\cos\theta}{r}\frac{\partial u}{\partial \theta}\right)$$

展開後可得 $\dfrac{\partial^2 u}{\partial x^2}+\dfrac{\partial^2 u}{\partial y^2}=\dfrac{\partial^2 u}{\partial r^2}+\dfrac{1}{r}\dfrac{\partial u}{\partial r}+\dfrac{1}{r}\dfrac{\partial^2 u}{\partial \theta^2}$ 得證

例題 8：已知 $u=x^2+y^2$, $v=x+y$，求 $\dfrac{\partial u}{\partial x}, \dfrac{\partial v}{\partial y}, \dfrac{\partial x}{\partial u}, \dfrac{\partial y}{\partial v}$ 之值。

【成大土木】

解

$$\frac{\partial u}{\partial x}=\frac{\partial}{\partial x}(x^2+y^2)=2x$$

$$\frac{\partial v}{\partial y}=\frac{\partial}{\partial y}(x+y)=1$$

由 $x^2+y^2=u$ 二邊同時對 u 與 v 作偏微分後可得：

$$2x\frac{\partial x}{\partial u}+2y\frac{\partial y}{\partial u}=1 \quad\text{(a)} \qquad 2x\frac{\partial x}{\partial v}+2y\frac{\partial y}{\partial v}=0\text{(b)}$$

由 $x+y=v$ 二邊同時對 u 與 v 作偏微分後可得：

$$\frac{\partial x}{\partial u}+\frac{\partial y}{\partial u}=0 \quad\text{(c)} \qquad \frac{\partial x}{\partial v}+\frac{\partial y}{\partial v}=1\text{(d)}$$

由(c)式可知 $\dfrac{\partial y}{\partial u}=-\dfrac{\partial x}{\partial u}$；代入(a)式得 $\dfrac{\partial x}{\partial u}=\dfrac{1}{2(x-y)}$

由(b)式可知 $\dfrac{\partial x}{\partial v}=-\dfrac{y}{x}\dfrac{\partial y}{\partial v}$；代入(d)式得 $\dfrac{\partial y}{\partial v}=\dfrac{x}{x-y}$

例題 9：設 $f(x, y, z) = 2x^3 + 3xz - 2y^2$ 求

(1) $x(t) = t, y(t) = 6t^2 + 3, z(t) = -t^3 + t$ 則 $\dfrac{df}{dt} = ?$

(2) $y(x) = x^2, z(x) = \cos^2 x$ 則 $\dfrac{df}{dx} = ?$

(3) $z(x, y) = x^3 - 3y^2$ 則 $\dfrac{\partial f}{\partial x} = ? \dfrac{\partial f}{\partial y} = ?$

(4) $x(u, v) = 6u - v, y(u, v) = u^2 - 3v^3, z(u, v) = 2u - 3v^2$

　　則 $\dfrac{\partial f}{\partial u} = ? \dfrac{\partial f}{\partial v} = ?$

解

(1)
$$\frac{df}{dt} = \frac{\partial f}{\partial x}\frac{dx}{dt} + \frac{\partial f}{\partial y}\frac{dy}{dt} + \frac{\partial f}{\partial z}\frac{dz}{dt}$$
$$= (6x^2 + 3z) + (-4y)(12t) + 3x(-3t^2 + 1)$$
$$= -300t^3 + 6t^2 - 138t$$

(2)
$$\frac{df}{dx} = \frac{\partial f}{\partial x} + \frac{\partial f}{\partial y}\frac{dy}{dx} + \frac{\partial f}{\partial z}\frac{dz}{dx}$$
$$= (6x^2 + 3z) + (-4y)2x + 3x(-2\cos x \sin x)$$
$$= 6x^2 + 3\cos^2 x - 8x^3 - 6x\cos x \sin x$$

(3)
$$\left(\frac{\partial f}{\partial x}\right)_{y=const} = \frac{\partial f}{\partial x} + \frac{\partial f}{\partial z}\frac{\partial z}{\partial x}, \left(\frac{\partial f}{\partial y}\right)_{x=const}$$
$$= \frac{\partial f}{\partial y} + \frac{\partial f}{\partial z}\frac{\partial z}{\partial y}$$

(4)
$$\frac{\partial f}{\partial u} = \frac{\partial f}{\partial x}\frac{\partial x}{\partial u} + \frac{\partial f}{\partial y}\frac{\partial y}{\partial u} + \frac{\partial f}{\partial z}\frac{\partial z}{\partial u},$$
$$\frac{\partial f}{\partial v} = \frac{\partial f}{\partial x}\frac{\partial x}{\partial v} + \frac{\partial f}{\partial y}\frac{\partial y}{\partial v} + \frac{\partial f}{\partial z}\frac{\partial z}{\partial v}$$

1-4　隱函數的微分

　　形如 $f(x, y) = c$（c 為常數）之方程式，顯然地，若已知 x 之值，則 y 將不再是自由變數，若已知 y 之值，x 則將不再是自由變數，換言之，$f(x, y) = c \Rightarrow y = g(x)$，稱 $f(x, y) = c$ 為隱函數（implicit function）。由隱函數 $f(x, y) = c$ 之表示式並無法明

確的分辨自變數與因變數，隱函數可視為隱藏了一個因變數，換言之，若隱函數之表示式中具有 n 個變數，則僅有 $(n-1)$ 個自由變數。

題型一：求單變數函數之微分：

已知隱函數 $f(x, y) = c$ or $y = g(x)$，則 f 之全微分可表示為：

$$df = \frac{\partial f}{\partial x} dx + \frac{\partial f}{\partial y} dy = 0$$
$$\Rightarrow y' = \frac{dy}{dx} = \frac{-f_x}{f_y} \tag{9}$$

題型二：求雙變數函數之偏微分：

已知隱函數 $z = \psi(x, y)$ or $f(x, y, z) = c$，則 f 之全微分可表示為：

$$df = \frac{\partial f}{\partial x} dx + \frac{\partial f}{\partial y} dy + \frac{\partial f}{\partial z} dz = 0$$
$$= \frac{\partial f}{\partial x} dx + \frac{\partial f}{\partial y} dy + \frac{\partial f}{\partial z}\left[\frac{\partial z}{\partial x} dx + \frac{\partial z}{\partial y} dy\right] = 0$$

求 $\dfrac{\partial z}{\partial x}$ 時，y 被設定為常數 $\Rightarrow dy = 0$ 代入上式可得

$$\frac{\partial f}{\partial x} dx + \frac{\partial f}{\partial z}\frac{\partial z}{\partial x} dx = 0 \Rightarrow \frac{\partial z}{\partial x} = -\frac{f_x}{f_z} \tag{10}$$

同理可 $\dfrac{\partial z}{\partial y} = -\dfrac{f_y}{f_z}$ \hspace{2cm} (11)

題型三：聯立隱函數之微分：

$$\begin{cases} f(x, y, u, v) = c_1 \\ g(x, y, u, v) = c_2 \end{cases} \tag{12}$$

由以上之討論知 (12) 為二個各含有三個獨立自變數的隱函數，當聯立求解時，再失去一自由度（自變數的個數），故此聯立方程組含二獨立自變數，及二因變數，此為一曲面的表示方法，若 $u = u(x, y), v = v(x, y)$，取全微分

$$df = 0 \Rightarrow f_x\, dx + f_y\, dy + f_u\, (u_x\, dx + u_y\, dy) + f_v\, (v_x\, dx + v_y\, dy) = 0 \tag{13}$$

求 $\dfrac{\partial u}{\partial x}, \dfrac{\partial v}{\partial x}$ 時，y 被視為 constant，$dy = 0$，代入(13)後同時除 dx 可得

$$\Rightarrow \begin{cases} f_u\, u_x + f_v\, v_x = -f_x \\ g_u\, u_x + g_v\, v_x = -g_x \end{cases} \tag{14}$$

由 Cramer's rule

$$\frac{\partial u}{\partial x} = \frac{\begin{vmatrix} -f_x & f_v \\ -g_x & g_v \end{vmatrix}}{\begin{vmatrix} f_u & f_v \\ g_u & g_v \end{vmatrix}} \qquad \frac{\partial v}{\partial x} = \frac{\begin{vmatrix} f_u & -f_x \\ g_u & -g_x \end{vmatrix}}{\begin{vmatrix} f_u & f_v \\ g_u & g_v \end{vmatrix}} \tag{15}$$

同理求 $\dfrac{\partial u}{\partial y}, \dfrac{\partial v}{\partial y}$ 時，x 被視為常數 constant，$dx = 0$，代入(15)後同時除 dy，可得

$$\Rightarrow \begin{cases} f_u\, u_y + f_v\, v_y = -f_y \\ g_u\, u_y + g_v\, v_y = -g_y \end{cases} \tag{16}$$

$$\frac{\partial u}{\partial y} = \frac{\begin{vmatrix} -f_y & f_v \\ -g_y & g_v \end{vmatrix}}{\begin{vmatrix} f_u & f_v \\ g_u & g_v \end{vmatrix}} \qquad \frac{\partial v}{\partial y} = \frac{\begin{vmatrix} f_u & -f_y \\ g_u & -g_y \end{vmatrix}}{\begin{vmatrix} f_u & f_v \\ g_u & g_v \end{vmatrix}} \tag{17}$$

例題 10：已知 $x^2 + y^2 + z^2 - 2u + v^2 = -11$, $x^2 - y^2 + 2z + u^2 + 4v = 2$, $xu + y - z = 1$；求在

$(x, y, z, u, v) = (1, 0, 0, 1, 0)$, $\dfrac{\partial x}{\partial u} = ?$ $\dfrac{\partial y}{\partial u} = ?$　　　【台大應力】

解　　5 個未知數及三個聯立方程式，故可知本例可求得二自變數及三因變數

若以 u, v 當自變數 $\rightarrow x\,(u, v)$, $y\,(u, v)$, $z\,(u, v)$ 為因變數：

取 $f(x, y, z, u, v) = x^2 + y^2 + z^2 - 2u + v^2$

$\Rightarrow df = 2xdx + 2ydy + 2zdz - 2du + 2vdv = 0$

$\Rightarrow 2x\dfrac{\partial x}{\partial u} + 2y\dfrac{\partial y}{\partial u} + 2z\dfrac{\partial z}{\partial u} = 2$

其中 v 被視為常數，同理可得

$2x\dfrac{\partial x}{\partial u} - 2y\dfrac{\partial y}{\partial u} + 2\dfrac{\partial z}{\partial u} = -2u$ 及 $u\dfrac{\partial x}{\partial u} + \dfrac{\partial y}{\partial u} - \dfrac{\partial z}{\partial u} = -x$

代入初始條件後可簡化為：

$$\frac{\partial x}{\partial u} = 1 \ , \ \frac{\partial x}{\partial u} + \frac{\partial z}{\partial u} = -1 \ , \ \frac{\partial x}{\partial u} + \frac{\partial y}{\partial u} - \frac{\partial z}{\partial u} = -1$$

可得 $\dfrac{\partial x}{\partial u} = 1$ ， $\dfrac{\partial y}{\partial u} = -4$ ， $\dfrac{\partial z}{\partial u} = -2$

例題 11：$F(x, y, z) = 0$ ，求 $\dfrac{\partial x}{\partial y} \dfrac{\partial y}{\partial z} \dfrac{\partial z}{\partial x}$ 【中正】

解

$$F(x, y, z) = 0 \Rightarrow dF = \frac{\partial F}{\partial x} dx + \frac{\partial F}{\partial y} dy + \frac{\partial F}{\partial z} dz = 0$$

$$\frac{\partial x}{\partial y}\bigg|_{z=const} = -\frac{F_y}{F_x} \ , \ \frac{\partial y}{\partial z}\bigg|_{x=const} = -\frac{F_z}{F_y} \ , \ \frac{\partial z}{\partial x}\bigg|_{z=const} = -\frac{F_x}{F_z}$$

$$\therefore \frac{\partial x}{\partial y} \cdot \frac{\partial y}{\partial z} \cdot \frac{\partial z}{\partial x} = \left(-\frac{F_y}{F_x}\right)\left(-\frac{F_z}{F_y}\right)\left(-\frac{F_z}{F_x}\right) = -1$$

例題 12：$\begin{cases} u^2 - v^2 + 2x + 3y = 0 \\ uv + x - y = 0 \end{cases}$ 求 $\dfrac{\partial u}{\partial x}, \dfrac{\partial v}{\partial x}$

解

$$\begin{cases} 2u\dfrac{\partial u}{\partial x} - 2v\dfrac{\partial v}{\partial x} + 2 = 0 \\[2mm] v\dfrac{\partial u}{\partial x} + u\dfrac{\partial v}{\partial x} + 1 = 0 \end{cases}$$

$$\therefore \frac{\partial u}{\partial x} = \frac{\begin{vmatrix} -2 & -2v \\ -1 & u \end{vmatrix}}{\begin{vmatrix} 2u & -2v \\ v & u \end{vmatrix}} = -\frac{u+v}{u^2+v^2}$$

$$\frac{\partial v}{\partial x} = \frac{\begin{vmatrix} 2u & -2 \\ v & -1 \end{vmatrix}}{\begin{vmatrix} 2u & -2v \\ v & u \end{vmatrix}} = \frac{v-u}{u^2+v^2}$$

例題 13：設 $x^2 + 2xz + y^2 = 0$ ，z 為 x, y 之函數，求 $\dfrac{\partial z}{\partial x} = ? \ \dfrac{\partial z}{\partial y} = ?$

解

令 $f(x, y, z) = x^2 + 2xz + y^2 = 0$

故 x, y 為獨立自變數

$$\left(\frac{\partial f}{\partial x}\right)_{y=const} = \frac{\partial f}{\partial x} + \frac{\partial f}{\partial z}\frac{\partial z}{\partial x} = 0$$

$$\left(\frac{\partial f}{\partial y}\right)_{x=const} = \frac{\partial f}{\partial y} + \frac{\partial f}{\partial z}\frac{\partial z}{\partial y} = 0$$

故可得

$$\frac{\partial z}{\partial x} = -\frac{\dfrac{\partial f}{\partial x}}{\dfrac{\partial f}{\partial z}} = -\frac{2(x+z)}{2x} = -\frac{(x+z)}{x}$$

$$\frac{\partial z}{\partial y} = -\frac{\dfrac{\partial f}{\partial y}}{\dfrac{\partial f}{\partial z}} = -\frac{y}{x}$$

1-5　積分

1. 反導函數

定義：反導函數（anti-derivatives）

在區間 I 上所有 x，若 $F'(x)=f(x)$，則稱函數 F 是 f 的一個反導函數。反導函數之一般式表示為

$$\int f(x)dx = F(x) + C \tag{20}$$

其中 C 是一任意常數：由於任意常數 C 不是特定的，且求反導函數的過程就是積分法，所以 f 的反導函數之一般式又稱為 f 的不定積分（indefinite integral）。

定理 3

Substitution rule
$$\int f(g(x))\, g'(x)\, dx = \int f(u)du$$

定理 4

Integration by parts

(1) $\int f(x) g'(x) \, dx = f(x)g(x) - \int f'(x)g(x)dx$

(2) $\int u dv = uv - \int v du$

定理 5

Heaviside method （Integration of rational function by partial fractions）

$$\int \frac{f(x)}{(x-a_1)(x-a_2)\cdots(x-a_n)} dx = \int \frac{A_1}{(x-a_1)} dx + \cdots + \int \frac{A_n}{(x-a_n)} dx$$

其中

$$A_1 = \frac{f(a_1)}{(a_1-a_2)\cdots(a_1-a_n)}$$

$$A_2 = \frac{f(a_2)}{(a_2-a_1)(a_2-a_3)\cdots(a_2-a_n)}$$

$\vdots$

$$A_n = \frac{f(a_n)}{(a_n-a_1)(a_n-a_2)\cdots(a_n-a_{n-1})}$$

例題 14：求 $\int \frac{1}{x^3+1} dx = ?$

解

$$\frac{1}{x^3+1} = \frac{1}{(x+1)(x^2-x+1)} = \frac{\frac{1}{3}}{(x+1)} + \frac{-\frac{1}{3}x+\frac{2}{3}}{(x^2-x+1)}$$

$$\int \left(\frac{\frac{1}{3}}{(x+1)} + \frac{-\frac{1}{3}x+\frac{2}{3}}{(x^2-x+1)} \right) dx = \frac{1}{3}\ln|x+1| - \frac{1}{6}\int \frac{2x-1}{(x^2-x+1)} dx$$

$$+ \frac{1}{2}\int \frac{1}{(x^2-x+1)} dx$$

$$= \frac{1}{3}\ln|x+1| - \frac{1}{6}\ln|x^2-x+1| + \frac{1}{2}\int \frac{1}{\left(\left(x-\frac{1}{2}\right)^2+\left(\frac{\sqrt{3}}{2}\right)^2\right)} dx$$

let $u = \frac{2}{\sqrt{3}}\left(x-\frac{1}{2}\right)$

$$\Rightarrow \frac{1}{2}\int \frac{1}{\left(\left(x-\frac{1}{2}\right)^2+\left(\frac{\sqrt{3}}{2}\right)^2\right)} dx = \frac{1}{2}\int \frac{1}{\frac{3}{4}(u^2+1)} \frac{\sqrt{3}}{2} du$$

$$= \frac{1}{\sqrt{3}}\tan^{-1}u + c$$

$$= \frac{1}{\sqrt{3}}\tan^{-1}\frac{2}{\sqrt{3}}\left(x-\frac{1}{2}\right) + c$$

觀念提示： 本題使用了兩種技巧解題：(1) Partial fraction （部份分式法）(2) Completing the square

例題 15：求(1) $\int \dfrac{e^{1+\frac{1}{x^2}}}{x^3}dx$　(2) $\int x^{11}\sqrt{1+x^4}\,dx$

解　(1) Let　$u=e^{1+\frac{1}{x^2}} \Rightarrow du=-2e^{1+\frac{1}{x^2}}\dfrac{1}{x^3}dx$

$$\int \frac{e^{1+\frac{1}{x^2}}}{x^3}dx=-\frac{1}{2}\int e^u\,du=-\frac{1}{2}e^u+c=-\frac{1}{2}e^{1+\frac{1}{x^2}}+c$$

(2) Let　$u=1+x^4 \Rightarrow du=4x^3\,dx$

$$\int x^{11}\sqrt{1+x^4}\,dx=\frac{1}{4}\int x^8\sqrt{u}\,du=\frac{1}{4}\int (u-1)^2\sqrt{u}\,du$$
$$=\frac{1}{4}\int \left(u^{\frac{5}{2}}-2u^{\frac{3}{2}}+u^{\frac{1}{2}}\right)du$$
$$=\frac{1}{4}\left(\frac{2}{7}u^{\frac{7}{2}}-\frac{4}{5}u^{\frac{5}{2}}+\frac{2}{3}u^{\frac{1}{2}}\right)+c$$
$$=\frac{1}{4}\left(\frac{2}{7}(1+x^4)^{\frac{7}{2}}-\frac{4}{5}(1+x^4)^{\frac{5}{2}}+\frac{2}{3}(1+x^4)^{\frac{1}{2}}\right)+c$$

例題 16：求(1) $\int \dfrac{1}{(1+3x^2)^{\frac{3}{2}}}dx$　(2) $\int \dfrac{1}{x^2\sqrt{1-x^2}}dx$

解　(1) Let　$x=\dfrac{1}{\sqrt{3}}\tan\theta \Rightarrow dx=\dfrac{1}{\sqrt{3}}\sec^2\theta\,d\theta$

$$\int \frac{1}{(1+3x^2)^{\frac{3}{2}}}dx=\frac{1}{\sqrt{3}}\int \frac{1}{(1+\tan^2\theta)^{\frac{3}{2}}}\sec^2\theta\,d\theta=\frac{1}{\sqrt{3}}\int \frac{\sec^2\theta}{\sec^3\theta}d\theta$$
$$=\frac{1}{\sqrt{3}}\int \cos\theta\,d\theta=\frac{1}{\sqrt{3}}\sin\theta+c$$
$$=\frac{1}{\sqrt{3}}\frac{\sqrt{3}x}{\sqrt{1+3x^2}}+c=\frac{x}{\sqrt{1+3x^2}}+c$$

(2) Let　$x=\sin\theta \Rightarrow dx=\cos\theta\,d\theta$

$$\int \frac{1}{x^2\sqrt{1-x^2}}dx=\int \frac{1}{\sin^2\theta\cos\theta}\cos\theta\,d\theta=\int \csc^2\theta\,d\theta$$
$$=-\cot\theta+c=-\frac{\sqrt{1-x^2}}{x}+c$$

例題 17：$\int e^x\sin(2e^x+1)dx=$?

解 let $u = 2e^x + 1 \Rightarrow du = 2e^x dx$

$\Rightarrow \int e^x \sin(2e^x + 1)dx = \int \sin u \frac{1}{2}du = -\frac{1}{2}\cos u + c$

$= -\frac{1}{2}\cos(2e^x + 1) + c$

2. 定積分

定義：定積分（Definite Integral）

將$[a, b]$分割成 相同寬度$\Delta x = (b - a)/n$的子區間，令$x_0 (= a), x_1, x_2, \cdots, x_n (= b)$是這些子區間的端點，$x_1^*, x_2^*, \cdots, x_n^*$是這些子區間的樣本點，且$x_i^* \in [x_{i-1}, x_i]$，則$f(x)$從$a$至$b$之定積分為

$$\int_a^b f(x)dx = \lim_{n \to \infty} \sum_{i=1}^n f(x_i^*)\Delta x_i \tag{21}$$

若極限值存在，我們稱f在$[a, b]$是可積分的（integrable）。

定積分性質

1. $\int_a^b c\, dx = c(b - a)$ (22)

2. $\int_a^b [f(x) + g(x)]dx = \int_a^b f(x)dx + \int_a^b g(x)dx$ (23)

3. $\int_a^b c f(x)dx = c \int_a^b f(x)dx,$ (24)

4. $\int_a^b [f(x) - g(x)]dx = \int_a^b f(x)dx - \int_a^b g(x)dx$ (25)

5. $\int_a^c f(x)dx + \int_c^b f(x)dx = \int_a^b f(x)dx$ （$a < c < b$） (26)

6. 若$f(x) \geq 0, a \leq x \leq b$，則$\int_a^b f(x)dx \geq 0.$ (27)

7. 對於$a \leq x \leq b$，若$f(x) \geq g(x)$，則$\int_a^b f(x)dx \geq \int_a^b g(x)dx$ (28)

8. 對於$a \leq x \leq b$，若$m \leq f(x) \leq M$，則

$$m(b - a) \leq \int_a^b f(x)dx \leq M(b - a) \tag{29}$$

定理 6

微積分基本定理 （The fundamental theorem of Calculus）

若$f(x)$在$[a, b]$區間是一連續函數，定義函數$g(x)$為

$g(x) = \int_a^x f(t)dt \quad a \leq x \leq b$

則$g(x)$在$[a, b]$區間是連續的，在(a, b)區間是可微分的，且

$g'(x) = f(x)$

證明：若 $G(x)$ 為函數 $f(x)$ 的一個反導函數且 $G'(x)=f(x)$，則

$$g(x) = \int_a^x f(t)dt = G(x) - G(a)$$

其中 $G(a)$ 是常數，又因為 $g(x)$ 在 (a, b) 區間是可微分的，則

$$g'(x) = \frac{d}{dx}\left[\int_a^x f(t)dt\right] = \frac{d}{dx}[G(x) - G(a)] = G'(x) - 0 = f(x) \tag{30}$$

故得證。

例題 18：Prove：$\int_{2b+1}^{2a+1} f(x)dx = 2\int_b^a f(2x+1)dx$

解

Let　$x = 2t+1 \Rightarrow dx = 2dt$

$$\int_{2b+1}^{2a+1} f(x)dx = 2\int_b^a f(2t+1)dt = 2\int_b^a f(2x+1)dx$$

例題 19：$\int_1^e \left(\frac{\ln x}{x}\right)^2 dx = ?$

解

let　$u = \ln x \Rightarrow du = \frac{1}{x}dx$

$$\int_1^e \left(\frac{\ln x}{x}\right)^2 dx = \int_0^1 u^2 e^{-u} du = -(u^2 + 2u + 2)e^{-u}\Big|_0^1 = 2 - 5e^{-1}$$

定理 7

Leibniz 微分法則

1. $\dfrac{d}{dx}\int_a^x f(t)\,dt = f(x)$ (31)

2. $\dfrac{d}{dx}\int_x^b f(t)\,dt = -f(x)$ (32)

3. $\dfrac{d}{dx}\int_a^{u(x)} f(t)\,dt = f(u(x))\dfrac{du}{dx}$ (33)

4. $\dfrac{d}{dx}\int_{v(x)}^b f(t)\,dt = -f(v(x))\dfrac{dv}{dx}$ (34)

5. $\dfrac{d}{dx}\int_{v(x)}^{u(x)} f(t)\,dt = f(u(x))\dfrac{du}{dx} - f(v(x))\dfrac{dv}{dx}$ (35)

6. $\dfrac{d}{dx}\int_a^b f(x, t)dt = \int_a^b \dfrac{\partial f(x, t)}{\partial x}dt$ (36)

7. Leibniz 積分式微分公式

$$\frac{d}{dx}\int_{v(x)}^{u(x)}f(x,t)dt=\int_{v(x)}^{u(x)}\frac{\partial f(x,t)}{\partial x}dt+f(x,u(x))\frac{du}{dx}-f(x,v(x))\frac{dv}{dx} \tag{37}$$

證明：

1. $\dfrac{d}{dx}\displaystyle\int_{a}^{x}f(t)\,dt=\lim_{\Delta x\to 0}\dfrac{\displaystyle\int_{a}^{x+\Delta x}f(t)\,dt+\int_{a}^{x}f(t)dt}{\Delta x}=f(x)$

2. $\dfrac{d}{dx}\displaystyle\int_{x}^{b}f(t)\,dt=\lim_{\Delta x\to 0}\dfrac{\displaystyle\int_{x+\Delta x}^{b}f(t)\,dt+\int_{x}^{b}f(t)dt}{\Delta x}=-f(x)$

3. using the result of equation (31) and chain rule, we have

$$\frac{d}{dx}\int_{a}^{u(x)}f(t)\,dt=\frac{d}{du}\Big[\int_{a}^{u(x)}f(t)dt\Big]\frac{du}{dx}=f(u(x))\frac{du}{dx}$$

4. using the result of equation (32) and chain rule, we have

$$\frac{d}{dx}\int_{v(x)}^{b}f(t)\,dt=\frac{d}{dv}\Big[\int_{v(x)}^{b}f(t)dt\Big]\frac{dv}{dx}=-f(v(x))\frac{dv}{dx}$$

5. using the result of equations (33), (34) as well as chain rule, we have

$$\frac{d}{dx}\int_{v(x)}^{u(x)}f(t)\,dt=\frac{\partial}{\partial u}\Big[\int_{v(x)}^{u(x)}f(t)dt\Big]\frac{du}{dx}+\frac{\partial}{\partial v}\Big[\int_{v(x)}^{u(x)}f(t)dt\Big]\frac{dv}{dx}$$

$$=f(u(x))\frac{du}{dx}-f(v(x))\frac{dv}{dx}$$

例題 20：已知 $g(x)=\displaystyle\int_{0}^{x}\sqrt{1+t^2}\,dt$，求 $g'(x)$

解　　因為 $f(t)=\sqrt{1+t^2}$，依據定理 7

$g'(x)=f(x)=\sqrt{1+x^2}$

例題 21：求 $\dfrac{d}{dx}\displaystyle\int_{0}^{x^2}\sec t\,dt$

解　　令 $y=\displaystyle\int_{0}^{x^2}\sec t\,dt$，則

$$\frac{d}{dx}\int_{0}^{x^2}\sec t\,dt=\frac{dy}{dx}=\frac{dy}{du}\cdot\frac{du}{dx}=\Big[\frac{d}{du}\int_{0}^{u}\sec t\,dt\Big]\cdot\Big[\frac{d}{dx}(x^2)\Big]$$

$$=(\sec u)\cdot(2x)=2x\cdot\sec(x^2)$$

例題 22：求 $\dfrac{d}{dx}\displaystyle\int_{3x}^{e^x+1}\cos(t^3+1)dt$

解　依 Leibniz 積分式之微分公式可知：

$$\frac{d}{dx}\int_{3x}^{e^x+1}\cos(t^3+1)dt = \cos((e^x+1)^3+1)\frac{d(e^x+1)}{dx} - \cos((3x)^3+1)\frac{d(3x)}{dx}$$

$$= \cos((e^x+1)^3+1)e^x - 3\cos(27x^3+1)$$

例題 23：求積分式：$\int_0^1 \frac{x^\alpha-1}{\ln x}dx \quad \alpha\geq 0$ 　　　【淡江】

解　由 Leibniz 積分式之微分公式可知：

$$\frac{d}{d\alpha}\int_0^1 \frac{x^\alpha-1}{\ln x}dx = \int_0^1 \frac{\partial}{\partial\alpha}\left(\frac{x^\alpha-1}{\ln x}\right)dx = \int_0^1 x^\alpha dx = \frac{x^{\alpha+1}}{\alpha+1}\Big|_0^1 = \frac{1}{\alpha+1}$$

$$\therefore \int_0^1 \frac{x^\alpha-1}{\ln x}dx = \int \frac{1}{\alpha+1}d\alpha = \ln(\alpha+1)+c$$

已知當 $\alpha=0$ 時 $\int_0^1 \frac{x^\alpha-1}{\ln x}dx = 0 = \ln 1 + c$

$$\therefore c=0 \; ; \; \int_0^1 \frac{x^\alpha-1}{\ln x}dx = \ln(\alpha+1)$$

1-6　多重積分與座標變換

㈠多重積分

定義：雙重積分

設 $f(x,y)$ 定義於 x-y 平面上之一封閉區域 R 內，現將 R 區域劃分成 n 個子區域，其面積分別為 A_i, $i=1, \cdots, n$；(x_i, y_i) 為第 i 個子區域內之一點的座標，則當 $f(x,y)$ 在 R 上為連續時，極限 $\lim\limits_{n\to\infty}\sum\limits_{i=1}^n f(x_i, y_i)\Delta A_i$ 存在，則此極限稱為 $f(x,y)$ 在區域 R 內之雙重積分，表示成：

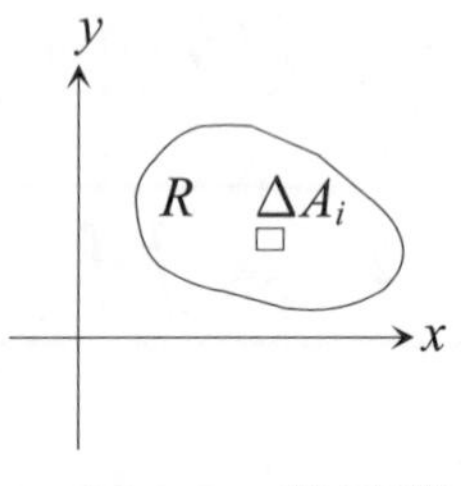

圖 1-2　雙重積分

$$\iint_R f(x,y)\,dA = \lim_{n\to\infty}\sum_{i=1}^n f(x_i, y_i)\Delta A_i \tag{38}$$

重積分的運算，一般採用疊積分（Iterated Integral）的方式進行，說明如下：

定義：疊積分

積分是按照變數一個接一個疊次的進行稱之為疊積分，如圖 1-3 所示若任何

平行於 y 軸之直線交於 R 區域至多兩點，則 R 區域之邊界由 $f_2(x)$ 及 $f_1(x)$ 所包圍，則：

$$\iint_R f(x, y)\, dA = \int_a^b \left[\int_{f_2(x)}^{f_1(x)} f(x, y)\, dy \right] dx \tag{39}$$

稱之為疊積分；同理，若任何平行 x 軸之直線交於 R 區域之邊界至多二點時則可得下列疊積分：

$$\iint_R f(x, y)\, dA = \int_c^d \left[\int_{g_1(y)}^{g_2(y)} f(x, y)\, dx \right] dy \tag{40}$$

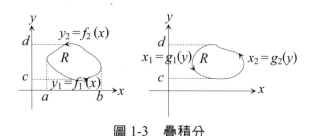

圖 1-3　疊積分

定義：三重積分

設 $f(x, y, z)$ 定義於三維空間之一封閉區域 R，將 R 區域分成 n 個子區域，每個子區域之體積為 $\Delta \tau_i$；$i = 1, 2, \cdots n$ 取 (x_i, y_i, z_i) 為第 i 個子區域中之任一點，當 $f(x, y, z)$ 在 R 上為連續時，極限 $\lim\limits_{n \to \infty} \sum\limits_{i=1}^{n} f(x_i, y_i, z_i) \Delta \tau_i$ 存在，則此極限稱作 $f(x, y, z)$ 在 R 上的三重積分，表示為：

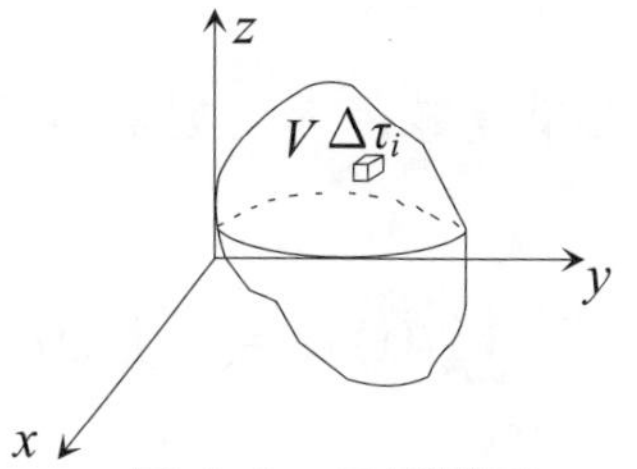

圖 1-4　三重積分

$$\iiint_R f(x, y, z)\, d\tau = \lim_{n \to \infty} \sum_{i=1}^{n} f(x_i, y_i, z_i) \Delta \tau_i$$

觀念提示：　單變數積分是以實數軸上的微量長度 dl 進行疊加，而雙重積分是以一小塊微量面積 dA 為單位進行疊加，同理可知，三重積分是以一小塊微量體積 $d\tau$ 為單位進行疊加。

(二)變數轉換：

有些重積分在計算上相當困難，此時可考慮對調積分次序；若仍無法簡化問

題，則需藉助變數轉換，變數轉換的目的在簡化問題，例如在雙重積分中可將原
來的一組變數(x, y)轉換成新的變數(u, v)來求解，新舊積分式的關係如下一定理所述：

定理 8

設$f(x, y)$定義於x-y平面上之一封閉區域R_{xy}且$f(x, y)$在R_{xy}上存在連續之一階偏導

數，R_{uv}為R_{xy}對應於u-v平面上的封閉區域且$x(u, v), y(u, v)$在R_{uv}上均存在連續之

一階偏導數，定義$\dfrac{\partial(x, y)}{\partial(u, v)} \equiv \begin{vmatrix} \dfrac{\partial x}{\partial u} & \dfrac{\partial x}{\partial v} \\ \dfrac{\partial y}{\partial u} & \dfrac{\partial y}{\partial v} \end{vmatrix}$，若行列式$\begin{vmatrix} \dfrac{\partial x}{\partial u} & \dfrac{\partial x}{\partial v} \\ \dfrac{\partial y}{\partial u} & \dfrac{\partial y}{\partial v} \end{vmatrix} = x_u y_v - x_v y_u \neq 0$，

則有

$$\iint_{R_{xy}} f(x, y)\, dxdy = \iint_{R_{uv}} f(x(u, v), y(u, v)) \left| \frac{\partial(x, y)}{\partial(u, v)} \right| dudv \tag{41}$$

其中$\dfrac{\partial(x, y)}{\partial(u, v)}$稱為 Jacobian。若 Jacobian 行列式之值不為 0，則變數之轉換為一對一，

或存在反轉換；反之若 Jacobian 之值為 0，則(x, y)與(u, v)間的轉換不是一對一的

關係，這種轉換是無效的。

1. 單變數函數之變數轉換：令$x = g(u)$則$J = \dfrac{dx}{du} = g'(u)$

$$\int_a^b f(x)dx = \int_c^d f(g(u))\, g'(u)du \tag{42}$$

2. 雙變數函數之變數轉換：

令$\begin{cases} x = f(u, v) \\ y = g(u, v) \end{cases}$　則　$J = \begin{vmatrix} \dfrac{\partial x}{\partial u} & \dfrac{\partial x}{\partial v} \\ \dfrac{\partial y}{\partial u} & \dfrac{\partial y}{\partial v} \end{vmatrix} = \dfrac{\partial(x, y)}{\partial(u, v)}$

積分式如(41)

3. 三變數函數之變數轉換：

令$\begin{cases} x = f(u, v, w) \\ y = g(u, v, w) \\ z = h(u, v, w) \end{cases}$　則$J = \begin{vmatrix} \dfrac{\partial x}{\partial u} & \dfrac{\partial x}{\partial v} & \dfrac{\partial x}{\partial w} \\ \dfrac{\partial y}{\partial u} & \dfrac{\partial y}{\partial v} & \dfrac{\partial y}{\partial w} \\ \dfrac{\partial z}{\partial u} & \dfrac{\partial z}{\partial v} & \dfrac{\partial z}{\partial w} \end{vmatrix} = \dfrac{\partial(x, y, z)}{\partial(u, v, w)}$

其餘 n 維變數轉換之 Jacobian 可依此類推，變數之間亦可進行連續的變數轉換：

$$(x, y) \to (u, v) \to (r, s)$$

定理 9

若函數 $x(u, v), y(u, v), u(r, s), v(r, s)$ 均存在連續之一階偏導數則有

$$\frac{\partial(x, y)}{\partial(u, v)} \frac{\partial(u, v)}{\partial(r, s)} = \frac{\partial(x, y)}{\partial(r, s)} \tag{43}$$

㈢座標變換

利用上述變數轉換的法則可建立三個直角座標系統（卡式、圓柱、球）之間的座標轉換關係。

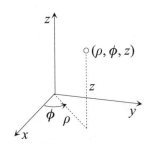

(a)Cylindrical coordinates

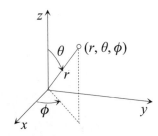

(b)Spherical coordinates

(1)卡式 $(x, y, z) \leftrightarrow$ 圓柱 (ρ, ϕ, z)

$$\begin{cases} x = \rho \cos \phi \\ y = \rho \sin \phi \\ z = z \end{cases} \Rightarrow \frac{\partial(x, y, z)}{\partial(\rho, \phi, z)} = \begin{vmatrix} \cos \theta & -\rho \sin \theta & 0 \\ \sin \theta & \rho \cos \theta & 0 \\ 0 & 0 & 1 \end{vmatrix} = \rho$$

$$\therefore \iiint dxdydz = \iiint \rho \, d\rho \, d\phi \, dz \tag{44a}$$

(2)卡式 $(x, y, z) \leftrightarrow$ 球 (r, θ, ϕ)

$$\begin{cases} x = r \sin \theta \cos \phi \\ y = r \sin \theta \sin \phi \\ z = r \cos \theta \end{cases} \Rightarrow \frac{\partial(x, y, z)}{\partial(r, \theta, \phi)} = \begin{vmatrix} \sin \theta \cos \phi & r \cos \theta \cos \theta & -r \sin \theta \sin \phi \\ \sin \theta \sin \phi & r \cos \theta \sin \phi & r \sin \theta \cos \phi \\ \cos \theta & -r \sin \theta & 0 \end{vmatrix}$$

$$= r^2 \sin \theta$$

$$\therefore \iiint dxdydz = \iiint r^2 \sin\theta\, dr d\theta d\phi \qquad (44b)$$

例題 24：Evaluate the integral：$\int_0^{\frac{1}{2}} \int_0^{1-2y} \exp\left(\frac{x}{x+2y}\right) dxdy$　【清華電機】

解　（Ⅰ）令 $\begin{cases} u=x \\ v=x+2y \end{cases} \Rightarrow \begin{cases} x=u \\ y=\dfrac{1}{2}(v-u) \end{cases} \Rightarrow \dfrac{\partial(x,y)}{\partial(u,v)} = \begin{vmatrix} 1 & 0 \\ -\dfrac{1}{2} & \dfrac{1}{2} \end{vmatrix} = \dfrac{1}{2}$

　　　　積分範圍轉換：$\begin{cases} x=0 \Rightarrow u=0 \\ y=0 \Rightarrow u=v \\ x=1-2y \Rightarrow v=1 \end{cases}$

　　　　$\therefore I = \dfrac{1}{2}\int_0^1 \int_0^v e^{\frac{u}{v}} du dv = \dfrac{1}{4}(e-1)$

觀念提示：必須先積 u，因為形如 $\int e^{\frac{1}{x}} dx$ 必不可積

　　　　（Ⅱ）取 $\begin{cases} u=x+2y \\ v=-x+2y \end{cases} \Rightarrow \begin{cases} x=\dfrac{u-v}{2} \\ y=\dfrac{u+v}{4} \end{cases}$；$\therefore \dfrac{\partial(x,y)}{\partial(u,v)} = \begin{vmatrix} \dfrac{1}{2} & -\dfrac{1}{2} \\ \dfrac{1}{4} & \dfrac{1}{4} \end{vmatrix} = \dfrac{1}{4}$

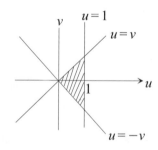

　　　　積分範圍轉換：

　　　　$x=0 \Rightarrow u=v,\ y=0,\ u=-v,\ x=1-2y \Rightarrow u=1$

　　　　$\therefore I = \dfrac{1}{4}\int_0^1 \int_{-u}^u \exp\left(\dfrac{u-v}{2u}\right) du dv = \dfrac{e^{\frac{1}{2}}}{4}\int_0^1 \int_{-u}^u \exp\left(-\dfrac{u}{2u}\right) dv du$

　　　　　$= \dfrac{e-1}{2}\int_0^1 u\, du = \dfrac{e-1}{4}$

例題 25：求 $\displaystyle\iint_R (x+y)\sin(x-y)dxdy$ 其中 R 為由點 $(-1,1)(1,1)$ 及 $(0,0)$ 所圍成的三

　　　　角形區域內　　　　　　　　　　　　　　　　　　　　　　　【交大】

解
$$I = \int_{y=0}^{1} \int_{x=-y}^{y} (x+y)\sin(x-y)dxdy$$

$$= \int_{0}^{1} \left[-(x+y)\cos(x-y) + \sin(x+y) \right]_{x=-y}^{x=y} dy$$

$$= \int_{0}^{1} (-2y + \sin 2y)dy$$

$$= \left[-y^2 - \frac{1}{2}\cos 2y \right]_{y=0}^{1}$$

$$= -\frac{1}{2} - \frac{1}{2}\cos 2$$

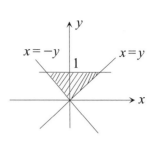

例題 26：Evaluate $\iiint_{v} \dfrac{1}{x^2+y^2+z^2}dV$ where V is the region between the spheres $x^2+y^2+z^2=9$ and $x^2+y^2+z^2=36$ 【交大機械】

解 V 內任一點之座標可表示為：

$$\vec{r} = r\sin\theta\cos\phi \ \hat{i} + r\sin\theta\sin\phi \ \hat{j} + r\cos\theta \ \hat{k} = x\hat{i} + y\hat{j} + z\hat{k}$$

其中 $3 \le r \le 6,\ 0 \le \phi \le 2\pi,\ 0 \le \theta \le \pi$

$$\Rightarrow J = \frac{\partial(x,y,z)}{\partial(r,\theta,\phi)} = \begin{vmatrix} x_r & x_\theta & x_\phi \\ y_r & y_\theta & y_\phi \\ z_r & z_\theta & z_\phi \end{vmatrix} = r^2\sin\theta,$$

$$dV = |J|drd\theta d\phi = r^2\sin\theta \, drd\theta d\phi$$

$$\Rightarrow \iiint_{v} \frac{1}{x^2+y^2+z^2}dV = \int_{0}^{2\pi}\int_{0}^{\pi}\int_{3}^{6} \frac{1}{r^2}r^2\sin\theta \, drd\theta d\phi = 12\pi$$

例題 27：(a)Transform the integral $\iint_{R} \exp\left(\dfrac{x-y}{x+y}\right)dxdy$, to an integral in u-v plane by using the transformation $u = x-y$ and $v = x+y$ where R is the region in the first quadrant between the lines $x+y=2$ and $x+y=3$

(b)Evaluate the above integral 【成大化工】

 解
$$\begin{cases} u = x-y \\ v = x+y \end{cases} \Rightarrow \begin{cases} x = \dfrac{1}{2}(u+v) \\ y = \dfrac{1}{2}(-u+v) \end{cases}$$

$$J = \begin{vmatrix} \dfrac{\partial x}{\partial u} & \dfrac{\partial x}{\partial v} \\ \dfrac{\partial y}{\partial u} & \dfrac{\partial y}{\partial v} \end{vmatrix} = \begin{vmatrix} \dfrac{1}{2} & \dfrac{-1}{2} \\ \dfrac{1}{2} & \dfrac{1}{2} \end{vmatrix} = \frac{1}{2}$$

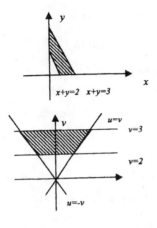

$$\iint \exp\left(\frac{(x-y)}{(x+y)}\right)dxdy = \int_{v=2}^{v=3}\int_{u=-v}^{u=v}\frac{1}{2}\exp\left(\frac{u}{v}\right)dudv$$

$$= \int_{v=2}^{v=3}\frac{v}{2}(e-e^{-1})dv = \frac{5}{4}(e-e^{-1})$$

1-7　特殊函數

(一) Gamma 函數

定義：$\Gamma(n) = \int_0^\infty x^{n-1}e^{-x}dx\ (n>0)$　　　　　　　　　　　　(45)

　　稱為 Gamma 函數，如圖 1-5 所示，循環公式為：

$\Gamma(n+1) = n\Gamma(n),\ n \in R,\ n > 0$　　　　　　　　　　　　(46)

$\Gamma(k+1) = k!,\ k \in N$

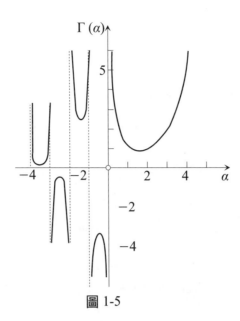

圖 1-5

證明：依定義：$\Gamma(n) = \int_0^\infty x^{n-1} e^{-x} dx$, $\Gamma(n+1) = \int_0^\infty x^n e^{-x} dx$

利用分部積分法 $\int u\,dv = uv - \int v\,du$

令 $u = x^n$, $dv = e^{-x}dx \Rightarrow du = nx^{n-1}dx$, $v = -e^{-x}$

$\therefore \Gamma(n+1) = x^n (-e^{-x}) \Big|_0^\infty + n\int_0^\infty x^{n-1}e^{-x}dx$

$\qquad = \lim_{x \to \infty}\left(-\dfrac{x^n}{e^x}\right) + n\Gamma(n)$

$\qquad = n\Gamma(n)$

觀念提示： 1. $\Gamma(1) = 1$ (47)

2. 若 n 為正整數

$\Gamma(\alpha+n) = (\alpha+n+1)\Gamma(\alpha+n-1)$

$\qquad\quad = \cdots = (\alpha+n+1)\cdots(\alpha+1)\alpha\Gamma(\alpha)$

故可得 $\Gamma(n+1) = n!$ (48)

3. $\Gamma\left(\dfrac{1}{2}\right) = \sqrt{\pi}$ (49)

〈證明〉留作習題

4. $\Gamma(n)$ 之第二定義式：

令 $x = -\ln y$

$\Gamma(n) = \int_0^1 (-\ln y)^{n-1} dy = \int_0^1 \left(\ln\left(\dfrac{1}{y}\right)\right)^{n-1} dy$ (50)

(二) Bata 函數

定義：$B(m, n) = \int_0^1 x^{m-1}(1-x)^{n-1}\,dx;\ m > 0,\ n > 0$ (51)

稱之為 Bata 函數，Bata 函數亦可以不同之形式出現：

1. y = ax, ⇒ dy = adx

$$B(m, n) = \frac{1}{a^{m+n-1}} \int_0^a y^{m-1}(a-y)^{n-1}\,dy \tag{52}$$

2. x = sin² θ ⇒ 1 − x = cos² θ, dx = 2sin θ cos θ dθ

$$B(m, n) = 2\int_0^{\frac{\pi}{2}} (\sin\theta)^{2m-1}(\cos\theta)^{2n-1}\,d\theta \tag{53}$$

3. $x = \dfrac{y}{y+a} \Rightarrow dx = \dfrac{ady}{(y+a)^2}$

$$B(m, n) = \int_0^\infty \left(\frac{y}{y+a}\right)^{m-1}\left(\frac{a}{y+a}\right)^{n-1}\frac{ady}{(y+a)^2} = a^n \int_0^\infty \frac{y^{m-1}}{(y+a)^{m+n}}\,dy \tag{54}$$

觀念提示：　*1.* 利用(53)式可計算三角函數之定積分：

$$令 \begin{cases} 2m-1 = a \\ 2n-1 = b \end{cases} \Rightarrow \begin{cases} m = \dfrac{1+a}{2} \\ n = \dfrac{1+b}{2} \end{cases} 則有$$

$$\int_0^{\frac{\pi}{2}} \sin^a\theta \cos^b\theta\,d\theta = \frac{1}{2}B\left(\frac{1+a}{2}, \frac{1+b}{2}\right) \tag{55}$$

2. $B(m, n) = B(n, m)$（具變數對稱性）

3. Bata 函數與 Gamma 函數的關係：

$$B(m, n) = \frac{\Gamma(m)\Gamma(n)}{\Gamma(m+n)} \tag{56}$$

證明：

$\Gamma(m) = \int_0^\infty u^{m-1}e^{-u}\,du$，令 $u = x^2,\ du = 2xdx$，代入可得：

$\Gamma(m) = 2\int_0^\infty x^{2m-1}e^{-x^2}\,dx$

同理　$\Gamma(n) = 2\int_0^\infty y^{2n-1}e^{-y^2}\,dy$

$\Gamma(m)\Gamma(n) = 4\int_0^\infty \int_0^\infty y^{2n-1}x^{2m-1}e^{-(x^2+y^2)}\,dxdy$

利用變數轉換 $x = \rho \cos \theta, y = \rho \sin \theta$，代入可得：

$$\Gamma(m)\Gamma(n) = 4 \int_0^{\frac{\pi}{2}} \int_0^{\infty} (\rho \sin \theta)^{2n-1} (\rho \cos \theta)^{2m-1} e^{-\rho^2} \rho d\rho d\theta$$

$$= \left[2 \int_0^{\frac{\pi}{2}} (\sin \theta)^{2n-1} (\cos \theta)^{2m-1} d\theta \right] \left[2 \int_0^{\infty} \rho^{2(m+n)-1} e^{-\rho^2} d\rho \right]$$

$$= B(m, n) \Gamma(m+n)$$

$$\therefore B(m, n) = \frac{\Gamma(m)\Gamma(n)}{\Gamma(m+n)}$$

得證

定理 13

$$B(n, 1-n) = \Gamma(n)\Gamma(1-n) = \frac{\pi}{\sin n\pi}; \ n \neq 0, \pm 1, \pm 2, \cdots \tag{57}$$

證明：在(54)式中，令 $a = 1$ 可得

$$B(m, n) = \int_0^{\infty} \frac{y^{m-1}}{(y+1)^{m+n}} dy$$

設 $n = 1 - m$，代入後可得：

$$B(m, 1-m) = \int_0^{\infty} \frac{y^{m-1}}{y+1} dy$$

利用複變函數之圍線積分可得

$$B(m, 1-m) = \int_0^{\infty} \frac{y^{m-1}}{y+1} dy = \frac{\pi}{\sin m\pi}$$

故得證

㈢誤差函數

定義：誤差函數（error function）為：

$$erf(x) = \frac{2}{\sqrt{\pi}} \int_0^{\infty} \exp(-t^2) dt \tag{58}$$

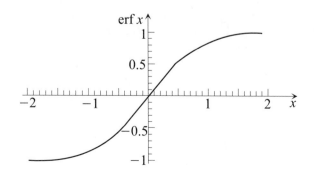

由 Gamma function 之定義式不難求出 $\int_0^\infty \exp(-t^2)dt = \dfrac{\sqrt{\pi}}{2}$，故可得：

$$erf(\infty) = \frac{2}{\sqrt{\pi}} \int_0^\infty \exp(-x^2)dx = 1 \tag{59}$$

此外，尚具有以下性質：

(1) $erf(0) = 0$

(2) $erf(-x) = -erf(x)$

定義：補誤差函數（Complementary error function）

$$erfc(x) = \frac{2}{\sqrt{\pi}} \int_x^\infty \exp(-t^2)dt \tag{60}$$

由(58)及(60)可知：

$$erf(x) + erfc(x) = 1 \tag{61}$$

且有：

(1) $erfc(0) = 1$

(2) $erfc(\infty) = 0$

定義：累積分佈函數（Cumulative distribution function）

$$\phi(x) = \frac{1}{\sqrt{2\pi}} \int_{-\infty}^x \exp\left(-\frac{t^2}{2}\right)dt \tag{62}$$

特性如下：

$$1.\ \phi(\infty) = \frac{1}{\sqrt{2\pi}} \int_{-\infty}^\infty \exp\left(-\frac{x^2}{2}\right)dx = 1 \tag{63}$$

$$2.\ \phi(0) = \frac{1}{\sqrt{2\pi}} \int_{-\infty}^0 \exp\left(-\frac{x^2}{2}\right)dx = \frac{1}{2} \tag{64}$$

$$3.\ erf(x) = 2\phi(\sqrt{2}x) - 1 \text{ or } erf\left(\frac{x}{\sqrt{2}}\right) = 2\phi(x) - 1 \tag{65}$$

證明：

$$\phi(x) = \frac{1}{\sqrt{2\pi}} \int_{-\infty}^x \exp\left(-\frac{t^2}{2}\right)dt \text{，令 } u^2 = t^2/2,\ dt = \sqrt{2}du \text{ 代入後可得：}$$

$$\phi(x) = \frac{1}{\sqrt{2\pi}} \int_{-\infty}^{\frac{x}{\sqrt{2}}} \exp(-u^2)\sqrt{2}\,du$$

$$= \frac{1}{\sqrt{\pi}} \left[\int_{-\infty}^{0} \exp(-u^2)du + \int_{0}^{\frac{x}{\sqrt{2}}} \exp(-u^2)du \right]$$

$$= \frac{1}{\sqrt{\pi}} \left[\frac{\sqrt{\pi}}{2} + \int_{0}^{\frac{x}{\sqrt{2}}} \exp(-u^2)du \right] = \frac{1}{2} + \frac{1}{2}erfc\left(\frac{x}{\sqrt{2}}\right)$$

or equivalently,

$$erf\left(\frac{x}{\sqrt{2}}\right) = 2\phi(x) - 1$$

例題 28：$\Gamma(n) = \int_0^\infty x^{n-1} e^{-x}\,dx$，prove $\Gamma(0.5) = \sqrt{\pi}$，compute $\Gamma\left(-\frac{3}{2}\right)$

解

$$\Gamma(0.5) = \int_0^\infty x^{-\frac{1}{2}} e^{-x}\,dx \quad \Leftrightarrow x = t^2 \Rightarrow dx = 2t\,dt$$

$$\Rightarrow \Gamma(0.5) = 2\int_0^\infty e^{-t^2}\,dt = 2\frac{\sqrt{\pi}}{2} = \sqrt{\pi}$$

$\Gamma\left(-\dfrac{3}{2}\right)$ 可依 $\Gamma(n)$ 之循環公式求解

$$\Gamma\left(\frac{1}{2}\right) = \left(-\frac{1}{2}\right)\Gamma\left(-\frac{1}{2}\right) = \left(-\frac{1}{2}\right)\left(-\frac{3}{2}\right)\Gamma\left(-\frac{3}{2}\right)$$

$$\Gamma\left(-\frac{3}{2}\right) = \frac{\Gamma\left(\dfrac{1}{2}\right)}{\left(-\dfrac{1}{2}\right)\left(-\dfrac{3}{2}\right)} = \frac{4}{3}\sqrt{\pi}$$

例題 29：$\int_0^1 \dfrac{dx}{\sqrt{-\ln x}} = ?$

解

$$\Leftrightarrow t = -\ln x \Rightarrow x = e^{-t},\ dx = -e^{-t}dt$$

$$\int_0^1 \frac{dx}{\sqrt{-\ln x}} = \int_\infty^0 \frac{-e^{-t}}{\sqrt{t}}\,dt = \int_\infty^0 t^{-\frac{1}{2}} e^{-t}dt = \Gamma\left(\frac{1}{2}\right) = \sqrt{\pi}$$

例題 30：證明 $\int_0^2 x^3\sqrt{8-x^3}\,dx = \dfrac{16\pi}{9\sqrt{3}}$

解

$$\Leftrightarrow x^3 = 8y \Rightarrow dx = \frac{2}{3}y^{-2/3}dy$$

$$\int_0^2 x^3\sqrt{8-x^3}\,dx = \int_0^1 2y^{\frac{1}{3}}\sqrt[3]{8(1-y)}\frac{2}{3}y^{-\frac{2}{3}}\,dy$$

$$= \frac{8}{3} \int_0^1 y^{-\frac{1}{3}} (1-y)^{\frac{1}{3}} dy = \frac{8}{3} B\left(\frac{2}{3}, \frac{4}{3}\right)$$

$$= \frac{8}{3} \frac{\Gamma\left(\frac{2}{3}\right)\Gamma\left(\frac{4}{3}\right)}{\Gamma(2)} = \frac{8}{9} \Gamma\left(\frac{1}{3}\right)\Gamma\left(\frac{2}{3}\right) = \frac{8}{9} \frac{\pi}{\sin\frac{\pi}{3}} = \frac{16\pi}{9\sqrt{3}}$$

例題 31：求 $I = \int_0^{\frac{\pi}{2}} \sqrt{\tan\theta}\, d\theta = ?$

解　$I = \int_0^{\frac{\pi}{2}} \sin^{\frac{1}{2}}\theta \cos^{\frac{1}{2}}\theta\, d\theta$　因此

$$\begin{cases} 2m - 1 = \dfrac{1}{2} \\ 2n - 1 = -\dfrac{1}{2} \end{cases} \Rightarrow m = \frac{3}{4}, n = \frac{1}{4}$$

$$\therefore I = \int_0^{\frac{\pi}{2}} \sin^{\frac{1}{2}}\theta \cos^{\frac{1}{2}}\theta\, d\theta = \frac{1}{2} B\left(\frac{3}{4}, \frac{1}{4}\right) = \frac{1}{2}\Gamma\left(\frac{3}{4}\right)\Gamma\left(\frac{1}{4}\right)$$

$$= \frac{1}{2} \frac{\pi}{\sin\frac{\pi}{4}} = \frac{\pi}{\sqrt{2}}$$

例題 32：已知 $\int_0^\infty \dfrac{y^{m-1}}{1+y}\, dy = \dfrac{\pi}{\sin m\pi}$，求 $\int_0^\infty \dfrac{1}{1+x^n}\, dx = ?$ ；$n = 2, 3, 4, \cdots$

解　令 $y = x^n \Rightarrow dx = \frac{1}{n} y^{\frac{1}{n}-1} dy$

$$\therefore \int_0^\infty \frac{1}{1+x^n}\, dx = \frac{1}{n} \int_0^\infty \frac{y^{\frac{1}{n}-1}}{1+y}\, dy = \frac{1}{n} \frac{\pi}{\sin\frac{\pi}{n}} = \frac{\frac{\pi}{n}}{\sin\frac{\pi}{n}}$$

例題 33：求 $\int_0^{\frac{\pi}{6}} \cos^7 3\theta \sin^4 6\theta\, d\theta = ?$

解　$\sin 6\theta = 2\sin 3\theta \cos 3\theta$

$$\int_0^{\frac{\pi}{6}} \cos^7 3\theta \sin^4 6\theta\, d\theta = \int_0^{\frac{\pi}{6}} \cos^7 3\theta (2\sin 3\theta \cos 3\theta)^4 d\theta$$

$$= \frac{16}{3} \int_0^{\frac{\pi}{2}} \sin^4 t \cos^{11} t\, dt = \frac{8}{3} B\left(\frac{5}{2}, 6\right)$$

$$= \frac{\frac{8}{3}\Gamma\left(\frac{5}{2}\right)\Gamma(6)}{\Gamma\left(\frac{17}{2}\right)} = \frac{4096}{135135}$$

綜合練習

1.　求 $\int_0^\infty e^{-t^a}\,dt=$?

2.　證明：(1) $\int_0^\infty x^a e^{-bx}\,dx = \dfrac{\Gamma(a+1)}{b^{a+1}}$；$a>-1, b>0$

　　　　　　(2) $\int_0^\infty x^n b^{-x}\,dx = \dfrac{n!}{(\ln b)^{n+1}}$；$b>0, n\in N$

3.　求 (1) $\int_0^\infty u e^{-u^4}\,du=$?

　　　 (2) $\int_0^\infty \sqrt{x}\,e^{-3\sqrt{x}}\,dx=$?

　　　 (3) $\int_0^\infty 3^{-4x^2}\,dx=$?

4.　求 $\int_0^\infty \dfrac{x}{1+x^6}\,dx=$?

5.　求 $\int_0^1 \dfrac{1}{\sqrt{1-t^n}}\,dt=$?

6.　求 (1) $\int_0^a y^4\sqrt{a^2-y^2}\,dy=$?

　　　 (2) $\int_{-1}^1 (1-x^2)^n\,dx=$?；$n=0, 1, 2, \cdots$

7.　$f(x,y)=\dfrac{x-y}{x+y}$，求 $\lim\limits_{(x,y)\to(0,0)} f(x,y)=$?

8.　$f(x,y)=\dfrac{xy^2}{x^2+y^4}$，求 $\lim\limits_{(x,y)\to(0,0)} f(x,y)=$?

9.　$f(x,y)=e^{ny}\cos nx$，求 $f_{xx}+f_{yy}=$?

10.　$u=x^{y^z}, x>0, y>0, z>0$，求 u_x, u_y, u_z　　　　　　　　　　　【成大】

11.　$z=x\ln\left(\dfrac{y}{x}\right)$，證：$x^2\dfrac{\partial^2 z}{\partial x^2}+2xy\dfrac{\partial^2 z}{\partial x\partial y}+y^2\dfrac{\partial^2 z}{\partial y^2}=0$　　　【逢甲】

12.　$f(x,y)=\ln|x^2y^2-1|$，求 $\dfrac{\partial^n f}{\partial x^n}(0,1)$ 及 $\dfrac{\partial^n f}{\partial y^n}(1,0)$　　　【台大】

13.　若 $\omega=\sqrt{x^2+y^2}$，$x=e^t$，$y=\sin t$，求 $\dfrac{d\omega}{dt}=$?　　　　　【交大運輸】

14.　$x\dfrac{\partial\phi}{\partial x}-y\dfrac{\partial\phi}{\partial y}=x-y$，令 $\begin{cases} u=x+y \\ v=xy \end{cases}$ 代入後可化成 $a\dfrac{\partial\phi}{\partial u}+b\dfrac{\partial\phi}{\partial v}=c$，求 a, b, c　　【成大土木】

15.　若 $Q=f(P,V,T), PV=nRT$，且 f 為可微分，其中 n 及 R 為常數，求 $\left(\dfrac{\partial Q}{\partial T}\right)_P$ 及 $\left(\dfrac{\partial Q}{\partial T}\right)_V$【中興應數】

16.　$u=x^u+u^y$，求 $\dfrac{\partial u}{\partial x}, \dfrac{\partial u}{\partial y}$

17.　$\begin{cases} v+\ln u=xy \\ u+\ln v=x-y \end{cases}$，求 $\dfrac{\partial u}{\partial x}, \dfrac{\partial v}{\partial x}$

18.　求 $\int_0^1 \int_x^1 x^2\sqrt{1+y^4}\,dy\,dx=$?　　　　　　　　　　　　【交大機械】

19.　已知 $x=\dfrac{u^2-v^2}{2}$ 及 $y=uv$，求以下之積分值？

　　　$\iint\limits_R dx\,dy=$?，$R: u=-2, u=2, v=2, v=-2$ 所包圍之區域。　　　【台大農工】

20.　求下列三重積分之值：

　　(1) $I_1=\iiint\limits_T \phi(x,y,z)\,dx\,dy\,dz$，其中 $\phi(x,y,z)=10xy$；T 代表由平面 $x=0, y=0, z=0$

　　　 及 $x+y+z=6$ 所包圍之區域。

　　(2) $I_2=\iiint\limits_T dV$，其中 T 代表曲面 $y^2+x^2=a^2, z^2+x^2=a^2$ 在第一象限所包圍之區域。

(3)$I_3 = \iiint\limits_{T} \phi\,(x, y, z)dxdydz$，其中 $\phi\,(x, y, z)=x^2+y^2+z^2$；$T$ 代表由平面 $x=0, y=0, z=0$ 及 $x+y+z=a$

　　（$a>0$）所包圍之區域。　　　　　　　　　　　　　　　　　　　　　　　　　　【交大土木】

21. 求 $z=\dfrac{4}{y^2+1}, y=x, y=3, x=0, z=0$ 所圍成之體積　　　　　　　　　　　【交大工工】

22. 求 $\dfrac{d}{dx}\displaystyle\int_0^1 \ln\,(x^2+t^2)dt=$?

23. 求 $\displaystyle\int_0^{\infty} xe^{-ax}\sin bx\,dx=$?

24. Evaluate $\displaystyle\iint\limits_{R} xy\,dA$ over the region R as shown　　　　　　　　　　　　　　【台科大自控】

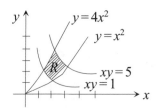

25. Evaluate $\displaystyle\iint\limits_{R} xy\,dA$ over the region in $x \geq 0, y \geq 0$ bounded by $y=x^2+4, y=x^2, y=6-x^2$ and $y=12-x^2$

　　　　　　　　　　　　　　　　　　　　　　　　　　　　　　　　　　　　【台科大自控】

26. Evaluate

$$\iint\limits_{A} (x+y)^3\,dA$$

where A is the region shown in the x-y plane　　　　　　　　　　　　　　　【台科大自控】

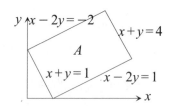

27. Find the volumn of the solid bounded above by the paraboloid $z=4-x^2-y^2$ and below by the plane $z=4$

　　$-2x$　　　　　　　　　　　　　　　　　　　　　　　　　　　　　　　　【台大電機】

28. Prove the identity $\displaystyle\int_0^{\infty} e^{-x^2}\,dx=\dfrac{\sqrt{\pi}}{2}$　　　　　　　　　　　　　　　　　　【中山光電】

29. $\displaystyle\iint_{R} 3xy^2\,dA$，$R$ 區域為 $y=x^2$ 及 $y=2x$ 所圍區域。

30. $\displaystyle\int_0^4 \int_{\sqrt{y}}^2 y\cos x^5\,dxdy=$?

31. $\displaystyle\int_0^2 \int_0^{\sqrt{4-x^2}} (x^2+y^2)dydx=$?

32. $\displaystyle\int_0^1 x^2\left(\ln\dfrac{1}{x}\right)^3 dx=$?

33. $\displaystyle\int_0^{\frac{\pi}{2}} \cos^6\theta d\theta=$?

34. $\displaystyle\int_0^\infty \frac{dx}{1+x^6} = ?$

35. Prove $\displaystyle\int_{-\infty}^{+\infty} e^{-\lambda x^2} dx = \sqrt{\frac{\pi}{\lambda}}$; $\lambda > 0$　　　　　　　　【清大工程】

36. Let $x = 2s + t^3$, $y = 2s + t^2$

    (a) Compute $\dfrac{\partial x}{\partial s}, \dfrac{\partial y}{\partial t}$

    (b) Compute $\dfrac{\partial s}{\partial x}, \dfrac{\partial t}{\partial x}$

    (c) Let $u = t^3 + s^2$, compute $\dfrac{\partial u}{\partial s}$　　　　　　　　【成大航太】

37. $\dfrac{\partial \phi}{\partial t} = a \dfrac{\partial^2 \phi}{\partial x^2}$, $\phi(x, 0) = \phi_1$, $\phi(0, t) = \phi_0$, $\phi(L, t) = \phi_L$

    (a) Show that the P.D.E. can be transformed into an O.D.E. with the dependent variable defined as $\eta = \dfrac{x}{\sqrt{4at}}$

    (b) Solve for $\phi(x, t)$ based on the transformed O.D.E..　　　　　　　　【中興精密】

38. Evaluate $\displaystyle\int \frac{1}{x^4 + x^2 + 1} dx = ?$

39. Show that $\dfrac{d}{dx}\left(\dfrac{x}{(1+x^2)^{n-1}}\right) = \dfrac{2(n-1)}{(1+x^2)^n} - \dfrac{2n-3}{(1+x^2)^{n-1}}$

40. Solve：$\displaystyle\int x\sqrt{9 - 8x - x^2}\, dx$

41. Solve：$\displaystyle\int x\cos^2(3x)dx$

附錄 1-A：常用的數學公式

一、常用公式

A. 函數之奇偶性

1. even function：$f(x) = f(-x)$

   例：x^{2n}; $n = 1, 2, \cdots$，$\cos x$, $\cosh x$, $\cdots$

   由定義可知其圖形對稱於 y 軸

2. odd function：$f(x) = -f(-x)$

   例：x^{2n+1}; $n = 1, 2, \cdots$，$\sin x$, $\sinh x$, $\cdots$

   由定義可知其圖形對稱於原點

3. 函數之奇偶性滿足下列性質：

   (1) 偶 ± 偶 ＝ 偶，奇 ± 奇＝奇，

   (2) 偶 × (÷) 偶＝偶，偶 × (÷) 奇＝奇

   (3) 若 $f(x) = f(-x)$，則

$$\int_{-a}^{a} f(x)dx = 2\int_{0}^{a} f(x)dx$$

(4)若 $f(x) = -f(-x)$，則 $\int_{-a}^{a} f(x)dx = 0$

B.三角函數的重要公式

1. 互換公式

$$\sin x = \frac{1}{\csc x}, \cos x = \frac{1}{\sec x}, \tan x = \frac{1}{\cot x}$$

$$\tan x = \frac{\sin x}{\cos x}, \cot x = \frac{\cos x}{\sin x}$$

$$\sin\left(x + \frac{\pi}{2}\right) = \cos x, \cos\left(x + \frac{\pi}{2}\right) = -\sin x$$

2. 和差化積

$$\sin(x \pm y) = \sin x \cos y \pm \cos x \sin y$$

$$\cos(x \pm y) = \cos x \cos y \mp \sin x \sin y$$

3. 積化和差

$$\sin x \cos y = \frac{1}{2}(\sin(x + y) + \sin(x - y))$$

$$\cos x \sin y = \frac{1}{2}(\sin(x + y) - \sin(x - y))$$

$$\cos x \cos y = \frac{1}{2}(\cos(x - y) + \cos(x + y))$$

$$\sin x \sin y = \frac{1}{2}(\cos(x - y) - \cos(x + y))$$

4. 倍角公式

$$\sin 2x = 2\sin x \cos x$$

$$\cos 2x = \cos^2 x - \sin^2 x = 2\cos^2 x - 1 = 1 - 2\sin^2 x$$

$$\sin 3x = 3\sin x - 4\cos^3 x$$

$$\cos 3x = 4\cos^3 x - 3\cos x$$

C.指數與對數函數

1.

$$x^a x^b = x^{a+b}, \frac{x^a}{x^b} = x^{a-b}, (x^a)^b = x^{ab}, x^a y^a = (xy)^a$$

$$y = x^a \Rightarrow x = \log_a y$$

$$y = e^x \Rightarrow x = \ln y; e = 2.71828$$

2.

$$\log_a xy = \log_a x + \log_a y, \log_a \frac{x}{y} = \log_a x - \log_a y$$

$$\log_a y = \frac{\ln y}{\ln x}$$

$$\log_a x^y = y \log_a x$$

二、級數觀念

A.等比級數

$$S_n \equiv \sum_{k=1}^{n} c_k = c_1 + c_2 + \cdots c_n = c_1 + c_1 r + \cdots + c_1 r^{n-1}$$

$$= \frac{c_1(1 - r^n)}{1 - r}$$

$$\text{if } |r| < 1 \Rightarrow \lim_{n \to \infty} S_n = \frac{c_1}{1 - r}$$

B.冪級數

1. $e^x = 1 + x + \dfrac{x^2}{2!} + \dfrac{x^3}{3!} + \cdots$

2. $\cos x = 1 - \dfrac{x^2}{2!} + \dfrac{x^4}{4!} - + \cdots$

3. $\sin x = x - \dfrac{x^3}{3!} + \dfrac{x^5}{5!} - + \cdots$

4. $e^{\pm ix} = \cos x \pm i \sin x$

5. $\cos x = \dfrac{e^{ix} + e^{-ix}}{2}, \sin x = \dfrac{e^{ix} - e^{-ix}}{2i}$

6. $\cosh x = \dfrac{e^x + e^{-x}}{2}, \sinh x = \dfrac{e^x - e^{-x}}{2}$

附錄 1-B：常用的微積分公式

一、微分公式

1. $(x^n)' = nx^{n-1}$

2. $(\sin x)' = \cos x$

3. $(\cos x)' = -\sin x$

4. $(\tan x)' = \sec^2 x$

5. $(\cot x)' = -\csc^2 x$

6. $(e^x)' = e^x$

7. $(\ln x)' = \dfrac{1}{x}$

8. $(\cosh x)' = \sinh x$

9. $(\sinh x)' = \cosh x$

10. $(a^x)' = a^x \ln a$

11. $(\log_a x)' = \dfrac{\log_a e}{x}$

12. $(\sin^{-1} x)' = \dfrac{1}{\sqrt{1 - x^2}}$

13. $(\cos^{-1} x)' = -\dfrac{1}{\sqrt{1 - x^2}}$

14. $(\tan^{-1} x)' = \dfrac{1}{1 + x^2}$

15. $(\cot^{-1} x)' = -\dfrac{1}{1 + x^2}$

二、積分公式

1. $\displaystyle\int x^n \, dx = \dfrac{1}{n+1} x^{n+1} + c$

2. $\displaystyle\int \cos x \, dx = \sin x + c$

3. $\displaystyle\int \sin x \, dx = -\cos x + c$

4. $\displaystyle\int \tan x \, dx = -\ln|\cos x| + c$

5. $\displaystyle\int \cot x \, dx = \ln|\sin x| + c$

6. $\displaystyle\int \dfrac{1}{x^2 + a^2} \, dx = \dfrac{1}{a}\tan^{-1}\dfrac{x}{a} + c$

7. $\displaystyle\int \dfrac{1}{\sqrt{a^2 - x^2}} \, dx = \sin^{-1}\dfrac{x}{a} + c$

8. $\displaystyle\int e^{ax} \, dx = \dfrac{1}{a}e^{ax} + c$

9. $\displaystyle\int \ln x \, dx = x \ln x - x + c$

10. $\displaystyle\int \dfrac{1}{x} \, dx = \ln|x| + c$

2 微分方程式(1)──一階常微分方程式

Self-distrust is the cause of most of our failures.

-Bowee

2-1　微分方程式的分類

㈠微分方程式（Differential Equation 簡稱 D.E）

凡是描述未知函數及其導數與自變數之間的關係（包含未知函數之全微分或偏微分符號）之方程式，稱為微分方程式（Differential Equation 簡稱 D.E），D.E 依其獨立自變數數目的多寡可分成下列四大類型：

⑴常微分方程（Ordinary D. E 簡稱 O. D.E）

凡 D.E 中其因變數只含有一個自變數及導數者，稱之為 O. D.E

說例：

⑵全微分方程（Total D.E 簡稱 T.D.E）

凡 D.E 中含二個以上的變數及其全微分者稱 T.D.E

說例：

$$u\,(x, y, z)\,dx + v\,(x, y, z)\,dy + w\,(x, y, z)\,dz = 0$$

⑶偏微分方程（Partial D.E 簡稱 P.D.E）

凡 D.E 中含有兩個以上的自變數及其偏導數之關係時稱之為 P.D.E

說例：

$$u_{xx} + u_{yy} = \sin x$$

$$u_{xy} + u_{xx} + u_y = 0$$

⑷聯立微分方程（Simultaneous D.E 簡稱 S.D.E）

說例：

$$\begin{cases} x' = 2x + y + 2e^{5t} \\ y' = x + 2y + 3e^{2t} \end{cases}$$

觀念提示：

	自變數個數	因變數個數
O.D.E	1	1
P.D.E	2 ↑	1
S.D.E	1	2 ↑

㈡常微分方程式之分類：

⑴依階數及次數分類

定義：D.E 中因變數所出現的最高階導數之階數稱為此 D.E 之階數（order）；而在有理化後，該最高階導數之冪次稱作此 D.E 之次數（degree）。

說例：

$$x^3 \frac{dy}{dx} + y = 0 \quad（一階一次 \text{ O.D.E}）$$

$$\left(\frac{d^2y}{dx^2} \right)^3 + x^2 \frac{dy}{dx} + y^2 = 0 \quad（二階三次 \text{ O.D.E}）$$

$$x^3 \frac{d^3y}{dx^3} + 3x^2 \frac{d^2y}{dx^2} - 2x \frac{dy}{dx} + 6y = \sin x \quad（三階一次 \text{ O.D.E}）$$

觀念提示： 階及次的判斷取決於因變數

⑵依線性或非線性分類

1. 線性常微分方程（Linear O.D.E）

一般式：

$$a_n(x) y^{(n)} + a_{n-1}(x) y^{(n-1)} + \cdots\cdots + a_1(x)y' + a_0(x)y = f(x) \tag{1}$$

線性 O.D.E 必須滿足下列條件：

(a).所有因變數及其各階導數均以一次方的形式出現

(b).因變數及其各階導數無相互乘積項存在

(c).不可含有因變數及其各階導數之非線性函數（如 $\cos y, e^y, |y|, \cdots\cdots$）

(d).(1)式中之 $a_n(x), a_{n-1}(x), \cdots f(x)$ 只可為自變數 x 之函數或常數

說例：

$$x^2 y'' + 2xy' + 3y = 0 \quad（二階一次 \text{ linear O.D.E}）$$

$$\sin xy' + e^x y = 1 \quad（一階一次 \text{ linear O.D.E}）$$

2. 非線性 O.D.E（Nonlinear O.D.E）：凡不滿足(1)式者

說例：

$$yy' + \sin x = 0 \quad（一階一次 \text{ nonlinear O.D.E}）$$

$$(y'')^2 + yy' = 0 \quad（二階二次 \text{ nonlinear O.D.E}）$$

⑶依齊性與非齊性分類（homogeneous and nonhomogeneous）

Linear O.D.E（also P.D.E）又可再分為齊性與非齊性兩類，若 $f(x) = 0$ 則為齊性

說例：

$$x^2 y'' + 3xy' + 5y = 0 \quad（二階一次 \text{ linear 齊性 O.D.E}）$$

$x^2y'' + 3xy' + 5y = e^x$（二階一次 linear 非齊性 O.D.E）

2-2　一階常微分方程式解的特性

定義：對一階 O.D.E 而言，含有一個未定常數的解稱為此方程式的通解（General Solution）；而在配合一給定的初始條件以確定此常數值後的解稱為此方程式的特解（Particular Solution）。

定理 1

解之存在與唯一性

若給定一階一次 O.D.E

$\dfrac{dy}{dx} = f(x, y)$，初始條件為 $y(x_0) = y_0$, 在 x-y plane 上某一區域 R 內

(1)解存在之條件：$f(x, y)$ 為連續函數且有界。

(2)解唯一之條件：$\dfrac{\partial f(x, y)}{\partial y}$ 也為連續函數且有界。

則存在且僅有一個解 $y = \phi(x)$ 定義在 R 區域內，滿足上述初始值問題。

觀念提示：　For $y' + p(x)y = q(x)$，$y(x_0) = y_0$　　　　　　　　　　　(2)

Assume (2) is defined in the region：$|x - x_0| < a,\ |y - y_0| < b$, then from the conditions as described in 定理 1, rewrite (2) as:

$$y' = -p(x)y + q(x) = f(x, y) \Rightarrow \frac{\partial f}{\partial y} = -p(x)$$

Therefore, the conditions that (2) has unique solution are

(1)$p(x)$ is continuous in the region of $|x - x_0| < a,\ |y - y_0| < b$

(2)$q(x)$ is continuous in the region of $|x - x_0| < a,\ |y - y_0| < b$

定義：奇異解（singular solution）：不能由通解中得到，但仍能滿足原微分方程的解。

觀念提示：　1. 特解為實際問題中給定一初始條件（Initial Condition）後，所得之確切解；而通解即為這些所有任意初始條件所對應特解所成的解集合。

2. 常微分方程式若發生 singular solution，表示系統在某些地方的解並不具有唯一性。

說例：Clairaut 微分方程式

$(y')^2 - xy' + y = 0$

其通解（G.S）為：$y = cx - c^2$

如圖 2-1 所示，不同的未定常數 c 代表某個特解，所有特解所形成解集合，稱為通解，但知 $y = \frac{1}{4}x^2$ 亦為微分方程的一解，卻無法由通解中代入 c 得到，此即為奇異解（S.S），如圖 2-1 所示，一般而言，奇異解即為通解族之包絡線（Envelope curve），其特性如下：

(1)包絡線為通解所形成曲線族的公切線

(2)包絡線將平面分割成有解及無解的二個區域。

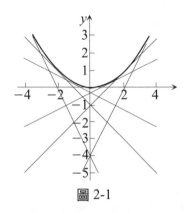

圖 2-1

顯然的，對於所有解區域中的任一點 p，必定存在一直線通過且切於 $y(x) = \frac{1}{4}x^2$。反之在無解區域中的任一點 Q，必不能找出一條直線通過 Q 且切於 $y(x) = \frac{1}{4}x^2$。

3. 一階常微分方程 $y' = f(x, y)$ 之通解可看作是一曲線族 $F(x, y, c) = 0$（隱函數表示法），若存在奇異解則必為此曲線族的包絡線。

定理 2

$F(x, y, c) = 0$ 為一階 O.D.E $y' = f(x, y)$ 之通解，若存在包絡線且 $(F_x)^2 + (F_y)^2 \neq 0$，則其包絡線可自聯立方程式

$\begin{cases} F(x, y, c) = 0 \\ \dfrac{\partial F(x, y, c)}{\partial c} = 0 \end{cases}$ 中消去 c 以求解

例題 1：Consider the following differential equation

$$x = \frac{dx}{dt}t + a\left(\frac{dx}{dt}\right)^2 + b \qquad \text{【交大電機】}$$

where a and b are constants

(a)Find the general solution and a singular solution of the above equation

(b)Show that the general solutions are all tangent to the curve of the singular solution

(a)令 $p = \frac{dx}{dt}$ 則原式可化為：

$x = pt + ap^2 + b \cdots\cdots(1)$

$\Rightarrow \frac{dx}{dt} = p + (t + 2ap)\frac{dp}{dt}$

$\Rightarrow \frac{dp}{dt}(t + 2ap) = 0$

可得：

$$\begin{cases} t + 2ap = 0 \Rightarrow p = \dfrac{-t}{2a} \\ \dfrac{dp}{dt} = 0 \Rightarrow p = c \end{cases}$$

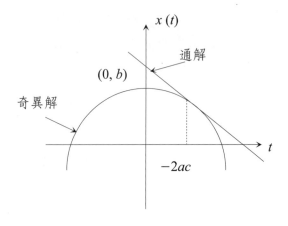

代回(1)式中可得：

通解：$x(t) = ct + ac^2 + b$，c is constant

奇異解：$x(t) = \dfrac{-t}{2a}t + a\left(\dfrac{-t}{2a}\right)^2 + b = -\dfrac{t^2}{4a} + b$

(b)$ct + ac^2 + b = -\dfrac{t^2}{4a} + b \Rightarrow t = -2ac, -2ac$

故知通解與奇異解交點只有一個，且奇異解在交點之斜率為

$$\left.\frac{dx(t)}{dt}\right|_{t=-2ac} = \left.-\frac{t}{2a}\right|_{t=-2ac} = c$$

與通解之斜率相同，因此通解所代表之直線族必均與奇異解相切。

例題 2：(1)$\dfrac{dy}{dx} = \sqrt{y}, y(0) = 0$ 之解是否唯一？

(2)請寫出一階微分方程 $\dfrac{dy}{dx} = f(x, y)$ 存在唯一解之條件？

【台大造船，中原機械】

(1)$f(x, y) = \sqrt{y}$ 為連續

$$\frac{\partial f(x,y)}{\partial y}=\frac{1}{2\sqrt{y}} \text{ 在 } y=0 \text{ 時不連續} \Rightarrow \text{此解可能非唯一}$$

$$\frac{dy}{\sqrt{y}}=dx \Rightarrow 2\sqrt{y}=x+c$$

$$\Rightarrow y(x)=\frac{1}{4}(x+c)^2$$

$$\because y(0)=0$$

$$\therefore c=0$$

此外，$y=0$ 亦為本題之解，故 $y(x)$ 之解為：

$$y(x)=\begin{cases}\dfrac{1}{4}x^2 \\[2mm] 0\end{cases} \text{；非唯一}$$

⑵若 $f(x,y), \dfrac{\partial f}{\partial y}$ 在區域 R 內為連續，則當 $x=x_0, y=y_0$ 必對應唯一之解

例題 3：對微分方程式 $y''+ay=0$，其中 a 為常數而言，請說明起始問題（initial value problem）與邊界值問題（boundary value problem）的條件與解的差異。　　　　　　　　　　　　　　　　　　　　　　【中央木工、環工】

解

起始條件是在同一自變數之值設定：

$$y(x_0)=c_1, \ y'(x_0)=c_2$$

其中 c_1, c_2 表已知常數。本題不論 a 之值為何，解均存在，且必為唯一。

邊界條件則是在不同自變數之值設定：

$$\alpha_1 y(x_1)+\beta_1 y'(x_1)=\gamma_1$$

$$\alpha_2 y(x_2)+\beta_2 y'(x_2)=\gamma_2$$

where $\alpha_1, \alpha_2, \beta_1, \beta_2, \gamma_1, \gamma_2 \in R$，邊界值問題，解不一定存在：

1. 當 a 不為特徵值，解不存在

2. 當 a 是特徵值，存在 nontrivial solution 且具無窮多解

2-3 　一階線性常微分方程式

㈠通式：

$$\frac{dy}{dx} + p(x)y = f(x) \tag{3}$$

根據定理 1，解函數存在且唯一的充分條件為在某區域 R 內 $[f(x) - p(x)y]$ 及 $\dfrac{\partial[f(x) - p(x)y]}{\partial y}$ 均連續，故可得以下定理

定理 3

若 $p(x)$ 及 $f(x)$ 在 x_0 及其鄰域上為連續，則一階線性常微分方程 $y' + p(x)y = f(x)$，$y(x_0) = y_0$ 解存在且唯一。

定理 4

若 $p(x)$ 及 $f(x)$ 均為連續函數則 $y' + p(x)y = f(x)$ 之通解為：

$$y(x) = e^{-\int p(x)dx}\left[\int f(x)\, e^{\int p(x)dx}\, dx + c\right]; \; c \in R \tag{4}$$

證明：　(1)參數變化法（variation of parameter）：

設解為 $y(x) = u(x)v(x)$代入(3)可得

$$v\left(\frac{du}{dx} + p(x)u\right) + uv' = f(x)$$

let 　$u' + pu = 0$ 　　(5a)

則 　$uv' = f(x)$ 　　(5b)

由(5a)，可得

$$u(x) = e^{-\int p(x)dx} \tag{6}$$

Substituting (6) into (5b), we have

$$v = \int \frac{1}{u}f(x)dx + c = \int f(x)\, e^{\int p(x)dx}\, dx + c$$

$$\therefore y(x) = e^{-\int p(x)dx}\left[\int f(x)\, e^{\int p(x)dx}\, dx + c\right]$$

(2)化為正合（Exact）型：

原一階 O.D.E 二邊同時乘上 $u(x)$ 可得

$$u(x)\left[\frac{dy}{dx}+p(x)y\right]=u(x)f(x) \tag{7}$$

將(7)化為

$$\frac{d[u(x)y]}{dx}=u(x)f(x) \tag{8}$$

欲滿足(8)式，必須

$$u(x)p(x)=\frac{du(x)}{dx} \tag{9}$$

$$\Rightarrow u(x)=e^{\int p(x)dx} \tag{10}$$

將(10)代入(8)可得 y 之通解

$$u(x)y=\int u(x)f(x)dx+c$$

$$\text{or } y=e^{-\int p(x)dx}\left[\int e^{\int p(x)dx}f(x)\,dx+c\right]$$

觀念提示：　1. 應用定理 4 須注意：

(1) $\frac{dy}{dx}$ 項之係數必須為 1，若非 1 則需先行轉換，如此所得之 $p(x)$ 及 $f(x)$ 方可代入(4)求解

(2)注意 $p(x)$ 及 $f(x)$ 必須在求解範圍內為連續方可運用

2. 若 $f(x)=0$ 則稱 $y'+p(x)y=0$ 為一階線性齊性 （Homogeneous） O.D.E，此時所求得的解稱為齊性解。不難發現其必為：

$$y_h(x)=ce^{-\int p(x)dx} \tag{11}$$

此時任意常數 $c\in R$ 必須藉由代入初始條件 $y(x_0)=y_0$ 決定。

3. 若 $f(x)\neq 0$ 稱 $y'+p(x)y=f(x)$ 為一階線性非齊性（nonhomogeneous）O.D.E，特解必與 $f(x)$ 有關

$$y_p=e^{-\int p(x)dx}\int e^{\int p(x)dx}f(x)dx \tag{12}$$

(二)非標準式 $\xrightarrow[\text{變數變換}]{}$ 標準式(3) $\xrightarrow[\text{（新變數）}]{}$ 通解(4) $\xrightarrow[\text{反變換}]{}$ 真正解

$$g'(y)\frac{dy}{dx}+p(x)g(y)=f(x) \tag{13}$$

(13)為一非線性 O.D.E 但若將 $g(y(x))$ 看作是一個新的 x 的函數

$$\text{Let } u = g(y) \Rightarrow \frac{du(x)}{dx} = \frac{dg(y)}{dy} \frac{dy}{dx}$$

故(13)改寫為 $u(x)$ 之一階線性 O.D.E

$$\frac{du}{dx} + p(x)u(x) = f(x) \tag{14}$$

再代入(4)式中可得 $u(x)$ 之通解，再經由反變換可得 y 之解

㈢伯努利（Bernoulli）方程式

$$\frac{dy}{dx} + p(x)y = f(x)y^n \quad n \in R \text{；} n \neq 0,\ 1 \tag{15}$$

顯然的，因 y^n 的出現使得方程式不是線性，先將全式除以 y^n 得到形如(13)的表示式：

$$y^{-n}\frac{dy}{dx} + p(x)y^{1-n} = f(x) \tag{16}$$

$$\text{令 } u\ (y) = y^{1-n} \Rightarrow \frac{du}{dx} = (1-n)y^{-n}\frac{dy}{dx} \tag{17}$$

$$\text{or } \frac{1}{1-n}\frac{du}{dx} = y^{-n}\frac{dy}{dx}$$

Substituting (17) into (15)，we have

$$\frac{dy}{dx} + (1-n)p(x)u = (1-n)f(x) \tag{18}$$

明顯的(18)即為一階線性 O.D.E

例題 4：Solve $y' + (\tan x)y = \sin 2x;\ y(0) = 1$　　　　　【清華電機、交大電信】

 解

$$u(x) = e^{-\int \tan x\, dx} = e^{\int \frac{1}{\cos x} d(\cos x)} = e^{\ln(\cos x)} = \cos x$$

$$\therefore y\ (x) = \cos x \left[\int \frac{1}{\cos x} \cdot \sin 2x\, dx + c \right] = \cos x\ [c - 2\cos x]$$

$$y(0) = c - 2 = 1 \Rightarrow c = 3$$

$$\therefore y(x) = \cos x (3 - 2\cos x) = 3\cos x - 2\cos^2 x$$

例題 5：求 $xy' - (x+1)y - x^2 + x^3 = 0$ 　　　　　　　　　【台大電機】

解　原式先化為標準式：

$$\frac{dy}{dx} - \frac{x+1}{x}y = x - x^2$$

$$\therefore u(x) = e^{\int \frac{x+1}{x}dx} = e^{(x+\ln x)} = xe^x$$

$$y(x) = xe^x \int (1-x)e^{-x}\,dx + c = (x-1)e^{-x} + e^{-x} + c$$

$$y(x) = x(x-1) + x + cxe^x$$

例題 6：求 $y' - 2xy = e^{x^2}$ 之通解 　　　　　　　　　　【台大電機】

解

$$u(x) = e^{\int 2x\,dx} = e^{x^2}$$

$$y = e^{x^2}\left[\int e^{x^2} \cdot e^{-x^2}\,dx + c\right]$$

$$= e^{x^2}(x+c) = xe^{x^2} + ce^{x^2}$$

例題 7：$\dfrac{dy}{dx} + y = f(x)$

其中 $f(x) = \begin{cases} 0 \ ; \ 0 \le x \le 2 \\ x-2 \ ; \ 2 < x \le 4 \\ 2 \ ; \ 4 < x \end{cases}$ 　　　　　　　【台大機械】

解　$0 \le x < 2$ 時，$y' + y = 0$

可得通解為：$y_1 = c_1 e^{-x}$

$2 < x \le 4$ 時 $y' + y = x - 2$

可得通解為：$y_2 = c_2 e^{-x} + x - 3$

$x > 4$ 時 $y' + y = 2$

可得通解為：$y_3 = c_3 e^{-x} + 2$

代入邊界條件：

(1) $y_1(2) = y_2(2)$，亦即

$$c_1 e^{-2} = c_2 e^{-2} - 1 \Rightarrow c_1 = c_2 - e^{-2}$$

(2)$y_2(4) = y_3(4)$，亦即

$$c_2 e^{-4} + 1 = c_3 e^{-4} + 2 \Rightarrow c_3 = c_2 - e^{-4}$$

令 $c_2 = c$，可得：

$$y(x) = \begin{cases} (c - e^2)e^{-x} & ; \ 0 \le x \le 2 \\ ce^{-x} + x - 3 & ; \ 2 \le x \le 4 \\ (c - e^4)e^{-x} + 3 & ; \ x \ge 4 \end{cases}$$

例題 8：求 $y' - 1 = e^{-y}(x-1)$ 之通解？　　　　　　　　　　【台科大】

解　　原式可改寫為：$e^y y' - e^y = (x-1)$

令 $u = e^y \Rightarrow \dfrac{du}{dx} = \dfrac{du}{dy}\dfrac{dy}{dx} = e^y \dfrac{dy}{dx}$

故原式變為：

$$\frac{du}{dx} - u = x - 1$$

可得通解為：$u(x) = e^x[c - xe^{-x}] = ce^x - x$

故 $y(x) = \ln u = \ln(ce^x - x)$

例題 9：Solve $2xy' - y - 10x^3 y^5 = 0$　　　　　　　　　　【台大電機】

解　　$2x\dfrac{dy}{dx} - y = 10x^3 y^5 \Rightarrow \dfrac{2x}{y^5}\dfrac{dy}{dx} - \dfrac{1}{y^4} = 10x^3$

令 $u = \dfrac{1}{y^4} \quad \Rightarrow \quad \dfrac{du}{dx} = -4y^{-5}\dfrac{dy}{dx}$

代回原式可得：

$$-\frac{x}{2}u' - u = 10x^3 \Rightarrow u' + \frac{2}{x}u = -20x^2$$

可得通解為：

$$u(x) = e^{-\int \frac{2}{x}dx}\left[-\int e^{\int \frac{2}{x}dx} \cdot 20x^2 dx + c\right] = \frac{1}{x^2}[-4x^5 + c]$$

$$= -4x^3 + cx^{-2}$$

$$y(x) = (u(x))^{\frac{-1}{4}}$$

例題 10：Solve $y'\sin y + \sin x \cos y = \sin x$　　　　　　　　　【中山電機】

解　取 $g(y) = \cos y \Rightarrow \dfrac{dg}{dx} = \dfrac{dg}{dy}\dfrac{dy}{dx} = -\sin y\dfrac{dy}{dx}$

代入原式可得：

$$\frac{dg}{dx} - g\sin x = -\sin x$$

可得通解為：

$$g(x) = e^{\int \sin x\,dx}\left[-\int e^{-\int \sin x\,dx}\sin x\,dx + c\right]$$

$$= e^{-\cos x}\left[e^{\cos x} + c\right] = ce^{-\cos x} + 1$$

$$\Rightarrow y(x) = \cos^{-1}(c \cdot e^{-\cos x} + 1)$$

例題 11：Solve $(2x + y^4)\dfrac{dy}{dx} - y = 0$　　　　【成大機械】

解　此題為因－自變數互換化為 linear O.D.E

$$\frac{dy}{dx} = \frac{y}{2x + y^4} \Rightarrow \frac{dx}{dy} - \frac{2}{y}x = y^3$$

$$\Rightarrow x(y) = e^{\int \frac{2}{y}\,dy}\left(e^{\int -\frac{2}{y}\,dy}y^3\,dy + c\right)$$

$$= \frac{1}{2}y^4 + c \cdot y^2$$

例題 12：Find the general solution of the nonlinear differential equation:

$$y' + y\ln x^3 = 3x^{-x}e^x y^{\frac{2}{3}}$$

【101 北科大電機】

解　原式：$y^{-\frac{2}{3}}y' + y^{\frac{1}{3}}\ln x^3 = 3x^{-x}e^x$

Let $u = y^{\frac{1}{3}} \Rightarrow \dfrac{du}{dx} = \dfrac{1}{3}y^{-\frac{2}{3}}\dfrac{dy}{dx}$

故原式：$\dfrac{du}{dx} + 3u\ln x^3 = 9x^{-x}e^x$

$\Rightarrow u = x^{1-x}e^x + ce^x x^{-x}$

$\therefore y = (x^{1-x}e^x + ce^x x^{-x})^3$

2-4　分離變數法

一般來說，一階 O.D.E 通常可表示成如下之三種形式之一

$(1) y' = f(x, y)$

$(2) M(x, y)dx + N(x, y)dy = 0$

$(3) f(x, y, y') = c$

㈠可分離變數型

即為型如(1)之類型且$f(x, y)$可以分解成一個只和變數x有關之函數$g(x)$與一個只和變數y有關的函數$h(y)$相乘積：

$$\frac{dy}{dx} = f(x, y) = g(x)h(y) \tag{19}$$

$$\Rightarrow \frac{dy}{h(y)} = g(x)\, dx$$

$$\therefore \int \frac{dy}{h(y)} = \int g(x)\, dx + c \quad c \in R \tag{20}$$

例題 13：Solve $y' = (y^2 - y)e^x$; $y(0) = 2$　　　　　　　【101 成大電機】

解　　本題為可分離變數型：

$\dfrac{dy}{y(y-1)} = e^x dx$，積分後可得通解為：

$y = \dfrac{1}{1 - ce^{e^x}}$

$y(0) = 2 \Rightarrow c = \dfrac{1}{2}e^{-1}$

㈡不可分離型 $\xrightarrow[\text{變數變換}]{}$ 可分離型

$$(1) \frac{dy}{dx} = f(x, y) = p\,(ax + by) \tag{21}$$

$$\text{let } u = ax + by \Rightarrow \frac{du}{dx} = a + b\frac{dy}{dx} = a + bp\,(u) \tag{22}$$

(21)式經由 $u = ax + by$ 的變數變換得到(22)式可分離變數型，因此可得：

$$\int \frac{du}{a + bp(u)} = x + c \tag{23}$$

$$(2) y + x\frac{dy}{dx} = f(x, y) = g(xy)$$

Let $v = xy \Rightarrow \dfrac{dv}{dx} = y + x\dfrac{dy}{dx}$

$\therefore \dfrac{dv}{dx} = g(v)$

(3)一階齊次 O.D.E.

$\dfrac{dy}{dx} = f(x, y)$，若 $f(x, y)$ 滿足 $f(\lambda x, \lambda y) = f(x, y)$，即 $f(x, y)$ 為齊次型方程式 $\Rightarrow$

$$y' = f(x, y) = f\left(\dfrac{y}{x}\right) \tag{24}$$

$\Rightarrow$ 令 $u = \dfrac{y}{x}$ 進行變數變換

說例：$f(x, y) = \dfrac{x^2 - y^2}{2xy}$, or $\dfrac{y^3 + x^3}{3x^2y + xy^2}$ 均為齊次型（分子與分母均為同次）

顯然的，若令 $u = \dfrac{y}{x}$ 代入可得到以 u 為變數的單變數函數同時 $u = \dfrac{y}{x} \Rightarrow$

$\dfrac{dy}{dx} = u + x\dfrac{du}{dx}$

因此(24)式可化為

$$\dfrac{dy}{dx} = f\left(\dfrac{y}{x}\right) = g(u) = u + x\dfrac{du}{dx} \tag{25}$$

$\therefore \displaystyle\int \dfrac{du}{g(u) - u} = \int \dfrac{1}{x}\,dx + c$

觀念提示：　1.變數轉換之目的在於簡化問題，原則在使 $f(x, y)$ 轉變成一單變數函數

2.n 次齊次函數 $f(x, y, \cdots)$ 滿足 $f(\lambda x, \lambda y, \cdots) = \lambda^n f(x, y, \cdots)$

3.若一階 O.D.E. $M(x, y)dx + N(x, y)dy = 0$ 滿足 $M(x, y)$ 與 $N(x, y)$ 同次之齊次函數，即：

$\begin{cases} M(\lambda x, \lambda y) = \lambda^n M \\ N(\lambda x, \lambda y) = \lambda^n N \end{cases}$，則可令 $y = ux$ 進行變數變換，即可化為可分離變數型

4.有些時候，$M(x, y)$ 與 $N(x, y)$ 雖非齊次函數，然仍可經由座標平移使之化為齊次

5.非齊次函數，然仍可試以 $y = ux^\alpha$ 進行變數變換後，找出適當的 α 值

(3)非齊次型 $\xrightarrow[座標平移]{}$ 齊次型

$$(a_1x + b_1y + c_1)\,dx + (a_2x + b_2y + c_2)\,dy = 0 \tag{26}$$

Case 1： $\dfrac{a_1}{a_2} \neq \dfrac{b_1}{b_2}$

$\Rightarrow \begin{cases} a_1 x + b_1 y + c_1 = 0 \\ a_2 x + b_2 y + c_2 = 0 \end{cases}$ has unique solution $(x, y) = (x_0, y_0)$

Let $\begin{cases} x = u + x_0 \\ y = v + y_0 \end{cases}$ 為新座標代入原式

where $x_0 = \dfrac{\begin{vmatrix} -c_1 & b_1 \\ -c_2 & b_2 \end{vmatrix}}{\begin{vmatrix} a_1 & b_1 \\ a_2 & b_2 \end{vmatrix}}$ ； $y_0 = \dfrac{\begin{vmatrix} a_1 & -c_1 \\ a_2 & -c_2 \end{vmatrix}}{\begin{vmatrix} a_1 & b_1 \\ a_2 & b_2 \end{vmatrix}}$

$\Rightarrow (a_1 u + b_1 v)du + (a_2 u + b_2 v)dv = 0$ （27）

(27)即為一階齊次 O.D.E，可按上述變數轉換作法求解

Case 2： $\dfrac{a_1}{a_2} = \dfrac{b_1}{b_2} = m \neq \dfrac{c_1}{c_2}$ （平行線）

令 $\begin{cases} a_1 = a_2 m \\ b_1 = b_2 m \end{cases}$ ，代入(26)化為可分離變數型

$\Rightarrow [a_2 mx + b_2 my + c_1]dx + [a_2 x + b_2 y + c_2]dy = 0$

$\Rightarrow \dfrac{dy}{dx} = -\dfrac{m(a_2 x + b_2 y) + c_1}{a_2 x + b_2 y + c_2} = f(a_2 x + b_2 y) = f(z)$ ；令 $u = a_2 x + b_2 y$

$\Rightarrow \dfrac{dz}{dx} = a_2 + b_2 \dfrac{dy}{dx} = a_2 + b_2 f(z)$

$\Rightarrow \dfrac{dy}{dx} = \dfrac{\dfrac{dz}{dx} - a_2}{b_2} = f(z)$

$\Rightarrow \dfrac{dz}{dx} = b_2 f(z) + a_2$

$\Rightarrow \displaystyle\int \dfrac{dz}{b_2 f(z) + a_2} = \int dx = x + c$

(4) Isobaric Equation （齊權方程式）

定義：一階 O.D.E. $f(x, y, y') = 0$，若存在二實常數 m, r，使得

$$f(\lambda x, \lambda^m y, \lambda^{m-1} y') = \lambda^r f(x, y, y') \tag{28}$$

則稱 $f(x, y, y') = 0$ 為權數為 r 之一階齊次 O.D.E.

判別法：(1)定義權數為：

　　　　　$x \rightarrow 1$

　　　　　$y \rightarrow m$

　　　　　$y' \rightarrow m - 1$

說例：$x^a y^b (y')^c \rightarrow a + bm + c(m-1)$

　　⑵將原式之每一項之權數求出後，若存在一 m 值，使得每一項之權數相等，
　　　則稱此 O.D.E.為齊權

　　解法：利用變數轉換 $v = \dfrac{y}{x^m}$ 代入原式，可將原式化為可分離變數型

例題 14：Solve $axy' + y = xyy'$　　　　　　　　　【101 北科大光電】

解　本題為可分離變數型：

$\dfrac{(y-a)dy}{y} = \dfrac{dx}{x}$，積分後可得通解為：

$\ln|x| = y - a\ln|y| + c$

例題 15：求解下列 O.D.E 之通解

　　$(1)yy' = xe^{x^2+y^2}$　　$(2)y' = \dfrac{x(1-y^2)}{1+x^2}$　　　【交大機械】

解　$(1)ye^{-y^2}dy = xe^{x^2}dx$ 積分後可得：

$-e^{-y^2} + c = e^{x^2}$ 即 $e^{x^2} + e^{-y^2} = c$

$(2)\dfrac{dy}{(1-y^2)} = \dfrac{xdx}{1+x^2}$，積分後可得通解為：

$\dfrac{1}{2}\ln\left|\dfrac{y+1}{y-1}\right| = \dfrac{1}{2}\ln|x^2+1| + c_1$　或 $\dfrac{y+1}{y-1} = c(x^2+1)$

例題 16：求解微分方程式：$x^2(y+1)dx + y^2(x-1)dy = 0$　　【交大工工】

解　本題為可分離變數型：

$\dfrac{x^2}{x-1}dx + \dfrac{y^2}{y+1}dy = 0$

$\Rightarrow \displaystyle\int \dfrac{x^2}{1-x}dx = -\int \dfrac{(x-1)^2 + 2(x-1) + 1}{x-1}d(x-1)$

$\qquad = -\dfrac{1}{2}(x-1)^2 - 2(x-1) - \ln(x-1)$

$\Rightarrow \displaystyle\int \dfrac{y^2}{y+1}dy = \int \dfrac{(y+1)^2 - 2(y+1) + 1}{y+1}d(y+1)$

$\qquad = \dfrac{1}{2}(y+1)^2 - 2(y+1) + \ln(y+1)$

直接積分後可得通解為：

$$\frac{x^2}{2}+x+\ln|x-1|+\frac{y^2}{2}-y+\ln|y+1|=c$$

例題 17：求解微分方程式：$\dfrac{dy}{dx}=(y+x)^3-1$　　　　　　　【101 台大電子】

解　　Let $z=y+x\Rightarrow\dfrac{dz}{dx}=\dfrac{dy}{dx}+1$

$\dfrac{dy}{dx}=(y+x)^3-1\Rightarrow\dfrac{dz}{dx}=z^3$

$\Rightarrow z^2=-\dfrac{1}{2}\dfrac{1}{x+c}$

$\therefore y=z-x=-x\pm\sqrt{-\dfrac{1}{2}\dfrac{1}{x+c}}$

例題 18：試求 $\dfrac{dy}{dx}=\dfrac{xy+2y^2}{x^2}$ 之 general solution　　　　　　【台大化工】

解　　本題為齊次型 O.D.E，故可令 $y=ux,\ \dfrac{dy}{dx}=u+x\dfrac{du}{dx}$，代入求解得：

$\dfrac{udx+xdu}{dx}=u+2u^2$

$\Rightarrow xdu=2u^2\,dx$

$\dfrac{du}{u^2}=\dfrac{2dx}{x}$

$-\dfrac{1}{u}=2\ln x+c_1$

$2\ln x+\dfrac{x}{y}=c_2$

$x^2\cdot e^{\frac{x}{y}}=k$

例題 19：Find the general solution of the differential equation

$$y'=\frac{y+\sqrt{y^2-x^2}}{x}$$
　　　　　　　　　　　　　　　　　　　　　　　　　　【交大機械】

解　　原式為一階齊次型 O.D.E，令 $u=\dfrac{y}{x},\ y'=xu'+u$ 代入原式可得：

$xu'+u=u+\sqrt{u^2-1}$

$\dfrac{du}{\sqrt{u^2-1}}=\dfrac{dx}{x}$

設 $u=\sec\theta\Rightarrow\sqrt{u^2-1}=\tan\theta,\ du=\sec\theta\tan\theta d\theta$ 代入上式可得

$$\sec\theta d\theta = \frac{dx}{x} \Rightarrow \ln|\sec\theta + \tan\theta| = \ln x + c$$

$$\Rightarrow u + \sqrt{u^2 - 1} = cx$$

$$\Rightarrow \frac{y}{x} + \sqrt{\left(\frac{y}{x}\right)^2 - 1} = cx$$

例題 20：Solve $\dfrac{dy}{dx} = \dfrac{3x + 2y}{3x + 2y + 2}$　　　　　　　【101 高雄大電機】

解　　let $z = 3x + 2y \Rightarrow \dfrac{dz}{dx} = 3 + 2\dfrac{dy}{dx}$，代回原式

$$\frac{1}{2}\left(\frac{dz}{dx} - 3\right) = \frac{z}{z + 2}$$

$$\Rightarrow \frac{z + 2}{5z + 6}dz = dx$$

$$\Rightarrow \frac{1}{5}\left(z + \frac{4}{5}\ln(5z + 6)\right) = x + c$$

$$\Rightarrow 10y - 10x + 4\ln(15x + 10y + 6) = c$$

例題 21：求 $\dfrac{dy}{dx} = \dfrac{3x - y - 6}{x + y + 2}$ 之通解？　　　　　　　【清華化工】

解　　利用座標平移消去常數項

$$\begin{cases} 3x - y - 6 = 0 \\ x + y + 2 = 0 \end{cases} \Rightarrow \begin{cases} x = 1 \\ y = -3 \end{cases} \text{故可令} \begin{cases} u = x - 1 \\ v = y + 3 \end{cases} \text{代入原式後可得}$$

$$\frac{dv}{du} = \frac{3u - v}{u + v}\text{(a)}$$

(a)式為齊次型 O.D.E，令 $t = \dfrac{v}{u}$，$v' = t + ut'$ 代入(a)式可得：

$$t + ut' = \frac{3 - t}{1 + t} \Rightarrow \frac{1}{2}\left[\frac{1}{t + 3} + \frac{1}{t - 1}\right]dt = \frac{-1}{u}du$$

$$\therefore \ln(t + 3) + \ln(t - 1) = -2\ln u + c$$

$$\Rightarrow u^2(t + 3)(t - 1) = c$$

$$(y + 3x)(y - x + 4) = c;\ c \in R$$

例題 22：求 $(3y - 2xy^3)dx + (4x - 3x^2y^2)dy = 0$ 之通解？

解　　令 $y = ux^a$ 進行變數變換

$$\frac{dy}{dx} = x^a\frac{du}{dx} + aux^{a-1}\,dx，\text{代入原式後可得}$$

$$[(4\alpha+3)u - (3\alpha+2)u^3x^{2\alpha+1}]dx + (4x - 3x^{2\alpha+2}u^2)du = 0$$

滿足可分離變數型必須 $x^{2\alpha+2}=x$ or $x^{2\alpha+1}=1$

則 $\alpha = \dfrac{-1}{2}$，代入原式後可得：

$$\left(u - \frac{1}{2}u^3\right)dx + (4x - 3xu^2)du = 0$$

$$\Rightarrow \frac{dx}{x} = \frac{-du}{\dfrac{4 - 3u^2}{u - \dfrac{1}{2}u^3}}$$

$$\Rightarrow \ln x = -(4\ln|u| + \ln|u^2 - 2| + c)$$

$$\Rightarrow \ln x = -(4\ln|y\sqrt{x}| + \ln|y^2x - 2|) + c$$

2-5　一階正合型 O.D.E

㈠考慮如下型式之一階 O.D.E

$$M(x, y)dx + N(x, y)dy = 0 \tag{29}$$

若存在函數 $\phi(x, y)$ 在區域 R 內為一階連續可微分則其全微分型式為：

$$d\phi = \frac{\partial \phi}{\partial x}dx + \frac{\partial \phi}{\partial y}dy \tag{30}$$

顯然的若滿足在某一區域 R 內

$$\frac{\partial \phi}{\partial x} = M(x, y),\ \frac{\partial \phi}{\partial y} = N(x, y)$$

則(29)式可化成

$$M(x, y)dx + N(x, y)dy = \frac{\partial \phi}{\partial x}dx + \frac{\partial \phi}{\partial y}dy = d\phi = 0 \tag{31}$$

(31)之解，明顯為 $\phi(x,y)=c$。滿足(31)式的一階 O.D.E 型式稱為正合（exact）

型 O.D.E

定理 5

正合充要條件

設在 R 區域內函數 $M(x, y)$ 及 $N(x, y)$ 均具有連續的一階偏導數則微分方程式 $M(x, y)dx + N(x, y)dy = 0$ 為正合的充要條件為：

$$\frac{\partial M}{\partial y} = \frac{\partial N}{\partial x} \tag{32}$$

證明：由(31)可得：

$$\frac{\partial M}{\partial y} = \frac{\partial^2 \phi}{\partial y \partial x} = \frac{\partial^2 \phi}{\partial x \partial y} = \frac{\partial N}{\partial x}$$

(二)積分因子型（Integrating factor）

非正合型 $\xrightarrow[\text{乘上一積分因子 } u]{}$ 正合型

若一階一次 O.D.E $M(x, y)dx + N(x, y)dy = 0$ 不滿足正合型的充要條件，但若存在函數 $u(x, y)$ 使得 $u(x, y)M(x, y)dx + u(x, y)N(x, y)dy = 0$ 滿足

$$\frac{\partial(uM)}{\partial y} = \frac{\partial(uN)}{\partial x} \tag{33}$$

亦即經由一可微分函數 $u(x, y)$ 使得 $uMdx + uNdy = 0$ 為正合型，則稱 $u(x, y)$ 為此微分方程式之積分因子。

觀念提示： 1. 若一階一次 O.D.E $M(x, y)dx + N(x, y)dy = 0$ 之解的形式可寫成 $\phi(x, y) = c$ 則其積分因子 $u(x, y)$ 必存在，但非唯一。

2. 正合型微分方程尋找 $\phi(x, y)$ 之方法可根據定義及充要條件 $\frac{\partial M}{\partial y} = \frac{\partial N}{\partial x}$

先對 $M(x, y)$ 執行對 x 之偏積分

$$\phi(x, y) = \int M(x, y)dx + g(y) \tag{34}$$

再將(35)對 y 偏微分後與 $N(x, y)$ 比較各項係數求解

$$\frac{\partial \phi}{\partial y} = N(x, y) = \frac{\partial}{\partial y} \int M(x, y)dx + g'(y) \tag{35}$$

㈢積分因子的求法：

由(33)式可知若 u 為積分因子，則 u 必滿足

$$u\left(\frac{\partial M}{\partial y} - \frac{\partial N}{\partial x}\right) = N\frac{\partial u}{\partial x} - M\frac{\partial u}{\partial y} \tag{36}$$

(36)式極為複雜，僅就以下幾種特殊的情況進行討論：

Case 1. $u(x, y) = u(x)$：(36)式可簡化為：

$$u\left(\frac{\partial M}{\partial y} - \frac{\partial N}{\partial x}\right) = N\frac{du}{dx}$$

$$\Rightarrow \frac{du}{u} = \frac{\frac{\partial M}{\partial y} - \frac{\partial N}{\partial x}}{N}\,dx \tag{37}$$

若 $\dfrac{\frac{\partial M}{\partial y} - \frac{\partial N}{\partial x}}{N} = f(x)$ 則可得一積分因子為

$$u(x) = e^{\int f(x)dx} \tag{38}$$

Case 2. $u(x, y) = u(y)$：(36)式可簡化為

$$u\left(\frac{\partial M}{\partial y} - \frac{\partial N}{\partial x}\right) = -M\frac{du}{dy}$$

$$\Rightarrow \frac{\frac{\partial M}{\partial y} - \frac{\partial N}{\partial x}}{-M}\,dy = \frac{du}{u} \tag{39}$$

若 $\dfrac{\frac{\partial M}{\partial y} - \frac{\partial N}{\partial x}}{-M} = g(y)$ 則可得一積分因子為

$$u(y) = e^{\int g(y)dy} \tag{40}$$

Case 3. $u(x, y) = u(x+y)$：

Let　$p = x + y$

$$\Rightarrow \frac{\partial u}{\partial x} = \frac{du}{dp}\frac{\partial p}{\partial x} = \frac{du}{dp}$$

$$\frac{\partial u}{\partial y} = \frac{du}{dp}\frac{\partial p}{\partial y} = \frac{du}{dp}$$

則有 $\dfrac{\partial u}{\partial x} = \dfrac{du}{d(x+y)} = \dfrac{\partial u}{\partial y}$ 代入(36)後變為：

$$\frac{\frac{\partial M}{\partial y} - \frac{\partial N}{\partial x}}{N - M} d(x+y) = \frac{du}{u} \tag{41}$$

若 $\dfrac{\frac{\partial M}{\partial y} - \frac{\partial N}{\partial x}}{N - M} = h(x+y)$ 則可得一積分因子為

$$u(x+y) = e^{\int h(x+y)d(x+y)} \tag{42}$$

Case 4. $u(x, y) = u(xy) = u(p)$：

則 $\dfrac{\partial u}{\partial x} = \dfrac{du}{d(xy)} \cdot \dfrac{\partial p}{\partial x} = \dfrac{du}{d(xy)}y$，$\dfrac{\partial u}{\partial y} = \dfrac{du}{d(xy)} \cdot \dfrac{\partial p}{\partial y} = \dfrac{du}{d(xy)}x$ 代入(36)式中可得：

$$\frac{\frac{\partial M}{\partial y} - \frac{\partial N}{\partial x}}{Ny - Mx} d(xy) = \frac{du}{u} \tag{43}$$

若 $\dfrac{\frac{\partial M}{\partial y} - \frac{\partial N}{\partial x}}{Ny - Mx} = g(xy)$ 則可得一積分因子為

$$u(xy) = e^{\int g(xy)d(xy)} \tag{44}$$

Case 5. 令 $u(x, y) = x^{\alpha}y^{\beta}$：

利用比較係數可求得 α, β

例題 23：Solve $e^{y}(\cos x dx + \sin x dy) = 0$ 　　　　　【101 彰師大電子】

 解　　$\dfrac{\partial M}{\partial y} = e^{y}\cos x = \dfrac{\partial N}{\partial x}$，故原式為 Exact

$$f(x, y) = \int M(x, y)dx = e^y \sin x + g(y)$$
$$= \int N(x, y)dy = e^y \sin x + h(x)$$

比較後可得解函數為：$e^y \sin x = c$

例題 24：Under what condition is the following equation exact？Solve the exact differential equation $(ax + by) dx + (kx + ly) dy = 0$　　　　【大同材料】

解

$df = \dfrac{\partial f}{\partial x} dx + \dfrac{\partial f}{\partial y} dy = (ax + by) dx + (kx + ly) dy = 0$，則有

$\dfrac{\partial f}{\partial x} = ax + by \Rightarrow f = \dfrac{a}{2}x^2 + bxy + g(y)$

$\dfrac{\partial f}{\partial y} = kx + ly = bx + g'(y)$

$\therefore k = b$

$\dfrac{dg(y)}{dy} = ly \Rightarrow g(y) = \dfrac{l}{2}y^2 + c$

$\therefore f(x, y) = \dfrac{a}{2}x^2 + bxy + \dfrac{l}{2}y^2 = c$ 為原式通解

例題 25：Solve $(2x^3 - xy^2 - 2y + 3)dx - (x^2y + 2x)dy = 0$　　　　【台大土木】

解

$\dfrac{\partial M}{\partial y} = -2xy - 2 = \dfrac{\partial N}{\partial x}$，故原式為 Exact

$f(x, y) = \int M(x, y)dx = \dfrac{1}{2}x^4 - \dfrac{1}{2}x^2y^2 - 2xy + 3x + g(y)$

$= \int N(x, y)dy = -\dfrac{1}{2}x^2y^2 - 2xy + h(x)$

比較後可得解函數為：$\dfrac{1}{2}x^4 - \dfrac{1}{2}x^2y^2 - 2xy + 3x = c$

例題 26：Solve the initial value problem:

$$\sin(x - y) + \cos(x - y) - \cos(x - y)\dfrac{dy}{dx} = 0 \; ; \; y(0) = \dfrac{7\pi}{6}$$

【101 雲科大電機、營建】

解

$\dfrac{\partial M}{\partial y} \neq \dfrac{\partial N}{\partial x}$，故非正合型，需先尋找積分因子

$\dfrac{\dfrac{\partial M}{\partial y} - \dfrac{\partial N}{\partial x}}{N} = 1$

故 $u(x) = e^x$ 為一積分因子，則原方程式可改寫為

$$e^x(\sin(x-y) + \cos(x-y))dx - e^x\cos(x-y)dy = 0$$

可得解函數為：$e^x \sin(x-y) = c$

From initial value $y(0) = \dfrac{7\pi}{6}$, we have $c = \dfrac{1}{2}$

例題 27：Solve $xy' = \dfrac{x^2}{y} + y$ 　　　　　　　　　　　【101 海洋電機】

解

$xy' = \dfrac{x^2}{y} + y \Rightarrow (x^2 + y^2)dx - xydy = 0$

$\dfrac{\partial M}{\partial y} \neq \dfrac{\partial N}{\partial x}$，故非正合型，需先尋找積分因子

設 $uMdx + uNdy = 0$ 滿足

$\dfrac{\partial(uM)}{\partial y} = \dfrac{\partial(uN)}{\partial x}$ 或 $u\left(\dfrac{\partial M}{\partial y} - \dfrac{\partial N}{\partial x}\right) = N\dfrac{\partial u}{\partial x} - M\dfrac{\partial u}{\partial y}$

則有 $\dfrac{\dfrac{\partial M}{\partial y} - \dfrac{\partial N}{\partial x}}{N} = -\dfrac{3}{x}$

故 $u(x) = \dfrac{1}{x^3}$ 為一積分因子，則原方程式可改寫為

$$\dfrac{1}{x^3}(x^2 + y^2)\,dx - \dfrac{1}{x^3}xydy = 0$$

設解為 $f(x, y) = c$ 則有

$\dfrac{\partial f}{\partial x} = \dfrac{1}{x^3}(x^2 + y^2) \Rightarrow f = \ln x - \dfrac{1}{2x^2}y^2 + g(y)$

$\dfrac{\partial f}{\partial y} = -\dfrac{1}{x^2}y \Rightarrow f = -\dfrac{1}{2x^2}y^2 + h(x)$

比較後可得解函數為：$\ln x - \dfrac{1}{2x^2}y^2 = c$

例題 28：Solve $(6x^2y + 12xy + y^2)dx + (6x^2 + 2y)dy = 0$ 　　　　　【成大電機】

解

$\dfrac{\partial M}{\partial y} \neq \dfrac{\partial N}{\partial x}$，故非正合型，需先尋找積分因子

設 $uMdx + uNdy = 0$ 滿足

$\dfrac{\partial(uM)}{\partial y} = \dfrac{\partial(uN)}{\partial x}$ 或 $u\left(\dfrac{\partial M}{\partial y} - \dfrac{\partial N}{\partial x}\right) = N\dfrac{\partial u}{\partial x} - M\dfrac{\partial u}{\partial y}$

則有 $u(6x^2 + 2y) = (6x^2 + 2y)\dfrac{\partial u}{\partial x} - (6x^2y + 12xy + y^2)\dfrac{\partial u}{\partial y}$

check $\dfrac{\dfrac{\partial M}{\partial y} - \dfrac{\partial N}{\partial x}}{N} = \dfrac{6x^2 + 12x + 2y - 12x}{6x^2 + 2y} = 1$

故 $u(x) = e^x$ 為一積分因子，則原方程式可改寫為

$e^x(6x^2y + 12xy + y^2)dx + e^x(6x^2 + 2y)dy = 0$

設解為 $f(x, y) = c$ 則有

$\dfrac{\partial f}{\partial x} = e^x(6x^2y + 12xy + y^2) \Rightarrow f = e^x y^2 + 6y\,e^x x^2 + g(y)$

$\dfrac{\partial f}{\partial y} = e^x(6x^2 + 2y) \Rightarrow f = e^x(6x^2y + y^2) + h(x)$

比較後可得解函數為：$e^x(6x^2y + y^2) = c$

例題 29：求 $(-xy\sin x + 2y\cos x)dx + 2x\cos x\,dy = 0$ 之通解？

【101 雲科大電子光電】

解　　$\dfrac{\partial M}{\partial y} = -x\sin x + 2\cos x,\ \dfrac{\partial N}{\partial x} = -2x\sin x + 2\cos x$

$\therefore \dfrac{\dfrac{\partial M}{\partial y} - \dfrac{\partial N}{\partial x}}{N} = \dfrac{x\sin x}{2x\cos x} = \dfrac{1}{2}\tan x = f(x)$

故可得一積分因子為：

$u(x) = \exp\left(\dfrac{1}{2}\int \tan x\,dx\right) = \dfrac{1}{\sqrt{\cos x}}$

代回原式可形成正合型 O.D.E

$\dfrac{(-xy\sin x + 2y\cos x)}{\sqrt{\cos x}}dx + \dfrac{2x\cos x}{\sqrt{\cos x}}dy = 0$

$\dfrac{\partial f(x,y)}{\partial y} = 2x\sqrt{\cos x} \Rightarrow f(x,y) = 2xy\sqrt{\cos x} + g(x)$

$\dfrac{\partial f(x,y)}{\partial x} = \dfrac{(-xy\sin x + 2y\cos x)}{\sqrt{\cos x}} \Rightarrow f(x,y) = 2xy\sqrt{\cos x} + c$

比較後可得通解為：

$2xy\sqrt{\cos x} = c$

例題 30：求 $(x^2 + y^2 - a^2)y' - 2xy = 0$ 之通解？　　【淡江機械】

解　　$2xy\,dx + (a^2 - x^2 - y^2)dy = 0$

$\dfrac{\partial M}{\partial y} = 2x,\ \dfrac{\partial N}{\partial x} = -2x$

$$\therefore \frac{\dfrac{\partial M}{\partial y} - \dfrac{\partial N}{\partial x}}{-M} = \frac{+4x}{-2xy} = -\frac{2}{y} = g(y)$$

故可得一積分因子為：

$$u(y) = \exp\left(\int \frac{-2}{y}\, dy\right) = \frac{1}{y^2}$$

代回原式可形成正合型 O.D.E

$$\frac{2x}{y}\, dx + \frac{a^2 - x^2 - y^2}{y^2}\, dy = 0$$

$$\frac{\partial f(x,y)}{\partial x} = \frac{2x}{y} \Rightarrow f(x,y) = \frac{x^2}{y} + g(y)$$

$$\frac{\partial f(x,y)}{\partial y} = \frac{a^2 - x^2 - y^2}{y^2} \Rightarrow f(x,y) = \frac{-a^2}{y} + \frac{x^2}{y} - y + h(x)$$

比較後可得通解為：

$$\frac{x^2 - y^2 - a^2}{y} = c$$

例題 31：Find the general solution for the following O.D.E.

$$(2y^2 - 9xy)dx + (3xy - 6x^2)dy = 0$$　　　　　　　　（101 中興電機）

$$\frac{\dfrac{\partial M}{\partial y} - \dfrac{\partial N}{\partial x}}{Ny - Mx} = \frac{1}{xy} = g(xy) \text{ 則可得一積分因子為}$$

$$u(xy) = e^{\int g(xy)d(xy)} = xy$$

代回原式可形成正合型 O.D.E

$$(2y^2 - 9xy)xy\,dx + (3xy - 6x^2)xy\,dy = 0$$

$$\frac{\partial f(x,y)}{\partial x} = 2xy^3 - 9x^2y^2 \Rightarrow f(x,y) = x^2y^3 - 3x^3y^2 + g(y)$$

$$\frac{\partial f(x,y)}{\partial y} = 3x^2y^2 - 6x^3y + g'(y) = (3xy - 6x^2)xy$$

$$\Rightarrow x^2y^3 - 3x^3y^2 = c$$

例題 32：求 $(3y - 2xy^3)dx + (4x - 3x^2y^2)dy = 0$ 之通解？

$$\frac{\partial M}{\partial y} = 3x - 6xy^2 \neq \frac{\partial N}{\partial x} = 4 - 6xy^2$$

Let 積分因子為：$u(x,y) = x^\alpha y^\beta$

代回原式可形成正合型 O.D.E

$$(3x^\alpha y^{\beta+1} - 2x^{\alpha+1} y^{\beta+3})dx + (4x^{\alpha+1} y^\beta - 3x^{\alpha+2} y^{\beta+2})dy = 0$$

From $\dfrac{\partial(uM)}{\partial y} = \dfrac{\partial(uN)}{\partial x}$

比較後可得 $\alpha = 2, \beta = 3$

代回原式可得通解為：

$$x^3 y^4 - \frac{1}{2} x^4 y^6 = c$$

㈣全微分型（目視法之正合型）

應用全微分的觀念，直接由觀察法（Inspection Method）求解，參考如下之關係式：

(1) $xdx + ydy = \dfrac{1}{2}d(x^2 + y^2)$

(2) $\dfrac{xdx + ydy}{\sqrt{x^2 + y^2}} = d(\sqrt{x^2 + y^2})$

(3) $xdx - ydy = \dfrac{1}{2}d(x^2 - y^2)$

(4) $\dfrac{xdx - ydy}{\sqrt{x^2 - y^2}} = d(\sqrt{x^2 - y^2})$

(5) $xdy + ydx = d(xy)$

(6) $\dfrac{xdy + ydx}{xy} = d\ln(xy)$

(7) $\dfrac{xdy - ydx}{x^2} = d\left(\dfrac{y}{x}\right)$

(8) $\dfrac{xdy - ydx}{y^2} = -d\left(\dfrac{x}{y}\right)$

(9) $\dfrac{xdy - ydx}{xy} = d\left(\ln \dfrac{y}{x}\right)$

(10) $\dfrac{xdy - ydx}{x^2 + y^2} = d\left(\tan^{-x} \dfrac{y}{x}\right)$

(11) $d\left(\dfrac{-1}{(n-1)(xy)^{n-1}}\right) = \dfrac{xdy + ydx}{(xy)^n} \quad n \neq 1$

(12) $d\left(\dfrac{1}{2}\ln \dfrac{x-y}{x+y}\right) = \dfrac{ydx - xdy}{x^2 - y^2}$

Summary：

$$xdx + ydy \to d(x^2 + y^2)$$

$$xdx - ydy \to d(x^2 - y^2)$$

$$xdy + ydx \to d(xy)$$

$$xdy - ydx \to d\left(\dfrac{y}{x}\right) \text{ or } d\left(\dfrac{x}{y}\right)$$

例題 33：Find the general solution $4xy + 6y^2 + (2x^2 + 6xy)\,y' = 0$

【101 台師大應用電子】

解　$4xy + 6y^2 + (2x^2 + 6xy)\,y' = 0 \Rightarrow (6y^2dx + 6xydy) + 2x(2ydx + xdy) = 0$

$\Rightarrow 6yd(xy) + 2x\dfrac{d(x^2y)}{x} = 0$

$\Rightarrow 6x^2y^2d\,(xy) + 2x^2yd\,(x^2y) = 0$

$\Rightarrow 2\,(xy)^3 + (x^2y)^2 = c$

例題 34：Find the general solution $(y^2 + xy + 1)dx + (x^2 + xy + 1)dy = 0$　【台大材料】

解　（法一）原式可改寫為：

$$y\,(ydx + xdy) + x\,(ydx + xdy) + dx + dy = 0$$

$$(x+y)(ydx + xdy) + d\,(x+y) = 0$$

$$\Rightarrow d(xy) + \dfrac{d(x+y)}{x+y} = 0$$

$$\therefore xy + \ln(x+y) = c_1$$

（法二）積分因子法

$$\dfrac{\partial M}{\partial y} = 2y + x,\ \dfrac{\partial N}{\partial x} = 2x + y$$

$$\Rightarrow \dfrac{\dfrac{\partial M}{\partial y} - \dfrac{\partial N}{\partial x}}{N - M} = \dfrac{-1}{x+y} = h\,(x+y)$$

$$\Leftrightarrow u = e^{-\int \frac{1}{x+y}d(x+y)} = \dfrac{1}{x+y}$$

$$\Rightarrow \dfrac{y^2 + xy + 1}{x+y}dx + \dfrac{x^2 + xy + 1}{x+y}dy = 0$$

$$\Rightarrow \phi\,(x+y) = \int \left(y + \dfrac{1}{x+y}\right)dx + g(y) = xy + \ln(x+y) + g\,(y)$$

$$\Rightarrow \dfrac{\partial \phi}{\partial y} = x + \dfrac{1}{x+y} + g'(y) \Rightarrow g(y) = c$$

$$\Rightarrow xy + \ln(x+y) = c$$

例題 35：Find the solutions to the following initial value problems

(1) $x^2y' - 2xy = 3y^3$; $y(1) = \dfrac{1}{2}$

(2) $xy' - y = x^2e^x$; $y(0) = 0$

【101 交大電機】

解　(1)原式 $= -2xydx + x^2dy = 3y^3dx$

$x(-2ydx + xdy) = 3y^3dx \Rightarrow \dfrac{xd(yx^{-2})}{x^{-3}} = 3y^3dx$

$\Rightarrow \dfrac{x^6}{y^3}d\left(\dfrac{y}{x^2}\right) = 3x^2dx$

$\Rightarrow \left(\dfrac{y}{x^2}\right)^{-3}d\left(\dfrac{y}{x^2}\right) = 3x^2dx$

$-\dfrac{1}{2}\left(\dfrac{y}{x^2}\right)^{-2} = x^3 + c$

$y(1) = \dfrac{1}{2} \Rightarrow y(x) = \sqrt{\dfrac{x^4}{6 - 2x^3}}$

(2)原式 $= -ydx + xdy = x^2e^xdx$

$\dfrac{(-ydx + xdy)}{x^2} = e^xdx \Rightarrow d\left(\dfrac{y}{x}\right) = e^xdx$

$\Rightarrow \dfrac{y}{x} = e^x + c$

$y(0) = 0 \Rightarrow y(x) = xe^x + cx$

例題 36：求 $(x^2 + y^2 + x)\,dx + xydy = 0$ 之通解？　　　　【台大環工】

解　原式 $= (x^2 + x)dx + y(ydx + xdy) = 0$

乘上 x 後，可得：

$(x^3 + x^2)dx + xyd(xy) = 0$

積分後可得通解為：

$\dfrac{x^4}{4} + \dfrac{x^3}{3} + \dfrac{x^2y^2}{2} = c$

觀念提示：　亦可用積分因子法

提示：$\dfrac{\dfrac{\partial M}{\partial y} - \dfrac{\partial N}{\partial x}}{N} = \dfrac{1}{x} = h(x)$

例題 37：求 $(y + x^4)dx - xdy = 0$ 之通解，並求在 $y(1) = 2$ 之特解？　【大同化工】

解　（法一）積分因子法

$\left.\begin{array}{l} \dfrac{\partial M}{\partial y} = 1 \\[2mm] \dfrac{\partial N}{\partial x} = -1 \end{array}\right\} \Rightarrow \dfrac{\dfrac{\partial M}{\partial y} - \dfrac{\partial N}{\partial x}}{N} = \dfrac{-2}{x} = h(x)$

$$\Rightarrow u(x) = e^{\int \frac{-2}{x}} = \frac{1}{x^2}$$

$$\Rightarrow \frac{y + x^4}{x^2} dx - \frac{1}{x} dy = 0 \quad \text{exact}$$

$$\phi(x, y) = \int \frac{-1}{x} dy + g(x) = \frac{-y}{x} + g(x)$$

$$\frac{\partial \phi}{\partial x} = \frac{y}{x^2} + g'(x) = \frac{y}{x^2} + x^2 \Rightarrow g'(x) = x^2 \Rightarrow g(x) = \frac{x^3}{3} + c$$

$$\therefore \frac{y}{x} = \frac{x^3}{3} + c$$

$$又\ y(1) = 2 \Rightarrow c = \frac{5}{3}$$

$$\Rightarrow \frac{y}{x} = \frac{x^3}{3} + \frac{5}{3}$$

（法二）原式可表示為：

$$(y dx - x dy) + x^4 dx = 0$$

$$\Rightarrow \frac{x dy - y dx}{x^2} = x^2 dx \Rightarrow \int d\left(\frac{y}{x}\right) = \int x^2 dx$$

則通解為：$\dfrac{y}{x} = \dfrac{x^3}{3} + c$

代入 Initial condition $y(1) = 2$ 可得 $c = \dfrac{5}{3}$

故 $\dfrac{y}{x} = \dfrac{x^3}{3} + \dfrac{5}{3}$

例題 38：Find the general solution for the following O.D.E.

$$\frac{dy}{dx} = \frac{y(1 + 2xy)}{x(xy - 1)}$$

【101 中山光電】

解

$$\frac{dy}{dx} = \frac{y(1 + 2xy)}{x(xy - 1)} \Rightarrow xy(x dy - 2y dx) - (x dy + y dx) = 0$$

$$\Rightarrow x^4 y\, d\left(\frac{y}{x^2}\right) - d(xy) = 0$$

原式可表示為

$$x^4 y\, d\left(\frac{y}{x^2}\right) - d(xy) = \left(\frac{y}{x^2}\right)^m (xy)^n d\left(\frac{y}{x^2}\right) - d(xy) = 0$$

比較係數後可得 $m = -1$，$n = 2$，代回原式

$$\left(\frac{y}{x^2}\right)^{-1} (xy)^2 d\left(\frac{y}{x^2}\right) - d(xy) = 0$$

$$\therefore \ln\left(\frac{y}{x^2}\right) + \frac{1}{xy} = c$$

例題 39： Find the general solution for the following O.D.E.

$$\frac{dy}{dx}(\sinh 3y - 2xy) = y^2$$

【101 中央電機】

解

$$\frac{dy}{dx}(\sinh 3y - 2xy) = y^2 \Rightarrow y^2 dx = (\sinh 3y - 2xy)dy$$

$$\Rightarrow \sinh(3y)dy = y^2 dx + 2xy dy = y^2 dx + x d(y^2) = d(xy^2)$$

$$\therefore \frac{1}{3}\cosh(3y) = xy^2 + c$$

例題 40： Find the general solution for the following O.D.E.

$$\frac{dy}{dx} = \frac{y + xy^3(1 + \ln x)}{x}$$

【101 交大光電】

解

原式： $xdy - ydx = xy^3(1 + \ln x)dx$

同乘 $\frac{1}{y^3}$，原式： $-\frac{1}{y}d\left(\frac{x}{y}\right) = x(1 + \ln x)\,dx \Rightarrow -\frac{x}{y}d\left(\frac{x}{y}\right)$

$$= x^2(1 + \ln x)dx$$

$$-\frac{1}{2}\left(\frac{x}{y}\right)^2 = \frac{1}{3}x^3 + \int \ln x\, d\left(\frac{1}{3}x^3\right) + c$$

$$= \frac{2}{9}x^3 + \frac{1}{3}x^3 \ln x + c$$

2-6 可降階之二階 O.D.E

二階 O.D.E $F(x, y, y', y'') = 0$ 在某些情況下經由變數轉換可化作一階 O.D.E（降階）處理：

(1)不含因變數 y： $F(x, y', y'') = 0$

let $p(x) = y' \Rightarrow F(x, y', y'') = F(x, p, p')$

形成以 p 為新的因變數的一階 O.D.E

(2)不含自變數 x： $F(y, y', y'') = 0$

let $p(x) = y' \Rightarrow y'' = \frac{dp}{dx} = \frac{dp}{dy}\frac{dy}{dx} = p\frac{dp}{dy}$

$$\Rightarrow F(y, y', y'') = F(y, p, pp')$$

即形成以 y 為自變數 p 為因變數的一階 O.D.E

(3)二階線性齊性 O.D.E：$y'' + p(x)y' + q(x)y = 0$

let $u(x) = \dfrac{y'}{y} \Rightarrow y' = yu,\ y'' = y'u + yu'$

代入原式可得：

$$(yu' + y'u) + pyu + qy = 0 \Rightarrow u' + \left[\frac{y'}{y} + p(x)\right]u + q(x) = 0$$

$$\Rightarrow \frac{du}{dx} = -q(x) - p(x)u - u^2 \tag{45}$$

(45)式為一階一次非線性 O.D.E 稱之為 Ricatti 方程式，若某一特解為已知 $u_1(x)$ 則其通解之求法如下：

let $u = u_1(x) + v(x)$

$$\Rightarrow u_1' + v' = -q(x) - p(u_1 + v) - (u_1 + v)^2$$

$$\Rightarrow u_1' + v' = -q(x) - pu_1 - pv - u_1^2 - 2u_1v - v^2 \tag{46}$$

$$\because u_1' = -q - pu_1 - u_1^2$$

$$\Rightarrow (47)變為$$

$$v' = -pv - 2u_1v - v^2 \tag{47}$$

(47)式即為 Bernoulli O.D.E 可依照第三節所述求解

觀念提示：　Ricatti 方程式：$y' = a_1(x) + a_2(x)y + a_3(x)y^2$

已知特解可化為 $y_1(x) \Rightarrow$ 通解為 $y(x) = y_1(x) + v(x)$

Bernoulli D.E.：$v' = p(x)v + q(x)v^2$

令　　　　　　$u = \dfrac{1}{v(x)}$

可得一階 linear O.D.E

$u' + b(x)u = f(x)$

例題 41：已知 $y(x) = \dfrac{1}{x}$ 為 Ricatti 方程式：$x^2y' + 2 - 2xy + x^2y^2 = 0$ 之一解，求其通解 【成大機械】

解　設其通解為：$y(x) = u(x) + \dfrac{1}{x}$，則 $y' = u' - \dfrac{1}{x^2}$ 代入原式可得：

$$x^2\left(u' - \dfrac{1}{x^2}\right) + 2 - 2x\left(u + \dfrac{1}{x}\right) + x^2\left(u + \dfrac{1}{x}\right)^2 = 0$$

$$\Rightarrow x^2u' + x^2u^2 = 0$$

$$\Rightarrow \dfrac{du}{u^2} + dx = 0 \Rightarrow \dfrac{-1}{u} + x + c_1 = 0$$

$$u(x) = \dfrac{1}{x + c_1}$$

$$\Rightarrow y(x) = \dfrac{1}{x + c_1} + \dfrac{1}{x}$$

例題 42：The equation of $y'(x) = a_1\ (x) + a_2\ (x)y(x) + a_3\ (x)y^2(x)$ is known as Riccati's equation, Show that if $y = Y(x)$ is one of particular solution, then such nonlinear O.D.E can be simplified to a linear O.D.E of first order 【中央機械】

解　設通解為 $y(x) = u(x) + Y(x)$ 代入原式可得：

$$u' + Y' = a_1 + a_2\ (u + Y) + a_3\ (u^2 + 2uY + Y^2) \tag{1}$$

已知 $Y(x)$ 為原式之一特解，則有 $Y' = a_1 + a_2Y + a_3Y^2$ 代入(1)式可得

$$u' - (a_2 + 2a_3Y)u = a_3u^2 \tag{2}$$

(2)式為 Bernoulli 方程式，將(2)式遍除 u^2，並令 $v(x) = \dfrac{1}{u}$, $v' = \dfrac{-1}{u^2}u'$ 代入

(2)式可得一線性 O.D.E

$$\dfrac{dv}{dx} + [a_2 + 2a_3Y\ (x)]v = a_3\ (x)$$

故得證

例題 43：在以下起始條件下解：$y'' - 3y^2y' = 0$

　　(1)$y(0) = 1$ 且 $y'(0) = 1$

　　(2)$y(0) = 1$ 且 $y'(0) = 0$ 【台大土木】

解　(1)取 $p = \dfrac{dy}{dx}$，則原式可表示為

$$\frac{dp}{dx} - 3y^2 p = 0 \Rightarrow p\frac{dp}{dy} - 3y^2 p = 0$$

$$\Rightarrow p = 0 \text{ 或 } \frac{dp}{dy} = 3y^2$$

由 $y'(0) = 1$ 知 $p = 0$ 不合，因此 $\frac{dp}{dy} = 3y^2$

$$\Rightarrow \frac{dy}{dx} = y^3 + c_1$$

$y'(0) = 1$ 因 $y(0) = 1 \Rightarrow c_1 = 0$

$$\Rightarrow -\frac{1}{2y^2} = x + c_3$$

因 $y(0) = 1 \Rightarrow c_3 = -\frac{1}{2}$

$$\therefore y = \frac{1}{\sqrt{1 - 2x}}$$

⑵在 $y(0) = 1$ 且 $y'(0) = 0$ 之下，則有

$p = 0 \Rightarrow y = c$，因 $y(0) = 1$，故知 $y(x) = 1$

$\frac{dy}{dx} = y^3 + c_1$，應用 $y(0) = 1$ 及 $y'(0) = 0$ 可得 $c_1 = -1$

$$\Rightarrow \frac{dy}{y^3 - 1} = dx$$

$$x = \int \frac{-1}{y - 1} dy + \int \frac{y - 2}{y^2 + y + 1} dy$$

$$= -\ln|y - 1| + \frac{1}{2}\ln|y^2 + y + 1| - 5\tan^{-1}\left(\frac{2y + 1}{3}\right) + c$$

例題 45：Solve $yy'' = (y')^3$　　　　　　　　　　　　　　　　　【中山機械】

解　取 $p = y' \Rightarrow yp\frac{dp}{dy} = p^3 \Rightarrow p = 0$ 或 $\frac{dp}{p^2} = \frac{dy}{y}$

$$\Rightarrow -\frac{1}{p} = \ln y + c_1 \Rightarrow \frac{dy}{dx} = \frac{-1}{\ln y + c_1}$$

$$\Rightarrow x + c_1 y + y\ln y - y = c_2$$

$\therefore$ 解為 $y = c$ 或 $x + c_1 y + y\ln y - y = c_2$

2-7　Clairaut O.D.E

通式：

$$y = x\frac{dy}{dx} + f\left(\frac{dy}{dx}\right) = xp + f(p) \text{ ; } p = \frac{dy}{dx} \tag{48}$$

解法如下：
先將(48)式對 x 微分

$$\frac{dy}{dx} = p + x\frac{dp}{dx} + f'(p)\frac{dp}{dx} \Rightarrow \frac{dp}{dx}(x + f'(p)) = 0 \tag{49}$$

得 $\dfrac{dp}{dx} = 0$ or $x + f'(p) = 0$

$$\frac{dp}{dx} = 0 \Rightarrow p = c \tag{50}$$

or

$$x = -f'(p) \Rightarrow p = g(x) \tag{51}$$
$$y = xp + f(p)$$

將(50)式代入(48)式可得 Clairaut 方程式通解：

$$y = xc + f(x) \tag{52}$$

又由(49)式與(51)式聯立後消去 p 可得一奇異解：

$$y = xg(x) + f(g(x)) \tag{53}$$

觀念提示：　Clairaut 方程式又可寫為 $F(y - xp) = f(p)$ 其通解恆為
　　　　　　$F(y - xc) = f(c)$ $\tag{54}$

例題 46：Consider the Clairaut equation

$$y = xp - e^p$$

where $p = \dfrac{dy}{dx}$, Find the general solution $(y = cx + f(c))$ and a singular solution

【台大機械】

解 原式對 x 微分可得：

$$\frac{dy}{dx} = p + (x - e^p)\frac{dp}{dx} \Rightarrow \frac{dp}{dx}(x - e^p) = 0 \text{ 可得二組解}$$

(1) $\dfrac{dp}{dx} = 0 \Rightarrow p = c \Rightarrow y = cx - e^c$

(2) $x - e^p = 0$ 得 $p = \ln x$，代入原式可得奇異解為：

$$y = x \ln x - x$$

例題 47：$4x\left(\dfrac{dy}{dx}\right)^2 + 2x\left(\dfrac{dy}{dx}\right) - y = 0$ 【交大運輸】

解 令 $y' = p \Rightarrow$ 原式為：$y = 4xp^2 + 2xp$

兩邊同時對 x 微分可得：

$$\frac{dy}{dx} = (4p^2 + 2p) + (8xp + 2x)\frac{dp}{dx}$$

$$\Rightarrow (4p + 1)\left(p + 2x\frac{dp}{dx}\right) = 0 \text{ 可得二組解：}$$

(1) $4p + 1 = 0 \Rightarrow p = -\dfrac{1}{4}$ 代入原式可得奇異解：$y = -\dfrac{x}{4}$

(2) $p + 2x\dfrac{dp}{dx} = 0 \Rightarrow p = \dfrac{c}{\sqrt{x}}$ 代入原式可得通解：$y = 4c^2 + 2c\sqrt{x}$

觀念提示：$4c^2 + 2c\sqrt{x} = -\dfrac{x}{4} \Rightarrow x^2 - 32c^2x + 256c^2 = 0 \Rightarrow (32c^2)^2 = 4(256c^2)$

∴ $G.S$ 必切於 $S.S$

綜合練習

1. 求 $y' - \dfrac{2}{x}y = x^2\cos 3x$ 之通解？ 　　　　　　　　　　　【清華材料】

2. 求 $(4x + 3y^2)dx = 2xy\,dy$ 之通解？ 　　　　　　　　　　　【清華電機】

3. 求 $(y^4 + 2y)dx + (xy^3 + 2y^4 - 4x)dx = 0$ 之通解？ 　　　　　　　【中山電機】

4. 若 $f(x)y^{-a}$ 為 $p(x)y' + q(x)y = r(x)y^a$ 之積分因子，求 $f(x) = $？ 　【台大機械】

5. 求 $2y(x - 1)y' + (y^2 + 1)\ln(y^2 + 1) = 0$ 之通解？ 　　　　　　【台大電機】

6. 求 $(x^2 + y^2)dx + (x^2 - xy)dy = 0$ 之通解？ 　　　　　　　　　【交大機械】

7. 求 $x\dfrac{dy}{dx} - y = \dfrac{x^3}{y}e^{\frac{y}{x}}$ 之通解？ 　　　　　　　　　　　【交大電子】

8. 以 $y = -\dfrac{u'}{ux^2}$ 之轉換解以下之 Riccati 方程式：$x^2y' = x^4y^2 + (3x^2 - 2x)y + 2$ 　【台科大營建】

9. 求 $y' = \dfrac{x^3y^2 - x - y}{x}$ 之通解？ 　　　　　　　　　　　【清華電機】

10. Find the general solution of：$(y^2 - x^2)dx - 2xy\,dy = 0$ 　　　　【台大材料】

11. 求 $(x^2 + y^2 + x)dx + xy\,dy = 0$ 之通解？ 　　　　　　　　　　【台大環工】

12. 求下列微分方程式之通解：$\dfrac{dx}{dt} = \dfrac{t^3 + x^3}{tx^2}$

13. 若 $\dfrac{dy}{dx} = F\left(\dfrac{y}{x}\right)$，證明其積分因子為：$\dfrac{1}{xF\left(\dfrac{y}{x}\right) - y}$ 　【清大電機】

14. Solve $\dfrac{dy}{dx} = \dfrac{y - xy^2 - x^3}{x + x^2y + y^3}$ 　　　　　　　　　　　【交大運輸】

15. 求 $(x - y^2)dx + y(1 + x)dy = 0$ 之通解？ 　　　　　　　　　【成大土木】

16. 解微分方程式：$\dfrac{dy}{dx} = \dfrac{1 + y^2 + 3x^2y}{1 - 2xy - x^3}$ 　　　　　　　　　　【成大機械】

17. 解：$2\cos \pi y\,dx = \pi \sin \pi y\,dy$ 　　　　　　　　　　　　　【台大環工】

18. 解：$y' = ay - by^2$，$y(0) = \dfrac{a}{a+b}$，$a > 0, b > 0$ 　　　　　　【台大電機】

19. 求 $y' + y = (xy)^2$ 之通解？ 　　　　　　　　　　　　　　　【清大動機】

20. 解 $xy' + y = y^2$ 　　　　　　　　　　　　　　　　　　　　【交大運輸】

21. 解 $(2x + y^4)\dfrac{dy}{dx} - y = 0$ 　　　　　　　　　　　　　　【成大機械】

22. 求微分方程式：$2xy\dfrac{dy}{dx} + x^2 - y^2 = 0$ 之通解，同時求出與該解正交之曲線族方程式並繪圖表示出二者正交關係 　　　　　　　　　　　　　　　　　　　　　　　【中正】

23. Solve $y^2\left(\dfrac{dy}{dx}\right)^2 - 2xy\dfrac{dy}{dx} + 2y^2 - x^2 = 0$ 　　　　　　　【成大工工】

24. Solve the initial value problem
$$\dfrac{dy}{dx} = 1 + \cos x - y\cot x, \quad y\left(\dfrac{\pi}{6}\right) = \dfrac{1}{4}$$
　　　　　　　　　　　　　　　　　　　　　　　　　　　　【交大電子】

25. Solve $e^y y' - e^y = x - 1$ 　　　　　　　　　　　　　　　【台科大營建】

26. Solve the Ricatti equation $y' + y^2 - x^2 - 1 = 0$ given that $y = x$ is a particular solution 　　【台大電機】

27. Determine a function $M(x, y)$ so that the following differential equation is exact
$$M(x, y)dx + \left(xe^{xy} + 2xy + \dfrac{1}{x}\right)dy = 0$$
　　　　　　　　　　　　　　　　　　　　　　　　　　　　【中央數學】

28. Solve $y' - 5y = -\frac{5}{2}xy^3$ 【中央數學】

29. Solve $y' - 2xy = x^2 + y^2$ 【交大資科】

30. Solve $\dfrac{dy}{dx} = \dfrac{y^2 - 2xe^x}{2y}$ 【台科大自控】

31. Solve $1 + x^2y^2 + y + x\dfrac{dy}{dx} = 0$ 【交大電信】

32. Find the general solution of $xy' - y = \dfrac{y}{\ln y - \ln x}$ 【成大機械】

33. Solve $yy'' + 3\,(y')^2 = 0$ 【雲科大電機】

34. Solve: $y'\sin y + \sin x \cos y = \sin x$ 【中山電機】

35. Solve $\dfrac{dy}{dx} = \dfrac{ax + y - 2}{3y - 2}$ 【台大】

36. Solve $\dfrac{dy}{dx} = \dfrac{1}{6e^y - 2x}$ 【中央電機】

37. Solve $(6x^2 - 3xy)\dfrac{dy}{dx} + 9xy - 2y^2 = 0$ 【雲科大電機】

38. Solve $(2\cosh y + 3x)dx + (x\sinh y)dy = 0$ 【清大電機】

39. Solve $(\cos x \sin x - xy^2)dx + y(1 - x^2)dy = 0$ 【交大電子】

40. Solve $yy'' + (2y')^2 = 0$ 【北科大電腦通訊】

41. Solve $yy'' = (y')^2 - y'$ 【清大動機】

42. Solve $xy\cos(y^2)\,y' + 2\sin(y^2) = 0$ 【中央電機】

43. Solve $y' + xy^3\sec\left(\dfrac{1}{y^2}\right) = 0$ 【中央環工】

44. Solve $xy' - y = \dfrac{x^2}{y}$ 【中山光電】

45. Solve $y' - 1 = e^{-y}\sin x$ 【成大資源】

46. Solve $2xy' = 2y - (y - x)^2$ 【北科大】

47. Find the respective general solutions for the following O.D.E.

(1) $e^{-ay}\,dx + \dfrac{1}{x}\,dy = 0$

(2) $(x^2 + 3y^2)dx - 2xydy = 0$

(3) $\dfrac{dy}{dx} = xe^{(x-y)}$ 【101 中山光電】

48. Find the respective general solutions for the following O.D.E.

(1) $\dfrac{dy}{dx} + 4y = \dfrac{4}{3}$

(2) $x^2\dfrac{dy}{dx} + x\,(x+2)y = e^x$ 【101 中央生醫】

49. Solve $x^{-3}\dfrac{dy}{dx} - x^{-4}y - y^4 = 0$ 【101 暨南電機】

50. Solve the initial value problem

$\dfrac{dy}{dx} = -y + e^x y^2$；$y\,(-1) = -1$ 【101 中正電機】

51. Solve: $(e^x \sin y + 3y)\,dx + (e^x \cos y + 3x)\,dy = 0;\ y(0) = 1,\ y'(0) = 0$ 【交大電機】

52. Let $\mathbf{x}\,(t)$ be a length-3 vector of functions in t that satisfies the following system of linear differential equations:

$$\mathbf{x}'(t) = \begin{bmatrix} 1 & 1 & 1 \\ 0 & 2 & 3 \\ 0 & 0 & 5 \end{bmatrix} \mathbf{x}(t) + \begin{bmatrix} 1 \\ -1 \\ 2 \end{bmatrix} e^{4t}, \mathbf{x}(1) = \begin{bmatrix} 0 \\ 0 \\ 0 \end{bmatrix}$$

Find the solution of $\mathbf{x}(t)$　　　　　　　　　　　　　　　　　　　【101 交大電機】

53. Find the solutions to the following initial value problems

   (1)$x^2 \dfrac{dy}{dx} - 2xy = 3y^3$; $y(1) = \dfrac{1}{2}$

   (2)$x \dfrac{dy}{dx} - y = x^2 e^x$; $y(0) = 0$　　　　　　　　　　　　　　【101 交大電機】

54. Solve: $e^{-y}dx + e^{-x}(e^{-y} + 2)dy = 0$　　　　　　　　　　【101 彰師大電子】

55. Find the solutions to the initial value problems

   $y^2 + x^2 \dfrac{dy}{dx} = xy \dfrac{dy}{dx}$; $y(1) = 1$　　　　　　　　　　【101 彰師大光電】

56. Find the solutions to the differential equation

   $6y \dfrac{dy}{dx} + 5x = 0$　　　　　　　　　　　　　　　　　　【101 彰師大資工】

57. Find the solutions to the differential equation

   $e^t \sin y - 2t + (e^t \cos y + 1)y' = 0$　　　　　　　　　　　【101 海洋通訊】

58. Solve $\left(\dfrac{1}{1+y^2} + \cos x - 2xy \right) \dfrac{dy}{dx} = y(y + \sin x)$, $y(0) = 1$　　【101 高雄大電機】

59. Solve $\dfrac{dy}{dx} = \dfrac{2x - 3y}{3x - 2y}$　　　　　　　　　　　　　　　【101 彰師大電機】

60. Solve the given initial value problem

   (1)$(x^3 + y^3)dx + 3xy^2 dy = 0$; $y(2) = 1$

   (2)$x \dfrac{dy}{dx} - 3y = x^5 e^x$; $y(1) = 5$　　　　　　　　　　　　【101 高雄大電機】

3 微分方程式(2)—二階及高階 線性常微分方程式

I have learned to seek my happiness by limiting my desires, rather than in attempting to satisfy them

J. S. Mill

我快樂並非因為得到的多，而是計較的少！

3-1　解之存在性及唯一性

一 n 階線性 O.D.E. 之通式如下：

$$a_n(x)y^{(n)} + a_{n-1}(x)y^{(n-1)} + \cdots + a_1(x)y' + a_0(x)y = f(x) \tag{1}$$

以二階之情形為例：

$$y'' + p(x)y' + q(x)y = f(x) \text{ with Initial value condition：}$$
$$y(x_0) = y_0,\ y'(x_0) = y_1 \tag{2}$$

(2)式稱為初始值問題，其解函數存在且唯一的充分條件為：
$p(x), q(x), f(x)$ 在 $x = x_0$ 之某鄰域內（含 x_0）為連續。

定義：線性運算子 $L \equiv \dfrac{d^2}{dx^2} + p(x)\dfrac{d}{dx} + q(x) = D^2 + p(x)D + q(x)$；where $D \equiv \dfrac{d}{dx} \Rightarrow$

$$L(y) = \left(\dfrac{d^2}{dx^2} + p(x)\dfrac{d}{dx} + q(x) \right)y = y'' + p(x)y' + q(x)y \tag{3}$$

故(2)式可表示為 $L(y) = f(x)$，稱為二階線性非齊性方程式，而 $L(y) = 0$ 則為二階線性齊性方程式。線性運算子必滿足重疊原理：

$$L(c_1\varphi_1(x) + c_2\varphi_2(x)) = c_1 L(\varphi_1(x)) + c_2 L(\varphi_2(x)) \tag{4}$$

定義：線性相關（Linear dependent）與線性獨立（Linear independent）

已知一組函數 $\{\phi_1(x), \phi_2(x), ..., \phi_n(x)\}$，若在某區間 D 內存在一組不全為 0 之常數 $\{c_1, c_2, ..., c_n\}$ 使得在 D 內之所有 x，恆使

$$c_1\phi_1(x) + c_2\phi_2(x) + \cdots c_n\phi_n(x) = 0 \tag{5}$$

則稱 $\{\phi_1(x), \phi_2(x), ..., \phi_n(x)\}$ 為線性相關。

反之，若唯有當 $c_1 = c_2 = ... = c_n = 0$ 時才能使 (5) 成立，則稱 $\{\phi_1(x), \phi_2(x), ..., \phi_n(x)\}$ 為線性獨立。

Wronskian 行列式：

若二階線性齊性 O.D.E. $y'' + p(x)y' + q(x)y = 0$ 之解函數為 $\phi_1(x), \phi_2(x)$，則由重疊

原理可知 $\phi_1(x), \phi_2(x)$ 之任何線性組合亦為方程式之一解

$$y(x) = c_1\phi_1(x) + c_2\phi_2(x) = \text{span}\{\phi_1(x), \phi_2(x)\} \tag{6}$$

$\because \phi_1(x)$，$\phi_2(x)$ 為齊性 O.D.E. 之二解 $\Rightarrow \begin{cases} L(\phi_1) = 0 \\ L(\phi_2) = 0 \end{cases}$

$\Rightarrow L(c_1\phi_1 + c_2\phi_2) = c_1 L(\phi_1) + c_2 L(\phi_2) = 0$

(6)即為二階線性齊性 O.D.E. 之通解；代入初始條件後，可得

$$\begin{cases} y(x_0) = y_0 \Rightarrow c_1\phi_1(x_0) + c_2\phi_2(x_0) = y_0 \\ y'(x_0) = y_1 \Rightarrow c_1\phi_1'(x_0) + c_2\phi_2'(x_0) = y_1 \end{cases} \tag{7}$$

where $c_1 = \dfrac{\begin{vmatrix} y_0 & \phi_2 \\ y_1 & \phi_2' \end{vmatrix}}{\begin{vmatrix} \phi_1 & \phi_2 \\ \phi_1' & \phi_2' \end{vmatrix}}$; $c_2 = \dfrac{\begin{vmatrix} \phi_1 & y_0 \\ \phi_1' & y_1 \end{vmatrix}}{\begin{vmatrix} \phi_1 & \phi_2 \\ \phi_1' & \phi_2' \end{vmatrix}}$

顯然的，(7) 式之聯立方程式中若（c_1, c_2）存在唯一解，則必須

$\begin{vmatrix} \phi_1(x_0) & \phi_2(x_0) \\ \phi_1'(x_0) & \phi_2'(x_0) \end{vmatrix} \neq 0$ （充分必要條件）

定義：Wronskian 行列式

若 $\{\phi_1(x), \phi_2(x), ..., \phi_n(x)\}$ 在定義區間 D 內，至少可微分 $(n-1)$ 次，則 Wronskian 行列式可表示為：

$$W(\phi_1(x), \phi_2(x) \cdots \phi_n(x)) = \begin{vmatrix} \phi_1 & \phi_2 & \cdots & \phi_n \\ \phi_1' & \phi_2' & \cdots & \phi_n' \\ \vdots & \vdots & \ddots & \vdots \\ \phi_1^{(n-1)} & \phi_2^{(n-1)} & & \phi_n^{(n-1)} \end{vmatrix} \tag{8}$$

定理 1

若在區間 D 內 $W(\phi_1(x), \phi_2(x) \cdots \phi_n(x)) \neq 0$ 則 $\{\phi_1(x), \phi_2(x), ..., \phi_n(x)\}$ 在區間 D 內為線性獨立（Linear independent）；反之，若 $\{\phi_1(x), \phi_2(x), ..., \phi_n(x)\}$ 為線性相關，則 $W(\phi_1(x), \phi_2(x) \cdots \phi_n(x)) = 0$。

觀念提示： Wronskian 行列式可用來檢查函數間是否線性獨立；

$\begin{cases} W(x) \neq 0 \Rightarrow 線性獨立 \\ W(x) = 0 \Rightarrow 線性相關 \end{cases}$

定理 2

二階線性齊性 O.D.E. $y'' + p(x)y' + q(x)y = 0$ 中，若 $p(x), q(x)$ 均為連續函數，$\phi_1(x),$ $\phi_2(x)$ 均為其解，且滿足 $W(\phi_1(x), \phi_2(x)) \neq 0$，則此微分方程式所有可能的解均可以表示成 $\phi_1(x), \phi_2(x)$ 的線性組合，換言之，其通解為：$y(x) = c_1\phi_1(x) + c_2\phi_2(x)$，$\forall c_1,$ $c_2 \in R$。

　　顯然的，Wronskian 為 x 的函數，則是否可能 $W(\phi_1(x), \phi_2(x))$ 在某些 x 下為 0，而在某些情形下不為 0？以下定理說明 Wronskian 行列式必滿足三一律。

定理 3

就二階線性齊性微分方程式 $y'' + p(x)y' + q(x)y = 0$ 而言，$p(x), q(x)$ 連續且 $\phi_1(x), \phi_2(x)$ 為其解函數，則 $W(\phi_1(x), \phi_2(x))$ 必定為 > 0，$= 0$ 或 < 0 三者之一。【交大自控】

證明：　已知 $\phi_1(x), \phi_2(x)$ 均為 $y'' + p(x)y' + q(x)y = 0$ 之解，因此

$$\phi_1'' + p(x)\phi_1' + q(x)\phi_1 = 0 \tag{a}$$

$$\phi_2'' + p(x)\phi_2' + q(x)\phi_2 = 0 \tag{b}$$

(b)$\times \phi_1(x) - (a)\times \phi_2(x)$可得：

$$\phi_1\phi_2'' - \phi_2\phi_1'' + p(x)(\phi_1\phi_2' - \phi_2\phi_1) = 0 \tag{c}$$

since $W(\phi_1, \phi_2) = \phi_1\phi_2' - \phi_2\phi_1' \Rightarrow \dfrac{dW(\phi_1, \phi_2)}{dx} = \phi_1\phi_2'' - \phi_2\phi_1''$

故(c)式可寫成

$$\frac{dW}{dx} + p(x)W = 0$$

$$\Rightarrow W(x) = ke^{-\int p(x)dx} \tag{9}$$

　　因指數函數為恆正，故 $W(\phi_1(x), \phi_2(x))$ 之正負必完全由 k 來決定，因實數 k 必滿足三一律，故 $W(\phi_1(x), \phi_2(x))$ 亦然

觀念提示：　　1. 定理 2 implies $\phi_1(x), \phi_2(x)$ 形成解空間的一組基底

　　　　　　2. 以下敘述為等價：

　　　　　　(1) $\phi_1(x), \phi_2(x), ..., \phi_n(x)$形成 n 階線性 O.D.E.齊性解空間的一組基底

　　　　　　(2) $\phi_1(x), \phi_2(x), ..., \phi_n(x)$ 線性獨立

　　　　　　(3) $W(\phi_1(x), \phi_2(x)\cdots\phi_n(x)) \neq 0$

例題 1：Which of the following sets of functions, each defined on $x \in R$ are linear dependent?

(1) $x, -2x, x^2$ (2) $0, x, x^2$ (3) e^x, e^{2x} (4) $e^x, \sin x, \cos x$

(5) Any three solutions of D.E. $y'' + x^3 y = 0$ 【台大電機】

解   (1)利用 Wronskian 行列式之值來做判斷

$$W = \begin{vmatrix} x & -2x & x^2 \\ 1 & -2 & 2x \\ 0 & 0 & 2 \end{vmatrix} = 0 \text{ 故為線性相關}$$

(2) $a(0) + 0\,(x) + 0\,(x^2) = 0$ for any a 故 $\{0, x, x^2\}$ 為線性相關，but $\{x, x^2\}$ 線性獨立

(3) $W = \begin{vmatrix} e^x & e^{2x} \\ e^x & 2e^{2x} \end{vmatrix} = e^{3x} \neq 0$ 故為線性獨立

觀念提示：

指數函數恆正；$e^{\lambda_1 x}, e^{\lambda_2 x}, e^{\lambda_3 x}, \ldots$

if $\lambda_1 \neq \lambda_2 \neq \lambda_3 \neq \ldots \Rightarrow$ L.ID

(4) $W = \begin{vmatrix} e^x & \sin x & \cos x \\ e^x & \cos x & -\sin x \\ e^x & -\sin x & -\cos x \end{vmatrix} = -2e^x \neq 0$ 故為線性獨立

(5)設二階線性 O.D.E. $y'' + x^3 y = 0$ 之通解為

$y = c_1 \phi_1(x) + c_2 \phi_2(x)$

故任意三個解之 Wronskian 為：

$$W = \begin{vmatrix} c_1\phi_1 + c_2\phi_2 & c_3\phi_1 + c_4\phi_2 & c_5\phi_1 + c_6\phi_2 \\ c_1\phi_1' + c_2\phi_2' & c_3\phi_1' + c_4\phi_2' & c_5\phi_1' + c_6\varphi_2' \\ c_1\phi_1'' + c_2\phi_2'' & c_3\phi_1'' + c_4\phi_2'' & c_5\phi_1'' + c_6\phi_2'' \end{vmatrix} = 0$$

因此，必為線性相關（因為在二維空間中不可能找到三個獨立向量）

例題 2：討論 x 與 $|x|$ 於 $x \in (-1, 1)$ 區間上之相關性   【成大機械】

解   本題無法由 Wronskian 行列式值做判別，因 $|x|$ 於 $x \in (-1, 1)$ 區間內不解析

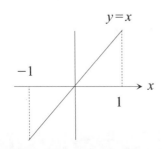
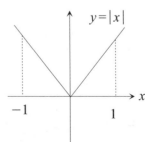

由圖可知 x 與 $|x|$ 於 $x \in (-1, 1)$ 為線性獨立。

例題 3：True or false, with reason if true and counter example if false

(a)Assume that $p(x)$ and $q(x)$ are continuous, and that the functions $y_1(x)$ and $y_2(x)$ are solutions of $y'' + p(x)y' + q(x)y = 0$ on the interval of $\alpha < x < \beta$. If $y_1(x)$ and $y_2(x)$ vanish at the same point in $\alpha < x < \beta$, then $y_1(x)$ and $y_2(x)$ cannot be linearly independent solutions on that interval

(b)If $f_1(x)$ and $f_2(x)$ are linearly independent, then $W = \begin{vmatrix} f_1 & f_2 \\ f_1' & f_2' \end{vmatrix} \neq 0$ on that interval of $\alpha < x < \beta$ 　　　　　　　　　　　　　　　　　　【交大電信】

解　　(a)True

由於 $y_1(x)$ and $y_2(x)$ 為二階 O.D.E.之解，故其 Wronskian 為：

$$W = \begin{vmatrix} y_1 & y_2 \\ y_1' & y_2' \end{vmatrix} = k \exp\left(-\int p(x)dx\right) = ke^{\int p(x)dx}$$

若 $y_1(x_0) = y_2(x_0) = 0$ 則 $W(x_0) = 0$, $k = 0$, $W(x) = 0$, $\alpha < x < \beta$

$\therefore y_1(x)$ and $y_2(x)$ 必為線性相關

(b)True

因 $f_1(x)$ and $f_2(x)$ 在 $\alpha < x < \beta$. 可微，故

$$\begin{cases} c_1 f_1 + c_2 f_2 = 0 \\ c_1 f_1' + c_2 f_2' = 0 \end{cases} \Rightarrow \begin{bmatrix} f_1 & f_2 \\ f_1' & f_2' \end{bmatrix} \begin{bmatrix} c_1 \\ c_2 \end{bmatrix} = 0 \tag{1}$$

若 $f_1(x)$ and $f_2(x)$ are linearly independent $\Rightarrow c_1 = c_2 = 0$ 為上式唯一解，則上式之係數矩陣之行列式必不等於 0

$$W = \begin{vmatrix} f_1 & f_2 \\ f_1' & f_2' \end{vmatrix} \neq 0$$

反之，若 $W = \begin{vmatrix} f_1 & f_2 \\ f_1' & f_2' \end{vmatrix} \neq 0$，則(1)式只存在唯一解 $\Rightarrow c_1 = c_2 = 0$，因此 $f_1(x)$ and $f_2(x)$ are linearly independent

3-2　線性常係數常微分方程式之齊性解

二階線性常係數常微分方程式可表示為：

$$y'' + ay' + by = 0 \tag{10}$$

解此微分方程式即是尋找二個能符合此方程式的解函數 $\phi_1(x)$, $\phi_2(x)$，且滿足 $W(\phi_1(x), \phi_2(x)) \neq 0$ 則 $\phi_1(x), \phi_2(x)$ 方能形成齊性解空間的一組基底。

令　$L \equiv \dfrac{d^2}{dx^2} + a\dfrac{d}{dx} + b \equiv D^2 + aD + b$

$\Rightarrow L(y) = 0$

$\Rightarrow (D^2 + aD + b)y = 0$

$(D + \alpha)(D + \beta)y = 0$

$\Rightarrow (D + \alpha)y = 0 \quad \text{or}\ (D + \beta)y = 0$

$\Rightarrow \begin{cases} \dfrac{dy}{dx} + \alpha y = 0 \Rightarrow y = e^{-\alpha x} \\[2mm] or \quad \dfrac{dy}{dx} + \beta y = 0 \Rightarrow y = e^{-\beta x} \end{cases}$

故假設 $\phi(x) = e^{\lambda x}$ 代入(10)式中可得：

$$e^{\lambda x}(\lambda^2 + a\lambda + b) = 0 \tag{11}$$

顯然的，唯有當 $(\lambda^2 + a\lambda + b) = 0$ 時(11)式才成立，故形成下列三種情況：

(1)相異實根 λ_1, λ_2

$\lambda_1, \lambda_2 = \dfrac{-a \pm \sqrt{a^2 - 4b}}{2}$

$\phi_1(x) = e^{\lambda_1 x}, \phi_2(x) = e^{\lambda_2 x}$

$W(\phi_1, \phi_2) = (\lambda_1 - \lambda_2)e^{(\lambda_1 + \lambda_2)x} \neq 0$

故通解為　$y(x) = c_1 e^{\lambda_1 x} + c_2 e^{\lambda_2 x}$ \hfill (12)

(2)實重根 $\lambda_1, \lambda_1 \left(= -\dfrac{a}{2} \right)$

$\Rightarrow \phi_1(x) = e^{\lambda_1 x}, \phi_2(x)$ 之求法有兩種：

1. 微分法：

視實重根為相異實根的極限（$\lambda_2 \to \lambda_1$）情形，若為相異實根則 $e^{\lambda_1 x}, e^{\lambda_2 x}$ 為解函數，而其線性組合的結果 $\dfrac{e^{\lambda_1 x} - e^{\lambda_2 x}}{\lambda_1 - \lambda_2}$ 亦必為解函數，當（$\lambda_2 \to \lambda_1$）時

$$\lim_{\lambda_2 \to \lambda_1} \frac{e^{\lambda_2 x} - e^{\lambda_1 x}}{\lambda_2 - \lambda_1} = \frac{de^{\lambda_1 x}}{d\lambda_1} = xe^{\lambda_1 x} \tag{13}$$

由(13)可得到另一解函數為$xe^{\lambda_1 x}$，故知其通解為：

$$y(x) = c_1 e^{\lambda_1 x} + c_2 x e^{\lambda_1 x} \tag{14}$$

2. 降階法：

令$\phi_2(x) = u(x)\phi_1(x) = e^{\lambda_1 x} u(x)$

$\Rightarrow \phi_2' = u'\phi_1 + u\phi_1' = e^{\lambda_1 x} u'(x) + \lambda_1 e^{\lambda_1 x} u(x)$

$\phi_2'' = u''\phi_1 + 2u'\phi_1' + u\phi_1'' = e^{\lambda_1 x} u''(x) + 2\lambda_1 e^{\lambda_1 x} u'(x) + \lambda_1^2 e^{\lambda_1 x} u(x)$

代入(10)式中可得：

$(u''\phi_1 + 2u'\phi_1' + u\phi_1'') + a(u'\phi_1 + u\phi_1') + bu\phi_1 = 0$

$\Rightarrow u(\phi_1'' + a\phi_1' + b\phi_1) + u'(2\phi_1' + a\phi_1) + u''\phi_1 = 0$

$\Rightarrow e^{\lambda_1 x}(u'' + (2\lambda_1 + a)u') = 0$

$\because \lambda_1 = -\dfrac{a}{2} \Rightarrow u'' = 0$

顯然的，$u(x) = c_1 x + c_2$ 必為其解

$\therefore \phi_1(x) = x\phi_2(x)$

(3)共軛複根 $\lambda_1, \lambda_2 = \alpha \pm i\beta$

$$\begin{aligned}
y(x) &= c_1 e^{(\alpha + i\beta)x} + c_2 e^{(\alpha - i\beta)x} \\
&= e^{\alpha x}[c_1(\cos\beta x + i\sin\beta x) + c_2(\cos\beta x - i\sin\beta x)] \\
&= e^{\alpha x}[c_1' \cos\beta x + c_2' \sin\beta x]
\end{aligned} \tag{15}$$

觀念提示： 高階常係數常微分方程式齊性解之求法：

就 n 階常係數常微分齊性方程式 $a_n y^{(n)} + a_{n-1} y^{(n-1)} + \cdots + a_1 y' + a_0 y = 0$ 而言，其解函數亦可經由令 $y = e^{\lambda x}$ 代入求解特徵方程式

$$a_n \lambda^n + a_{n-1} \lambda^{n-1} + \cdots + a_2 \lambda^2 + a_1 \lambda + a_0 = 0 \tag{16}$$

(1)相異實根

$$y(x) = c_1 e^{\lambda_1 x} + c_2 e^{\lambda_2 x} + \cdots + c_n e^{\lambda_n x} \tag{17}$$

(2)含 k 個實重根 $\lambda_1 = \lambda_2 = \cdots\cdots = \lambda_k, \lambda_{k+1}\ldots\ldots\lambda_n \in R$

$$y(x) = e^{\lambda_1 x}(c_1 + c_2 x + \cdots + c_k x^{k-1}) + c_{k+1}e^{\lambda_{k+1}x} + \cdots + c_n e^{\lambda_n x} \tag{18}$$

(3)含 k 個重覆共軛複根 $m_1, m_2, ..., m_k = \alpha_1 \pm i\beta_1$

$$\begin{aligned}
y(x) = e^{\alpha_1 x}[&(c_1 + c_2 x + \cdots + c_k x^{k-1})\cos\beta_1 x \\
&+ (c_{k+1} + c_{k+2}x + \cdots + c_{2k}x^{k-1})\sin\beta_1 x]
\end{aligned} \tag{19}$$

例題 4：Solve $\quad y^{(4)}(x) + 2y''(x) + y(x) = 0$ 　　　　　　　【101 暨南應光】

解　　Let $\quad y = e^{\lambda x}$ 代入求解特徵方程式

$(\lambda^2 + 1)^2 = 0 \Rightarrow \lambda = i, i, -i, -i$

$y(x) = (c_1 + c_2 x)\cos x + (c_3 + c_4 x)\sin x$

例題 5：*Solve* $\quad y'' - y' - 2y = 0$ 　　　　　　　　　　　【台大環工】

解　　$\lambda^2 - \lambda - 2 = 0;\ \lambda = 2 \text{ or } -1$

故通解為：$y(x) = c_1 e^{2x} + c_2 e^{-x}$

例題 6：The solution of the linear differential equation $y'' - ay' + by = 0$ with $y(0) = 1$ and $y'(0) = 3$ is $y(t) = Ae^{-t}\cos 2t + Be^{-t}\sin 2t$ where a, b, A, B are constants. Find the values of a, b, A, B 　　　　　　　　　　　　　　　【清大電機】

解　　$\lambda^2 - a\lambda + b = 0 \Rightarrow \lambda = \dfrac{1}{2}\left(a \pm \sqrt{a^2 - 4b}\right) = \dfrac{a}{2} \pm \dfrac{i}{2}\sqrt{4b - a^2}$

由解之形式 $y(t) = Ae^{-t}\cos 2t + Be^{-t}\sin 2t$ 可知根為 $\lambda = -1 + 2i \text{ or } -1-2i$（利用 $e^{\pm i\theta} = \cos\theta \pm i\sin\theta$）

$$\therefore \begin{cases} \dfrac{a}{2} = -1 \\[2mm] \dfrac{1}{2}\sqrt{4b - a^2} = 2 \end{cases} \Rightarrow a = -2,\ b = 5$$

$y(0) = 1 \Rightarrow A = 1$

$$y'(t) = -e^{-t}(A\cos 2t + B\sin 2t) + e^{-t}(-2A\sin 2t + 2B\cos 2t)$$

$$y'(0) = 3 = -(1 + B \cdot 0) + 2B \Rightarrow B = 2$$

例題 7：
$$y^{(4)}(x) + k^2 y''(x) = 0 \qquad (0 \le x \le l)$$
$$y(0) = y(l) = 0 \qquad y'(0) = 0 \qquad y''(l) = 0$$
【台大機械】

解

令 $y(x) = e^{\lambda x}$ 代入原微分方程式可得

$$(m^4 + k^2 m^2)\, e^{mx} = 0$$

特徵方程式之根為：$m = 0, 0, ki, -ki$

故通解為：$y = c_1 + c_2 x + c_3 \cos kx + c_4 \sin kx$

代入 B.C. $y(0) = 0 = c_1 + c_3 \Rightarrow c_1 = -c_3$ (1)

$y'(0) = 0 = c_2 + k c_4 \Rightarrow c_2 = -k c_4$ (2)

$y(l) = 0 = c_1 + c_2 l + c_3 \cos kl + c_4 \sin kl$ (3)

$y''(l) = 0$ then $c_3 \cos kl + c_4 \sin kl = 0 \Rightarrow c_3 = -c_4 \tan kl$ (4)

將(1)(2)(4)式代入(3)

$\Rightarrow \tan kl = kl$

聯立解得：$c_1 = c_4 \tan k_n l,\ c_2 = -k_n c_4,\ c_3 = -c_4 \tan k_n l$

其中 k_n 為 $\tan kl = kl$ 之根

3-3　線性常係數非齊性 O.D.E.

一二階線性常係數非齊性 O.D.E. 可表示為：

$$ay'' + by' + cy = f(x);\ a, b, c, \in R \tag{20}$$

$f(x)$ 通常代表施加在系統上的信號或外力，故(20)式有如討論在某一特定信號下的系統響應。因此，解函數包含齊性解（暫態解）及特解（穩態解），其中特解，$y_p(x)$ 是由外力 $f(x)$ 所造成，而齊性解則與外力無關，可由前一節的方法求得；通解則由齊性解($y_h(x)$)與特解($y_p(x)$)組合而成。

*General solution

$$y(x) = y_h(x) + y_p(x) = c_1\phi_1(x) + c_2\phi_2(x) + y_p(x) \tag{21}$$

令微分算子 L：$L \equiv a\dfrac{d^2}{dx^2} + b\dfrac{d}{dx} + c \Rightarrow L(y(x))$ 可表示為：

$$
\begin{aligned}
L(c_1\phi_1(x) + c_2\phi_2(x) + y_p(x)) &= c_1 L(\phi_1(x)) + c_2 L(\phi_2(x)) + L(y_p(x)) \\
&= L(y_p(x)) \\
&= f(x)
\end{aligned}
$$

　　故解非齊性 O.D.E.即為在 $L(y) = 0$ 下尋找齊性部分通解，以及非齊性部分時的一個特解尋找 y_p 的方法如下：

(1)待定係數法：

　　若 $f(x)$ 為具有微分封閉性之函數，則可令 $y_p(x)$ 為此類函數的線性組合；代入原方程式後比較係數將未定係數求出。

　　微分封閉性即為函數經微分運算後仍維持原來的函數形式，僅係數會改變。如：指數函數、多項式函數、$\sin x, \cos x$

$f(x)$ 之函數形式	$y_p(x)$ 之假設形式
m 次多項式	$c_n x^n + c_{n-1} x^{n-1} + \cdots + c_1 x + c_0 \ (n \geq m)$
$e^{ax} + e^{bx}$	$c_1 e^{ax} + c_2 e^{bx}$
$\sin ax$ or $\cos ax$	$c_1 \sin ax + c_2 \cos ax$
上述函數之和	上述對應項之和
上述函數之積	上述對應項之積
上述函數但與 $y_h(x)$ 相同（degeneracy）	上述對應項乘上 x

觀念提示：　1.當所假設之 $y_p(x)$ 形式與 $y_h(x)$ 相同時 $L(y_p(x)) = 0$，因而無法求出待定係數，這種情形稱為退化（degeneracy），此時必須修正 $y_p(x)$ 之形式；修正的方法為將 $y_p(x)$ 形式中與 $y_h(x)$ 相同項乘上 x，若是仍然有與 $y_h(x)$ 相同項者再乘上 x，以此類推，一直到對應項中均與 $y_h(x)$ 不同為止。

　　　　　　　*驗證答案：$W(y_h(x), y_p(x)) \neq 0$

　　　　　2.待定係數法的優點為簡單易懂，但是在高階 O.D.E.或 $f(x)$ 之項數眾

多時，此法較為繁複；此外，若 $f(x)$ 不具微分封閉性則不適用待定係數法。

3. 僅適用於常係數 O.D.E.

⑵參數變更法：

對二階線性 O.D.E.

$$y'' + p(x)y' + q(x)y = f(x)$$

若已知齊性部分通解為：$y_h(x) = c_1 y_1(x) + c_2 y_2(x)$，則應用參數變更法求 $y_p(x)$ 之過程為：

Let　$y_p(x) = u(x)y_1(x) + v(x)y_2(x)$ 　　　　　(22)

$\Rightarrow y'_p(x) = u'y_1 + uy'_1 + v'y_2 + vy'_2$

Assume　$u'(x)y_1(x) + v'(x)y_2(x) = 0$ 　　　　　(23)

$\Rightarrow y''_p(x) = \dfrac{d}{dx}(uy'_1 + vy'_2) = u'y'_1 + uy''_1 + v'y'_2 + vy''_2$ 　　　(24)

將(22)～(24)代回原式中，整理後可得：

$$u(x)\,(y''_1 + py'_1 + qy_1) + v(x)\,(y''_2 + py'_2 + qy_2) + u'(x)\,y'_1(x) + v'(x)\,y'_2(x) = f(x) \qquad (25)$$

由於 $y_1(x)$ 與 $y_2(x)$ 為已知齊性部分通解，故左式括號內為 0，因此(25)式退化為：

$$u'(x)\,y'_1(x) + v'(x)\,y'_2(x) = f(x) \qquad\qquad (26)$$

值得注意的是(26)式是為了簡化問題，在(23)式成立的前提下所推導出來的，因 $u(x), v(x)$ 需由(23)式與(26)式聯立求解

$$\begin{cases} u'y_1 + v'y_2 = 0 \\ u'y'_1 + v'y'_2 = f(x) \end{cases}$$

利用 Cramer's rule

$$u'(x) = \frac{\begin{vmatrix} 0 & y_2(x) \\ f(x) & y_2'(x) \end{vmatrix}}{\begin{vmatrix} y_1(x) & y_2(x) \\ y_1'(x) & y_2'(x) \end{vmatrix}} = \frac{-y_2(x)\,f(x)}{W(x)} \tag{27}$$

$$v'(x) = \frac{\begin{vmatrix} y_1(x) & 0 \\ y_1'(x) & f(x) \end{vmatrix}}{\begin{vmatrix} y_1(x) & y_2(x) \\ y_1'(x) & y_2'(x) \end{vmatrix}} = \frac{y_1(x)\,f(x)}{W(x)} \tag{28}$$

其中 $W(x)$ 即為 Wronskian 行列式。將(28) , (27)代入 (22)即可求出特解：

$$y_p(x) = y_1(x) \int \frac{-y_2(x)\,f(x)}{W(x)}\,dx + y_2(x) \int \frac{y_1(x)\,f(x)}{W(x)}\,dx \tag{29}$$

觀念提示： 參數變更法求解時，必須讓 y'' 之係數為 1

(3)逆運算法：

如前所述，一 n 階線性常係數常微分方程式

$$y^{(n)} + a_{n-1}y^{(n-1)} + \cdots + a_1 y' + a_0 y = f(x)$$

可表示為　$L(D)y = f(x)$ $\hspace{2cm}$ (30)

其中 $L(D) = D^n + a_{n-1}D^{n-1} + \cdots + a_1 D + a_0$，$D$ 為微分算子。若 $y_p(x)$ 為(30)之一特解，則有：

$$L(D)y_p(x) = f(x)$$
$$\Rightarrow y_p(x) = \frac{1}{L(D)}f(x) \tag{31}$$

其中 $L(D)$ 稱為逆運算子(Inverse operator), and $y_p(x)$ is the operation result of $L(D)$ on $f(x)$。

Case 1. if $L(D)$ 可分解成一次因式的乘積：

$$L(D) = (D - \lambda_1)(D - \lambda_2) \cdots (D - \lambda_n) \tag{32}$$

其中 $\lambda_1, \lambda_2, \cdots \lambda_n$ 為相異實數，則有

$$\frac{1}{L(D)} = \frac{1}{(D - \lambda_1)(D - \lambda_2) \cdots (D - \lambda_n)} = \frac{a_1}{D - \lambda_1} + \frac{a_2}{D - \lambda_2} \cdots \frac{a_n}{D - \lambda_n} \tag{33}$$

不難得出：

$$a_k = \frac{1}{L'(\lambda_k)} \tag{34}$$

將(33)(34)代入(31)即可得

$$y_p(x) = \sum_{k=1}^{n} \frac{1}{L'(\lambda_k)} \frac{1}{D - \lambda_k} f(x) \tag{35}$$

考慮一階線性常係數常微分方程式

$$y' - \lambda y = (D - \lambda) y(x) = f(x)$$

其通解為：$y(x) = ce^{\lambda x} + e^{\lambda x} \int e^{-\lambda x} f(x)\, dx = y_h(x) + y_p(x) \tag{36}$

故可得：$y_p(x) = \dfrac{1}{D - \lambda} f(x) = e^{\lambda x} \int e^{-\lambda x} f(x)\, dx \tag{37}$

同理可得：$\dfrac{1}{D + \lambda} f(x) = e^{-\lambda x} \int e^{\lambda x} f(x)\, dx \tag{38}$

將(37)代入(35)即可得

$$y_p(x) = \sum_{k=1}^{n} \frac{e^{\lambda_k x}}{L'(\lambda_k)} \int e^{-\lambda_k x} f(x) dx \tag{39}$$

Case 2.　重積分法：

同 Case 1 但允許重根出現，由(37)

$$\begin{aligned}
\frac{1}{(D - \lambda_2)(D - \lambda_1)} f(x) &= \frac{1}{(D - \lambda_2)} \left(e^{\lambda_1 x} \int e^{-\lambda_1 x} f(x) dx \right) \\
&= e^{\lambda_2 x} \int e^{-\lambda_2 x} \left(e^{\lambda_1 x} \int e^{-\lambda_1 x} f(x) dx \right) dx \\
&= e^{\lambda_2 x} \int e^{(\lambda_1 - \lambda_2)x} \int e^{-\lambda_1 x} f(x) dx dx
\end{aligned} \tag{40}$$

依此類推，可得

$$y_p(x) = \frac{f(x)}{L(D)} = \frac{f(x)}{(D-\lambda_1)(D-\lambda_2)\cdots(D-\lambda_n)} \tag{41}$$
$$= e^{\lambda_n x}\int e^{(\lambda_{n-1}-\lambda_n)x}\int\cdots\int e^{(\lambda_1-\lambda_2)x}\int e^{-\lambda_1 x}f(x)dx\cdots dx$$

當(41)中 $\lambda_1 = \lambda_2 \cdots \lambda_n = \lambda$ 時，可得

$$y_p(x) = \frac{f(x)}{(D-\lambda)^n} = e^{\lambda x}\int\int\cdots\int e^{-\lambda x}f(x)dx\cdots dx \tag{42}$$

定理 4

$$\frac{1}{L(D)}e^{ax} = \frac{1}{L(a)}e^{ax} \,;\, L(a) \neq 0 \tag{43}$$

證明：考慮一階線性常係數常微分方程式　$L(D)y = e^{ax}$
　　　　因 $L(a) \neq 0$ 故知 e^{ax} 必不為 $y(x)$ 之齊性解，利用待定係數法
　　　　可令 $y_p(x) = Ae^{ax}$ 代入原式後可得
　　　　$L(D)Ae^{ax} = e^{ax} \Rightarrow AL(a)e^{ax} = e^{ax} \Rightarrow A = \dfrac{1}{L(a)}$
　　　　故 $y_p = \dfrac{1}{L(D)}e^{ax} = \dfrac{1}{L(a)}e^{ax}$ 得證

定理 5

$$\frac{1}{L(D)}e^{ax}f(x) = e^{ax}\frac{1}{L(D+a)}f(x) \tag{44}$$

證明：$L(D)y(x) = e^{ax}f(x)$，利用待定係數法令 $y_p(x) = e^{ax}g(x)$ 代入原式後可得
　　　　$L(D)e^{ax}g(x) = e^{ax}f(x)$ 由 $L(D)e^{ax}g(x) = e^{ax}L(D+a)g(x)$ 可得
　　　　$L(D+a)g(x) = f(x)$ 即 $g(x) = \dfrac{1}{L(D+a)}f(x)$
　　　　$y_p(x) = \dfrac{1}{L(D)}e^{ax}f(x) = e^{ax}\dfrac{1}{L(D+a)}f(x)$ 故得證

例題 8：Solve $y'''(x) + 2y''(x) + y'(x) = 1$ 　　　　　【101 台大電子】

解　　$y_h(x) = c_1 + c_2 e^{-x} + c_3 x e^{-x}$

$y_p(x) = x$

故通解為：$y(x) = c_1 + c_2 e^{-x} + c_3 x e^{-x} + x$

例題 9：Find the general solution for the following O.D.E.

$y'' - 2y' + y = x - 2$ 　　　　　【101 中山光電】

解　　$y'' - 2y' + y = x - 2$

$y_h = c_1 e^x + c_2 x e^x$

$y_p = x$

例題 10：Find the general solution for the following O.D.E.

$y'' + 8y' + 16y = 8 \sin(2x) + 3e^{4x}$ 　　　　　【101 中興電機】

解　　$y'' + 8y' + 16y = 0 \Rightarrow y_h = c_1 e^{-4x} + c_2 x e^{-4x}$

Let　$y_p = A \sin(2x) + B \cos(2x) + C e^{4x}$ 代入原微分方程式比較係數可得

$y_p = \dfrac{6}{25} \sin(2x) - \dfrac{8}{25} \cos(2x) + \dfrac{3}{64} e^{4x}$

例題 11：Solve $y^{(3)}(x) + y''(x) = e^x \cos x$ 　　　　　【101 暨南應光】

解　　Let　$y = e^{\lambda x}$ 代入求解特徵方程式

$(\lambda + 1)\lambda^2 = 0 \Rightarrow \lambda = 0, 0, -1,$

$y_h(x) = c_1 + c_2 x + c_3 e^{-x}$

Let　$y_p = e^x(A \cos x + B \sin x)$ 代入原微分方程式可得

$y_p = \dfrac{1}{10} e^x(-\cos x + 2 \sin x)$

例題 12：Solve $y'' + y' + y = x^4 + 4x^3 + 12x^2$ 　　　　　【交大資管】

　　$\lambda^2 + \lambda + 1 = 0 \Rightarrow \lambda = \dfrac{1}{2}(-1 \pm \sqrt{3}i)$

故齊性解為：$y_h(x) = e^{-\frac{x}{2}}\left(c_1\cos\frac{\sqrt{3}}{2}x + c_2\sin\frac{\sqrt{3}}{2}x\right)$

利用待定係數法令 $y_p(x) = Ax^4 + Bx^3 + Cx^2 + Dx + E$ 代入原微分方程式可得：

$A = 1, B = C = D = E = 0$

例題 13：Solve $\quad y'' + 4y = -12\sin 2x$ 　　　　　　【清大材料】

解　$\lambda^2 + 4 = 0 \Rightarrow \lambda = \pm 2i$

故齊性解為：$y_h(x) = c_1\cos 2x + c_2\sin 2x$

利用待定係數法令 $y_p(x) = x(A\cos 2x + B\sin 2x)$ 代入原微分方程式可得：

$A = 3, B = 0 \Rightarrow y(x) = c_1\cos 2x + c_2\sin 2x + 3x\cos 2x$

例題 14：Given $y'' - 2y' + y = \dfrac{e^x}{1-x}$. Find the general solution (use the method of variation of parameters) 　　　　　　【清大動機】

解　$\lambda^2 - 2\lambda + 1 = 0 \Rightarrow \lambda = 1, 1$

故齊性解為：$y_h(x) = c_1 e^x + c_2 x e^x$

令 $y_p(x) = \phi_1 e^x + \phi_2 x e^x \Rightarrow y'_p(x) = \phi_1 e^x + \phi'_1 e^x + \phi'_2 x e^x + \phi_2(x+1)e^x$

再令 $\phi'_1(x)e^x + \phi'_2(x)xe^x = 0$ 　　　　　　　　(1)

$\Rightarrow y'_p(x) = \phi_1 e^x + \phi_2(x+1)e^x$

$\Rightarrow y''_p(x) = \phi_1 e^x + \phi_2(x+2)e^x + \phi'_1 e^x + \phi'_2(x+1)e^x$

代入原微分方程式可得：

$\phi'_1(x)e^x + \phi'_2(x)(x+1)e_x = \dfrac{e^x}{1-x}$ 　　　　　　(2)

聯立(1)(2)並利用 Cramer's rule 求解可得：

$\phi'_1(x) = \dfrac{-\dfrac{e^x}{1-x}xe^x}{W(e^x, xe^x)} = \dfrac{-x}{1-x} \Rightarrow \phi_1 = x + \ln|x-1|$

$\phi'_2(x) = \dfrac{\dfrac{e^x}{1-x}e^x}{W(e^x, xe^x)} = \dfrac{1}{1-x} \Rightarrow \phi_2 = -\ln|x-1|$

$\therefore y(x) = c_1 e^x + c_2 x e^x + (x + \ln|x-1|)e^x - xe^x\ln|x-1|$

例題 15：Solve $\quad y'' + y = \sec x\,(\csc x)$ 　　　　　　【中山電機】

解　　　$\lambda^2 + 1 = 0 \Rightarrow \lambda = \pm i$

故齊性解為：$y_h(x) = c_1 \cos x + c_2 \sin x$

令 $y_p(x) = \phi_1 \cos x + \phi_2 \sin x$

$\Rightarrow y_p'(x) = \phi_1(-\sin x) + \phi_1' \cos x + \phi_2' \sin x + \phi_2 \cos x$

再令 $\phi_1'(x) \cos x + \phi_2'(x) \sin x = 0$　　　　　　　　　　　　　　(1)

$\Rightarrow y_p'(x) = \phi_2 \cos x - \phi_1 \sin x$

$\Rightarrow y_p''(x) = \phi_2' \cos x - \phi_2 \sin x - \phi_1 \cos x - \phi_1' \sin x$

代入原微分方程式可得：

$\phi_1'(-\sin x) + \phi_2'(\cos x) = 0$　　　　　　　　　　　　　　　　(2)

聯立(1)(2)並利用 Cramer's rule 求解可得：

$\phi_1' = \dfrac{-\sec x \csc x \sin x}{W(\cos x, \sin x)} = -\sec x \Rightarrow \phi_1(x) = -\ln|\sec x + \tan x|$

$\phi_2' = \dfrac{\sec x \csc x \sin x}{W(\cos x, \sin x)} = \csc x \Rightarrow \phi_2(x) = \ln|\csc x - \cot x|$

$\therefore y(x) = c_1 \cos x + c_2 \sin x - \cos x \ln|\sec x + \tan x|$

$\qquad + \sin x \ln|\csc x - \cot x|$

觀念提示：　(1) $\int \sec x \, dx = \ln|\sec x + \tan x|$　　(2) $\int \csc x \, dx = \ln|\csc x - \cot x|$

例題 16：Find the general solution of $y''(x) + 2y'(x) + y(x) = xe^{-x}$　　【台大土木】

解　　　$\lambda^2 + 2\lambda + 1 = 0 \Rightarrow \lambda = -1, 1$

故齊性解為：$y_h(x) = c_1 e^{-x} + c_2 x e^{-x}$

利用待定係數法令 $y_p(x) = (ax^3 + bx^2)e^{-x}$ 代入原微分方程式可得：

$a = \dfrac{1}{6}, b = 0 \Rightarrow y(x) = c_1 e^{-x} + c_2 x e^{-x} + \dfrac{1}{6}x^3 e^{-x}$

例題 17：Solve　$y''(x) - 2y'(x) + 2y(x) = 2e^x \cos x + x$　　【淡江機械】

解　　　$\lambda^2 - 2\lambda + 2 = 0 \Rightarrow \lambda = 1 \pm i$

故齊性解為：$y_h(x) = e^x[c_1 \cos x + c_2 \sin x]$

(1)由 x：Let　$y_{p1}(x) = ax + b$，求得 $y_{p1}'(x)$ 及 $y_{p1}''(x)$ 後代入原微分方程式可得：

$$2ax + 2b - 2a = x \Rightarrow a = b = \frac{1}{2}$$

$$\Rightarrow y_{p1}(x) = \frac{1}{2}x + \frac{1}{2}$$

(2)由$2e^x \cos x$：Let $y_{p2}(x) = (\alpha \cos x + \beta \sin x)xe^x$，求得$y'_{p2}(x)$及$y''_{p2}(x)$後代

入原微分方程式可得：

$$-2\alpha \sin xe^x + 2\beta \cos xe^x = 2e^x \cos x \Rightarrow \alpha = 0, \beta = 1$$

$$\Rightarrow y_{p2}(x) = (\sin x)xe^x$$

$$\Rightarrow y(x) = y_h + y_{p1} + y_{p2} = e^x(c_1 \cos x + c_2 \sin x) + \frac{1}{2}x + \frac{1}{2} + (\sin x)xe^x$$

觀念提示： $y_{p2}(x)$ may also be obtained by the method of "variation of parameters"

例題 18：Find the general solution of $y'' - 3y' + 2y = \sin(e^{-x})$　【成大電機】

解　$\lambda^2 - 3\lambda + 2 = 0 \Rightarrow \lambda = 1, 2$

故齊性解為：$y_h(x) = c_1 e^{2x} + c_2 e^x$

$$y_p = \frac{1}{(D-1)(D-2)}\sin(e^{-x}) = \left(\frac{-1}{D-1} + \frac{1}{D-2}\right)\sin(e^{-x})$$

$$= -e^x \int e^{-x}\sin(e^{-x})dx + e^{2x}\int e^{-2x}\sin(e^{-x})dx$$

$$= e^x \int \sin(e^{-x})de^{-x} - e^{2x}\int e^{-x}\sin(e^{-x})dx^{-x}$$

$$= -e^{-x}\cos(e^{-x}) - e^{2x}[-e^{-x}\cos(e^{-x}) + \sin(e^{-x})]$$

$$= -e^{2x}\sin(e^{-x})$$

觀念提示： 亦可用參數變更法

$$y_p = ue^{2x} + ve^x$$

$$u' = \frac{\begin{vmatrix} 0 & e^x \\ \sin e^{-x} & e^x \end{vmatrix}}{W} = \frac{-e^x \sin e^{-x}}{-e^{3x}} = e^{-2x}\sin e^{-x}$$

$$\Rightarrow u = \int e^{-2x}\sin e^{-x}dx = e^{-x}\cos e^{-x} - \sin e^{-x}$$

$$v' = \frac{\begin{vmatrix} e^{2x} & 0 \\ 2e^{2x} & \sin e^{-x} \end{vmatrix}}{W} = \frac{e^{2x}\sin e^{-x}}{-e^{3x}} = e^{-x}\sin e^{-x}$$

$$\Rightarrow v = \int -e^{-x}\sin e^{-x}dx = -\cos e^{-x}$$

例題 19：Solve the differential equation $y'' + 4y' + 4y = 3te^{-2t}$　　　　【台大電機】

解　　$\lambda^2 + 4\lambda + 4 = 0 \Rightarrow \lambda = -2, -2$

故齊性解為：$y_h(t) = (c_1 + c_2 t)e^{-2t}$

$$y_p(t) = \frac{1}{(D+2)^2}(3te^{-2t}) = e^{-2t} \iint e^{2t}(3te^{-2t})dtdt = e^{-2t}\frac{t^3}{2}$$

觀念提示：　亦可用待定係數法，令 $y_p(t) = (\alpha t^3 + \beta t^2)e^{-2t}$ 代入後比較係數可得 $\alpha = \frac{1}{2}$,

$\beta = 0$

例題 20：Solve the differential equation $y'' - 3y' + 2y = e^x \sin x$　　　　【台大農機】

解　　$\lambda^2 - 3\lambda + 2 = 0 \Rightarrow \lambda = 1, 2$

故齊性解為：$y_h(x) = c_1 e^x + c_2 e^{2x}$

$$y_p = \frac{1}{(D-2)(D-1)}(e^x \sin x) = e^x \frac{1}{D(D-1)}(\sin x)$$

$$= e^x \frac{1}{D}\left(e^x \int e^{-x} \sin x\, dx\right)$$

$$= e^x \int e^x \frac{e^{-x}}{2}(\cos x + \sin x)dx = \frac{e^x}{2}(\cos x - \sin x)$$

觀念提示：　1. 亦可用待定係數法，令

$$y_p(x) = (\alpha \sin x + \beta \cos x)e^x \text{ 代入後比較係數可得 } \alpha = -\frac{1}{2},\ \beta = \frac{1}{2}$$

2. method of "variation of parameters"

$$W(x) = \begin{vmatrix} e^x & e^{2x} \\ e^x & 2e^{2x} \end{vmatrix} = e^{3x}$$

$$u(x) = \int \frac{-e^{3x}\sin x}{e^{3x}}dx = \cos x$$

$$v(x) = \int \frac{e^{2x}\sin x}{e^{3x}}dx = -\frac{1}{2}(\cos x + \sin x)e^{-x}$$

$$\therefore y_p(x) = \cos x e^x - \frac{1}{2}(\cos x + \sin x)e^x = \frac{1}{2}(\cos x - \sin x)e^x$$

例題 21：Consider the following initial-value problem

$y'' + ay' + by = f(x);\ y(0) = c, y'(0) = d$

(1)It is known that the solution is $y(x) = \sin 2x$ when $f(x) = -3\sin 2x$. Determine the values of the constants a, b, c, d.

(2) Find the solution for $-\dfrac{\pi}{2} < x < \dfrac{\pi}{2}$ when $f(x) = \tan x$.

【101 台聯大工數 D】

解

(1) $y(x) = \sin 2x \Rightarrow y(0) = 0 = c, y'(0) = 2 = d$

$y(x) = \sin 2x$ and $f(x) = -3 \sin 2x$

代入 $y'' + ay' + by = f(x) \Rightarrow a = 0, b = 1$

(2) $y'' + y = \tan x; y(0) = 0, y'(0) = 2$

$\Rightarrow \begin{cases} y_h = c_1 \cos x + c_2 \sin x \\ y_p = -\cos(x) \ln(\sec x + \tan x) \end{cases}$

$\begin{cases} y(0) = 0 \Rightarrow c_1 = 0 \\ y'(0) = 2 \Rightarrow c_2 = 3 \end{cases}$

$\therefore y(x) = 3 \sin x - \cos(x) \ln(\sec x + \tan x)$

例題 22： $y_{p1} = 6e^{2x}$ and $y_{p2} = x^2 + 3x$ are the particular solutions for the linear differential equations $a_2(x)y'' + a_1(x)y' + a_0(x)y = 3e^{2x}$ and $a_2(x)y'' + a_1(x)y' + a_0(x)y = 5x^2 + 3x - 8$, respectively.

(1) What is the particular solutions for the linear differential equation
$a_2(x)y'' + a_1(x)y' + a_0(x)y = 3e^{2x} + 5x^2 + 3x - 8$

(2) What is the particular solutions for the linear differential equation
$a_2(x)y'' + a_1(x)y' + a_0(x)y = 9e^{2x} - 10x^2 - 6x + 16$

【101 高雄大電機】

解

(1) $6e^{2x} + x^2 + 3x$

(2) $y_p = 3y_{p1} - 2y_{p2} = 18e^{2x} - 2(x^2 + 3x)$

3-4　等維線性變係數 O.D.E.

一二階等維線性變係數 O.D.E.(或稱為 Euler-Cauchy equation)可表示為：

$$x^2 y''(x) + axy'(x) + by(x) = 0 \quad (a, b \text{ constants}); x \neq 0 \tag{45}$$

解法 I：令解函數具有 $y(x) = x^m$（m 為待定係數）的形式，代入 (45) 可得：

$$[m(m-1) + am + b]x^m = 0$$
$$x^m \neq 0, \Rightarrow m^2 + (a-1)m + b = 0 \tag{46}$$

Case 1. 相異實根 m_1 與 m_2

則齊性解為：$y(x) = c_1 x^{m_1} + c_2 x^{m_2}$ $\tag{47}$

Case 2. 共軛根 $\alpha \pm i\beta$

$$y_1 = x^{\alpha+i\beta} = x^\alpha e^{i\beta \ln x}$$
$$y_2 = x^{\alpha-i\beta} = x^\alpha e^{-i\beta \ln x}$$
$$\begin{aligned} y(x) = c_1 y_1(x) + c_2 y_2(x) &= x^\alpha[c_1 e^{i\beta \ln x} + c_2 e^{-i\beta \ln x}] \\ &= x^\alpha[(c_1 + c_2)\cos(\beta \ln x) + i(c_1 - c_2)\sin(\beta \ln x)] \\ &= x^\alpha[c_1' \cos(\beta \ln x) + c_2' \sin(\beta \ln x)] \end{aligned} \tag{48}$$

Case 3.　重根 $m_1 = m_2 = m$

解法(1)：視為相異根的極限情形（$m_2 \to m_1$）

若是相異根，則 x^{m_1} 及 x^{m_2} 及其線性組合均為方程式之解；取 x^{m_1} 及 $\dfrac{x^{m_1} - x^{m_2}}{m_1 - m_2}$ 為二解，則在極限情形：

$$\lim_{m_2 \to m_1} \frac{x^{m_1} - x^{m_2}}{m_1 - m_2} = \frac{dx^{m_1}}{dm_1} = \frac{d}{dm_1}(e^{m_1 \ln x}) = \ln x\, e^{m_1 \ln x} = x^{m_1} \ln x$$

故在重根下 $x^{m_1} \ln x$ 也是解，check $W(x^{m_1}, x^{m_1} \ln x) = x^{2m_1 - 1} \neq 0$ $(x \neq 0)$

故通解為：

$$y(x) = c_1 x^{m_1} + c_2 x^{m_1} \ln x \tag{49}$$

解法(2)：降階法

$y_1(x) = x^{m_1}$ 令 $y_2(x) = u(x) y_1(x)$ 代入(45) 式中，得

$$x^2(u''y_1 + 2u'y_1' + uy_1'') + ax(u'y_1 + uy_1') + buy_1 = 0$$
$$\Rightarrow x^2(u''y_1 + 2u'y_1') + axu'y_1 = 0$$
$$\because m_1 = \frac{1-a}{2}$$

$$\Rightarrow x^{m_1}(x^2 u'' + (2m_1 + a)xu') = 0$$

$$\Rightarrow x_2 u'' + xu' = 0$$

$$\Rightarrow \frac{du'}{dx} = -\frac{1}{x}u'$$

$$\Rightarrow u' = \frac{1}{x}$$

$$\Rightarrow u(x) = \ln x$$

$$\Rightarrow y_2(x) = x^{m_1}\ln x$$

$$\therefore y(x) = x^{m_1}(c_1 + c_2 \ln x)$$

解法 II：變數代換法

Euler-Cauchy equation 可在其自變數做指數轉換後變成常係數常微分方程式，令

$$x = e^t \Rightarrow \frac{dy}{dx} = \frac{dy}{dt}\frac{dt}{dx} = \frac{1}{x}\frac{dy}{dt} = \frac{1}{x}Dy$$

$$\Rightarrow \frac{d^2 y}{dx^2} = \frac{d}{dx}\left(\frac{1}{x}\frac{dy}{dt}\right) = -\frac{1}{x^2}\frac{dy}{dt} + \frac{1}{x^2}\frac{d^2 y}{dt^2} = \frac{1}{x^2}D(D-1)y$$

代回原式中，得

$$\frac{d^2 y}{dt^2} - \frac{dy}{dt} + a\frac{dy}{dt} + by = 0 \tag{50}$$

$$\Rightarrow y'' + (a-1)y' + by = 0$$

　　經由自變數做指數轉換後，(50)變成二階常係數常微分方程式，此時，再令 $y = e^{\lambda t}$ 代入求解之

觀念提示：　Legendre 等維線性變係數 O.D.E.一般式：

$$(\alpha x + \beta)^2 y''(x) + a(\alpha x + \beta)y'(x) + by(x) = 0 \tag{51}$$

令 $(\alpha x + \beta) = t$ 做變數轉換，化為標準的 Euler-Cauchy equation

或令 $(\alpha x + \beta) = e^t$ 作變數轉換，化為常係數 O.D.E

$$\alpha^2 D(D-1)y + a\alpha Dy + by = 0$$

例題 23：求 $t\dfrac{d^2 y}{dt^2} - 3\dfrac{dy}{dt} + \dfrac{9}{t}y = 0$ 之通解　　　　【台大電機】

解　　原式 $t^2 y'' - 3ty' + 9y = 0$ 形成等維型變係數 O.D.E.

令 $y = t^m$ 代入原式後可得：

$$m(m-1) - 3m + 9 = 0 \Rightarrow m = 2 \pm \sqrt{5}i$$

故通解為：$y(t) = t^2(c_1 \cos\sqrt{5}\ln t + c_2 \sin\sqrt{5}\ln t)$

例題 24：Find $x^2y''(x) - 4xy'(x) + 6y(x) = 0$ by transformation $x = e^t$　【台大土木】

解　$x = e^t \Rightarrow t = \ln x, \dfrac{dy}{dx} = \dfrac{dy}{dt}\dfrac{dt}{dx} = \dfrac{1}{x}\dfrac{dy}{dt}$

$\Rightarrow \dfrac{d^2y}{dx^2} = \dfrac{d}{dx}\left(\dfrac{1}{x}\dfrac{dy}{dt}\right) = -\dfrac{1}{x^2}\dfrac{dy}{dt} + \dfrac{1}{x^2}\dfrac{d^2y}{dt^2}$

代入原式得：

$x^2\left(\dfrac{1}{x^2}\dfrac{d^2y}{dt^2} - \dfrac{1}{x^2}\dfrac{dy}{dt}\right) - 4x\left(\dfrac{1}{x}\dfrac{dy}{dt}\right) + 6y = \dfrac{d^2y}{dt^2} - 5\dfrac{dy}{dt} + 6y = 0$

$\Rightarrow (\lambda - 2)(\lambda - 3) = 0 \Rightarrow \lambda = 2, 3$

$\therefore y = c_1 e^{2t} + c_2 e^{3t} = c_1 x^2 + c_2 x^3$

例題 25：Solve $(2x + 1)^2 y'' - (12x + 6)y' + 16y = 2$　【交大電子】

解　令 $t = 2x + 1$

$\Rightarrow \dfrac{dy}{dx} = 2\dfrac{dy}{dt}, \dfrac{d^2y}{dx^2} = 4\dfrac{d^2y}{dt^2}$

$\Rightarrow t^2\dfrac{d^2y}{dt^2} - 3t\dfrac{dy}{dt} + 4y = \dfrac{1}{2}$

先求齊性解：令 $y = t^m$ 代入原式後可得：

$m(m - 1) - 3m + 4 = 0 \Rightarrow m = 2, 2$

故齊性解為：$y_h(x) = t^2(c_1 + c_2 \ln t) = (2x + 1)^2(c_1 + c_2 \ln(2x + 1))$

明顯的，$y = \dfrac{1}{8}$ 是一個特解，故方程式之通解為：

$y(x) = (2x + 1)^2(c_1 + c_2 \ln(2x + 1)) + \dfrac{1}{8}$

例題 26：Solve $x^3y'''(x) - 5x^2y''(x) + 18xy'(x) - 26y(x) = 0$; $y(1) = 0, y'(1) = 0, y''(1) = 2$

【清大動機】

解　令 $y = x^m$ 代入原式後可得：

$m(m - 1)(m - 2) - 5m(m - 1) + 18m - 26 = 0 \Rightarrow m = 2, 3 \pm 2i$

故齊性解為：$y_h(x) = c_1 x^2 + x^3(c_2 \cos 2\ln x + c_3 \sin 2\ln x)$

$y(1) = 0 \Rightarrow c_1 + c_2 = 0$

$y'(1) = 0 \Rightarrow 2c_1 + 3c_2 + 2c_3 = 0$

$y''(1) = 2 \Rightarrow 2c_1 + 2c_2 + 10c_3 = 2$

$$\therefore c_1 = \frac{2}{5}, c_2 = -\frac{2}{5}, c_3 = \frac{1}{5}$$

例題 27：Solve the initial value problem of the following differential equation

$x^2 y''(x) - 2xy'(x) + 2y(x) = 10 \sin(\ln x); y(1) = 3, y'(1) = 0$ 【101 中興電機】

解　設 $x = e^t \Rightarrow t = \ln x$

$\Rightarrow x^2 y''(x) = D_t(D_t - 1)y(x), xy'(x) = D_t y(x)$

代入原式得：

$(D_t(D_t - 1) - 2D_t + 2)y = 10\sin t \Rightarrow (D_t - 1)(D_t - 2)y = 10\sin t$

$\therefore y_h(t) = c_1 e^t + c_2 e^{2t}$

$y_p(t) = \dfrac{1}{(D_t - 1)(D_t - 2)} 10\sin t = \sin t + 3\cos t$

代入 initial condition

$y(x) = x - x^2 + \sin(\ln x) + 3\cos(\ln x)$

例題 28：Solve $x^2 y''(x) - 3xy'(x) + 3y(x) = 2x^4 e^x$

【101 暨南應光，101 雲科大電子光電，交大電子，交大材料】

解　設 $x = e^t \Rightarrow t = \ln x$

$\Rightarrow x^2 y''(x) = D_t(D_t - 1)y(x), xy'(x) = D_t y(x)$

代入原式得：

$(D_t(D_t - 1) - 3D_t + 3)y = 2e^{4t}e^{e^t} \Rightarrow (D_t - 1)(D_t - 3)y = 2e^{4t}e^{e^t}$

$\therefore y_h(t) = c_1 e^t + c_2 e^{3t}$

$y_p(t) = \dfrac{1}{(D_t - 1)(D_t - 3)} 2e^{4t}e^{e^t} = e^t \int e^{-t} e^{3t}[\int e^{-3t}(2e^{4t} e^{e^t})dt]dt$

$\quad = e^t \int e^{2t}(2\int e^t e^{e^t} dt)dt = e^t \int 2e^{2t} e^{e^t} dt$

$\quad = 2e^t(e^t - 1) e^{e^t} = 2x(x-1)e^x$

例題 29：Solve $(x - 1)^2 y''(x) - (x - 1)y'(x) + y(x) = x \quad x > 1$ 【101 北科大電機】

解　設 $(x - 1) = e^t \Rightarrow t = \ln(x - 1)$

代入原式得：

$(D_t(D_t - 1) + D_t + 1)y = e^t + 1$

$$\Rightarrow y(t) = c_1 \cos t + c_2 \sin t + \frac{1}{2} e^t + 1$$

$$\Rightarrow y(x) = c_1 \cos(\ln(x-1)) + c_2 \sin(\ln(x-1)) + \frac{1}{2}(x+1)$$

例題 30：Solve $x^2 y''(x) - xy'(x) + y(x) = \ln x$　　　【101 北科大光電】

解

設 $x = e^t \Rightarrow t = \ln x$

$$\Rightarrow x^2 y''(x) = D_t(D_t - 1)y(x), \quad xy'(x) = D_t y(x)$$

代入原式得：$(D_t(D_t - 1) - D_t + 1)y = t \Rightarrow (D_t - 1)^2 y = t$

$$\therefore y_h(t) = c_1 e^t + c_2 t e^t = c_1 x + c_2 x \ln x$$

$$y_p(t) = \frac{1}{(D_t - 1)(D_t - 1)} t = t + 2 = 2 + \ln x$$

3-5　正合型變係數常微分方程式

考慮第二章中一階正合型 O.D.E.

$$M(x, y)dx + N(x, y)dy = 0$$

$$If \frac{\partial M}{\partial y} = \frac{\partial N}{\partial x} \Rightarrow d\phi(x, y) = \frac{\partial \phi}{\partial x} dx + \frac{\partial \phi}{\partial y} dy = Mdx + Ndy = 0$$

$$\therefore \phi(x, y) = c$$

由以上的討論可知，正合（exact）可說是正好符合降一階的條件。根據以上的想法可引伸到二階的情形，一二階變係數 O.D.E.可表示如下：

$$a_2(x)y''(x) + a_1(x)y'(x) + a_0(x)y(x) = f(x) \tag{52}$$

若存在函數 $b_1(x), b_0(x)$ 使得

$$\frac{d}{dx}(b_1(x)y' + b_0(x)y) = a_2(x)y''(x) + a_1(x)y'(x) + a_0(x)y(x) \tag{53}$$

則稱為正合，顯然的，其齊性解為：

$$b_1(x)y'(x) + b_0(x)y(x) = c_1 \tag{54}$$

將(53)代入(52)後，等號兩邊同時積分，可得

$$b_1(x)y'(x) + b_0(x)y(x) = \int f(x)dx + c_1 \tag{55}$$

(53)式是形如(52) 式之二階變係數 O.D.E.正合的充要條件，將(53)式等號左邊展開，並與右邊比較係數可得：

$$\Rightarrow \begin{cases} b_1(x) = a_2(x) \\ b_0'(x) = a_0(x) \\ b_1'(x) + b_0(x) = a_1(x) \end{cases} \tag{56}$$

若(52) 式為正合，則由(56)可得判別式為

$$a_2(x)'' - a_1(x)' + a_0(x) = 0 \tag{57}$$

由(56)可求得

$$\begin{cases} b_1(x) = a_2(x), \\ b_0(x) = a_1(x) - a_2(x) \\ \Rightarrow (b_1y'(x) + b_0y(x))' = (a_2y'(x) + (a_1 - a_2')y(x))' \end{cases} \tag{58}$$

例題 31：Solve the differential equation $x(x-1)y''(x) + (3x-1)y'(x) + y(x) = 0$

【交大機械】

解　原式為變係數非等維型 O.D.E.⇒check 是否為正合型

$a_2(x)'' - a_1(x)' + a_0(x) = 0$

故為正合型，可降一階求解：

$[x(x-1)y']' + [-(2x-1)y' + (3x-1)y'] + y(x) = 0$

$\Rightarrow [x(x-1)y'(x) + xy(x)]' = 0$

$\Rightarrow y'(x) + \dfrac{1}{x-1}y(x) = \dfrac{c_1}{x^2 - x}$

簡化為一階線性 O.D.E.，其解為：

$$y(x) = y_h(x) + y_p(x) = \frac{c_2 + c_1 \ln x}{x - 1}$$

例題 32：Solve the differential equation with variable coefficient

$ty'' - ty' - y = 0; \; y(0) = 0, \; y'(0) = 3$ 　　　　【成大電機】

解　　原式為變係數非等維型 O.D.E.⇒check 是否為正合型

$a_2(x)'' - a_1(x)' + a_0(x) = 0$

故為正合型，可降一階求解：

$(ty')' - ty' - y' - y = 0 \Rightarrow [ty' - (t+1)y]' = 0 \Rightarrow ty' - (t+1)y = c_1$

代入 I.C.$\Rightarrow c_1 = 0 \Rightarrow \dfrac{dy}{y} = \dfrac{t+1}{t} dt$

$\ln y + [-t - \ln|t|] = c_2 \Rightarrow y(t) = c_2 t e^t$

再代入 $y'(0) = 3$ 可得 $c_2 = 3 \Rightarrow y(t) = 3te^t$

3-6　降階法求解二階線性變係數 O.D.E.

　　若二階線性變係數 O.D.E. 既非等維型（Cauchy 方程式），又非正合，則前述之解法均將失敗。所謂降階法（因變數變更法）即是將因變數 y 轉換成另一因變數，以降階求解。

　　Case 1. 若能預先知道一齊性解 $y_1(x)$ 或經由簡單的試驗找出一齊性解，則此時第二個齊性解 $y_2(x)$ 可利用參數變化法經由降階處理後求得。

　　若一二階變係數 O.D.E.為

$$y''(x) + p(x)y'(x) + q(x)y(x) = 0 \tag{59}$$

已知一齊性解 $y_1(x)$，令第二個齊性解為 $y_2(x) = u(x)y_1(x)$

$\Rightarrow y_2'(x) = u'y_1(x) + uy_1'(x)$

$\quad y_2''(x) = u''y_1(x) + 2u'y_1'(x) + uy_1''(x)$

代入(59) 式中得

$$u(x)(y_1'' + p(x)y_1' + q(x)y_1) + u'(x)(2y' + p(x)y_1) + u''(x)y_1(x) = 0 \tag{60}$$

由於 $y_1(x)$ 為(59)式之一齊性解，$y_1'' + p(x)y_1' + q(x)y_1 = 0$ 故(60)式可簡化為 $u'(x)$ 之一階線性 O.D.E.

$$u'' + \left(2\frac{y_1'}{y_1} + p(x)\right)u' = 0 \tag{61}$$

其通解為：

$$u'(x) = c_1 \exp\left[-\int\left(2\frac{y_1'}{y_1} + p(x)\right)dx\right] = c_1\frac{1}{y_1^2}\exp\left(-\int p(x)dx\right)$$
$$\therefore u(x) = c_1 \int \frac{1}{y_1^2}\exp\left(-\int p(x)dx\right)dx \tag{62}$$

由以上的討論可得以下定理：

定理 6

二階變係數線性 O.D.E. $y'' + p(x)y' + q(x)y = 0$ 其中 $p(x)$ 與 $q(x)$ 均為連續。且已知 $y_1(x)$ 為此方程式的一個非零解函數，則通解為：

$$y(x) = c_1 y_1(x) + c_2 y_1(x)\int\frac{1}{y_1^2}\exp\left(-\int p(x)dx\right)dx \tag{63}$$

齊性解 $y_1(x)$ 是否能求得或看出來決定了解題成功與否的關鍵。以下為幾種判斷的法則：

(1) $p(x) + xq(x) = 0$ 　　　　則 $y_1(x) = x$

(2) $1 + p(x) + q(x) = 0$ 　　　則 $y_1(x) = e^x$（係數和 $= 0$）

(3) $1 - p(x) + q(x) = 0$ 　　　則 $y_1(x) = e^{-x}$（係數正負項交錯之和 $= 0$）

(4) $m^2 + mp(x) + q(x) = 0$ 　則 $y_1(x) = e^{mx}$

Case 2. 若無法預先知道一齊性解，假設解函數可表示為 $y(x) = u(x)v(x)$，代入 (59) 式中得：

$$v''(x) + \left(\frac{2u'}{u} + p(x)\right)v'(x) + \left(\frac{u'' + p(x)u' + q(x)u}{u}\right)v(x) = \frac{f(x)}{u} \tag{64}$$

若(64)式中 $v'(x)$ 之係數為 0，

$$u' + \frac{pu}{2} = 0 \Rightarrow u(x) = \exp\left(-\int \frac{p(x)}{2}dx\right) \tag{65}$$

$$\Rightarrow u'' = \frac{1}{4}p^2 u - \frac{1}{2}p'u$$

$$\Rightarrow v'' + \left(q(x) - \frac{1}{4}p^2 - \frac{p'}{2}\right)v = \frac{f(x)}{u}$$

(1)$q(x) - \frac{1}{4}p^2 - \frac{p'}{2} = a$（constant）

(65)reduces to $v'' + av = \frac{f(x)}{u}$ 為常係數 O.D.E.

(2)$q(x) - \frac{1}{4}p^2 - \frac{p'}{2} = \frac{a}{x^2}$

(65)reduces to $x^2 v'' + av = \frac{x^2 f(x)}{u}$ 為 Cauchy 等維變係數 O.D.E.

例題 33：Derive the general solution of the differential equation：

$$(1 + x^2)y'' - 2xy' + 2y = 0$$
　　　　　　　　　　　　　　　　　　　　　　　　　　　　　【台大土木】

解　　$p + xq = 0$ 故 x 為原式之一齊性解，應用降階法，設另一齊性解為：

$y_2(x) = uy_1(x) = ux$ 代入原式可得：

$(1 + x^2)[u''x + 2u'] - 2x[u'x + u] + 2xu = 0$

$\Rightarrow x(1 + x^2)u'' + [2(1 + x^2) - 2x^2]u' = 0$

$\Rightarrow \dfrac{du'}{u'} + \dfrac{2}{x(1 + x^2)}dx = 0$

$\dfrac{2}{x(1 + x^2)} = \dfrac{-2x}{1 + x^2} + \dfrac{2}{x}$

$\Rightarrow \ln|u'| + 2\ln|x| - \ln|1 + x^2| = c_1'$

$\Rightarrow u' = \dfrac{c_1(1 + x^2)}{x^2}$

$\Rightarrow u(x) = c_1(x - \dfrac{1}{x}) + c_2 \Rightarrow y_2 = uy_1 = c_1(x^2 + 1) + c_2 x$

得通解為　$y(x) = c_1(x^2 - 1) + c_2 x$

例題 34：$y_1(x) = e^{-2x}$ is a solution of the equation $xy'' + (2x - 1)y' - 2y = 0$ $(x > 0)$ Find a second, linearly independent solution to the above differential equation.

【成大化工】

解　設另一齊性解為：$y_2(x) = ue^{-2x}$ 代入原式

$x[u''e^{-2x} - 4u'e^{-2x} + 4e^{-2x}u] + (2x - 1)[u'e^{-2x} - 2e^{-2x}u] - 2e^{-2x}u = 0$

$\Rightarrow u'' - \left(2 + \dfrac{1}{x}\right)u' = 0$

$\Rightarrow \dfrac{du'}{u'} - \left(2 + \dfrac{1}{x}\right)dx = 0$

$\Rightarrow \ln|u'| = (2x + \ln|x|)$

$\Rightarrow u' = xe^{2x}$

$\Rightarrow u(x) = e^{2x}\left(\dfrac{x}{2} - \dfrac{1}{4}\right)$

$\therefore y_2(x) = \left(\dfrac{x}{2} - \dfrac{1}{4}\right) + e^{-2x}$

例題 35：$y = x$ is a solution of the equation $x^3y''' - 3x^2y'' + (6 - x^2)xy' - (6 - x^2)y = 0$. Solve

$x^3y''' - 3x^2y'' + (6 - x^2)xy' - (6 - x^2)y = x^4$

【101 暨南電機】

解　設通解為：$y(x) = vx$ 代入原式，可得通解為

$y = c_1 x + c_2 xe^x + c_3 xe^{-x} - x^2$

例題 36：Consider the following second order O.D.E.

$xy'' - (x + 2)y' + 2y = 0$

Determine the solution $y(x)$ satisfying the conditions $y''(0) = 1, y'''(0) = 0$

【101 交大電機】

解　$y = e^x$ is a solution of the equation 設通解為：$y(x) = ve^x$ 代入原式，可得

$xv'' + (x - 2)v' = 0 \Rightarrow v' = c_1 x^2 e^{-x}$

$\Rightarrow v = -c_1(x^2 + 2x + 2)e^{-x} + c_2$

$y''(0) = 1, y'''(0) = 0$

$\Rightarrow y(x) = \dfrac{1}{2}(x^2 + 2x + 2)$

綜合練習

1. Prove that x^{k_1}, x^{k_2} and x^{k_3} are linear independent if k_1, k_2, and k_3 are distinct real numbers

【中央資訊及電子】

2. 對 $(x-1)(x-2)$ 及 $|x-1|(x-2)$ 兩函數而言，說明在 $0<x<2$ 之間是否為線性相關？【中央土木】

3. 已知 $y'' - (3\cos 2t)y' - 2e^{-2t}y = 0$ 之解為 ϕ_1 與 ϕ_2，且：

$\phi_1(0) + \phi_2(0) = 0;\ \phi_1(0) + \phi_2(0) + \phi_1'(0) = 0$

$\phi_2(0) + \phi_1'(0) + \phi_2'(0) = 0;\ \phi_1'(0) + \phi_2'(0) = 1$

判斷 ϕ_1 與 ϕ_2 是否線性相關？　　　　　　　　　　　　　　【交大控制】

4. Solve $y''' - 2y'' - y' + 2y = 0$　　　　　　　　　　　　　　　　　【交大土木】

5. Solve $y''' + 4y'' - 3y' - 18y = 0$

6. Solve $y^{(6)} + 8y^{(4)} + 16y'' = 0$　　　　　　　　　　　　　　　　【中山機械】

7. Solve $y''' - 2y'' - y' + 2y = 0;\ y(0) = 3,\ y'(0) = 0,\ y''(0) = 3$　　　【交大資工】

8. Solve $y'' - 2y' + 2y = 2\cos 2x - 4\sin 2x;\ y(0) = y'(0) = 0$　　　【清華動機】

9. Solve $y'' - y' - 2y = 4x^2;\ y(0) = 1,\ y'(0) = 4$　　　　　　　　　【交大機械】

10. Solve $y'' + y' - 6y = 2e^{-x}$　　　　　　　　　　　　　　　　　　【清大應數】

11. Solve $y'' + 5y' + 6y = e^{-2x}$　　　　　　　　　　　　　　　　　　【中山電機】

12. Solve $y'' + y = \sec^3 x$ by the method of variation of parameters　　【清大應數】

13. 已知某線性常微分方程之通解如下，求此方程式

$$y(x) = c_1 e^{2x} + c_2 x e^{2x} + c_3 e^{-3x} + \frac{7}{10}x^2 e^{2x}$$　　　　　　　【台大化工】

14. Solve $y'' + 4y = \sin^2 2x;\ y(\pi) = y'(\pi) = 0$　　　　　　　　　　【交大機械】

15. Solve $y'' - 3y' + 2y = e^x \sin x$　　　　　　　　　　　　　　　　【台大農機】

16. Solve $y'' - 2y' + y = e^x + x$　　　　　　　　　　　　　　　　　　【台大造船】

17. Solve $x^3 y''' + xy' - y = x$　　　　　　　　　　　　　　　　　　　【台大土木】

18. Solve $x^2 y'' - xy' + 2y = 0$　　　　　　　　　　　　　　　　　　　【台大造船】

19. Solve $(x^2 D^2 - xD + 4)y = \cos \ln x + x \sin \ln x$　　　　　　　　【交大工工】

20. Solve $x^2 y'' - 4xy' + 6y = -7x^4 \sin x$　　　　　　　　　　　　　【清大材料】

21. Solve $x^2 y'' - xy' + y = x;\ x > 0$　　　　　　　　　　　　　　　【大同材料】

22. Find the general solution for each of the following differential equations：

(a) $t^3 y''' + 2t^2 y'' - ty' + y = 0$　　　(b) $t^2 y'' + ty' + 4y = \sin \ln |t|$　　　(c) $y'' - 4y' + 4y = 3e^{-t} + 2t^2 + \sin t$

【交大電信】

23. Solve: $y'' + 4y = e^{-t} \cos 2t$　　　　　　　　　　　　　　　　　【台大材料】

24. Solve: $y'' + 2y' + y = \cos 2x - xe^{-x}$　　　　　　　　　　　　　【台大化工】

25. Solve: $x^3 y''' + xy' - y = x \ln x$　　　　　　　　　　　　　　　　【中山電機】

26. Solve: $(x^2 + 1)y'' - 2y = 0;\ y(0) = 3;\ y'(0) = 7$　　　　　　　【台科大營建】

27. Solve $x(x-1)y'' + (3x-1)y' - y = 0$　　　　　　　　　　　　　　【成大材料】

28. Solve $(x^2 + x^3)y'' - (x + 2x^2)y' + (1 + 2x)y = 0$　　　　　　　【交大資訊】

29. Solve $y'' + \dfrac{2}{x}y' + y = 3$ 【已知：$\left(\dfrac{\sin x}{x}\right)'' + \dfrac{2}{x}\left(\dfrac{\sin x}{x}\right)' + \left(\dfrac{\sin x}{x}\right) = 0$】　　　【成大環工】

30. Solve $x^2y'' - 3xy' + 4y = 0$ 　【淡江土木】

31. Solve $y'' - 2iy = 0$ 　【大同機械】

32. Solve $y'' + 4y = 4\cos 2x + 4x^2 + 4e^{2x}$ 　【台科大營建】

33. Solve $y'' - y' - 6y = 13\cos 2x + 7e^{5x}$ 　【台科大機械】

34. Solve $\int_0^t y(\tau)d\tau - y'(t) = t$ with $y(0) = 2$ 　【中山材料】

35. The function $y_1 = \dfrac{\sin x}{\sqrt{x}}$ is a solution of $x^2y'' + xy' + \left(x^2 - \dfrac{1}{4}\right)y = 0$ on $(0, \pi)$

    Find a second solution 　【中央數學】

36. Find general solution of 　$x^3y''' - 4x^2y'' + 8xy' - 8y = 4\ln x$ 　【中央數學】

37. Solve 　$y'' + 2y' - 3y = 9x$, $y(0) = 1$, $y(1) = 2$ 　【中央數學】

38. Find general solution of 　$(x^2 - x)y'' - xy' + y = 0$ 　【交大資科】

39. Find general solution of 　$x^2y'' - 4xy' + 6y = x^4\sin x$ 　【交大資科】

40. Solve: $x^2y'' - 3xy' + 3y = 2x^4e^x$ 　【台科大自控】

41. $y'' + 4y' + 4y = \dfrac{e^{-2x}}{x^2}$ 　【台科大自控】

42. Under what conditions on parameters a, b, c in the following equation 　【交大控制】

    $x^{(3)} + ax^{(2)} + bx^{(1)} + cx = 1$

    We always have $x(t) \to 2$ as $t \to \infty$, no matter what $x(0)$, $x^{(2)}(0)$, $x^{(1)}(0)$ are given?

43. Use variation of parameters to derive the particular solution

    $$y_p = \frac{1}{2}\int_0^x f(t)[e^{x-t} - e^{t-x}]dt$$

    of the equation $y''(x) + y(x) = f(x)$ 　【交大電信】

44. Let $y_1(x)$ and $y_2(x)$ be two solutions of $y''(x) + p(x)y'(x) + q(x)y(x) = 0$ for x in an open interval I. Let $p(x)$ and $q(x)$ be continuous on I. Show that $y_1(x)$ and $y_2(x)$ are linearly independent on I if and only if the Wronskian of $y_1(x)$ and $y_2(x)$ is nonzero for all x on I. 　【台大光電】

45. Solve the following differential equations

    (a) $yy'' + (y + 1)(y')^2 = 0$ 　　(b) $y'' - 4y = \sum_{n=1}^{\infty}\dfrac{1}{n}\sin nx$ 　【成大電機】

46. Solve: $x^2y'' - 2xy' + 2y = \ln x + 1$ 　【台科大電機】

47. Solve: $y'' - \dfrac{4}{x}y' + \dfrac{4}{x^2}y = x^2 + 1$, for $x > 0$ 　【台科大電機】

48. Solve: $y''' - y'' - 8y' + 12y = 7e^{2x}$ 　【台科大電機】

49. Given the Cauchy's equation $x^2y'' - 3xy' + 4y = 0$ 　【中興電機】

    (a) Find two functions to form a basis of solution to the equation

    (b) Construct the Wronskian of the two functions and show they indeed form a basis

50. Solve: $x(x - 1)y'' - xy' + y = 0$ 　【成大機械】

51. Solve the initial value problem

    $y'' + y' + y = 0$; $y(0) = -2$, $y'(0) = -2$ 　【101 中正電機】

52. Find the general solution of differential equation $x^2y'' - xy' + y = x\ln|x|$ 　【101 高應大電子】

53. Find the general solution of differential equation $x^2y'' - 2xy' + 2y = x^3\cos x$ 　【101 高應大電子】

54. Solve the differential equation

(1) $y'' - 6y' + 9y = 0; y(-1) = 2, y'(-1) = 8$

(2) $y''' - y'' - 8y' + 12y = 6e^{2x}$ 　　　　　　　　　【101 高應大電子】

55. Find the general solution of differential equation $y'' - y = 2\sin^2 x$ 　　【101 雲科大電機、營建】

56. Solve the initial value problem

$x^2 y'' - 6y = 8x^2; y(1) = 1, y'(1) = 0$ 　　　　　　　【101 雲科大電機、營建】

57. Solve $x^2 y'' - 2xy' + 4y = 0$ 　　　　　　　　　　　【101 成大電機】

58. Solve $x^2 y'' - 6y = 8x^2; y(1) = 1, y'(1) = 0$ 　　　　【101 雲科大電機、營建】

59. Solve the following equations

(1) $x^2 y'' - 6y = 0$ 　　(2) $y'' - 4y = \cos x$ 　　(3) $y'' - 2y' - 8y = 0$ 　【101 彰師大電子】

60. Solve $y^{(4)} + 2y'' + y = 3 + \cos 2t$ 　　　　　　　　【101 彰師大電信】

61. Solve $x^3 y''' + x^2 y'' - 2xy' + 2y = 2x^4$ 　　　　　　【101 彰師大電信】

62. Solve $y'' - 3y' + 2y = \dfrac{-e^{2x}}{e^x + 1}$ 　　　　　　　【101 彰師大光電】

63. Solve the differential equation $x(x - 1) y''(x) + (3x - 2) y'(x) + y(x) = 0$ 　【101 彰師大資工】

64. Solve the initial value problem differential equation

$y'' - y = x; y(0) = 1, y'(0) = 1$ 　　　　　　　　　　【101 彰師大資工】

65. Solve the initial value problem differential equation

$y'' + 2y' + y = 0; y(0) = 1, y'(0) = 0$ 　　　　　　　【101 彰師大資工】

66. Solve the initial value problem differential equation

$y'' + 2y' + y = 0; y(0) = 1, y'(0) = 0$ 　　　　　　　【101 彰師大資工】

67. Find the general solution of the following differential equation

$x^2 y'' - 4xy' + 6y = x^4 \cos x$ 　　　　　　　　　　　【101 成大太空】

68. Find the general solution of the following differential equation

$y'' - 6y' + 9y = e^{3x} + 1$ 　　　　　　　　　　　　　【101 海洋電機】

69. Solve the following initial value problems

(1) $y'' + 2y' - 3y = e^{-2x}; y(0) = \dfrac{2}{3}, y'(0) = -\dfrac{1}{3}$

(2) $y'' - 6y' + 9y = 0; y(0) = 2, y'(0) = 5$ 　　　　　【101 海洋通訊】

70. Find the general solution of the following differential equation

$x^2 y'' + xy' + y = 4\sin(\ln x)$ 　　　　　　　　　　　【101 台聯大工數 A】

71. Find the general solution of the following differential equation

$y'' - 4y = (x^2 - 3)\sin 2x$ 　　　　　　　　　　　　　【101 高雄大電機】

72. Solve the following initial value problem

$y''' - 2y'' + y' = xe^x + 5, y(0) = 2, y''(0) = -1$ 　　　【101 高雄大電機】

73. Find the general solution $(x + 2)^2 y'' - (x + 2)y' + y = 3x + 4$ 　【101 台師大應用電子】

74. Find the general solution $y'' - 2y' = e^x \sin x$ 　　　　【101 台師大應用電子】

75. Find the general solution $y'' - 2y' + 2y = 2e^x \cos x$ 　　【101 東華光電、材料】

4 微分方程式(3)──冪級數解法

怠惰使一切事情都困難，勤勞使一切事情都容易。

──富蘭克林

4-1 常數級數與函數級數

(一)常數級數

已知一無窮數列 $\{a_n\}$ 則其前 n 項部分和 S_n 可表為

$$S_n = \sum_{k=1}^{n} a_k = a_1 + a_2 + \cdots a_n \tag{1}$$

整個數列的和則為一無窮常數級數

$$S = \sum_{k=1}^{\infty} a_k = a_1 + a_2 + \cdots \tag{2}$$

定義:若存在有限值 l 及正整數 N,使得對任意 $\varepsilon > 0$,當項數 $n > N$,$|S_n - l| < \varepsilon$,稱為無窮級數 S_n 收斂於 l

$$\lim_{n \to \infty} S_n = \lim_{n \to \infty} \sum_{k=1}^{n} a_k = l \tag{3}$$

對於一無窮級數而言,首先要瞭解其是否收斂,因為一個發散的級數,並無實用價值,常用的判斷級數斂散的方法如下:

1 第 n 項測試法:

定理 1

若 $\sum\limits_{n=1}^{\infty} a_n$ 為收斂之必要條件為 $\lim\limits_{n \to \infty} a_n = 0$

換言之,若 $\lim\limits_{n \to \infty} a_n \neq 0$,則 $\sum\limits_{n=1}^{\infty} a_n$ 必發散

2 比較測試法:

定理 2

對於正項級數 $\sum\limits_{n=1}^{\infty} a_n$ 與 $\sum\limits_{n=1}^{\infty} b_n$ 而言,若 $a_n \geq b_n \geq 0$ 則有:

(1) $\sum\limits_{n=1}^{\infty} a_n$ 為收斂 $\Rightarrow \sum\limits_{n=1}^{\infty} b_n$ 為收斂

(2) $\sum\limits_{n=1}^{\infty} b_n$ 為發散 $\Rightarrow \sum\limits_{n=1}^{\infty} a_n$ 為發散

定理 3

若 $a_n > 0$，$b_n > 0$ 且存在極限 $\lim\limits_{n\to\infty}\dfrac{a_n}{b_n} = l > 0$ 則 $\sum\limits_{n=1}^{\infty} a_n$ 與 $\sum\limits_{n=1}^{\infty} b_n$ 有相同的斂散性。

3 積分測試法：

定理 4

若 $f(x)$ 在 $(0, \infty)$ 為正連續遞減函數則 $\sum\limits_{n=1}^{\infty} f(n)$ 與 $\int_{1}^{\infty} f(x)\,dx$ 具有相同之斂散性。

4 比值測試法：

定理 5

對於級數 $\sum\limits_{n=1}^{\infty} a_n$ 取 $r = \lim\limits_{n\to\infty}\left|\dfrac{a_{n+1}}{a_n}\right|$ 則有：

(1) $r < 1 \Rightarrow \sum\limits_{n=1}^{\infty} a_n$ 絕對收斂

(2) $r > 1 \Rightarrow \sum\limits_{n=1}^{\infty} a_n$ 發散

(3) $r = 1 \Rightarrow$ 測試失敗

定義：若 $\sum\limits_{n=1}^{\infty} |a_n|$ 收斂，則稱 $\sum\limits_{n=1}^{\infty} a_n$ 為絕對收斂（absolutely convergence）。若 $\sum\limits_{n=1}^{\infty} a_n$ 為收斂但 $\sum\limits_{n=1}^{\infty} |a_n|$ 為發散則稱 $\sum\limits_{n=1}^{\infty} a_n$ 為條件收斂。

5 交錯級數之測試法：

定理 6

對於交錯級數 $\sum\limits_{n=1}^{\infty} (-1)^{n+1} a_n$ 而言，若滿足

(1)$\lim\limits_{n \to \infty} a_n = 0$

(2)$a_{n+1} \le a_n$（遞減）則 $\sum\limits_{n=1}^{\infty} (-1)^{n+1} a_n$ 為收斂

例題 1：決定以下各級數之斂散性：

(1) $\sum\limits_{n=1}^{\infty} \dfrac{n}{1+n^2}$　(2) $\sum\limits_{n=1}^{\infty} \dfrac{n!}{n^n}$　(3) $\sum\limits_{n=1}^{\infty} \dfrac{1}{n \ln n}$　(4) $\sum\limits_{n=1}^{\infty} \dfrac{(-1)^n}{n} \sin \dfrac{n\pi}{3}$　(5) $\sum\limits_{n=1}^{\infty} \dfrac{3^n}{n^{100}}$

【台大電機】

解　(1)利用積分測試法：令 $f(x) = \dfrac{x}{1+x^2}$，則 $f(x)$ 在 $(0, \infty)$ 為正連續遞減函數

$$\int_1^\infty \frac{x}{1+x^2}\,dx = \frac{1}{2} \ln(1+x^2) \Big|_1^\infty = \infty$$

$\therefore \sum\limits_{n=1}^{\infty} \dfrac{n}{1+n^2}$ 與 $\int_1^\infty \dfrac{x}{1+x^2}$ 具同樣的斂散性，故知 $\sum\limits_{n=1}^{\infty} \dfrac{n}{1+n^2}$ 發散

(2)應用比例測試法：

$$\lim_{n\to\infty} \left| \frac{(n+1)!}{(n+1)^{n+1}} \cdot \frac{n^n}{n!} \right| = \lim_{n\to\infty} \left(\frac{n}{n+1} \right)^n < 1$$

故知 $\sum\limits_{n=1}^{\infty} \dfrac{n!}{n^n}$ 為絕對收斂

(3)若 $f(x) = \dfrac{1}{x \ln x}$ 則 $f(x)$ 在 $(0, \infty)$ 為正連續遞減函數，故可應用積分測試法：

$$\int_2^\infty \frac{1}{x \ln x}\,dx = \ln(\ln x) \Big|_2^\infty = \infty$$

$\therefore \sum\limits_{n=1}^{\infty} \dfrac{1}{n \ln n}$ 與 $\int_2^\infty f(x)\,dx$ 具相同的斂散性，故知 $\because \sum\limits_{n=1}^{\infty} \dfrac{1}{n \ln n}$ 發散

(4)顯然由第 n 項測試法可知：

$$\lim_{n\to\infty} \frac{(-1)^n}{n} \sin \frac{n\pi}{3} = 0$$

且此級數為交錯而遞減，故為收斂

(5)應用比例測試法：

$$\lim_{n\to\infty} \left[\frac{3^{n+1}}{(n+1)^{100}} \cdot \frac{n^{100}}{3^n} \right] = 3 \lim_{n\to\infty} \left(\frac{n}{n+1} \right)^{100} = 3 > 1$$

故知原式為發散

㈡函數級數

所謂函數級數即是每一項均是函數的級數，簡言之，函數級數即是函數序列

的和

$$S_n(x) = \sum_{k=1}^{n} u_k(x) \tag{4}$$

同樣的，首先要注意的問題即是無窮函數級數的斂散性。在常數級數中，只有收斂與發散二種情形。而在函數級數中，不同的 x 值會造成級數收斂或發散；故函數級數需要探討的是使得函數級數收斂的 x 值所形成的區間─收斂區間（region of convergence）。

定義：一致收斂（uniformly convergence）與逐點收斂（pointwise convergence）

若無窮級數 $\sum_{n=1}^{\infty} u_n(x)$ 於 $x \in (a, b)$ 內收斂至 $S(x)$ 則

$$S(x) = \sum_{n=1}^{\infty} u_n(x) = \lim_{n \to \infty} S_n(x) \quad \forall x \in (a, b) \tag{5}$$

(5)式即為：對任一 $\varepsilon > 0$，恆存在一正數 N 使得 $|S_n(x) - S(x)| < \varepsilon, \forall n > N$

值得注意的是 N 為使得 $\sum_{n=1}^{\infty} u_n(x)$ 在誤差（ε）範圍內所需取的最少項。

1. 若 N 不僅與誤差的大小有關，亦隨 x 的變化而異，即 $N = N(\varepsilon, x)$，則稱 $\sum_{n=1}^{\infty} u_n(x)$ 為逐點收斂（pointwise convergence）至 $S(x)$

2. 若 N 僅與 ε 有關，與 x 無關，則稱 $\sum_{n=1}^{\infty} u_n(x)$ 一致收斂至 $S(x)$

一致收斂之判定法如下：

定理 7

比值審斂法（ratio test）

考慮一無窮級數 $\sum_{n=1}^{\infty} u_n(x)$，若 $\lim_{n \to \infty} \left| \dfrac{u_{n+1}(x)}{u_n(x)} \right| = r < 1$ 且與 x 無關，則 $\sum_{n=1}^{\infty} u_n(x)$ 一致收斂。

If $r = r(x) < 1 \Rightarrow \sum_{n=1}^{\infty} u_n(x)$ 僅為收斂

定理 8

比較試驗法

已知 $\sum\limits_{n=1}^{\infty} V_n(x)$ 於 $x \in [a, b]$ 上一致收斂，若 $|u_n(x)| \leq V_n(x)$ $\forall x \in [a, b]$，則 $\sum\limits_{n=1}^{\infty} u_n(x)$ 於 $x \in [a, b]$ 上一致收斂。

定理 9

Weierstrass-M 試驗法

同上，若 $|u_n(x)| \leq M_n$，其中 M_n 為與 x 無關的實常數，且 $\sum\limits_{n=1}^{\infty} M_n$ 為一收斂之常數級數，則 $\sum\limits_{n=1}^{\infty} u_n(x)$ 於 $x \in (a, b)$ 為一致收斂。

一致收斂比逐點收斂要求更嚴格，因其不但要求逐點收斂外，更要求在每一點收斂的速度要相同（因而與 x 的位置無關）。在此嚴格的要求下，使得此無窮級數具連續性與可積分性，如以下定理所述。

定理 10

無窮級數 $\sum\limits_{n=1}^{\infty} u_n(x)$ 一致收斂至 $S(x)$，且此級數之每一項 $u_n(x)$ 均為連續函數，則 $S(x)$ 必為連續函數。

定理 11

由連續函數所構成的無窮級數若為一致收斂則可逐項積分：

$$\int_a^b \sum_{n=1}^{\infty} u_n(x)\, dx = \sum_{n=1}^{\infty} \left[\int_a^b u_n(x)\, dx \right] \tag{6}$$

若 $\sum\limits_{n=1}^{\infty} u_n(x)$ 一致收斂則保證可逐項積分但卻不能保證可逐項微分，因為微分運算會破壞級數的收斂性。無窮函數級數可以逐項微分的充分條件為：

定理 12

若 $S(x) = \sum\limits_{n=1}^{\infty} u_n(x)$ 為一致收斂，且 $u_n(x)$ 為可微分函數，$\sum\limits_{n=1}^{\infty} u_n'(x)$ 亦為一致收斂，

則恆有

$$S'(x) = \frac{d}{dx}\left[\sum_{n=1}^{\infty} u_n(x) \right] = \sum_{n=1}^{\infty} \frac{d}{dx} u_n(x) \tag{7}$$

觀念提示：　*1.* 二個在相同區間上均為一致收斂的函數級數經過加、減、乘的運算後，仍為一致收斂。

　　　　　　　2. 一致收斂的級數乘上一連續函數後，仍保持一致收斂性。

證明：由定理 11，as $\sum_{n=1}^{\infty} u_n'(x)$ uniformly convergence and $u_n'(x)$ 為連續函數，則

$$\int \sum_{n=1}^{\infty} u_n'(x)\, dx = \sum_{n=1}^{\infty} \int u_n'(x)\, dx = \sum_{n=1}^{\infty} u_n(x) = S(x)$$

$$\therefore S'(x) = \sum_{n=1}^{\infty} u_n'(x)$$

4-2　冪級數

定義：冪級數（Power Series）的型式為：

$$\sum_{n=0}^{\infty} c_n(x-a)^n = c_0 + c_1(x-a) + c_2(x-a)^2 + \cdots \tag{8}$$

(8)式稱為對 $x=a$ 展開之冪級數，而 $x=a$ 稱為展開點

冪級數的收斂情形只有下列三種可能：

(1)僅在 $x=a$ 一點收斂

(2)絕對收斂於所有點

(3)絕對收斂於 $|x-a|<r$，且發散於 $|x-a|>r$

　　其中 r 為正實數，或稱為收斂半徑（radius of convergence），而 $|x-a|<r$ 即為收斂區間，冪級數之收斂半徑，一般而言可藉由比值審斂法（定理 7）決定，過程如下：

$$\lim_{n\to\infty}\left|\frac{u_{n+1}(x)}{u_n(x)}\right| = \lim_{n\to\infty}\left|\frac{c_{n+1}(x-a)^{n+1}}{c_n(x-a)^n}\right| = \lim_{n\to\infty}|x-a|\left|\frac{c_{n+1}}{c_n}\right| \tag{9}$$

已知當(9)式＜1時，冪級數為收斂，此時有：

$$|x-a| < r = \frac{1}{\lim\limits_{n \to \infty} \left| \dfrac{c_{n+1}}{c_n} \right|} \tag{10}$$

其中 r 為收斂半徑

㈠冪級數之重要性質

(1)若冪級數 $\sum\limits_{n=0}^{\infty} c_n(x-a)^n$ 之收斂半徑為 r，則對於所有滿足 $|x-a| < r$ 之 x，$\sum\limits_{n=0}^{\infty} c_n(x-a)^n$ 為一致收斂

(2)若 $f(x) = \sum\limits_{n=0}^{\infty} c_n(x-a)^n$，則根據定理 10～定理 12 可得到以下重要結論：

1. $f(x)$ 在收斂區間 $|x-a| < r$ 內必為連續函數
2. 對於所有在收斂區間內的 x 值保證可逐項積分

$$\int_a^x f(t)dt = \sum\limits_{n=0}^{\infty} c_n \int_a^x (t-a)^n dt = \sum\limits_{n=0}^{\infty} c_n \frac{(x-a)^{n+1}}{n+1} \tag{11}$$

3. 對於所有在收斂區間內的 x 值保證可逐項微分

$$f'(x) = \sum\limits_{n=1}^{\infty} nc_n(x-a)^{n-1} \tag{12}$$

4. 若 $f(x) = \sum\limits_{n=0}^{\infty} c_n(x-a)^n$；$|x-a| < r_1$，$g(x) = \sum\limits_{n=0}^{\infty} d_n(x-a)^n$；$|x-a| < r_2$，則

$$f(x) \pm g(x) = \sum\limits_{n=0}^{\infty} (c_n+d_n)(x-a)^n ; |x-a| < \min(r_1, r_2)$$

$$f(x)\, g(x) = \sum\limits_{n=0}^{\infty} \sum\limits_{m=0}^{\infty} c_n d_m(x-a)^{n+m} ; |x-a| < \min(r_1, r_2)$$

觀念提示：　1. 冪級數經逐項微分後，仍為一冪級數且收斂半徑也不會因微分而有所改變。

2. If $\sum\limits_{n=0}^{\infty} c_n(x-a)^n$ 在 $x=x_1$ 為收斂 $\Rightarrow$ 對任何滿足 $|x-a| < |x_1-a|$ 之 x，此級數必收斂

定義：Analytic（可解析）

若 $f(x)$ 於 $x=a$ 處之任意階導數 $f'(a)$，$f''(a)$……$f^{(n)}(a)$ 均存在，則稱 $f(x)$ 於 $x=a$ 為解析（analytic）。$x=a$ 則稱為 $f(x)$ 之常點（ordinary point），反之若 $f(x)$ 於 $x=a$ 不解析，則稱為 $x=a$ 為 $f(x)$ 之奇異點（Singular point）。

觀念提示： analytic→differentiable→continuous（可解析必可微，可微必連續，但反之未必然）

(二) Taylor Series and Maclaurin Series

由 $f(x)=\sum\limits_{n=0}^{\infty} c_n(x-a)^n$ 可知 $f(x)$ 於 $x=a$ 之任意階導數值均存在或稱 $f(x)$ 於 $x=a$ 為解析

則 $f(a)=c_0$，$f'(a)=c_1$，$f''(a)=2!\,c_2$，$\cdots f^{(n)}(a)=n!\,c_n$

得 $f(x)=\sum\limits_{n=0}^{\infty}\dfrac{f^{(n)}(a)}{n!}(x-a)^n$ \hfill (13)

稱為 $f(x)$ 對 $x=a$ 之 Taylor 級數展開式。其中當 $a=0$ 時

$$f(x) = \sum_{n=0}^{\infty}\frac{f^{(n)}(0)}{n!}x^n \; ; \; |x| < r \tag{14}$$

稱為 $f(x)$ 之 Maclaurin 級數

觀念提示： 　*1.* A Power series represents an analytic function within its circle of convergence

2. 若 $f(x)$ 在 $x=a$ 點為 analytic，則 $f(x)$ 必可展開成 Power (Taylor) series.

3. 若 Power series converges to $f(x)$，則此 Power series 必為 $f(x)$ 之 Taylor series.

4. The radius of convergence (ROC) of the Taylor expansion of $f(x)$ about a is the distance between a and the nearest point that $f(x)$ is not analytic.

(三) 重要的 Maclaurin 級數

(1) $e^x = 1+x+\dfrac{1}{2!}x^2+\dfrac{1}{3!}x^3+\cdots\cdots = \sum\limits_{n=0}^{\infty}\dfrac{x^n}{n!}$; $|x|<\infty$

(2) $\sin x = x-\dfrac{1}{3!}x^3+\dfrac{1}{5!}x^5-+\cdots\cdots = \sum\limits_{n=0}^{\infty}\dfrac{(-1)^n}{(2n+1)!}x^{2n+1}$; $|x|<\infty$

(3) $\cos x = 1-\dfrac{1}{2!}x^2+\dfrac{1}{4!}x^4-+\cdots\cdots = \sum\limits_{n=0}^{\infty}\dfrac{(-1)^n}{(2n)!}x^{2n}$; $|x|<\infty$

(4) $\sinh x = x + \dfrac{1}{3!}x^3 + \dfrac{1}{5!}x^5 + \cdots\cdots$; $|x| < \infty$

(5) $\cosh x = 1 + \dfrac{1}{2!}x^2 + \dfrac{1}{4!}x^4 + \cdots\cdots$; $|x| < \infty$

(6) $\ln(1+x) = \sum\limits_{n=1}^{\infty} \dfrac{(-1)^{n+1}}{n}x^n$; $|x| < 1$

證明：$\dfrac{1}{1+x} = 1 - x + x^2 - x^3 + x^4 - + \cdots\cdots$ （幾何級數）

$\Rightarrow \ln(1+x) = x - \dfrac{x^2}{2} + \dfrac{x^3}{3} - \dfrac{x^4}{4} - + \cdots\cdots$

(6) $\tan^{-1}x = x - \dfrac{1}{3}x^3 + \dfrac{1}{5}x^5 - \dfrac{1}{7}x^7 + \cdots\cdots = \sum\limits_{n=0}^{\infty} \dfrac{(-1)^n}{2n+1}x^{2n+1}$; $|x| < 1$

觀念提示： *1.* $e^{\pm ix} = \cos x \pm i \sin x$

　　　　　 2. $\cosh x = \dfrac{e^x + e^{-x}}{2}$, $\sinh x = \dfrac{e^x - e^{-x}}{2}$

例題 2：求 $(x-1) + \dfrac{1}{2}(x-1)^2 + \cdots + \dfrac{1}{n}(x-1)^n + \cdots$ 之收斂區間　　　【中原】

解　　原式可表示為 $\sum\limits_{n=1}^{\infty} \dfrac{1}{n}(x-1)^n$

　　　應用比值審斂法：

$$\lim_{n\to\infty} \left| \dfrac{\dfrac{(x-1)^{n+1}}{n+1}}{\dfrac{(x-1)^n}{n}} \right| < 1 \Rightarrow |x-1| \lim_{n\to\infty} \left| \dfrac{n}{n+1} \right| < 1 \Rightarrow |x-1| < \dfrac{1}{\lim\limits_{n\to\infty} \dfrac{n}{n+1}} = 1$$

　　　$\therefore$ 收斂區間為 $0 < x < 2$，收斂半徑為 1

例題 3：求 $\sum\limits_{n=2}^{\infty} \dfrac{(-1)^n(x+1)^n}{n(\ln n)^\alpha}$　$\alpha < 1$ 之收斂區間　　　【中央】

解　　應用比值審斂法：

$$\lim_{n\to\infty} \left| \dfrac{(-1)^{n+1}(x+1)^{n+1}}{(n+1)(\ln(n+1)^\alpha)} \dfrac{n(\ln n)^\alpha}{(-1)^n(x+1)^n} \right| < 1$$

$$\Rightarrow |x+1| \lim_{n\to\infty} \left| \dfrac{n}{n+1} \left(\dfrac{\ln n}{\ln(n+1)} \right)^\alpha \right| < 1$$

其中 $\lim\limits_{n\to\infty} \dfrac{n}{n+1} \cdot \left(\dfrac{\ln n}{\ln(n+1)} \right)^\alpha = \lim\limits_{n\to\infty} \dfrac{n}{n+1} \left(\lim\limits_{n\to\infty} \left(\dfrac{\ln n}{\ln(n+1)} \right) \right)^\alpha = 1 \cdot 1^\alpha = 1$

　　　$\therefore |x+1| < 1$

　　　$\therefore$ 收斂區間 $-2 < x \le 0$，收斂半徑為 1

例題 4：(a)求 $\tan^{-1} x$ 之 power series

(b)證明 $\sum\limits_{n=0}^{\infty} \dfrac{(-1)^n}{2n+1} = \dfrac{\pi}{4}$

解

(a) $\dfrac{d(\tan^{-1} x)}{dx} = \dfrac{1}{1+x^2}$ ，亦即 $\tan^{-1} x = \int \dfrac{1}{1+x^2} dx$

$\dfrac{1}{1+x^2} = \dfrac{1}{1-(-x^2)} = 1 - x^2 + x^4 - x^6 + \cdots$

$\therefore \tan^{-1} x = \int \dfrac{1}{1+x^2} dx = \int (1 - x^2 + x^4 - x^6 + \cdots) dx$

$\qquad = x - \dfrac{1}{3} x^3 + \dfrac{1}{5} x^5 - \dfrac{1}{7} x^7 + \cdots$

$\qquad = \sum\limits_{n=0}^{\infty} \dfrac{(-1)^n}{2n+1} = x^{2n+1}$

(b)令 $x = 1$ ，可得 $\tan^{-1} 1 = \sum\limits_{n=0}^{\infty} \dfrac{(-1)^n}{2n+1} = \dfrac{\pi}{4}$

例題 5：求：$1 + 2x + 3x^2 + 4x^3 + \cdots + nx^{n-1} + \cdots$ ？；$|x| < 1$　　【清大物理】

解

$1 + 2x + 3x^2 + \cdots = \sum\limits_{n=0}^{\infty} (n+1)x^n$

由比值審斂法可知此級數為一個具有收斂半徑 $\rho = 1$ 之 power series，則存在一解析函數 $f(x)$ ，使

$f(x) = 1 + 2x + 3x^2 + \cdots = \sum\limits_{n=0}^{\infty} (n+1)x^n$

$\int_0^x f(t)dt = \int_0^x \sum\limits_{n=0}^{\infty} (n+1)t^n \, dt = x + x^2 + x^3 + \cdots = \dfrac{x}{1-x}$

$\therefore f(x) = \dfrac{d}{dx}\left(\dfrac{x}{1-x} \right) = \dfrac{1}{(1-x)^2}$

4-3　微分方程式之冪級數解

一二階線性變係數常微分方程式之通式為

$$y'' + p(x)y' + q(x)y = 0 \qquad\qquad (15)$$

定義：常點（ordinary point）

若 $p(x)$ 與 $q(x)$ 於 $x=a$ 點均可解析，則稱 $x=a$ 為一常點。反之，倘若 $p(x)$ 與 $q(x)$ 中至少有一函數於 $x=a$ 不解析，則稱 $x=a$ 為一奇異點（singular point）

定理 13

若 $x=a$ 為(15)式之常點，則此二階線性齊性 O.D.E 之通解可表示為：

$$y(x) = \sum_{n=0}^{\infty} c_n (x-a)^n = c_0 y_1(x) + c_1 y_2(x) \tag{16}$$

其中 c_0, c_1 為任意常數，$y_1(x)$, $y_2(x)$ 為二線性獨立級數，$|x-a| < R$，R 為收斂半徑，亦即 a 點至最近奇異點之距離。

待定係數法：

令 $y = \sum_{n=0}^{\infty} c_n (x-a)^n$; $|x-a| < R$

則 $y' = \sum_{n=1}^{\infty} n c_n (x-a)^{n-1} = \sum_{n=0}^{\infty} (n+1) c_{n+1} (x-a)^n \tag{17}$

$$y'' = \sum_{n=2}^{\infty} n(n-1) c_n (x-a)^{n-2} = \sum_{n=0}^{\infty} (n+2)(n+1) c_{n+2} (x-a)^n \tag{18}$$

代入(15)式中經過集項，比較係數後可得到 c_n 的一個遞迴（recursive）關係式，並可據以得到形如(16)式的解；特別值得注意的是在集項的過程中，冪級數的相加是同次項係數的相加，因此必須靈活運用如(17)式及(18)式的指標變換。

解題步驟：指標變換→集項→recurrence formula

例題 6：Solve the differential equation is $(1-x^2)y'' - xy' + \alpha^2 y = 0$, where α is a constant, $y = y(x)$, and y', y'' denote the first and second derivative of $y(x)$ with respect to x respectively

(a) Determine two linearly independent solutions in powers of x for $|x| < 1$

(b) show that if α is a nonnegative integer n, then there is a poly nomial solution of degree n 　　　　　　　　　　【交大電信】

解 (a)因 $x=0$ 為一 ordinary point，故解函數可用 Taylor 級數表示為：

$y = \sum\limits_{n=0}^{\infty} c_n (x-a)^n$ 代入原式可得

$$\sum\limits_{n=2}^{\infty} n(n-1)c_n x^{n-2} - \sum\limits_{n=2}^{\infty} n(n-1)c_n x^n - \sum\limits_{n=1}^{\infty} nc_n x^n + \alpha^2 \sum\limits_{n=0}^{\infty} c_n x^n = 0$$

第一項可化為：$\sum\limits_{n=0}^{\infty} (n+2)(n+1)c_{n+2} x^n$

比較係數：$n=0$：$2c_2 + \alpha^2 c_0 = 0 \Rightarrow c_2 = \dfrac{-\alpha^2}{2!} c_0$

$n=1$：$3 \cdot 2c_3 - c_1 + \alpha^2 c_1 = 0 \Rightarrow c_3 = \dfrac{-\alpha^2 + 1}{3!} c_1$

$n \geq 2$：$(n+2)(n+1)c_{n+2} + (-n^2+n-n+\alpha^2)c_n = 0$

$\Rightarrow c_{n+2} = -\dfrac{\alpha^2 - n^2}{(n+2)(n+1)} c_n$

由以上之 recurrence relation 可得：

$c_4 = -\dfrac{\alpha^2 - 2^2}{4 \cdot 3} c_2 = \dfrac{\alpha^2(\alpha^2 - 2^2)}{4!} c_0$

$c_5 = -\dfrac{\alpha^2 - 2^2}{5 \cdot 4} c_3 = \dfrac{(\alpha^2 - 1)(\alpha^2 - 3^2)}{5!} c_1$

$c_6 = \dfrac{\alpha^2 - 4^2}{-6 \cdot 5} c_4 = \dfrac{\alpha^2(\alpha^2 - 4^2)(\alpha^2 - 2^2)}{-6!} c_0$

依此類推，可得級數解為：

$$y_h(x) = \sum\limits_{n=0}^{\infty} c_n x^n = c_0 \left(1 - \frac{\alpha^2}{2!} x^2 + \frac{\alpha^2(\alpha^2 - 2^2)}{4!} x^4 - + \cdots \right)$$
$$+ c_1 \left(x - \frac{\alpha^2 - 1}{3!} x^3 + \frac{(\alpha^2 - 1)(\alpha^2 - 3^2)}{5!} x^5 - + \cdots \right)$$
$$= c_0 y_1(x) + c_1 y_2(x)$$

其中 $y_1(x)$ 與 $y_2(x)$ 為二線性獨立解

(b)當 $\alpha = n = 0, 2, 4\cdots$ 時，$y_1(x)$ 變為 n 次多項式，如：

$n=4$：$y_1(x) = 1 - \dfrac{\alpha^2}{2!} x^2 + \dfrac{\alpha^2(\alpha^2 - 2^2)}{4!} x^4$

當 $\alpha = n = 1, 3, 5\cdots$ 時 $y_2(x)$ 變為 n 次多項式，如

$n=3$：$y_2(x) = x - \dfrac{\alpha^2 - 1}{2!} x^3$

例題 7：以冪級數法解：$y'' + y = 0$　　　　　　　　【台大環工】

解 以 $x_0 = 0$ 為中心展開

$y(x) = \sum\limits_{n=0}^{\infty} c_n x^n, \ y''(x) = \sum\limits_{n=2}^{\infty} n(n-1)c_n x^{n-2}$

代入原微分方程可得

$$\sum_{n=2}^{\infty} n(n-1)c_n x^{n-2} + \sum_{n=0}^{\infty} c_n x^n = \sum_{n=0}^{\infty} (n+2)(n+1)c_{n+2} x^n + \sum_{n=0}^{\infty} c_n x^n = 0$$

$$\Rightarrow c_{n+2} = \frac{-1}{(n+1)(n+2)} c_n \quad n=0, 1, 2, \cdots$$

則有 $c_2 = \frac{-1}{2!} c_0$, $c_4 = \frac{1}{4!} c_0$, $c_6 = \frac{-1}{6!} c_0$, $\cdots$

$$c_3 = \frac{-1}{3!} c_1, c_5 = \frac{1}{5!} c_1, c_7 = \frac{-1}{7!} c_1, \cdots$$

故

$$y_h(x) = c_0 \left(1 - \frac{1}{2!} x^2 + \frac{1}{4!} x^4 - + \cdots \right) + c_1 \left(x - \frac{1}{3!} x^3 + \frac{1}{5!} x^5 - + \cdots \right)$$

$$= c_0 \cos x + c_1 \sin x$$

例題 8：求 $y'' + y \sin x = x$ 之通解？　　　　　　　　　【台大電機】

解　　取 $y = \sum_{n=0}^{\infty} c_n x^n$ 代入原式

$$\sum_{n=2}^{\infty} n(n-1)c_n x^{x-2} + (c_0 + c_1 x + c_2 x^2 + \cdots) \left(x - \frac{x^3}{3!} + - \cdots \right) = x$$

$$\Rightarrow 2c_2 + (6c_3 + c_0)x + (12c_4 + c_1)x^2 + \left(20c_5 + c_2 - \frac{c_0}{6} \right) x^3 + \cdots = x$$

$$\Rightarrow c_2 = 0, c_3 = \frac{1}{6}(1 - c_0), c_4 = \frac{-1}{12} c_1, c_5 = \frac{c_0}{120}, c_6 = \frac{c_1 + c_0 - 1}{180}$$

$$\therefore y(x) = c_0 + c_1 x + \frac{1 - c_0}{6} x^3 - \frac{1}{12} c_1 x^4 + \frac{c_0}{120} x^5 + \frac{c_1 + c_0 - 1}{180} x^6 + \cdots$$

$$y(x) = c_0 \left[1 - \frac{1}{6} x^3 + \frac{1}{120} x^5 + \frac{1}{180} x^6 + \cdots \right] +$$

$$c_1 \left[x - \frac{1}{12} x^4 + \frac{1}{180} x^6 + \cdots \right] + \left[\frac{1}{6} x^3 - \frac{1}{180} x^6 + \cdots \right]$$

例題 9：以 $x=1$ 展開之冪級數，解 $y'' - xy = 0$　　　　　　　【清大動機】

解　　以 $x=1$ 點展開，視同以 $t=x-1$ 為自變數，並以 $t=0$ 為中心展開，先將
原式作自變數轉換：

$$\frac{d^2 y}{dx^2} - xy = 0 \xrightarrow{t=x-1} \frac{d^2 y}{dt^2} - (t+1)y = 0$$

令 $y(t) = \sum_{n=0}^{\infty} c_n t^n$ 代入上式中

$$\sum_{n=2}^{\infty} n(n-1)c_n t^{n-2} - \sum_{n=0}^{\infty} c_n t^{n+1} - \sum_{n=0}^{\infty} c_n t^n = 0$$

$$\Rightarrow \sum_{n=0}^{\infty}(n+2)(n+1)c_{n+2}t^n - \sum_{n=1}^{\infty}c_{n-1}t^n - \sum_{0}^{\infty}c_n t^n = 0$$

$$\Rightarrow \sum_{n=1}^{\infty}[(n+2)(n+1)c_{n+2} - c_{n-1} - c_n]t^n = 0 \text{ 且 } 2c_2 = c_0$$

由循環式，可求出

$$c_3 = \frac{c_0}{6} + \frac{c_1}{6}, c_4 = \frac{c_0}{24} + \frac{c_1}{12}, \cdots$$

$$\text{故 } y_h(x) = c_0\left(1 + \frac{t^2}{2} + \frac{t^3}{6} + \cdots\right) + c_1\left(t + \frac{t^3}{6} + \frac{t^4}{12} + \cdots\right)$$

例題 10：For a given O.D.E：$(x+1)y'' + y' = 0$

(1) Construct a power series solution about $x_0 = 0$

(2) What is the radius of convergence of the series obtained in (1), Justify your answer 【交大機械】

解

(1)$y'' + \dfrac{1}{x+1}y' = 0 \Rightarrow p(x) = \dfrac{1}{x+1}, Q(x) = 0$ 在 $x=0$ 均可解析，故解函數可以

冪級數在 $x=0$ 點展開表示為：$y = \sum_{n=0}^{\infty}c_n x^n$

代入原式可得：

$$\sum_{n=2}^{\infty}n(n-1)c_n x^{n-1} + \sum_{n=2}^{\infty}n(n-1)c_n x^{n-2} + \sum_{n=1}^{\infty}nc_n x^{n-1} = 0$$

$$\Rightarrow \sum_{n=2}^{\infty}[n(n-1)c_n + (n+1)nc_{n+1} + nc_n]x^{n-1} + 2c_2 + 1 = 0$$

$$\Rightarrow \begin{cases} c_2 = -\dfrac{1}{2}c_1 \\ c_{n+1} = \dfrac{-n}{n+1}c_n \quad n = 2, 3, \cdots \end{cases}$$

$$\therefore c_3 = -\frac{2}{3}c_2 = \frac{1}{3}c_1, c_4 = \frac{-3}{4}c_3 = \frac{-1}{4}c_1 \ c_5 = \frac{-4}{5}c_4 = \frac{-4}{5}c_4$$

$$= \frac{1}{5}c_1, \cdots, c_n = \frac{(-1)^{n+1}}{n}c_1$$

得通解為：

$$y_h(x) = c_0 + c_1\left[x - \frac{1}{2}x^2 + \frac{1}{3}x^3 - \frac{1}{4}x^4 + -\cdots + \frac{(-1)^{n+1}}{n}x^n + \cdots\right]$$

(2)顯然的，原式在 $x=-1$ 為一 regular singular point，展開中心為 $x=0$，

故收斂半徑為 $r=1$，亦即在 $|x|<1$ 內收斂

應用 Ratio Test 可知：

$$\lim_{n\to\infty}\left|\frac{\frac{(-1)^{n+1}}{n+1}x^{n+1}}{\frac{(-1)^n}{n}x^n}\right| = \lim_{n\to\infty}\frac{n}{n+1}|x| = |x| < 1 \text{ 故得證}$$

例題 11：Find two linearly independent power series solution in powers of x for $y'' - xy'$
　　　　 $+ y = 0$ 　　　　　　　　　　　　　　　　　　　　　　　　　【台大電機】

解　　　$x = 0$ 為原式之 ordinary point，且收斂半徑為 ∞

令 $y = \sum\limits_{n=0}^{\infty} c_n x^n$ 代入可得：

$$\sum_{n=2}^{\infty} n(n-1)c_n x^{n-2} - \sum_{n=1}^{\infty} nc_n x^n + \sum_{n=0}^{\infty} c_n x^n = 0$$

$$\Rightarrow \sum_{n=0}^{\infty} (n+2)(n+1)c_{n+2} x^n - \sum_{n=0}^{\infty} nc_n x^n + \sum_{n=0}^{\infty} c_n x^n = \sum_{n=0}^{\infty} [(n+2)(n+1)c_{n+2} - (n-1)$$

$$c_n] x^n = 0$$

當 n 為奇數時，$c_1 \in R$, $c_3 = c_5 = \cdots = 0$

當 n 為偶數時，$c_{n+2} = \dfrac{(n-1)}{(n+1)(n+2)} c_n$

$$\therefore c_2 = \frac{-1}{2} c_0,\ c_4 = \frac{1}{4!} c_0,\ c_6 = \frac{-3}{6!} c_0,\ \cdots$$

$$\Rightarrow y_h(x) = c_1 x + c_0 \left(1 - \frac{1}{2} x^2 - \frac{1}{4!} x^4 - \frac{3}{6!} x^6 - \cdots \right)$$

$$= c_1 y_1(x) + c_0 y_2(x)$$

例題 12：Solve the following O.D.E. by power series method
　　　　 $y'' + (\cos x) y = 0$ 　　　　　　　　　　　　　　　　　　【暨南應光】

解　　　$x = 0$ 為原式之 ordinary point，且收斂半徑為 ∞

令 $y = \sum\limits_{n=0}^{\infty} c_n x^n$ 代入可得：

$$\sum_{n=2}^{\infty} n(n-1)c_n x^{n-2} + \left(1 - \frac{1}{2} x^2 + \frac{1}{4!} x^4 - + \cdots \right) \sum_{n=0}^{\infty} c_n x^n = 0$$

比較係數

$$\therefore c_2 = \frac{-1}{2} c_0,\ c_3 = \frac{-1}{6} c_1$$

$$12c_4 + c_2 - \frac{1}{2} c_0 = 0 \Rightarrow c_4 = \frac{1}{12} c_0$$

$$20c_5 + c_3 - \frac{1}{2} c_1 = 0 \Rightarrow c_5 = \frac{1}{30} c_1$$

……

$$\Rightarrow y_h(x) = c_0 \left(1 - \frac{1}{2} x^2 + \frac{1}{12} x^4 \cdots \right) + c_1 \left(x - \frac{1}{6} x^3 + \frac{1}{30} x^5 \cdots \right)$$

$$= c_0 y_1(x) + c_1 y_2(x)$$

4-4 正則異點下的 Frobenius 級數解

定義： 已知 $x = a$ 為(15)式之 O.D.E 的奇異點，若 $(x-a)p(x)$ 與 $(x-a)^2q(x)$ 於 $x = a$ 處為解析，則稱 $x = a$ 為(15)式之規則奇異點（regular singular point）。

定理 14

已知 $x = a$ 為(15)式之 O.D.E 的正則奇異點則此方程式至少有一解可以表示成：

$$y(x) = (x-a)^r \left[\sum_{n=0}^{\infty} c_n(x-a)^n \right] = \sum_{n=0}^{\infty} c_n(x-a)^{n+r} \, ; \, r \in R, \, c_0 \neq 0 \tag{19}$$

(21)式稱之為 Frobenius 級數，r 為待定之常數，利用 Frobenius 級數求解 O.D.E 之步驟如下：(以 $x = 0$ 為展開點)

1. 令 $y = \sum_{n=0}^{\infty} c_n x^{r+n}$ ，

$$y' = \sum_{n=0}^{\infty} (r+n)c_n x^{r+n-1}$$
$$y'' = \sum_{n=0}^{\infty} (r+n)(r+n-1)c_n x^{r+n-2} \tag{20}$$

代入原 O.D.E 中，集項後可得到循迴公式，在此需要特別注意的是：

(1)在 Frobenius 級數中的常數 c_0 不可以是 0，否則將得到無效解（trivial solution）

(2) Frobenius 級數因有 x^r 項，故其微分後的下標不會改變（如(20)式）

(3)在做集項合併時 Σ 之下標應為最小公共下標

觀念提示： Since r need not be a nonnegative integer, $\therefore$ a Frobenius series need not be a Power series.

2. 建立指標方程式（Indical Equation）

當微分方程為二階時，r 所滿足的是一個二次代數方程式，根據不同的根的情況，而有不同的解函數：

(1)兩根 r_1, r_2 相差不為整數：

則原 O.D.E 之通解為：

$$y = c_1 y \Big|_{r=r_1} + c_2 y \Big|_{r=r_2} \tag{21}$$

其中 $y \Big|_{r=r_1} = x^{r_1} \sum_{n=0}^{\infty} c_n(r_1) x^n$

$\quad\quad y \Big|_{r=r_2} = x^{r_2} \sum_{n=0}^{\infty} c_n(r_2) x^n$

亦即由 r_1, r_2 可以得到二個線性獨立的齊性解

(2)重根 $r_1 = r_2$

原 O.D.E 之通解可利用前一章中重根時所運用的觀念及技巧得到：

$$y = c_1 y \Big|_{r=r_1} + c_2 \frac{\partial y}{\partial r} \Big|_{r=r_1} \tag{22}$$

其中

$$y \Big|_{r=r_1} = \sum_{n=0}^{\infty} c_n(r_1) x^{n+r_1}$$
$$\Rightarrow \frac{\partial y}{\partial r} \Big|_{r=r_1} = \ln(x) y \Big|_{r=r_1} + x^{r_1} \sum_{n=1}^{\infty} \frac{\partial c_n(r)}{\partial r} \Big|_{r=r_1} x^n \tag{23}$$

觀念提示： 或可令第二個齊性解為

$$y_2(x) = \ln(x) y \Big|_{r=r_1} + x^{r_1} \sum_{n=1}^{\infty} a_n x^n$$

代入原 O.D.E.後，比較係數求出 $\{a_0, a_1, \cdots\}$

(3) r_1, r_2 之差值為整數（$r_2 > r_1$）

取 r_1 代入循環公式會有下列二種情況發生

Case 1：直接得到二個線性獨立齊性解

Case 2：無解（$\lim\limits_{r \to r_1} c_n(r) = \infty$），此時再令 $r = r_2$（較大根）代入循環公式；即

必可求得一齊性解 $y_1(x) = x^{r_2} \sum_{n=0}^{\infty} c_n(r_2) x^n$

第二個齊性解之求法如下：

令 $c_0 = k(r - r_1)$，代入循環公式，we have the modified form $\tilde{y}(x) = x^r \sum_{n=0}^{\infty} \tilde{c}_n(r) x^n$

則第二個齊性解為

$$y_2(x) = \left.\frac{\partial \tilde{y}(x)}{\partial r}\right|_{r=r_1} = y_1(x)\ln x + x^{r_1}\sum_{n=0}^{\infty}\left.\frac{\partial \tilde{c}_n(r)}{\partial r}\right|_{r=r_1} x^n \tag{24}$$

觀念提示： 1. 第二個齊性解亦可令 $y_2(x) = y_1(x)\ln x + x^{r_1}(a_0 + a_1 x + a_2 x^2 + \cdots)$ 代入原 O.
D.E.求解 $\{a_0, a_1, a_2\cdots\cdots\}$ 係數。

2. 第二個齊性解亦可由前章之公式求得

$$y_2(x) = y_1(x)\int\frac{1}{y_1^2}\exp\left[-\int p(x)dx\right]dx$$

3. Frobenius 級數之斂散性完全由其冪級數部份來決定；該冪級數收斂
區間即為 Frobenius 級數收斂之區間。

例題 13： Find the Frobenius series solutions of $xy'' + 2y' + xy = 0$ 　　【101 中正電機】

解

$$y = \sum_{n=0}^{\infty} c_n x^{r+n}$$

$$\sum_{n=2}^{\infty}\{(n+r)(n+r+1)c_n + c_{n-2}\}x^{n+r-1} + r(r+1)c_0 x^{r-1} + (r+2)(r+1)c_1 x^r = 0$$

$$r = 0 \text{ or } -1$$

$$c_n = \frac{-1}{(n+r)(n+r+1)}c_{n-2} \text{ ; } n = 2, 3, \cdots$$

$$\because c_1 = 0 \therefore c_{2n+1} = 0$$

$$r = -1 \Rightarrow c_n = \frac{-1}{n(n-1)}c_{n-2}$$

$$c_2 = -\frac{1}{2}c_0, \ c_4 = \frac{1}{4!}c_0, \ c_6 = -\frac{1}{6!}c_0$$

$$y_1(x) = c_0 x^{-1}\left(1 - \frac{1}{2}x^2 + \frac{1}{4!}x^4 - + \cdots\right) = c_0 x^{-1}\cos x$$

$$r = 0 \Rightarrow c_n = \frac{-1}{n(n+1)}c_{n-2}$$

$$c_2 = -\frac{1}{3!}c_0, \ c_4 = \frac{1}{5!}c_0, \ c_6 = -\frac{1}{7!}c_0$$

$$y_2(x) = c_0 x^{-1}\left(x - \frac{1}{3!}x^3 + \frac{1}{5!}x^5 - + \cdots\right) = c_0 x^{-1}\sin x$$

$\therefore$ 通解

$$y(x) = y_1(x) + y_2(x) = c_0 x^{-1}\cos x + c_1 x^{-1}\sin x$$

例題 14： Solve $6x^2 y'' + xy' + (1+x^2)y = 0$ around $x = 0$ 　　【台大土木】

解 由觀察可知 $x=0$ 為 regular singular point

令 $y=\sum\limits_{n=0}^{\infty} c_n x^{n+r} \Rightarrow y'=\sum\limits_{n=0}^{\infty}(n+r)c_n x^{n+r-1}$，$y''=\sum\limits_{n=0}^{\infty}(n+r)(n+r-1)c_n x^{n+r-2}$

代入原式得：

$6x^2 y''+xy'+(1+x^2)y=\sum\limits_{n=0}^{\infty}[6(n+r)(n+r-1)+n+r+1]c_n x^{n+r}+\sum\limits_{n=0}^{\infty}c_n x^{n+r+2}$

$=\sum\limits_{n=0}^{\infty}[(3n+3r-1)(2n+2r-1)]c_n x^{n+r}+\sum\limits_{2}^{\infty}c_{n-2}x^{n+r}$

$=(3r-1)(2r-1)c_0 x^r+(3r+2)(2r+1)c_1 x^{r+1}$

$\quad+\sum\limits_{n=2}^{\infty}[(3n+3r-1)(2n+2r-1)c_n+c_{n-2}]x^{n+r}$

$=0$

$c_0 \neq 0,\ \Rightarrow r=\dfrac{1}{3}$, or $\dfrac{1}{2}$

$\qquad \Rightarrow c_1=0$

$c_n=\dfrac{-c_{n-2}}{(3n+3r-1)(2n+2r-1)}$, $n=2,3,\cdots$

$r=\dfrac{1}{3}\Rightarrow c_2=\dfrac{-c_0}{(3r+5)(2r+3)}=\dfrac{-c_0}{6\cdot\dfrac{11}{3}}=\dfrac{-c_0}{22}$

$c_3=c_5=\cdots c_{2n+1}=0$

$c_4=\dfrac{(-1)^2 c_0}{(3r+11)(3r+5)(2r+3)(2r+7)}=\dfrac{c_0}{2024}$

$\qquad\vdots$

$y_1(x)=c_0 x^{\frac{1}{3}}\left(1+\sum\limits_{n=1}^{\infty}\dfrac{(-1)^n}{6n\cdots 6\left(3+\dfrac{2}{3}\right)\cdots\left(4n-\dfrac{1}{3}\right)}x^{2n}\right)$

$r=\dfrac{1}{2}\Rightarrow c_2=\dfrac{-c_0}{\left(\dfrac{3}{2}+5\right)\cdot 4}$

$c_3=c_5=\cdots=0$

$c_4=\dfrac{c_0}{\left(\dfrac{3}{2}+11\right)\left(\dfrac{3}{2}+5\right)4\cdot 8}$

$\qquad\vdots$

$y_2(x)=c_0 x^{\frac{1}{2}}\left[1+\sum\limits_{n=1}^{\infty}\dfrac{(-1)^n}{\left(6n+\dfrac{1}{2}\right)\cdots\left(6+\dfrac{1}{2}\right)4\cdots 4n}x^{2n}\right]$

$y_h(x)=a_1 y_1(x)+a_2 y_2(x)$, $a_1,a_2 \in R$

例題 15：Find the series solution of $4x^2y'' + 2xy' - xy = 0$　　　【成大電機】

解 以 $x=0$（regular singular point）為中心展開成 Frobenius series

$$y(x) = \sum_{n=0}^{\infty} c_n x^{n+r}, \, c_0 \neq 0$$

代入原 O.D.E 可得：

$$4\sum_{n=0}^{\infty}(n+r)(n+r-1)c_n x^{n+r} + 2\sum_{n=0}^{\infty}(n+r)c_n x^{n+r} - \sum_{n=0}^{\infty}c_n x^{n+r+1} = 0$$

$$\Rightarrow [4r(r-1)+2r]c_0 x^r + \sum_{n=1}^{\infty}\{[4(n+r)(n+r-1)+2(n+r)]c_n - c_{n-1}\}x^{n+r} = 0 \quad (1)$$

由 $4r(r-1)+2r=0$ 可得 $r=0$ or $\dfrac{1}{2}$

又由(1)可得：$c_n = \dfrac{c_{n-1}}{2(n+r)[2(n+r-1)+1]}$

當 $r=\dfrac{1}{2}$ 時 $c_n = \dfrac{1}{(2n+1)2n}c_{n-1}$

$$\Rightarrow c_1 = \frac{1}{3\cdot 2}c_0, \, c_2 = \frac{1}{5\cdot 4}c_1 = \frac{1}{5!}c_0$$

$$c_3 = \frac{1}{7\cdot 6}c_2 = \frac{1}{7!}c_0, \cdots$$

$$\therefore y_1(x) = c_0 x^{\frac{1}{2}}\left[1 + \frac{1}{3!}x + \frac{1}{5!}x^2 + \cdots + \frac{1}{(2n+1)!}x^n + \cdots\right]$$

當 $r=0$ 時，$c_n = \dfrac{1}{2n(2n-1)}c_{n-1}$

$$c_1 = \frac{1}{2\cdot 1}c_0, \, c_2 = \frac{1}{4\cdot 3}c_1 = \frac{1}{4!}c_0$$

$$c_3 = \frac{1}{6\cdot 5}c_2 = \frac{1}{6!}c_0, \cdots$$

$$\therefore y_2(x) = c_0\left[1 + \frac{1}{2!}x + \frac{1}{4!}x^2 + \frac{1}{6!}x^3 + \cdots + \frac{1}{(2n)!}x^n + \cdots\right]$$

$$\therefore y = a_1 y_1(x) + a_2 y_2(x); \, a_1, a_2 \in R$$

例題 16：$xy'' + y' + xy = 0$, $y(0)=1$, $y'(0)=0$ 求解前四項與收斂半徑
　　　　　　　　　　　　　　　　　　　　　　　　　　　　【交大電信、清大動機】

解 $x=0$ 為一 regular singular point

令 $y = \sum_{n=0}^{\infty} c_n x^{r+n}$ 代入原式得

$$\sum_{n=0}^{\infty}(n+r)(n+r-1)c_n x^{n+r-1} + \sum_{n=0}^{\infty}(n+r)c_n x^{n+r-1} + \sum_{n=0}^{\infty}c_n x^{n+r+1} = 0$$

$$\sum_{n=2}^{\infty}\{[(n+r)(n+r-1)+n+r]c_n + c_{n-2}\}x^{n+r-1} + r(r-1)c_0 x^{r-1} + rc_0 x^{r-1} + r(r$$

$$+1)c_1 x^r + (r+1)c_1 x^r = 0$$

比較係數得：
$$\begin{cases} r^2 = 0, r = 0, 0 \\ c_1 = 0 \\ c_n = \dfrac{-c_{n-2}}{(n+r)^2} \end{cases} \quad ; \quad n = 2, 3, \cdots$$

$$\therefore c_1 = c_3 = c_5 = \cdots = 0$$

$$c_2 = -\frac{c_0}{(r+2)^2}, \; c_4 = -\frac{c_2}{(r+4)^2} = \frac{(-1)^2 c_0}{(r+2)^2(r+4)^2}$$

$$\vdots$$

$$c_{2n} = (-1)^n \frac{c_0}{(r+2)^2(r+4)^2 \cdots (r+2n)^2}$$

故得 $y_1(x) = x^r c_0 \left[1 - \dfrac{x^2}{(r+2)^2} + \dfrac{x^4}{(r+2)^2(r+4)^2} - + \cdots \right]$

當 $r = 0$, $y_1(x) = c_0 \left[1 - \dfrac{x^2}{2^2} + \dfrac{x^4}{2^2 \cdot 4^2} - \dfrac{x^6}{2^2 \cdot 4^2 \cdot 6^2} + - \cdots \right]$

$\left(\dfrac{\partial y_1}{\partial r} \right)_{r=0}$ 為另一獨立解 $y_2(x)$：

$$\frac{\partial y_1}{\partial r} = c_0 x^r \ln x \left[1 - \frac{x^2}{(r+2)^2} + \frac{x^4}{(r+2)^2(r+4)^2} - + \cdots \right] + c_0 x^r \left[-\frac{x^2}{(r+2)^2} \left(\frac{-2}{r+2} \right) + \right.$$

$$\left. \frac{x^4}{(r+2)^2(r+4)^2} \left(\frac{-2}{r+2} + \frac{-2}{r+4} \right) - \frac{x^6}{(r+2)^2(r+4)^2(r+6)^2} \left(\frac{-2}{r+2} + \frac{-2}{r+4} + \frac{-2}{r+6} \right) + \cdots \right]$$

$$\therefore y_2(x) = \frac{\partial y_1}{\partial r} \bigg|_{r=0} = c_0 \ln x \left[1 - \frac{x^2}{2^2} + \frac{x^4}{2^2 \cdot 4^2} - \frac{x^6}{2^2 \cdot 4^2 \cdot 6^2} + \cdots \right] + c_0 \left[\frac{x^2}{2^2} \left(\frac{-2}{2} \right) \right.$$

$$\left. + \frac{x^4}{2^2 4^2} \left(\frac{-2}{2} + \frac{-2}{4} \right) - \cdots \right]$$

通解：$y_h(x) = a_1 y_1(x) + a_2 y_2(x)$

代入 I.C. $y(0) = 1 = a_1, a_2 = 0$

$y'(0) = 0$

$\therefore y_p(x) = y_1(x)$

利用比值審斂法決定收斂區間

$$\frac{1}{\rho} = \lim_{n \to \infty} \left| \frac{c_{n+1}}{c_n} \right| = \lim_{n \to \infty} \left| \frac{\dfrac{(-1)^{n+1}}{2^2 \cdot 4^2 \cdot 6^2 \cdots (2n+2)^2}}{\dfrac{(-1)^n}{2^2 \cdot 4^2 \cdots (2n)^2}} \right|$$

$$= \lim_{n \to \infty} \left| \frac{-1}{(2n+1)(2n+2)} \right| \to 0$$

故知收斂半徑 $\rho \to \infty$。

觀念提示： *1.* 原式除 $x = 0$ 外均解析，今以 $x = 0$ 為展開點故收斂半徑顯然為 ∞

2.$f(r) = \dfrac{1}{(r+a_1)^{m_1}(r+a_2)^{m_2}\cdots(r+a_N)^{m_N}}$

$\Rightarrow \ln f(r) = -m_1 \ln(r+a_1) - \cdots - m_N \ln(r+a_N)$

$\Rightarrow \dfrac{1}{f(r)} f'(r) = \dfrac{-m_1}{r+a_1} + \cdots + \dfrac{-m_N}{r+a_N}$

$\Rightarrow f'(r) = \left(\dfrac{-m_1}{r+a_1} + \cdots + \dfrac{-m_N}{r+a_N} \right) f(r)$

例題 17： Solve the Laguerre's ordinary differential equation: $xy'' + (1-x)y' + 3y = 0$

【101 高應大電子】

解

$x = 0$ 為一 regular singular point

令 $y = \sum\limits_{n=0}^{\infty} c_n x^{r+n}$ 代入原式得

$\sum\limits_{n=0}^{\infty}(n+r)(n+r-1)c_n x^{n+r-1} + \sum\limits_{n=0}^{\infty}(n+r)c_n x^{n+r-1} - \sum\limits_{n=0}^{\infty}(n+r)c_n x^{n+r} + 3\sum\limits_{n=0}^{\infty}c_n x^{n+r+1}$

$= 0$

$\Rightarrow \sum\limits_{n=1}^{\infty}\{(n+r)^2 c_n + (n+r-4)c_{n-1}\}x^{n+r-1} + r^2 c_0 c_n x^{r-1} = 0$

比較係數得：$c_n = \dfrac{(n+r-4)}{(n+r)^2}c_{n-1}$ ；$n = 1, 2, \cdots$

$r^2 = 0, r = 0, 0$

故得 $y(x) = x^r c_0 \left[1 - \dfrac{(r-3)}{(r+1)^2}x + \dfrac{(r-3)(r-2)}{(r+2)^2(r+1)^2}x^2 + \cdots \right]$

當 $r = 0$，$y_1(x) = c_0\left(1 - 3x + \dfrac{3}{2}x^2 + \dfrac{1}{6}x^3 \right)$

$\left(\dfrac{\partial y}{\partial r} \right)_{r=0}$ 為另一獨立解 $y_2(x)$：

$\dfrac{\partial y}{\partial r} = c_0 x^r \ln x \left[1 - \dfrac{(r-3)}{(r+1)^2}x + \dfrac{(r-3)(r-2)}{(r+2)^2(r+1)^2}x^2 + \cdots \right] + c_0 x^r \dfrac{\partial}{\partial r}\left[1 - \dfrac{(r-3)}{(r+1)^2}x + \right.$

$\left. \dfrac{(r-3)(r-2)}{(r+2)^2(r+1)^2}x^2 + \cdots \right]$

$\therefore y_2(x) = \dfrac{\partial y}{\partial r}\bigg|_{r=0} = c_0 \ln x \left[1 - 3x + \dfrac{3}{2}x^2 + \dfrac{1}{6}x^3 \right]$

$\qquad + c_0 \left[7x - \dfrac{23}{4}x^2 + \cdots \right]$

通解：$y_h(x) = a_1 y_1(x) + a_2 y_2(x)$

例題 18： Solve $x^2 y'' + x(2-x)y' - 2y = 0$ 【成大造船】

解　$x=0$ 為 regular singular point

令 $y=\sum\limits_{n=0}^{\infty}c_nx^{r+n}$ 代入原式可得：

$$\sum_{n=0}^{\infty}(n+r)(n+r-1)c_nx^{n+r}+2\sum_{n=0}^{\infty}(n+r)c_nx^{n+r}-\sum_{n=0}^{\infty}(n+r)c_nx^{n+r+1}-2\sum_{n=0}^{\infty}c_nx^{n+r}$$
$$=0$$

$$\Rightarrow(r(r-1)c_0+2rc_0-2c_0)x^r=0\Rightarrow(r+2)(r-1)=0\therefore r=-2\text{ 或 }1$$

$$\sum_{n=1}^{\infty}\{[(n+r)(n+r-1)+2(n+r)-2]c_n-(n+r-1)c_{n-1}\}x^{n+r}=0$$

$$\Rightarrow c_n=\frac{(n+r-1)}{(n+r-1)(n+r+2)}c_{n-1};\ n=1,2,\cdots$$

先以較小根 $r=-2$ 代入

$$\Rightarrow c_n=\frac{(n-3)}{n(n-3)}c_{n-1};\ n=1,2,\cdots$$

$n=1,\ c_1=c_0$

$n=2,\ c_2=\dfrac{1}{2}c_1=\dfrac{1}{2}c_0$

$n=4,\ c_4=\dfrac{1}{4}c_3$

$n=5,\ c_5=\dfrac{1}{5}c_4=\dfrac{1}{5\cdot4}c_3$

$\vdots$

$$\therefore y(x)=c_0x^{-2}\left(1+x+\frac{1}{2!}x^2\right)+c_3x^{-2}\left(x^3+\frac{1}{4}x^4+\frac{1}{5\cdot4}x^5+\cdots\right)$$

例題 19：解：$x^2y''-2xy'+(x^2+2)y=0$　　　　　　【交大機械】

解　令 $y=\sum\limits_{n=0}^{\infty}c_nx^{r+n}$ 代入原式得

$$\sum_{n=0}^{\infty}(n+r)(n+r-1)c_nx^{r+n}-2\sum_{n=0}^{\infty}(n+r)c_nx^{r+n}+\sum_{n=0}^{\infty}c_nx^{r+n+2}+2\sum_{n=0}^{\infty}c_nx^{r+n}=0$$

當 $n=0$, $[r(r-1)-2r+2]c_0=0\Rightarrow r=1\text{ or }2$

當 $n=1$　$r(r-1)c_1=0\Rightarrow$ 在 $r=2$ 時有 $c_1=0$

當 $r=2$ 時 $c_n=\dfrac{-c_{n-2}}{n(n+1)}$，且知 $c_1=c_3=\cdots c_{2n+1}=\cdots=0$

$$\therefore y_1(x)=c_0x^2\left[1-\frac{x^2}{3!}+\frac{x^4}{5!}-\cdots\right]$$

當 $r=1$ 時，$c_n=\dfrac{-c_{n-2}}{n(n-1)}$ 其中 $n\geq2$，故有 c_0 及 c_1 二未定係數

$$y_2(x)=c_0x\left(1-\frac{x^2}{2!}+\frac{x^4}{4!}-\cdots\right)+c_1x^2\left(1-\frac{x^2}{3!}+\frac{x^4}{5!}-\cdots\right)$$

$y_2(x)$ 已有二線性獨立的解，而其中一項便是 $y_1(x)$。因此可知在求二階 O. D.E 之 Frobenis 級數解法時，當由較小的 r 代入後，若得到二線性獨立解，即不必再算較大的 r 所得的解。

例題 20：求 $x^2y'' + (x^2+x)y' + (2x-1)y = 0$ 之通解？

解

令 $y = \sum\limits_{n=0}^{\infty} c_n x^{r+n}$ 代入原式

$$\sum_{n=0}^{\infty}(n+r)(n+r-1)c_nx^{n+r} + \sum_{n=0}^{\infty}(n+r)c_nx^{n+r+1} + \sum_{n=0}^{\infty}(n+r)c_nx^{n+r} + 2\sum_{n=0}^{\infty}c_nx^{n+r+1}$$

$$-\sum_{n=0}^{\infty}c_nx^{n+r} = 0$$

當 $n=0 \Rightarrow (r^2-1)c_0 = 0 \Rightarrow r = \pm1$

循環公式為：$(n+r+1)(n+r-1)c_n = -(n+r+1)c_{n-1}$

取 $r=-1$，則有 $n(n-2)c_n = -nc_{n-1}, n \geq 1$

$n=1 \Rightarrow c_1 = -c_0$

當 $n=2 \Rightarrow c_2 = \infty$（無解）

故知 $r=-1$ 並無解

取 $r=1$，則有 $n(n+2)c_n = -(n+2)c_{n-1} \Rightarrow c_n = \dfrac{-1}{n}c_{n-1}$

故 $y_1(x) = c_0x\left[1 - x + \dfrac{1}{2}x^2 - \dfrac{1}{3!}x^3 + \cdots\right] = c_0xe^{-x}$

另一解可用參數變更法獲得：

$$y_2(x) = y_1(x)\int\dfrac{e^{-\int\left(1+\frac{1}{x}\right)dx}}{y_1^2}dx = y_1(x)\int\dfrac{e^x}{x^3}dx$$

$$= y_1(x)\int\left(\dfrac{1}{x^3} + \dfrac{1}{x^2} + \dfrac{1}{2x} + \dfrac{1}{3!} + \dfrac{x}{4!} + \cdots\right)dx$$

$$= y_1(x)\left[\dfrac{-1}{2x^2} - \dfrac{1}{x} + \dfrac{\ln x}{2} + \dfrac{x}{3!} + \cdots\right]$$

$y_h(x) = a_1y_1(x) + a_2y_2(x)$

例題 21：Solve $xy'' - 3y' + xy = 0$

解

$y = \sum\limits_{n=0}^{\infty} c_n x^{r+n}$

$$\sum_{n=2}^{\infty}\{[(n+r)(n+r-1) - 3(n+r)]c_n + c_{n-2}\}x^{n+r-1} + r(r-4)c_0x^{r-1} +$$

$(r-3)(r+1)\,c_1 x^r = 0$

$r = 0$ or $4 \Rightarrow$ Case 3

$c_n = \dfrac{-1}{(n+r)(n+r-4)}\,c_{n-2}$；$n = 2, 3, \cdots$

$r = 0 \Rightarrow c_n = \dfrac{-1}{n(n-4)}\,c_{n-2} \Rightarrow$ 無解（when $n = 4$）

$r = 4 \Rightarrow c_n = \dfrac{-1}{n(n+4)}\,c_{n-2}$

$\vdots$

$y_1(x) = x^4 - \dfrac{1}{12}x^6 + \dfrac{1}{384}x^8 - + \cdots$

Let $y_2(x) = \ln x\, y_1 + \displaystyle\sum_{n=0}^{\infty} a_n x^n$

代回原 O.D.E.比較係數可得 $\{a_1, a_2, \cdots\}$

4-5　冪級數法求解 Legendre 方程式

Legendre 微分方程式為物理及工程上球形邊界系統中所產生的重要方程式，其通式如下：

$$(1 - x^2)y'' - 2xy' + n(n+1)y = 0 \tag{25}$$

(25)式為變係數微分方程式。顯然的，上式既不滿足正合型（Exact）的條件，亦非柯西（Cauchy）微分方程式，故只有依靠級數解法，將(25)式重寫如下：

$$y'' - \frac{2x}{1-x^2}y' + \frac{1}{1-x^2}n(n+1)y = 0 \tag{26}$$

檢查其係數函數發現除了在 $x = +1$ 及 $x = -1$ 點外，其餘均為解析，因 $x = 0$ 是 Legendre 方程式的一常點（ordinary point）故可選擇在 $x = 0$ 展開之冪級數代入(25)式求解

取 $y = \displaystyle\sum_{m=0}^{\infty} c_m x^m$ 代入(25)式中可得

$$(1 - x^2) \sum_{m=2}^{\infty} m\,(m-1)c_m x^{m-2} - 2x \sum_{m=1}^{\infty} mc_m x^{m-1} + n\,(n+1) \sum_{m=0}^{\infty} c_m x^m = 0$$

經由集項整理及指標變換可得：

$$\sum_{m=0}^{\infty} [(m+1)(m+2)c_{m+2} - (m^2 + m - n^2 - n)c_m]x^m = 0 \tag{27}$$

故可得到循環公式：

$$c_{m+2} = \frac{-(n-m)(n+m+1)}{(m+1)(m+2)} c_m \;;\; m = 0, 1, 2, \cdots \tag{28}$$

$$c_2 = -\frac{n(n+1)}{2!}c_0$$
$$c_3 = -\frac{(n-1)(n+2)}{3!}c_1$$
$$c_4 = \frac{(n-2)n(n+1)(n+3)}{4!}c_0$$
$$c_5 = \frac{(n-3)(n-1)(n+2)(n+4)}{5!}c_1$$

由以上的計算可得到兩個任意的常數 c_0, c_1，其中 c_0 可以決定所有的偶次項係數，而 c_1 可以決定所有的奇次項係數，故其通解是由兩組線性獨立解分別以 c_0, c_1 為未定係數線性組合而成。

$$y(x) = c_0 y_0(x) + c_1 y_1(x)$$

其中

$$y_0(x) = 1 - \frac{n(n+1)}{2!}x^2 + \frac{(n-2)n(n+1)(n+3)}{4!}x^4 -$$
$$\frac{(n-4)(n-2)n(n+1)(n+3)(n+5)}{6!}x^6 + - \cdots \tag{29}$$

$$y_1(x) = x - \frac{(n-1)(n+2)}{3!}x^3 + \frac{(n-3)(n-1)(n+2)(n+4)}{5!}x^5 - + \cdots \tag{30}$$

值得注意的是，由循環公式(29)可知，當 $m=n$ 時，係數 $c_{m+2}=0$ 同時 c_{m+2k} ($k \in N$)$=0$。例如，當 $n=2$ 則 $c_4=0$，同時 $c_6=c_8=\cdots=0$ 因此 $y_0(x)$ 由一無窮級數變成

一二階多項式：

$$y_0(x) = 1 - 3x^2$$

同理，若 $n = 3$ 則 $c_5 = 0$ 同時 $c_7 = c_9 = \cdots = 0$，$y_1(x)$ 也變成一二階多項式：

$$y_1(x) = x - \frac{5}{3}x^3$$

事實上，只要 n 被限制為一非負整數，冪級數 $y_0(x)$ 或 $y_1(x)$ 將分別在 n 為偶數或奇數時變成一有限項之多項式。由(29)及(30)式可發現此二冪級數之收斂半徑 ρ 均為 1，且收斂範圍在 $-1 < x < 1$ 內。此外，在邊界點 $x = \pm1$ 時二級數均發散；綜合上述可知當 $n \in$ even，$y_0(x)$ 為一多項式，$y_1(x)$ 為一無窮級數，反之，當 $n \in$ odd，$y_0(x)$ 為一無窮級數而 $y_1(x)$ 為一多項式。不論 n 為奇數或偶數，解函數必由一有限項之多項式 $P_n(x)$ 及一無限級數 $Q_n(x)$ 線性組合而成。故 Legendre 方程式之解可表示為：

$$y(x) = c_1 P_n(x) + c_2 Q_n(x)；n \in 0, 1, 2 \cdots \tag{31}$$

其中 $P_n(x)$ 稱為 Legendre 多項式或第一類 Legendre 函數，$Q_n(x)$ 稱為第二類 Legendre 函數。一般而言可藉由取 $c_2 = 0$ 使 $y(x)$ 僅為一有限項之 n 階多項式，將(28)式改寫為降冪形式：

$$c_m = -\frac{(m+2)(m+1)}{(n-m)(n+m+1)}c_{m+2}$$

其中 $m \leq n-1$，則所有未消失項之係數均可藉多項式中最高次項 x^n 之係數 c_n 表示，當 c_n 選為

$$c_n = \frac{(2n)!}{2^n(n!)^2} = \frac{1 \cdot 3 \cdot 5 \cdots (2n-1)}{n!},\ n = 1, 2 \cdots \tag{32}$$

時，將使當 $x = 1$ 時，所有多項式之值均為 1。由(32)式可得

$$c_{n-2} = -\frac{n(n-1)}{2(2n-1)}c_n = -\frac{n(n-1)(2n)!}{2(2n-1)2^n(n!)^2}$$

$$= -\frac{n(n-1)2n(2n-1)(2n-2)!}{2(2n-1)2^n n(n-1)! \, n(n-1)(n-2)!}$$

$$= -\frac{(2n-2)!}{2^n(n-1)!(n-2)!}$$

同理可得

$$c_{n-4} = -\frac{(n-2)(n-3)}{4(2n-3)}c_{n-2} = \frac{(2n-4)!}{2^n \, 2!(n-2)!(n-4)!}$$

$$\vdots$$

依此類推，可得當 $n-2m \geq 0$ 時通解為

$$c_{n-2m} = (-1)^m \frac{(2n-2m)!}{2^n \, m!(n-m)!(n-2m)!} \tag{33}$$

故一 n 階 Legendre 多項式可由上述推導而得：

$$P_n(x) = \frac{1}{2^n} \sum_{m=0}^{M} (-1)^m \frac{(2n-2m)!}{m!(n-m)!(n-2m)!} x^{n-2m} \tag{34}$$

其中 $M = \begin{cases} \dfrac{n}{2} \; ; \; n \in even \\[2mm] \dfrac{n-1}{2} \; ; \; n \in odd \end{cases}$

經由(34)式可將結果列舉如下：（如圖 4-1）

$$P_0(x) = 1, \; P_1(x) = x, \; P_2(x) = \frac{3x^2-1}{2}$$

$$P_3(x) = \frac{5x^3-3x}{2},$$

$$P_4(x) = \frac{35x^4-30x^2+3}{8}$$

觀察上列結果並由上述討論可知 $P_n(x)$ 之特性如下：

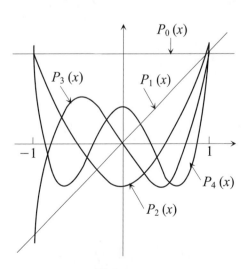

圖 4-1

(1)必為 $(1 - x^2)y'' - 2xy' + n(n + 1)y = 0$ 之解

(2)$P_n(-x) = (-1)^n P_n(x)$：$P_n(x)$ 具奇偶分明的特性，若 n 為偶數，$P_n(x)$ 即為 even function；若 n 為奇數，$P_n(x)$ 則為 odd function。

(3) $\deg(P_n(x)) = n$

(4)$P_n(1) = 1$

(5)只定義在 $(-1, +1)$ 之間

根據(29)及(30)式交互計算可得無窮級數 $Q_n(x)$

$$Q_0(x) = x + \frac{1}{3}x^2 + \frac{1}{5}x^3 + \cdots = \frac{1}{2}\ln\left(\frac{1+x}{1-x}\right)$$

$$Q_1(x) = x\left(x + \frac{x^3}{3} + \cdots\right) - 1 = \frac{x}{2}\ln\left(\frac{1+x}{1-x}\right) - 1$$

$$Q_2(x) = \frac{3x^2 - 1}{4}\left(x + \frac{1}{3}x^3 + \cdots\right) - \frac{3}{2}x = \left(\frac{3x^2 - 1}{4}\right)\ln\left(\frac{1+x}{1-x}\right) - \frac{3}{2}x$$

$Q_n(x)$ 之特性為：

(1)在 $x = -1, +1$ 二端點均發散

(2)若 n 為偶數，$Q_n(-x) = -Q_n(x)$：奇函數

(3)若 n 為奇數，$Q_n(-x) = Q_n(x)$：偶函數

$$\begin{aligned}
(4)Q_n(x) &= P_n(x)\int \frac{1}{(P_n(x))^2}\exp\left(-\int \frac{-2x}{1-x^2}dx\right)dx \\
&= P_n(x)\int \frac{1}{(P_n(x))^2(1-x^2)}dx
\end{aligned} \tag{35}$$

4-6　Legendre 多項式之特性

㈠ Rodrigue's 公式

$$P_n(x) = \frac{1}{2^n n!}D^n(x^2 - 1)^n \tag{36}$$

證明：

$$(x^2 - 1)^n = \sum_{m=0}^{\infty} C_m^n (-1)^m x^{2(n-m)}$$

$$D^n[(x^2 - 1)^n] = D^{n-1}\sum_{m=0}^{n-1}(-1)^m \frac{n!(2n-2m)}{m!(n-m)!}x^{2n-2m-1}$$

$$\vdots$$

$$= \sum_{m=0}^{k} \frac{(-1)^m n! (2n - 2m) \cdots (n - 2m + 1)}{m!(n-m)!} x^{n-2m}$$

$$\text{where } k = \begin{cases} \dfrac{n}{2} \; ; \; n \in even \\[2mm] \dfrac{n-1}{2} \; ; \; n \in odd \end{cases}$$

$$\therefore P_n(x) = \frac{1}{2^n n!} D^n \left[(x^2 - 1)^n \right] = \sum_{m=0}^{k} \frac{(-1)^m (2n - 2m)!}{2^n m!(n-m)!(n-2m)!} x^{n-2m}$$

定理 15

定積分公式：

$$\int_{-1}^{1} f(x) P_n(x)\, dx = \frac{(-1)^n}{2^n n!} \int_{-1}^{1} (x^2 - 1)^n f^{(n)}(x)\, dx \tag{37}$$

證明　左式可表示為：(代入 Rodrigue's 公式)

$$\frac{1}{2^n n!} \int_{-1}^{1} f(x) D^n (x^2 - 1)^n\, dx$$

$$= \frac{1}{2^n n!} \left[\left(f(x) D^{n-1}(x^2 - 1)^n \right) \Big|_{-1}^{1} - \int_{-1}^{1} f'(x) D^{n-1}(x^2 - 1)^n\, dx \right]$$

$$= \frac{-1}{2^n n!} \int_{-1}^{1} f'(x) D^{n-1}(x^2 - 1)^n\, dx$$

$$= \frac{-1}{2^n n!} \left[\left(f'(x) D^{n-2}(x^2 - 1)^n \right) \Big|_{-1}^{1} - \int_{-1}^{1} f''(x) D^{n-2}(x^2 - 1)^n\, dx \right]$$

$$\vdots$$

$$= \frac{(-1)^n}{2^n n!} \int_{-1}^{1} f^{(n)}(x)(x^2 - 1)^n\, dx$$

定理 16

$P_n(x)$ 之正交性：

$$\int_{-1}^{1} P_n(x) P_m(x)\, dx = \begin{cases} 0 \qquad\qquad ; \; n \neq m \\[2mm] \dfrac{2}{2n+1} \qquad ; \; n = m \end{cases} \tag{38}$$

證明：(37)式中令 $f(x) = P_m(x) = \dfrac{1}{2^m m!} D^m (x^2 - 1)^m$

　　Case 1. $m < n$

$$\Rightarrow f^{(n)}(x) = \frac{1}{2^m m!} D^{m+n} (x^2-1)^m = 0 (\because m+n>2m)$$

Case 2. $m>n$

$$可令 f(x) = P_n(x)$$

$$\Rightarrow f^{(m)}(x) = \frac{1}{2^n n!} D^{n+m} (x^2-1)^n = 0$$

Case 3. $m=n$

$$f^{(n)}(x) = \frac{1}{2^n n!} D^{n+n} (x^2-1)^n = \frac{(2n)!}{2^n n!}$$

$$\begin{aligned}
\int_{-1}^{1} P_n^2(x)dx &= \frac{(-1)^n}{2^n n!} \frac{(2n)!}{2^n n!} \int_{-1}^{1} (x^2-1)^n dx \\
&= \frac{(2n)!}{2^n n! \, 2^n n!} \int_{-1}^{1} (1+x)^n (1-x)^n dx \\
&= \frac{(2n)!}{2^n n! \, 2^n n!} \int_{0}^{1} 2(2y)^n (2-2y)^n dy \\
&= \frac{2 \cdot (2n)!}{n! \, n!} \int_{0}^{1} (1-y)^n dy \\
&= \frac{2 \cdot (2n)!}{n! \, n!} B(n+1, n+1) \\
&= \frac{2 \cdot (2n)!}{n! \, n!} \frac{\Gamma(n+1)\Gamma(n+1)}{\Gamma(2n+2)} = \frac{2}{2n+1}
\end{aligned}$$

觀念提示： 1. $B(m,n) = \int_{0}^{1} x^{m-1}(1-x)^{n-1} dx$ ； $m>0, n>0$

2. $\int_{-1}^{1} (x^2-1)^n dx = \frac{2(-1)^n 2^n 2^n n! \, n!}{(2n+1)!}$

定理 17

$$\int_{-1}^{1} x^m P_n(x)dx = \begin{cases} 0 ; & m<n \\ \frac{(n!)^2 \, 2^{n+1}}{(2n+1)!} ; & m=n \end{cases} \tag{39}$$

證明： $m<n, f^{(n)}(x) = D^n(x^m) = 0$

$m=n, f^{(n)}(x) = D^n(x^n) = n!$

$$\int_{-1}^{1} x^n P_n(x)dx = \frac{(-1)^n}{2^n} \int_{-1}^{1} (x^2-1)^n dx = \frac{(n!)^2 \, 2^{n+1}}{(2n+1)!}$$

定理 18

$$P'_{n+1}(x) - P'_{n-1}(x) = (2n+1)P_n(x) \tag{40}$$

證明： 【清大動機】

$$P'_{n+1}(x) = \frac{1}{2^{n+1}(n+1)!} D^{n+2}(x^2-1)^{n+1}$$

$$= \frac{1}{2^n n!} D^n \left(\frac{1}{2(n+1)} D^2(x^2-1)^{n+1} \right)$$

$$P'_{n-1}(x) = \frac{1}{2^{n-1}(n-1)!} D^n(x^2-1)^{n-1} = \frac{1}{2^n n!} D^{n-1+1}((x^2-1)^{n-1} 2n)$$

$$\therefore P'_{n+1}(x) - P'_{n-1}(x) = \frac{1}{2^n n!} D^n((2n+1)(x^2-1)^n) = (2n+1)P_n(x)$$

定理 19

$(1) P_n(1) = 1 \quad (2) P_n(-x) = (-1)^n P_n(x)$

證明： Let $u = x+1, v = x-1$

$$[(uv)^n]^{(n)} = \binom{n}{0}(u^n)^{(n)} v^n + \cdots + \binom{n}{n}(v^n)^{(n)} u^n$$

$$\because \lim_{x \to 1} v^n = 0 \cdots \lim_{x \to 1}(v^n)^{(n-1)} = 0$$

$$\therefore \lim_{x \to 1} \frac{1}{2^n n!} D^n[(x^2-1)^n] = \frac{1}{2^n n!} 2^n n! = 1$$

$$\because D^n[(x^2-1)^n] = \begin{cases} even; & n \in even \\ odd; & n \in odd \end{cases}$$

$$\therefore P_n(-x) = (-1)^n P_n(x)$$

(二) $P_n(x)$ 之母函數（generating function）

$$(1 - 2xt + t^2)^{-\frac{1}{2}} = \sum_{n=0}^{\infty} P_n(x)t^n \quad |t| < 1, |x| \le 1 \tag{41}$$

展開之多項式級數，其係數即為 Legendre 多項式之 $P_n(x)$
證明留作章末綜合練習 33。

定理 20

$P_n(x)$ 之循環公式：

對於每個正整數 n：

$$(n+1)P_{n+1}(x) - (2n+1)xP_n(x) + nP_{n-1}(x) = 0 \; ; \; -1 \le x \le 1 \tag{42}$$

證明留作章末綜合練習 34。

定理 21

微分式之循環公式

a. $nP_n(x) - xP_n'(x) + P_{n-1}'(x) = 0$ （43a）

b. $P_{n+1}'(x) - P_{n-1}'(x) = (2n+1)P_n(x)$ （43b）

c. $P_{n+1}'(x) - xP_n'(x) = (n+1)P_n(x)$ （43c）

d. $x[P_{n+1}'(x) - P_{n-1}'(x)] = (n+1)P_{n+1}(x) + nP_{n-1}(x)$ （43d）

證明留作章末綜合練習 35。

例題 22：Give the generating function for Legendre polynomials $\dfrac{1}{\sqrt{1-2xt+t^2}} = \sum\limits_{n=0}^{\infty} P_n(x)t^n$

and the orthogonality relation $\int_{-1}^{1} [P_n(x)]^2 \, dx = \dfrac{2}{(2n+1)}$, Compute

$$\int_{-1}^{1} \frac{P_n(x)\,dx}{(\cosh y - x)^{\frac{1}{2}}}$$

【台大化工】

解　　$(\cosh y - x)^{\frac{1}{2}} = \left(\dfrac{e^y + e^{-y}}{2} - x\right)^{\frac{1}{2}} = \dfrac{1}{\sqrt{2}\, e^{\frac{y}{2}}}(1 - 2xe^y + e^{2y})^{\frac{1}{2}}$

$\Rightarrow \dfrac{1}{(\cosh y - x)^{\frac{1}{2}}} = \dfrac{\sqrt{2}\, e^{\frac{y}{2}}}{(1 - 2xe^y + 2^{2y})^{\frac{1}{2}}} = \sqrt{2}\, e^{\frac{y}{2}} \sum\limits_{m=0}^{\infty} P_m(x)(e^y)^m$

$\Rightarrow \int_{-1}^{1} \dfrac{P_n(x)\,dx}{(\cosh y - x)^{\frac{1}{2}}} = \sqrt{2}\, e^{\frac{y}{2}} \int_{-1}^{1} \sum\limits_{m=0}^{\infty} P_m(x)\, P_n(x)(e^y)^m \, dx$

$\qquad\qquad = \sqrt{2}\, e^{\frac{y}{2}} \dfrac{2}{2n+1} e^{ny} = \dfrac{2\sqrt{2}}{2n+1} e^{y\left(\frac{1}{2}+n\right)}$

例題 23：The generating function of Legendre polynomials is $g(x, t) = \dfrac{1}{\sqrt{1 - 2xt + t^2}} =$

$\displaystyle\sum_{n=0}^{\infty} P_n(x)t^n$

(a)Evaluate $P_n(0)$

(b)$\displaystyle\int_0^1 P_n(x)dx$ 　　　　　　　　　　　　　　　　　【清大物理】

解　(a)在母函數中取 $x = 0$，可得：

$$g(0, t) = \sum_{n=0}^{\infty} P_n(0)t^n = \frac{1}{\sqrt{1 + t^2}} = \sum_{n=0}^{\infty} C_m^{-\frac{1}{2}} (t^2)^m$$

上式經比較係數可得：

$n \in odd$　$P_n(0) = 0$，

$$n \in even\quad P_n(0) = C_{\frac{n}{2}}^{-\frac{1}{2}} = \frac{-\dfrac{1}{2}\dfrac{-3}{2}\cdots\left(-\dfrac{1}{2} - \dfrac{n}{2} + 1\right)}{\left(\dfrac{n}{2}\right)!},$$

(b)$\displaystyle\int_0^1 g(x, t)dx = \sum_{n=0}^{\infty} \int_0^1 P_n(x)dx\, t^n = \int_0^1 \frac{1}{\sqrt{1 - 2xt + t^2}}dx$

$\qquad = \dfrac{1}{-2t}2(1 - 2xt + t^2)^{\frac{1}{2}} \Big|_{x=0}^{1} = \dfrac{1}{t}[(1 + t^2)^{\frac{1}{2}} - (1 - t)]$

$\qquad = \dfrac{1}{t}\left[1 + \dfrac{1}{2}t^2 + C_2^{\frac{1}{2}} t^4 + \cdots - (1 - t)\right]$

$\qquad = 1 + \dfrac{1}{2}t + C_2^{\frac{1}{2}} t^3 + \cdots$

等號二邊比較係數可得：

$$\int_0^1 P_n(x)dx = \begin{cases} 1 & ;\ n = 0 \\ 0 & ;\ n \in even \\ C_k^{\frac{1}{2}} & ;\ n = 2k - 1, k = 1, 2, 3, \cdots \end{cases}$$

4-7　Frobenius 級數求解 Bessel 常微分方程式

在工程上之柱形座標系統中，常需處理下列變係數常微分方程：

$$x^2y'' + xy' + (x^2 - n^2)y = 0 \tag{44}$$

或

$$y'' + \frac{1}{x}y' + \left(1 - \frac{n^2}{x^2}\right)y = 0 \tag{45}$$

顯然的 $x=0$ 為一正則異點,故必需利用 Frobenius Series 代入求解

let $y = \sum\limits_{m=0}^{\infty} c_m r^{r+m}$ 代入(44)式中,得

$$\sum_{m=0}^{\infty}(r+m)(r+m-1)c_m r^{r+m} + \sum_{m=0}^{\infty}(r+m)c_m r^{r+m} + \sum_{m=0}^{\infty} c_m r^{r+m+2} - n^2 c_m r^{r+m} = 0$$

$$\Rightarrow \sum_{m=2}^{\infty}[(m+r+n)(m+r-n)c_m + c_{m-2}]x^{r+m} = 0 \tag{46a}$$

$$m=0 \; ; \; (r+n)(r-n)c_0 = 0 \tag{46b}$$

$$m=1 \; ; \; (r+n+1)(r-n+1)c_1 = 0 \tag{46c}$$

由(46b)得 $r = \pm n$,由(46c)得 $c_1 = 0$,由(46a)得循環公式

$$c_m = \frac{-c_{m-2}}{(m+r+n)(m+r-n)} \; ; \; m = 2, 3, \cdots \tag{47}$$

$r = n \, (n \geq 0)$ 代入(47)得

$$c_m = \frac{-c_{m-2}}{(m+2n)m}$$

$$c_2 = \frac{-c_0}{2^2(n+1)}$$

$$c_4 = \frac{c_0}{2^4 \cdot 2(n+1)(n+2)}$$

$$c_6 = \frac{-c_0}{2^6 \cdot 3!(n+1)(n+2)(n+3)}$$

$$c_1 = c_3 = c_5 = \cdots = 0$$

$$y_1(x) = c_0 x^n \left(1 - \frac{x^2}{2^2(n+1)} + \frac{x^4}{2^4 2!(n+1)(n+2)} - \frac{x^6}{2^6 3!(n+1)(n+2)(n+3)} + - \cdots\right)$$

$$= c_0 x^n \left(1 - \frac{\left(\frac{x}{2}\right)^2}{(n+1)} + \frac{\left(\frac{x}{2}\right)^4}{2!(n+1)(n+2)} - \frac{\left(\frac{x}{2}\right)^6}{3!(n+1)(n+2)(n+3)} + - \cdots\right)$$

c_0 為任意常數,取 $c_0 = \frac{1}{2^n n!}$ 代入得

$$y_1(x) = \left(\frac{x}{2}\right)^n \left[\frac{1}{n!} - \frac{\left(\frac{x}{2}\right)^2}{(n+1)!} + \frac{\left(\frac{x}{2}\right)^4}{2!(n+2)!} - \frac{\left(\frac{x}{2}\right)^6}{3!(n+3)!} + - \cdots\right] \tag{48}$$

The explicit form of (48) can be written as (49), which is defined as n th order first kind Bessel function $J_n(x)$:

$$J_n(x) = \frac{\left(\frac{x}{2}\right)^n}{\Gamma(n+1)} - \frac{\left(\frac{x}{2}\right)^{n+2}}{1!\Gamma(n+2)} + \frac{\left(\frac{x}{2}\right)^{n+4}}{2!\Gamma(n+3)} - + \cdots$$

$$= \sum_{m=0}^{\infty} \frac{(-1)^m x^{2m+n}}{2^{n+2m} m! \Gamma(n+m+1)} \quad n \geq 0 \tag{49}$$

當 $r = -n$ 時，代入上式可得

$$J_{-n}(x) = \sum_{m=n}^{\infty} \frac{(-1)^m x^{-n+2m}}{2^{-n+2m} m! \Gamma(-n+m+1)} \tag{50}$$

(49)及(50)式中，當 n 不為整數時，其 Wronskin 行列式 $\neq 0$，故可用來形成(44)之通解

$$y(x) = c_1 J_n(x) + c_2 J_{-n}(x) \quad n \neq 0, 1, 2, 3, \cdots \tag{51}$$

當 n 為整數時，$J_n(x)$ 與 $J_{-n}(x)$ 線性相關

$$J_n(x) = (-1)^n J_{-n}(x) \tag{52}$$

證明詳見例題

第二類　Bessel function

已知在 $n \in$ 正整數時，僅能得到一組解，故定義第二類 n 階 Bessel function

$$Y_n(x) = \frac{\cos n\pi J_n(x) - J_{-n}(x)}{\sin n\pi} \tag{53}$$

由(53)式知，$Y_n(x)$ 是 $J_n(x)$ 與 $J_{-n}(x)$ 的線性組合，如例題所證，對於任何整數及非整數的 n 而言，$Y_n(x)$ 均能滿足解函數。綜合上述，可得 Bessel 微分方程式通解：

$$y(x) = \begin{cases} c_1 J_n(x) + c_2 J_{-n}(x)， n \neq 0, 1, 2, \cdots \\ c_1 J_n(x) + c_2 Y_n(x)， n = 0, 1, 2, \cdots \end{cases}$$

or

$$y\,(x) = c_1 J_n(x) + c_2\,Y_n(x) \quad n \geq 0 \tag{54}$$

變型 1：$x^2y'' + xy' + (\alpha^2x^2 - n^2)\,y = 0 \tag{55}$

令 $\alpha x = u$，（自變數轉換）

$$\begin{cases} \dfrac{dy}{dx} = \dfrac{dy}{du}\dfrac{du}{dx} = \alpha\,\dfrac{dy}{du} \\[3mm] \dfrac{d^2y}{dx^2} = \alpha^2\,\dfrac{d^2y}{du^2} \end{cases}$$

代入(55)式可得：

$$u^2\,\frac{d^2y}{du^2} + u\,\frac{dy}{du} + (u^2 - v^2)\,y = 0$$

上式與標準的 Bessel 微分方程式完全相同。故其解由(54)式可得：

$$y(x) = c_1 J_n\,(u) + c_2\,Y_n\,(u)$$
$$\text{or } y(x) = c_1 J_n\,(\alpha x) + c_2\,Y_n\,(\alpha x)$$

變型 2：$x^2y'' + (1 - 2a)xy' + (\alpha^2x^2 - n^2)y = 0 \tag{56}$

令 $y = x^a z$，（因變數轉換）

$$\begin{cases} \dfrac{dy}{dx} = ax^{a-1}z + x^a z' \\[3mm] \dfrac{d^2y}{dx^2} = x^a z'' + 2ax^{a-1}z' + a(a-1)x^{a-2}z \end{cases}$$

代入(56)式可得：

$$x^2\,\frac{d^2z}{dx^2} + x\,\frac{dz}{dx} + (\alpha^2x^2 - n^2 - a^2)z = 0$$

上式與標準的 Bessel 微分方程式完全相同。故其解由(54)式可得：

$$z(x) = c_1 J_{\sqrt{n^2 + a^2}}(\alpha x) + c_2 Y_{\sqrt{n^2 + a^2}}(\alpha x) \tag{57}$$

<u>變型</u> 3： $x^2 y'' + xy' + (\alpha^2 x^{2b} - n^2)y = 0$ $\tag{58}$

令 $t = x^b$，（自變數轉換）

$$\begin{cases} \dfrac{dy}{dx} = \dfrac{dy}{dt}\dfrac{dt}{dx} = bt^{\frac{b-1}{b}}\dfrac{dy}{dt} \\[4mm] \dfrac{d^2y}{dx^2} = \dfrac{\left(bt^{\frac{b-1}{b}}\dfrac{dy}{dt}\right)}{dt}\dfrac{dt}{dx} = b^2 t^{\frac{2(b-1)}{b}}\dfrac{d^2y}{dt^2} + b(b-1)\dfrac{dy}{dt}t^{\frac{b-2}{b}} \end{cases}$$

代入(59)式可得：

$$t^2\frac{d^2y}{dt^2} + t\frac{dy}{dt} + \left(\frac{\alpha^2}{b^2}t^2 - \frac{n^2}{b^2}\right)y = 0$$

上式與標準的 Bessel 微分方程式完全相同。故其解由(54)式可得：

$$y(t) = c_1 J_{\frac{n}{b}}\left(\frac{\alpha}{b}t\right) + c_2 Y_{\frac{n}{b}}\left(\frac{\alpha}{b}t\right) \tag{59}$$

<u>變型</u> 4： $x^2 y'' + (1 - 2a)xy' + (\alpha^2 x^{2b} - n^2)y = 0$ $\tag{60}$

先令 $y = x^a u$

再令 $z = x^b$

<u>變型</u> 5： $x^2 y'' + xy' - (x^2 + n^2)y = 0$ $\tag{61}$

(61)式稱為修正型 Bessel 方程式（modified Bessel D.E）與(55)式比較，可看作是取 $\alpha = i$ 的一個特例。故其解函數由(49)式可得：

$$J_n(ix) = \sum_{m=0}^{\infty} \frac{(-1)^m}{m!\Gamma(n+m+1)}\left(\frac{ix}{2}\right)^{2m+n}$$

$$= (i)^n \sum_{m=0}^{\infty} \frac{1}{m!\Gamma(n+m+1)}\left(\frac{x}{2}\right)^{2m+n}$$

例題 24： If the particular solution that satisfies the following equation and initial conditions:

> $xy'' + 3y' + 25xy = 0, 0 < x < \infty$
>
> $y(0) = 12, y'(0) = 0$
>
> can be written as $y(x) = Ax^B J_1 (Cx) + Dx^B Y_1 (Cx)$, find A, B, C, D
>
> 【101 台大工數 C】

解

$xy'' + 3y' + 25xy = 0 \Rightarrow x^2y'' + 3xy' + 25x^2y = 0$

$\Rightarrow x^2y'' + (1 - 2 \times (-1))xy' + 25x^2y = 0$

let $\ y = zx^{-1} \Rightarrow$

$x^2z'' + xz' + (25x^2 - 1)z = 0$

$\Rightarrow z = c_1 J_1(5x) + c_2 Y_1(5x)$

$y = zx^{-1}$

$\therefore y = c_1 x^{-1} J_1(5x) + c_2 x^{-1} Y_1(5x)$

$y(0) = 12 \Rightarrow c_1 = \dfrac{24}{5}, c_2 = 0$

定義：n 階第一類修正型 Bessel function，$I_n(x)$為：

$$I_n(x) = \sum_{m=0}^{\infty} \frac{1}{m!\Gamma(m+n+1)}\left(\frac{x}{2}\right)^{2m+n} \tag{62}$$

有關於(61)式第二個齊性解的推導過程與 $Y_n(x)$ 類似，同樣的不難發現，當 n 為整數時 $I_n(x)$ 與 $I_{-n}(x)$ 線性相關，$I_n(x) = I_{-n}(x)$，故可令

$$K_n(x) = \frac{\pi}{2}\frac{I_{-n}(x) - I_n(x)}{\sin n\pi} \tag{63}$$

$K_n(x)$稱為 n 階第二類修正型 Bessel 函數，綜合以上的論述可得到以下的定理：

定理 22

1. Bessel D.E：$x^2y'' + xy' + (\alpha^2x^2 - n^2)y = 0$

   齊性解：$y(x) = c_1 J_n(\alpha x) + c_2 Y_n(\alpha x)$

2. Modified Bessel D.E：$x^2y'' + xy' - (\alpha^2x^2 + n^2)y = 0$

   齊性解：$y(x) = c_1 I_n(\alpha x) + c_2 K_n(\alpha x)$

其中 $J_n(x) = \sum\limits_{m=0}^{\infty} \frac{(-1)^m}{m!\,\Gamma(n+m+1)}\left(\frac{x}{2}\right)^{2m+n}$; $Y_n(x) = \frac{J_n(x)\cos n\pi - J_{-n}(x)}{\sin n\pi}$

$I_n(x) = \sum\limits_{m=0}^{\infty} \frac{1}{m!\,\Gamma(m+n+1)}\left(\frac{x}{2}\right)^{2m+n}$; $K_n(x) = \frac{\pi}{2}\frac{I_{-n}(x)\cos n\pi - I_n(x)}{\sin n\pi}$

㈠$J_n(x)$（第一類 Bessel function）

$J_n(x)$之特性：

$n=0$： $J_0(x) = \sum\limits_{m=0}^{\infty} \frac{(-1)^m}{(m!)^2}\left(\frac{x}{2}\right)^{2m}$

$$= 1 - \left(\frac{x}{2}\right)^2 + \frac{1}{(2!)^2}\left(\frac{x}{2}\right)^4 - \frac{1}{(3!)^2}\left(\frac{x}{2}\right)^6 + -\cdots \qquad (64)$$

$$\Rightarrow J_0(0) = 1,\ J_0(1) = 0.77,\ J_0(2) = -0.22\cdots$$

$n=1$：

$$J_1(x) = \sum\limits_{m=0}^{\infty} \frac{(-1)^m}{m!\,(m+1)!}\left(\frac{x}{2}\right)^{2m+1}$$

$$= \frac{x}{2} - \frac{1}{1!\,2!}\left(\frac{x}{2}\right)^3 + \frac{1}{2!\,3!}\left(\frac{x}{2}\right)^5 - \frac{1}{3!\,4!}\left(\frac{x}{2}\right)^7 + -\cdots \qquad (65)$$

$$\Rightarrow J_1(0) = 0$$

其圖形如下所示：

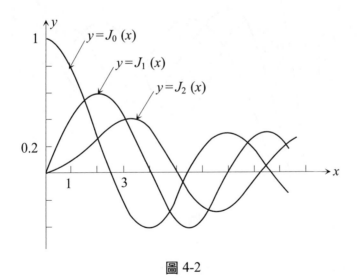

圖 4-2

　由(64)及圖 4-2 所示，$J_0(x)$近似於餘弦函數，但其振幅將隨著 x 之增加而遞減，故 $J_0(x)$又稱作阻尼餘弦（damped cosine）。由(65)及圖所示，$J_1(x)$近似於正弦函數，同樣的，其振幅隨著 x 之增加而遞減，故 $J_1(x)$又稱作阻尼正弦（damped sine）

定義：實數 α_m^n 表示 $J_n(x)$ 的第 m 個零根位置，實數 β_m^n 表示 $J_n'(x)$ 的第 m 個零根位置。

　　$J_n(\alpha_m^n) = 0$，$m = 1, 2, \cdots$

　　$J_n'(\beta_m^n) = 0$，$m = 1, 2, \cdots$

觀念提示： 　1. $J_n(x) = 0$ 之任二個連續正根之間，只有一個 $J_{n+1}(x) = 0$

　　　　　　　2. 由定理 22 可知：

　　　　　　　$J_0(0) = 1$

　　　　　　　$J_0'(0) = 0$

　　　　　　　$J_n(0) = 0$；$n = 1, 2, \cdots$

　　　　　　　3. $\displaystyle\lim_{m \to \infty} (\alpha_{m+1}^n - \alpha_m^n) = \pi$

(二)$Y_n(x)$（第二類 Bessel function）

　　如圖 4-3 所示，$Y_n(x)$ 亦具有類似於 $J_n(x)$ 之特性，如其振幅隨著 x 的增加逐漸衰減至 0 及有無限多個零根

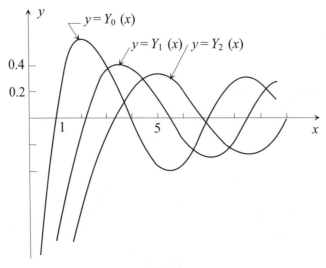

圖 4-3

　　值得注意的是，$Y_n(x)$ 在原點附近的行為與 $\ln x$ 類似，$Y_n(x) \to -\infty$ as $x \to 0$。此項特性將不斷的被應用來解微分方程中含邊界條件的問題

(三)$I_n(x)$ 與 $K_n(x)$

　　第一類及第二類修正型 Bessel functions 顯示於圖 4-4。

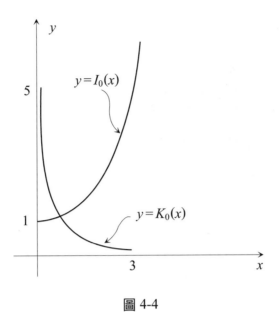

圖 4-4

由定理 22 可知 $I_n(x)$ 與 $J_n(x)$ 幾乎相同，唯一區別僅在 $I_n(x)$ 之每一項為正，而 $J_n(x)$ 之各項係數為正負相間。

由定理 22 亦可知：

$I_0(0) = 1, I_0'(0) = 0$

$I_n(0) = 0, n = 1, 2, \cdots$

因為 $I_n(x)$ 的各項係數均為正實數，因此 $I_n(x)$ 無任何正實根，同理 $K_n(x)$ 亦然。$I_0(x)$ 之級數形式類似於 $\cosh x$ 而 $I_1(x)$ 則類似於 $\sinh x$

$K_n(x)$ 之極限求法與 $Y_n(x)$ 類似，如當 $x \to 0, K_n(x) \to \infty$ 此項性質在決定通解之係數時非常有用。

4-8　Bessel 函數之進階性質

定理 23

降階公式

$$\frac{d}{dx}[x^n J_n(x)] = x^n J_{n-1}(x) \tag{66}$$

證明：由定理 22，$J_n(x)$ 之定義式可得

$$\frac{d}{dx}[x^n J_n(x)] = \frac{d}{dx} \sum_{m=0}^{\infty} \frac{(-1)^m}{m!\Gamma(n+m+1)} \frac{x^{2n+2m}}{2^{2m+n}}$$

$$= \sum_{m=0}^{\infty} \frac{(-1)^m 2(n+m)}{m!(n+m)!} \frac{x^{2n+2m-1}}{2^{2m+n}}$$

$$= x^n \sum_{m=0}^{\infty} \frac{(-1)^m}{m!\Gamma(n+m)} \left(\frac{x}{2}\right)^{2m+n-1}$$

$$= x^n J_{n-1}(x)$$

定理 24

升階公式

$$\frac{d}{dx}[x^{-n} J_n(x)] = -x^{-n} J_{n+1}(x) \tag{67}$$

證明：

$$\frac{d}{dx}[x^{-n} J_n(x)] = \frac{d}{dx} \sum_{m=0}^{\infty} \frac{(-1)^m x^{2m}}{m!\Gamma(n+m+1)} \frac{1}{2^{n+2m}}$$

$$= \sum_{m=1}^{\infty} \frac{(-1)^m 2m x^{2m-1}}{2^{n+2m} m!(n+m)!}$$

$$= -x^{-n} \sum_{m=1}^{\infty} \frac{(-1)^{m-1} x^{2(m-1)+n+1}}{2^{n+2(m-1)+1}(m-1)!\Gamma[(n+1)+(m-1)+1]}$$

$$= -x^{-n} \sum_{m=0}^{\infty} \frac{(-1)^m x^{2m+(n+1)}}{2^{(n+1)+2m} m!\Gamma[(n+1)+m+1]}$$

$$= -x^{-n} J_{n+1}(x)$$

定理 25

微分恆等式

$$J'_n(x) = \frac{1}{2}[J_{n-1}(x) - J_{n+1}(x)] \tag{68}$$

證明：利用(66)及(67)式

$$\frac{d}{dx}[x^n J_n(x)] = x^n J_{n-1}(x) = x^n J'_n(x) + n x^{n-1} J_n(x) \cdots\cdots\cdots(1)$$

$$\frac{d}{dx}[x^{-n} J_n(x)] = x^{-n} J'_n(x) - n x^{-(n+1)} J_n(x) = -x^{-n} J_{n+1}(x) \cdots\cdots\cdots(2)$$

由(1)式可得：

$$J'_n(x) = J_{n-1}(x) - \frac{n}{x} J_n(x) \cdots\cdots(3)$$

由(2)式可得：

$$J'_n(x) = -J_{n+1}(x) + \frac{n}{x} J_n(x) \cdots\cdots(4)$$

$$(3) + (4) \Rightarrow J'_n(x) = \frac{1}{2}[J_{n-1}(x) - J_{n+1}(x)]$$

定理 26

循環公式

$$J_{n+1}(x) = \frac{2n}{x} J_n(x) - J_{n-1}(x) \tag{69}$$

證明：利用定理 25 之證明：(3) − (4)得

$$J_{n+1}(x) + J_{n-1}(x) = \frac{2n}{x} J_n(x) \quad 得證$$

例題 25：求證 $\forall n \in R$，$Y_n(x)$ 均為 Bessel 方程式之解　　　　【成大工科】

(1)當 $n \neq$ 整數，$J_n(x)$ 與 $J_{-n}(x)$ 為二線性獨立解，而 $Y_n(x)$ 為 $J_n(x)$ 與 $J_{-n}(x)$ 之線性組合，所以 $Y_n(x)$ 也是一解

(2)當 n 為整數 N 時

$$Y(n) = \lim_{n \to N} \frac{J_n(x) \cos n\pi - J_{-n}(x)}{\sin n\pi}$$

$$= \lim_{n \to N} \frac{\cos n\pi \dfrac{\partial J_n(x)}{\partial n} - \pi \sin n\pi J_n(x) - \dfrac{\partial J_{-n}(x)}{\partial n}}{\pi \cos n\pi}$$

$$= \left(\frac{1}{\pi} \frac{\partial J_n(x)}{\partial n} - \frac{(-1)^n}{\pi} \frac{\partial J_{-n}(x)}{\partial n} \right)\Bigg|_{n=N}$$

$J_n(x)$ 與 $J_{-n}(x)$ 均為 $x^2 y'' + xy' + (x^2 - n^2)y = 0$ 之解，故

$$x^2 J''_n(x) + x J'_n(x) + (x^2 - n^2) J_n(x) = 0$$

且 $x^2 J''_{-n}(x) + x J'_{-n}(x) + (x^2 - n^2) J_{-n}(x) = 0$

將以上二式對 n 進行微分可得

$$x^2 \left(\frac{\partial J_n(x)}{\partial n} \right)'' + x \left(\frac{\partial J_n(x)}{\partial n} \right)' + (x^2 - n^2) \frac{\partial J_n(x)}{\partial n} - 2n J_n(x) = 0 \tag{1}$$

$$x^2 \left(\frac{\partial J_{-n}(x)}{\partial n} \right)'' + x \left(\frac{\partial J_{-n}(x)}{\partial n} \right)' + (x^2 - n^2) \frac{\partial J_{-n}(x)}{\partial n} - 2n J_{-n}(x) = 0 \tag{2}$$

$(1) - (-1)^n \times (2)$，並將 $Y_n = \dfrac{\partial J_n(x)}{\partial n} - (-1)^n \dfrac{\partial J_{-n}(x)}{\partial n}$ 代入後可得

$x^2 Y_n''(x) + x Y_n'(x) + (x^2 - n^2) Y_n(x) = 2n (J_n(x) - (-1)^n J_{-n}(x)) = 0$

因此 Y_n 為 $x^2 y'' + xy' + (x^2 - n^2)y = 0$ 之解

例題 26：證明：$J_{\frac{1}{2}}(x) = \sqrt{\dfrac{2}{\pi x}} \sin x$　　　　　　【成大工科】

解

$J_{\frac{1}{2}}(x) = \sum\limits_{n=0}^{\infty} \dfrac{(-1)^n}{n! \Gamma\left(n + 1 + \dfrac{1}{2}\right)} \left(\dfrac{x}{2}\right)^{2n + \frac{1}{2}} = \sqrt{\dfrac{2}{x}} \sum\limits_{n=0}^{\infty} \dfrac{(-1)^n}{n! \Gamma\left(n + \dfrac{3}{2}\right)} \left(\dfrac{x}{2}\right)^{2n+1}$

$2^{n+1} \Gamma\left(n + \dfrac{3}{2}\right) = \left(n + \dfrac{1}{2}\right) \cdots \dfrac{1}{2} \cdots \Gamma\left(\dfrac{1}{2}\right) \cdot 2^{n+1}$

$\qquad\qquad = (2n+1)(2n-1)\cdots 1 \cdot \sqrt{\pi}$

$2^n n! = 2n(2n-2)(2n-4)\cdots \cdot 4 \cdot 2$

$\therefore 2^{n+1} n! \Gamma\left(n + \dfrac{3}{2}\right) = \sqrt{\pi}(2n+1)!$

因此 $J_{\frac{1}{2}}(x) = \sqrt{\dfrac{2}{x}} \sum\limits_{n=0}^{\infty} \dfrac{(-1)^n}{\sqrt{\pi}(2n+1)!} x^{2n+1} = \sqrt{\dfrac{2}{\pi x}} \sin x$　故得證

觀念提示： 同理可得　$J_{-\frac{1}{2}}(x) = \sqrt{\dfrac{2}{\pi x}} \cos x$

例題 27：Find the general solution of the following equation $4x^2 y'' + 4xy' + (x - n^2)y = 0$

【台大造船】

解　令 $t = \sqrt{x}$ 變數轉換則有：

$\dfrac{dy}{dx} = \dfrac{1}{2\sqrt{x}} \dfrac{dy}{dt} = \dfrac{1}{2t} \dfrac{dy}{dt}$; $\dfrac{d^2 y}{dx^2} = \dfrac{d\left(\dfrac{dy}{dx}\right)}{dt} \dfrac{dt}{dx} = \dfrac{-1}{4t^3} \dfrac{dy}{dt} + \dfrac{1}{4t^2} \dfrac{d^2 y}{dt^2}$

代入原式可得：

$4t^4 \left(\dfrac{-1}{4t^3} \dfrac{dy}{dt} + \dfrac{1}{4t^2} \dfrac{d^2 y}{dt^2}\right) + 4t^2 \left(\dfrac{1}{2t} \dfrac{dy}{dt}\right) + (t^2 - n^2)y = 0$

$\Rightarrow t^2 y'' + ty' (t^2 - n^2)y = 0$

$\therefore$ if $n \notin$ 整數，$y(x) = c_1 J_n(\sqrt{x}) + c_2 J_{-n}(\sqrt{x})$

if $n \in$ 整數，$y(x) = c_1 J_n(\sqrt{x}) + c_2 Y_n(\sqrt{x})$

例題 28：以 $y(x) = x^{-\frac{5}{2}} u(x)$ 之轉換求解 $x^2 y'' + 6xy' + (6 - 4x^2)y = 0$ 　【交大資科】

解

$$\frac{dy}{dx} = x^{-\frac{5}{2}} u'(x) - \frac{5}{2} x^{-\frac{7}{2}} u(x)$$

$$\frac{d^2y}{dx^2} = x^{-\frac{5}{2}} u''(x) - 5x^{-\frac{7}{2}} u'(x) + \frac{35}{4} x^{-\frac{9}{2}} u(x)$$

代入原式集項整理後可得

$$x^2 u'' + xu' - \left(4x^2 + \frac{1}{4}\right) u = 0$$

故通解為：$u(x) = c_1 I_{\frac{1}{2}}(2x) + c_2 K_{\frac{1}{2}}(2x)$

例題 29：$xy'' + 2y' + 4xy = 0$ 且 $\lim\limits_{x \to 0} y(x) = 1$，$\lim\limits_{x \to \infty} y(x) = 0$ 　【中興應數】

解

原式：$x^2 y'' + 2xy' + 4x^2 y = 0$

令 $y = \dfrac{z}{\sqrt{x}}$，變數轉換

$$\frac{dy}{dx} = \frac{-1}{2x^{\frac{3}{2}}} z + \frac{z'}{\sqrt{x}} \,, \; y'' = \frac{3}{4x^{\frac{5}{2}}} z - \frac{1}{2} \frac{z'}{x^{\frac{3}{2}}} + \frac{z''}{\sqrt{x}}$$

代入原式得

$$x^2 z'' + xz' + \left(4x^2 - \frac{1}{4}\right) z = 0$$

其通解為：$z(x) = c_1 J_{\frac{1}{2}}(2x) + c_2 J_{-\frac{1}{2}}(2x)$

$$J_{\frac{1}{2}}(x) = \sqrt{\frac{2}{\pi x}} \sin x \,; \; J_{-\frac{1}{2}}(x) = \sqrt{\frac{2}{\pi x}} \cos x$$

$$\therefore y(x) = \frac{1}{x} (k_1 \sin 2x + k_2 \cos 2x)$$

$$\lim\limits_{x \to 0} y = 1 \Rightarrow k_2 = 0 \,, \; k_1 = \frac{1}{2}$$

$$\therefore y(x) = \frac{1}{2x} \sin 2x$$

例題 30：以 Bessel function 為工具解：$y'' + e^{2t} y = 0$ 　【成大化工】

解

令 $x = e^t$ 進行變數轉換

$$\frac{dy}{dt} = \frac{dy}{dx} \frac{dx}{dt} = x \frac{dy}{dx} \,; \; \frac{d^2y}{dt^2} = \frac{d\left(x \dfrac{dy}{dx}\right)}{dx} \frac{dx}{dt} = x^2 \frac{d^2y}{dx^2} + x \frac{dy}{dx}$$

代入原式可得：

$$x^2 \frac{d^2y}{dx^2} + x \frac{dy}{dx} + (x^2 - 0)y = 0$$

$\therefore$ 通解為：$y(x) = c_1 J_0(x) + c_2 Y_0(x)$

例題 31：Prove: $J_{-n}(x) = (-1)^n J_n(x)$ where $J_n(x) = x^n \sum\limits_{m=0}^{\infty} \frac{(-1)^m x^{2m}}{2^{2m+n} m!(n+m)!}$

【成大化工】

解

$$J_{-n}(x) = \sum_{m=0}^{\infty} \frac{(-1)^m}{m! \Gamma(m-n+1)} \left(\frac{x}{2}\right)^{2m-n}$$

當 $0 \le m \le n-1$ 時 $\Gamma(m-n+1) \to \pm\infty$，故

$$J_{-n}(x) = \sum_{m=n}^{\infty} \frac{(-1)^m}{m! \Gamma(m-n+1)} \left(\frac{x}{2}\right)^{2m-n}$$

$$= \sum_{m=0}^{\infty} \frac{(-1)^{m+n}}{(m+n)! \Gamma(m+1)} \left(\frac{x}{2}\right)^{2m+n}$$

$$= (-1)^n \sum_{m=0}^{\infty} \frac{(-1)^m}{m! \Gamma(m+n+1)} \left(\frac{x}{2}\right)^{2m+n}$$

$$= (-1)^n J_n(x) \quad \text{得證}$$

例題 32：(1)求 $f(x) = (1+x)^{-\frac{1}{2}}$ 在 $x=0$ 的冪級數，並求收斂半徑

(2)應用以上結果計算以下積分（$a > |b| > 0$） $\int_0^\infty e^{-ax} J_0(bx)dx$；其中

$J_0(x) = \sum\limits_{n=0}^{\infty} \frac{(-1)^n}{(n!)^2} \left(\frac{x}{2}\right)^{2n}$

【清華核工】

解

$(1)(1+x)^{-\frac{1}{2}} = \sum\limits_{n=0}^{\infty} C_n^{-\frac{1}{2}} x^n$

$$= \sum_{n=0}^{\infty} \frac{1}{n!} \left(\frac{-1}{2}\right)\left(\frac{-3}{2}\right)\left(\frac{-5}{2}\right)\cdots\left(-\frac{1}{2} - n + 1\right) x^n$$

$$= \sum_{n=0}^{\infty} \frac{(-1)^n}{2^n n!} \cdot \frac{(2n)!}{2^n n!} x^n = \sum_{n=0}^{\infty} \frac{(-1)^n (2n)!}{2^{2n} (n!)^2}$$

收斂半徑為 1（展開中心為 0）

$(2) \int_0^\infty e^{-ax} J_0(bx)dx = \int_0^\infty e^{-ax}\left(\sum\limits_{m=0}^{\infty} \frac{(-1)^m b^{2m}}{2^{2m} (m!)^2} x^{2m}\right) dx$

$$= \sum_{m=0}^{\infty} \frac{(-1)^m b^{2m}}{2^{2m} (m!)^2} \int_0^\infty e^{-ax} x^{2m} dx$$

由 Laplace transform：$L(x^n) = \int_0^\infty x^n e^{-sx} dx = \frac{n!}{s^{n+1}}$ 可知 $\int_0^\infty e^{-ax} x^{2m} dx = \frac{(2m)!}{a^{2m+1}}$

代入原式得：$\displaystyle\int_0^\infty e^{-ax} J_0(bx)\,dx = \sum_{m=0}^\infty \frac{(-1)^m\,b^{2m}}{2^{2m}(m!)^2}\frac{(2m)!}{a^{2m+1}}$

$$= \frac{1}{a}\sum_{m=0}^\infty \frac{(-1)^m(2m)!}{2^{2m}(m!)^2}\left(\frac{b^2}{a^2}\right)^m = \frac{1}{a}\frac{1}{\sqrt{1+\dfrac{b^2}{a^2}}} = \frac{1}{\sqrt{a^2+b^2}}$$

例題 33：$J_n(x)$ can be defined as the coefficient of t^n in a Laurrent series of a function of two variables, x and t

$$e^{\frac{x}{2}\left(t-\frac{1}{t}\right)} = \sum_{n=-\infty}^\infty J_n(x)t^n,\ \text{Prove that } J_n(x) = \sum_{s=0}^\infty \frac{(-1)^s}{s!(n+s)!}\left(\frac{x}{2}\right)^{n+2s}$$　【清大物理】

解　$\displaystyle e^{\frac{x}{2}\left(t-\frac{1}{t}\right)} = e^{\frac{xt}{2}}\cdot e^{\frac{-x}{2t}} = \left[\sum_{m=0}^\infty \frac{1}{m!}\left(\frac{xt}{2}\right)^m\right]\cdot\left[\sum_{s=0}^\infty \frac{1}{s!}\left(\frac{-x}{2t}\right)^s\right]$

$$= \sum_{m=0}^\infty\sum_{s=0}^\infty \frac{(-1)^s}{m!\,s!}\left(\frac{x}{2}\right)^{m+s} t^{m-s}$$

令 $n=m-s \Rightarrow n\in(-\infty,\infty)$ 代入原式得

$$e^{\frac{x}{2}\left(t-\frac{1}{t}\right)} = \sum_{n=-\infty}^\infty\sum_{s=0}^\infty \frac{(-1)^s}{(n+s)!\,s!}\left(\frac{x}{2}\right)^{n+s} t^n = \sum_{n=-\infty}^{+\infty} J_n(x)t^n\quad\text{得證}$$

例題 34：求 $y''+\dfrac{1}{x}y'+k^2 y=0$ 之通解　　　　　　　【成大土木】

解　$y(x) = c_1 J_0(kx) + c_2 Y_0(kx)$

綜合練習

1. 用冪級數法解：$(x-3)y'-xy=0$　　　　　　　　　　　　　　　　　【台大電機】

2. Using Power series to solve the following problem

   $(1-x^2)y''-2xy'+2y=0$, with $y(0)=y'(0)=1$　　　　　　　　　　　【清大核工】

3. 以冪級數法求 $y''-2xy=0$ 之通解 $y(x)=c_1\phi_1+c_2\phi_2$。證明 ϕ_1 與 ϕ_2 為線性獨立，並求收斂半徑

   　　　　　　　　　　　　　　　　　　　　　　　　　　　　　　【清華電機】

4. Solve $x^2y''-2xy'+(x^2+2)y=0$　　　　　　　　　　　　　　　　【交大機械】

5. The following differential equation is to be solved by assuming a Frobenius series solution $2x^2y''+3xy'-(1+x)y=0$

   (1) Find the roots of the indical equation associated with the Frobenius series solution

   (2) Find the recurrence relation for the coefficients in terms of r, where r is the root of the indical equation

   (3) Describe how would you obtain the general solution　　　　　　　【交大電子】

6. Use the method of Frobenius to solve $xy'' + y' - y = 0$

7. Find the general solution of $x^2y'' + (x^2 + x)y' - y = 0$? 【交大電子】

8. 求(1) $\sum\limits_{n=1}^{\infty} \dfrac{\ln x}{3^n x^n}$ (2) $\sum\limits_{n=2}^{\infty} \dfrac{1 \cdot 3 \cdot 5 \cdots (2n-3)}{2 \cdot 4 \cdot 6 \cdots 2n} x^n$ 之收斂區間

9. 已知 $e^{\sin x} = 1 + ax + bx^2 + cx^3 + o(x^4)$，則 a, b 與 c 應分別為何 ？ 【台大化工】

10. 求解 $\sum\limits_{n=0}^{\infty} \dfrac{(2x+1)^n}{n+1}$ 之收斂區間 【中興法商】

11. 判斷以下各級數之斂散性

   (1) $\sum\limits_{n=0}^{\infty} \dfrac{3n^2 + 2n + 1}{n^3 + 1}$ (2) $\sum\limits_{n=1}^{\infty} \dfrac{2^n}{n^3}$ (3) $\sum\limits_{n=2}^{\infty} \dfrac{1}{(\ln n)^n}$ (4) $\sum\limits_{n=0}^{\infty} \dfrac{n}{10^n}$ (5) $\sum\limits_{n=1}^{\infty} \dfrac{n^n}{n!}$ 【交大土木】

12. 求使下列二式收斂之 x 值

   (1) $\sum\limits_{n=1}^{\infty} n! (x-a)^n$ (2) $\sum\limits_{n=1}^{\infty} \dfrac{n(x-1)^n}{2^n(3n-1)}$ 【交大交運】

13. Find two linearly independent solutions about $x = 0$ in the form of power series for the differential equation
   $2xy'' + (1+x)y' + y = 0$ 【交大光電】

14. Find the first five nonzero terms of the Maclaurin series of the general solution of the following differential equation. Also find the recurrence relation for the coefficients in the series solution.
   $2y'' - 4xy' + 8x^2y = 0$ 【台科大電機】

15. Given the function
   $f(x) = \dfrac{(x+1)}{1+x^2}$
   (1) Expand $f(x)$ by a power series of x and indicate the condition of convergence
   (2) Expand $f(x)$ by a power series of x^{-1} and indicate the condition of convergence
   (3) Can you expand $f(x)$ by a Taylor's series? Why?
   (4) Can you expand $f(x)$ by a Fourier series? Why? 【中興電機】

16. Find two linear independent solutions in the form of power series for the differential equation $3xy'' + y' - y = 0$ 【交大光電】

17. Find the radius of convergence of the power series $\sum\limits_{m=0}^{\infty} \dfrac{(-1)^m}{k^m} x^{2m}$ 【中山光電】

18. Obtain a power series particular solution valid near $x = 0$ for $x^2 \dfrac{d^2y}{dx^2} + y = \dfrac{\exp(x)}{\sqrt{x}}$ 【成大土木】

19. Solve the ODE around $x = 0$ by Frobenius series method
   $x^2y'' + x\left(\dfrac{1}{2} + 2x\right)y' + \left(x - \dfrac{1}{2}\right)y = 0$ 【101 交大光電、顯示】

20. 以 $y = \mu\sqrt{x}$ 及 $\sqrt{x} = z$ 之轉換解 $x^2y'' + \dfrac{1}{4}\left(x + \dfrac{3}{4}\right)y = 0$ 【台大材料】

21. 求 $y'' + \dfrac{1}{x}y' + k^2y = 0$ 之通解 【成大土木】

22. 求 $x^2y'' + xy' - (4x^2 + 5)y = 0$ 之通解 【台大土木】

23. Using $\exp\left[\dfrac{x}{2}\left(h - \dfrac{1}{h}\right)\right] = \sum\limits_{n=-\infty}^{\infty} h^n J_n(x)$, show that :
   (a) $J_{n-1}(x) + J_{n+1}(x) = \dfrac{2n}{x} J_n(x)$
   (b) $J_n(-x) = (-1)^n J_n(x)$ where n is an integer 【交大電子】

24. Evaluate the integrals :
   (1) $\int J_3(x)dx$ (2) $\int x^{-2}J_2(x)dx$ 【台大電機】

25. Solve: $x^2y'' + xy' + (x^2 - n^2)y = 0$ for

    (a)$n = 0$　　(b)$n = 0.1$　　(c)$n = 1$　　　　　　　　　　　　【中央機械】

26. Solve: $9x^2y'' - 27xy' + (9x^2 + 35)y = 0$

27. Solve: $x^2y'' + (x^2 + 0.25)y = 0$　　　　　　　　　　　　　　　【清大電機】

28. Solve: $xy'' + 2y' + xy = 0$　　　　　　　　　　　　　　　　　　　【成大】

29. Solve: $4xy'' + 2y' + y = 0$　　　　　　　　　　　　　　　　　　【台大大氣】

30. Solve: $y'' + x^{-1}y' - (2x^{-2} - x^{-1})y = 0$　　　　　　　　　　　【成大電機】

31. Solve：$4x^2y'' + 4xy' + (x - 9)y = 0$ (Hint: use of variable $z = \sqrt{x}$)　　【台大化工】

32. Which of the following statements about Legendre polynomials $P_n(x)$ on the interval $x \in (-1, +1)$ are correct?

    (a)It satisfies $(1 - x^2)y'' - 2xy' + n(n+1)y = 0$

    (b)$|P_n(x)| \leq 1$ for any n

    (c)$P_3(x) = P_3(-x)$

    (d)$\int_{-1}^{1} P_n(x)P_m(x)dx = 0$　　if　$m \neq n$

    (e)$\int_{-1}^{1} x^2 P_3(x)P_6(x)\,dx = 0$　　　　　　　　　　　　　【台大電機】

33. 證明(41)

34. 證明定理 20

35. 證明定理 21

5 Laplace 轉換

It is clear that the chief end of mathematical study must be to make the student think.

— John Wesley Young (1880-1932)

5-1　Laplace 轉換之定義

定義：Exponential order function

　　若存在正實數 M 及 α，使得對所有 $t > T$，恆有 $|f(t)| < Me^{\alpha t}$ 或 $|f(t)\,e^{-\alpha t}| < M$，則稱當 $t \to \infty$ 時，$f(t)$ 為 α Exponential order function。

觀念提示：　Exponential order function 要求當 $t \to \infty$ 時，$f(t)$ 若發散其發散速度必小於 $e^{-\alpha t}$ 之收斂速度。

說例：若 $f(t) = t^n$，則對所有之 $t > 0$，恆有 $\lim\limits_{t \to \infty} |f(t)\,e^{-\alpha t}| \to 0$，故 $f(t)$ 為 Exponential order function，但當 $f(t) = e^{2t}$ 時，欲使 $f(t)$ 為 Exponential order function 必須 $\alpha > 2$，換言之，使 $f(t)$ 成為 Exponential order function 之 α 值，可以任意的大但卻不能任意的小，因為 $e^{-\alpha t}$ 之作用在於限制 $f(t)$，使 $|f(t)\,e^{-\alpha t}|$ 在 $t \to \infty$ 時不致於發散。顯然的，當 $f(t) = e^{t^n}$，$n > 1$ 時，任何的 α 均不能使 $f(t)$ 成為 Exponential order function。

定義：Laplace 轉換

　　The Laplace transfom of $f(t)$ for $t \geq 0$ is defined by

$$L\{f(t)\} = \int_0^\infty f(t)\,e^{-st}\,dt = F(s)\; ; \tag{1}$$

對於所有讓此積分收斂的 s

Laplace 逆轉換定義為：

$$L^{-1}\{F(s)\} = f(t) = \frac{1}{2\pi i} \int_{c-i\infty}^{c+i\infty} F(s)\,e^{st}\,ds \tag{2}$$

其中 c 為 s 之實部

　　顯然的，Laplace 逆轉換在執行複變函數的線積分，積分路線是一條穿過 $s = c$ 且垂直於實軸的直線。故在執行 Laplace 逆轉換時需考慮到積分路徑右側是否有不解析點。（詳見本書第 18 章之討論）

定理 1：Laplace 轉換的存在定理

若 $f(t)$ 的性質不比間斷連續差，則 $f(t)$ 存在 **Laplace** 轉換之充分條件為 $f(t)$ 為 Exponential order function。

證明：$|\int_0^\infty f(t)\,e^{-st}\,dt| \leq \int_0^\infty |f(t)|\,e^{-st}dt \leq M\int_0^\infty e^{-(s-a)t}\,dt$

　　　　$= \dfrac{-M}{s-a}e^{-(s-a)t}\,\Big|_0^\infty = \dfrac{M}{s-a}$

例題 1：$f(t) = \dfrac{1}{t}$ 是否存在 Laplace 轉換

解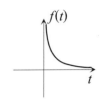

$$L\left\{\frac{1}{t}\right\} = \int_0^\infty \frac{1}{t}e^{-st}dt \geq \int_0^1 \frac{1}{t}e^{-st}dt \geq \int_0^1 \frac{1}{t}e^{-s}dt$$

$$= e^{-s}\ln t\,\Big|_0^1 = \infty$$

由圖可知 $\dfrac{1}{t}$ 在原點附近發散，並不符合定理 1 所限制的條件所述，e^{-st} 用以壓制 $f(t)$，使之在 t 很大時不致發散，但在 t 很小時 $e^{-st} \to 1$，故對於在原點附近發散的現象並無能為力，故 Laplace 轉換不存在。

(二)基本函數之 Laplace 轉換

1. 單位階梯函數 （unit-step function）

$$u(t) = \begin{cases} 0 \ ; \ t < 0 \\ 1 \ ; \ t \geq 0 \end{cases}$$

$$L\{u(t)\} = \int_0^\infty u(t)e^{-st}dt = \int_0^\infty e^{-st}dt = \frac{-e^{-st}}{s}\bigg|_0^\infty = \frac{1}{s} \tag{3}$$

同理可得：if $f(t) = a,\ a \in R \Rightarrow L\{f(t)\} = \dfrac{a}{s}$ \hfill (4)

2. $f(t) = t^n,\ n \in N \Rightarrow L\{f(t)\} = \dfrac{\Gamma(n+1)}{s^{n+1}} = \dfrac{n!}{s^{n+1}}$ \hfill (5)

若 $n = \dfrac{-1}{2} \Rightarrow L\left(\dfrac{1}{\sqrt{t}}\right) = \dfrac{\Gamma\left(\dfrac{1}{2}\right)}{\sqrt{s}} = \dfrac{\sqrt{\pi}}{\sqrt{s}}$

3. $f(t) = e^{at}\quad a \in R \quad \Rightarrow L\{f(t)\} = \dfrac{1}{s-a}\ ;\ |a| \leq \mathrm{Re}\,(s)$ \hfill (6)

4. $f(t) = \cos at\quad a \in R \quad \Rightarrow L\{f(t)\} = \dfrac{s}{s^2+a^2}$ \hfill (7)

5. $f(t) = \sin at\quad a \in R \quad \Rightarrow L\{f(t)\} = \dfrac{a}{s^2+a^2}$ \hfill (8)

6. $f(t) = \cosh at\quad a \in R \quad \Rightarrow L\{f(t)\} = L\left\{\dfrac{e^{at}+e^{-at}}{2}\right\}$

$$= \frac{s}{s^2-a^2}\ ;\ |a| \leq \mathrm{Re}\,(s) \tag{9}$$

7. $f(t) = \sinh at\quad a \in R \quad \Rightarrow L\{f(t)\} = \dfrac{a}{s^2-a^2}$ \hfill (10)

8. $f(t) = \delta(t-a)\quad a \in R \quad \Rightarrow L\{f(t)\} = e^{-as}$ \hfill (11)

例題 2： 以下哪些函數可進行 Laplace transform？

(a)$e^{\frac{t^2}{2}}$ (b)t^t (c)$t2^t$ (d)$\dfrac{1}{1+t}$ (e)$\dfrac{1}{\sqrt{t}}$ 【台大電機】

解 函數 $f(t)$ 之 Laplace transform 存在之充分條件為：

(1)$f(t)$ 之性質不比間斷連續差。

(2)$f(t)$ 在 $t>0$ 下為 Exponential order function。

由以上條件可知：

(a)$f(t)=e^{\frac{t^2}{2}} \Rightarrow \lim\limits_{t\to\infty} e^{-\alpha t} e^{\frac{t^2}{2}} = \lim\limits_{t\to\infty} e^{\left(\frac{t}{2}-\alpha\right)} = \infty$，顯然的不論 α 為多大的正數，

上式當 $t\to\infty$ 時均發散，故 $e^{\frac{t^2}{2}}$ 非 Exponential order function，故不存在 Laplace transform。

(b)$f(t)=t^t=e^{t\ln t}$ 顯然的其發散速度比 $e^{-\alpha t}$ 快，故不存在 Laplace transform

(c)$f(t)=t2^t=te^{t\ln 2}<e^t e^{t\ln 2}=e^{(\ln 2+1)t}$, if $\alpha>(\ln 2+1)\Rightarrow$ 存在 Laplace transform

(d)$f(t)=\dfrac{1}{1+t}$ 對 $t>0$ 而言；有 $\dfrac{1}{(1+t)}\le 1$ 故

$0<\displaystyle\int_0^\infty \frac{1}{1+t}e^{-st}dt<\int_0^\infty e^{-st}dt=\frac{1}{s} \Rightarrow$ 存在 Laplace transform

(e)$f(t)=\dfrac{1}{\sqrt{t}} \Rightarrow \displaystyle\int_0^\infty \frac{1}{\sqrt{t}}e^{-st}dt=2\int_0^\infty e^{-sx^2}dx=\sqrt{\dfrac{\pi}{s}}$

例題 3： 求 $L[\cos^3 t]$ 【101 高應大電機】

解

$$\cos^3 t=\left(\frac{e^{it}+e^{-it}}{2}\right)^3=\frac{1}{8}(e^{i3t}+3e^{it}+3e^{-it}+e^{-i3t})$$

$$=\frac{1}{8}(2\cos(3t)+6\cos t)$$

$$\therefore L[\cos^3 t]=\frac{1}{4}\frac{s}{s^2+9}+\frac{3}{4}\frac{s}{s^2+1}$$

例題 4： 求 $L[\cos(bt+c)]$ 【台大化工】

解

$$L[\cos(bt+c)]=L[\cos bt\cos c-\sin bt\sin c]$$

$$=\cos c\cdot L[\cos bt]-\sin c\cdot L[\sin bt]$$

$$=\frac{s\cos c-b\sin c}{s^2+b^2}$$

例題 5：已知 $f(t)$ 如下圖，求 $L[f(t)] = ?$ $\lim\limits_{a \to 0} L[f(t)] = ?$

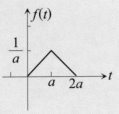

【成大電機】

解

$$L[f(t)] = \int_0^\infty f(t)e^{-st}\,dt = \int_0^a \frac{t}{a^2}e^{-st}\,dt + \int_a^{2a} \frac{2}{a}\left(1 - \frac{t}{2a}\right)e^{-st}\,dt$$

$$= \frac{1 - e^{-as} - ase^{-as}}{a^2s^2} + \frac{2(e^{-as} - e^{-2as})}{as} - \frac{(as+1)e^{-as} - (2as+1)e^{-2as}}{a^2s^2}$$

$$\Rightarrow \lim_{a \to 0} L[f(t)] = \lim_{a \to 0}\left[\frac{1 - e^{-as} - ase^{-as}}{a^2s^2} + \frac{2(e^{-as} - e^{-2as})}{as}\right.$$

$$\left. - \frac{(as+1)e^{-as} - (2as+1)e^{-2as}}{a^2s^2}\right] = 1$$

5-2 Laplace **轉換之基本定理**

㈠線性運算子：

定理 2

若 $L[f(t)] = F(s)$，$L[g(t)] = G(s)$ 則

$$L\{c_1 f(t) + c_2 g(t)\} = c_1 F(s) + c_2 G(s) \tag{12}$$

證明：由定義知：

$$L\{c_1 f(t) + c_2 g(t)\} = \int_0^\infty e^{-st}[c_1 f(t) + c_2 g(t)]\,dt$$

$$= \int_0^\infty c_1 f(t)e^{-st}\,dt + \int_0^\infty c_2 g(t)e^{-st}\,dt$$

$$= c_1 F(s) + c_2 G(s)$$

由(12)式可知 Laplace 運算滿足重疊原理，故其為一線性運算子，同理可得知其逆運算亦能滿足重疊原理：

$$L^{-1}\{c_1 F(s) + c_2 G(s)\} = c_1 f(t) + c_2 g(t) \tag{13}$$

㈡移位定理：

定理 3

若 $f(t)$ 存在 Laplace transform，$L\{f(t)\} = F(s)$ 則對任意正實數 a 而言，恆有：

第一移位定理：$L\{f(t) e^{at}\} = F(s - a)$ $\tag{14}$

第二移位定理：$L\{f(t - a) u(t - a)\} = e^{-as}F(s)$ $\tag{15}$

其中 $u(t - a)$ 為單位階梯函數（unit-step function）

$$u(t - a) = \begin{cases} 0 \;;\; t < a \\ 1 \;;\; t \geq a \end{cases}$$

故知 $f(t - a)u(t - a) = \begin{cases} 0 \;;\; t < a \\ f(t - a) \;;\; t \geq a \end{cases}$

證明：第一移位定理：

由定義知：$L\{e^{at}f(t)\} = \int_0^\infty f(t)e^{at}e^{-st}\, dt = \int_0^\infty f(t)e^{-(s-a)t}\, dt = F(s - a)$

顯然的，由(14)式可知：$L^{-1}\{F(s - a)\} = e^{at}f(t)$ $\tag{16}$

證明：第二移位定理：

$$L\{f(t - a)u(t - a)\} = \int_0^\infty f(t - a)u(t - a)e^{-st}\, dt = \int_a^\infty f(t - a)e^{-st}\, dt$$
$$= \int_0^\infty f(t)e^{-s(t+a)}\, dt = e^{-as}F(s)$$

觀念提示： 若 t 代表時間，則(14)式表示在時域上乘 e^{at}，對應於 s-domain 延遲了 a 單位發生；而(15)式為：在 s-domain 上乘以 e^{-as}，其效果等效於在於時域上之延遲 a 時間發生。由(15)式可得：

$$L^{-1}\{e^{-as}F(s)\} = f(t - a)u(t - a) \tag{17}$$
$$L\{u(t - a)f(t)\} = e^{-as}L\{f(t + a)\} \tag{18}$$

㈢尺度變換：

定理 4

$a > 0, f(t)$ 存在 Laplace transform：$L\{f(t)\} = F(s)$

則 $L\{f(at)\} = \dfrac{1}{a}F\left(\dfrac{s}{a}\right)$ $\tag{19}$

證明：$L\{f(at)\} = \int_0^\infty f(at)e^{-st}\,dt = \int_0^\infty f(t)e^{-s\left(\frac{t}{a}\right)}\frac{dt}{a} = \frac{1}{a}F\left(\frac{s}{a}\right)$

㈣微分之 Laplace transform：

定理 5

若函數 $f(t)$ 存在 Laplace transform，且其轉換結果為 $F(s)$，若 $f'(t)$ 亦存在 Laplace transform，則有

$$L\{f'(t)\} = sF(s) - f(0) \tag{20}$$

證明：$L\{f'(t)\} = \int_0^\infty f'(t)e^{-st}\,dt = f(t)e^{-st}\Big|_0^\infty + s\int_0^\infty f(t)e^{-st}dt = sL\,[f(t)] - f(0)$

$\qquad (\because \lim_{t\to\infty} f(t)e^{-st} = 0)$

定理 6

若 $f(t)$ 於 $t \geq 0$ 上有一不連續點 t_0 則

$$L\{f'(t)\} = sF(s) - f(0) + e^{-st_0}\,(f(t_0^-) - f(t_0^+)) \tag{21}$$

證明：

$\quad L\{f'(t)\} = \int_0^\infty f'(t)e^{-st}\,dt = \lim_{\varepsilon\to 0}\{\int_0^{t_0-\varepsilon} f'(t)e^{-st}\,dt + \int_{t_0+\varepsilon}^\infty f'(t)e^{-st}\,dt\}$

$\quad \int_0^{t_0-\varepsilon} f'(t)e^{-st}\,dt = f(t)e^{-st}\Big|_0^{t_0-\varepsilon} + s\int_0^{t_0-\varepsilon} f(t)e^{-st}\,dt \tag{a}$

$\quad \int_{t_0+\varepsilon}^\infty f'(t)e^{-st}\,dt = f(t)e^{-st}\Big|_{t_0+\varepsilon}^0 + s\int_{t_0+\varepsilon}^\infty f(t)e^{-st}\,dt \tag{b}$

$\quad \lim_{\varepsilon\to 0}(a) + (b) \Rightarrow L\{f'(t)\} = \lim_{\varepsilon\to 0}\,[f(t_0-\varepsilon)e^{-s(t_0-\varepsilon)} - f(0) - f(t_0+\varepsilon)e^{-s(t_0+\varepsilon)}] + s\int_0^\infty f(t)$

$\qquad e^{-st}\,dt$

$\quad \therefore L\{f'(t)\} = sF\,(s) - f(0) + e^{-st_0}\,[f(t_0^-) - f(t_0^+)]$

觀念提示： 若 $f(t), f'(t), \cdots, f^{(n-1)}(t)$ 於 $t>0$ 均為連續函數，而 $f^{(n)}(t)$ 於 $t>0$ 為分段連續且 $f^{(n)}(t)$ 之 Laplace 轉換存在，則可將(20)式延伸為：

$\qquad L\{f^{(n)}(t)\} = s^n F(s) - s^{n-1}f(0) - s^{n-2}f'(0)\cdots - f^{(n-1)}(0) \tag{22}$

㈤積分的 Laplace 轉換

定理 7

若函數 $f(t)$ 存在 Laplace 轉換：$L\{f(t)\} = F(s)$，則有

$$L\left\{\int_0^t f(x)dx\right\} = \frac{1}{s}F(s) \tag{23}$$

證明：取 $g(t) = \int_0^t f(x)dx \Rightarrow g'(t) = f(t)$
又知 $g(0) = \int_0^0 f(x)dx = 0$
則由 $L\{f(t)\} = L\{g'(t)\} = sL\{g(t)\} - g(0)$
得 $F(s) = sL\{g(t)\}$

觀念提示： 函數 $f(t)$ 可進行 Laplace 轉換並不保證 $f'(t)$ 可以（因為微分具破壞性），
但確能保證 $f(t)$ 之積分必可進行 Laplace 轉換

㈥ Laplace 轉換之微分與積分

定理 8

若 $f(t)$ 存在 Laplace 轉換，則有

$$L\{tf(t)\} = \frac{-d}{ds}F(s) \tag{24}$$

$$L\left\{\frac{f(t)}{t}\right\} = \int_s^\infty F(s)\,dx \tag{25}$$

證明：(24)式：
已知：$F(s) = \int_0^\infty f(t)\,e^{-st}\,dt$
$\therefore \frac{d}{ds}F(s) = \int_0^\infty -tf(t)\,e^{-st}\,dt = -L\{tf(t)\}$

觀念提示：$\lim_{s\to 0}\frac{d}{ds}F(s) = \lim_{s\to 0}\int_0^\infty -tf(t)\,e^{-st}\,dt = -\int_0^\infty tf(t)\,dt$
由以上之證明，不難得出(24)式之一般化寫法：若 $F(s)$ 至少可微分 n
次，則

$$L\{t^n f(t)\} = (-1)^n \frac{d^n}{ds^n}F(s) \tag{26}$$

證明：(25)式

$$\int_s^\infty F(x)dx = \int_s^\infty \int_0^\infty f(t)\,e^{-xt}dtdx = \int_0^\infty f(t)\int_s^\infty e^{-xt}dxdt$$

$$= \int_0^\infty f(t)\frac{-e^{-xt}}{t}\bigg|_s^\infty dt$$

$$= \int_0^\infty f(t)\frac{e^{-st}}{t}\,dt = L\left\{\frac{f(t)}{t}\right\}$$

觀念提示： $\displaystyle\lim_{s\to 0}\int_s^\infty F(x)dx = \lim_{s\to 0}\int_0^\infty f(t)\frac{e^{-st}}{t}\,dt \Rightarrow \int_0^\infty F(x)dx = \int_0^\infty \frac{f(t)}{t}\,dt$　　　　(27)

(25)式可演申為：

$$L\left\{\frac{f(t)}{t^n}\right\} = \int_s^\infty \int_s^\infty \cdots \int_s^\infty F(x)dx\cdots dx \tag{28}$$

㈦初始值定理及終值定理

定理 9

若函數 $f(t)$ 及其導數 $f'(t)$ 均存在 Laplace 轉換，則

$\displaystyle\lim_{t\to 0}f(t) = \lim_{s\to\infty}sF(s)$　初始值定理（Initial value theorem）　　　　(29)

$\displaystyle\lim_{t\to\infty}f(t) = \lim_{s\to 0}sF(s)$　終值定理（Final value theorem）　　　　(30)

　　值得注意的是，初始值定理一定可用，終值定理則未必可用；在應用終值定理時，需保證 $F(s)$ 之所有不解析點均在左半複平面

證明：(29)式

已知 $L\{f'(t)\} = \int_0^\infty e^{-st}f'(t)dt = sF(s) - f(0)$

$\Rightarrow \displaystyle\lim_{s\to\infty}\int_0^\infty e^{-st}f'(t)dt = \lim_{s\to\infty}sF(s) - f(0)$

$\because \displaystyle\lim_{s\to\infty}\int_0^\infty e^{-st}f'(t)dt = 0$

$\therefore \displaystyle\lim_{s\to\infty}sF(s) = f(0)$

證明：(30)式

$\displaystyle\lim_{s\to 0}\int_0^\infty e^{-st}f'(t)dt = \lim_{s\to 0}sF(s) - f(0)$

等號左邊： $\displaystyle\lim_{s\to 0}\int_0^\infty e^{-st}f'(t)dt = \int_0^\infty f'(t)dt = f(\infty) - f(0)$

與等號右邊比較後得證

說例： $f(t) = 1 - e^{-t}$ ， $g(t) = 1 - e^t$

$\Rightarrow F(s) = \dfrac{1}{s} - \dfrac{1}{s+1}$ ， $G(s) = \dfrac{1}{s} - \dfrac{1}{s-1}$

$$\Rightarrow sF(s)=\frac{1}{s+1}\text{ , }sG(s)=\frac{1}{1-s}$$

$$\lim_{s\to\infty}sF(s)=0=\lim_{t\to0}f(t)\text{ , }\lim_{s\to\infty}sG(s)=0=\lim_{t\to0}g(t)$$

$$\lim_{s\to0}sF(s)=0=\lim_{t\to\infty}f(t)\text{ , }\lim_{s\to0}sG(s)=1\ne\lim_{t\to\infty}g(t)$$

由上例可知初始值定理一定可用，但是終值定理因牽涉到 $\lim_{s\to0}$ 的運算，就 $sF(s)$ 而言，因其不解析點在左半面（$s=-1$），故終值定理仍能應用。反觀 $sG(s)$ 之不解析點在右半平面（$s=1$），$\lim_{s\to0}$ 通過其不解析點故終值定理不適用。

例題 6： (a)求 $\int_0^\infty \dfrac{\sin kt}{t}e^{-st}\,dt$

(b)求 $\int_0^\infty \dfrac{\sin x}{x}\,dx$ 　　　　　　　　　　　　　【成大工科】

解

(a) $\int_0^\infty \dfrac{\sin kt}{t}e^{-st}\,dt=L\left\{\dfrac{\sin kt}{t}\right\}$

$$L\{\sin kt\}=\frac{k}{s^2+k^2}\Rightarrow L\left\{\frac{\sin kt}{t}\right\}=\int_s^\infty \frac{k}{u^2+k^2}\,du$$

$$=\int_s^\infty \frac{1}{\left(\frac{u}{k}\right)^2+1}\frac{du}{k}=\tan^{-1}\frac{u}{k}\Big|_s^\infty=\frac{\pi}{2}-\tan^{-1}\frac{s}{k}$$

(b) $\dfrac{\sin x}{x}$ 為 even function $\Rightarrow \int_{-\infty}^\infty \dfrac{\sin x}{x}\,dx=2\int_0^\infty \dfrac{\sin x}{x}\,dx$

$$L\left\{\frac{\sin kt}{t}\right\}\Big|_{\substack{k=1\\s=0}}=\int_0^\infty \frac{\sin t}{t}\,dt=\frac{\pi}{2}-\tan^{-1}0=\frac{\pi}{2}$$

$$\therefore \int_{-\infty}^\infty \frac{\sin x}{x}\,dx=2\frac{\pi}{2}=\pi$$

例題 7： (a)$L\left\{\dfrac{1-e^t}{t}\right\}=?$ 　　(b)$L^{-1}\left\{\ln\dfrac{s+a}{s+b}\right\}=?$ 　　　　【成大機械】

解

(a)$L[1-e^{-t}]=\dfrac{1}{s}-\dfrac{1}{s+1}$

$$\therefore L\left[\frac{1-e^t}{t}\right]=\int_0^\infty\left(\frac{1}{u}-\frac{1}{u+1}\right)du=\ln\frac{u}{u+1}\Big|_s^\infty=\ln\frac{s+1}{s}$$

(b)$L^{-1}\left\{\ln\dfrac{s+a}{s+b}\right\}=-\dfrac{1}{t}L^{-1}\left\{\dfrac{d}{ds}\ln\dfrac{s+a}{s+b}\right\}=-\dfrac{1}{t}L^{-1}\left\{\dfrac{1}{s+a}-\dfrac{1}{s+b}\right\}$

$$=-\frac{1}{t}(e^{-at}-e^{-bt})$$

例題 8：Find the Laplace transform of the function

$$f(t) = \begin{cases} 1 ; & if\ 0 < t < \pi \\ 0 ; & if\ \pi < t < 2\pi \\ \cos t ; & if\ t > 2\pi \end{cases}$$

【成大電機】

解　將 $f(t)$ 以單位階梯函數表示為

$$f(t) = u(t) - u(t-\pi) + \cos t \cdot u(t-2\pi)$$

$$\Rightarrow L\{f(t)\} = \frac{1}{s} - \frac{1}{s}e^{-\pi s} + 2e^{-2\pi s}\frac{s}{s^2+1} = \frac{1}{s}(1 - e^{-\pi s}) + \frac{se^{-2\pi s}}{s^2+1}$$

例題 9：已知 $L[f(t)] = F(s)$，求 $L\{t^2 f(t-a)e^{kt}u(t-a)\} = ?$

解　$t^2 f(t-a)e^{kt} = t^2 f(t-a)e^{kt}u(t-a)$

$t^2 f(t-a)e^{kt}u(t-a) = [(t-a)^2 + 2a(t-a) + a^2]f(t-a)e^{k(t-a)}e^{ka}u(t-a)$

利用以下性質：

$L\{tf(t)\} = -F'(s)$

$L\{t^2 f(t)\} = +F''(s)$

$L\{(t^2 + 2at + a^2)f(t)e^{kt}\} = F''(s-k) - 2aF'(s-k) + a^2F(s-k)$

$\therefore L\{[(t-a)^2 + 2a(t-a) + a^2]f(t-a)e^{k(t-a)}e^{ka}u(t-a)\}$

$= e^{ka}e^{-as}[F''(s-k) - 2aF'(s-k) + a^2F(s-k)]$

例題 10：What is the Laplace transform of the function：

$$f(t) = \begin{cases} 0, & t < 4 \\ 2t^3, & t \geq 4 \end{cases}$$

【台大電機，大同材料】

解　利用第二移位定理

$f(t) = 2t^3 u(t-4) = 2[(t-4)+4]^3 u(t-4)$

$\quad = 2[(t-4)^3 + 12(t-4)^2 + 48(t-4) + 64]u(t-4)$

$L\{t^3 + 12t^2 + 48t + 64\} = \frac{3!}{s^4} + 12\frac{2!}{s^3} + 48\frac{1}{s^3} + 64\frac{1}{s}$

$\therefore L\{f(t)\} = 2\left(\frac{3!}{s^4} + 12\frac{2!}{s^3} + 48\frac{1}{s^3} + 64\frac{1}{s}\right)e^{-4s}$

例題 11：Find the Laplace transform of the function $e^{-3t}f(t)$, where

$$f(t) = \begin{cases} 0 \text{，} t < 8 \\ t^2 - 4 \text{，} t \geq 8 \end{cases}$$

【成大】

解　$f(t) = (t^2 - 4)u(t - 8)$

　　　$= \{(t - 8)^2 + 16(t - 8) + 60\}u(t - 8)$

　　$\Rightarrow L[f(t)] = e^{-8s}L\{t^2 + 16t + 60\}$

　　　　　$= e^{-8s}\left(\dfrac{2}{s^3} + 16\dfrac{1}{s^2} + \dfrac{60}{s}\right)$

　　又由 $L\{e^{at}f(t)\} = F(s - a)$ 可得

　　$L\{e^{-3t}f(t)\} = e^{-8(s+3)}\left[\dfrac{2}{(s + 3)^2} + \dfrac{16}{(s + 3)^2} + \dfrac{60}{s + 3}\right]$

例題 12：已知 $f(t) = e^{-2t}\displaystyle\int_0^t e^{2\tau}\cos 3\tau\, d\tau$，求 $f(t)$ 之 Laplace transform 【成大機械】

解　$L(\cos 3t) = \dfrac{s}{s^2 + 9}$, $L(e^{2t}\cos 3t) = \dfrac{(s - 2)}{(s - 2)^2 + 9}$,

　　$L\left[\displaystyle\int_0^t e^{2\tau}\cos 3\tau\, d\tau\right] = \dfrac{1}{s}\dfrac{(s - 2)}{(s - 2)^2 + 9}$

　　$\therefore L\left[e^{-2t}\displaystyle\int_0^t e^{2\tau}\cos 3\tau\, d\tau\right] = \dfrac{1}{s + 2}\dfrac{s}{s^2 + 9}$

　　利用：$L(e^{at}f(t) = F(s - a))$ 及 $L\left(\displaystyle\int_0^t f(x)\, dx\right) = \dfrac{F(s)}{s}$

例題 13：已知 $f(t) = tu(t - 1)$，求 $L[f'(t)] = $? 【成大機械】

解　$L\{tu(t - 1)\} = L\{(t - 1)u(t - 1) + u(t - 1)\} = \dfrac{e^{-s}}{s^2} + \dfrac{e^{-s}}{s}$

　　由於 $f(t)$ 在 $t = 1$ 處不連續，故有

　　$L\{f'(t)\} = sF(s) - f(0) - e^{-s}[f(1^+) - f(1^-)]$

　　　　　$= \dfrac{e^{-s}}{s} + e^{-s} - e^{-s}[1 - 0]$

　　　　　$= \dfrac{1}{s}e^{-s}$

例題 14：求零階第一類 Bessel function $J_0(x)$ 之 Laplace transform？

【台大電機，台大機械，台大造船】

解　$J_0(x)$ 為以下微分方程式之解

$xy'' + y' + xy = 0, y(0) = 1, y'(0) = 0 \cdots$(a)

設 $L[y(x)] = Y(s)$，則有 $L[xy(x)] = -\dfrac{d}{ds}Y(s) = -Y'(s)$

$L[y'(x)] = sY(s) - 1$，

$L[xy''(x)] = -\dfrac{d}{ds}[s^2Y(s) - s] = -s^2Y'(s) - 2sY(s) + 1$

故對(a)進行 Laplace transform 後可得

$(s^2 + 1)Y'(s) + sY(s) = 0 \quad \Rightarrow Y(s) = \dfrac{c}{\sqrt{s^2 + 1}}$

利用初值定理 $\lim\limits_{x \to 0} y(x) = \lim\limits_{s \to \infty} sY(s)$ 決定 c 值

$\lim\limits_{s \to \infty} s\dfrac{c}{\sqrt{s^2 + 1}} = 1 = c$

$\therefore L[J_0(x)] = \dfrac{1}{\sqrt{s^2 + 1}}$

5-3　週期函數及特殊函數之 Laplace 轉換

㈠週期函數之 Laplace 轉換

定理 10

若函數 $f(t)$ 之性質不比間斷連續差，且其週期為 T, i.e., $(f(t + T) = f(t))$，則 $f(t)$ 之 Laplace 轉換為：

$$L\{f(t)\} = \dfrac{1}{1 - e^{-sT}}\int_0^T f(t)e^{-st}dt \tag{31}$$

證明：如圖 5-1 所示：

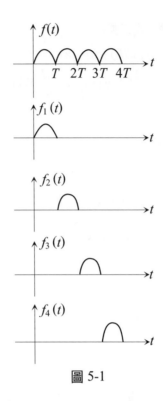

圖 5-1

$$f(t) = \sum_{n=1}^{\infty} f_n(t) = f_1(t) + u(t-T)f_1(t-T) + u(t-2T)f_1(t-2T) + \cdots$$

$$L\{f(t)\} = L\{f_1(t)\} + e^{-sT}L\{f_1(t)\} + e^{-2sT}L\{f_1(t)\} + \cdots$$

$$= L\{f_1(t)\}(1 + e^{-sT} + e^{-2sT} + \cdots)$$

$$= \frac{1}{1 - e^{-sT}} \int_0^T f(t)e^{-st}dt$$

(二)單位脈衝函數之 Laplace 轉換：

考慮如圖 5-2 之函數

$$f(t) = \begin{cases} \dfrac{1}{\varepsilon} \; ; \; it \; t_0 \le t \le t_0 + \varepsilon \\ 0 \; ; \; otherwise \end{cases}$$

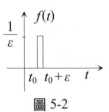

圖 5-2

$$f(t) = \frac{1}{\varepsilon}[u(t-t_0) - u(t-\varepsilon-t_0)]$$

則 $f(t)$ 之面積為 1，當高度 $\dfrac{1}{\varepsilon}$ 逐漸變大而面積始終保持為 1，直到 $\varepsilon \to 0$ 時，高度增至無窮大而寬度變為無窮小，此即為單位脈衝函數。

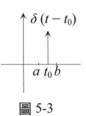

圖 5-3

(1)單位脈衝函數之性質

1. $\int_a^b \delta(t-t_0)\,dt = 1$ .... (32)

2. $\int_a^b g(t)\delta(t-t_0)\,dt = \int_{t_0^-}^{t_0^+} g(t)\delta(t-t_0)\,dt = \int_{t_0^-}^{t_0^+} g(t_0)\delta(t-t_0)\,dt = g(t_0)$ .... (33)

$g(t)$ 必須在 t_0 點為連續

3. $u'(t) = \delta(t)$ .... (34)

(2)單位脈衝函數之 Laplace 轉換

$$L\{\delta(t-t_0)\} = \int_0^\infty \delta(t-t_0)\,e^{-st}\,dt = e^{-st_0} \tag{35}$$

觀念提示：　雙極函數 （unit double function）

$$D(t) \equiv \lim_{\varepsilon \to 0} \frac{u(t) - 2u(t-\varepsilon) + u(t-2\varepsilon)}{\varepsilon^2} \tag{36}$$

如圖 5-4 所示：$\int_0^\infty D(t)\,dt = 0$

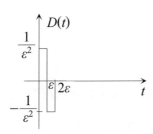

圖 5-4

$$L\{D(t)\} = \lim_{\varepsilon \to 0} \frac{1}{\varepsilon^2} L\{u(t) - 2u(t-\varepsilon) + u(t-2\varepsilon)\}$$
$$= \lim_{\varepsilon \to 0} \frac{1 - 2e^{-\varepsilon s} + e^{-2\varepsilon s}}{\varepsilon^2 s} = s$$
$$D(t) = \delta'(t) \Rightarrow L\{D(t)\} = L\{\delta'(t)\} = sL\{\delta(t)\} = s$$

㈢積分函數之 Laplace 轉換：

定義：(1) sine integral function

$$S_i(t) \equiv \int_0^t \frac{\sin u}{u}\,du$$

(2) cosine integral function

$$C_i(t) \equiv \int_t^\infty \frac{\cos u}{u}\,du$$

(3) exponential integral function

$$E_i(t) \equiv \int\limits_t^\infty \frac{e^{-u}}{u} \, du$$

定理 11

(1)$L\{S_i(t)\} = \frac{1}{s} \tan^{-1} \frac{1}{s}$ 　　　　　　　　　　　　　　　　　(37)

(2)$L\{C_i(t)\} = \frac{1}{2s} \ln(s^2 + 1)$ 　　　　　　　　　　　　　　　　(38)

(3)$L\{E_i(t)\} = \frac{1}{s} \ln(s + 1)$ 　　　　　　　　　　　　　　　　　(39)

證明：(1)$S_i'(t) = \frac{\sin t}{t} \Rightarrow tS_i'(t) = \sin t \Rightarrow L\{tS_i'(t)\} = -\frac{d}{ds}\{sS_i(S)\} = \frac{1}{s^2+1}$

$\therefore sS_i(s) = -\tan^{-1} s + c$

$\lim\limits_{s \to \infty} sS_i(s) = 0 \Rightarrow c = \frac{\pi}{2}$

$\therefore sS_i(s) = \frac{\pi}{2} - \tan^{-1} s$

$= \tan^{-1} \frac{1}{s}$

$\Rightarrow S_i(s) = \frac{1}{s}\tan^{-1} \frac{1}{s}$

(2)$C_i'(t) = -\frac{\cos t}{t} \Rightarrow tC_i'(t) = -\cos t \Rightarrow L\{tC_i'(t)\}$

$= -\frac{d}{ds}\{sC_i(s) - C_i(0)\} = \frac{-s}{s^2+1}$

$\therefore sC_i(s) = \frac{1}{2}\ln(s^2 + 1) + c$

$\lim\limits_{s \to 0} sC_i(s) = \lim\limits_{t \to \infty} C_i(t) = 0 \Rightarrow c = 0$

$\therefore C_i(s) = \frac{1}{2s}\ln(s^2 + 1)$

(3)$E_i'(t) = -\frac{\exp(-t)}{t} \Rightarrow tE_i'(t) = -\exp(-t)$

$\Rightarrow L\{tE_i'(t)\} = -\frac{d}{ds}\{sE_i(s) - E_i(0)\} = \frac{-1}{s+1}$

$\therefore sE_i(s) = \ln(s + 1) + c$

$\lim\limits_{s \to 0} sE_i(s) = \lim\limits_{t \to \infty} E_i(t) = 0 \Rightarrow c = 0$

$\therefore E_i(s) = \frac{1}{s}\ln(s + 1)$

例題 15：Compute the Laplace transform of half-wave rectifier shown in the accompanying graph

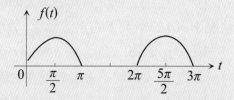

【台大機械】

 由圖形知

$$f(t) = \begin{cases} \sin t & ; \ 0 \le t \le \pi \\ 0 & ; \ \pi \le t \le 2\pi \end{cases} \quad f(t+2\pi) = f(t)$$

$$\therefore L[f(t)] = \frac{1}{1 - e^{-2\pi s}} \int_0^\pi e^{-st} \sin t \, dt$$

$$\int_0^\pi e^{-st} \sin t \, dt = \mathrm{Im} \left\{ \int_0^\pi e^{(-s+i)t} \, dt \right\} = \frac{e^{-\pi s} + 1}{s^2 + 1}$$

$$\therefore L[f(t)] = \frac{1}{1 - e^{-2\pi s}} \frac{e^{-\pi s} + 1}{s^2 + 1}$$

例題 16：If $f(t) = \begin{cases} 0 & ; \ 0 < t < \dfrac{\pi}{2\omega} \\ -\cos \omega t & ; \ \dfrac{\pi}{2\omega} < t < \dfrac{3\pi}{2\omega} \\ 0 & ; \ \dfrac{3\pi}{2\omega} < t < \dfrac{2\pi}{\omega} \end{cases}$ and $f\left(t + \dfrac{2\pi}{\omega}\right) = f(t)$,

Find $L[f(t)]$

【台大環工】

解

$$L[f(t)] = \frac{1}{1 - e^{-\frac{2\pi}{\omega}s}} \int_0^{\frac{2\pi}{\omega}} f(t) e^{-st} dt$$

$$\int_0^{\frac{2\pi}{\omega}} f(t) e^{-st} dt = \int_{\frac{\pi}{2\omega}}^{\frac{3\pi}{2\omega}} -\cos \omega t \, e^{-st} \, dt = \frac{-e^{-st}}{s^2 + \omega^2} (-s \cos \omega t + \omega \sin \omega t) \Big|_{\frac{\pi}{2\omega}}^{\frac{3\pi}{2\omega}}$$

$$= \frac{\omega}{s^2 + \omega^2} \left(e^{-\frac{3\pi}{2\omega}s} + e^{-\frac{\pi}{2\omega}s} \right)$$

$$\therefore L[f(t)] = \frac{1}{1 - e^{-\frac{2\pi}{\omega}s}} \frac{\omega}{s^2 + \omega^2} \left(e^{-\frac{3\pi}{2\omega}s} + e^{-\frac{\pi}{2\omega}s} \right)$$

5-4　迴旋積分定理（Convolution Theorem）

　　圖 5-5 為一線性非時變系統，$h(t)$ 稱為此一系統之單位脈衝響應（unit impulse response），其定義為系統在輸入為單位脈衝 $\delta(t)$ 的情況下的系統響應，$f(t)$ 為外加之輸入信號，$y(t)$ 為系統之輸出響應。若系統為 causal，則系統在時間 t 時的輸出必然僅和 t 時以前的輸入有關，換言之，未來之輸入信號不會影響現在的輸出。再由線性非時變系統輸出與輸入必須滿足重疊原理，故 $y(t)$ 必為過去之輸入信號與系統之單位脈衝響應之間互相作用的結果疊加而成（積分）。

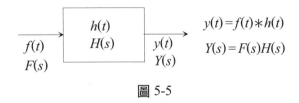

圖 5-5

　　設 $f(t), h(t)$ 於 $t>0$ 均有定義，則

$$y(t) \equiv f(t) * h(t) = \int_0^t f(\tau)h(t-\tau)d\tau \tag{40}$$

稱為 $f(t)$ 與 $h(t)$ 之迴旋積分
根據線性系統的原理可知下列性質必能滿足。
(1) $f(t) * h(t) = h(t) * f(t)$（交換律） $\tag{41}$
(2) $f(t) * (h(t) * g(t)) = (f(t) * h(t)) * g(t)$（結合律） $\tag{42}$
(3) $f(t) * \delta(t) = \int_0^t f(\tau)\delta(t-\tau)d\tau = f(t)$ $\tag{43}$
(4) $f(t) * \delta(t-t_0) = \int_0^t \delta(\tau-t_0)f(t-\tau)d\tau = f(t-t_0)$；$t \geq t_0$ $\tag{44}$
迴旋積分定理：

定理 12

若函數 $f(t)$ 與 $g(t)$ 均存在 Laplace 轉換，則

$$L\{f(t) * g(t)\} = L\{f(t)\}L\{g(t)\} = F(s)G(s) \tag{45}$$

證明：$F(s)G(s) = \int_0^\infty f(t)e^{-st}\,dt \int_0^\infty g(\tau)e^{-s\tau}\,d\tau = \int_0^\infty \int_0^\infty f(t)g(\tau)e^{-s(t+\tau)}\,dt d\tau$

取 $u = t + \tau$ 則

$$F(s)\, G(s) = \int_0^\infty \int_t^\infty f(t)g\,(u - t)e^{-su}dudt$$

$$= \int_0^\infty \left[\int_0^u f(t)g\,(u - t)dt \right]e^{-su}du = \int_0^\infty \left[f(t) * g\,(t) \right]e^{-su}du$$

$$= L\{f(t) * g\,(t)\}$$

另證：$L\,(f(t) * g\,(t)) = \int_0^\infty \left[\int_0^t f(\tau)g\,(t - \tau)d\tau \right]e^{-st}\,dt$

$$= \int_0^\infty f(\tau) \int_\tau^\infty g\,(t - \tau)e^{-st}\,dtd\tau$$

Let $u = t - \tau$

$$\Rightarrow \int_0^\infty f(\tau) \int_0^\infty g(u)e^{-s(u+\tau)}dud\tau = \int_0^\infty f(\tau)e^{-s\tau}d\tau \int_0^\infty g(u)e^{-su}du = F(s)G(s)$$

觀念提示： 在(43)式中，$h(t) = \delta(t)$ 表示系統之單位脈衝響應為 memoryless，換言之，系統的輸出響應只與當時的輸入有關，其他時間的輸入並不能影響現在的輸出。

例如由(44)式可得：$y(t) = f(t - t_0)$，此即表示了系統將輸入信號延遲 t_0 時間，故現在的輸出即為 t_0 時間以前的輸入信號。

例題 17：求下列迴旋積分

(1) $e^{at} * e^{bt}$（$a \neq b$）

(2) $\sin t * \cos t$

解

(1) $\int_0^t e^{a\tau}\, e^{b(t - \tau)}\, d\tau = e^{bt} \int_0^t e^{(a - b)\tau}\, d\tau = \dfrac{e^{bt}}{a - b}\,(e^{(a - b)t} - 1)$

$$= \dfrac{1}{a - b}\,(e^{at} - e^{bt})$$

(2) $\int_0^t \sin \tau \cos\,(t - \tau)\, d\tau = \dfrac{1}{2} \int_0^t \sin t d\tau + \dfrac{1}{2} \int_0^t \sin(2\tau - t)d\tau$

$$= \dfrac{1}{2}t \sin t - \dfrac{1}{4}[\cos t - \cos\,(-t)]$$

$$= \dfrac{1}{2}t \sin t$$

例題 18：Invert the Laplace transform $F(s) = \dfrac{1}{(s + a)\,(s + b)}$, $a \neq b$ by the convolution theorem 【101 中央光電】

解

$$L^{-1}\left\{\dfrac{1}{(s + a)(s + b)}\right\} = L^{-1}\left\{\dfrac{1}{(s + a)}\right\} * L^{-1}\left\{\dfrac{1}{(s + b)}\right\} = e^{-at} * e^{-bt}$$

$$\int_0^t e^{-a\tau}e^{-b(t-\tau)}\,d\tau = e^{-bt}\int_0^t e^{-(a-b)\tau}\,d\tau = \frac{e^{-bt}}{b-a}(e^{(b-a)t}-1)$$

$$= \frac{1}{b-a}(e^{-at}-e^{-bt})$$

例題 19：(1) Determine the Laplace transform of the function defined as follows

$$f(t)=\begin{cases}1,\ 0\le t<2\\-3,\ 2\le t<3\\t^2,\ t\ge 3\end{cases}$$

(2) Let $h(t)$ be the convolution of the functions $w(t)$ and $f(t)$, i.e.,

$$h(t)=\int_{-\infty}^{\infty}w(t-\tau)f(\tau)d\tau$$

$$w(t)=\begin{cases}1,\ 0\le t<1\\0,\ otherwise\end{cases}\qquad f(t)=\begin{cases}2t,\ 0\le t<1\\4-2t,\ 1\le t<2\\0,\ otherwise\end{cases}$$

Compute $h(t)$ for $1\le t<2$　　　　　　　【101 台聯大工數 D】

解

$(1)f(t)=u(t)-4u(t-2)+u(t-3)(t^2+3)$

$$\therefore L\{f(t)\}=\frac{1}{s}-\frac{4}{s}e^{-2s}+e^{-3s}\left(\frac{2}{s^3}+\frac{6}{s^2}+\frac{12}{s}\right)$$

$(2)h(t)=\int_{-\infty}^{\infty}w(t-\tau)f(\tau)d\tau=\int_{-\infty}^{\infty}w(\tau)f(t-\tau)d\tau$

$$=\int_0^1 1f(t-\tau)d\tau=\int_{t-1}^t f(x)dx$$

$0\le t<1$

$h(t)=\int_{t-1}^t f(x)dx=\int_0^t 2x\,dx=t^2$

$1\le t<2$

$$h(t)=\int_{t-1}^t f(x)dx=\int_{t-1}^1 2x\,dx+\int_1^t (4-2x)\,dx$$

$$=-3t^2+6t-2$$

例題 20：已知 $L[f_1]=F_1(s)$, and $L[f_2]=F_2(s)$ 則有

$$L\{f_1f_2\}=\frac{1}{2\pi i}\int_{c-i\infty}^{c+i\infty}F_1(u)F_2(s-u)du$$　　　　　【大同機械】

解　$L\,[f_1\,]=F_1\,(s)\Rightarrow f_1\,(t)=\dfrac{1}{2\pi i}\displaystyle\int_{c-i\infty}^{c+i\infty}F_1\,(s)e^{st}ds$

$L\,[f_1f_2\,]=\displaystyle\int_0^\infty f_1f_2\,e^{-st}dt=\int_0^\infty f_2\left[\dfrac{1}{2\pi i}\int_{c-i\infty}^{c+i\infty}F_1\,(u)e^{ut}du\right]e^{-st}dt$

$\quad=\dfrac{1}{2\pi i}\displaystyle\int_{c-i\infty}^{c+i\infty}F_1\,(u)\int_0^\infty f_2\,(t)e^{-(s-u)t}\,dtdu$

$\quad=\dfrac{1}{2\pi i}\displaystyle\int_{c-i\infty}^{c+i\infty}F_1\,(u)F_2\,(s-u)du$

得證

例題 21：已知 $x\,(t)$ 與 $h\,(t)$ 如下圖，求 $x\,(t)*h\,(t)=$ ？

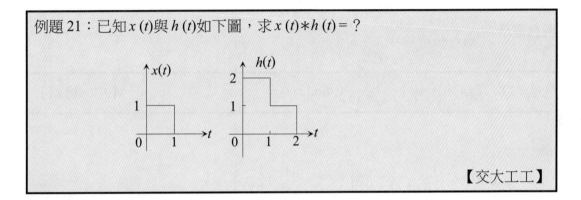

【交大工工】

解　$x\,(t)$ 與 $h\,(t)$ 可表示為：

$x\,(t)=u\,(t)-u\,(t-1),\ h\,(t)=2u\,(t)-u\,(t-1)-u\,(t-2)$

$L\,[x(t)]=\dfrac{1}{s}-\dfrac{1}{s}e^{-s},\ L\,[h(t)]=\dfrac{2}{s}-\dfrac{1}{s}e^{-s}-\dfrac{1}{s}e^{-2s}$

$L\,[x(t)*h(t)]=F(s)H(s)=\dfrac{1}{s^2}(2-3e^{-s}+e^{-3s})$

$\therefore x(t)*h(t)=2tu(t)-3\,(t-1)u\,(t-1)+\,(t-3)u\,(t-3)$

例題 22：(1) Prove the convolution theorem

$$L^{-1}\,[F(s)G(s)]=\int_0^t f(t-\tau)g\,(\tau)d\tau$$

(2) $H\,(s)=\dfrac{1}{s^2(s-a)}$, find $h\,(t)=$ ？　　　　【交大機械】

解　$(1)L\left\{\displaystyle\int_0^t f(t-\tau)g(\tau)d\tau\right\}=\int_{t=0}^\infty\int_{\tau=0}^t f(t-\tau)g(\tau)d\tau e^{-st}dt$

$\quad=\displaystyle\int_{\tau=0}^\infty\int_{t=\tau}^\infty e^{-st}f\,(t-\tau)dtg(\tau)d\tau$

$$u = t - \tau \Rightarrow \int_{\tau=0}^{\infty} \int_{u=0}^{\infty} e^{-s(u+\tau)} f(u) du \, g(\tau) d\tau = \int_{\tau=0}^{\infty} F(s) e^{-s\tau} g(\tau) d\tau$$

$$= F(s)G(s)$$

$(2) F(s) = \dfrac{1}{s^2}, \, G(s) = \dfrac{1}{s-a} \Rightarrow f(t) = t, \, g(t) = e^{at}$

$$\therefore L^{-1}\{F(s)G(s)\} = t * e^{at} = \int_0^t (t-\tau) e^{a\tau} d\tau = \int_0^t \tau \, e^{a(t-\tau)} d\tau$$

$$= \frac{e^{at}}{a^2} - \frac{t}{a} - \frac{1}{a^2}$$

觀念提示： $\dfrac{1}{s^2(s-a)} = \dfrac{-\dfrac{1}{a^2}}{s} + \dfrac{-\dfrac{1}{a}}{s^2} + \dfrac{\dfrac{1}{a^2}}{s-a}$

例題 23： If $L\{f(t)\} = \dfrac{1}{(s^2+4s+13)^2}$, find $f(t)$　　　　【中山機械】

解

$$f(t) = L^{-1}\left\{\frac{1}{[(s+2)^2+9]^2}\right\} = e^{-2t} L^{-1}\left\{\frac{1}{(s^2+9)^2}\right\}$$

let $F(s) = \dfrac{1}{s^2+9} \Rightarrow f(t) = \dfrac{1}{3}\sin 3t$

$G(s) = \dfrac{1}{s^2+9} \Rightarrow g(t) = \dfrac{1}{3}\sin 3t$

故原式 $= e^{-2t}\left(\dfrac{1}{3}\sin 3t * \dfrac{1}{3}\sin 3t\right) = e^{-2t} \int_0^t \dfrac{1}{9}\sin 3\tau \sin 3(t-\tau) d\tau$

$$= \frac{e^{-2t}}{18} \int_0^t [\cos(6\tau - 3t) - \cos(3t)] d\tau$$

$$= \frac{e^{-2t}}{18}\left[\frac{1}{3}\sin 3t - t\cos(3t)\right]$$

例題 24： $F(s) = \dfrac{s}{(s^2+1)^2}$　　求 $f(t) = ?$　　　　【交大工工】

解

$(1) F(s) = \dfrac{1}{s^2+1} \Rightarrow f(t) = \sin t,$

$G(s) = \dfrac{s}{s^2+1} \Rightarrow g(t) = \cos t$

$$L^{-1}\left\{\frac{s}{(s^2+1)}\frac{1}{(s^2+1)}\right\} = \sin t * \cos t = \int_0^t \sin \tau \cos(t-\tau) d\tau$$

$$= \frac{1}{2} \int_0^t \sin t + \sin(2\tau - t)d\tau$$

$$= \frac{1}{2}t \sin t$$

$$(2)\frac{s}{(s^2+1)^2} = -\frac{1}{2}\frac{d}{ds}\frac{1}{(s^2+1)} = \frac{1}{2}tL^{-1}\left\{\frac{1}{(s^2+1)}\right\} = \frac{1}{2}t\sin t$$

例題 25：求解下列積分方程式

$$y(t) + \int_0^t y(\tau)\cosh(t-\tau)d\tau = t + e^t$$

解　此式可表示為

$$y(t) + y(t) * \cosh t = t + e^t$$

$$Y + \frac{s}{s^2-1}Y = \frac{1}{s^2} + \frac{1}{s-1}$$

$$Y = \frac{s^2-1}{s^2+s-1}\left(\frac{1}{s^2} + \frac{1}{s-1}\right) = \frac{1}{s^2} + \frac{1}{s}$$

因此反轉換得解 $y(t) = t + 1$。

例題 26：Solve $y(t) = \int_0^t y(\tau)e^{2(t-\tau)}d\tau + \cos t$ 【101 高應大電機】

解　此式可表示為 $y(t) = y(t) * e^{2t} + \cos t$

$$Y = \frac{1}{s-2}Y + \frac{s}{s^2+1}$$

$$\Rightarrow Y = \frac{3}{10}\frac{1}{s-3} + \frac{\frac{7}{10}s + \frac{1}{10}}{s^2+1}$$

$$= y = \frac{3}{10}e^{3t} + \frac{7}{10}\cos t + \frac{1}{10}\sin t$$

5-5　Laplace 逆轉換

Laplace 逆轉換具有唯一性，此點可由 Lerch's theorem 得到印證。

經常使用到的逆轉換工具如下：

1. $L^{-1}\{e^{-as}F(s)\} = u(t-a)f(t-a)$ (46)

2. $L^{-1}\{F(s-a)\} = e^{at}f(t)$ (47)

$$3. L^{-1}\left\{\frac{1}{s}F(s)\right\} = \int_0^t L^{-1}\{F(s)\}dt = \int_0^t f(\tau)d\tau \tag{48}$$

$$4. L^{-1}\{F'(s)\} = -tL^{-1}\{F(s)\} = -tf(t) \tag{49}$$

$$5. L^{-1}\left\{\int_s^\infty F(x)dx\right\} = \frac{1}{t}L^{-1}\{F(s)\} = \frac{f(t)}{t} \tag{50}$$

$$6. L^{-1}\{F(s)G(s)\} = f(t)*g(t) \tag{51}$$

最常使用的逆轉換求法為部份分式法

若 $F(s) = \dfrac{P(s)}{Q(s)}$，則可根據 $Q(s)=0$ 時根值的情況化為部份分式和：

Case 1：$Q(s)=0$ 具 n 個相異一次根 $\{a_k\}_{k=1}^n$ $\Rightarrow$

$$Q(s) = (s-a_1)(s-a_2)\cdots(s-a_n)$$

$$\frac{P(s)}{Q(s)} = \frac{c_1}{s-a_1} + \frac{c_2}{s-a_2}\cdots + \frac{c_n}{s-a_n} \tag{52}$$

$$\Rightarrow \frac{P}{Q}(s-a_k) = \frac{c_1(s-a_k)}{s-a_1} + \cdots + c_k + \cdots\frac{c_n(s-a_k)}{s-a_n}$$

$$\therefore c_k = \lim_{s\to a_k}\left[\frac{P}{Q}(s-a_k)\right] = \lim_{s\to a_k}P(s)\lim_{s\to a_k}\left[\frac{s-a_k}{Q(s)}\right]$$

$$= P(a_k)\lim_{s\to a_k}\left[\frac{1}{Q'(s)}\right]$$

$$= \frac{P(a_k)}{Q'(a_k)}$$

故得

$$F(s) = \frac{P(s)}{Q(s)} = \frac{\dfrac{P(a_1)}{Q'(a_1)}}{s-a_1} + \cdots + \frac{\dfrac{P(a_k)}{Q'(a_k)}}{s-a_k} + \cdots\frac{\dfrac{P(a_n)}{Q'(a_n)}}{s-a_n} \tag{53}$$

Case 2：具有 a_k 之 m 重根，則

$$\frac{P(s)}{Q(s)} = \frac{c_1}{s-a_1} + \cdots\frac{c_{k,m}}{(s-a_k)^m} + \frac{c_{k,m-1}}{(s-a_k)^{m-1}} + \cdots\frac{c_{k,1}}{(s-a_k)} + \cdots\frac{c_n}{s-a_n}$$

$$\Rightarrow \frac{P}{Q}(s-a_k)^m = \frac{c_1}{s-a_1}(s-a_k)^m + \cdots + c_{k,m} + c_{k,m-1}(s-a_k) + \cdots$$

$$+ \frac{c_n}{s-a_n}(s-a_k)^m$$

$$\therefore c_{k,m} = \lim_{s\to a_k}\left[\frac{P}{Q}(s-a_k)^m\right]$$

$$c_{k,\,m-1} = \lim_{s \to a_k} \left\{ \frac{d}{ds} \left[\frac{P}{Q} (s - a_k)^m \right] \right\}$$

....

$$c_{k,1} = \frac{1}{(m-1)!} \lim_{s \to a_k} \left\{ \frac{d^{m-1}}{ds^{m-1}} \left[\frac{P}{Q} (s - a_k)^m \right] \right\} \tag{54}$$

觀念提示： 其餘如迴旋積分法，微分方程式法及複變函數線積法等均可用以幫助
求解 Laplace 逆轉換

例題 27：Find the Laplace inverse transform of $F(s) = \ln\left(1 + \dfrac{4}{s^2}\right)$ 　【成大機械】

解

$$F'(s) = \frac{s^2}{s^2 + 4} \frac{-8}{s^3} = \frac{-8}{s(s^2 + 4)}$$

已知 $L^{-1}\left\{\dfrac{2}{s^2 + 4}\right\} = \sin 2t \Rightarrow L^{-1}\left\{\dfrac{2}{s(s^2 + 4)}\right\} = \int_0^t \sin 2\tau d\tau = \dfrac{1 - \cos 2t}{2}$

$$\therefore L^{-1}[F'(s)] = L^{-1}\left\{\frac{-8}{s(s^2 + 4)}\right\} = L^{-1}\left\{\frac{-2}{s} + \frac{2s}{s^2 + 4}\right\} = 2(\cos 2t - 1)$$

$$= -tf(t)$$

$$\Rightarrow f(t) = \frac{2}{t}(\cos 2t - 1)$$

例題 28：Find the inverse Laplace transform of $F(s) = \dfrac{1}{s^2(s+1)^2}$ and $G(s) = \dfrac{1}{s} e^{-\frac{1}{s}}$

【大同電機】

解

(1) $L[tf(t)] = -F'(s) \Rightarrow L^{-1}[F'(s)] = -tL^{-1}[F(s)]$

$$\therefore L^{-1}\left[\left(\frac{1}{s+1}\right)'\right] = -tL^{-1}\left[\left(\frac{1}{s+1}\right)\right] = -te^{-t} \Rightarrow L^{-1}\left[\frac{1}{(s+1)^2}\right] = te^{-t}$$

再由 $L\left[\displaystyle\int_0^t f(\tau)d\tau\right] = \dfrac{1}{s}F(s) \Rightarrow L^{-1}\left[\dfrac{F(s)}{s}\right] = \displaystyle\int_0^t L^{-1}[F(s)]d\tau$

$$\Rightarrow L^{-1}\left\{\frac{1}{s(s+1)^2}\right\} = \int_0^t \tau e^{-\tau} d\tau = -te^{-t} - e^{-t} + 1$$

$$L^{-1}\left\{\frac{1}{s}\left(\frac{1}{s(s+1)^2}\right)\right\} = \int_0^t (-\tau e^{-\tau} - e^{-\tau} + 1)d\tau = te^{-t} + 2e^{-t} + t - 2$$

另解： $F(s) = \dfrac{-2}{s} + \dfrac{1}{s^2} + \dfrac{2}{s+1} + \dfrac{1}{(s+1)^2}$

$$\therefore L^{-1}\{F(s)\} = -2 + t + 2e^{-t} + te^{-t}$$

$(2) G(s) = \dfrac{1}{s} e^{-\frac{1}{s}} = \dfrac{1}{s}\left(1 - \dfrac{1}{s} + \dfrac{1}{2!}\dfrac{1}{s^2} - \cdots\right) = \sum_{n=0}^{\infty} \dfrac{(-1)^n}{n!}\dfrac{1}{s^{n+1}}$

$\therefore g(t) = L^{-1}\left[\sum_{n=0}^{\infty} \dfrac{(-1)^n}{n!}\dfrac{1}{s^{n+1}}\right] = \sum_{n=0}^{\infty} \dfrac{(-1)^n}{(n!)^2} t^n = J_0(2\sqrt{t})$

例題 29：Given that $L^{-1}\left\{\dfrac{1}{s^4 + 5s^2 + 4}\right\} = \dfrac{1}{6}(2\sin t - \sin 2t)$, find $L^{-1}\left\{\dfrac{2s^2 - s + 1}{s(s^4 + 5s^2 + 4)}\right\}$

【成大航太】

解

$L^{-1}\left\{\dfrac{2s^2 - s + 1}{s(s^4 + 5s^2 + 4)}\right\} = 2L^{-1}[sF(s)] - L^{-1}[F(s)] + L^{-1}\left\{\dfrac{1}{s}F(s)\right\}$

$= 2f'(t) - f(t) + \int_0^t f(\tau)d\tau$

$= \dfrac{2}{6}(2\cos t - 2\cos 2t) - \dfrac{1}{6}(2\sin t - \sin 2t) + \int_0^t \dfrac{1}{6}(2\sin \tau - \sin 2\tau)d\tau$

$= \dfrac{1}{6}\left(\dfrac{3}{2} + 2\cos t - \dfrac{7}{2}\cos 2t - 2\sin t + \sin 2t\right)$

例題 30：Find the Laplace inverse transform of $G(s) = \dfrac{e^{-\pi s}(2s+3)}{s^2 + 6s + 15}$　　【中央環工】

解

$L\{f(t-a)u(t-a)\} = e^{-as}F(s)$

$L\{e^{at}f(t)\} = F(s-a)$

$L^{-1}\left\{\dfrac{2s+3}{s^2+6s+15}\right\} = L^{-1}\left\{\dfrac{2(s+3)-3}{(s+3)^2+6}\right\} = e^{-3t}L^{-1}\left\{\dfrac{2s-3}{s^2+6}\right\}$

$= e^{-3t}\left(2\cos\sqrt{6}t - \dfrac{3}{\sqrt{6}}\sin\sqrt{6}t\right)$

$g(t) = L^{-1}\left\{\dfrac{e^{-\pi s}(2s+3)}{s^2+6s+15}\right\}$

$= e^{-3(t-\pi)}\left[2\cos\sqrt{6}(t-\pi) - \dfrac{3}{\sqrt{6}}\sin\sqrt{6}(t-\pi)\right]u(t-\pi)$

例題 31：求 $L^{-1}\left\{\dfrac{s+1}{s^3 + s^2 - 6s}\right\}$　　【台科大】

解　　　$F(s) = \dfrac{s+1}{s(s+3)(s-2)} = \dfrac{-\dfrac{1}{6}}{s} + \dfrac{\dfrac{3}{10}}{s-2} - \dfrac{\dfrac{2}{15}}{s+3}$

$\therefore L^{-1}\{F(s)\} = -\dfrac{1}{6} + \dfrac{3}{10}e^{2t} - \dfrac{2}{15}e^{-3t}$

例題 32：Find the inverse Laplace transform of $\dfrac{s}{(s^2-1)^2}$　　　【清大材料】

解　　(1)部分分式法：

$$\frac{s}{(s^2-1)^2} = \frac{A}{s-1} + \frac{B}{(s-1)^2} + \frac{C}{s+1} + \frac{D}{(s+1)^2}$$

$$B = \lim_{s \to 1}\left\{\left[\frac{s}{(s^2-1)^2}(s-1)^2\right]\right\} = \frac{1}{4},$$

$$A = \lim_{s \to 1}\left\{\frac{d}{ds}\left[\frac{s}{(s^2-1)^2}(s-1)^2\right]\right\} = 0$$

$$D = \lim_{s \to 1}\left\{\left[\frac{s}{(s^2-1)^2}(s+1)^2\right]\right\} = -\frac{1}{4},$$

$$C = \lim_{s \to -1}\left\{\frac{d}{ds}\left[\frac{s}{(s^2-1)^2}(s+1)^2\right]\right\} = 0$$

$$\therefore y(t) = L^{-1}\left\{\frac{\frac{1}{4}}{(s-1)^2} + \frac{-\frac{1}{4}}{(s+1)^2}\right\} = \frac{1}{4}(te^t - te^{-t})$$

(2)迴旋積分法：

取 $F(s) = \dfrac{s}{s^2-1}$, $G(s) = \dfrac{1}{s^2-1} \Rightarrow f(t) = \cosh t,\ g(t) = \sinh t$

$L^{-1}[F(s)\,G(s)] = f(t) * g(t)$

$$= \int_0^t \cosh\tau \sinh(t-\tau)d\tau$$

$$= \int_0^t \frac{1}{2}\{\sinh[(t-\tau)+\tau] + \sinh[(t-\tau)-\tau]\}d\tau$$

$$= \frac{1}{2}t\sinh t = \frac{1}{4}t(e^t - e^{-t})$$

(3) $\dfrac{s}{(s^2-1)^2} = -\dfrac{1}{2}\dfrac{d}{ds}\dfrac{1}{s^2-1} = \dfrac{1}{2}t L^{-1}\left\{\dfrac{1}{(s^2-1)}\right\} = \dfrac{1}{2}t\sinh t$

例題 33：Find the inverse Laplace transform of $\dfrac{2s^2+3s+4}{s^2+2s+3}$　　　【101 台大電子】

解　　　$L^{-1}\left\{\dfrac{2s^2+3s+4}{s^2+2s+3}\right\} = L^{-1}\left\{2 - \dfrac{(s+1)+1}{(s+1)^2+2}\right\}$

$$= 2\delta(t) - \left(\cos\sqrt{2}t + \frac{1}{\sqrt{2}}\sin\sqrt{2}t\right)e^{-t}$$

例題 34： Find the inverse Laplace transform of (1)$\dfrac{k^2}{s(s^2+k^2)}$　　(2)$\dfrac{e^{-5s}}{(s+1)^2}$

【101 高應大電機】

解

$$(1)L^{-1}\left[\frac{k^2}{s(s^2+k^2)}\right] = \int_0^t k\sin(kx)dx = 1 - \cos(kx)$$

$$(2)L^{-1}\left[\frac{e^{-5s}}{(s+1)^2}\right] = L^{-1}\left[\frac{1}{(s+1)^2}\right]\Bigg|_{t\to t-5} u(t-5)$$

$$= (t-5)e^{-(t-5)}u(t-5)$$

5-6　Laplace 轉換求解微分方程式

在求解微分方程式時，經常利用變數轉換以簡化問題，例如令自變數 $t = \ln x$ 代入一 Cauchy-Euler 微分方程式中，可將此變係數微分方程式轉化為常係數微分方程式，此外，在 Bernoulli 方程式中，令 $u = y^{1-n}$，可將非線性微分方程轉化為線性微分方程；總之，變數轉換的目的不外乎簡化問題，Laplace 轉換亦不例外，經由 Laplace 轉換可將微分方程式化為代數方程式，使求解更加快速容易。圖 5-6 為一典型之 Laplace 轉換之應用。

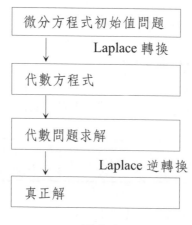

圖 5-6

如圖 5-6 所示，經由 Laplace 轉換可將微分方程式轉化為代數方程式，進而簡化問題；Laplace 轉換適用於有初始值之題目。

㈠求解常係數 O.D.E 初始值問題：

$$ay'' + by' + cy = f(t) \quad y(0) = c_1, y'(0) = c_2$$
$$\Rightarrow a\,(s^2 Y(s) - sc_1 - c_2) + b\,(sY(s) - c_1) + cY(s) = F(s)$$
$$\Rightarrow Y(s) = \frac{1}{as^2 + bs + c}\,(F(s) + (as + b)c_1 + ac_2)$$
$$\Rightarrow y(t) = L^{-1}\{Y(s)\}$$

㈡求解變係數 O.D.E 之初始值問題：

利用 $L\{t^m y^{(n)}(t)\} = (-1)^m \dfrac{d^m}{ds^m} L\{y^{(n)}(t)\}$

並應用初值終值定理對變係數 O.D.E 作 Laplace 轉換

㈢求解線性聯立常微分方程組：

$$\begin{cases} x' = a_{11}x + a_{12}y + f(t); \ x(0) = 0, \ y(0) = 0 \\ y' = a_{21}x + a_{22}y + g(t) \end{cases}$$

Laplace 轉換得：

$$\begin{cases} sX(s) = a_{11}X(s) + a_{12}Y(s) + F(s) \\ sY(s) = a_{21}X(s) + a_{22}Y(s) + G(s) \end{cases}$$

再利用 Cramer's Rule 即可求出 $X(s)$ 與 $Y(s)$

㈣求解 Partial Differential Equation

在本書第九～十一章會有相關的討論。

例題 35：Solve the following equation by Laplace transform

(1) $y'' + 9y = 2e^{-t}$ ；$y(0) = 0, y'(0) = 0$

(2) $y'' + 4y = f(t)$ ，$f(t) = \begin{cases} 3\sin t, & 0 < t < \pi \\ 0, & t > \pi \end{cases}$

$y(0) = 2, y'(0) = 3$ 　　　　　　　【101 彰師大電子】

解 　(1)對原式取 Laplace transform 可得

$$s^2 Y(s) - sy(0) - y'(0) + 9Y(s) = \frac{2}{s+1}$$

$$\Rightarrow Y(s) = \frac{1}{5}\frac{1}{s+1} + \frac{1}{5}\frac{-s+1}{s^2+9}$$

$$\Rightarrow y(t) = \frac{1}{5}e^{-t} - \frac{1}{5}\left(\cos 3t - \frac{1}{3}\sin 3t\right)$$

$(2) f(t) = 3\sin t\,(u(t) - u\,(t-\pi))$

$$\Rightarrow L\{f(t)\} = \frac{3}{s^2+1}(1 + e^{-\pi s})$$

對原式取 Laplace transform 可得

$$s^2 Y(s) - 2s - 3 + 4Y(s) = \frac{3}{s^2+1}(1 + e^{-\pi s})$$

$$\Rightarrow Y(s) = \frac{2s+3}{s^2+4} + \frac{3}{(s^2+4)(s^2+1)}(1 + e^{-\pi s})$$

$$= \frac{2s+3}{s^2+4} + \left(\frac{1}{(s^2+1)} - \frac{1}{(s^2+4)}\right)(1 + e^{-\pi s})$$

$$\Rightarrow y(t) = 2\cos 2t + \frac{3}{2}\sin 2t + \left(\sin t - \frac{1}{2}\sin 2t\right)u(t)$$

$$- \left(\sin t + \frac{1}{2}\sin 2t\right)u(t-\pi)$$

例題 36：Solve the following equation by Laplace transform

　　$y'' - 2y' - 8y = f(t)$；$y(0) = 1, y'(0) = 0$

解　　　對原式取 Laplace transform 可得

$$s^2 Y(s) - sy(0) - y'(0) - 2\{sY(s) - y(0)\} - 8Y(s) = F(s)$$

$$\Rightarrow Y(s) = \frac{s-2}{s^2 - 2s - 8} + \frac{F(s)}{s^2 - 2s - 8}$$

$$= \frac{\frac{1}{3}}{s-4} + \frac{\frac{2}{3}}{s+2} + \left(\frac{\frac{1}{6}}{s-4} + \frac{-\frac{1}{6}}{s+2}\right)F(s)$$

取逆變換即得解：

$$y(t) = \frac{1}{3}e^{4t} + \frac{2}{3}e^{-2t} + \int_0^t \left(\frac{1}{6}e^{4\tau} - \frac{1}{6}e^{-2\tau}\right)f(t-\tau)d\tau$$

例題 37：Find the solution of the initial value problem

　　$y'' + 2y' + 2y = 1 - u_{2\pi}(t) = 1 - u\,(t-2\pi)$；$y(0) = 0, y'(0) = 0$

解　　　對原式取 Laplace transform 可得

$$s^2 Y(s) - sy(0) - y'(0) + 2\{sY(s) - y(0)\} + 2Y(s) = \frac{1}{s} - \frac{e^{-2\pi s}}{s}$$

$$\Rightarrow Y(s) = \frac{1}{s(s^2 + 2s + 2)} - \frac{e^{-2\pi s}}{s(s^2 + 2s + 2)}$$

$$\int_0^t L^{-1}\left\{\frac{1}{[(s+1)^2+1]}\right\} d\tau = \int_0^t \sin \tau \, e^{-\tau} d\tau = \frac{1}{2} - \frac{1}{2}e^{-t}(\cos t + \sin t)$$

$$故\ y(t) = \frac{1}{2} - \frac{1}{2}e^{-t}(\cos t + \sin t) - \frac{1}{2}\{1 - e^{-(t-2\pi)}[\cos\ (t-2\pi) + \sin\ (t-2\pi)]\}$$
$$u\ (t-2\pi)$$

例題 38：Use the Laplace transform to solve the differential equation

$$y'' + y = 2t\ ;\ y\left(\frac{\pi}{2}\right) = \pi,\ y'\left(\frac{\pi}{2}\right) = 1 \qquad 【101 東華光電、材料】$$

解

Let $x = t - \dfrac{\pi}{2} \Rightarrow \dfrac{d^2y}{dx^2} + y = 2\left(x + \dfrac{\pi}{2}\right)\ ;\ y(0) = \pi,\ y'(0) = 1$

取 Laplace transform 可得：

$$(s^2 + 1)Y(s) = s\pi + 1 + \frac{2}{s^2} + \frac{\pi}{s}$$

$$\Rightarrow Y(s) = \frac{s\pi + 1}{(s^2 + 1)} + \frac{2}{(s^2 + 1)s^2} + \frac{\pi}{(s^2 + 1)s}$$

$$= \frac{s\pi + 1}{(s^2 + 1)} + \frac{2}{s^2} - \frac{2}{(s^2 + 1)} + \frac{\pi}{(s^2 + 1)s}$$

$$\Rightarrow Y(x) = \pi\cos x + \sin x + 2x - 2\sin x + \pi \int_0^x \sin u\, du$$

$$= 2x + \pi - \sin x$$

$$= 2t + \cos t$$

例題 39：Use the Laplace transform to solve the differential equation

$$y^{(4)} = a\delta\ (x - b)\ ;\ 0 \le x \le c$$

$$y(0) = y''(0) = y(c) = 0,\ y^{(3)}(0) = d$$

where a, b, c, and d are given constants. $(0 < b < c)$

解

設 $y'(0) = k$，對原式取 Laplace transform 可得：

$$s^4 Y(s) - s^3 y(0) - s^2 y'(0) - s y''(0) - y'''(0) = ae^{-bs}$$

$$\Rightarrow Y(s) = \frac{k}{s^2} + \frac{d}{s^4} + \frac{a}{s^4}e^{-bs}$$

$$\Rightarrow y(x) = kx + \frac{d}{3!}x^3 + a\frac{(x - b)^3}{3!}u(x - b)$$

利用邊界條件 $y\ (c) = 0$ 以求出 k

例題 40：Consider the following system of differential equations:

$$\begin{cases} x_1'(t) = x_2(t) \\ x_2'(t) = -2x_1(t) - 3x_2(t) + u(t-1) \\ y(t) = 2x_1(t) - x_2(t) \end{cases}$$

$$x_1(0) = x_2(0) = 0$$

(1) Find the corresponding response $y(t)$

(2) Calculate the peak value and the steady state value of $y(t)$

【101 中山電機】

解　(1)對原式取 Laplace transform 可得：

$$\Rightarrow \begin{cases} sX_1(s) - X_2(s) = 0 \\ 2X_1(s) + (s+3)X_2(s) = \dfrac{1}{s}e^{-s} \end{cases}$$

From Cramer's rule：

$$X_1(s) = \left(\frac{1}{2}\frac{1}{s} - \frac{1}{s+1} + \frac{1}{2}\frac{1}{s+2} \right) e^{-s} \Rightarrow x_1(t)$$

$$= u\,(t-1)\left(\frac{1}{2} - e^{-(t-1)} + \frac{1}{2}e^{-2(t-1)} \right)$$

$$X_2(s) = sX_1(s) = \left(\frac{1}{s+1} - \frac{1}{s+2} \right) e^{-s} \Rightarrow x_2(t)$$

$$= u\,(t-1)\left(e^{-(t-1)} + \frac{1}{2}e^{-2(t-1)} \right)$$

$$y(t) = 2x_1(t) - x_2(t) = u\,(t-1)(1 - 3e^{-(t-1)} + 2e^{-2(t-1)})$$

(2) steady state value of $y(t) = 1$

$$\frac{dy(t)}{dt} = 3e^{-t}e - 4e^{-2t}e^2 = 0 \Rightarrow e^t = \frac{4}{3}e$$

$$y\left(\ln\left(\frac{4}{3}e \right) \right) = -\frac{1}{8}$$

例題 41：Use the Laplace transform to solve the differential equation

$$\begin{cases} y_1'' = -ky_1 + k(y_2 - y_1) \\ y_2'' = -k(y_2 - y_1) - ky_2 \end{cases}$$

$$y_1(0) = 1,\ y_2(0) = 1,\ y_1'(0) = \sqrt{3k},\ y_2'(0) = -\sqrt{3k}$$

解　對原式取 Laplace transform 可得：

$$s^2 Y_1(s) - sy_1(0) - y_1'(0) = -2kY_1(s) + kY_2(s)$$

$$s^2 Y_2(s) - sy_2(0) - y_2'(0) = kY_1(s) - 2kY_2(s)$$

$$\Rightarrow \begin{cases} (s^2 + 2k)Y_1(s) - kY_2(s) = s + \sqrt{3k} \\ -kY_1(s) - (s^2 + 2k)Y_2(s) = s - \sqrt{3k} \end{cases}$$

$$\Rightarrow \begin{bmatrix} s^2 + 2k & -k \\ -k & s^2 + 2k \end{bmatrix} \begin{bmatrix} Y_1(s) \\ Y_2(s) \end{bmatrix} = \begin{bmatrix} s + \sqrt{3k} \\ s - \sqrt{3k} \end{bmatrix}$$

From Cramer's rule:

$$Y_1(s) = \frac{\begin{vmatrix} s + \sqrt{3k} & -k \\ s - \sqrt{3k} & s^2 + 2k \end{vmatrix}}{\begin{vmatrix} s^2 + 2k & -k \\ -k & s^2 + 2k \end{vmatrix}} = \frac{\sqrt{3k}}{s^2 + 3k} + \frac{s}{s^2 + k}$$

$$\Rightarrow y_1(t) = L^{-1}\{Y_1(s)\} = \cos\sqrt{k}t + \sin\sqrt{3k}t$$

$$Y_2(s) = \frac{\begin{vmatrix} s^2 + 2k & s + \sqrt{3k} \\ -k & s - \sqrt{3k} \end{vmatrix}}{\begin{vmatrix} s^2 + 2k & -k \\ -k & s^2 + 2k \end{vmatrix}} = \frac{s}{s^2 + k} - \frac{\sqrt{3k}}{s^2 + 3k}$$

$$\Rightarrow y_2(t) = L^{-1}\{Y_2(s)\} = \cos\sqrt{k}t - \sin\sqrt{3k}t$$

例題 42：Use the Laplace transform to solve the integral-differential equation

$$y' = 1 - \sin t - \int_0^t y(r)dr; \, y(0) = 0 \qquad \text{【101 彰師大電信】}$$

解　對原式取 Laplace transform 可得：

$$sY(s) = \frac{1}{s} - \frac{1}{s^2 + 1} - \frac{1}{s}Y(s) \Rightarrow (s^2 + 1)Y(s) = 1 - \frac{s}{(s^2 + 1)}$$

$$\Rightarrow Y(s) = \frac{1}{(s^2 + 1)} - \frac{s}{(s^2 + 1)^2}$$

$$\Rightarrow y(t) = \sin t - \frac{1}{2}t\sin t$$

例題 43：Use the Laplace transform to solve the integral-differential equation

$$y'' + y - 4\int_0^t y(r)\sin(t - r)dr = e^{-2t}; \, y(0) = 1, \, y'(0) = 0$$

解　對原式取 Laplace transform 可得：

$$s^2Y(s) - s - 0 + Y(s) - 4Y(s)\frac{1}{s^2 + 1} = \frac{1}{s + 2}$$

$$\Rightarrow Y(s) = \frac{(s^2 + 1)(s^2 + 2s + 1)}{(s^4 + 2s^2 - 3)(s + 2)} = \frac{(s^2 + 1)(s + 1)}{(s^2 + 3)(s - 1)(s + 2)}$$

$$= \frac{as+b}{s^2+3} + \frac{c}{s-1} + \frac{d}{s+2}$$

$$\Rightarrow a = \frac{3}{7}, \ b = \frac{1}{7}, \ c = \frac{1}{3}, \ d = \frac{5}{21}$$

取逆變換即得解：

$$y(t) = \frac{3}{7}\cos\sqrt{3}t + \frac{1}{7\sqrt{3}}\sin\sqrt{3}t + \frac{1}{3}e^t + \frac{5}{21}e^{-2t}$$

例題 44：Given that a function $u(t)$ satisfies

$$u' + u + \int_0^t e^{t-r} \frac{du}{dr} \, dr = e^{-t}$$

Solve for $u(t)$ with the initial condition $u(0) = 1$

解

原式：$u' + u + e^t * \dfrac{du}{dt} = e^{-t}$

$$\Rightarrow sU(s) - 1 + U(s) + \frac{1}{s-1}[sU(s) - 1] = \frac{1}{s+1}$$

$$\Rightarrow U(s) = \frac{s^2 + 2s - 1}{(s+1)(s^2+s-1)}$$

$$= \frac{2}{s+1} + \frac{\frac{1}{10}(3\sqrt{5}-5)}{s - \frac{1}{2}(-1+\sqrt{5})} + \frac{\frac{1}{10}(3\sqrt{5}+5)}{s - \frac{1}{2}(-1-\sqrt{5})}$$

$$\therefore u(t) = 2e^{-t} + \frac{1}{10}(3\sqrt{5}-5)e^{\frac{1}{2}(-1+\sqrt{5})t} - \frac{1}{10}(3\sqrt{5}+5)e^{\frac{1}{2}(-1-\sqrt{5})t}$$

例題 45：$y'' + 2y' + 10y = f(t); \ y(0) = y'(0) = 0, f(t)$ is periodic function

$$f(t) = \begin{cases} 1, \ t \in (0, \pi) \\ -1, \ t \in (\pi, 2\pi) \end{cases} ; f(t) = f(t+2\pi)$$

解

$$F(s) = \frac{1}{1-e^{-2\pi s}}\left(\int_0^\pi e^{-st}\,dt - \int_\pi^{2\pi} e^{-st}\,dt\right) = \frac{1}{s}\left(\frac{2}{1+e^{-\pi s}} - 1\right)$$

$$Y(s) = \frac{1}{s^2+2s+10}\frac{1}{s}\left(\frac{2}{1+e^{-\pi s}} - 1\right)$$

$$= \frac{1}{3s}\frac{3}{(s+1)^2+9}(1 - 2e^{-\pi s} + 2e^{-2\pi s} - \cdots)$$

$$L^{-1}\left\{\frac{1}{s}\frac{3}{(s+1)^2+9}\right\} = \int_0^t e^{-x}\sin 3x\,dx = \frac{3}{10} - \frac{e^{-t}(\sin 3t + 3\cos 3t)}{10}$$

$$= g(t)$$

$$\therefore y(t) = \frac{1}{3}g(t) - \frac{2}{3}g(t-\pi)u(t-\pi) + \frac{2}{3}g(t-2\pi)u(t-2\pi) - \cdots$$

例題 46：Solve $\dfrac{d\mathbf{x}}{dt} = \begin{bmatrix} 2 & 1 \\ 1 & 2 \end{bmatrix}\mathbf{x} + \begin{bmatrix} 2e^{5t} \\ 3e^{2t} \end{bmatrix}$ $\mathbf{x} = \begin{bmatrix} x_1 \\ x_2 \end{bmatrix}, x_1(0) = 0, x_2(0) = 0$

解 By taking Laplace transform, we have

$$\begin{cases} sX_1(s) = 2X_1(s) + X_2(s) + \dfrac{2}{s-5} \\ sX_2(s) = X_1(s) + 2X_2(s) + \dfrac{3}{s-2} \end{cases} \Rightarrow \begin{bmatrix} s-2 & -1 \\ -1 & s-2 \end{bmatrix}\begin{bmatrix} X_1(s) \\ X_2(s) \end{bmatrix} = \begin{bmatrix} \dfrac{2}{s-5} \\ \dfrac{3}{s-2} \end{bmatrix}$$

From Cramer's rule

$$X_1(s) = \frac{\begin{vmatrix} \dfrac{2}{s-5} & -1 \\ \dfrac{3}{s-2} & s-2 \end{vmatrix}}{\Delta} = \frac{2s^2 - 5s - 7}{(s-1)(s-2)(s-3)(s-5)}$$

$$= \frac{\dfrac{5}{4}}{s-1} - \frac{3}{s-2} + \frac{1}{s-3} + \frac{\dfrac{3}{4}}{s-5}$$

$$X_2(s) = \frac{\begin{vmatrix} s-2 & \dfrac{2}{s-5} \\ -1 & \dfrac{3}{s-2} \end{vmatrix}}{\Delta} = \frac{3s-13}{(s-1)(s-2)(s-5)}$$

$$= \frac{-\dfrac{5}{2}}{s-1} + \frac{\dfrac{7}{3}}{s-2} + \frac{\dfrac{1}{6}}{s-5}$$

where $\Delta = \begin{vmatrix} s-2 & -1 \\ -1 & s-2 \end{vmatrix} = (s-1)(s-3)$

$$\Rightarrow \begin{cases} x_1(t) = \dfrac{5}{4}e^t - 3e^{2t} + e^{3t} + \dfrac{3}{4}e^{5t} \\ x_2(t) = -\dfrac{5}{2}e^t + \dfrac{7}{3}e^{2t} + \dfrac{1}{6}e^{5t} \end{cases}$$

例題 47：(a)證明 $y'' + k^2 y = f(x)$ 之通解為

$$y = c_1 \cos kx + c_2 \sin kx + \frac{1}{k}\int_0^x \sin k(x-s)f(s)ds$$

(b)求 $y'' + y = \delta(x-1), y(0) = y(2) = 0$ 之解 　　　　　　【成大土木】

解 (a)Take Laplace transform $y'' + k^2y = f(x)$, we have

$$s^2Y(s) - y(0)s - y'(0) + k^2Y(s) = F(s)$$

$$\Rightarrow Y(s) = \frac{y(0)s + y'(0)}{s^2 + k^2} + \frac{F(s)}{s^2 + k^2}$$

$$\therefore y(x) = L^{-1}\{Y(s)\} = y(0)\cos kx + \frac{y'(0)}{k}\sin kx + \frac{1}{k}\sin kx * f(x)$$

$$= c_1\cos kx + c_2\sin kx + \frac{1}{k}\int_0^x \sin k(x - \tau)f(\tau)d\tau$$

(b)

$$y(x) = c_1\cos x + c_2\sin x + \int_0^x \sin(x - \tau)\delta(\tau - 1)d\tau$$

$$= c_1\cos x + c_2\sin x + \sin(x - 1)u(x - 1)$$

$$y(0) = 0 \Rightarrow c_1 = 0$$

$$y(2) = 0 \Rightarrow c_2\sin 2 + \sin 1 = 0 \Rightarrow c_2 = \frac{-\sin 1}{\sin 2}$$

$$\therefore y(x) = \frac{-\sin 1}{\sin 2}\sin x + \sin(x - 1)u(x - 1)$$

例題 48：Solve the nonlinear integral equation

$$2y(t) + \int_0^t y(\tau)y(t - \tau)\,d\tau = t + 2 \qquad 【中山材料】$$

解 Take Laplace transform, we have

$$2Y(s) + Y^2(s) = \frac{1}{s^2} + \frac{2}{s} \Rightarrow Y(s) = \frac{1}{s}, \; -2 - \frac{1}{s}$$

$$\therefore y(t) = 1 \quad \text{or} \quad y(t) = -2\delta(t) - 1$$

例題 49：Solve the following equation by Laplace transform

$$ty'' + 2(t - 1)y' + (t - 2)y = 0$$

解 設 $y(0) = c_0, y'(0) = c_1$ 對原式取 Laplace transform 可得：

$$L[ty''] = -\frac{d}{ds}[s^2Y(s) - sc_0 - c_1] = -[2sY(s) + s^2Y'(s) - c_0]$$

$$L[2(t - 1)y'] = -2\frac{d}{ds}[sY(s) - c_0] - 2[sY(s) - c_0]$$

$$= -2[Y(s) + sY'(s) + sY(s) - c_0]$$

$$L[(t - 2)y] = -\frac{d}{ds}Y(s) - 2Y(s)$$

由以上三式可得：

$$-2sY(s) - s^2 \frac{d}{ds}Y(s) + c_0 - 2Y(s) - 2s\frac{d}{ds}Y(s) - 2sY(s) + 2c_0 - \frac{d}{ds}Y(s) - 2sY(s) = 0$$

$$-(s^2 + 2s + 1)\frac{d}{ds}Y + 3c_0 - (4 + 4s)Y(s) = 0$$

$$\Rightarrow (s+1)^2 \frac{d}{ds}Y + (4 + 2s)Y(s) = 3c_0$$

$$\Rightarrow \frac{dY(s)}{ds} + \frac{4}{s+1}Y(s) = \frac{3c_0}{(s+1)^2}$$

$$\therefore Y(s) = \exp\left[-\int \frac{4}{s+1}ds\right]\left\{\int \exp\left[\int \frac{4}{s+1}ds\right]\frac{3c_0}{(s+1)^2}ds + c_2\right\}$$

$$= \frac{c_0}{(s+1)} + \frac{c_2}{(s+1)^4}$$

$$\therefore y(t) = c_0 e^{-t} + c_2 t^3 e^{-t}$$

例題 50：$Y(s) = \dfrac{1}{s^2 + 16} + \dfrac{s}{(s^2 + 16)^2} - \dfrac{s}{(s^2 + 16)^2}e^{-\pi s}$

(1) If $Y(s)$ is used to describe a second-order O.D.E.

　　$y'' + py' + qy = r,\ y(0) = 0,\ y'(0) = 1$

　　Find p, q, r, respectively

(2) Find the solution for $y(t)$ 　　　　　　　　　【101 台聯大工數 A】

$$L^{-1}\left\{\frac{1}{s^2 + 16}\right\} = \frac{1}{4}\sin 4t$$

$$L^{-1}\left\{\frac{s}{(s^2 + 16)^2}\right\} = \frac{1}{8}t \sin 4t$$

$$L^{-1}\left\{\frac{s}{(s^2 + 16)^2}e^{-\pi s}\right\} = \frac{1}{8}(t - \pi)\sin 4(t - \pi)u(t - \pi)$$

$$y'' + py' + qy = r,\ y(0) = 0,\ y'(0) = 1$$

$$\Rightarrow Y(s) = \frac{1}{s^2 + ps + q} + \frac{R(s)}{s^2 + ps + q}$$

$$= \frac{1}{s^2 + 16} + \frac{s}{(s^2 + 16)^2} - \frac{s}{(s^2 + 16)^2}e^{-\pi s}$$

$$\Rightarrow p = 0,\ q = 16,$$

$$R(s) = \frac{s}{s^2 + 16} - \frac{s}{s^2 + 16}e^{-\pi s}$$

$$\therefore r(t) = \cos 4t - \cos 4(t - \pi)u(t - \pi) = \cos 4t - \cos 4t\,u(t - \pi)$$

$$= \cos 4t\,[u(t) - u(t - \pi)]$$

$$= \begin{cases} \cos 4t, & 0 < t < \pi \\ 0, & t > \pi \end{cases}$$

例題 51：Solve the following O.D.E. by Laplace transform

$$y'' + y = -2\sin t + 10\delta\,(t - \pi),\ y(0) = 0,\ y'(0) = 1$$

解

$$(s^2 + 1)Y = 1 - \frac{2}{s^2 + 1} + 10\,e^{-\pi s},\ Y = \frac{1}{s^2 + 1} - \frac{2}{(s^2 + 1)^2} + \frac{10}{s^2 + 1}\,e^{-\pi s}$$

$$y = \sin t - (\sin t - t\cos t) - 10u\,(t - \pi)\,\sin t$$

$$= t\cos t - 10u\,(t - \pi)\,\sin t$$

例題 52：Solve the following O.D.E. by Laplace transform

$$y'' + y = \sin t,\ y(0) = 0,\ y'(0) = 0$$

解

$$(s^2 + 1)Y = \frac{1}{s^2 + 1}\ ,\quad Y = \frac{1}{(s^2 + 1)^2}\ ,$$

$$y = (\sin t) * (\sin t) = \int_0^t \sin\tau\,\sin\,(t - \tau)\,d\tau = -\frac{1}{2}t\cos t + \frac{1}{2}\sin t$$

例題 53：Consider a stable LTI system that is characterized by the differential equation

$$\frac{d^2y(t)}{dt^2} + 4\frac{dy(t)}{dt} + 3y(t) = \frac{dx(t)}{dt} + 2x(t)$$

Find the impulse response of the LTI system.　　　　【台大電信】

解　　取 Laplace 變換得

$$(s^2 + 4s + 3)Y(s) = (s + 2)X(s)$$

$$\therefore H\,(s) = \frac{Y(s)}{X(s)} = \frac{s + 2}{s^2 + 4s + 3} = \frac{0.5}{s + 1} + \frac{0.5}{s + 3}\ ,$$

$$故\quad h(t) = \left(\frac{1}{2}e^{-t} + \frac{1}{2}e^{-3t}\right)u(t)$$

例題 54：Find the solution of the integrodifferential equation:

$$y' + 5y + 6\int_0^t y(r)\,dr = f(t)\ ;\ y(0) = 1$$

$$f(t) = \begin{cases} 1, & t < 2 \\ 0, & 2 \le t < 4 \\ 1, & t \ge 4 \end{cases}$$

【101 北科大電機】

解 對原式取 Laplace transform 可得：

$$sY(s) - 1 + 5Y(s) + \frac{6}{s}Y(s) = \frac{2}{s}(1 - e^{-2s} + e^{-4s})$$

$$\Rightarrow Y(s) = \frac{s}{(s+3)(s+2)} + \frac{2}{(s+3)(s+2)}(1 - e^{-2s} + e^{-4s})$$

$$\Rightarrow Y(s) = \frac{-2}{(s+2)} + \frac{3}{(s+3)} + \left(\frac{1}{(s+2)} - \frac{1}{(s+3)}\right)2(1 - e^{-2s} + e^{-4s})$$

取逆變換即得解：

$$y(t) = -2e^{-2t} + 3e^{-3t} + 2u(t)(e^{-2t} - e^{-3t}) - 2u(t-2)$$
$$(e^{-2(t-2)} - e^{-3(t-2)}) + 2u(t-4)(e^{-2(t-4)} - e^{-3(t-4)})$$

例題 55：Solve the following equations and plot $y(t)$:

(1) $y'' + 4y = 4\sum_{n=0}^{\infty} \delta(t - n\pi)$; $y(0) = y'(0) = 0$

(2) $\int_0^t y(t-r)\cos r\, dr = t\sin t$

【101 台聯大工數 C】

解 (1)對原式取 Laplace transform 可得：

$$s^2Y(s) + 4Y(s) = 4(1 + e^{-\pi s} + e^{-2\pi s} + \cdots)$$

$$\Rightarrow Y(s) = \frac{4}{s^2 + 4}(1 + e^{-\pi s} + e^{-2\pi s} + \cdots)$$

$$\therefore y(t) = 2\sin(2t)(1 + u(t-\pi) + (t-2\pi) + \cdots)$$

(2)對原式取 Laplace transform 可得：

$$L[\cos t]\, Y(s) = L[t\sin t]$$

$$\Rightarrow Y(s) = \frac{2}{s^2 + 1} \Rightarrow y(t) = 2\sin t$$

例題 56：For the following initial value problem

$$y'' + y = f(t) = \sum_{n=0}^{\infty} u(t-n); \quad y(0) = 1, \quad y'(0) = 0$$

(1) Find the Laplace transform of $f(t)$, and determine its region of convergence

(2) Solve the above O.D.E.

【101 交大電機】

解 (1)對 $f(t)$ 取 Laplace transform 可得：

$$L[f(t)] = \frac{1}{s}(1 + e^{-s} + e^{-2s} + \cdots) = \frac{1}{s}\frac{1}{1 - e^{-s}}$$

ROC: $e^{-s} < 1 \Rightarrow s > 0$

(2) $s^2 Y(s) - s + Y(s) = \frac{1}{s}(1 + e^{-s} + e^{-2s} + \cdots)$

$$\Rightarrow Y(s) = \frac{s}{s^2 + 1} + \frac{1}{s(s^2 + 1)}(1 + e^{-s} + e^{-2s} + \cdots)$$

$$\therefore y(t) = \cos t + (1 - \cos t)u(t) + (1 - \cos(t-1))u(t-1) + \cdots$$

例題 57：Solve the following O.D.E.

$$y'' + y = 5x + 8\sin x \; ; \; y(\pi) = 0, y'(\pi) = 2$$

【101 台師大光電】

解 Let $t = x - \pi \Rightarrow y(x = \pi) = y(t = 0) = 0,\ \left.\frac{dy}{dt}\right|_{t=0} = 2$，原式

$$y'' + y = 5(t + \pi) + 8\sin(t + \pi) \; ; \; y(0) = 0, y'(0) = 2$$

取 Laplace transform 可得：

$$s^2 Y(s) - 2 + Y(s) = \frac{5}{s^2} + \frac{5\pi}{s} - \frac{8}{s^2 + 1}$$

$$\Rightarrow Y(s) = \frac{s}{s^2 + 1} + \frac{5}{s^2(s^2 + 1)} + \frac{5\pi}{s(s^2 + 1)} - \frac{8}{(s^2 + 1)^2}$$

$$= \frac{5}{s^2} - \frac{3}{s^2 + 1} + \frac{5\pi}{s(s^2 + 1)} - \frac{8}{(s^2 + 1)^2}$$

$$L^{-1}\left\{\frac{8}{(s^2 + 1)^2}\right\} = L^{-1}\left\{\frac{1}{s}\frac{8s}{(s^2 + 1)^2}\right\} = \int_0^t 4x\sin x\, dx = -4t\cos t + 4\sin t$$

$$L^{-1}\left\{\frac{5}{s(s^2 + 1)}\right\} = \int_0^t 5\sin x\, dx = 5(1 - \cos t)$$

$$\therefore y(t) = 5t - 3\sin t + 5\pi(1 - \cos t) - (-4t\cos t + 4\sin t)$$

例題 58：Solve the following O.D.E.

$$ty'' + (4t - 2)y' - 4y = 0 \; ; \; y(0) = 1$$

【101 台師大光電】

解 取 Laplace transform 可得：

$$-\frac{d}{ds}[s^2 Y(s) - sy(0) - y'(0)] - 4\frac{d}{ds}[sY(s) - y(0)] - 2[sY(s) - y(0)] - 4Y(s) = 0$$

$$\Rightarrow -(s^2 + 4s)\frac{dY(s)}{ds} - (4s + 8)Y(s) = -3$$

$$\therefore Y(s) = \frac{3s}{s^2(s+4)^2} + \frac{c}{s^2(s+4)^2}$$

$$Y(s) = \frac{-\frac{3}{16}}{s+4} + \frac{-\frac{3}{4}}{(s+4)^2} + c\left[-\frac{1}{32}\frac{1}{s} + \frac{1}{16}\frac{1}{s^2} + \frac{1}{32}\frac{1}{s+4} + \frac{1}{16}\frac{1}{(s+4)^2}\right] + \frac{\frac{3}{16}}{s}$$

$$\therefore y(t) = -\frac{3}{16}e^{-4t} - \frac{3}{4}te^{-4t} + c\left(-\frac{1}{32} + \frac{1}{16}t + \frac{1}{32}e^{-4t} + \frac{1}{16}te^{-4t}\right) + \frac{3}{16}$$

綜合練習

1. Find the Laplace transform of：
   $f(t) = 4e^{5t} + 6t^3 - 3\sin 4t + 2\cos 2t$；$g(t) = \sin\sqrt{t}$　　【大同電機】

2. Find the Laplace transform of the following time function：

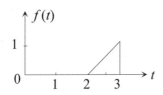

　　　　　　　　　　　　　　　　　　　　　　　　　【中山電機】

3. (a)Find the Laplace transform of $\dfrac{(e^{at} - e^{bt})}{t}$ for $t \geq 0$, indicating the region of convergence of the integral involved, where a, b, c, are constants.

   (b)Find the inverse Laplace transform of $\tan^{-1}\dfrac{1}{s}$ for $t \geq 0$　　【成大電機】

4. Find the Laplace transform of the graph below：

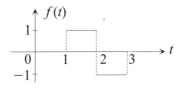

　　　　　　　　　　　　　　　　　　　　　　　　　【中山環工】

5. Find the Laplace transform of：

   (a)$L\{\delta_\varepsilon(t)\} = $?

   $$\delta_\varepsilon(t) = \begin{cases} 0 & ；-\infty < t < 0 \\ \dfrac{1}{\varepsilon} & ；0 < t < \varepsilon \quad \text{and if } \varepsilon \to 0 \\ 0 & ；\varepsilon < t < \infty \end{cases}$$

   (b)$L\{e^{-2t}t^{-1}\sin t\} = $?　　【成大機械】

6. Find the Laplace transform of $f(t) = \sin at \cosh bt$ and $g(t) = t^2 u(t-1)$　　【中山電機】

7. Prove $\displaystyle\int_s^\infty F(x)dx = L\left\{\dfrac{f(t)}{t}\right\}$, find $L\left\{\dfrac{e^{-at} - e^{-bt}}{t}\right\}$ and $\displaystyle\int_0^\infty \dfrac{e^{-t} - e^{-2t}}{t}dt = $?　　【交大光電，成大化工】

8. Find the inverse Laplace transform of

$$F(s) = \frac{s}{(s+2)^2(s^2+2s+10)}$$ 【清大化工】

9. Find the inverse Laplace transform of

$$F(s) = \frac{e^{-s} + e^{-2s}}{s^2 - 3s + 2}$$ 【成大造船】

10. $L^{-1}\left\{\dfrac{s}{(s^2-1)^2}\right\} = ?$ 【清大材料】

11. Find the Laplace transform of $f(t) = \displaystyle\int_0^\infty \frac{\cos xt}{1+x^2}\,dx$, use the result to calculate $I = \displaystyle\int_0^\infty \frac{\cos x}{1+x^2}\,dx$ 【中山機械】

12. Given $L\{f(t)\} = \dfrac{s}{(s^2+1)(1-e^{-\pi s})}$

    (a) What is $\lim\limits_{t \to 0^+} f(t)$

    (b) If it is known that $f(t)$ is a periodic function, what is the period of $f(t)$? 【台大機械】

13. Find the Laplace transform of the following periodic function 【交大機械】

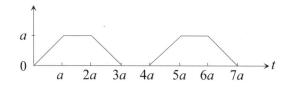

14. Compute the triple convolution integral: $t^2 * t^2 * t^2 = ?$ 【清大化工】

15. Compute $(1)L^{-1}\left\{\dfrac{1}{s^2(s+1)^2}\right\}$ $(2)L^{-1}\left\{\dfrac{1}{(s-a)s}\right\}$ 【台大機械，成大機械】

16. Solve $f(t) = 3t^2 - e^{-t} - \displaystyle\int_0^t f(\tau)e^{t-\tau}d\tau$ 【台科大機械】

17. Determine $f(t)$, where $L\{f(t)\} = \dfrac{1}{(s^2+9)^2}$ 【中山機械】

18. Prove $(1)L\{c_i(x)\} = \dfrac{1}{2s}\ln(s^2+1)$

    $(2)L\{s_i(x)\} = \dfrac{1}{s}\tan^{-1}\dfrac{1}{s}$ 【中山機械、電機、成大造船】

19. Using the method of the Laplace transform to solve the initial value problem of

$$\frac{d^2y}{dt^2} - 3\frac{dy}{dt} + 2y = 4t \; ; \; y(0) = 1, \left.\frac{dy}{dt}\right|_{t=0} = -1$$ 【成大材料】

20. Find the solutions $x_1(t)$ and $x_2(t)$ of the following system satisfying the given conditions

$$\frac{d}{dt}\begin{bmatrix} x_1 \\ x_2 \end{bmatrix} = \begin{bmatrix} 2 & 3 \\ 1 & 4 \end{bmatrix}\begin{bmatrix} x_1 \\ x_2 \end{bmatrix} + \begin{bmatrix} 2e^{2t} \\ 3e^{3t} \end{bmatrix} \; ; \; \begin{bmatrix} x_1(0) \\ x_2(0) \end{bmatrix} = \begin{bmatrix} 0 \\ 0 \end{bmatrix}$$ 【台科大】

21. Using the method of the Laplace transform to solve the simultaneous differential equation

$$\begin{cases} x' + 3x - y = 1 \\ x' + y' + 3x = 0 \end{cases} \; ; \; x(0) = 2, \, y(0) = 0$$ 【交大環工】

22. Solve $f(t) = 1 - t + \displaystyle\int_0^t (t-\alpha)f(\alpha)\,d\alpha$ 【成大物理】

23. Using the method of the Laplace transform to solve the initial value problem of

$$\frac{d^2y}{dt^2} + 3\frac{dy}{dt} + 2y = u(t) - u(t-1) \; ; \; y(0) = 0, \left.\frac{dy}{dt}\right|_{t=0} = 0$$ 【台大環工】

24. Solve $\begin{cases} x_1' - 2x_1 + x_2 - 3x_3 = 1 - t \\ x_2' + x_1 - x_2 + x_3 = 1 + t \\ x_3' - x_2 + x_3 = t \end{cases}$ 【台大土木】

25. Using the method of the Laplace transform to solve the initial value problem of
$\begin{cases} y_1'' = y_1 + 3y_2 & ; y_1(0) = 2,\ y_1'(0) = 3 \\ y_2'' = 4y_1 - 4e^t & ; y_2(0) = 1,\ y_2'(0) = 2 \end{cases}$ 【交大環工】

26. 對於 $y'' + 3y' + 2y = f$；$y(0) = 1$, $y'(0) = 2$，找出常數函數 f，使解系統中沒有 e^{-t} 項，而且以 e^{-2t} 之方式衰減至 $\dfrac{f}{2}$ 【交大控制】

27. Solve $y'' + y = e^{t-2\pi}\cos(t - 2\pi)u(t - 2\pi)$；$y(0) = y'(0) = 0$ 【台大機械】

28. Please solve for $y(t)$ in the simultaneous differential equations
$\begin{cases} y'(t) + y(t) + 3\displaystyle\int_0^t z(t)dt = \cos t - 3\sin t \\ 2y'(t) + 3z'(t) + 6z(t) = 0 \quad ; y(0) = -3,\ z(0) = 2 \end{cases}$ 【清大動機】

29. 解微分方程組
$\begin{cases} 2\dfrac{dx}{dt} = 3x - y \\ 2\dfrac{dy}{dt} = 3y - x \end{cases}$；$x(0) = a,\ y(0) = b$ 【中原土木】

30. (a)Prove: $L\left\{\dfrac{f(t)}{t}\right\} = \displaystyle\int_s^\infty F(s)ds$ (b)Prove: $\displaystyle\int_0^\infty \dfrac{e^{-at} - e^{-bt}}{t}dt = \ln\left(\dfrac{b}{a}\right)$ 【中原土木】

31. Find the inverse Laplace transformation of
$Y(s) = \dfrac{kp}{(s^2 + w^2)(s^2 + p^2)}$ 【台科大機械】

32. Solve $y'' - 2y' + 5y = 8\sin t - 4\cos t$, $y(0) = 1$, $y'(0) = 3$ by using Laplace transformation 【台大環工】

33. Find the Laplace transformation of the following functions
(1) $f(t) = \cosh at\cos at - \sinh at\sin at$
(2) $f(t) = t^2\cos wt + t\cos wt + \cos wt$ 【台大環工】

34. Find the solution satisfying the given initial conditions
$\begin{cases} y_1' = y_2 & y_1(0) = 0 \\ y_2' = -2y_1 + 3y_2 + y_3 & \text{with} \quad y_2(0) = 1 \\ y_3' = -y_3 & y_3(0) = 1 \end{cases}$ 【台大環工】

35. Obtain $y = y(t)$ if $y(0) = 0$, $y'(0) = 0$, and
$y'' + 2y = f(t) = \begin{cases} 0 & ; t < 5 \\ 3 & ; t > 5 \end{cases}$ 【交大資科】

36. Solve
$\begin{cases} \dfrac{d^2x}{dt^2} + 10x - 4y = 0 \\ -4x + \dfrac{d^2y}{dt^2} + 4y = 0 \end{cases}$ subject to $x(0) = 0$, $\dfrac{dx(0)}{dt} = 1$, $y(0) = 0$, $\dfrac{dy(0)}{dt} = 1$ 【台科大自控】

37. Solve $\dfrac{d^2y}{dt^2} + \dfrac{dy}{dt} - 2y = f(t)$ 【台科大自控】

where $f(t) = 1 - \sinh t + \displaystyle\int_0^t (1 + \tau)f(1 + \tau)d\tau$

38. Solve the initial value problem

(a)$y' + y = x + \sin x$；$y(0) = 1$

(b)$y'' - 8ty' + 16y = 3$；$y'(0) = 0 = y(0)$ 　　　　　　【雲科大電子】

39. Solve the integro-differential equation

$$y'(x) = 1 - \int_0^x y(t)e^{-2(x-t)}dt \; ; \; y(0) = 1$$ 　　　　　　【交大電子】

40. Consider the following differential equation

$$xy'' - 2(x+1)y' + (x+2)y = 0$$

(a)If $y(0) = a$, $y'(0) = b$, find the Laplace transform of the above differential equation

(b)Choose the integrating factor and solve the $Y(s)$ differential equation

(c)From the $Y(s)$, find the solution of $y(x)$. Prove that $y(x)$ can be denoted by a linear combination of two

　　independent solutions. 　　　　　　【台大光電】

41. Find the Laplace transform of the function：

$$f(t) = \begin{cases} \dfrac{1}{\sqrt{t}} & ; \; t > 0 \\ 0 & ; \; t \leq 0 \end{cases}$$ 　　　　　　【中山光電】

42. Find the Laplace transform of the function

$$f(t) = \int_0^t \tau \sin(3\tau) \sinh \tau d\tau$$ 　　　　　　【雲科大電機】

43. $y'(t) = f(t); y(0) = 0; \begin{cases} f(t) = \delta(t-2) \\ f(t) = f(t-3) \end{cases}$ 　　　　　　【台大農工】

44. Solve $f(t) = 2t^2 + \int_0^t f(t-\tau)\exp(-\tau)d\tau$ 　　　　　　【成大機械】

45. Solve $f(t) = \sin t + \int_0^t \sin(t-\tau)f(\tau)d\tau$ 　　　　　　【清大通訊】

46. Find the inverse Laplace transformation of 　　　　　　【清大動機】

(1)$Y(s) = \dfrac{s^3}{(s^2+\omega^2)^2}$　　(2)$Y(s) = \ln\left(1+\dfrac{1}{s^2}\right)$　　(3)$Y(s) = \ln\left(1+\dfrac{1}{s}\right)$

47. Solve $y^{(4)} = \delta(t-1)$ where $y'(0) = y''(0) = y'''(0) = 0$, $y(0) = 1$ 　　　　　　【北科大電機】

48. $y'(t) - 3\int_0^t e^{-2(t-\tau)}y(\tau)d\tau = \begin{cases} 4e^{-2t} & ; \; 1 < t < \infty \\ 0 & ; \; elsewhere \end{cases} ; \; y(0) = 4$

49. Find the inverse Laplace transform of $F(s) = \dfrac{1}{s(s-4)^2}$

50. Solve $y'' + 2y = f(t)$；$y(0) = y'(0) = 0, f(t) = \begin{cases} 1 & ; \; 0 < t < 1 \\ 0 & ; \; elsewhere \end{cases}$

51. Proof $L\{erf(\sqrt{t})\} = \dfrac{1}{s\sqrt{s+1}}$

52. 求下列函數的 Laplace 轉換

(1)$e^{-t}\sinh 5t$　　(2)$e^{-3t}\cos \pi t$　　(3)$\sin\left(3t - \dfrac{1}{2}\right)$　　(4)$\sin^2 4t$

53. 求下列函數的 inverse Laplace 轉換

(1)$\dfrac{s-6}{(s-1)^2+4}$　　(2)$\dfrac{\pi}{(s+\pi)^2}$　　(3)$\dfrac{2s+16}{s^2-16}$　　(4)$\dfrac{1}{(s+a)(s+b)}$

54. 求下列函數的 inverse Laplace 轉換

(1)$\dfrac{10}{s^3-\pi s^2}$　　(2)$\dfrac{1}{s^4+s^2}$　　(3)$\dfrac{1}{s^4+\pi^2 s^2}$

55. 以 Laplace 轉換求解下列初始值問題

(1) $9y'' - 6y' + y = 0$, $y(0) = 3$, $y'(0) = 1$

(2) $y'' + 3y' + 2y = r(t)$, $r(t) = \begin{cases} 1 & \text{if } 0 < t < 1 \\ 0 & \text{if } t > 1 \end{cases}$; $y(0) = 0$, $y'(0) = 0$

56. Solve the following O.D.E. by Laplace transform

(1) $y'' + 3y' + 2y = 10(\sin t + \delta(t-1))$, $y(0) = 1$, $y'(0) = -1$

(2) $y'' + 5y' + 6y = \delta\left(t - \frac{1}{2}\pi\right) + u(t - \pi) \cos t$, $y(0) = 0$, $y'(0) = 0$

(3) $y'' + 5y = 25t - 100\delta(t - \pi)$, $y(0) = -2$, $y'(0) = 5$

57. If $L\{f(t)\} = \dfrac{5}{(s^2+1)(s^2+2s)}$, find $f(t)$

58. 求解下列積分方程式

$y(t) + 2\int_0^t y(\tau) \cos(t - \tau)d\tau = \cos t$

59. $y^{(4)}(x) = k\delta\left(x - \dfrac{l}{2}\right)$; $y(0) = y''(0) = y(l) = y''(l) = 0$

60. 求解下列積分方程式

$y(t) = -1 + \int_0^t y(t - \tau)e^{-3\tau}d\tau$ 【101 雲科大電子光電】

61. Find the inverse Laplace transform of $F(s) = \dfrac{e^{-2s}}{s^2(s+3)^2}$ 【101 雲科大電機、營建】

62. 求解下列積分方程式

$y(t) = \cos t + e^{-2t}\int_0^t y(\tau)e^{-2(t-\tau)}d\tau$ 【101 雲科大電機、營建】

63. Solve

$\begin{cases} \dfrac{dx}{dt} + \dfrac{dy}{dt} + x + y = 1 \\ \dfrac{dy}{dt} - 2x - y = 0 \end{cases}$; $x(0) = 0$, $y(0) = 1$ 【101 北科大光電】

64. Solve the O.D.E. by Laplace transform

$y'' + 4y' + 4y = t^2e^{-2t}$, $y(0) = 1$, $y'(0) = 1$ 【101 彰師大光電】

65. Solve the initial value problem

$y'' - 4y' + 4y = f(t)$, $y(0) = -2$, $y'(0) = 1$

$f(t) = \begin{cases} t, & 0 \le t < 3 \\ t + 2, & t \ge 3 \end{cases}$ 【101 海洋電機】

66. Find the inverse Laplace transform of

(1) $F(s) = \dfrac{s+4}{s^2+4s+20}$ (2) $F(s) = \dfrac{1}{s(s+4)}e^{-2s}$ 【101 海洋通訊】

67. Solve the integro equation

$y(t) = e^{-3t}\left(e^t - \int_0^t y(\alpha)e^{3\alpha}d\alpha\right)$ 【101 海洋通訊】

68. Use the Laplace transform to solve

$y''' + 2y'' - 2y' - 2y = \sin 3t$, $y(0) = y'(0) = 0$, $y''(0) = 1$ 【101 高雄大電機】

69. Use the Laplace transform to solve

$y'' + 9y = e^t$, $y(0) = y'(0) = 0$ 【101 暨南應光】

70. Find the inverse Laplace transform of

$$F(s) = \frac{s+1}{s^4 + 2s^3 - 2s - 1}$$

【101 中興電機光電】

71. Solve the following initial value problem by Laplace transform

$y'' - y' - 2y = \delta(t - \pi), y(0) = 0, y'(0) = 1$

【101 中興電機光電】

72. Solve $y(t) + e^{2t} \int_0^t y(\alpha) e^{-2\alpha} \, d\alpha = t^2 + t - \frac{1}{2} + \frac{1}{2} e^{2t}$

【101 暨南電機】

73. Solve the following differential equations using Laplace transform

(1) $2y'' - 3y' + 5y = t^2 e^{3t}, y(0) = 3, y'(0) = 6$

(2) $\begin{cases} \dfrac{dy}{dt} + 2\dfrac{dx}{dt} - 2x = 2 \\ \dfrac{dy}{dt} + \dfrac{dx}{dt} - (x+y) = 3 \end{cases}$; $x(0) = 3, y(0) = 3$

【101 中央生醫】

74. (1) Please explain the convolution theorem using Laplace transform

(2) Using (1) to evaluate Laplace transform of the following integral equation:

$y(t) = 2t^2 - \sin(3t) - \int_0^t y(\alpha) e^{t-\alpha} \, d\alpha$

【101 中央生醫】

6 Sturm-Liouville 邊界值問題及正交函數

There is no greater guide to success than the lessons taught by our own mistakes.

-M. B. Johnstone

6-1　特徵問題

考慮一沒有熱源（source）的有限區間一維熱傳導問題，在邊界兩端為恆溫零度。則其溫度分佈函數 $u(x, t)$ 將滿足以下的熱傳導方程式：

$$\frac{\partial u}{\partial t} = a^2 \frac{\partial^2 u}{\partial x^2} \; ; \; u(0, t) = u(l, t) = 0 \tag{1}$$

使用分離變數法（separation of variables）來處理(1)式，假設解函 $u(x, t)$ 可表示為：$u(x, t) = X(x)T(t)$

代入(1)式等號兩邊同時除 $X(x)T(t)$ 後得

$$\frac{T'}{T} = a^2 \frac{X''}{X} \tag{2}$$

(2)式成立的唯一條件是，等號左右邊均等於一實常數 $-\lambda$（特徵值），故原偏微分方程式可分解為：

$$\begin{cases} T' + a^2 \lambda T = 0 \\ X'' + \lambda X = 0 \; ; \; X(0) = X(l) = 0 \end{cases} \tag{3}$$

(3)式稱為特徵方程式。由以上過程可知：藉由分離變數法可將一偏微方程式(1)簡化為二個常微分方程式(3)。首先處理以 x 為自變數的 O.D.E，因為含有邊界條件可幫助決定解的形式。考慮在所有可能的實數 $\lambda(\lambda < 0, = 0, > 0)$ 解函數的形式：

$$(1)\lambda = -k^2 \Rightarrow X(x) = c_1 \cosh kx + c_2 \sinh kx \tag{4}$$
$$(2)\lambda = 0 \Rightarrow X(x) = c_1 + c_2 x \tag{5}$$
$$(3)\lambda = +k^2 \Rightarrow X(x) = c_1 \cos kx + c_2 \sin kx \tag{6}$$

代入邊界條件 $X(0) = 0$ 得

(4)中 $c_1 = 0$，(5)中 $c_1 = 0$，(6)中 $c_1 = 0$

再代入 $X(l) = 0$ 得

(4)中 $c_2 = 0$，(5)中 $c_2 = 0$，(6)中 $X(l) = c_2 \sin kl = 0$

若 c_2 亦等於 0 則將得到無意義解（trivial solution）故

$$\sin kl = 0 \Rightarrow k = \frac{n\pi}{l} \quad n = 1,\, 2,\, \cdots$$

因此可以得到這個系統的特徵值，特徵函數，及相對應的解為：

$$\lambda_n = k^2 = \left(\frac{n\pi}{l}\right)^2;\, n = 1,\, 2,\, \cdots$$
$$X_n(x) = \sin\left(\frac{n\pi x}{l}\right)$$
$$T_n(t) = \exp\left[-\frac{n^2\pi^2 a^2 t}{l^2}\right] \tag{7}$$

故在某特定之特徵值下，所對應之解函數為：

$$u_n(x, t) = X_n(x)T_n(t) = \sin\left(\frac{n\pi x}{l}\right)\exp\left(-\frac{n^2 a^2 \pi^2}{l^2}t\right) \tag{8}$$

由於在(7)式中有無限多個特徵值，而每個特徵值所對應的特徵函數均為(1)式的解。經由 Wronskin 行列式的檢驗得知所有的特徵函數彼此間均 linear independent，因此通解可表示為所有函數的線性組合：

$$u(x, t) = \sum_{n=1}^{\infty} c_n \exp\left(-\frac{n^2\pi^2 a^2}{l^2}t\right)\sin\left(\frac{n\pi x}{l}\right) \tag{9}$$

由以上的討論不難瞭解，對於許多系統而言在不同的邊界或初始條件下所呈現的行為，實際上是由一些固有的狀態組合而成。例如以上系統之空間分佈函數 $X(x)$ 為正弦函數且其週期僅有某些特定週期 $\left(\sin\left(\frac{\pi x}{l}\right),\, \sin\left(\frac{2\pi x}{l}\right)\cdots\cdots\right)$ 的狀態允許存在，這些特定的空間分佈狀態函數稱之為系統之特徵函數，而每個特徵函數所對應的參數值稱之為特徵值。

定義：正交函數

已知函數 $f(x),\, g(x)$ 在區間 $[a, b]$ 內為連續，且 $f(x),\, g(x)$ 為非零函數，若且為若 $f(x),\, g(x)$ 為正交，則

$$\int_a^b f(x)g(x)dx = 0 \tag{10}$$

$f(x)$ 在區間 $[a, b]$ 內為連續，則函數 $f(x)$ 之 Norm 為：

$$N_f = \sqrt{(f, f)} = \sqrt{\int_a^b f^2(x)dx} \tag{11}$$

函數 $f(x)$ 亦可予以正規化（Normalization）

$$\varphi_f = \frac{f(x)}{N_f} = \frac{f(x)}{\sqrt{\int_a^b f(x)^2 dx}} \tag{12}$$

綜合上述，可進一步定義正規化函數為：

定義：正交且單一化函數（orthonormal function）

已知 $\phi_f(x), \phi_g(x)$ 在區間 $[a, b]$ 內為連續且 $\phi_f(x), \phi_g(x)$ 非零函數，若且為若 $\phi_f(x)$, $\phi_g(x)$ 具正規化正交性則

$$\int_a^b \phi_f(x)\phi_g(x)\,dx = \begin{cases} 0 & ; f(x) \neq g(x) \\ 1 & ; f(x) = g(x) \end{cases} \tag{13}$$

在歐氏空間中，一組向量可以形成基底（basis）的條件不但要個數夠多（在 R^n 中需 n 個）而且彼此之間必需線性獨立，如此在 R^n 中的任意向量，便可被這組向量基底所展開（span）且展開之係數唯一。若 $\{\vec{x}_1, \cdots, \vec{x}_n\}$ 為 R^n 中的一組基底，$\vec{y}$ 為 R^n 中任意向量則必存在 $\vec{y} = c_1\vec{x}_1 + c_2\vec{x}_2 + \cdots + c_n\vec{x}_n$ 係數 $(c_1, c_2, \cdots, c_n)$ 即為在此基底下的座標，且 $(c_1, c_2, \cdots, c_n)$ 為唯一。特別值得注意的是，當 $\{\vec{x}_1, \cdots, \vec{x}_n\}$ 彼此間相互正交時，係數的求法變成非常簡單，只要將 $\vec{y}$ 依次投影到各基底向量，計算其投影量即可。

同樣的，在函數空間中往往需使用一組特徵函數來展開某一函數 $f(x)$：

$$f(x) = c_1\phi_1(x) + c_2\phi_2(x) + \cdots\cdots + c_n\phi_n(x) + \cdots \tag{14}$$

(14)式所代表的行為稱之為特徵展開，一組彼此間相互正交的特徵函數定義如下：

定義：對於在區間 $[a, b]$ 間的一組特徵函數 $\{\phi_n(x)\}$ 若滿足

$$(\phi_m, \phi_n)_a^b = \int_a^b \phi_m(x)\phi_n(x)dx \begin{cases} = 0 & ; if & n \neq m \\ \neq 0 & ; if & n = m \end{cases} \tag{15}$$

則稱 $\{\phi_n(x)\}$ 在區間 $[a, b]$ 上為正交。$(\phi_m, \phi_n)_a^b$ 則稱為函數 $\phi_m(x)$ 及 $\phi_n(x)$ 在區間 $[a, b]$ 上的內積。

值得注意的是，一組不具正交性的特徵函數之意義不大，因為在做特徵展開時，係數的計算將會變得非常困難，而藉助正交性，係數 c_n 可利用(14)式等號兩邊同時乘上 $\phi_n(x)$ 後積分而得：

$$\int_a^b f(x)\phi_n(x)\,dx = \int_a^b \left[\sum_{k=1}^{\infty} c_k \phi_k(x) \right] \phi_n(x)\,dx = c_n \int_a^b \phi_n^2(x)\,dx \tag{16}$$

$$\Rightarrow c_n = \frac{\int_a^b f(x)\phi_n(x)\,dx}{\int_a^b \phi_n^2(x)\,dx} \tag{17}$$

其中分母部分為函數 $\phi_n(x)$ 的 Norm 的平方，分子部分為被展開函數 $f(x)$ 與 $\phi_n(x)$ 之內積。

在有些情況下特徵函數雖不具備正交性，但是在乘上一公因式（積分因子）後，仍能形成正交集，以執行特徵展開，故完整的正交性定義如下：

定義：對於在區間 $[a, b]$ 上的一組特徵函數 $\{\phi_n(x)\}$，**若存在函數 $\rho(x)$ 使得：**

$$(\phi_m, \phi_n)_a^b = \int_a^b \rho(x)\phi_m\phi_n(x)dx \begin{cases} = 0 & ; if & n \neq m \\ \neq 0 & ; if & n = m \end{cases} \tag{18}$$

則稱此組函數在區間 $[a, b]$ 上相對於權函數（weighting function）$\rho(x)$ 為正交。

明顯的(15)式是(18)式在權函數為 1 時的一個特例。當函數集符合(18)式所定義的正交性時，用以執行(14)式之特徵展開其係數求法如下：

$$\int_a^b \rho(x)f(x)\phi_n(x)dx = \int_a^b \left[\sum_{k=1}^{\infty} c_k \phi_k(x) \right] \rho(x)\phi_n(x)\,dx = c_n \int_a^b \rho(x)\phi_n^2(x)\,dx \tag{19}$$

$$\therefore c_n = \frac{\int_a^b \rho(x)f(x)\phi_n(x)\,dx}{\int_a^b \rho(x)\phi_n^2(x)\,dx} \tag{20}$$

同理，(17)式為(20)式在 $\rho(x)=1$ 的情況下的一特例

觀念提示： *1.*特徵展開的精神在利用特徵函數集做為函數空間中一組基底以將函數分解成此特徵函數集的線性組合。

　　　　　*2.*若 $\{\phi_n(x)\}$ 為一組在區間$[a, b]$內相對於權函數 $\rho(x)$ 之正交函數集（orthogonal set），則其正交且單一化函數集（orthonormal set）可表示為：

$$\left\{ \frac{\phi_n(x)}{\sqrt{\int_a^b \rho(x)\phi_n^2(x)dx}} \right\}$$

例題 1： Find the eigenvalues and the associated eigenfunctions of the Sturm-Liouville problem $y'' + 4y' + (\lambda + 1)y = 0$, with $y(0) = y'(1) = 0$　　　【清大動機】

解　Characteristic equation： $u^2 + 4u + (\lambda + 1) = 0$

$\Rightarrow u = -2 \pm \sqrt{3 - \lambda}$

$(1)\lambda = 3 - k^2 \Rightarrow y(x) = e^{-2x}[c_1 \cosh kx + c_2 \sinh kx]$

$(2)\lambda = 3 \Rightarrow y(x) = e^{-2x}[c_3 + c_4 x]$

$(3)\lambda = 3 + k^2 \Rightarrow y(x) = e^{-2x}[c_5 \cos kx + c_6 \sin kx]$

代入 B.C.：

$y(0) = 0 \Rightarrow c_1 = c_3 = c_5 = 0$

$y'(1) = 0 \Rightarrow c_4 = 0$

由(1)可得 $y'(1) = c_2 e^{-2}[k \cosh k - 2 \sinh k] = 0$

$\Rightarrow \tanh k = \dfrac{k}{2}$

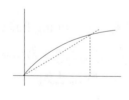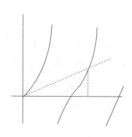

其解由圖形可知僅有一解 $x = k_0$（the intercept point of $y = k/2$ and $y = \tanh k$）

故知當 $\lambda = 3 - k^2$ 時，可得特徵函數為：

$y(x) = e^{-2x} \sinh k_0 x$

再由(3)得 $y'(1) = c_6 e^{-2} [k \cos k - 2 \sin k] = 0$

$\therefore \tan k = \dfrac{k}{2}$

由圖形知其解為無窮多個（the intercept point of $y = k/2$ and $y = \tan k$）

故知當 $\lambda = 3 + k^2$ 時，可得特徵函數為：$y(x) = e^{-2x} \sin k_n x$

例題 2： (a)Find α so that $\{1, x, 1 + \alpha x^2\}$ on $[-1, 1]$ is orthogonal

(b)Normalize the set obtained in (a)　　　【大同機械】

 (a) $\displaystyle\int_{-1}^{1} 1 \cdot (1 + \alpha x^2)\, dx = 2\left(1 + \dfrac{\alpha}{3}\right) = 0$

$\therefore \alpha = -3$

再由 $\displaystyle\int_{-1}^{1} x \cdot (1 + \alpha x^3)\, dx = 0$，可知當 $\alpha = -3$ 時使 $\{1, x, 1 - 3x^2\}$ 在區間 $[-1, 1]$ 為一組正交函數集

(b) 將 $\{1, x, 1 - 3x^2\}$ 化為正交且單一化函數集

$\phi_1(x) = \dfrac{1}{\sqrt{\displaystyle\int_{-1}^{1} dx}} = \dfrac{1}{\sqrt{2}}$

$\phi_2(x) = \dfrac{x}{\sqrt{\displaystyle\int_{-1}^{1} x^2\, dx}} = \sqrt{\dfrac{3}{2}}\, x$

$\phi_3(x) = \dfrac{1 - 3x^2}{\sqrt{\displaystyle\int_{-1}^{1} (1 - 3x^2)^2\, dx}} = \sqrt{\dfrac{5}{8}}\, (1 - 3x^2)$

$\therefore \left\{ \dfrac{1}{\sqrt{2}}, \sqrt{\dfrac{3}{2}}\, x, \sqrt{\dfrac{5}{8}}\, (1 - 3x^2) \right\}$ 形成一正交單一化函數集

例題 3： Solve the eigenvalue problem

$y'' + \lambda y = 0,\ y(0) = 0,\ y(1) + y'(1) = 1$　　　【台大材料】

解　對於可能的 λ，探討如下：

(1) $\lambda = -k^2$; $y(x) = c_1 \cosh kx + c_2 \sinh kx$

(2) $\lambda = +k^2$; $y(x) = c_3 \cos kx + c_4 \sin kx$

(3) $\lambda = 0$; $y(x) = c_5 + c_6 x$

代入 B.C.：$y(0) = 0 \Rightarrow c_1 = c_5 = c_3 = 0$

$y(1) + y'(1) = 1 \Rightarrow c_6 = \dfrac{1}{2},\ c_2 = \dfrac{1}{\sinh k + k \cosh k},\ c_4 = \dfrac{1}{\sin k + k \cos k}$

$$\therefore y(x) = \begin{cases} \dfrac{1}{2}x; \lambda = 0 \\[2mm] \dfrac{\sinh kx}{\sinh k + k \cosh k}; \lambda = -k^2 \\[2mm] \dfrac{\sin kx}{\sin k + k \cos k}; \lambda = k^2 \end{cases}$$

例題 4：In the space of integral L_2 functions over the interval $(-1, 1)$ with the scalar product

$$\langle f \cdot g \rangle = \int_{-1}^{1} f(x)g(x)dx$$

Construct an orthonormal set from the functions 1, x, x^2, and x^3【交大電子】

解　應用 Gram-Schmidt 正交化過程：

取 $\phi_1 = 1$；$\|\phi_1\|^2 = \int_{-1}^{1} 1 \cdot 1 dx = 2$

$\phi_2 = x - \dfrac{\langle x, \phi_1 \rangle}{\|\phi_1\|^2}\phi_1$

$\quad = x - \dfrac{\int_{-1}^{1} x \cdot 1 dx}{\int_{-1}^{1} 1 \cdot 1 dx} \cdot 1 = x - 0 = x$；$\|\phi_2\|^2 = \int_{-1}^{1} x^2 dx = \dfrac{2}{3}$

$\phi_3 = x^2 - \dfrac{\langle x^2, \phi_1 \rangle}{\|\phi_1\|^2}\phi_1 - \dfrac{\langle x^2, \phi_2 \rangle}{\|\phi_2\|^2}\phi_2$

$\quad = x^2 - \dfrac{\int_{-1}^{1} x^2 dx}{2} \cdot 1 - \dfrac{\int_{-1}^{1} x^2 \cdot x dx}{\dfrac{2}{3}}x = x^2 - \dfrac{1}{3}$；

$\|\phi_2\|^3 = \int_{-1}^{1}\left(x^2 - \dfrac{1}{3}\right)^2 dx = \dfrac{8}{45}$

$\phi_4 = x^3 - \dfrac{\langle x^3, \phi_1 \rangle}{\|\phi_1\|^2}\phi_1 - \dfrac{\langle x^3, \phi_2 \rangle}{\|\phi_2\|^2}\phi_2 - \dfrac{\langle x^3, \phi_3 \rangle}{\|\phi_3\|^2}\phi_3$

$\quad = x^3 - \dfrac{\int_{-1}^{1} x^3 \cdot 1 dx}{2} - \dfrac{\int_{-1}^{1} x^3 \cdot x dx}{\dfrac{2}{3}}x - \dfrac{\int_{-1}^{1} x^3\left(x^2 - \dfrac{2}{3}\right)dx}{\dfrac{8}{45}}\left(x^2 - \dfrac{1}{3}\right)$

$\quad = x^3 - \dfrac{3}{5}x$；$\|\phi_4\|^2 = \int_{-1}^{1}\left(x^3 - \dfrac{3}{5}x\right)^2 dx = \dfrac{8}{175}$

取 $\phi_1 = \dfrac{\phi_1}{\|\phi_1\|^2} = \dfrac{1}{\sqrt{2}}, \phi_2 = \dfrac{\phi_2}{\|\phi_1\|^2} = \dfrac{\sqrt{3}}{\sqrt{2}}x, \phi_3 = \dfrac{\phi_3}{\|\phi_3\|} = \sqrt{\dfrac{45}{8}}\left(x^2 - \dfrac{1}{3}\right)$

$\phi_4 = \dfrac{\phi_4}{\|\phi_4\|^2} = \sqrt{\dfrac{175}{8}}\left(x^3 - \dfrac{3}{5}x\right)$

$\Rightarrow \{\phi_1, \phi_2, \phi_3, \phi_4\}$ 為一組 orthonormal set

> 例題 5：Consider the waveforms $x_1(t) = \exp(-|t|)$, $x_2(t) = 1 - A\exp(-2|t|)$. Determine the constant A such that $x_1(t)$, $x_2(t)$ are orthogonal over the interval $(-\infty, \infty)$.
>
> 【高雄第一科大】

解

$$
\begin{aligned}
\langle x_1(t), x_2(t) \rangle &= \int_{-\infty}^{\infty} e^{-|t|}(1 - Ae^{-2|t|})dt \\
&= 2\int_{0}^{\infty} e^{-t}(1 - Ae^{-2t})dt \\
&= 2\left(1 - \frac{A}{3}\right) = 0 \\
&\Rightarrow A = 3
\end{aligned}
$$

6-2　Sturm-Liouville 常微分方程式

對於一 n 階方陣 $\mathbf{A}$，其特徵值及特徵向量，可利用 $\mathbf{A}\vec{x} = \lambda\vec{x}$ 求得。而特徵值及特徵函數則為求解形如：$L(y) = -\lambda y$ 的微分方程式，其中 L 為微分運算子，例如在 (3)式中

$$X'' + \lambda X = 0 \text{，令 } L \equiv \frac{d^2}{dx^2} \Rightarrow L(X) = -\lambda X \tag{21}$$

值得注意的是，雖然向量特徵問題 $A\vec{x} = \lambda\vec{x}$ 與函數特徵問題，$L(y) = -\lambda y$，非常相似，但是在求解函數特徵問題時必須要配合邊界條件，因為特徵函數的形式與性質主要由邊界條件所決定。例如若將(1)式之邊界條件改為

$$u_x(0, t) = u_x(l, t) = 0$$

則藉分離變數法及(2)～(6)的步驟，將可得到系統之特徵值，特徵函數及每個特徵值所對應的解為：

$$\lambda_n = \frac{n^2\pi^2}{l^2}; \ n = 0, 1, 2, \cdots\cdots$$

$$X_n(x) = \cos\frac{n\pi x}{l}$$

$$T_n(t) = \exp\left[-\frac{n^2\pi^2a^2}{l^2}t\right] \tag{22}$$

比較(7)式可得知：特徵函數的形式隨著邊界條件的不同而異。

考慮一二階變係數常微分方程之通式如下：

$$a_2(x)y'' + a_1(x)y' + a_0(x)y = -\lambda y$$
$$\Rightarrow \exp\left[\int\frac{a_1(x)}{a_2(x)}dx\right]\left[y''(x) + \frac{a_1(x)}{a_2(x)}y'(x) + \left(\frac{a_0(x)}{a_2(x)} + \frac{\lambda}{a_2(x)}\right)y\right] = 0$$
$$\Rightarrow \frac{d}{dx}\left[p(x)\frac{dy}{dx}\right] + [q(x) + \lambda\rho(x)]y = 0 \tag{23}$$

其中 $p(x) = \exp\left[\int\frac{a_1(x)}{a_2(x)}dx\right]$, $q(x) = p(x)\frac{a_0(x)}{a_2(x)}$, $\rho(x) = \frac{p(x)}{a_2(x)}$

稱為 Sturm-Liouville 常微分方程式。若實數 λ_m 與 λ_n 為此方程式在區間$[a, b]$上的二個相異特徵值，其所對應的特徵函數分別為 $y_m(x)$ 與 $y_n(x)$。將以上二解分別代入(23)式，可以得到：

$$\frac{d}{dx}[p(x)y_m'] + [q(x) + \lambda_m\rho(x)]y_m = 0 \tag{24}$$
$$\frac{d}{dx}[p(x)y_n'] + [q(x) + \lambda_n\rho(x)]y_n = 0 \tag{25}$$

$y_n(x) \times (24) - y_m(x)(25)$，可得：

$$(\lambda_m - \lambda_n)\rho(x)y_my_n = y_m\frac{d}{dx}[p(x)y_n'] - y_n\frac{d}{dx}[p(x)y_m']$$
$$= \frac{d}{dx}[p(x)(y_n'y_m - y_ny_m')] \tag{26}$$

將(26)式等號二邊同時對 x 在$[a, b]$區間上積分，可以得到

$$(\lambda_m - \lambda_n)\int_a^b\rho(x)y_my_ndx = p(x)[y_my_n' - y_ny_m']_a^b \tag{27}$$
$$= p(b)[y_m(b)y_n'(b) - y_n(b)y_m'(b)] - p(a)[y_m(a)y_n'(a) - y_n(a)y_m'(a)]$$

在(27)式中等號左邊即為 $y_m(x), y_n(x)$ 在 $[a, b]$ 區間上相對於權函數 $\rho(x)$ 之內積；

而等號右邊只與邊界條件有關。換言之，只要邊界條件能使得(27)式等號右邊為 0，則可以保證所得到的特徵函數集 $\{y_n(x)\}$，相對於權函數 $\rho(x)$ 為正交函數集。以下將討論使得(27)式等號右邊為 0，亦即能夠形成正交特徵函數集的四種重要的邊界條件：

Case 1.齊性邊界條件（homogeneous B.C.）

$p(a) \neq 0, p(b) \neq 0$

$$\begin{cases} k_1 y(a) + \tau_1 y'(a) = 0 \\ k_2 y(b) + \tau_2 y'(b) = 0 \end{cases} \qquad k_1^2 + \tau_1^2 \neq 0, k_2^2 + \tau_2^2 \neq 0 \tag{28}$$

滿足(28)式的邊界條件必可使得

$$y_n'(a)y_m(a) - y_m'(a)y_n(a) = 0 \quad y_n'(b)y_m(b) - y_m'(b)y_n(b) = 0$$

證明： (28)代入(27)式得：

$$y_n'(a)y_m(a) - y_m'(a)y_n(a) = -\frac{k_1}{\tau_1}y_n(a)y_m(a) + \frac{k_1}{\tau_1}y_m(a)y_n(a) = 0$$

同理亦可證得：$y_n'(b)y_m(b) - y_m'(b)y_n(b) = 0$

Case 2. 單異點（One singular point）S-L B.C.

(1)$p(a) = 0, p(b) \neq 0$

B.C. $\begin{cases} y(a), y'(a) \text{ 為有界（}bounded\text{）} \\ k_2 y(b) + \tau_2 y'(b) = 0 \end{cases}$ \hfill (29)

(2)$p(a) \neq 0, p(b) = 0$

B.C. $\begin{cases} k_1 y(a) + \tau_1 y'(a) = 0 \\ y(b), y'(b) \text{ 為有界} \end{cases}$ \hfill (30)

亦即正交發生的部分原因為邊界點為微分方程式的奇異點，在邊界上將有 $p(x) = 0$ 的特性。而一般物理系統均要求在討論的範圍內為有限值，因而使得 $p(x)$

y' 在奇異點的邊界上為 0（$y(x), y'(x)$ 在邊界上不得發散）。

Case 3. 雙異點 S-L B.C.

$$p(a) = 0, y(a), y'(a) \text{ 為有界}$$
$$p(b) = 0, y(b), y'(b) \text{ 為有界}$$
$$\tag{31}$$

Case 4. 週期型（periodic）S-L B.C.

$$p(a) = p(b) \neq 0$$

$$\begin{cases} y(a) = y(b) \\ y'(a) = y'(b) \end{cases} \tag{32}$$

證明： $y_n(x), y_m(x)$ 滿足上式邊界條件

$$\Rightarrow \begin{cases} y_n(a) = y_n(b) \\ y_n'(a) = y_n'(b) \end{cases} \qquad \begin{cases} y_m(a) = y_m(b) \\ y_m'(a) = y_m'(b) \end{cases}$$

代入(27)式之右邊得

$$p(a)\left[y_n'(a)y_m(a) - y_m'(a)y_n(a)\right] - p(a)\left[y_m(a)y_n'(a) - y_n(a)y_m'(a)\right] = 0$$

因以上之討論可得以下定理。

定理 1

對於 S-L 微分方程式，若在區間 $[a, b]$ 間的二邊界點上有

$$\begin{cases} \lim_{x \to a} p(x)y(x)y'(x) = 0 \text{ 或 } k_1 y(a) + \tau_1 y'(a) = 0 \\ \lim_{x \to b} p(x)y(x)y'(x) = 0 \text{ 或 } k_2 y(b) + \tau_2 y'(b) = 0 \end{cases}$$

則所得出之特徵函數在區間 $[a, b]$ 上相對於權函數 $\rho(x)$ 為正交函數集。

　　定理 1 亦說明了 Case1～Case 3 可混合使用此外，經由以上的討論，不難理解決定特徵函數是否正交的是邊界條件，而決定是否為簡單正交（$\rho(x)=1$），或相對於權函數正交的是微分方程式的型式，將微分方程式化為(23)式之標準 S-L 常微分方程式後，觀察 $\rho(x)$，即可知其權函數。

定理 2

對於在區間 $[a, b]$ 上的一齊性邊界條件的特徵問題：

$$\frac{d}{dx}\left[p(x)\frac{dy}{dx}\right] + [q(x) + \lambda\rho(x)]y = 0$$

若 $p(x), p'(x), \rho(x), q(x)$ 在 $x \in [a, b]$ 上均為連續實函數 $p(x), \rho(x)$ 在區間 $[a, b]$ 內均為正，則：

1. 特徵值無窮多個，且為離散分布 $\lambda_1 < \lambda_2 < \cdots \lambda_n < \cdots$

2. $\displaystyle\lim_{n\to\infty} \lambda_n = \infty$

3. 所有特徵值均為非負之實數

4. 特徵函數在區間 $[a, b]$ 上為一組正交且完整之集合

例題 6： Classify the sturm-Liouville as regular, singular, or periodic, and find the eigenvalues and corresponding eigenfunctions $y'' + \lambda y = 0$; $y'(0) = y'(2\pi) = 0$

【台大機械】

解　由原式可知：$p(x) = 1, q(x) = 0, \rho(x) = 1$，邊界條件為

$\alpha_1 y(0) + \beta_1 y'(0) = 0 \quad \Rightarrow \alpha_1 = 0, \beta_1 = 1$

$\alpha_2 y(2\pi) + \beta_2 y'(2\pi) = 0 \quad \Rightarrow \alpha_2 = 0, \beta_2 = 1$

故本題為 regular 問題，對所有可能之 λ 解觀察一遍：

$\lambda = -k^2$，$y(x) = c_1 \cosh kx + c_2 \sinh kx$

$\lambda = 0 \quad y(x) = c_3 x + c_4$

$\lambda = k^2 \quad y(x) = c_5 \cosh kx + c_6 \sinh kx$

$y'(0) = 0 \quad \Rightarrow c_2 = c_3 = c_6 = 0, y'(2\pi) = 0 \Rightarrow c_1 = c_4 = 0$

$\Rightarrow -kc_5 \sin 2\pi k = 0$

故 $2\pi k = n\pi, k = \dfrac{n}{2}, n = 1, 2, \cdots$

∴特徵函數為：

$$y_n(x) = c \cos \frac{n}{2} x; \ n = 1, 2, \cdots, c \in R$$

例題 7： Sturm-Liouville differential equation

$$\frac{d}{dx}\left(p(x)\frac{d\phi}{dx}\right) + q(x)\phi + \lambda\sigma(x)\phi = 0$$

Prove that $\lambda \geq 0$ on the finite interval $(a \leq x \leq b)$; if $p(a) = 0$

$\dfrac{d\phi(b)}{dx} + c\phi(b) = 0, p(x) \geq 0$, and $q(x) \leq 0, c \geq 0, \sigma(x) > 0$

解 原式乘以 $\phi(x)$，對 x 在 $[a,b]$ 上作積分可得：

$$\int_a^b (p\phi')'\phi dx + \int_a^b q\phi^2 dx + \lambda \int_a^b \sigma\phi^2 dx = 0 \tag{1}$$

其中 $\int_a^b \phi[p\phi']'dx = \int_a^b \phi d(p\phi') = p\phi\phi'\Big|_a^b - \int_a^b p(x)\left(\frac{d\phi}{dx}\right)^2 dx$

$$= -cp(b)\phi^2(b) - \int_a^b p(x)\left(\frac{d\phi}{dx}\right)^2 dx \tag{2}$$

$\because c > 0, p(b) > 0, \phi^2(b) \geq 0, \int_a^b p(x)\left(\frac{d\phi}{dx}\right)^2 dx \geq 0,$

故(2)式為恆負

又因 $q \leq 0$，可知 $\int_a^b q\phi^2(x)dx \leq 0$

$\sigma > 0$，可知 $\int_a^b \sigma\phi^2(x)dx > 0$

代入(1)式可得 $\lambda \geq 0$

例題 8： Consider the eigenvalues problem

$$x^2 \frac{d^2\phi}{dx^2} + x\frac{d\phi}{dx} + \lambda\phi = 0$$

with boundary condition：$\phi(1) = 0, \phi(6) = 0$

(a)show that multiplying by $\frac{1}{x}$ puts this in Sturm-Liouville form

(b)show that $\lambda \geq 0$

(c)the eigenfunctions are orthogonal with what weighting according to S-L theory? Verify the orthogonality using properties of integrals 【成大機械】

解 (a)原式乘以 $\frac{1}{x}$ 後可化為：

$$x\frac{d^2\phi}{dx^2} + \frac{d\phi}{dx} + \frac{\lambda}{x}\phi = 0 \Rightarrow \frac{d}{dx}\left(x\frac{d\phi}{dx}\right) + \left(0 + \lambda\frac{1}{x}\right)\phi = 0$$

Compare to Sturm-Liouville O.D.E.

$$\frac{d}{dx}\left(p(x)\frac{d\phi}{dx}\right) + (q(x) + \lambda\rho(x))\phi(x) = 0$$

可得：$p(x) = x, q(x) = 0, \rho(x) = \frac{1}{x}$

(b)設特徵值 λ_n 所對應之特徵函數為 $\phi_n(x)$，則有

$$(x\phi_n')' + \frac{\lambda_n}{x}\phi_n = 0$$

乘上 ϕ_n 並在 $[1, 6]$ 區間積分可得：

$$\int_1^6 (x\phi_n')'\phi_n dx + \lambda_n \int_1^6 \frac{1}{x}\phi_n^2 dx = 0$$

$$\Rightarrow x\phi'_n\phi_n|_1^6 - \int_1^6 x(\phi'_n)^2 dx + \lambda_n \int_1^6 \frac{1}{x}\phi_n^2 dx = 0$$

$$\phi_n(1) = \phi_n(6) = 0 \Rightarrow x\phi'_n\phi_n\big|_1^6 = 0$$

在 $[1, 6]$ 之間 $x > 0$, $x(\phi'_n)^2 \geq 0$, $\Rightarrow \int_1^6 x(\phi'_n)^2 dx \geq 0 \Rightarrow \int_1^6 \frac{1}{x}\phi_n^2 dx > 0$

故可知：$\lambda_n = \dfrac{\displaystyle\int_1^6 x(\phi'_n)^2\, dx}{\displaystyle\int_1^6 \frac{1}{x}\phi_n^2\, dx} \geq 0$，對任何 n 值均成立

(c) $\rho(x) = \dfrac{1}{x}$ 故特徵函數相對於 weighting function $\dfrac{1}{x}$ 為正交。

設相異特徵值所對應之特徵函數為 $\phi_m(x), \phi_n(x)$，則有

$$(x\phi'_m)' + \lambda_m \frac{1}{x}\phi_m = 0 \quad (2)$$

$$(x\phi'_n)' + \lambda_n \frac{1}{x}\phi_n = 0 \quad (3)$$

$(2) \times \phi_n - (3) \times \phi_m$

$$(x\phi'_m)'\phi_n - (x\phi'_n)'\phi_m + (\lambda_m - \lambda_n)\frac{1}{x}\phi_m\phi_n = 0$$

$$\Rightarrow [x\phi'_m\phi_n - x\phi'_n\phi_m]' + (\lambda_m - \lambda_n)\frac{1}{x}\phi_m\phi_n = 0$$

$$\Rightarrow [x\phi'_m\phi_n - x\phi'_n\phi_m]\big|_1^6 + (\lambda_m - \lambda_n)\int_1^6 \frac{1}{x}\phi_m\phi_n\, dx$$

$$= (\lambda_m - \lambda_n)\int_1^6 \frac{1}{x}\phi_m\phi_n\, dx = 0$$

$$\lambda_m \neq \lambda_n \Rightarrow \int_1^6 \frac{1}{x}\phi_m\phi_n\, dx = 0$$

例題 9： 證明以下特徵值問題所得出之特徵函數集具有正交性

$$Y^{(4)} + \lambda Y = 0;\ Y(a) = Y''(a) = Y(b) = Y''(b) = 0 \qquad 【交大機械】$$

解　假設特徵值 λ_n, λ_m 所對應之特徵函數分別 ϕ_n 為 ϕ_m，則有

$$\phi_n^{(4)} + \lambda_n\phi_n = 0 \quad (1)$$

$$\phi_m^{(4)} + \lambda_m\phi_m = 0 \quad (2)$$

$\displaystyle\int_a^b [\phi_m \times (1) - \phi_n \times (2)]dx$ 可得：

$$(\lambda_n - \lambda_m)\int_a^b \phi_n\phi_m dx = \int_a^b [\phi_m^{(4)}\phi_n - \phi_n^{(4)}\phi_m]\, dx$$

$$= [\phi'''_m\phi_n - \phi'''_n\phi_m]\big|_a^b + \int_a^b [\phi'''_n\phi'_m - \phi'''_m\phi'_n]dx \qquad (3)$$

$$\int_a^b \phi_n^{(3)}\phi'_m dx = \int_a^b \phi'_m d\phi''_n = \phi'_m\phi''_n\big|_a^b - \int_a^b \phi''_n\phi''_m dx$$

$$\int_a^b \phi_m^{(3)}\phi'_n dx = \int_a^b \phi'_n d\phi''_m = \phi'_n\phi''_m\big|_a^b - \int_a^b \phi''_n\phi''_m dx$$

代入(3)式可得：

$$(\lambda_n - \lambda_m)\int_a^b \phi_n\phi_m dx = [\phi'''_m\phi_n - \phi'''_n\phi_m]\big|_a^b + \int_a^b[\phi'_m\phi''_n - \phi''_m\phi'_n]\big|_a^b = 0 \tag{4}$$

由(4)式可知滿足本題之正交特徵函數，所需之邊界條件為：

$$\begin{cases} \alpha_1 Y(a) + \beta_1 Y^{(3)}(a) = 0 \\ \alpha_2 Y(b) + \beta_2 Y^{(3)}(b) = 0 \end{cases} \text{且} \begin{cases} \alpha_3 Y'(a) + \beta_3 Y''(a) = 0 \\ \alpha_4 Y'(b) + \beta_4 Y''(b) = 0 \end{cases}$$

取 $\beta_1 = \beta_2 = \alpha_3 = \alpha_4 = 0$ 即為本題之邊界條件，故知所得之特徵函數必定正交

例題 10：(a) Convert the following equation

$$(1 - x^2)y'' - xy' + n^2 y = 0$$

into S-L equation by finding the $\rho(x)$, $p(x)$, $q(x)$, and λ

(b)Let $T_n(x)$ be the solution of the above equation for $n > 0$, Prove that $\{T_n(x); n = 1, 2, \cdots\}$ form an orthogonal set on $-1 \le x \le 1$ with respect to the weighting function $\dfrac{1}{\sqrt{1 - x^2}}$ 【中央太空】

解　(a)S-L 方程式可化為：

$$py'' + p'y' + \{q + \lambda\rho\}y = 0$$

與 $(1 - x^2)y'' - xy' + \{0 + n^2 \cdot 1\}y = 0$ 比較可得：

$$\frac{1 - x^2}{p} = \frac{-x}{p'} \Rightarrow \frac{dp}{p} = \frac{-x}{1 - x^2}dx \Rightarrow \ln|p| = \frac{1}{2}\ln|1 - x^2| + k$$

取 $k = 0$ 可得 $p(x) = \sqrt{1 - x^2}$，故可得 $q(x) = 0$,

$$\rho(x) = \frac{1}{1 - x^2}, \lambda = n^2$$

故原式為：$\left(\sqrt{1 - x^2}y'\right)' + \left(0 + \dfrac{n^2}{\sqrt{1 - x^2}}\right)y = 0$

(b)設 $\lambda_m = m^2$, $\lambda_n = n^2$，分別對應特徵函數 $T_m(x)$, $T_n(x)$ 則有：

$$\left(\sqrt{1 - x^2}T'_m\right)' + \left(0 + \frac{m^2}{\sqrt{1 - x^2}}\right)T_m = 0 \text{----}(1)$$

$$\left(\sqrt{1 - x^2}T'_n\right)' + \left(0 + \frac{n^2}{\sqrt{1 - x^2}}\right)T_n = 0 \text{----}(2)$$

$\displaystyle\int_{-1}^1 [(1) \times T_n(x) - (2) \times T_m(x)]dx$ 可得：

$$\sqrt{1 - x^2}[T'_m T_n - T'_n T_m]\big|_{x=-1}^1 + (m^2 - n^2)\int_{-1}^1 \frac{T_m T_n}{\sqrt{1 - x^2}}dx = 0$$

$$m \ne n \Rightarrow \int_{-1}^1 \frac{T_m T_n}{\sqrt{1 - x^2}}dx = 0 \text{ 故得證}$$

例題 11：Consider the eigenfunctions of the differential equation

$$[p(x)u_i'(x)]' - q(x)u_i + \lambda_i w(x)u_i = 0; \quad u_i(a) = u_i(b) = 0$$

$p(x)$, $q(x)$, $w(x)$ are real functions, and $w(x)$ is assumed to be nonnegative on interval (a, b). Show that the eigen values λ_i are all real. 【交大電信】

解

由於 p, q, w 均為實函數，故原式及共軛複數為：

$(Pu_i')' + (-q + \lambda_i w)u_i = 0$　　(1)

$(P\overline{u'}_i)' + (-q + \overline{\lambda_i}w)\overline{u}_i = 0$　　(2)

$\int_a^b [(1) \times \overline{u}_i - (2) \times u_i]dx$ 可得：

$(\lambda_i - \overline{\lambda_i}) \int_a^b w(x)|u_i|^2 dx = 0$

已知 $w(x) \geq 0$ on the interval $[a, b]$. $u_i(x)$ 為特徵函數必為非零函數

故有：$\int_a^b w(x)|u_i|^2 dx > 0$

$\therefore \lambda_i = \overline{\lambda_i}$　得證

例題 12：$x^2 y'' + xy' + (\lambda x^2 - n^2)y = 0, y(0)$ 存在，$y(l) = 0$

解

$\lambda = -k^2$；$y(x) = c_1 I_n(kx) + c_2 K_n(kx)$

$\lambda = 0$；$y(x) = c_3 x^n + c_4 x^{-n}$

$\lambda = +k^2$；$y(x) = c_5 J_n(kx) + c_6 Y_n(kx)$

B.C.：$y(0)$ 存在 $\Rightarrow c_2 = 0,\ c_4 = 0,\ c_6 = 0$

$y(l) = 0 \Rightarrow c_1 = 0$（$\because I_n(kx)$ 無零點），$c_3 = 0$

$\therefore J_n(kl) = 0 \Rightarrow kl = \alpha_m^n; m = 1, 2, \cdots$

$\Rightarrow \lambda = \left(\dfrac{\alpha_m^n}{l}\right)^2, y(x) = J_n\left(\dfrac{\alpha_m^n}{l}x\right)$

觀念提示：原式可化為：

$(xy')' + \left(\lambda x - \dfrac{n^2}{x}\right)y = 0$

與 Stum-Liouville D.E.比較可得

$p(x) = x, q(x) = -\dfrac{n^2}{x}, \rho(x) = x$

$\because p(0) = 0$，$\therefore$ 符合 Case3.單異點 S-L BC.

所得之 eigen functions 必定相對於 weighting function x，在區間 $x \in [0, l]$ 內正交

由本題之解可得：

$$\lambda_m = \left(\frac{\alpha_m^n}{l}\right)^2 \Rightarrow y_m = J_n\left(\frac{\alpha_m^n}{l}x\right) \Rightarrow$$

$$\left(xJ_n'\left(\frac{\alpha_m^n}{l}x\right)\right)' + \left(\left(\frac{\alpha_m^n}{l}\right)^2 x - \frac{n^2}{x}\right)J_n\left(\frac{\alpha_m^n}{l}x\right) = 0$$

$$\lambda_p = \left(\frac{\alpha_p^n}{l}\right)^2 \Rightarrow y_p = J_n\left(\frac{\alpha_p^n}{l}x\right) \Rightarrow$$

$$\left(xJ_n'\left(\frac{\alpha_p^n}{l}x\right)\right)' + \left(\left(\frac{\alpha_p^n}{l}\right)^2 x - \frac{n^2}{x}\right)J_n\left(\frac{\alpha_p^n}{l}x\right) = 0$$

∴由(27)可得：

$$x\left[J_n\left(\frac{\alpha_m^n}{l}x\right)J_n'\left(\frac{\alpha_p^n}{l}x\right) - J_n\left(\frac{\alpha_p^n}{l}x\right)J_n'\left(\frac{\alpha_m^n}{l}x\right)\right]_0^l = \left[\left(\frac{\alpha_m^n}{l}\right)^2 - \left(\frac{\alpha_p^n}{l}\right)^2\right]\int_0^l xJ_n$$

$$\left(\frac{\alpha_m^n}{l}x\right)J_n\left(\frac{\alpha_p^n}{l}x\right)dx$$

$$= 0;\ \text{if}\ m \neq p$$

6-3　特徵函數展開

若函數 $f(x)$ 在區間 $[a, b]$ 上為有界，且除了有限個不連續點外，其餘位置均連續，在不連續點上，左極限與右極限均存在則稱 $f(x)$ 在區間 $[a, b]$ 上為間斷連續，這些不連續點稱之為跳躍點。若 $\phi_1(x), \phi_2(x), \cdots, \phi_n(x), \cdots\cdots$ 為正交特徵函數集，取前 N 項的線性組合來近似 $f(x)$, i.e.

$$f(x) \cong \sum_{i=1}^{N} \alpha_i \phi_i(x) \tag{33}$$

定義均方誤差（Mean Square error）為：

$$e(N) \equiv \int_a^b \left(f(x) - \sum_{i=1}^{N} \alpha_i \phi_i(x)\right)^2 dx \tag{34}$$

其中 $\{\alpha_i\}$ 為待定係數，我們試著找出一組係數 $\{\alpha_i\}$，使得誤差 $e(N)$ 達到最小。展開(34)式可得：

$$e(N) = \int_a^b f^2(x)dx - 2\int_a^b f(x)\sum_{i=1}^N \alpha_i \phi_i(x)\,dx + \int_a^b \sum_{i=1}^N \alpha_i^2 \phi_i^2(x)\,dx \tag{35}$$

將(35)式對 α_j 微分並令等號為 0，可以得到：

$$\int_a^b f(x)\phi_j(x)\,dx = \alpha_j \int_a^b \phi_j^2(x)dx$$

$$\Rightarrow \alpha_j = \frac{\int_a^b f(x)\phi_j(x)dx}{\int_a^b \phi_j^2(x)dx} \;;\; j = 1, \cdots, N \tag{36}$$

以正交且單一化的函數為例：$\alpha_j = \int_a^b f(x)\phi_j(x)\,dx$ 代入(35)式，可得到以 N 項近似後的均方誤差為：

$$e(N) = \int_a^b f(x)^2 dx - \sum_{i=1}^N \alpha_i^2 \int_a^b \phi_i^2(x)dx = \int_a^b f(x)^2 dx - \sum_{i=1}^N \alpha_i^2 \tag{37}$$

因為 α_i^2 為非負，因此誤差 $e(N)$ 為相對於 N 的單調遞減函數。若滿足

$$\lim_{N\to\infty} e(N) = 0 \tag{38}$$

則稱之為零誤差。

(一)完整性

　　一組正交特徵函數集，若具有「完整性（completeness）」則其必須能作為函數空間的一組基底，也就是說對於函數空間中任何在區間$[a, b]$上連續之函數，以下之特徵展開式等號必須成立：

$$f(x) = \sum_{i=1}^\infty c_i \phi_i(x) \quad x \in [a, b] \tag{39}$$

其中，$c_n = \dfrac{\int_a^b f(x)\phi_n(x)dx}{\int_a^b \phi_n^2(x)dx}$ \hfill (40)

也就是說 $\{\phi_n(x)\}$ 對於 $f(x)$ 具有「完整」的表達能力。但若 $f(x)$ 在區間$[a, b]$上僅具有間段連續（piecewise continuous）性質，則一完整性正交特徵函數集必須能夠將

此函數特徵展開到零誤差的程度。

綜合上述，有關完整性之定義如下：

定義：在區間$[a, b]$上的一組簡單正交（$\rho(x)=1$）特徵函數集$\{\phi_n(x)\}$，對於在函數空間上一不比間斷連續差的函數$f(x)$，若且為若下式成立：

$$\lim_{N \to \infty} e(N) = \lim_{N \to \infty} \int_a^b \left[f(x) - \sum_{i=1}^N a_i\phi_i(x) \right]^2 dx = 0$$

其中 $a_i = \dfrac{\int_b f\phi_i(x)dx}{\int_a^b \phi_i^2(x)dx}$

則稱，$\{\phi_n(x)\}$在$[a, b]$上具有完整性。

由於在實數領域中恆有均方誤差≥ 0 的性質，故不難看出完整性的重要性：藉著使用較多項係數（increase N）能降低均方誤差值。故由(38)及(37)式可得到以下定理：

定理 3：Bessel's inequality

對於在區間$[a, b]$上的正交特徵函數集$\{\phi_n(x)\}$，只要$f(x)$之性質不比間斷連續差，則

$$\int_a^b f^2(x)\,dx \geq \sum_{i=1}^N c_i^2 \int_a^b \phi_i^2(x)dx \tag{41a}$$

or

$$\int_a^b \rho(x)f^2(x)\,dx \geq \sum_{i=1}^N c_i^2 \int_a^b \rho(x)\phi_i^2 dx \quad \rho(x)：\text{weighting function} \tag{41b}$$

定理 4：Parseval's equality

(1)若$\{\phi_n(x)\}$在區間$[a, b]$上為簡單正交且完整，則當$N \to \infty$, $e(N) = 0$

$$\int_a^b f^2(x)\,dx = \sum_{i=1}^\infty c_i^2 \int_a^b \phi_i^2(x)dx \tag{42a}$$

(2)若$\{\phi_n(x)\}$在區間$[a, b]$上為相對權函數$\rho(x)$正交且完整，則當$N \to \infty$, $e(N) = 0$

$$\int_a^b \rho(x)f^2(x)\,dx = \sum_{i=1}^\infty c_i^2 \int_a^b \rho(x)\phi_i^2(x)dx \tag{42b}$$

與向量空間中的基底相同；函數空間中一不比間斷連續差的函數被一正交且完整的特徵函數集展開後，其係數存在且唯一。在討論特徵展開時，特徵函數必須為正交函數集。因為，只有在正交的情形下，展開係數才能利用(40)得出。在觀念上，一完整的特徵函數集有如向量空間中的一組正交基底，因此，不難得到以下定理：

定理 5

對於任何一組正交且完整的函數集，不論移出一個函數或插入一個非零函數，都將破壞其正交且完整性。

定理 6

若 $\{\phi_n(x)\}$ 在區間 $[a, b]$ 上為簡單正交且完整，$f(x), g(x)$ 之性質不比間斷連續差，$f(x) = \sum\limits_{i=1}^{\infty} c_i \phi_i(x), g(x) = \sum\limits_{i=1}^{\infty} d_i \phi_i(x)$ 則：

(1) $f(x) + g(x) = \sum\limits_{i=1}^{\infty} a_i \phi_i(x) = \sum\limits_{i=1}^{\infty} (c_i + d_i) \phi_i(x)$　　　　　　　　　　(43)

(2) $\int_a^b f(x)g(x)dx = \sum\limits_{i=1}^{\infty} c_i d_i \int_a^b \phi_i^2(x)dx$　　　　　　　　　　(44)

證明：(1) $f(x) + g(x) = \sum\limits_{i=1}^{\infty} a_i \phi_i(x) \Rightarrow a_n = \int_a^b (f(x) + g(x)) \phi_n(x)dx$

　　　　又由 $\int_a^b (f(x) + g(x)) \phi_n(x)dx = \int_a^b f(x) \phi_n(x)dx + \int_a^b g(x) \phi_n(x)dx$

　　　　$\therefore a_n = c_n + d_n$

　　　　(2) 由 Parseval's equality 知：

$$\int_a^b f^2(x)dx = \sum\limits_{i=1}^{\infty} c_n^2 \int_a^b \phi_n^2(x)dx \tag{45}$$

$$\int_a^b g^2(x)dx = \sum\limits_{i=1}^{\infty} d_n^2 \int_a^b \phi_n^2(x)dx \tag{46}$$

$$\int_a^b (f(x) + g(x))^2 dx = \sum\limits_{i=1}^{\infty} (c_n + d_n)^2 \int_a^b \phi^2(x)dx \tag{47}$$

　　　　(47) − (45) − (46) 可得

$$\int_a^b f(x)g(x)dx = \sum\limits_{i=1}^{\infty} c_n d_n \int_a^b \phi_n^2(x)dx$$

　　顯然的，若 $f(x) = g(x) \Rightarrow c_n = d_n \Rightarrow$ (44)退化為(42)式，故(44)可視為 Parseval's equality 之一般化形式

(二)收斂性：

定義：間斷平滑

　　若 $f(x)$ 在區間 $[a, b]$ 的性質不比間斷連續差，且在連續處均為可微分，在跳躍點之左、右導數均存在，則 $f(x)$ 在 $[a, b]$ 上為間斷平滑（piecewise smooth）。若 $f(x)$ 為可微分（differentiable），$f'(x)$ 為連續函數，則稱 $f(x)$ 為平滑。

定理 7

if $\{\phi_n(x)\}$ 為一正交且完整特徵函數集,則對任何不比間斷平滑差的函數 $f(x)$ 而言,其特微展開式,在 $f(x)$ 的連續點將逐點收斂至 $f(x)$ 之函數值。而在 $f(x)$ 之跳躍點必收斂至跳躍點上之平均值。

$$f(x) = \sum_{n=1}^{\infty} c_n \phi_n(x) = \begin{cases} f(x) & ; \ if \ x \ is \ continuous \\ \dfrac{f(x^-) + f(x^+)}{2} & ; \ if \ x \ is \ jump \end{cases}$$

觀念提示: 1. 具齊性邊界條件的 Sturm-Liouville B.V.P,其特徵函數所形成的集合必定具有正交且完整之特性。

2. 經常用以作特徵展開的正交且完整之特徵函數集如下:

(1) $\left\{ \sin\left(\dfrac{n\pi x}{l}\right) \right\}_{n=1, 2, \cdots}$ $x \in [0, l]$

此為由下例 S-L B.V.P 求解所得:

$$\begin{cases} y'' + \lambda y = 0 & x \in [0, l] \\ y(0) = y(l) = 0 \end{cases}$$

(2) $\left\{ \cos\left(\dfrac{n\pi x}{l}\right) \right\}_{n=0, 1, \cdots}$ $x \in [0, 1]$

此為下例 S-L B.V.P 求解所得:

$$y'' + \lambda y = 0$$

$$y'(0) = y'(l) = 0$$

(3) $\left\{ \sin\dfrac{(2n-1)\pi x}{2l} \right\}_{n=1, 2, \cdots}$

其對應之 S-L B.V.P 為:

$$y'' + \lambda y = 0$$

$$y(0) = y'(l) = 0$$

(4) $\left\{ \cos\dfrac{(2n-1)}{2l}\pi x \right\}_{n=1, 2, \cdots}$

其對應之 S-L B.V.P 為:

$$y'' + \lambda y = 0$$

$$y'(0) = y(l) = 0$$

(5) $\left\{ 1, \cos\left(\dfrac{n\pi x}{l}\right), \sin\left(\dfrac{n\pi x}{l}\right) \right\}_{n=1, 2, \cdots}$

其對應之 S-L B.V.P 為:

$$y'' + \lambda y = 0$$

$$y(0) = y(2l); \ y'(l) = y'(2l)$$

(6) $\{P_n(x)\}_{n=0,1,2,\cdots}$

對應之 S-L B.V.P 為：

$(1-x^2)y'' - 2xy' + n(n+1)y = 0$

or

$((1-x^2)y')' + n(n+1))y = 0, y(\pm 1)$ 存在

(7) $\left\{J_n\left(\dfrac{\alpha_m^n}{b}x\right)\right\}_{m=1,2,\cdots}$

$x^2 y'' + xy' + (\lambda x^2 - n^2)y = 0$

or

$(xy')' + \left(\lambda x - \dfrac{n^2}{x}\right)y = 0, y(0)$ 存在，$y(b) = 0$

例題 13：Given $g(x) = x^3 - x^2 + 2x + 1$ find the function of the form $f(x) = ax + b$, where a, b are constants such that $\int_0^1 [g(x) - f(x)]^2 dx$ is minimized.

解

$e = \int_0^1 [(x^3 - x^2 + 2x + 1) - (ax+b)]^2 dx$

$\dfrac{\partial e}{\partial a} = -2\int_0^1 x[(x^3 - x^2 + 2x + 1 - ax - b)]dx = 0 \Rightarrow \dfrac{a}{3} + \dfrac{b}{2} = \dfrac{67}{60}$

$\dfrac{\partial e}{\partial b} = -2\int_0^1 x[x^3 - x^2 + 2x + 1 - ax - b]dx = 0 \Rightarrow \dfrac{a}{2} + b = \dfrac{23}{12}$

$\therefore a = \dfrac{19}{10}, b = \dfrac{29}{30}, f(x) = \dfrac{19}{10}x + \dfrac{29}{30}$

例題 14：Find the least mean-square error representation of $f(x) = x^3, -1 \le x \le 1$ by a x-polynomial to power two; i.e. $f(x) = c_0 + c_1 x + c_2 x^2$ 【台大土木】

解

$e = \int_{-1}^1 (x^3 - c_0 - c_1 x - c_2 x^2)^2 dx$

$\dfrac{\partial e}{\partial c_0} = -2\int_{-1}^1 (x^3 - c_0 - c_1 x - c_2 x^2)dx = 4c_0 + \dfrac{4}{3}c_2 = 0$

$\dfrac{\partial e}{\partial c_1} = \dfrac{4}{3}c_1 - \dfrac{4}{5} = 0$

$\dfrac{\partial e}{\partial c_2} = \dfrac{4}{3}c_0 + \dfrac{4}{5}c_2 = 0$

綜合以上結果可得 $c_1 = \dfrac{3}{5}, c_0 = c_2 = 0$

6-4　Legendre 及 Bessel function 之正交性

1 Orthogonality of the Legerdre function

Consider the following O.D.E.

$$(1 - x^2)y'' - 2xy' + n(n+1)y = 0; \ n \in R \tag{48}$$

化為 Sturm-Liouville 微分方程式之標準式

$$\frac{d}{dx}[(1-x^2)y'] + n(n+1)y = 0 \tag{49}$$

可得 $p(x) = 1 - x^2, q(x) = 0, \lambda = n(n+1), \rho(x) = 1$，又由 $p(x) = 0$，得 $x = +1, -1$，為其兩個奇異點。

　　配合 Sturm Liouville 雙異點邊界值條件：

(1) $P(1) = 0, y(1), y'(1),$ 為有界函數

(2) $P(-1) = 0, y(-1), y'(-1),$ 為有界函數

可知 $\{P_n(x)\}$ 為(49)式之解且 $\{P_n(x)\}$ 形成一組正交特徵函數集

$$\int_{-1}^{1} P_n(x)P_m(x)dx = \begin{cases} 0 & ; n \neq m \\ \dfrac{2}{2n+1} & ; n = m \end{cases} \tag{50}$$

證明：

　　法 I：利用 Legendre 多項式之 generating function

　　已知 Legendre 之母函數可表為：

$$\frac{1}{\sqrt{1 - 2xt + t^2}} = \sum_{n=0}^{\infty} P_n(x)t^n$$

$$\Rightarrow \int_{-1}^{1} \frac{1}{1 - 2xt + t^2} dx = \int_{-1}^{1} \left[\sum_{m=0}^{\infty} P_m(x)t^m \right] \left[\sum_{n=0}^{\infty} P_n(x)t^n \right] dx$$

$$= \int_{-1}^{1} \sum_{n=0}^{\infty} P_n^2(x) \, t^{2n} \, dx$$

$$左式 = -\frac{1}{2t} \int_{(t+1)^2}^{(t-1)^2} \frac{1}{1 - 2xt + t^2} d(t^2 - 2xt + 1)$$

$$= \frac{1}{t}[\ln(1+t) - \ln(1-t)]$$

先微分→展開成 Power 級數→再積分

$$\frac{1}{t}[\ln(1+t) - \ln(1-t)]$$

$$= \frac{1}{t}\left[\left(t - \frac{t^2}{2} + \frac{t^3}{3} - + \cdots\right) + \left(t + \frac{t^2}{2} + \frac{t^3}{3} + \cdots\right)\right] = \sum_{n=0}^{\infty} \frac{2}{2n+1} t^{2n}$$

法 II：利用 Rodrigue 公式及 Integration by part 證明：

$$P_n(x) = \frac{1}{2^n n!} D^n (x^2 - 1)^n$$

2 Bessel function 之正交性

Consider the following O.D.E.

$$x^2 y'' + xy' + (\lambda^2 x^2 - n^2)y = 0$$

可化為 Sturm-Liouville 微分方程式之通式為：

$$\frac{d}{dx}(xy') + \left(\lambda^2 x - \frac{n^2}{x}\right)y = 0 \tag{51}$$

故可知 $p(x) = x$, $\rho(x) = x$, $q(x) = -\frac{n^2}{x}$

則當 $x=0$ 時，$p(x)=0$

由 Sturm-Liouville 邊界值問題之 case 2.（單異點）得知需滿足以下邊界條件，方能得到正交之特徵函數集：

(1) $p(0) = 0$, B.C.　$y(0), y'(0)$ 為有界

(2) $p(b) \neq 0$, B.C.　$ky(b) + \tau y'(b) = 0$

已知 $y(x)$ 之通解為：$y(x) = c_1 J_n(\lambda x) + c_2 Y_n(\lambda x)$

但由第一個邊界條件 $x=0, y(0)$ bounded 知 $Y_n(\lambda x)$ 不合 $\Rightarrow c_2 = 0$

假設 $k=1, \tau=0 \Rightarrow y(b)=0$

$\Rightarrow J_n(\lambda b) = 0 \Rightarrow \lambda_m = \frac{\alpha_m^n}{b}$　$m = 1, 2, \cdots$

α_m^n 為 $J_n(x)$ 之第 m 個零點

故得其特徵值，$\lambda_m = \frac{\alpha_m^n}{b}$，及特徵函數：$y_m(x) = J_n\left(\frac{\alpha_m^n x}{b}\right)$

由 S-L B.V.P 知 $\left\{J_n\left(\frac{\alpha_m^n x}{b}\right)\right\}$ 形成以權函數 x 之正交特徵函數集，且必滿足下式：

$$\int_0^b x J_n\left(\frac{\alpha_m^n}{b}x\right) J_n\left(\frac{\alpha_p^n}{b}x\right) dx = \begin{cases} 0 & ; \ m \neq p \\ \dfrac{b^2}{2} J_{n+1}^2(\alpha_m^n) & ; \ m = p \end{cases} \tag{52}$$

證明：　已知特徵值 λ_m 之特徵函數 $y_m = J_n\left(\dfrac{\alpha_m^n x}{b}\right)$

已知特徵值 λ_p 之特徵函數 $y_p = J_n\left(\dfrac{\alpha_p^n x}{b}\right)$

分別代入 Bessel D.E 得：

$$xy_m'' + y_m' + \left(\lambda_m^2 x - \frac{n^2}{x}\right)y_m = 0 \tag{a}$$

$$xy_p'' + y_p' + \left(\lambda_p^2 x - \frac{n^2}{x}\right)y_p = 0 \tag{b}$$

(a) $\times y_p -$ (b) $\times y_m$ 得：

$$xy_p y_m'' - xy_m y_p'' + y_p y_m' - y_m y_p' + (\lambda_m^2 - \lambda_p^2)xy_m y_p = 0$$

$$\Rightarrow (\lambda_m^2 - \lambda_p^2)xy_m y_p = xy_m y_p'' - xy_p y_m'' - y_p y_m' + y_m y_p'$$

$$= \frac{d}{dx}(xy_m y_p' - xy_p y_m')$$

$$\Rightarrow (\lambda_m^2 - \lambda_p^2)\int_0^b xy_m y_p \, dx = xy_m y_p' - xy_p y_m' \Big|_0^b$$

$\because \alpha_m^n, \alpha_p^n$ 均為 $J_n(x)$ 的零點

$\therefore$ if $m \neq p \Rightarrow \int_0^b xy_m y_p \, dx = 0$

if $m = p \Rightarrow \int_0^b xy_m y_p \, dx = \lim_{m \to p} \dfrac{b[\lambda_p J_n(\lambda_m b) J_n'(\lambda_p b) - \lambda_m J_n'(\lambda_m b) J_n(\lambda_p b)]}{\lambda_m^2 - \lambda_p^2}$

$$= \frac{b[\lambda_p b J_n'(\lambda_m b) J_n'(\lambda_p b) - J_n'(\lambda_m b) J_n(\lambda_p b) - b\lambda_m J_n''(\lambda_m b) J_n(\lambda_p b)]}{2\lambda_m} \tag{c}$$

$$= \frac{b}{2\lambda_m}[\lambda_m b J_n'^2(\lambda_m b) - J_n'(\lambda_m b) J_n(\lambda_m b) - b\lambda_m J_n''(\lambda_m b) J_n(\lambda_m b)]$$

由(51)，可得

$$u^2 J_n''(u) + u J_n'(u) + (u^2 - n^2) J_n(u) = 0$$

$$\Rightarrow J_n''(\lambda_m b) = -\frac{1}{\lambda_m b} J_n'(\lambda_m b) - \left(1 - \frac{n^2}{(\lambda_m b)^2}\right) J_n(\lambda_m b)$$

Substitute into (c), we can obtain

$$\frac{b}{2\lambda_m}[\lambda_m b J_n'^2(\lambda_m b) - J_n'(\lambda_m b) J_n(\lambda_m b) - b\lambda_m J_n''(\lambda_m b) J_n(\lambda_m b)]$$

$$= \frac{b}{2\lambda_m}\left[\lambda_m b J_n'^2(\lambda_m b) + b\lambda_m\left(1 - \frac{n^2}{(\lambda_m b)^2}\right) J_n^2(\lambda_m b)\right] \tag{d}$$

$$= \frac{b^2}{2}\left[J_n'^2(\lambda_m b) + \left(1 - \frac{n^2}{(\lambda_m b)^2}\right) J_n^2(\lambda_m b)\right]$$

Case 1. Boundary condition: $y(b) = 0 \Rightarrow J_n(\lambda_m b) = 0$

$$\int_0^b x J_n^2 \left(\frac{\alpha_m^n}{b} x \right) dx = \frac{b^2}{2} J_n'^2 (\lambda_m b) = \frac{b^2}{2} J_{n+1}^2 (\alpha_m^n)$$

觀念提示：

$$\frac{d}{dx} [x^{-n} J_n(x)] = -x^{-n} J_{n+1}(x) \Rightarrow -\frac{n}{x} J_n(x) + J_n'(x) = -J_{n+1}(x)$$

$$\Rightarrow J_n'(\lambda_m b) = \frac{n}{\lambda_m b} J_n(\lambda_m b) - J_{n+1}(\lambda_m b) = -J_{n+1}(\lambda_m b)$$

Case 2: 若將邊界條件改為 $y(0)$ 為有限而 $y'(b) = 0 \Rightarrow J_n'(\lambda_m b) = 0$，仍符合 S-L 邊界條件，此時所得正交特徵函數集為 $\left\{ J_n \left(\beta_m^n \frac{x}{b} \right) \right\}$ 其中 β_m^n 為 $J_n'(x) = 0$ 的第 m 個零根。

$$\int_0^b x J_n \left(\frac{\beta_m^n}{b} x \right) J_n \left(\frac{\beta_p^n}{b} x \right) dx = \begin{cases} 0 & ; \text{ if } m \neq p \\ \frac{b^2}{2} \left[\frac{(\beta_m^n)^2 - n^2}{(\beta_m^n)^2} \right] J_n^2(\beta_m^n) & ; \text{ if } m = p \end{cases} \tag{53}$$

定理 8

Legendre 多項式 $\{P_n(x), n = 0, 1, 2, \cdots\}$ 在區間 $[-1, +1]$ 內形成一組正交且完整的函數集。由此可知，只要函數 $f(x)$ 在區間 $[-1, +1]$ 上的性質不比間斷連續差，均可以被 Legendre 函數展開。值得注意的是，由 S-L 標準式看來 $\{P_n(x)\}$ 以權函數 $\rho(x) = 1$ 為簡單正交。

$$f(x) = \sum_{n=0}^{\infty} c_n P_n(x) \tag{54}$$

其中 $c_n = \frac{2n+1}{2} \int_{-1}^1 f(x) P_n(x) \, dx$ \hfill (55)

由於 $P_n(x)$ 是一個奇偶分明的多項式函數

$$\begin{cases} n = even \Rightarrow P_n(x) \text{為 } even \ function \\ n = odd \Rightarrow P_n(x) \text{為 } odd \ function \end{cases}$$

因此，若被展開函數亦具有奇偶性，則展開式將可大幅的化簡：

Case1: $f(x) = \text{odd} \Rightarrow f(x) P_{2n}(x) = \text{odd} \Rightarrow c_{2n} = \int_{-1}^1 f(x) P_{2n}(x) dx = 0$

$$\Rightarrow f(x) P_{2n+1}(x) = \text{even} \Rightarrow c_{2n+1} = \frac{4n+3}{2} \int_{-1}^1 f(x) P_{2n+1}(x) dx$$

$$= (4n+3) \int_0^1 f(x) P_{2n+1}(x) dx$$

Case2: $f(x) = \text{even} \Rightarrow f(x) P_{2n+1}(x) = \text{odd} \Rightarrow c_{2n+1} = \int_{-1}^{1} f(x) P_{2n+1}(x) dx = 0$

$\Rightarrow f(x) P_{2n}(x) = \text{even} \Rightarrow c_{2n} = \frac{4n+1}{2} \int_{-1}^{1} f(x) P_{2n}(x) dx$

$= (4n+1) \int_{0}^{1} f(x) P_{2n}(x) dx$

由以上之討論可以得到：當 $f(x)$ 為奇函數時，其 Legendre 展開式將只剩下奇次項；反之，當 $f(x)$ 為偶函數時，將只剩下偶次項：

$$f(x) = \text{even} \Rightarrow f(x) = \sum_{n=0}^{\infty} c_{2n} P_{2n}(x) \tag{56}$$

$$f(x) = \text{odd} \Rightarrow f(x) = \sum_{n=0}^{\infty} c_{2n+1} P_{2n+1}(x) \tag{57}$$

定理 9

$\{P_{2n+1}(x)\}$ 與 $\{P_{2n}(x)\}$ 均在區間 $[0, 1]$ 上具有正交性及完整性。

證明：　(1) $\int_{0}^{1} P_{2n}(x) P_{2m}(x) dx = \frac{1}{2} \int_{-1}^{1} P_{2n}(x) P_{2m}(x) dx = \begin{cases} 0 & ; n \neq m \\ \dfrac{1}{2(2n)+1} & ; n = m \end{cases}$

(2) $\int_{0}^{1} P_{2n+1}(x) P_{2m+1}(x) dx = \frac{1}{2} \int_{-1}^{1} P_{2n+1}(x) P_{2m+1}(x) dx$

$= \begin{cases} 0 & ; n \neq m \\ \dfrac{1}{2(2n+1)+1} & ; n = m \end{cases}$

觀念提示：　1. $\{P_n(x)\}$ 在區間 $[0, 1]$ 上不具有正交及完整性，舉例如下：

$\int_{0}^{1} P_0(x) P_1(x) dx = \int_{0}^{1} x dx = \frac{1}{2} \neq 0$

2. 若 $f(x)$ 定義於 $x \in [0, 1]$，且在邊界點收斂至 0，則可將 $f(x)$ 展開成 odd function $F_o(x)$，$x \in [-1, 1]$，則：

$F_o(x) = \sum_{n=0}^{\infty} c_{2n+1} P_{2n+1}(x)$

其中 $c_{2n+1} = \dfrac{\int_{-1}^{1} F_o(x) P_{2n+1}(x) dx}{\int_{-1}^{1} P_{2n+1}{}^2(x) dx} = \dfrac{2 \int_{0}^{1} F_o(x) P_{2n+1}(x) dx}{\int_{-1}^{1} P_{2n+1}{}^2(x) dx}$

$= (4n+3) \int_{0}^{1} f(x) P_{2n+1}(x) dx$

3. 若 $f(x)$ 定義於 $x \in [0, 1]$，且在邊界點之微分收斂至 0，則可將 $f(x)$ 展開 even function $F_e(x)$，$x \in [-1, 1]$，則：

$$F_e(x) = \sum_{n=0}^{\infty} c_{2n} P_{2n}(x)$$

$$\text{where } c_{2n} = \frac{\int_{-1}^{1} F_e(x) P_{2n}(x) dx}{\int_{-1}^{1} P_{2n}{}^2(x) dx} = \frac{2\int_{0}^{1} F_e(x) P_{2n}(x) dx}{\int_{-1}^{1} P_{2n}{}^2(x) dx}$$

$$= (4n+1) \int_{0}^{1} f(x) P_{2n}(x) dx$$

定理 10

Bessel D.E 在配合單異點 S-L 邊界條件：$y(0)$ 為有界，且 $ky(b) + \tau y'(b) = 0$，所得出的特徵函數集合，在區間$[0, b]$上，相對於權函數 x 具有正交性與完整性。

觀念提示：　*1.* Legendre 特徵函數集為簡單正交，而 Bessel 特徵函數集則為相對於權函數 $\rho(x) = x$ 為正交。

　　　　　　*2.*唯有一正交且完整的特徵函數集才能夠展開間斷連續函數（至零誤差），因此若 D.E 出現間斷連續函數 $f(x)$，前述的解法（包含級數解法）均將失敗。此時唯有利用正交且完整的特徵函數集，將待求函數及 $f(x)$ 同時展開後，比較係數求解即可。

例題 15：For the Sturm-Liouville problem $(1-x^2)y'' - 2xy' + n(n+1)y = 0; n \in R$ on the interval $[-1, +1]$

(1) Find its eigenvalues and eigenfunctions

(2) The set of eigenfunctions are orthogonal with respect to a weighting function $\rho(x)$ on the interval $[-1, +1]$, what is $\rho(x)$ 　　【101 成大光電】

解

(1)$y(x) = c_1 P_n(x) + c_2 Q_n(x)$

$y(\pm 1)$ is finite $\Rightarrow c_2 = 0$

$y(x) = c_1 P_n(x)$

eigenfunction: $\{P_n(x)\}_{n=0, 1, 2, \cdots}$

(2)$(1-x^2)y'' - 2xy' + n(n+1)y = [(1-x^2)y']' + [0 + n(n+1) \cdot 1]y$

$$= 0$$

$\rho(x) = 1$

例題 16：(a) Solve the Sturm-Liouville problem：

$$xy'' + y' + v^2 xy = 0; y(0) = 1, y(\ell) = 0$$

(b)Find the eigen functions

(c)Find the orthogonality property possessed by the eigenfunctions obtained in (b). 【台大電機】

解　(a)原式可表示為：

$$x^2y'' + xy' + (v^2x^2 - 0^2)y = 0 \tag{1}$$

令 $t = vx$ 進行變數轉換則有：

$$t^2 \frac{d^2y}{dt^2} + t\frac{dy}{dt} + (t^2 - 0^2)y = 0$$

其通解為：

$$y(x) = c_1 J_0(vx) + c_2 Y_0(vx)$$

代入 B.C.：$y(0) = 1 \Rightarrow c_2 = 0,\ c_1 = 1$

$y(\ell) = 0 \Rightarrow J_0(v\ell) = 0$

令 α_n^0 代表 J_0 之第 n 個零根，致 $v\ell = \alpha_n^0,\ n = 1, 2, \cdots$

$$\therefore y(x) = J_0\left(\frac{\alpha_n^0}{\ell}x\right)$$

(b)特徵函數為：$y(x) = J_0\left(\dfrac{\alpha_n^0}{\ell}x\right)$　$n = 1, 2, \cdots$

(c)(1)式可表為 S-L equation

$$(xy')' + (v^2x)y = 0$$

特徵值 $\left(\dfrac{\alpha_m^0}{l}\right)^2,\ \left(\dfrac{\alpha_n^0}{l}\right)^2$，分別對應特徵函數 $J_0\left(\dfrac{\alpha_m^0}{\ell}x\right)^2,\ J_0\left(\dfrac{\alpha_n^0}{\ell}x\right)^2$，故

$$\left[xJ_0'\left(\frac{\alpha_m^0}{\ell}x\right)\right]' + \frac{\alpha_m^{02}}{\ell^2}xJ_0\left(\frac{\alpha_m^0}{\ell}x\right) = 0 \tag{2}$$

$$\left[xJ_0'\left(\frac{\alpha_n^0}{\ell}x\right)\right]' + \frac{\alpha_n^{02}}{\ell^2}xJ_0\left(\frac{\alpha_n^0}{\ell}x\right) = 0 \tag{3}$$

$$\int_0^\ell\left[(2) \times \left(\frac{\alpha_n^0}{\ell}x\right) - (3) \times J_0\left(\frac{\alpha_m^0}{\ell}x\right)\right]dx \quad 可得：$$

$$\left[xJ_0'\left(\frac{\alpha_m^0}{\ell}x\right) \cdot J_0\left(\frac{\alpha_n^0}{\ell}x\right) - xJ_0\left(\frac{\alpha_m^0}{\ell}x\right)J_0'\left(\frac{\alpha_n^0}{\ell}x\right)\right]\Bigg|_0^\ell + \frac{\alpha_m^{02} - \alpha_n^{02}}{\ell^2}\int_0^\ell xJ_0\left(\frac{\alpha_m^0}{\ell}x\right)J_0\left(\frac{\alpha_n^0}{\ell}x\right)dx = 0$$

$$\because \alpha_m^0 \neq \alpha_n^0，且 J_0(\alpha_n^0) = J_0(\alpha_m^0) = 0$$

$$\therefore \int_0^\ell xJ_0\left(\frac{\alpha_m^0}{\ell}x\right)J_0\left(\frac{\alpha_n^0}{\ell}x\right)dx = 0$$

例題 17：將 $f(x)=x^3$, $0<x<1$ 展成 $J_3(x)$ 之 Fourier Bessel series 　　【台大土木】

解　　設 $x^3 = \sum\limits_{n=1}^{\infty} c_n J_3(\alpha_n^3 x)$；其中 α_n^3, $n=1, 2, \cdots$ 為 $J_3(x)$ 之零點

$$c_n = \frac{\langle x^3, J_3(\alpha_n^3 x)\rangle}{\langle J_3(\alpha_n^3 x), J_3(\alpha_n^3 x)\rangle} = \frac{\int_0^1 x^4 J_3(\alpha_n^3 x)\,dx}{\frac{1}{2}J_4^2(\alpha_n^3)}$$

由 $\dfrac{d}{dx}(x^n J_n) = x^n J_{n-1}$ 可知

$$\int_0^1 x^4 J_3(\alpha_n^3 x)\,dx = \int_0^{\alpha_n^3} \frac{1}{(\alpha_n^3)^5} t^4 J_3(t)\,dt = \frac{1}{(\alpha_n^3)^5} t^4 J_4(t)\Big|_0^{\alpha_n^3} = \frac{1}{\alpha_n^3} J_4(\alpha_n^3)$$

$$\therefore c_n = \frac{2}{\alpha_n^3 J_4(\alpha_n^3)}$$

例題 18：If $y(x)=x^2+2x+3$ is a solution for Legendre equation, please express $y(x)$ as a generalized Legendre-Fourier series　　【101 台聯大工數 A】

解

$$y(x) = \sum_{n=0}^{\infty} c_n P_n(x) = \sum_{n=0}^{\infty}\left(\frac{2n+1}{2}\int_{-1}^1 y(x)P_n(x)\,dx\right)P_n(x)$$

$$= \frac{1}{2}\sum_{n=0}^{\infty}\left[(2n+1)\int_{-1}^1 (x^2+2x+3)P_n(x)dx\right]P_n(x)$$

再由以下公式：

$$\int_{-1}^1 y(x)P_n(x)dx = \frac{(-1)^n}{2^n n!}\int_{-1}^1 y^{(n)}(x)(x^2-1)^n\,dx$$

$y(x)=x^2+2x+3$，故明顯可知：$c_3=c_4=\cdots=0$

$$c_0 = \frac{1}{2}\int_{-1}^1 (x^2+2x+3)\,dx = \frac{10}{3}$$

$$c_1 = \frac{3}{2}\int_{-1}^1 (x^2+2x+3)x\,dx = 2$$

$$c_2 = \frac{5}{2}\int_{-1}^1 (x^2+2x+3)\left(\frac{3x^2-1}{2}\right)dx = \frac{4}{15}$$

$$\therefore y = \frac{10}{3}P_0(x) + 2P_1(x) + \frac{4}{15}P_2(x)$$

觀念提示： *1.* 多項式函數之 Legendre 展開必然為有限項.

2. $P_0(x)=1$, $P_1(x)=x$, $P_2(x)=\dfrac{3x^2-1}{2}$

例題 19：求 $f(x) = x^3$ 在 $[-1, 1]$ 之 Legendre 多項式展開　　　　　　【清華動機】

解

$$f(x) = \sum_{n=0}^{\infty} c_n P_n(x) = \sum_{n=0}^{\infty} \left[\frac{2n+1}{2} \int_{-1}^{1} f(x) P_n(x) dx \right] P_n(x)$$

$$= \frac{1}{2} \sum_{n=0}^{\infty} \left[(2n+1) \int_{-1}^{1} x^3 P_n(x) dx \right] P_n(x)$$

x^3 為奇函數，故當 n 為偶數時 $c_n = 0$

再由以下公式：

$$\int_{-1}^{1} f(x) P_n(x) dx = \frac{(-1)^n}{2^n n!} \int_{-1}^{1} f^{(n)}(x)(x^2 - 1)^n dx$$

$\because f(x) = x^3$，故明顯可知：$c_4 = c_5 = \cdots = 0$

$$c_1 = \frac{3}{2} \int_{-1}^{1} x^4 dx = \frac{3}{5}$$

$$c_3 = \frac{7}{4} \int_{-1}^{1} (5x^3 - 3x) x^3 dx = \frac{2}{5}$$

$$\therefore f(x) = \frac{3}{5} P_1(x) + \frac{2}{5} P_3(x)$$

綜合練習

1.　已知 $\phi(x) = \dfrac{d^n}{dx^n}(x^2 - 1)^n$ 為 $(1 - x^2)y'' - 2xy' + n(n+1)y = 0$ 的一個解函數，求 $\phi(1)$ 及 $\phi(-1)$ 之值

2.　Classify the Sturm-Liouville problem as regular singular or periodic, find the eigenvalue and corresponding eigenfunction　　　　　　　　　　　　　　　　　　　　　　　　　　　【大同化工】

　　$y'' + \lambda y = 0$, $y(-3\pi) = y(3\pi)$, $y'(-3\pi) = y'(3\pi)$

3.　下述五個函數 $\cos 2\pi x, \cos 3\pi x, \cos 5\pi x, \cos 7\pi x, \cos 10\pi x$，在 $a \le x \le b$ $(x \in R)$ 間構成一組 orthogonal 函數組，求 a 與 b　　　　　　　　　　　　　　　　　　　　　　　　　　　【台大土木】

4.　解特徵值問題：$y'' + \lambda y = 0$, $y(0) = y(\ell) = 0$　　　　　　　　　　　　　【台大土木】

5.　解特徵值問題：$y'' + 2y' + \lambda y = 0$, $y(0) = y(\ell) = 0$　　　　　　　　　　　【交大電子】

6.　解特徵值問題：$y^{(4)} + k^2 y'' = 0$, $y(0) = y(\ell) = 0$, $y'(0) = y''(\ell) = 0$　　　【中興環工】

7. If y_m and y_n satisfy the following equations：

   $[\gamma(x)y'_m]' + [q(x) + \lambda_m p(x)]y_m = 0$

   $[\gamma(x)y'_n]' + [q(x) + \lambda_n p(x)]y_n = 0$

   $y_m(a)y'_n(a) - y'_m(a)y_n(a) = 0$

   $y_m(b)y'_n(b) - y'_m(b)y_n(b) = 0$

   where $\gamma(x)$ and $p(x)$ are continuous on the closed interval $a \le x \le b$, $q(x)$ is continuous at least over the open interval $a < x < b$, and $\lambda_m \ne \lambda_n$. Prove the following identity

   $\int_a^b p(x)y_m(x)y_n(x)dx = 0$; if $m \ne n$ 　　　　　　　【清大電機】

8. 對於 $y'' + y' + \lambda y = 0$，$y(0) = y(\ell) = 0$，求特徵值與特徵函數，將此式改寫成 Sturm-Liouville 問題後說明其正交性：

9. 對於 $y'' + \lambda y = 0, y(0) = y(1) + y'(1) = 0$；求特徵值與特徵函數，並證明特徵函數之正交性 　　　　　　　【台大應力】

10. $f(x) = 2x, g(x) = 3 + cx, 0 \le x \le 1$

    (1) What is the value of c so that $f(x)$ and $g(x)$ are orthogonal?

    (2) What are the normalized functions of $f(x)$ and $g(x)$ respectively?

11. Solve the eigenvalue problem

    $y'' + \lambda y = 0; y(0) = 0, y'(\pi) = 0$

12. $y_m(x)$ and $y_n(x)$ are two solutions with different parameters $\lambda = \lambda_m$ and $\lambda = \lambda_n$, respectively for the differential equation

    $xy'' + y' + \lambda^2 xy = 0, 0 \le x \le a, y(0) = y(a) = 0$

    Show that $\int_0^a xy_m(x)y_n(x)dx = 0$ 　　　　　　　【中央化工】

13. If functions $g_1 = a_0, g_2 = b_0 + b_1 x, g_3 = c_0 + c_1 x + c_2 x^2, g_1 \ne 0, g_2 \ne 0, g_3 \ne 0$, form an orthogonal set within $-1 \le x \le 1$, find $g_1, g_2, g_3 = ?$

14. For the given Sturm-Liouville problem $y'' + \lambda y = 0$ subject to the boundary condition $y'(0) + y(0) = 0, y(1) = 0$, find the eigenvalues and the eigenfunctions. 　　　　　　　【台大】

15. Given a function $f(x) = \begin{cases} 1 & ; 0 \le x \\ 0 & ; x < 0 \end{cases}$, expand it as a series of Legendre polynomials $f(x) = \sum_{n=-\infty}^{\infty} c_n P_n(x)$, find the coefficients. 　　　　　　　【成大電機】

16. For the given Sturm-Liouville problem $y'' + \lambda y = 0$ subject to the boundary condition $y'(h) - ay(h) = 0, y'(0) = 0$, find the eigenvalues and the eigenfunctions. Find the eigenfunction expansion of 1. 　【成大造船】

17. For the given Sturm-Liouville problem $x^4 y'' + 2x^3 y' = \lambda y$ subject to the boundary condition $y(1) = 0, y(2) = 0$, find the eigenvalues and the eigenfunctions. (Hint: $s = \frac{1}{x}$) 　　　　　　　【成大土木】

18. Consider a fourth order differential equation：

    $y^{(4)} + \lambda y'' = 0$

    satisfying the boundary conditions：

    $y(0) = y''(0) = y(2) = y'(2) = 0$

    Find eigenvalues and their corresponding eigenfunctions

7 Fourier 級數

A successful man is one who meets frustrations with a sense of humor

James S. Pan

7-1　Fourier 級數

考慮如下的特徵值問題：

$$y'' + \lambda y = 0 \; ; \; y(0) = y(T), \; y'(0) = y'(T) \tag{1}$$

由 Sturm-Liouville 常微分方程式之標準式：

$$\frac{d}{dx}\left(p(x)\frac{dy}{dx}\right) + (q(x) + \lambda\rho(x))y = 0$$

比較得知 $p(x) = 1$, $q(x) = 0$, $\rho(x) = 1$，再由其週期性之邊界條件可知道，所得出之特徵函數必在區間 $[0, T]$ 上為簡單正交。

$$\lambda = -k^2 \quad \Rightarrow y(x) = c_1\cosh kx + c_2\sinh kx \tag{2a}$$
$$\lambda = 0 \qquad \Rightarrow y(x) = c_1 + c_2 x \tag{2b}$$
$$\lambda = k^2 \quad \Rightarrow y(x) = c_1\cos kx + c_2\sin kx \tag{2c}$$

代入邊界條件：
對(2a)而言：

$$y(0) = y(T) \quad \Rightarrow c_1 = c_1\cosh kT + c_2\sinh kT$$
$$\Rightarrow c_1(\cosh kT - 1) + c_2\sinh kT = 0 \tag{3a}$$
$$y'(0) = y'(T) \quad \Rightarrow c_2 = c_1\sinh kT + c_2\cosh kT$$
$$\Rightarrow c_1\sinh kT + c_2(\cosh kT - 1) = 0 \tag{3b}$$

(3a)與(3b)為一線性齊性聯立方程式，檢查其係數行列式：

$$\because \begin{vmatrix} \cosh kT - 1 & \sinh kT \\ \sinh kT & \cosh kT - 1 \end{vmatrix} = 2(1 - \cosh kT) \neq 0$$

$$\therefore c_1 = c_2 = 0$$

換言之，若 λ 為負實數，將得到零解（trivial solution）
對(2b)而言：

$$y(0) = y(T) \quad \Rightarrow c_2 = 0 \quad \therefore y(x) = 1$$

對(2c)而言：

$$y(0) = y(T) \Rightarrow c_1(\cos kT - 1) + c_2 \sin kT = 0 \tag{4a}$$

$$y'(0) = y'(T) \quad \Rightarrow c_1 \sin kT - c_2(\cos kT - 1) = 0 \tag{4b}$$

(4a)與(4b)為一線性齊性聯立方程式，顯然的，欲使 c_1, c_2 不為零解必須

$$\begin{vmatrix} (\cos kT - 1) & \sin kT \\ \sin kT & -(\cos kT - 1) \end{vmatrix} = 0 \tag{5}$$

滿足(5)式必須 $\cos kT = 1$

$$\Rightarrow k = \frac{2n\pi}{T} \Rightarrow \lambda = \left(\frac{2n\pi}{T}\right)^2$$

$$\therefore y(x) = c_1 \cos \frac{2n\pi}{T} x + c_2 \sin \frac{2n\pi}{T} x \; ; \; n = 1, 2, \cdots\cdots$$

根據以上的討論，我們可以得到一組在區間$[0, T]$上具有正交且完整性質的特徵函數集 $\left\{ 1, \cos \frac{2n\pi x}{T}, \sin \frac{2n\pi x}{T} \right\}_{n=1,2,\cdots}$。

定義：設 $f(x)$ 為一週期 $T = 2l$ 之週期函數，定義在$(-l, l)$或$(0, 2l)$之間，且可表成下列形式：

$$f(x) = a_0 + \sum_{n=1}^{\infty} \left(a_n \cos \frac{n\pi x}{l} + b_n \sin \frac{n\pi x}{l} \right) \tag{6}$$

則稱(6)為 $f(x)$ 之 Fourier 級數

(6)可看成以 $\left\{ 1, \cos \frac{2n\pi x}{T}, \sin \frac{2n\pi x}{T} \right\}_{n=1,2,\cdots}$ 為基底函數 $f(x)$ 之表示式。$f(x) \leftrightarrow \{a_0, a_1, a_2, \cdots, b_1, b_2, \cdots\}$

根據特徵函數集 $\left\{ 1, \cos \frac{2n\pi x}{T}, \sin \frac{2n\pi x}{T} \right\}_{n=1,2,\cdots}$ 在區間$[0, T]$上彼此正交的性質，不難得到(6)式中之係數：

$$a_0 = \frac{1}{2l} \int_{-l}^{l} f(x) dx \tag{7}$$

$$a_n = \frac{1}{l} \int_{-l}^{l} f(x) \cos \frac{n\pi x}{l} dx \tag{8}$$

$$b_n = \frac{1}{l} \int_{-l}^{l} f(x) \sin \frac{n\pi x}{l} dx \tag{9}$$

證明：　(1)在(6)式等號兩邊同時從 $-l$ 積至 $+l$，可得

$$\int_{-l}^{l} f(x)dx = a_0 \int_{-l}^{l} dx + \sum_{n=1}^{\infty}\left(a_n \int_{-l}^{l}\cos\frac{n\pi x}{l}dx + b_n \int_{-l}^{l}\sin\frac{n\pi x}{l}dx\right) = 2la_0$$

$$\therefore a_0 = \frac{1}{2l}\int_{-l}^{l} f(x)dx$$

(2)若將(6)式二邊乘上 $\cos\frac{m\pi x}{l}$，再從 $-l$ 積至 $+l$，可得

$$\int_{-l}^{l} f(x)\cos\frac{m\pi x}{l}dx$$

$$= a_0 \int_{-l}^{l}\cos\frac{m\pi x}{l}dx + \sum_{n=1}^{\infty}\left(a_n \int_{-l}^{l}\cos\frac{n\pi x}{l}\cos\frac{m\pi x}{l}dx + b_n \int_{-l}^{l}\sin\frac{n\pi x}{l}\cos\frac{m\pi x}{l}dx\right)$$

$$= la_m$$

$$\therefore a_m = \frac{1}{l}\int_{-l}^{l} f(x)\cos\left(\frac{m\pi x}{l}\right)dx$$

(3)同理將(6)式二邊乘上 $\sin\frac{m\pi x}{l}$，再從 $-l$ 積至 $+l$，可得

$$b_m = \frac{1}{l}\int_{-l}^{l} f(x)\sin\left(\frac{m\pi x}{l}\right)dx$$

由於特徵函數集 $\left\{1,\ \cos\frac{2n\pi x}{T},\ \sin\frac{2n\pi x}{T}\right\}_{n=1,2,\dots}$ 具正交且完整的性質，根據前一章的討論可知：任何在區間 $[0, T]$ 上，性質不比間斷連續差的函數均可被此組特徵函數完整的表達。

觀念提示：　1.週期函數之特性：

(1)若 $f(x) = f(x+T)$ 　　⇒ $f(x)$ 之週期為 T ⇒ $f(kx)$ 之週期為 $\dfrac{T}{k}$。

(2)若 $f(x)$ 之週期為 T_f，$g(x)$ 之週期為 T_g，則（$c_1 f(x) + c_2 g(x)$）之週期為 T_f 與 T_g 之最小公倍數。

(3)常數函數可視為任意週期之週期函數。

2.由(6)式及週期函數的性質：

a_0：任意週期

$\cos\dfrac{n\pi x}{l}$：週期為 $\dfrac{2\pi}{\frac{n\pi}{l}} = \dfrac{2l}{n}$　$n = 1, 2, \dots\dots$

$\sin\dfrac{n\pi x}{l}$：週期為 $\dfrac{2\pi}{\frac{n\pi}{l}} = \dfrac{2l}{n}$　$n = 1, 2, \dots\dots$

可得 $f(x)$ 之週期為 $T = 2l$

因此利用 $\left\{1,\ \cos\left(\dfrac{n\pi x}{l}\right),\ \sin\left(\dfrac{n\pi x}{l}\right)\right\}_{n=1,2,\dots}$ 為基底，展開函數 $f(x)$，將得到一週期為 $2l$ 的函數，亦即 $f(x)$ 在 $[0, 2l]$ 間的分佈將以 $2l$ 為週期重複的出現，如圖 7-1 所示：

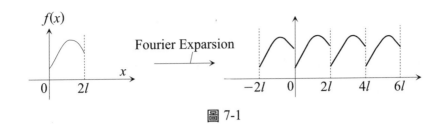

圖 7-1

3. 如(6)式的特徵函數展開過程稱之為 Fourier 展開，而所得到的級數稱為 Fourier 級數。倘若被展開的函數 $f(x)$ 恰好為週期 $T = 2l$ 的函數，則(6)式對整個實數軸均成立；倘若 $f(x)$ 在 $[0, 2l]$ 間為連續但非週期函數，則展開後之函數在 $[0, 2l]$ 間恰等於 $f(x)$，其餘部分則以 $T = 2l$ 的週期重複的出現。

4. 倘若將 $f(x)$ 視為週期 $T = 2l$ 的函數，則其頻率為 $f_0 = \dfrac{1}{T} = \dfrac{1}{2l}$，此時 Fourier 展開即為討論 $f(x)$ 在頻域之行為，顯然的，由(6)式可知週期函數之頻率為斷續分佈，且僅有 $f_0, 2f_0, 3f_0, \cdots$ 存在

5. 倘若 $f(x)$ 為僅具單一週期的函數，則稱 $f(x)$ 為 harmonic function

定理 1：Dirichlet 收斂定理

若 $f(x)$ 滿足：(1) $T = 2l$，(2) $f(x)$ 為分段平滑（piecewise smooth）或 $f(x)$，$f'(x)$ 為分段連續，則其 Fourier 展開式在 $f(x)$ 之連續點收斂至該點的函數值，在 $f(x)$ 之不連續點則收斂至該點的左、右極限之平均值。

$$f(x) = a_0 + \sum_{n=1}^{\infty} \left(a_n \cos \frac{n\pi x}{l} + b_n \sin \frac{n\pi x}{l} \right)$$
$$= \begin{cases} f(x) & ; \text{ if } x \text{ is continuous} \\ \dfrac{f(x^+) + f(x^-)}{2} & ; \text{ if } x \text{ is jump} \end{cases}$$

若 $f(x)$ 恰為週期 $T = 2l$ 的週期函數，則在執行積分以求係數時，積分範圍並無限制，可自由平移而不會影響結果。通常可將積分範圍調整為：

$$\int_0^T f(x) \begin{Bmatrix} \sin\left(\dfrac{2n\pi x}{T}\right) \\ \cos\left(\dfrac{2n\pi x}{T}\right) \\ 1 \end{Bmatrix} dx = \int_{-T/2}^{+T/2} f(x) \begin{Bmatrix} \sin\left(\dfrac{2n\pi x}{T}\right) \\ \cos\left(\dfrac{2n\pi x}{T}\right) \\ 1 \end{Bmatrix} dx$$

上式將積分範圍平移至對稱於原點，將可利用函數的奇偶性大大的簡化係數的計算。

定義： (1)**偶函數**（even function）：$f(x) = f(-x)$

其圖形對稱於 y 軸，且偶函數滿足：

$$\int_{-l}^{l} f(x)\, dx = 2\int_{0}^{l} f(x)dx \tag{10}$$

證明：

$$\int_{-l}^{l} f(x)\, dx = \int_{-l}^{0} f(x)\, dx + \int_{0}^{l} f(x)dx = \int_{l}^{0} f(-x)\,(-dx) + \int_{0}^{l} f(x)dx$$
$$= \int_{0}^{l} f(x)dx + \int_{0}^{l} f(x)dx \quad (f(x) = f(-x))$$
$$= 2\int_{0}^{l} f(x)dx$$

例：$\cos x,\ P_{2n}(x),\ \cosh x,\ \cdots\cdots$

(2)**奇函數**（odd function）：$f(x) = -f(-x)$

其圖形對稱於原點，且奇函數滿足：

$$\int_{-l}^{l} f(x)\, dx = 0 \tag{11}$$

證明： 證明過程同上，但當 $f(x)$ 為 odd function 時，$f(x) = -f(-x)$

$$\Rightarrow \int_{l}^{0} f(-x)\,(-dx) + \int_{0}^{l} f(x)dx = -\int_{0}^{l} f(x)dx + \int_{0}^{l} f(x)dx = 0$$

例：$\sin x,\ P_{2n+1}(x),\ \sinh x,\ \cdots\cdots$

觀念提示： 1. 任何一函數 $f(x)$，$x \in [-l, l]$ 必可表示為一個偶函數與奇函數之和

$$f(x) = \frac{1}{2}\left[f(x) + f(-x)\right] + \frac{1}{2}\left[f(x) - f(-x)\right]$$
$$= f_e(x) + f_o(x)$$

2. 利用函數奇偶性的性質，可簡化(7)～(9)Fourier 係數的計算

(1)若 $f(x)$ 為偶函數

則由(7)～(9)式可得

$$a_0 = \frac{1}{2l}\int_{-l}^{l} f(x)\, dx = \frac{1}{l}\int_{0}^{l} f(x)dx \tag{12}$$

$$a_n = \frac{1}{l}\int_{-l}^{l} f(x)\cos\frac{n\pi x}{l}dx = \frac{2}{l}\int_{0}^{l} f(x)\cos\frac{n\pi x}{l}dx \tag{13}$$

$$b_n = 0$$

故(6)可化簡為

$$\therefore f(x) = a_0 + \sum_{n=1}^{\infty} a_n \cos\left(\frac{n\pi x}{l}\right) \tag{14}$$

(14)稱之為 Fourier 餘弦級數

(2)若 $f(x)$ 為奇函數

$$\Rightarrow a_0 = a_n = 0$$

$$b_n = \frac{1}{l}\int_{-l}^{l} f(x)\sin\frac{n\pi x}{l}dx = \frac{2}{l}\int_0^l f(x)\sin\frac{n\pi x}{l}dx \tag{15}$$

故(6)可化簡為

$$\therefore f(x) = \sum_{n=1}^{\infty} b_n \sin\frac{n\pi x}{l} \tag{16}$$

(16)稱之為 Fourier 正弦級數

定理 2　Bessel 不等式與 Parseval 恆等式

設 $f(x)$ 為具有週期性（$T = 2l$）的函數且滿足 Dirichlet 條件，若 $f(x)$ 之 Fourier 級數為：

$$f(x) = a_0 + \sum_{n=1}^{\infty}\left(a_n \cos\frac{n\pi x}{l} + b_n \sin\frac{n\pi x}{l}\right) \tag{17a}$$

其中：

$$a_0 = \frac{1}{2l}\int_d^{d+2l} f(x)\,dx \tag{17b}$$

$$a_n = \frac{1}{l}\int_d^{d+2l} f(x)\cos\frac{n\pi x}{l}\,dx \tag{17c}$$

$$b_n = \frac{1}{l}\int_d^{d+2l} f(x)\sin\frac{n\pi x}{l}\,dx \tag{17d}$$

則：$\dfrac{1}{2l}\displaystyle\int_d^{d+2l} f^2(x)dx \geq a_0^2 + \dfrac{1}{2}\sum_{n=1}^{k}(a_n^2 + b_n^2)$ ；稱為 Bessel 不等式 $\tag{18}$

$\dfrac{1}{2l}\displaystyle\int_d^{d+2l} f^2(x)dx = a_0^2 + \dfrac{1}{2}\sum_{n=1}^{\infty}(a_n^2 + b_n^2)$ ；稱為 Parseval 恆等式 $\tag{19}$

證明：　令 $f(x)$ 之 Fourier 級數的前 $(2k+1)$ 項之和為 $S_k(x)$

$$S_k(x) = a_0 + \sum_{n=1}^{k}\left(a_n \cos\frac{n\pi x}{l} + b_n \sin\frac{n\pi x}{l}\right)$$

利用 $S_k(x)$ 來近似 $f(x)$，則必存在誤差函數 $\varepsilon_k(x) = f(x) - S_k(x)$

定義均方誤差（mean square error）為：

$$E_k(x) = \frac{1}{2l}\int_d^{d+2l}[\varepsilon_k(x)]^2\,dx = \frac{1}{2l}\int_d^{d+2l}[f(x) - S_k(x)]^2\,dx \tag{20}$$

$$= \frac{1}{2l}\int_d^{d+2l} f^2(x)dx - 2\cdot\frac{1}{2l}\int_d^{d+2l} f(x)S_k(x)\,dx + \frac{1}{2l}\int_d^{d+2l} S_k^2(x)\,dx$$

其中

$$\frac{1}{2l}\int_d^{d+2l} f(x)\,S_k(x)\,dx$$

$$= \frac{1}{2l}\int_d^{d+2l} f(x)\left[a_0 + \sum_{n=1}^{k}\left(a_n\cos\frac{n\pi x}{l} + b_n\sin\frac{n\pi x}{l}\right)\right]dx$$

$$= \frac{a_0}{2l}\int_d^{d+2l} f(x)dx + \sum_{n=1}^{k}\frac{a_n}{2l}\int_d^{d+2l} f(x)\cos\frac{n\pi x}{l}dx$$

$$+ \sum_{n=1}^{k}\frac{b_n}{2l}\int_d^{d+2l} f(x)\sin\frac{n\pi x}{l}dx$$

將(17b)～(17d)代入上式可得

$$\frac{1}{2l}\int_d^{d+2l} f(x)\,S_k(x)\,dx = a_0^2 + \sum_{n=1}^{k}\left(\frac{a_n^2}{2} + \frac{b_n^2}{2}\right) \tag{21}$$

$$\frac{1}{2l}\int_d^{d+2l} S_k^2(x)dx = \frac{1}{2l}\int_d^{d+2l}\left[a_0 + \sum_{n=1}^{k}\left(a_n\cos\frac{n\pi x}{l} + b_n\sin\frac{n\pi x}{l}\right)\right]^2 dx \tag{22}$$

已知 $\left\{1,\ \cos\dfrac{n\pi x}{l},\ \sin\dfrac{n\pi x}{l}\right\}$ 在 $x\in[d,\,d+2l]$ 間之正交特性，則(22)式可化簡為：

$$\frac{1}{2l}\int_d^{d+2l} S_k^2(x)dx = a_0^2 + \sum_{n=1}^{k}\left(\frac{a_n^2}{2} + \frac{b_n^2}{2}\right) \tag{23}$$

將(22)(23)式代入(20)式中可得

$$E_k(x) = \frac{1}{2l}\int_d^{d+2l} f^2(x)dx - \left(a_0^2 + \frac{1}{2}\sum_{n=1}^{k}(a_n^2 + b_n^2)\right)$$

由於 $E_k(x)\geq 0$，故得：

$$\frac{1}{2l}\int_d^{d+2l} f^2(x)dx \geq a_0^2 + \sum_{n=1}^{k}\frac{1}{2}(a_n^2 + b_n^2)$$

此即為 Bessel inequality

因為 $\left\{1,\ \cos\left(\dfrac{n\pi x}{l}\right),\ \sin\left(\dfrac{n\pi x}{l}\right)\right\}$ 在 $x\in[d,\,d+2l]$ 間形成 complete set 故有 $\displaystyle\lim_{k\to\infty} E_k = 0$

亦即 $\dfrac{1}{2l}\displaystyle\int_d^{d+2l} f^2(x)dx = a_0^2 + \sum_{n=1}^{k}\dfrac{1}{2}(a_n^2 + b_n^2)$

即為 Parseval's 恆等式

例題 1：Find the Fourier series of a periodic function whose definition in a period is

$$f(x) = \begin{cases} 0.5 & 0\leq x\leq 3 \\ -0.5 & 3\leq x\leq 6 \end{cases}$$

$$f(x) = f(x+6)$$

【101 台大電子】

解
$$\text{Let } f(x) = \sum_{n=1}^{\infty} b_n \sin \frac{n\pi x}{3}$$

$$b_n = \frac{2}{3} \int_0^3 f(x) \sin \frac{n\pi x}{3} dx = \begin{cases} \dfrac{2}{n\pi} & ; \ n = 1, 3, \cdots \\ 0 & ; \ n = 2, 4, \cdots \end{cases}$$

例題 2：(1) Find the Fourier series of a periodic function whose definition in a period is

$$f(x) = \begin{cases} x & 0 \le x \le 2 \\ -x & -2 \le x \le 0 \end{cases}$$

$$f(x) = f(x+4)$$

(2) Deduce the value of the sum of the series

$$\sum_{n=0}^{\infty} \frac{1}{(2n+1)^2} = 1 + \frac{1}{3^2} + \frac{1}{5^2} + \frac{1}{7^2} \cdots$$
【101 彰師大電子】

解
(1) Let $f(x) = a_0 + \sum_{n=1}^{\infty} a_n \cos \frac{n\pi x}{2}$

$$a_0 = \frac{1}{2} \int_0^2 f(x) dx = 1$$

$$a_n = \int_0^2 f(x) \cos \frac{n\pi x}{2} dx = \begin{cases} \dfrac{8}{n^2 \pi^2} & ; \ n = 1, 3, \cdots \\ 0 & ; \ n = 2, 4, \cdots \end{cases}$$

$$(2) f(0) = 0 = 1 - \frac{8}{\pi^2} \left(1 + \frac{1}{3^2} + \frac{1}{5^2} + \frac{1}{7^2} \cdots \right)$$

$$\Rightarrow 1 + \frac{1}{3^2} + \frac{1}{5^2} + \frac{1}{7^2} \cdots = \frac{\pi^2}{8}$$

例題 3：Let $f(x) = 1$, for $0 < x < 1$. Suppose that $f(x)$ is represented by a Fourier series as

$$f(x) = \sum_{n=1,3,5,\cdots}^{\infty} b_n \sin \frac{n\pi x}{2}$$

(1) What is the period of the Fourier series

(2) Find b_n

(3) At $x = 0, 1, -1$ and -2, what values does the series converges to?

【101 東華光電材料】

解
(1) 4

$$(2) f(x) = \sum_{n=1,3,5,\cdots}^{\infty} b_n \sin \frac{n\pi x}{2} \Rightarrow b_n = \frac{2}{2} \int_0^2 f(x) \sin \frac{n\pi x}{2} dx$$

$$= \begin{cases} \dfrac{4}{n\pi} , & n=1, 3, 5, \cdots \\ 0 , & n=2, 4, 6, \cdots \end{cases}$$

(3) $0, 1, -1, 0$

例題 4：If $f(x)$ is a periodic function with period 2π, and can be represented by Fourier series as $f(x) = a_0 + \sum\limits_{n=1}^{\infty} (a_n \cos nx + b_n \sin nx)$, Verify that the variance of $f(x)$ over 2π is:

$$\overline{[(f(x) - \overline{f(x)})^2]} = \sum_{n=1}^{\infty} \frac{1}{2}(a_n^2 + b_n^2), \text{ where } \overline{(\quad)} = \frac{1}{2\pi} \int_{-\pi}^{\pi} (\quad) dx$$

解

$$f(x) = a_0 + \sum_{n=1}^{\infty} (a_n \cos nx + b_n \sin nx)$$

where $a_0 = \dfrac{1}{2\pi} \int_{-\pi}^{\pi} f(x)\, dx = \overline{f(x)}$

$a_n = \dfrac{1}{\pi} \int_{-\pi}^{\pi} f(x) \cos nx\, dx$, $b_n = \dfrac{1}{\pi} \int_{-\pi}^{\pi} f(x) \sin nx\, dx$

$$\begin{aligned} \overline{(f(x) - \overline{f(x)})^2} &= \frac{1}{2\pi} \int_{-\pi}^{\pi} (f(x) - a_0)^2\, dx \\ &= \frac{1}{2\pi} \int_{-\pi}^{\pi} \left[\sum_{n=1}^{\infty} (a_n \cos nx + b_n \sin nx) \right]^2 dx \\ &= \frac{1}{2\pi} \sum_{n=1}^{\infty} \left(\int_{-\pi}^{\pi} a_n^2 \cos^2 nx\, dx + \int_{-\pi}^{\pi} b_n^2 \sin^2 nx\, dx \right) \\ &= \frac{1}{2\pi} \sum_{n=1}^{\infty} (a_n^2 + b_n^2) \end{aligned}$$

例題 5：若 $f(t) = \begin{cases} 1 & 0 < t < \pi \\ -1 & -\pi < t < 0 \end{cases}$ 為一週期函數，求其 Fourier 級數

解

令 $f(t) = a_0 + \sum\limits_{n=1}^{\infty} (a_n \cos nt + b_n \sin nt)$

$\because f(t)$ 為 odd function，故 $a_0 = a_n = 0$

$$b_n = \frac{2}{\pi} \int_0^{\pi} \sin nt\, dt = \begin{cases} 0 & ; n \in even \\ \dfrac{4}{n\pi} & ; n \in odd \end{cases}$$

$\therefore f(t) = \dfrac{4}{\pi} \sum\limits_{n=1, 3, 5, \cdots}^{\infty} \dfrac{\sin nt}{n}$

觀念提示： Gibb's phenomenum：取一函數之 Fourier 級數有限項級數和時，在不連續點處會產生比原函數圖形超出的情形稱之為 overshoot，其範圍隨著

所取項數增加而減少，稱此 overshoot 現象為 Gibb's phenomenum。

$$\Rightarrow S_1 = \frac{4}{\pi}\sin t,\ S_2 = \frac{4}{\pi}\left(\sin t + \frac{\sin 3t}{3}\right),\ S_3 = \frac{4}{\pi}\left(\sin t + \frac{\sin 3t}{3} + \frac{\sin 5t}{5}\right),\ \cdots$$

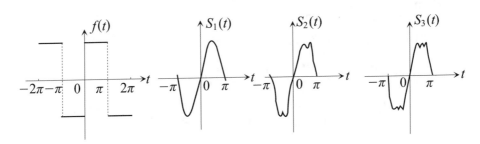

例題 6：(a)Find the Fourier series of a periodic function whose definition in a period is

$$f(x) = \begin{cases} 0 & -\pi \le x \le 0 \\ \sin x & 0 \le x \le \pi \end{cases}$$

(b)Calculate：$\dfrac{1}{1\times 3} + \dfrac{1}{3\times 5} + \dfrac{1}{5\times 7} + \dfrac{1}{7\times 9} + \cdots$

$\dfrac{1}{1\times 3} - \dfrac{1}{3\times 5} + \dfrac{1}{5\times 7} - \dfrac{1}{7\times 9} + - \cdots$　　　　【成大電機，清大電機】

解

(a)$f(x) = a_0 + \sum\limits_{n=1}^{\infty}(a_n\cos nx + b_n\sin nx)$

其中

$a_0 = \dfrac{1}{2\pi}\displaystyle\int_0^{\pi}\sin x\,dx = \dfrac{1}{\pi}$

$a_1 = \dfrac{1}{\pi}\displaystyle\int_0^{\pi}\sin x\cos x\,dx = \dfrac{-\cos 2x}{2\pi}\Big|_{x=0}^{\pi} = 0$

$a_n = \dfrac{1}{\pi}\displaystyle\int_0^{\pi}\sin x\cos nx\,dx = \dfrac{1}{2\pi}\displaystyle\int_0^{\pi}[\sin(1+n)x + \sin(1-n)x]dx$

$\quad = \dfrac{1}{2\pi}\left[\dfrac{-\cos(1+n)x}{1+n} + \dfrac{-\cos(1-n)x}{1-n}\right]_{x=0}^{\pi}$

$\quad = \begin{cases} \dfrac{-2}{\pi(n^2-1)} & n = 2,4,6,\cdots \\ 0 & n = 3,5,7,\cdots \end{cases}$

$b_n = \dfrac{1}{\pi}\displaystyle\int_0^{\pi}\sin x\sin nx\,dx = \begin{cases} 0\ ;\ n \ne 1 \\ \dfrac{1}{2}\ ;\ n = 1 \end{cases}$

$\therefore f(x) = \dfrac{1}{\pi} - \dfrac{2}{\pi}\left\{\dfrac{\cos 2x}{1\times 3} + \dfrac{\cos 4x}{3\times 5} + \cdots\right\} + \dfrac{1}{2}\sin x$

$\quad = \begin{cases} 0 & ;\ -\pi \le x \le 0 \\ \sin x & ;\ 0 \le x \le \pi \end{cases}$

(b)因 $f(x)$ 於 $x=0$ 連續，故由 Dirichlet 定理可得：

$$f(0)=0=\frac{1}{\pi}-\frac{2}{\pi}\left\{\frac{1}{1\times 3}+\frac{1}{3\times 5}+\frac{1}{5\times 7}+\cdots\right\}+0$$

故知：$\dfrac{1}{1\times 3}+\dfrac{1}{3\times 5}+\dfrac{1}{5\times 7}+\cdots=\dfrac{1}{2}$

同理，因 $f(x)$ 於 $x=\dfrac{\pi}{2}$ 連續，故有：

$$f\left(\frac{\pi}{2}\right)=1=\frac{1}{\pi}-\frac{2}{\pi}\left\{\frac{-1}{1\times 3}+\frac{1}{3\times 5}+\frac{-1}{5\times 7}+\frac{1}{7\times 9}\cdots\right\}+\frac{1}{2}$$

故知：$\dfrac{1}{1\times 3}-\dfrac{1}{3\times 5}+\dfrac{1}{5\times 7}-\dfrac{1}{7\times 9}+\cdots=\dfrac{\pi}{4}-\dfrac{1}{2}$

例題 7：Find the sum of the following alternating series $\sum\limits_{n=0}^{\infty}\left(\dfrac{(-1)^n}{2n+1}\right)$ using Fourier series expansion of saw-toothed wave. 【清大電機】

解

考慮下列鋸齒狀函數：

$f(x)=x$，$|x|<\pi, f(x+2\pi)=f(x)$

顯然的，$f(x)$ 為奇函數：

$$f(x)=\sum_{n=1}^{\infty} b_n\sin nx,$$

$$b_n=\frac{2}{\pi}\int_0^\pi x\sin nx\, dx=\frac{2}{n}(-1)^{n+1}$$

$$\therefore f(x)=2\left(\sin x-\frac{1}{2}\sin 2x+\frac{1}{3}\sin 3x-\frac{1}{4}\sin 4x+\cdots\right)$$

取 $x=\dfrac{\pi}{2}$，$f(x)$ 連續，根據 Dirichlet 定理可得：

$$2\left(1-\frac{1}{3}+\frac{1}{5}-\frac{1}{7}+\cdots\right)=f\left(\frac{\pi}{2}\right)=\frac{\pi}{2}$$

$$\therefore \sum_{n=0}^{\infty}\frac{(-1)^n}{2n+1}=1-\frac{1}{3}+\frac{1}{5}-\frac{1}{7}+\cdots=\frac{\pi}{4}$$

例題 8：(1) Find a Fourier series of a periodic function whose definition in a period is

$$f(x)=\begin{cases}0 & ; \; -2\pi<x<-\pi\\ 2 & ; \; -\pi<x<+\pi\\ 0 & ; \; +\pi<x<2\pi\end{cases}$$

(2) Calculate：$1-\dfrac{1}{3}+\dfrac{1}{5}-\dfrac{1}{7}+-\cdots$

解

(1) $f(x)=1+\dfrac{4}{\pi}\left\{\cos\dfrac{x}{2}-\dfrac{1}{3}\cos\dfrac{3x}{2}+\dfrac{1}{5}\cos\dfrac{5x}{2}-+\cdots\right\}$

(2) $\dfrac{\pi}{4}$

7-2 全幅及半幅展開式

若一非週期函數只定義於 $x \in (0, l)$ 之區間內，且滿足 Dirichlet 條件，若欲將 $f(x)$ 在 $x \in (0, l)$ 上以 Fourier 級數表示時，則我們可任意假設一週期函數 $F(x)$，其在 $x \in (0, l)$ 之定義恰為 $f(x)$，根據前述之週期函數展開式，可求得 $F(x)$ 之 Fourier 級數，則此級數於 $x \in (0, l)$，即可代表 $f(x)$。通常所使用的 Fourier 展開方式依據 $F(x)$ 之週期及其邊界條件可分為下列幾種情形：

(1)全幅展開式（Full-Range Expansions）

取 $F(x)$ 之週期 $T = l$，並將 $[0, l]$ 視為一整個週期展開成 Fourier 級數得：

$$F(x) = a_0 + \sum_{n=1}^{\infty} \left(a_n \cos \frac{2n\pi x}{l} + b_n \sin \frac{2n\pi x}{l} \right) \tag{24}$$

其中
$$a_0 = \frac{1}{l} \int_0^l f(x)dx$$
$$a_n = \frac{2}{l} \int_0^l f(x)\cos \frac{2n\pi x}{l}dx$$
$$b_n = \frac{2}{l} \int_0^l f(x)\sin \frac{2n\pi x}{l}dx$$

(2)半幅餘弦展開式

取 $H_c(x)$ 之週期 $T = 2l$，將 $f(x)$ 延伸至 $[-l, 0]$ 區間，使 $H_c(x)$ 在 $[-l, l]$ 之區間內形成偶函數，根據(14)可得

$$H_c(x) = \alpha_0 + \sum_{n=1}^{\infty} \alpha_n \cos \frac{n\pi x}{l} \tag{25}$$
$$\alpha_0 = \frac{1}{l} \int_0^l f(x)dx \tag{26a}$$
$$\alpha_n = \frac{2}{l} \int_0^l f(x)\cos \frac{n\pi x}{l} dx \tag{26b}$$

(26a)及(26b)之積分內原應放 $H_c(x)$，但因 $H_c(x)$ 在 $[0, l]$ 內恰等於 $f(x)$，故可以 $f(x)$ 取代 $H_c(x)$。

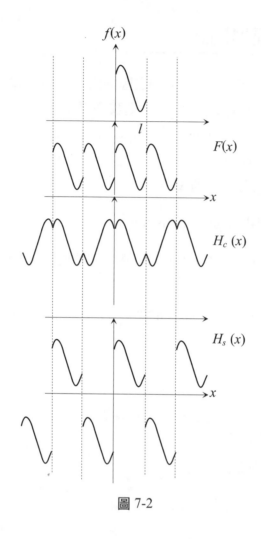

圖 7-2

Parseval's theorem:

$$\frac{1}{l}\int_0^l f^2(x)dx = a_0{}^2 + \frac{1}{2}\sum_{n=1}^{\infty} a_n{}^2 \tag{27}$$

⑶半幅正弦展開式

取 $H_s(x)$ 之週期 $T = 2l$，將 $f(x)$ 延伸至 $[-l, 0]$ 並在 $(-1, 1)$ 區間內形成奇函數，根據⑴可得

$$\therefore H_s(x) = \sum_{n=1}^{\infty} b_n \sin\frac{n\pi x}{l} \tag{28}$$

where

$$b_n = \frac{2}{l} \int_0^l f(x)\sin\frac{n\pi x}{l}\,dx \tag{29}$$

(29)之積分內原應放 $H_s(x)$，但因 $H_s(x)$ 在[0, l]內恰等於 $f(x)$，故可以 $f(x)$ 取代 $H_s(x)$。

Parseval's theorem:

$$\frac{1}{l}\int_0^l f^2(x)\,dx = \frac{1}{2}\sum_{n=1}^{\infty} b_n^{\,2} \tag{30}$$

觀念提示：　對於 $f(x)$ 之展開方式，尚不止上述三種，一般可由邊界條件來決定正確或合適的展開方式：

1. 若 $x=0$ 及 $x=l$ 二邊界上要求函數之微分值（斜率）為 0

   ⇒ 使用半幅餘弦展開。

   如：絕緣牆

2. $f(0)=f(l)=0$（齊性邊界條件）

   ⇒ 選擇半幅正弦展開。

   如：固定在 $x=0$ 及 $x=l$ 上的振動弦。

3. $f(0)=0, f'(l)=0$

   ⇒ $f(x)$ 可表示成以 $\left\{\sin\dfrac{(2n-1)\pi x}{2l}\right\}_{n=1}^{\infty}$ 為基底之特徵函數集展開：

   $$Q_s(x) = \sum_{n=1}^{\infty} \beta_n \sin\frac{(2n-1)\pi x}{2l} \tag{31}$$

   $$\beta_n = \frac{2}{l}\int_0^l f(x)\sin\frac{(2n-1)\pi}{2l}x\,dx$$

   (31)稱為 $\dfrac{1}{4}$ 幅正弦展開式（quarter range sine expansion）

4. $f'(0)=0$，$f(l)=0$

   ⇒ $f(x)$ 可表示成以 $\left\{\cos\dfrac{(2n-1)\pi x}{2l}\right\}_{n=1}^{\infty}$ 為基底之特徵函數集展開：

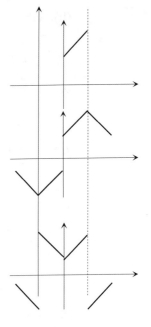

圖 7-3

$$Q_c(x) = \sum_{n=1}^{\infty} \alpha_n \cos \frac{(2n-1)\pi x}{2l} \tag{32}$$

$$\alpha_n = \frac{2}{l} \int_0^l f(x) \cos \frac{(2n-1)\pi}{2l} x \, dx$$

(32)稱為 $\frac{1}{4}$ 幅餘弦展開式（quarter range cosine expansion）

例題 9：A function $f(x) = 1 + x^2$, $0 \le x \le 2$ is expanded into (a) Fourier sine series, (b) Fourier cosine series, and (c) Fourier series for $x = 2$, what values of each series converge to 【台大機械】

解

(a)$f(x) = \sum_{n=1}^{\infty} b_n \sin \frac{n\pi}{2} x$

$\quad b_n = \frac{2}{2} \int_0^2 (1 + x^2) \sin \frac{n\pi x}{2} dx$

$\quad\quad = \frac{2}{n\pi}(1 - 5\cos n\pi) + \frac{16}{n^3\pi^3}$

$\quad\quad (\cos n\pi - 1)$

$\quad f(x)$ 在 $x = 2$ 時不連續，利用 Dirichlet 定

$\quad$ 理得 $x = 2$ 時：

$\quad f(2) = \frac{1}{2}\{f(2^-) + f(2^+)\} = 0$

(b)$f(x) = a_0 + \sum_{n=1}^{\infty} a_n \cos \frac{n\pi}{2} x$

$a_0 = \frac{1}{2} \int_0^2 (1 + x^2) dx = \frac{11}{6}$

$a_n = \frac{1}{2} \int_0^2 (1 + x^2) \cos \frac{n\pi x}{2} dx$

$\quad = \frac{16}{n^2\pi^2} \cos n\pi$

$f(2) = 1 + 2^2 = 5$

(c)$f(x) = a_0 + \sum_{n=1}^{\infty} (a_n \cos n\pi x + b_n \sin n\pi x)$

其中 $a_0 = \frac{1}{2} \int_0^2 (1 + x^2) dx = \frac{11}{6}$

$a_n = \int_0^2 (1 + x^2) \cos n\pi x \, dx = \frac{4}{n^2\pi^2}$

$b_n = \int_0^2 (1 + x^2) \sin n\pi x \, dx = \frac{-4}{n\pi}$

在 $x = 2$，$f(x)$ 不連續，依 Dirichlet 定理可知

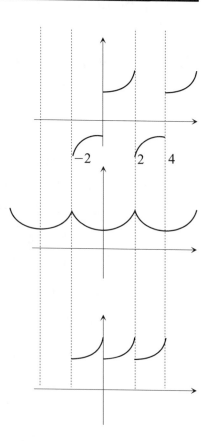

$$f(2) = \frac{1}{2}\{f(2^-) + f(2^+)\} = \frac{1}{2}(5+1) = 3$$

例題 10：Suppose that a periodic function $f(t)$ with period 2 is defined as

$$f(t) = \begin{cases} \dfrac{1}{k} & ; \ 0 \le t \le k \\ 0 & ; \ k \le t \le 2 \end{cases} \quad \text{where } k \text{ is a constant}$$

(1) Expand $f(t)$ in a Fourier series

(2) if k approaches 0, what does $f(t)$ behave like and what is the limiting case of (1)? Give also a physical interpretation briefly.　　【台大光電】

解

(1) $f(t) = a_0 + \sum\limits_{n=1}^{\infty} (a_n \cos n\pi t + b_n \sin n\pi t)$

其中

$$a_0 = \frac{1}{2}\int_0^2 f(t)\,dt = \frac{1}{2}\int_0^k \frac{1}{k}\,dt = \frac{1}{2}$$

$$a_n = \int_0^2 f(t)\cos n\pi t\,dt = \int_0^k \frac{1}{k}\cos n\pi t\,dt = \frac{\sin n\pi k}{n\pi k}$$

$$b_n = \int_0^2 f(t)\sin n\pi t\,dt = \int_0^k \frac{1}{k}\sin n\pi t\,dt = \frac{1 - \cos n\pi k}{n\pi k}$$

$$\therefore f(t) = \frac{1}{2} + \sum_{n=1}^{\infty}\left(\frac{\sin n\pi k}{n\pi k}\cos n\pi t + \frac{1 - \cos n\pi k}{n\pi k}\sin n\pi t\right)$$

(2) $\lim\limits_{k \to 0}\dfrac{\sin n\pi k}{n\pi k} = 1$，且 $\lim\limits_{k \to 0}\dfrac{1 - \cos n\pi k}{n\pi k} = 0$

$$\therefore \lim_{k \to 0} f(t) = \frac{1}{2} + \sum_{n=1}^{\infty}\cos n\pi t$$

例題 11：Expand $f(t) = t$, $0 < t < l$ into Fourier cosine series 　　【台大材料】

解

$$f(t) = a_0 + \sum_{n=1}^{\infty} a_n \cos\frac{n\pi t}{l}$$

其中

$$a_0 = \frac{1}{l}\int_0^l t\,dt = \frac{l}{2}$$

$$a_n = \frac{l}{2}\int_0^l t\cos\frac{n\pi t}{l}\,dt = \frac{2l}{n^2\pi^2}((-1)^n - 1) = \begin{cases} 0 & ; \ n : even \\ \dfrac{-4l}{n^2\pi^2} & ; \ n : odd \end{cases}$$

$$\therefore f(t) = \frac{l}{2} - \frac{4l}{\pi^2}\sum_{n=1,3,\cdots}^{\infty}\frac{1}{n^2}\cos\frac{n\pi t}{l} \quad t \in (0, l)$$

例題 12：Expand $f(x) = x^2$ for $x \in (0, 1)$ into a Fourier cosine series. From the series, find

(a) $\sum\limits_{n=1}^{\infty} \dfrac{1}{n^2}$ 　(b) $\sum\limits_{n=1}^{\infty} \dfrac{1}{n^4}$ 　(c) $\sum\limits_{n=1}^{\infty} \dfrac{1}{n^6}$ 　　　　　　　【台大電機】

解

$$f(x) = a_0 + \sum_{n=1}^{\infty} a_n \cos n\pi x$$

其中

$$a_0 = \int_0^1 x^2 dx = \frac{1}{3}$$

$$a_n = 2\int_0^1 x^2 \cos n\pi x \, dx = 2\left[x^2 \frac{\sin n\pi x}{n\pi} + 2x \frac{\cos n\pi x}{n^2\pi^2} - 2\frac{\sin n\pi x}{n^3\pi^3} \right]_{x=0}^1$$

$$= \frac{4(-1)^n}{n^2\pi^2}$$

$$\therefore f(x) = \frac{1}{3} + \frac{4}{\pi^2} \sum_{n=1}^{\infty} \frac{(-1)^n}{n^2} \cos n\pi x$$

(a)利用 Dirichlet 定理，可得：

$$\therefore f(1) = 1^2 = \frac{1}{3} + \frac{4}{\pi^2} \sum_{n=1}^{\infty} \frac{(-1)^n}{n^2} \cos n\pi \quad \Rightarrow \sum_{n=1}^{\infty} \frac{1}{n^2} = \frac{\pi^2}{6}$$

(b)應用 Parseval 定理：

$$\frac{1}{2} \int_{-1}^{1} f^2(x) dx = a_0^2 + \sum_{n=1}^{\infty} \frac{1}{2}(a_n^2 + b_n^2)$$

$$\Rightarrow \int_{-1}^{1} x^4 \, dx = 2 \cdot \frac{1}{9} + \sum_{n=1}^{\infty} \frac{16}{\pi^4 n^4}$$

$$\Rightarrow \sum_{n=1}^{\infty} \frac{1}{n^4} = \left(\frac{2}{5} - \frac{2}{9} \right) \times \frac{\pi^4}{16} = \frac{\pi^4}{90}$$

(c)對 $f(x)$ 之 Fourier 展開式積分後可得：

$$\frac{x^3}{3} - \frac{x}{3} = \frac{4}{\pi^3} \sum_{n=1}^{\infty} \frac{(-1)^n}{\pi^3} \sin n\pi x$$

$$\Rightarrow \sum_{n=1}^{\infty} \frac{16}{\pi^6 n^6} = \int_{-1}^{1} \left(\frac{x^3}{2} - \frac{x}{3} \right)^2 dx = \frac{16}{945}$$

$$\therefore \sum_{n=1}^{\infty} \frac{1}{n^6} = \frac{16}{945} \times \frac{\pi^6}{16} = \frac{\pi^6}{945}$$

例題 13：Expand $f(x) = 1 + x$, $0 \leq x \leq 2$ into

(1) Fourier series 　(2) Fourier cosine series 　(3) Fourier sine series 　(4) plot the above series 　(5) At $x = 2$, what values of each series converge to

解

(1) $f(x) = a_0 + \sum\limits_{n=1}^{\infty} (a_n \cos n\pi x + b_n \sin n\pi x)$

其中 $a_0 = \dfrac{1}{2}\displaystyle\int_0^2 (1+x)dx = 2$

$a_n = \displaystyle\int_0^2 (1+x)\cos n\pi x\, dx = 0$

$b_n = \displaystyle\int_0^2 (1+x)\sin n\pi x\, dx = \dfrac{-2}{n\pi}$

(2) $f(x) = a_0 + \displaystyle\sum_{n=1}^{\infty} a_n \cos \dfrac{n\pi}{2} x$

$a_0 = \dfrac{1}{2}\displaystyle\int_0^2 (1+x)dx = 2$

$a_n = \dfrac{2}{2}\displaystyle\int_0^2 (1+x)\cos\dfrac{n\pi x}{2}dx = \dfrac{-8}{n^2\pi^2}; \ n = 1, 3, 5, \cdots$

(3) $f(x) = \displaystyle\sum_{n=1}^{\infty} b_n \sin \dfrac{n\pi x}{2}dx$

$b_n = \dfrac{2}{2}\displaystyle\int_0^2 (1+x)\sin\dfrac{n\pi x}{2}dx$

$= \begin{cases} \dfrac{-4}{n\pi} \ ; \ n = 2, 4, \cdots \\[3mm] \dfrac{8}{n\pi} \ ; \ n = 1, 3, \cdots \end{cases}$

(5) 2, 3, 0

7-3　Fourier 複係數級數

已知 Euler 公式：

$e^{\pm i\theta} = \cos\theta \pm\ i\sin\theta$

利用 Euler 公式中指數函數與三角函數間的關係，可將 Fourier 級數由三角函數的形式轉變成較簡潔的指數函數形式：

$$\begin{aligned} f(x) &= a_0 + \sum_{n=1}^{\infty}[a_n\cos\omega_n x + b_n\sin\omega_n x] \quad \omega_n = \frac{2n\pi}{T} \\ &= a_0 + \sum_{n=1}^{\infty}\left[a_n\left(\frac{e^{i\omega_n x} + e^{-i\omega_n x}}{2}\right) + b_n\left(\frac{e^{i\omega_n x} - e^{-i\omega_n x}}{2i}\right)\right] \\ &= a_0 + \sum_{n=1}^{\infty}\left(\frac{a_n - ib_n}{2}\right)e^{i\omega_n x} + \sum_{n=1}^{\infty}\left(\frac{a_n + ib_n}{2}\right)e^{-i\omega_n x} \end{aligned} \tag{33}$$

觀念提示：$e^{i\omega_n x}$ 之正交性

$$\int_{-T/2}^{+T/2} e^{i\omega_n x} e^{-i\omega_n x} dx = \int_{-T/2}^{+T/2} e^{i\frac{2\pi}{T}(n-m)x} dx$$

$$= \frac{T}{2\pi(n-m)i} e^{i\frac{2\pi}{T}(n-m)x} \Big|_{-T/2}^{T/2} = \begin{cases} 0 & ; \ n \neq m \\ T & ; \ n = m \end{cases} \tag{34}$$

故知 $\{e^{i\omega_n x}\}_{n=1}^{\infty}$ 為一組正交之集合

$$令 c_n = \frac{1}{2}(a_n - ib_n)$$

$$= \frac{1}{2}\left[\frac{2}{T}\int_{-T/2}^{T/2} f(x)\cos\omega_n x\, dx - i\frac{2}{T}\int_{-T/2}^{T/2} f(x)\sin\omega_n x\, dx\right]$$

$$= \frac{1}{T}\int_{-T/2}^{T/2} f(x)(\cos\omega_n x - i\sin\omega_n x)\, dx \tag{35}$$

$$= \frac{1}{T}\int_{-T/2}^{T/2} f(x)\, e^{-i\omega_n x} dx$$

由 $\omega_n = \dfrac{2n\pi}{T}$ 知 $\omega_{-n} = -\omega_n$

$$a_{-n} = \frac{2}{T}\int_{-T/2}^{T/2} f(x)\cos\omega_{-n} x\, dx$$

$$= \frac{2}{T}\int_{-T/2}^{T/2} f(x)\cos(\omega_{-n} x)\, dx$$

$$= a_n$$

$$b_{-n} = \frac{2}{T}\int_{-T/2}^{T/2} f(x)\sin\omega_{-n} x\, dx$$

$$= \frac{2}{T}\int_{-T/2}^{T/2} f(x)\sin(\omega_{-n} x)\, dx$$

$$= -b_n$$

$$\Rightarrow c_{-n} = \frac{a_{-n} - ib_{-n}}{2} = \frac{a_n + ib_n}{2} \tag{36}$$

故(33)式可表示為：

$$f(x) = a_0 + \sum_{n=1}^{\infty} c_n e^{i\omega_n x} + \sum_{n=1}^{\infty} c_{-n} e^{-i\omega_n x} = a_0 + \sum_{n=1}^{\infty} c_n e^{i\omega_n x} + \sum_{n=-\infty}^{-1} c_n e^{i\omega_n x} \tag{37}$$

另由(35)式可知：

$$c_0 = \frac{1}{T}\int_{-T/2}^{T/2} f(x)\, dx = a_0 \tag{38}$$

代入(37)式整理後可得 Fourier 複係數級數：

$$f(x) = \sum_{n=-\infty}^{\infty} c_n e^{i\omega_n x} = \begin{cases} f(x) & ; \ if \ x \ continuous \\ \dfrac{1}{2}[f(x^-) + f(x^+)] & ; \ if \ x \ is \ jump \end{cases} \tag{39}$$

其中 $\omega_n = \dfrac{2n\pi}{T}$

$$c_n = \frac{1}{T}\int_{-T/2}^{T/2} f(x)\, e^{-i\omega_n x} dx \tag{40}$$

定理 3：Parseval's theorem:

$$\frac{1}{T}\int_{-T/2}^{T/2}|f(x)|^2\,dx = \frac{1}{T}\int_{-T/2}^{T/2}\sum_{n=-\infty}^{\infty}c_n^* e^{-i\omega_n x}\sum_{m=-\infty}^{\infty}c_m e^{i\omega_m x}\,dx$$

$$= \sum_{n=-\infty}^{\infty}|c_n|^2\frac{1}{T}\int_{-T/2}^{T/2}dx \qquad\qquad (41)$$

$$= \sum_{n=-\infty}^{\infty}|c_n|^2$$

觀念提示： (41)即為週期信號 $f(x)$ 之平均功率

$|c_n|：f(x)$ 之振幅頻譜（Amplitude spectrum）。

$|c_n|^2：f(x)$ 的功率頻譜（Power spectrum）。

例題 14： Expand $f(x)$ with period 2π in a Fourier series in complex form

$f(x)=e^{-x},\ -\pi \le x \le \pi$ 　　　　　　　　　　【101 暨南應光】

解　　f 之週期為 $2\pi \Rightarrow \omega_n=\dfrac{2n\pi}{T}=n$

$$f(x)=\sum_{n=-\infty}^{\infty}c_n e^{inx}$$

其中

$$c_n=\frac{1}{2\pi}\int_{-\pi}^{\pi}f(x)\,e^{-inx}\,dx$$

$$=\frac{1}{2\pi}\frac{1}{1+in}[e^{\pi}e^{inx}-e^{-\pi}e^{-inx}]$$

$$=\frac{(-1)^n}{\pi(1+in)}\sinh\pi$$

$$\therefore f(x)=\sum_{n=-\infty}^{\infty}\frac{(-1)^n}{\pi(1+in)}\sinh\pi e^{inx}$$

例題 15： A periodic function, called a pulse train of width a and period p $(p>a)$ is defined as

$$f(t)=\begin{cases} 0,\ -\dfrac{p}{2}\le t \le -\dfrac{a}{2} \\[2mm] 1,\ -\dfrac{a}{2}\le t \le \dfrac{a}{2} \\[2mm] 0,\ \dfrac{a}{2}\le t \le \dfrac{p}{2} \end{cases}$$

Find the complex Fourier series 　　　　　　　　　　【101 彰師大電信】

解 f 之週期為 $p \Rightarrow \omega_n = \dfrac{2n\pi}{p}$

$$f(x) = \sum_{n=-\infty}^{\infty} c_n e^{\frac{2n\pi x}{p}}$$

$$c_n = \frac{\displaystyle\int_{-\frac{p}{2}}^{\frac{p}{2}} f(x) e^{-\frac{2n\pi}{p}x} dx}{\displaystyle\int_{-\frac{p}{2}}^{\frac{p}{2}} e^{\frac{2n\pi}{p}x} e^{-\frac{2n\pi}{p}x} dx} = \begin{cases} \dfrac{a}{p} & ; \ n=0 \\[2mm] \dfrac{1}{n\pi} \sin \dfrac{n\pi a}{p} & ; \ n \neq 0 \end{cases}$$

例題 16：(1) Compute the full wave rectification of $|E\sin(2\lambda t)|$ in a Fourier series in complex form

(2) Plot the amplitude spectrum of $|E\sin(2\lambda t)|$ 【101 交大光電、顯示】

解 (1) f 之週期為 $\dfrac{\pi}{2\lambda} \Rightarrow \omega_n = \dfrac{2n\pi}{T} = 4n\lambda$

$$f(t) = \sum_{n=-\infty}^{\infty} c_n e^{i4n\lambda t}$$

其中

$$c_n = \frac{2\lambda}{\pi} \int_0^{\frac{\pi}{2\lambda}} f(t) e^{-i4n\lambda t} dt$$

$$= \frac{E}{\pi} \frac{2}{1-4n^2}$$

$$\therefore f(t) = \sum_{n=-\infty}^{\infty} \frac{E}{\pi} \frac{2}{1-4n^2} e^{i4n\lambda t}$$

(2) amplitude（magnitude）spectrum

$$|c_n| = \frac{2E}{\pi} \left| \frac{1}{1-4n^2} \right|$$

$$\Rightarrow \begin{cases} |c_0| = \dfrac{2E}{\pi} \\[3mm] |c_1| = |c_{-1}| = \dfrac{2E}{3\pi} \\[3mm] |c_2| = |c_{-2}| = \dfrac{2E}{15\pi} \\[2mm] \vdots \end{cases}$$

例題 17：Expand $f(x)$ with period 2π in a Fourier series in complex form

$f(x) = 2\pi x - x^2$，$0 \leq x \leq 2\pi$ 【台大材料】

解　f 之週期為 $2\pi \Rightarrow \omega_n = \dfrac{2n\pi}{T} = n$

$$f(x) = \sum_{n=-\infty}^{\infty} c_n e^{inx}$$

其中

$$\begin{aligned}
c_n &= \frac{1}{2\pi} \int_0^{2\pi} f(x) e^{-inx}\, dx = \frac{1}{2\pi} \int_0^{2\pi} (2\pi x - x^2) e^{-inx}\, dx \\
&= \frac{1}{2\pi} \left[(2\pi x - x^2) \frac{e^{-inx}}{(-in)} \Big|_0^{2\pi} - (2\pi - 2x) \frac{e^{-inx}}{(-in)^2} \Big|_0^{2\pi} - 2 \frac{e^{-inx}}{(-in)^3} \Big|_0^{2\pi} \right] \\
&= -\frac{2}{n^2} \ (n \neq 0)
\end{aligned}$$

$$c_0 = \frac{1}{2\pi} \int_0^{2\pi} (2\pi x - x^2)\, dx = \frac{1}{2\pi} \left(x^2 \pi - \frac{x^3}{3} \right) \Big|_0^{2\pi} = \frac{2}{3} \pi^2$$

$$\therefore f(x) = \frac{2}{3} \pi^2 + \sum_{\substack{n=-\infty \\ n \neq 0}}^{\infty} \frac{-2}{n^2} e^{inx}$$

例題 18：Let $e(t)$ be a periodic voltage applied across 1 ohm resistor. If $e(t)$ can be expressed in the form

$$e(t) = \sum_{n=-\infty}^{\infty} c_n e^{i\frac{2n\pi}{T} t}$$

Express the average power (per period) dissipated by the resistor in terms of the complex Fourier coefficients c_n　【台大機械】

解　一週期之平均功率為

$$\begin{aligned}
P &= \frac{1}{T} \int_0^T e^2(t)\, dt = \frac{1}{T} \int_0^T e(t) \overline{e}(t)\, dt \\
&= \frac{1}{T} \int_0^T \left[\sum_{n=-\infty}^{\infty} \overline{c_n} e^{-i\omega_n t} \right] e(t)\, dt \quad \omega_n = \frac{2n\pi}{T} \\
&= \sum_{n=-\infty}^{\infty} \overline{c_n} \left[\frac{1}{T} \int_0^T e(t) e^{-\omega_n t}\, dt \right] \\
&= \sum_{n=-\infty}^{\infty} \overline{c_n} c_n = \sum_{n=-\infty}^{\infty} |c_n|^2
\end{aligned}$$

例題 19：The Fourier series expansion of $x(t)$ is a sequence X_n. Which one of the following sequences is the Fourier series expansion of $x(-t)$?

(a)X_n　(b)X_n^*　(c)X_{-n}　(d)X_{-n}^*　【96 台大電信】

解　已知 $X_n = \dfrac{1}{T_0} \int_{-\frac{T_0}{2}}^{\frac{T_0}{2}} x(t) e^{-j2\pi n f_0 t}\, dt$，則

$$\frac{1}{T_0}\int_{-\frac{T_0}{2}}^{\frac{T_0}{2}}x(-t)\,e^{-j2\pi n f_0 t}\,dt=\frac{1}{T_0}\int_{\frac{T_0}{2}}^{-\frac{T_0}{2}}x(\tau)\,e^{-j2\pi n f_0(-\tau)}\,(d\tau)\quad(\text{令}-t=\tau)$$

$$=\frac{1}{T_0}\int_{-\frac{T_0}{2}}^{\frac{T_0}{2}}x(\tau)\,e^{-j2\pi(-n)f_0\tau}\,d\tau=X_{-n}\,,\ \text{故本題選 c。}$$

例題 20：求 $x(t)=\begin{cases}\sin(2\pi f_0 t)\,,\ 0\le t\le\dfrac{T_0}{2}\\[2mm]0\,,\qquad\quad -\dfrac{T_0}{2}\le t\le 0\end{cases}$ ，$x(t)=x(t+T_0)$

　　　　之 Fourier 級數，其中 $T_0=\dfrac{1}{f_0}$

解

$$X_n=\frac{1}{T_0}\int_0^{T_0}x(t)\,e^{-j2\pi n f_0 t}\,dt=\frac{1}{T_0}\int_0^{\frac{T_0}{2}}\sin(2\pi f_0 t)\,e^{-j2\pi n f_0 t}\,dt$$

$$=\frac{1}{T_0}\int_0^{\frac{T_0}{2}}\sin(2\pi f_0 t)[\cos(2\pi n f_0 t)-j\sin(2\pi n f_0 t)]dt$$

計算後得 $X_n=\begin{cases}\dfrac{1}{\pi(1-n^2)}\,,\ n=0,\pm 2,\pm 4,\cdots\\[3mm]0\,,\qquad\quad n=\pm 3,\pm 5,\cdots\\[3mm]-\dfrac{jn}{4}\,,\qquad n=\pm 1\end{cases}$

7-4　Fourier 積分

　　Fourier 級數對處理週期函數問題，是一項非常有力的工具。但是在實際的應用上，往往所面對的函數，並非週期函數。因此原 Fourier 級數展開式必須作適當的修正，修正的原則在於將所欲展開的非週期函數視為「週期為無限大的週期函數」，因此可將非週期函數 $f(x)$ 展開成 Fourier 級數後再取其週期 T 趨向於無限大而得到：

$$f(x)=a_0+\sum_{n=1}^{\infty}\left(a_n\cos\frac{2n\pi x}{T}+b_n\sin\frac{2n\pi x}{T}\right)$$

$$=\frac{1}{T}\int_{-T/2}^{T/2}f(x)dx+\frac{2}{T}\sum_{n=1}^{\infty}\left(\cos\omega_n x\int_{-T/2}^{T/2}f(x)\cos\omega_n x\,dx+\sin\omega_n x\int_{-T/2}^{T/2}f(x)\sin\omega_n x\,dx\right)$$

其中 $\omega_n = \dfrac{2n\pi}{T}$，令 $\Delta\omega = \dfrac{2\pi}{T}$，則上式可重寫為：

$$f(x) = \frac{1}{T}\int_{-T/2}^{T/2} f(x)dx + \frac{1}{\pi}\sum_{n=1}^{\infty}\Big[\cos\omega_n x \int_{-T/2}^{T/2} f(x)\cos\omega_n x dx$$
$$+ \sin\omega_n x \int_{-T/2}^{T/2} f(x)\sin\omega_n x dx\Big]\Delta\omega \tag{42}$$

在 T 趨向於無限大時，$f_0 = \dfrac{1}{T}\to 0$，離散變數 ω_n 將變為連續變數 ω，$\Delta\omega \to d\omega$，$\Sigma \to \int$。然而值得注意的是，若非週期函數之 Fourier 積分式存在，必須(42)式等號右邊第一項之積分部分限制其為有限值，否則級數將會發散，通常限制條件為要求 $f(x)$ 要絕對值可積分（或平方可積分），亦即：

若 $\int_{-\infty}^{\infty}|f(x)|dx$ 存在則 Fourier 積分式一定存在

觀念提示： 1. $\int_{-\infty}^{\infty}|f(x)|dx$ 存在是充分條件，換言之，若 $\int_{-\infty}^{\infty}|f(x)|dx$ 不存在並不表示 Fourier 積分式一定不存在。

2. 若 $\int_{-\infty}^{\infty}|f(x)|dx$ 存在則下列敘述成立：

(1) $\lim\limits_{T\to\infty}\dfrac{1}{T}\int_{-T/2}^{T/2} f(x)dx = 0$

(2) $f(\infty) = f(-\infty) = 0$

綜合上述討論可得：

定理 4

若非週期函數 $f(x)$ 在無窮區間內 $(-\infty, \infty)$ 滿足：

(1) $\int_{-\infty}^{\infty}|f(x)|dx$ 存在。

(2) $f(x)$ 至少為間斷連續。

則 $f(x)$ 之 Fourier 積分式恆存在，且可表為下式：

$$\int_0^{\infty}[A(\omega)\cos\omega x + B(\omega)\sin\omega x]d\omega = \begin{cases} f(x) & ; \textit{if } x \textit{ continuous} \\ \dfrac{f(x^-) + f(x^+)}{2} & ; \textit{if } x \textit{ is jump} \end{cases} \tag{43}$$

其中 $A(\omega) = \dfrac{1}{\pi}\int_{-\infty}^{\infty} f(x)\cos\omega x dx$ \hfill (44a)

$B(\omega) = \dfrac{1}{\pi}\int_{-\infty}^{\infty} f(x)\sin\omega x dx$ \hfill (44b)

(43)式稱為 Fourier 全三角積分式。與 Fourier 級數展開之係數計算類似，若 $f(x)$ 具奇偶性，則係數函數 $A(\omega)$ 及 $B(\omega)$ 之計算可以大幅的簡化。討論如下：

(1) Fourier 餘弦積分式：

若 $f(x) = f(-x)$，即 $f(x)$ 為偶函數，則(44b)式中之 $B(\omega) = 0$，且

$$A(\omega) = \frac{2}{\pi} \int_0^\infty f(x)\cos \omega x dx$$

$$\therefore f(x) = \int_0^\infty \frac{2}{\pi} \int_0^\infty f(\tau) \cos \omega\tau \cos \omega x \, d\tau d\omega \qquad (45)$$

(2) Fourier 正弦積分：

若 $f(x) = -f(-x)$，即 $f(x)$ 為奇函數，則 $A(\omega) = 0$，且

$$B(\omega) = \frac{2}{\pi} \int_0^\infty f(x)\sin \omega x dx$$

$$\therefore f(x) = \int_0^\infty \frac{2}{\pi} \int_0^\infty f(\tau) \sin \omega\tau \sin \omega x \, d\tau d\omega \qquad (46)$$

例題 21：Given $f(x) = \begin{cases} 1 , & |x| < 1 \\ 0 , & |x| > 1 \end{cases}$

    (1) Find the Fourier Integral representation of $f(x)$

    (2) Evaluate $\int_0^\infty \frac{\sin \omega}{\omega} d\omega$, using the results of (1)

    (3) Evaluate $\int_0^\infty \frac{\sin \omega \cos \omega}{\omega} d\omega$, using the results of (1)

【清華化工，中興應數】

解   因 $f(x)$ 為偶函數，故可由 Fourier cosine 積分式表示為：

$$f(x) = \int_0^\infty A(\omega) \cos \omega x dx$$

其中 $A(\omega) = \frac{2}{\pi} \int_0^\infty f(x)\cos \omega x dx = \frac{2}{\pi} \int_0^1 \cos \omega x dx = \frac{2\sin \omega}{\omega\pi}$

$$\therefore f(x) = \frac{2}{\pi} \int_0^\infty \frac{\sin \omega}{\omega}\cos \omega x d\omega$$

$$\because f(0) = 1 \Rightarrow \frac{2}{\pi} \int_0^\infty \frac{\sin \omega}{\omega} d\omega = 1 \text{ or } \int_0^\infty \frac{\sin \omega}{\omega} d\omega = \frac{2}{\pi}$$

由 Dirichlet 定理知：$f(x)$ 在 $x = 1$（跳躍點）之值為

$$\frac{1}{2} [f(1^-) + f(1^+)] = \frac{1}{2} = \frac{2}{\pi} \int_0^\infty \frac{\sin \omega}{\omega}\cos \omega x dx$$

$$\Rightarrow \int_0^\infty \frac{\sin \omega \cos \omega}{\omega} d\omega = \frac{\pi}{4}$$

例題 22：已知 $f(x) = \begin{cases} e^{-x} , & x > 0 \\ 0 , & x < 0 \end{cases}$

(1)求 $f(x)$ 之 Fourier Integral

(2)利用(1)求 $\int_0^\infty \dfrac{\cos x}{1+x^2}dx=$? 　　　　　【成大環工】

解　　$f(x)=\int_0^\infty [A(\omega)\cos\omega x+B(\omega)\sin\omega x]d\omega$

其中 $A(\omega)=\dfrac{1}{\pi}\int_{-\infty}^\infty f(x)\cos\omega xdx=\dfrac{1}{\pi}\int_0^\infty e^{-x}\cos\omega xdx=\dfrac{1}{\pi}\dfrac{1}{1+\omega^2}$

　　　$B(\omega)=\dfrac{1}{\pi}\int_{-\infty}^\infty f(x)\sin\omega xdx=\dfrac{1}{\pi}\int_0^\infty e^{-x}\sin\omega xdx=\dfrac{1}{\pi}\dfrac{\omega}{1+\omega^2}$

$\therefore f(x)=\dfrac{1}{\pi}\int_0^\infty\left(\dfrac{1}{1+\omega^2}\cos\omega x+\dfrac{\omega}{1+\omega^2}\sin\omega x\right)d\omega$

$f(x)$ 在 $x=\pm 1$ 時均為連續，故由 Dirichlet 定理可知

$f(-1)=0=\dfrac{1}{\pi}\int_0^\infty\dfrac{\cos\omega-\omega\sin\omega}{1+\omega^2}d\omega$ 　　　　　(1)

$f(1)=e^{-1}=\dfrac{1}{\pi}\int_0^\infty\dfrac{\cos\omega+\omega\sin\omega}{1+\omega^2}d\omega$ 　　　　　(2)

(1)+(2)得：$\int_0^\infty\dfrac{\cos\omega}{1+\omega^2}d\omega=\dfrac{\pi}{2}e^{-1}$

例題 23：Show that $\int_0^\infty\dfrac{1-\cos\pi\omega}{\omega}\sin x\omega d\omega=\begin{cases}\dfrac{\pi}{2} & ;\ if\ 0<x<\pi\\[2mm]0 & ;\ if\ x>\pi\end{cases}$ 　　【交大資工】

解　　原式為 Fourier sine integral，故假設奇函數 $f(x)$

如右圖所示

$f(x)=\int_0^\infty B(\omega)\sin\omega xd\omega$

其中

$B(\omega)=\dfrac{2}{\pi}\int_0^\infty f(x)\sin\omega xdx$

　　　$=\dfrac{2}{\pi}\int_0^\infty\dfrac{\pi}{2}\sin\omega xdx=\dfrac{1-\cos\pi\omega}{\omega}$

$\therefore f(x)=\int_0^\infty\dfrac{1-\cos\pi\omega}{\omega}\sin x\omega d\omega=\begin{cases}\dfrac{\pi}{2} & ;\ if\ 0<x<\pi\\[2mm]0 & ;\ if\ x>\pi\end{cases}$

例題 24：$f(x)=\begin{cases}e^{-2x}, & x>0\\-e^{2x}, & x<0\end{cases}$；求 $f(x)$ 之 Fourier Integral 並求 $\int_0^\infty\dfrac{\omega\sin 3\omega\cos\omega}{4+\omega^2}d\omega$

$=$? 　　　　　【成大機械】

解　$f(x)$：odd function $\Rightarrow f(x) = \int_0^\infty B(\omega)\sin\omega x\,d\omega$

$B(\omega) = \dfrac{2}{\pi}\int_0^\infty e^{-2x}\sin x\omega\,dx = \dfrac{2}{\pi}\mathrm{Im}\left[\int_0^\infty e^{(-2+i\omega)x}\,dx\right] = \dfrac{2}{\pi}\dfrac{\omega}{4+\omega^2}$

$\therefore f(x) = \dfrac{2}{\pi}\int_0^\infty \dfrac{\omega}{4+\omega^2}\sin\omega x\,d\omega$

$\displaystyle\int_0^\infty \frac{\omega\sin 3\omega\cos\omega}{4+\omega^2}\,d\omega = \frac{1}{2}\left[\int_0^\infty \frac{\omega}{4+\omega^2}\sin 4\omega\,d\omega + \int_0^\infty \frac{\omega}{4+\omega^2}\sin 2\omega\,d\omega\right]$

$\displaystyle\qquad\qquad\qquad\qquad = \frac{1}{2}\left[\frac{\pi}{2}f(4) + \frac{\pi}{2}f(2)\right] = \frac{\pi}{4}\left(e^{-4}+e^{-8}\right)$

例題 25：Use the Fourier Integral to show that

$$\int_0^\infty \frac{\sin\pi\omega\,\sin x\omega}{1-\omega^2}\,d\omega = \begin{cases} \dfrac{\pi}{2}\sin x \;;\; 0 \le x \le \pi \\[2mm] 0 \;;\qquad x > \pi \end{cases}$$

【101 暨南電機】

解　Let $f(x) = \begin{cases} \dfrac{\pi}{2}\sin x \;;\; 0 \le x \le \pi \\[2mm] 0 \;;\qquad x > \pi \end{cases}$ be odd function

$\Rightarrow f(x) = \int_0^\infty B(\omega)\sin\omega x\,d\omega$

$B(\omega) = \dfrac{2}{\pi}\int_0^\infty \dfrac{\pi}{2}\sin x\sin\omega x\,d\omega$

$\qquad = \dfrac{\sin\omega\pi}{1-\omega^2}$

$\therefore f(x) = \int_0^\infty \dfrac{\sin\omega\pi}{1-\omega^2}\sin\omega x\,d\omega$

故由 Dirichlet 定理可知

$$f(x) = \int_0^\infty \frac{\sin\pi\omega\,\sin x\omega}{1-\omega^2}\,d\omega = \begin{cases} \dfrac{\pi}{2}\sin x \;;\; 0 \le x \le \pi \\[2mm] 0 \;;\qquad x > \pi \end{cases}$$

綜合練習

1. 求解如下特徵問題之特徵值與特徵函數

    $y'' + \lambda y = 0$；$y(-\ell) = y(\ell)$；$y'(-\ell) = y'(\ell)$，$x \in [-\ell, \ell]$　　　　【清大化工】

2. (a)Let $f(t)$ be any periodic smooth continuous function with period 2π, then $f(t)$ can be represented by a Fourier series of the form

    $f(t) = a_0 + \sum\limits_{n=1}^{\infty} a_n \cos nt + b_n \sin nt$

    Derive the Euler formulas for the coefficients a_0, a_n, b_n

    (b)What conditions are needed, respectively, for $a_0 = 0$, $a_n = 0$, $b_n = 0$　　　　【清大動力機械】

3. Find the Fourier series of $f(x) = |x|$, $-\pi \le x \le \pi$　　　　【中央電子】

4. Find the Fourier series for the periodic function $f(t) = e^{-t}$; $-1 < t < 1$　　　　【中央土木】

5. (a)Find the Fourier series of the function：

    $f(x) = \begin{cases} x - \pi \; ; \; if \; 0 < x < \pi \\ -x \; ; \; if \; \pi < x < 2\pi \end{cases}$　$f(x + 2\pi) = f(x)$

    (b)Using the result in (a), show that：

    $1 - \dfrac{1}{3} + \dfrac{1}{5} - \dfrac{1}{7} + \cdots = \dfrac{\pi}{4}$

    $1 + \dfrac{1}{3^2} + \dfrac{1}{5^2} + \dfrac{1}{7^2} + \cdots = \dfrac{\pi^2}{8}$　　　　【中興土木】

6. Find the Fourier series of the function：

    $f(x) = |\cos 2x|$　　　　【交大材料】

7. For a given function $f(x) = -\dfrac{3}{2}x + \dfrac{3}{2}\ell$, plot the corresponding representation of Fourier sine series, Fourier cosine series and complete Fourier series on the interval $[-\ell, \ell]$ respectively　　　　【成大機械】

8. For a given function $f(x) = x$, $x \in D = \{x | 0 \le x \le \pi\}$, we can expand it either in Fourier sine series or in Fourier cosine series, but which one of these two series will converge uniformly to $f(x)$ for all x in D? Explain why?　　　　【台大應力】

9. Find the Fourier integral representation of the following function

    $f(x) = \begin{cases} x \; , \; if \; 0 < x < 1 \\ 2 - x \; , \; if \; 1 < x < 2 \\ 0 \; ; \; if \; x > 2 \end{cases}$　　　　【淡江資工】

10. (1) Expand the periodic function $f(t) = 1$, $0 \le t \le 1$, $f(t) = -1$, $1 \le t \le 2$ with period 2 in a Fourier series in complex form

    (2) Find the particular solution $y'' - 2y' + 10y = f(t)$ from the result of (1). Find also the approximate real form solution of 2 terms　　　　【台大土木】

11. 求函數 $f(x) = 1 - |x|$ 在 $-3 \le x \le 3$ 之 Fourier series　　　　【交大環工】

12. (a)Assume that $f(x+2\pi)=f(x)$ for all x. Find the Fourier series expansion of the function $f(x)$ if

$$f(x)=\begin{cases} -1 & ;\ -\pi<x<0 \\ 1 & ;\ 0<x<\pi \end{cases}$$

(b)In what sense that $\{1,\ \cos x,\ \cos 2x,\ \sin 2x,\ \cdots,\ \cos nx,\ \sin nx\cdots\}$ are orthogonal? Justify your answer! Find the norm of 1, $\cos x$, and $\sin x$ 　　　【交大資科】

13. The Fourier complex series of a periodic signal $f(t)$ of period T can be written as $f(t)=\sum\limits_{n=-\infty}^{\infty} f_n e^{j\frac{2n\pi t}{T}}$

(a)For a complex function $g(t)=f(-t)$, express g_n in terms of f_n. 　　　【中山電機】

(b) If $f(t)$ is real, form an even function $e(t)=\dfrac{f(t)+f(-t)}{2}$. Express e_n in terms of f_n.

14. (a)Find a Fourier series of period 6 which in the interval $(1, 7)$ represents a function $f(x)$ taking on the constant value $+1$ when $1<x<4$ and constant value -1 when $4<x<7$

(b)Reducing the above Fourier series to the following form:

$$f(x)=A\sum\limits_{n=odd} B\sin\frac{n\pi(x-1)}{3}$$

What are the values of A and B? 　　　【成大電機】

15. Find the Fourier series of the saw tooth wave function: $f(x)=x+\pi;\ -\pi<x<+\pi$ and $f(x+2\pi)=f(x)$

　　　【成大造船】

16. Let $f(x)=\begin{cases} 0 & ;\ 0\leq x\leq\dfrac{\pi}{2} \\ 2 & ;\ \dfrac{\pi}{2}\leq x\leq\pi \end{cases}$, write both the Fourier cosine and sine series of $f(x)$ on $[0,\pi]$ and determine at

$x=\pi$ what these series converge to? 　　　【海洋電機】

17. $f(t)=t-[t]$, where $[t]$ denotes the largest of the integers of the integers which are smaller than t.

(a)Plot $f(t)$, what is the period of $f(t)$?

(b)Find the Fourier series of $f(t)$. 　　　【清大電機】

18. A periodic waveform $f(t)$ whose definition in one period is

$$f(t)=\begin{cases} 2\left(t+\dfrac{\pi}{2}\right) & ;\ -\dfrac{\pi}{2}\leq t\leq 0 \\ -2\left(t-\dfrac{\pi}{2}\right) & ;\ 0<t<\dfrac{\pi}{2} \end{cases}$$

(a)Determine the complex Fourier series of $f(t)$

(b)Sketch the amplitude and phase spectra of $f(t)$. 　　　【高科大電腦與通訊】

19. Find the Fourier series of the periodic function

$f(x)=(-1)^n k\ ;\ n<x<n+1$ 　　　【逢甲機械】

20. (a)Find the Fourier integral representation of the function

$$f(t)=\begin{cases} 0 & ;\ -\infty<t\leq-1 \\ 1+t & ;\ -1<t\leq 0 \\ 1-t & ;\ 0<t\leq 1 \\ 0 & ;\ 1<t<\infty \end{cases}$$

(b)Use the result of (a), show that $\dfrac{\pi}{2}=\int\limits_0^\infty\dfrac{1-\cos\omega}{\omega^2}d\omega$ 　　　【成大電機】

21. (a)Find the Fourier series representation of the function

$$f(t) = \begin{cases} 0 \; ; \; -2 < t < -1 \\ 1 \; ; \; -1 < t < 1 \\ 0 \; ; \; 1 < t < 2 \end{cases} \; , \; f(t) = f(t+4)$$ 【台大造船】

(b)Use the result of (a), show that $1 - \frac{1}{3} + \frac{1}{5} - \frac{1}{7} + \cdots = \frac{\pi}{4}$

(c)prove that $1 + \frac{1}{3^2} + \frac{1}{5^2} + \frac{1}{7^2} + \cdots = \frac{\pi^2}{8}$

22. Expand the indicated function into

$$f(x) = \begin{cases} x \; ; \; 0 < x < \pi \\ 2\pi - x \; ; \; \pi < x < 2\pi \end{cases}$$

(1) Fourier Sine series (2) Fourier Cosine series

23. The Fourier series expansion of $x(t)$ is a sequence X_n. Which one of the following sequences is the Fourier series expansion of $x^*(t)$?   (a)X_n (b)X_n^* (c)X_{-n} (d)X_{-n}^*

24. Let $f(t) = 1$, $0 \le t \le \pi$, find the Fourier cosine series and Fourier sine series of $f(t)$ on the interval $0 \le t \le \pi$

【101 雲科大電機、營建】

25. Find the Fourier series of a periodic function defined as

$f(t) = t$, $-1 \le t \le 1$, $f(t) = f(t+2)$ 【101 彰師大電機】

26. Use the Fourier series of the given function

$$f(x) = \begin{cases} 0 \; , \; 0 < x < \pi \\ 1 \; , \; \pi < x < 2\pi \end{cases}$$

Calculate: $1 - \frac{1}{3} + \frac{1}{5} - \frac{1}{7} + - \cdots$ 【101 宜蘭大電機】

8 Fourier 轉換

He that cannot reason is a fool, and he that desires not to reason is a slave.

H. Drummond

8-1　Fourier 轉換

1.複數型 Fourier 轉換

由前章之 Fourier 複係數級數：

$$
\begin{aligned}
f(x) &= \sum_{n=-\infty}^{\infty} c_n e^{i\omega_n x} \\
&= \sum_{n=-\infty}^{\infty} \left[\frac{1}{T} \int_{-T/2}^{T/2} f(x) e^{-i\omega_n x}\, dx \right] e^{i\omega_n x} \\
&= \sum_{n=-\infty}^{\infty} \frac{1}{2\pi} \int_{-T/2}^{T/2} f(x) e^{-i\omega_n x}\, dx\, e^{i\omega_n x} \Delta\omega
\end{aligned}
\tag{1}
$$

其中 $\omega_n = \dfrac{2n\pi}{T}$, $\Delta\omega = \dfrac{2\pi}{T}$, when $T \to \infty \Rightarrow \begin{cases} \Delta\omega \to d\omega \\ \omega_n \to \omega \\ \sum \to \int \end{cases}$

故(1)式可改寫為：

$$
f(x) = \frac{1}{2\pi} \int_{-\infty}^{\infty} \left[\int_{-\infty}^{\infty} f(x) e^{-i\omega x}\, dx \right] e^{i\omega x}\, d\omega
\tag{2}
$$

(2)式中括號內的積分，積完後是一個以 ω 為變數的函數

$$
F(\omega) = \int_{-\infty}^{\infty} f(x) e^{-i\omega x}\, dx = F\{f(x)\}
\tag{3}
$$

$F(\omega)$ 稱為 $f(x)$ 之複數型積分轉換或簡稱 Fourier 轉換。由(2)式可知，將 $F(\omega)$ 乘上 $\dfrac{1}{2\pi} e^{i\omega x}$ 後，對 ω 之無窮區間 $(-\infty, \infty)$ 作積分，將回復為 $f(x)$

$$
f(x) = F^{-1}\{F(\omega)\} = \frac{1}{2\pi} \int_{-\infty}^{\infty} F(\omega) e^{i\omega x}\, d\omega
\tag{4}
$$

$f(x)$ 稱為 $F(\omega)$ 之複數型積分反轉換或簡稱 Fourier 反轉換。

2. Fourier 餘弦轉換

當 $f(x)$ 為偶函數時，(2) becomes：

$$f(x) = \frac{2}{\pi} \int_0^\infty \int_0^\infty [f(x)\cos \omega x d\omega] \cos \omega x d\omega \tag{5}$$

$$\diamondsuit F_c\{f(x)\} = \int_0^\infty f(x)\cos \omega x dx \equiv F_c (\omega) \tag{6}$$

稱為 Fourier 餘弦轉換

$$\text{則} f(x) = F_c^{-1}\{F_c (\omega)\} = \frac{2}{\pi} \int_0^\infty F_c (\omega) \cos \omega x d\omega \tag{7}$$

3. Fourier 正弦轉換

當 $f(x)$ 為奇函數時，(2) becomes：

$$f(x) = \frac{2}{\pi} \int_0^\infty \int_0^\infty [f(x)\sin \omega x d\omega] \sin \omega x d\omega \tag{8}$$

$$\diamondsuit F_s\{f(x)\} = \int_0^\infty f(x)\sin \omega x dx \equiv F_s (\omega) \tag{9}$$

稱為 Fourier 正弦轉換

$$\text{則} f(x) = F_s^{-1}\{F_s (\omega)\} = \frac{2}{\pi} \int_0^\infty F_s (\omega) \sin \omega x d\omega \tag{10}$$

由(6)式可知 $F_c (-\omega) = F_c (\omega) \Rightarrow F_c (\omega)$ 為偶函數

由(10)式可知 $F_s (-\omega) = F_s (\omega) \Rightarrow F_s (\omega)$ 為奇函數

因此可知 Fourier 轉換會維持原函數之奇、偶性不變（parity conservation）。

觀念提示： *1.* 若 $f(x)$ 表示時間函數，則 Fourier 級數或 Fourier 轉換即表示其頻譜。

(1)若 $f(x)$ 為週期函數（頻率 f_0），則其頻譜為斷續（discrete），換言之，僅有 $f_0, 2f_0, 3f_0, \cdots$ 等頻率分量存在。

(2)若 $f(x)$ 為非週期函數，則其頻譜為連續，換言之，由無限多頻率分量線性組合而成。

2. Amplitude (Magnitude) spectrum and phase spectrum

(3)式中之 $F(\omega)$ 為一複數，可表示為：

$$F(\omega) = R(\omega) + iI(\omega) \tag{11}$$

let $|F(\omega)| = \sqrt{R^2(\omega) + I^2(\omega)}$ （大小）

$$\phi(\omega) = \tan^{-1}\frac{I(\omega)}{R(\omega)} = \angle F(\omega)（相位）$$

則(11)式可改寫為：

$$F(\omega) = \sqrt{R^2(\omega)+I^2(\omega)}\left[\frac{R(\omega)}{\sqrt{R^2(\omega)+I^2(\omega)}} + i\frac{I(\omega)}{\sqrt{R^2(\omega)+I^2(\omega)}}\right]$$

$$= |F(\omega)|(\cos\phi(\omega) + i\sin\phi(\omega)) \tag{12}$$

$$= |F(\omega)|e^{i\phi(\omega)}$$

故稱$|F(\omega)|$為$f(x)$之振幅頻譜（magnitude spectrum），而$\phi(\omega)$稱之為$f(x)$之相位頻譜（phase spectrum）

定理 1

若且唯若$f(x)$為實數函數，則

$$F(-\omega) = F^*(\omega)$$

其中$F^*(\omega)$為$F(\omega)$之共軛複數

證明：　(1)若$f(x)$為實函數，則$F(-\omega)=F^*(\omega)$

　　　　　因$f(x)$為實數函數，故知：

$$F(\omega) = \int_{-\infty}^{\infty} f(x)e^{-i\omega x}\,dx = \int_{-\infty}^{\infty} f(x)(\cos\omega x - i\sin\omega x)dx$$

$$\Rightarrow \begin{cases} R(\omega) \equiv \int_{-\infty}^{\infty} f(x)\cos\omega x dx \\ I(\omega) \equiv \int_{-\infty}^{\infty} f(x)\sin\omega x dx \end{cases}$$

$$\Rightarrow R(-\omega) = \int_{-\infty}^{\infty} f(x)\cos(-\omega x)dx = R(\omega)$$

$$I(-\omega) = -\int_{-\infty}^{\infty} f(x)\sin(-\omega x)dx = -I(\omega)$$

$$\therefore F(-\omega) = R(-\omega) + iI(-\omega) = R(\omega) - iI(\omega) = F^*(\omega)$$

　　　　(2)證明若$F(-\omega)=F^*(\omega)$則$f(x)$為實函數

$$F(\omega) = \int_{-\infty}^{\infty} f(x)e^{-i\omega x}dx \Rightarrow F(-\omega) = \int_{-\infty}^{\infty} f(x)e^{i\omega x}dx$$

$$F^*(\omega) = \int_{-\infty}^{\infty} f^*(x)e^{i\omega x}dx = F(-\omega) = \int_{-\infty}^{\infty} f(x)e^{i\omega x}dx$$

$$\therefore f(x) = f^*(x)$$

　　　　故$f(x)$為實數值函數

定理 2

若$f(x)$為實數值函數，則$|F(\omega)|$為偶函數，而$\phi(\omega)$為奇函數

證明：　由定理 1 知：$F(-\omega)=F^*(\omega)$，再由$F^*(\omega)=|F(\omega)|e^{-i\phi(\omega)}$得

$$F(-\omega) = |F(-\omega)|e^{-i\phi(-\omega)} \text{ 且 } F^*(\omega) = |F(\omega)|e^{-i\phi(\omega)}$$

$$\Rightarrow |F(-\omega)|e^{-i\phi(-\omega)} = |F(\omega)|e^{i\phi(\omega)}$$

$$\therefore \begin{cases} |F(\omega)| = |F(-\omega)| \\ \phi(-\omega) = -\phi(\omega) \end{cases}$$

觀念提示： The Fourier coefficients of a real-valued signal have "Hermitian symmetry"：

(1) Real part is even, Imaginary part is odd.

(2) Magnitude is even, phase is odd.

4. Fourier-Parseval 恆等式

已知 Fourier 餘弦轉換對為

$$F_c(\omega) = \int_0^\infty f(x)\cos\omega x dx \tag{6}$$

$$f(x) = \frac{2}{\pi}\int_0^\infty F_c(\omega)\cos\omega x d\omega \tag{7}$$

將(7)等號二邊乘上 $f(x)$，再從 0 積分至 ∞，可得：

$$\int_0^\infty f^2(x)\,dx = \frac{2}{\pi}\int_0^\infty F_c(\omega)\left[\int_0^\infty f(x)\cos\omega x dx\right]d\omega$$

$$= \frac{2}{\pi}\int_0^\infty F_c^2(\omega)d\omega \tag{13}$$

(13)式稱為 Fourier 餘弦 Parseval 恆等式，經由相同的步驟，可得 Fourier 正弦 Parseval 恆等式如下：

$$\int_0^\infty f^2(x)\,dx = \frac{2}{\pi}\int_0^\infty F_s^2(\omega)d\omega \tag{14}$$

在一般性的情況下，（不考慮 $f(x)$ 之奇偶性），Parseval 定理可表示為：

定理 3：Parseval 定理

設 $F\{f(x)\} = F(\omega)$，則

$$\int_{-\infty}^\infty |f(x)|^2\,dx = \frac{1}{2\pi}\int_{-\infty}^\infty |F(\omega)|^2\,d\omega \tag{15}$$

例題 1：Find the Fourier Transform of the following function

$$f(x) = \begin{cases} e^{-ax} & ; \ if \ x > 0 \\ 0 & ; \ otherwise \end{cases} \quad (a > 0)$$

【成大化工】

解

$$F(\omega) = \int_{-\infty}^{\infty} f(x) e^{-i\omega x} dx = \int_{0}^{\infty} e^{-ax} e^{-i\omega x} dx$$

$$= \frac{1}{-a - i\omega} e^{-ax} e^{-i\omega x} \Big|_{x=0}^{\infty} = \frac{a - i\omega}{a^2 + \omega^2}$$

觀念提示： $F\{\exp(-a|x|)\} = \dfrac{2a}{a^2 + \omega^2}$

例題 2：Find the Fourier transform of $\exp\left(-\dfrac{x^2}{4p^2}\right)$

【101 台師大光電】

解

$$F\{e^{-ax^2}\} = 2\int_0^{\infty} e^{-ax^2} \cos \omega x \, dx = I$$

$$\Rightarrow \frac{dI}{d\omega} = 2\int_0^{\infty} e^{-ax^2} (-x) \sin \omega x \, dx = \frac{1}{a}\int_0^{\infty} \sin \omega x \, d(e^{-ax^2})$$

$$= \frac{1}{a} \sin \omega x e^{-ax^2} \Big|_0^{\infty} - \frac{\omega}{a}\int_0^{\infty} e^{-ax^2} \cos \omega x \, dx$$

$$\Rightarrow \frac{dI}{d\omega} = -\frac{\omega}{2a} I$$

$$\Rightarrow I = ce^{-\frac{\omega^2}{4a}}, \ I(0) = c = 2\int_0^{\infty} e^{-ax^2} dx = \sqrt{\frac{\pi}{a}}$$

$$\therefore I = \sqrt{\frac{\pi}{a}} e^{-\frac{\omega^2}{4a}}; \ a = \frac{1}{4\pi^2}$$

例題 3：Obtain the Fourier sine transform of $f(x) = e^{-\pi x}$, $x > 0$, and evaluate $\int_0^{\infty} \dfrac{\mu \sin(m\mu)}{\mu^2 + \pi^2} d\mu$

【交大光電】

解

$$f(x) = \frac{2}{\pi} \int_0^{\infty} \frac{\omega}{\pi^2 + \omega^2} \sin \omega x \, d\omega$$

由 Dirichlet 定理可知，當 $x = m$ 時

$$\int_0^{\infty} \frac{\mu}{\pi^2 + \mu^2} \sin(m\mu) d\mu = \begin{cases} \dfrac{\pi}{2} e^{-\pi m} & ; \ m > 0 \\ 0 & ; \ m = 0 \\ -\dfrac{\pi}{2} e^{\pi m} & ; \ m < 0 \end{cases}$$

例題 4：Use Parserval's equation to evaluate the integral $\int_{-\infty}^{\infty} \dfrac{\sin^2 \omega}{\omega^2} d\omega$ 【台大化工】

解　令 $f(x) = \begin{cases} 1 & ;\ |x| < 1 \\ 0 & ;\ |x| > 1 \end{cases}$ 則有

$$F_c\{f(x)\} = \int_{-\infty}^{\infty} f(x)e^{-i\omega x}\,dx = \int_{-1}^{1} e^{-i\omega x}\,dx = \frac{2\sin\omega}{\omega}$$

故由 Parserval equation 可得：

$$\int_{-\infty}^{\infty} |f(x)|^2\,dx = \frac{1}{2\pi}\int_{-\infty}^{\infty} \frac{4\sin^2\omega}{\omega^2}\,d\omega \Rightarrow 2 = \frac{2}{\pi}\int_{-\infty}^{\infty} \frac{\sin^2\omega}{\omega^2}\,d\omega$$

$$\therefore \int_{-\infty}^{\infty} \frac{\sin^2\omega}{\omega^2}\,d\omega = \pi$$

例題 5：$f(t) = \begin{cases} 4 & ;\ 0 \le t \le 4 \\ -2t + 12 & ;\ 4 \le t \le 6\ ;\ f(t) = f(-t) \\ 0 & ;\ t \ge 6 \end{cases}$

(1) Find $F(\omega) = \int_{-\infty}^{\infty} f(t)\,e^{-i\omega t}\,dt$

(2) Evaluate $\int_{-\infty}^{\infty} |F(\omega)|^2\,d\omega$ 【101 成大電機、電通、微電子】

解

(1) $F(\omega) = 2\left[\int_0^4 4\cos(\omega t)\,dt + \int_4^6 (-2t+12)\cos(\omega t)\,dt \right]$

$\qquad = \dfrac{4}{\omega^2}(\cos(4\omega) - \cos(6\omega))$

(2) $\int_{-\infty}^{\infty} |f(t)|^2\,dt = \dfrac{1}{2\pi}\int_{-\infty}^{\infty} |F(\omega)|^2\,d\omega$

$\qquad \Rightarrow \int_{-\infty}^{\infty} |F(\omega)|^2\,d\omega = 2\pi\left[\int_0^4 4^2\,dt + \int_4^6 (-2t+12)^2\,dt \right] = \dfrac{1792}{3}\pi$

例題 6：(1) Calculate the Fourier transform of $f(x) = \begin{cases} 1 & ,\ |x| < 1 \\ 0 & ,\ |x| > 1 \end{cases}$

(2) $\int_{-\infty}^{\infty} \dfrac{\sin^2\omega}{\omega^2}\,d\omega = ?$ 【成大土木，交大電子】

解　$F(\omega) = \dfrac{2\sin\omega}{\omega}$, $\int_{-\infty}^{\infty} \dfrac{\sin^2\omega}{\omega^2}\,d\omega = \pi$

例題 7：$F(\omega) = \dfrac{1}{1 + \omega^2} \Rightarrow f(x) = ?$

解　　　$f(x) = \dfrac{1}{2\pi} \displaystyle\int_{-\infty}^{\infty} \dfrac{1}{1+\omega^2} e^{i\omega x} d\omega$，$F(\omega)$ 具有一階極點 $\pm i$

$$x > 0, f(x) = \dfrac{1}{2\pi} 2\pi i \cdot \dfrac{e^{i^2 x}}{2i} = \dfrac{1}{2} e^{-x}$$

$$x < 0, f(x) = \dfrac{1}{2\pi} (-2\pi i) \dfrac{e^x}{-2i} = \dfrac{1}{2} e^x$$

另解：

$$g(x) = e^{-a|x|} \Rightarrow G(\omega) = \dfrac{2a}{a^2 + \omega^2} \ (a > 0)$$

$$\therefore F(\omega) = \dfrac{1}{1+\omega^2} \Rightarrow f(x) = \dfrac{1}{2} e^{-|x|}$$

8-2　Fourier 轉換之重要性質

1. 導函數之 Fourier 轉換

若 $f(x)$ 在 $(-\infty, \infty)$ 區間上為連續，且 $f'(x)$ 為間斷連續，$f(\pm\infty) = 0$ 則

$$F\{f'(x)\} = i\omega \, F\{f(x)\} = i\omega F(\omega) \tag{16}$$

同理可知，若 $f(x), f'(x), \cdots, f^{(n-1)}(x)$ 為連續，而 $f^n(x)$ 為間斷連續，$f(\pm\infty) = f'(\pm\infty) = \cdots = f^{(n-1)}(\pm\infty) = 0$，則

$$\begin{aligned} F\{f^{(n)}(x)\} &= (i\omega)^n F\{f(x)\} \\ &= (i\omega)^n F(\omega) \end{aligned} \tag{17}$$

證明：　Integration by parts

2. 尺度變換性質（Change of scale）

設 a 為一實常數，且 $F(\omega) = F\{f(t)\}$

$$\Rightarrow F\{f(at)\} = \dfrac{1}{|a|} F\left(\dfrac{\omega}{a}\right) ; \ a \neq 0 \tag{18}$$

證明：　(1) $a > 0$

$$F\{f(at)\} = \int_{-\infty}^{\infty} f(at)\,e^{-i\omega t}\,dt = \frac{1}{a}\int_{-\infty}^{\infty} f(at)\,e^{-iat\left(\frac{\omega}{a}\right)}\,d(at)$$

$$= \frac{1}{a}F\left(\frac{\omega}{a}\right)$$

(2) $a < 0$

$$F\{f(at)\} = \int_{-\infty}^{\infty} f(at)\,e^{-i\omega t}\,dt = \frac{1}{a}\int_{-\infty}^{\infty} f(at)\,e^{-iat\left(\frac{\omega}{a}\right)}\,d(at)$$

$$= -\frac{1}{a}F\left(\frac{\omega}{a}\right)$$

3. 平移性質

定理 4

(1) $F\{f(t - t_0)\} = F(\omega)e^{-i\omega t_0}$ (19)

A shift in the time domain results in a phase shift in the frequency domain.

(2) $F\{f(t)e^{i\omega_0 t}\} = F(\omega - \omega_0)$ (20)

Multiplication by an exponential in the time domain corresponds to a frequency shift in the frequency domain.

證明：　(1) $F\{f(t - t_0)\} = \int_{-\infty}^{\infty} f(t - t_0)e^{-i\omega t}\,dt$

let $x = t - t_0$ 代入上式，得：

$$F\{f(t - t_0)\} = \int_{-\infty}^{\infty} f(x)e^{-i\omega x}\,dx\,e^{-i\omega t_0} = e^{-i\omega t_0}F(\omega)$$

(2) $F\{f(t)e^{i\omega_0 t}\} = \int_{-\infty}^{\infty} (f(t)e^{i\omega_0 t})e^{-i\omega t}\,dt$

$$= \int_{-\infty}^{\infty} f(t)e^{-i(\omega - \omega_0)t}\,dt = F(\omega - \omega_0)$$

4. 對稱性質（duality）

$$F(\omega) = F\{f(t)\} 則 F\{F(t)\} = 2\pi f(-\omega)$$ (21)

證明：　已知 $f(t) = \dfrac{1}{2\pi}\displaystyle\int_{-\infty}^{\infty} F(\omega)\,e^{i\omega t}\,d\omega$

則 $f(-t) = \dfrac{1}{2\pi}\displaystyle\int_{-\infty}^{\infty} F(\omega)\,e^{-i\omega t}\,d\omega$

將 ω 與 t 交換得：

$$2\pi f(-\omega) = \int_{-\infty}^{\infty} F(t)\,e^{-i\omega t}\,dt = F\{F(t)\}$$

5. Fourier 轉換之微分

$$F\{-itf(t)\} = \frac{dF(\omega)}{d\omega} \tag{22}$$

證明：　已知 $F(\omega) = \int_{-\infty}^{\infty} f(t)\, e^{-i\omega t}\, dt$，則

$$\frac{dF(\omega)}{d\omega} = \int_{-\infty}^{\infty} f(t)\,(-it)\, e^{-i\omega t}\, dt = F\{-itf(t)\}$$

觀念提示：由(22)可得

$$1.\ F\{tf(t)\} = i\frac{dF(\omega)}{d\omega} \tag{23a}$$

$$2.\ F\{(-it)^n f(t)\} = \frac{d^n}{d\omega^n} F(\omega) \tag{23b}$$

6. Convolution theorem（迴旋積分定理）

定義：函數 $f(t)$ 及 $g(t)$ 之迴旋積分記作 $f(t) * g(t)$，其定義式為

$$f(t) * g(t) = \int_{-\infty}^{\infty} f(t-\tau)g(\tau)d\tau \tag{24}$$

定理 5

若 $f(t)$ 及 $g(t)$ 均存在 Fourier 轉換，則

$$\mathcal{F}\{f(t) * g(t)\} = \mathfrak{I}\{f(t)\}\mathfrak{I}\{g(t)\} = F(\omega)G(\omega) \tag{25}$$

稱為在時域上的迴旋積分定理

$$\mathcal{F}^{-1}\{F(\omega) * G(\omega)\} = 2\pi f(t)g(t) \tag{26}$$

稱為在頻域上的迴旋積分定理

證明：由定義知：　　　　　　　　　　　　　　　　　　　【中央電子】

$$\mathcal{F}\{f(t) * g(t)\} = \int_{-\infty}^{\infty}\int_{-\infty}^{\infty} f(\tau-\xi)g(\xi)d\xi e^{-i\omega\tau}\, d\tau$$

$$= \int_{-\infty}^{\infty} g(\xi) \int_{-\infty}^{\infty} f(\tau-\xi)e^{-i\omega\tau}\, d\tau d\xi$$

let $u = \tau - \xi,\ d\tau = du$ 代入上式得：

$$\mathcal{F}\{f(t) * g(t)\} = \int_{-\infty}^{\infty} \int_{-\infty}^{\infty} f(u)g(\xi)d\xi e^{-i\omega(\xi+u)} du$$
$$= \int_{-\infty}^{\infty} f(u) e^{-i\omega u} du \int_{-\infty}^{\infty} g(\xi) e^{-i\omega\xi} d\xi$$
$$= F(\omega) G(\omega)$$

7. 乘法原理：

$$(1) \int_{-\infty}^{\infty} f^*(t) g(t) dt = \frac{1}{2\pi} \int_{-\infty}^{\infty} F^*(\omega)G(\omega)d\omega$$

$$(2) \int_{-\infty}^{\infty} f(t) g^*(t) dt = \frac{1}{2\pi} \int_{-\infty}^{\infty} F(\omega)G^*(\omega)d\omega \tag{27}$$

證明：

$$\int_{-\infty}^{\infty} f^*(t) g(t) dt = \int_{-\infty}^{\infty} f^*(t) \left[\frac{1}{2\pi} \int_{-\infty}^{\infty} G(\omega) e^{i\omega t} d\omega \right] dt$$
$$= \frac{1}{2\pi} \int_{-\infty}^{\infty} G(\omega) \left[\int_{-\infty}^{\infty} f^*(t) e^{i\omega t} dt \right] d\omega$$
$$= \frac{1}{2\pi} \int_{-\infty}^{\infty} G(\omega) F^*(\omega) d\omega$$

觀念提示： *1.* 若 $f(t) = g(t)$ 則(27)式等於(15)式，我們可得到 Parseval 定理

　　　　　　 2. 若 $f(t)$ 為週期函數，則 $F(\omega)$ 為離散頻譜函數；若 $f(t)$ 為非週期函數，

　　　　　　 則 $F(\omega)$ 為連續頻譜函數。

8. 調變定理（Modulation theorem）

$$y(t) = x(t) \cos \omega_c t \Rightarrow Y(\omega) = \frac{1}{2} X(\omega - \omega_c) + \frac{1}{2} X(\omega + \omega_c) \tag{28}$$

證明：

$$y(t) = x(t) \cos \omega_c t = \frac{1}{2} (x(t)e^{i\omega_c t} + x(t)e^{-i\omega_c t})$$
$$\Rightarrow Y(\omega) = \frac{1}{2} X(\omega - \omega_c) + \frac{1}{2} X(\omega + \omega_c)$$

觀念提示： 同理可得

$$y(t) = x(t) \sin \omega_c t \Rightarrow Y(\omega) = \frac{1}{2i} X(\omega - \omega_c) - \frac{1}{2i} X(\omega + \omega_c) \tag{29}$$

9. 基本函數之 Fourier transform

$$(1) \Im\{\delta(t)\} = 1$$

$(2)\Im\{1\} = 2\pi\delta(\omega)$

$(3)\Im\{Ae^{i\omega_c t}\} = 2\pi A\delta(\omega - \omega_c)$

$(4)\Im\{\cos \omega_c t\} = \pi\delta(\omega - \omega_c) + \pi\delta(\omega + \omega_c)$

$(5)\Im\{\sin \omega_c t\} = i\pi\left[\delta(\omega - \omega_c) - \delta(\omega + \omega_c)\right]$

$(6)\Im\{e^{-at}u(t)\} = \dfrac{1}{a + i\omega}; \ a > 0$

$(7)\Im\{e^{-a|t|}\} = \dfrac{2a}{a^2 + \omega^2}; \ a > 0$

$(8)F\left\{\dfrac{1}{a^2 + t^2}\right\} = \dfrac{\pi}{a}e^{-a|\omega|}; \ a > 0$

定義：rectangular function

$$\text{rect }(t) = \Pi\ (t) = \begin{cases} 1, & |t| < \dfrac{1}{2} \\ 0, & otherwise \end{cases}$$

定義：Triangular function（三角波）

$$\text{tri }(t) = \Lambda\ (t) = \begin{cases} 1 - |t|, & |t| \le 1 \\ 0, & otherwise \end{cases}$$

定義：sinc function

$$\sin c\ (t) = \dfrac{\sin(\pi t)}{\pi t}$$

$(9)F\{\text{rect }(t)\} = \sin c\left(\dfrac{\omega}{2\pi}\right)$

$(10)F\{\text{tri }(t)\} = \sin c^2\left(\dfrac{\omega}{2\pi}\right)$

$(11)F\{\sin c\ (t)\} = \text{rect}\left(\dfrac{\omega}{2\pi}\right)$

10. 週期性信號之 Fourier transform：$x\ (t + T_0) = x(t)$

$$x(t) = \sum_{n=-\infty}^{\infty} c_n e^{i\omega_n t}, \ c_n = \dfrac{1}{T_0}\int_{-\frac{T_0}{2}}^{\frac{T_0}{2}} x(t)\, e^{-i\omega_n t}\, dt$$

$$\therefore X(\omega) = \sum_{n=-\infty}^{\infty} c_n F\{e^{i\omega_n t}\} = 2\pi \sum_{n=-\infty}^{\infty} c_n \delta\ (\omega - n\omega_0)$$

例題 8：The Fourier transform of a function $f(x)$ is given by

$$F(\omega) = \begin{cases} 1, & |\omega| < W \\ 0, & |\omega| > W \end{cases}$$

Find $f(x)$　　　　　　　　　　　　　　　　　【101 成大光電】

解

$$F(\omega) = \begin{cases} 1 \ , \ |\omega| < W \\ 0 \ , \ |\omega| > W \end{cases}$$

$$= \text{rect}\left(\frac{\omega}{2W}\right)$$

$$\Rightarrow f(x) = \frac{W}{\pi} \sin c\left(\frac{Wx}{\pi}\right) = \frac{\sin(Wx)}{\pi x}$$

例題 9：Find the Fourier transform of xe^{-x^2} 【101 暨南電機】

解

$$F\{e^{-x^2}\} = \sqrt{\pi} \exp\left(-\frac{\omega^2}{4}\right)$$

$$\Rightarrow F\{xe^{-x^2}\} = i\frac{d}{d\omega}\left[\sqrt{\pi} \exp\left(-\frac{\omega^2}{4}\right)\right] = -\frac{\omega}{2}\sqrt{\pi} \exp\left(-\frac{\omega^2}{4}\right)i$$

例題 10：Given $c(t) = a(t)b(t)$, where $a(t) = \cos \omega_0 t$ and the Fourier transform of $b(t)$ is $B(\omega)$ where $B(\omega) = 1; |\omega| < \omega_1, B(\omega) = 0; |\omega| > \omega_1$

(a)Find $C(\omega)$, the Fourier transform of $c(t)$.

(b)Let $d(t) = c(t) a(t)$, find $D(\omega)$, the Fourier Transform of $d(t)$

【99 雲科大通訊】

解

(a)$c(t) = b(t)\cos \omega_0 t \Rightarrow C(\omega) = \frac{1}{2}[B(\omega - \omega_0) + B(\omega + \omega_0)]$

(b)$d(t) = c(t)\cos \omega_0 t = b(t)\cos^2 \omega_0 t$

$$= \frac{1}{2}b(t) + \frac{1}{2}b(t)\cos(2\omega_0 t)$$

$$\Rightarrow D(\omega) = \frac{1}{2}B(\omega) + \frac{1}{4}[B(\omega - 2\omega_0) + B(\omega + 2\omega_0)]$$

例題 11：Solve the following integral equation for $y(x)$

$$\int_{-\infty}^{\infty} \frac{y(u)du}{(x-u)^2+a^2} = \frac{1}{x^2+b^2}; \quad 0 < a < b$$

Given：The Fourier transform of $\frac{1}{x^2+c^2}$ with $c > 0$, is

$$\mathfrak{I}\left\{\frac{1}{x^2+c^2}\right\} = \int_{-\infty}^{\infty} \frac{e^{-i\omega x}}{x^2+c^2}dx = \frac{\pi}{c}e^{-c\omega}$$

【成大航太】

解　　$\Im\{y(x) * f(x)\} = Y(\omega)F(\omega)$ 其中 $y(x) * f(x) = \int_{-\infty}^{\infty} y(u)f(x-u)du$

原積分式可化為 $y(x) * \dfrac{1}{x^2 + a^2} = \dfrac{1}{x^2 + b^2}$

等號二邊同時取 Fourier transform：

$\Im\left\{y(x) * \dfrac{1}{x^2 + a^2}\right\} = \Im\left\{\dfrac{1}{x^2 + b^2}\right\}$

$Y(\omega)\dfrac{\pi}{a}e^{-a\omega} = \dfrac{\pi}{b}e^{-b\omega} \Rightarrow Y(\omega) = \dfrac{a}{b}e^{-(b-a)\omega}$

$\qquad\qquad\qquad = \dfrac{a}{b}\dfrac{b-a}{\pi}\left\{\dfrac{\pi}{b-a}e^{-(b-a)\omega}\right\}$

取 Inverse Fourier transform 於等號二邊，再由 $\Im^{-1}\left\{\dfrac{\pi}{c}e^{-c\omega}\right\} = \dfrac{1}{x^2 + c^2}$ 可得：

$y(x) = \dfrac{a(b-a)}{b\pi}\Im^{-1}\left\{\dfrac{\pi}{b-a}e^{-(b-a)\omega}\right\} = \dfrac{a(b-a)}{b\pi}\dfrac{1}{x^2 + (b-a)^2}$

例題 12：已知 $a \in R^+$，$f(x)$ 與 $g(x)$ 之關係如下，求 $F(\omega)$ 與 $G(\omega)$ 之關係？

$f(x) = \dfrac{2}{3}g(x) + \dfrac{1}{4}[g(x-a) + g(x+a)]$；$\Im\{f(x)\}$

$= \dfrac{1}{\sqrt{2\pi}}\displaystyle\int_{-\infty}^{\infty} f(x)e^{-i\omega x}\,dx$

若 $f(x)$ 已知，如何決定 $g(x)$？　　　　　　　【清華電機】

解

$F(\omega) = \Im\{f(x)\} = \Im\left\{\dfrac{2}{3}g(x) + \dfrac{1}{4}[g(x-a) + g(x+a)]\right\}$

$\qquad\quad = \dfrac{2}{3}G(\omega) + \dfrac{1}{4}[e^{-i\omega a}G(\omega) + e^{i\omega a}G(\omega)]$

$\qquad\quad = \left[\dfrac{2}{3} + \dfrac{1}{2}\cos\omega a\right]G(\omega)$

$\therefore g(x) = \Im^{-1}\{G(\omega)\} = \dfrac{1}{\sqrt{2\pi}}\displaystyle\int_{-\infty}^{\infty}\dfrac{F(\omega)}{\left(\dfrac{2}{3} + \dfrac{1}{2}\cos\omega a\right)}e^{i\omega x}\,d\omega$

例題 13：(a)Find the Fourier transform of the following functions $f(x)$:

$\quad$(1)$f(x) = \delta(x)$

$\quad$(2)$f(x) = \begin{cases} e^{-ax} & ;\ if\ x \geq 0 \\ 0 & ;\quad if\ x < 0 \end{cases}$

(b) Solve the differential equation $\dfrac{du}{dx} + au = h(x)$ by taking Fourier transforms to find $U(\omega)$, what is the solution, u, if $h(x) = \delta(x)$?　　　　【成大航太】

解   (a)(1)$\Im\{\delta(x)\} = \int_{-\infty}^{\infty}\delta(x)\,e^{-i\omega x}\,dx = 1$

        (2)$\Im\{f(x)\} = \int_{-\infty}^{\infty} e^{-ax}\,e^{-i\omega x}\,dx = \dfrac{1}{-a-i\omega}\,e^{-(a+i\omega)x}\Big|_{x=0}^{\infty} = \dfrac{a-i\omega}{a^2+\omega^2}$

     (b)$\Im\left\{\dfrac{du}{dx}\right\} + aU(\omega) = \Im\{\delta(x)\}$

      $\Rightarrow i\omega U(\omega) + aU(\omega) = 1 \Rightarrow U(\omega) = \dfrac{1}{a+i\omega}$

      $\therefore u(x) = e^{-ax}\,u(x)$

例題 14： 求 $F(\omega) = \dfrac{e^{(20-4\omega)i}}{3-(5-\omega)i}$ 之 Fourier 反轉換 = ？   【台科大機械】

解 $H(\omega) = \dfrac{1}{3+\omega i} \Rightarrow h(x) = e^{-3x}\,u(x)$

      $G(\omega) = \dfrac{e^{-4\omega i}}{3+\omega i} \Rightarrow g(x) = e^{-3(x-4)}\,u(x-4)$

      $F(\omega) = \dfrac{e^{(20-4\omega)i}}{3-(5-\omega)i} = \dfrac{e^{-4(\omega-5)i}}{3+(\omega-5)i} \Rightarrow f(x) = e^{-3(x-4)}\,u(x-4)\,e^{i5x}$

例題 15： Evaluate the Fourier transform of the damped sinusoidal wave $g(t) = e^{-t}\sin(2\pi f_c t)\,u(t)$, where $u(t)$ is the unit step function.

解 $\Im\{e^{-t}u(t)\} = \int_0^{\infty} e^{-t}e^{-j2\pi ft}\,dt = \dfrac{1}{j\omega+1}$

      故 $\Im\{e^{-t}\sin(2\pi f_c t)\,u(t)\} = \dfrac{1}{2j}\left[\dfrac{1}{j(\omega-\omega_c)+1} - \dfrac{1}{j(\omega+\omega_c)+1}\right]$

例題 16： (1)求 $x(t) = e^{-a|t|}\,\mathrm{sgn}(t)$ 之 Fourier 變換。

      (2)求 $x(t) = \mathrm{sgn}(t)$ 之 Fourier 變換。

      (3)求 $x(t) = u(t)$ 之 Fourier 變換。

解

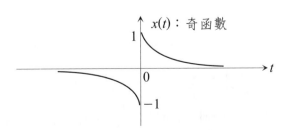

(1)

$$X(\omega) = \int_{-\infty}^{\infty} x(t)e^{-j\omega t}\,dt = -2i\int_{0}^{\infty} e^{-\alpha t}\sin(\omega t)dt$$

$$= \frac{-j2\omega}{\alpha^2 + \omega^2}$$

(2)

$$X(\omega) = \lim_{\alpha \to 0} \frac{-j2\omega}{\alpha^2 + \omega^2} = \frac{-2j}{\omega} = \frac{2}{j\omega}$$

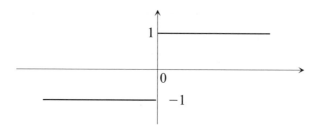

公式：應用對稱性質得

$$\Im\left\{\frac{2}{jt}\right\} = 2\pi\mathrm{sgn}\,(-\omega) \tag{30}$$

(3) $u(t)$ 與 sgn (t) 之圖形形狀關係可知

$$u(t) = \frac{1}{2}[1 + \mathrm{sgn}\,(t)] \tag{31}$$

則 $X(\omega) = \Im\{x(t)\} = \dfrac{1}{2}\left[2\pi\delta(\omega) + \dfrac{2}{j\omega}\right] = \pi\delta(\omega) + \dfrac{1}{j\omega}$

例題 17：(1) Find $x(t)$ if

$$X(\omega) = \begin{cases} 1 \; ; \; |\omega| \le 100\pi \\ 0 \; ; \; |\omega| > 100\pi \end{cases}$$

(2) Find $x(t)$ if

$$x(t) = \frac{\sin(100\pi t)}{\pi t} * \frac{\sin(200\pi t)}{\pi t} * \frac{\sin(300\pi t)}{\pi t} * \frac{\sin(400\pi t)}{\pi t}$$

【98 台科大電機】

解　(a) $X(\omega) = \mathrm{rect}\left(\dfrac{\omega}{200\pi}\right) \Rightarrow X(f) = \mathrm{rect}\left(\dfrac{f}{100}\right) \Rightarrow x(t) = 100\sin c(100t)$

(b) $X(f) = \mathrm{rect}\left(\dfrac{f}{100}\right)\mathrm{rect}\left(\dfrac{f}{200}\right)\mathrm{rect}\left(\dfrac{f}{300}\right)\mathrm{rect}\left(\dfrac{f}{400}\right) = \mathrm{rect}\left(\dfrac{f}{100}\right)$

$$\Rightarrow x(t) = 100\sin c(100t)$$

例題 18：若 $x(t)$ 之 Fourier Transform 為 $X(\omega)$，求下式之 Fourier Transform

(a)$x_1(t) = x(5 - t) + x(-5 - t)$

(b)$x_2(t) = \dfrac{d^2}{dt^2} x(t - 1)$ 　　　　　　　　　　　　　【暨南電機】

解

(a)$\Im\{x(-(t-5))\} + \Im\{x(-(t+5))\}$

$\quad = X(-\omega)\,e^{-j5\omega} + X(-\omega)\,e^{j5\omega}$

$\quad = 2X(-\omega)\cos 5\omega$

(b)$\Im\{x_2(t)\} = (j\omega)^2 X(\omega)\,e^{-j\omega}$

$\quad\quad\quad = -\omega^2 X(\omega)\,e^{-j\omega}$

例題 19：$h(t) = \begin{cases} A\exp(-at) \text{ ; } t \geq 0 \\ 0 \text{ ; } otherwise \end{cases}$

(a)Find $H(\omega)$

(b)Find $y(t) = \exp(j2\pi f_0\,t) * h(t)$ 　　　　　　　　【台科大電子】

解

(a)$H(\omega) = \displaystyle\int_0^\infty A\exp(-at)e^{-j2\pi ft}\,dt = \frac{A}{a+j\omega}$

(b)$Y(\omega) = H(\omega)\,2\pi\delta(\omega - \omega_0)$

$\therefore y(t) = \displaystyle\int Y(\omega)e^{j2\pi ft}\,d\omega = \frac{A}{a+j\omega_0}\,e^{j\omega_0 t}$

例題 20：Find the Fourier Transform of $e^{-|t|}\cos 5t$?　　　　　　【交大電子】

解

$\Im\{e^{-|t|}\} = \dfrac{2}{1+\omega^2}$

$\cos 5t = \dfrac{1}{2}(e^{j5t} + e^{-j5t})$

$\Im\{e^{-|t|}\cos 5t\} = \dfrac{1}{2}[X(\omega - 5) + X(\omega + 5)]$

例題 21：(1) Find $X(0)$

(2) Find $\displaystyle\int_{-\infty}^{\infty} X(\omega)\,d\omega$

(3) Find $\displaystyle\int_{-\infty}^{\infty} X(\omega)\frac{2\sin\omega}{\omega}e^{j2\omega}\,d\omega$

(4) Evaluate $\displaystyle\int_{-\infty}^{\infty} |X(\omega)|^2\,d\omega$　　　　　　　【台科大電機】

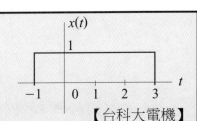

解 (1)$x(t) = \text{rect}\left(\dfrac{t-1}{4}\right)$(a rectangular pulse with pulse width = 4, centered at $t=1$)

$X(f) = 4\sin c(4f)e^{-j2\pi f} \Rightarrow X(0) = 4$

(2)$\because \dfrac{1}{2\pi}\displaystyle\int_{-\infty}^{\infty} X(\omega)d\omega = x(0) \Rightarrow \int_{-\infty}^{\infty} X(\omega)d\omega = 2\pi x(0) = 2\pi$

(3)原式：$2\pi \cdot x(t) * \text{rect}\left(\dfrac{t}{2}\right)\Big|_{t=2} = 2\pi\displaystyle\int_{-\infty}^{\infty} x(\tau)\,\text{rect}\left(\dfrac{2-\tau}{2}\right)d\tau$

$\qquad\qquad\qquad\qquad\qquad\qquad = 2 \times 2\pi = 4\pi$

(4)$\displaystyle\int_{-\infty}^{\infty} |X(\omega)|^2\,d\omega = 2\pi\int_{-\infty}^{\infty} |x(t)|^2\,dt = 8\pi$

例題 22：Find the Fourier transform of

(1)$x(t) = 2\cos\left(6\pi t - \dfrac{\pi}{4}\right) - 4\sin\left(10\pi t + \dfrac{\pi}{4}\right)$

(2)$x(t) = \delta(t+1) + \delta(t-1)$

and plot its amplitude and phase spectra.　　　　　【96 輔大電子】

解 (1)$x(t) = 2\cos\left(2\pi 3t - \dfrac{\pi}{4}\right) - 4\cos\left(2\pi 5t + \dfrac{\pi}{4} - \dfrac{\pi}{2}\right)$

$\qquad = 2\cos\left(2\pi 3t - \dfrac{\pi}{4}\right) + 4\cos\left(2\pi 5t + \dfrac{\pi}{4} - \dfrac{\pi}{2} + \pi\right)$

$\qquad = e^{j\left(2\pi 3t - \frac{\pi}{4}\right)} + e^{-j\left(2\pi 3t - \frac{\pi}{4}\right)} + 2e^{j\left(2\pi 5t + \frac{3\pi}{4}\right)} + 2e^{-j\left(2\pi 5t + \frac{3\pi}{4}\right)}$

$\therefore X(f) = \delta(f-3)e^{-j\frac{1}{4}\pi} + \delta(f+3)e^{j\frac{1}{4}\pi} + 2\delta(f-5)e^{j\frac{3}{4}\pi} + 2\delta(f+5)e^{-j\frac{3}{4}\pi}$

振幅與相位頻譜如下圖所示：

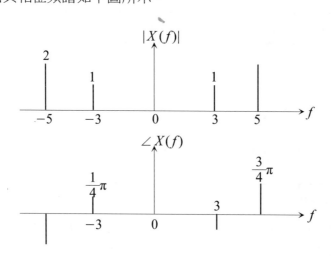

(2)$X(f) = e^{j2\pi f} + e^{-j2\pi f} = 2\cos(2\pi f) \in R$，則

$$f>0：\begin{cases} X(f)>0：\angle X(f)=0 \\ X(f)<0：\angle X(f)=\pi \end{cases}, f<0：\begin{cases} X(f)>0：\angle X(f)=0 \\ X(f)<0：\angle X(f)=-\pi \end{cases}$$

先畫出 $X(f)$，則振幅 $|X(f)|$ 與相位 $\angle X(f)$ 頻譜如下圖所示：

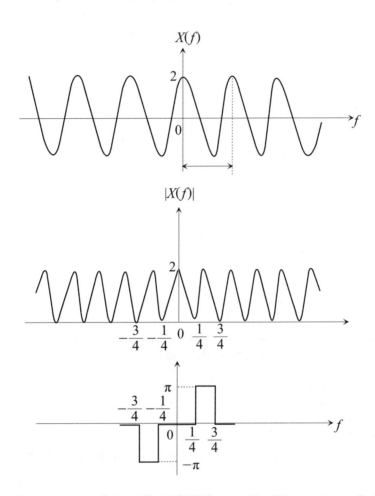

例題 23：Find the Fourier transform of the following function

(a)Delta pulse $d(t) = \displaystyle\sum_{n=-\infty}^{\infty} \delta(t-nT)$

(b)$|F(\omega)|$ is the amplitude spectrum of $f(t)$. Determine and draw

　$|F(\omega)|$, where $f(t) = \dfrac{2\sin at}{t}$

(c)Let $g(t) = d(t)f(t)$, where $d(t)$ and $f(t)$ is defined in (b) and (c). In addition,

let $0 < T < \dfrac{\pi}{a}$, Determine and draw the amplitude spectrum of $g(t)$

【成大電機】

解 (a)

$$F\{d(t)\} = \int_{-\infty}^{+\infty} d(t)\, e^{-i\omega t}\, dt = \int_{-\infty}^{+\infty} \sum_{n=-\infty}^{+\infty} \delta(t - nT)\, e^{-i\omega t}\, dt = \sum_{n=-\infty}^{+\infty} e^{-i\omega nT}$$

$$= \frac{2\pi}{T} \sum_{n=-\infty}^{+\infty} \delta\left(\omega - \frac{2\pi}{T} n\right)$$

(b)

$$f(t) = \frac{2\sin at}{t} = 2a\frac{\sin at}{at} = 2a\sin c\left(\frac{a}{\pi} t\right)$$

where $\sin c(t) \equiv \dfrac{\sin(\pi t)}{\pi t}$

$$\Rightarrow F\{f(t)\} = 2\pi \, \text{rect}\left(\frac{\omega}{2a}\right)$$

(c)

$$F\{g(t)\} = F\{d(t)\, f(t)\} = \frac{1}{2\pi} F\{d(t)\} * F\{f(t)\}$$

$$= \text{rect}\left(\frac{\omega}{2a}\right) * \frac{2\pi}{T} \sum_{n=-\infty}^{+\infty} \delta\left(\omega - \frac{2\pi}{T} n\right)$$

$$= \frac{2\pi}{T} \sum_{n=-\infty}^{+\infty} \text{rect}\left(\frac{\omega - \dfrac{2\pi}{T} n}{2a}\right)$$

例題 24：Consider the finite wave train defined by:

$$f(t) = \begin{cases} \sin(\omega_0 t) & ; \ |t| < \dfrac{N\pi}{\omega_0} \\[2mm] 0 & ; \ |t| > \dfrac{N\pi}{\omega_0} \end{cases}$$

Perform Fourier transform of the finite wave train and plot the function

【101 中央光電】

解

$$f(t) = \begin{cases} \sin(\omega_0 t) & ; \ |t| < \dfrac{N\pi}{\omega_0} \\[2mm] 0 & ; \ |t| > \dfrac{N\pi}{\omega_0} \end{cases}$$

$$= \sin(\omega_0 t)\, \text{rect}\left(\frac{t}{\dfrac{2N\pi}{\omega_0}}\right)$$

$$\Rightarrow F(\omega) = \frac{1}{2\pi}\left[i\pi[\delta(\omega + \omega_0) - \delta(\omega - \omega_0)] * \frac{2N\pi}{\omega_0}\sin c\left(\frac{\omega}{2\pi} \times \frac{2N\pi}{\omega_0}\right) \right]$$

$$= \frac{iN\pi}{\omega_0}\left[\sin c\left(\frac{N(\omega + \omega_0)}{\omega_0}\right) - \sin c\left(\frac{N(\omega - \omega_0)}{\omega_0}\right) \right]$$

8-3　應用 Fourier 級數及轉換求解常微分方程式

已知一二階常係數常微分方程式如下：

$$y'' + ay' + by = f(x) \quad x \in (-\infty, +\infty) \tag{32}$$

題型一：若 $f(x)$ 之性質不比間斷連續差，且具有週期性 $f(x+T)=f(x)$，則可以將 $f(x)$ 展開為 Fourier 級數

$$f(x) = a_0 + \sum_{n=1}^{\infty}\left(a_n \cos\frac{2n\pi}{T}x + b_n \sin\frac{2n\pi}{T}x \right)$$

其中係數 $a_0, \{a_n, b_n\}_{n=1,2,\ldots}$ 可利用公式求得；對 $y_p(x)$ 作相同之 Fourier 級數展開，再利用待定係數法求解：

$$y_p(x) = \alpha_0 + \sum_{n=1}^{\infty}\left(\alpha_n \cos\frac{2n\pi}{T}x + \beta_n \sin\frac{2n\pi}{T}x \right)$$

代入(32)中，可得：

$$y_p'' + ay_p' + by_p = a_0 + \sum_{n=1}^{\infty}\left(a_n \cos\frac{2n\pi}{T}x + b_n \sin\frac{2n\pi}{T}x \right)$$

展開後比較係數求解。

題型二：已知一二階常係數常微分方程式如下：

$$y'' + ay' + by = f(x) \quad x \in (-\infty, +\infty) \tag{33}$$

若 $f(x)$ 為非週期函數且可以進行 Fourier 轉換，則(33)式亦可利用 Fourier 轉換求解，在(33)式等號兩邊同時進行 Fourier 轉換，可得：

$$-\omega^2 Y(\omega) + ia\omega Y(\omega) + bY(\omega) = F(\omega)$$
$$\Rightarrow Y(\omega) = \frac{F(\omega)}{(b-\omega)^2 + ia\omega} = \frac{F(\omega)}{(\alpha + i\omega)(\beta + i\omega)}$$
$$\Rightarrow y(x) = \mathfrak{I}^{-1}\left\{ \frac{F(\omega)}{(b-\omega^2) + ia\omega} \right\}$$

觀念提示： Fourier 轉換需使用於區間$(-\infty, \infty)$，故適於應用 Fourier 轉換求解的 O.
D.E.通常是沒有起始條件（Initial condition），若區間為半無窮長或是
具有起始條件，通常會應用 Laplace 變換求解。

例題 25： 試以 Fourier 轉換來解 $y'' + 4y' + 3y = 2\delta'(t)$　　　　　【台大土木】

解

$F\{\delta(t)\} = 1 \Rightarrow F\{\delta'(t)\} = i\omega$

$\therefore -\omega^2 Y(\omega) + 4i\omega Y(\omega) + 3Y(\omega) = 2i\omega \Rightarrow$

$Y(\omega) = \dfrac{2i\omega}{(3 - \omega^2) + 4i\omega} = \dfrac{2i\omega}{(1 + i\omega)(3 + i\omega)} = \dfrac{-1}{(1 + i\omega)} + \dfrac{3}{(3 + i\omega)}$

因此 $y(t) = (3e^{-3t} - e^{-t})u(t)$

例題 26： Find the output $y(t)$ of a continuous-time LTI system having the frequency re-
sponse $H(\omega) = \dfrac{1}{2 + j\omega}$ to each of the following input signals.

(1)$x(t) = e^{-|t|}$　(2)$x(t) = \dfrac{d}{dt}[e^{-t}u(t)]$　　　　　【交大電子】

解

(1)$X(\omega) = \Im\{e^{-|t|}\} = \dfrac{2}{1 + \omega^2} = \dfrac{1}{1 + j\omega} + \dfrac{1}{1 - j\omega}$

$\therefore Y(\omega) = X(\omega)H(\omega) = \left[\dfrac{1}{1 + j\omega} + \dfrac{1}{1 - j\omega}\right]\dfrac{1}{2 + j\omega}$

$= \dfrac{1}{1 + j\omega}\dfrac{1}{2 + j\omega} + \dfrac{1}{1 - j\omega}\dfrac{1}{2 + j\omega}$

$= \dfrac{1}{1 + j\omega} - \dfrac{1}{2 + j\omega} + \dfrac{\frac{1}{3}}{1 - j\omega} + \dfrac{\frac{1}{3}}{2 + j\omega}$

$= \dfrac{1}{1 + j\omega} - \dfrac{\frac{2}{3}}{2 + j\omega} + \dfrac{\frac{1}{3}}{1 - j\omega}$

故 $y(t) = e^{-t}u(t) - \dfrac{2}{3}e^{-2t}u(t) + \dfrac{1}{3}e^{t}u(-t)$。

(2)$X(\omega) = \Im\left\{\dfrac{d}{dt}[e^{-t}u(t)]\right\} = \dfrac{j\omega}{1 + j\omega}$

$\therefore Y(\omega) = X(\omega)H(\omega) = \dfrac{j\omega}{1 + j\omega}\dfrac{1}{2 + j\omega} = \dfrac{-1}{1 + j\omega} + \dfrac{2}{2 + j\omega}$

故 $y(t) = -e^{-t}u(t) + 2e^{-2t}u(t)$

例題 27：Solve and show that the steady state solution of equations

$$y'' + ay' + by = \begin{cases} t \text{，} t^2 < 1 \\ 0 \text{，} t^2 > 1 \end{cases} \text{ is}$$

$$y(t) = \frac{2}{\pi} \int_0^\infty \frac{-a\omega \cos \omega t - (b - \omega^2) \sin \omega t}{(b - \omega^2)^2 + (a\omega)^2} \frac{\sin \omega - \omega \cos \omega}{\omega^2} d\omega \qquad 【交大應化】$$

解　令 $f(t) = \begin{cases} t \text{，} t^2 < 1 \\ 0 \text{，} t^2 > 1 \end{cases} \Rightarrow f(t)$ 為奇函數

$$F(\omega) = \int_0^\infty f(t) \sin \omega t dt = \int_0^1 t \sin \omega t dt = \left[t \frac{\cos \omega t}{-\omega} - \frac{\sin \omega t}{-\omega^2} \right]_{t=0}^1$$

$$= \frac{1}{\omega^2} (\sin \omega - \omega \cos \omega)$$

$$\therefore f(t) = \frac{2}{\pi} \int_0^\infty \frac{\sin \omega - \omega \cos \omega}{\omega^2} \sin \omega t d\omega$$

令 steady state solution $y_p(t) = \int_0^\infty \{ A(\omega) \cos \omega t + B(\omega) \sin \omega t \} d\omega$ 代回原式

$$\int_0^\infty \{ -\omega^2 A(\omega) \cos \omega t - \omega^2 B(\omega) \sin \omega t \} d\omega +$$

$$a \int_0^\infty \{ -\omega A(\omega) \sin \omega t + \omega B(\omega) \cos \omega t \} d\omega +$$

$$b \int_0^\infty \{ A(\omega) \cos \omega t + B(\omega) \sin \omega t \} d\omega$$

$$= \frac{2}{\pi} \int_0^\infty \frac{\sin \omega - \omega \cos \omega}{\omega^2} \sin \omega t d\omega$$

經比較係數後可得一聯立方程式：

$$\begin{cases} (b - \omega^2) A(\omega) + a\omega B(\omega) = 0 \\ -a\omega A(\omega) + (b - \omega^2) B(\omega) = \frac{2}{\pi} \frac{\sin \omega - \omega \cos \omega}{\omega^2} \end{cases}$$

From Cramer's rule 可得：

$$A(\omega) = \frac{-a\omega F(\omega)}{(b - \omega^2) + a^2 \omega^2} \text{ ; } B(\omega) = \frac{(b - \omega^2) F(\omega)}{(b - \omega^2) + a^2 \omega^2}$$

$$\therefore y_p(t) = \frac{2}{\pi} \int_0^\infty \frac{-a\omega \cos \omega t + (b - \omega^2) \sin \omega t}{(b - \omega^2)^2 + a^2 \omega^2} \frac{\sin \omega - \omega \cos \omega}{\omega^2} d\omega$$

例題 28：(a)Obtain the Fourier series expression for the periodic function

$$f(x) = \begin{cases} 0 \text{，} -L < x \le 0 \\ 1 \text{，} 0 < x \le L \end{cases}$$

(b)Find the particular solution of the following differential equation by using Fourier series method.

$$EI u^{(4)} + Ku = \omega(x)$$

EI, K are constants and $\omega(x) = \omega_0 f(x)$, where ω_0 is constant. 　【中興應數】

解

(a)令 $g(x) = f(x) - \dfrac{1}{2} = \begin{cases} -\dfrac{1}{2}\ ,\ -L < x \leq 0 \\ \dfrac{1}{2}\ ,\ 0 < x \leq L \end{cases}$

故 $g(x)$ 為一奇函數（with period 2L），令

$$g(x) = \sum_{n=1}^{\infty} b_n \sin \frac{n\pi}{L} x$$

其中

$$b_n = \frac{2}{L} \int_0^L \frac{1}{2} \sin \frac{n\pi x}{L} dx = \frac{-1}{n\pi} \cos \frac{n\pi x}{L} \Big|_0^L = \begin{cases} 0\ ,\ n = even \\ \dfrac{2}{n\pi}\ ,\ n = odd \end{cases}$$

$$\therefore g(x) = \sum_{n=1,3,\cdots}^{\infty} \frac{2}{n\pi} \sin \frac{n\pi x}{L} \Rightarrow f(x) = g(x) + \frac{1}{2} = \frac{1}{2} + \sum_{n=1,3,\cdots}^{\infty} \frac{2}{n\pi} \sin \frac{n\pi x}{L}$$

(b)令 $U_p(x) = \sum_{n=1}^{\infty} B_n \sin \frac{n\pi x}{L} + B_0$ 代入原式得：

$$\sum_{n=1}^{\infty} \frac{n^4 \pi^4}{L^4} B_n \sin \frac{n\pi x}{L} + \frac{K}{EI} \sum_{n=1}^{\infty} B_n \sin \frac{n\pi x}{L} + \frac{K}{EI} B_0$$

$$= \frac{\omega_0}{EI} \left[\frac{1}{2} + \sum_{n=1,3,\cdots}^{\infty} \frac{2}{n\pi} \sin \frac{n\pi}{L} x \right]$$

$$\Rightarrow \sum_{n=1}^{\infty} \left\{ \frac{n^4 \pi^4}{L^4} + \frac{K}{EI} \right\} B_n \sin \frac{n\pi x}{L} + \frac{K}{EI} B_0$$

$$= \frac{\omega_0}{EI} \left[\frac{1}{2} + \sum_{n=1,3,\cdots}^{\infty} \frac{2}{n\pi} \sin \frac{n\pi}{L} x \right]$$

比較係數可得：

$$B_n = \begin{cases} \dfrac{\dfrac{2}{n\pi} \dfrac{\omega_0}{EI}}{\dfrac{n^4 \pi^4}{L^4} + \dfrac{K}{EI}}\ ,\ n = 1, 3, \cdots \\ 0\ ,\qquad\qquad n = 2, 4, \cdots \end{cases}$$

$$B_0 = \frac{\omega_0}{2K}$$

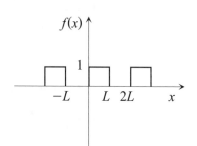

8-4　Fourier 轉換與 Laplace 轉換之關連性

定義：函數 $h(t)$：

$$h(t) = \begin{cases} 0 & ;\ t < 0 \\ e^{-at} f(t) & ;\ t > 0,\ a > 0 \end{cases} \tag{34}$$

由(34)可知函數 $h(t)$ 具下列特性：

⑴僅在 $t > 0$ 時有值（具有時間起始點）。

⑵當 $t \to \infty$ 時，$e^{-at} \to 0$，換言之，即使 $f(t)$ 在 $t \to \infty$ 時發散，只要其發散速度不比 e^{-at} 收斂之速度快，則當 $t \to \infty$ 時 $e^{-at}f(t) \to 0$。

對 $h(t)$ 取 Fourier 轉換可得：

$$\mathcal{F}\{h(t)\} = F(\omega) = \int_{-\infty}^{\infty} h(t)\, e^{-i\omega t}\, dt = \int_{0}^{\infty} f(t)\, e^{-(a + i\omega)t}\, dt \tag{35}$$

$$\mathcal{F}^{-1}\{F(\omega)\} = \frac{1}{2\pi} \int_{-\infty}^{\infty} F(\omega)\, e^{i\omega t}\, d\omega = e^{-at}f(t);\ t > 0 \tag{36}$$

由(36)式可得：

$$f(t) = \frac{1}{2\pi} \int_{-\infty}^{\infty} F(\omega)\, e^{(a + i\omega)t}\, d\omega;\ t > 0 \tag{37}$$

若令 $s = (a + i\omega)$, $ds = i d\omega$，代入(37)式可得：

$$f(t) = \frac{1}{2\pi i} \int_{a - i\infty}^{a + i\infty} \left[\int_{0}^{\infty} f(t)\, e^{-st}\, dt \right] e^{st}\, ds \tag{38}$$

因此，我們可重新定義一轉換對為：

$$L\{f(t)\} \equiv \int_{0}^{\infty} f(t) e^{-st}\, dt = F(s) \tag{39}$$

$$f(t) = L^{-1}\{F(s)\} = \frac{1}{2\pi i} \int_{a - i\infty}^{a + i\infty} F(s) e^{st}\, ds \tag{40}$$

(39)稱為 Laplace 轉換，(40)稱為 Laplace 逆轉換；由以上的討論可瞭解 Laplace 轉換與 Fourier 轉換之關係，歸納如下：

⑴由(34)可知 Laplace 轉換適用具有起始時間的函數，$t \in (0, \infty)$，而 Fourier 轉換則針對不具有起始時間的函數，$t \in (-\infty, \infty)$。

⑵ Fourier 轉換存在的充分條件為 $f(t)$ 絕對值可積分（$f(\pm\infty)=0$），而 Laplace 轉換則要求 $e^{-at}f(t)$ 絕對值可積分，換言之，由於 e^{-at} 具有壓制 $f(t)$，使其在時間趨向無窮大時趨向於 0，故 Laplace 轉換存在的充分條件較 Fourier 轉換為鬆。

⑶由(40)可知：逆 Laplace 轉換即為執行複變數函數之線積分（由 $a - i\infty \to a + i\infty$），因需應用到留數定理，故被積分函數 $F(s)e^{st}$ 之極點位置分佈情形極為重要。

例題 29：(a)Investigate the relationship between the Laplace and Fourier transform and (b)Compare the applicability of the two transformations 【台大應力】

解

(a)$F[f(x)] = \int_{-\infty}^{\infty} f(x)\, e^{-i\omega x}\, dx$

$L[f(t)] = \int_0^{\infty} f(t)\, e^{-st}\, dt = F(s)$；$s = a + i\omega$

$F^{-1}[F(\omega)] = \dfrac{1}{2\pi} \int_{-\infty}^{\infty} F(\omega)\, e^{i\omega x}\, d\omega$

$L^{-1}[F(s)] = \dfrac{1}{2\pi i} \int_{a-i\infty}^{a+i\infty} F(s)\, e^{st}\, ds$

比較後可知 $L[f(t)] = F[u(t) f(t) e^{-at}]$ ....(1)

(b)由(1)式可知 Laplace 轉換適用於信號由時間 0 開始輸入（具時間起點），而 Fourier 轉換則適用區間$[-\infty, +\infty]$，換言之，適用在時間上無起點之函數。

Laplace 轉換適用條件為：$\int_0^{\infty} f(t)\, e^{-at} dt$ 存在

Fourier 轉換適用條件為：$\begin{cases} \int_{-\infty}^{\infty} f(x) \cos \omega x\, dx \\ \int_{-\infty}^{\infty} f(x) \sin \omega x\, dx \end{cases}$ 存在

例題 30：方程式 $y'' + k^2 y = f(t)$ 在以下條件中何者可用 Fourier 轉換，Fourier 級數，Laplace 轉換以及 Fourier cosine series 來解：

(a)$y(0) = 0, y'(0) = 1$　(b)$y(0) = y(\ell) = 0$

(c)$y'(0) = 0, y'(\ell) = 1$　(d)$y(-\infty) = 1, y(\infty) = 0$ 【台大土木】

解

(1) Fourier 轉換不可應用於具起始條件的情況，故僅(d)適用

(2) Fourier 級數需應用於有限區間，故(b)(c)適合，其中(c)適用 Fourier cosine series，因其在邊界上之微分為 0

(3) Laplace 轉換需應用於具起始條件之系統，故(a)(b)(c)均適合

綜合練習

1. Using the Fourier Integral representation, show that
$$\int_0^\infty \frac{\cos x\omega + \omega \sin x\omega}{1+\omega^2}\,d\omega = \begin{cases} \pi e^{-x} \text{ ; } x>0 \\ \dfrac{\pi}{2} \text{ ; } x=0 \\ 0 \text{ ; } x<0 \end{cases}$$　　　　【中興應數】

2. Prove $\displaystyle\int_0^\infty \frac{1-\cos(a\omega)}{\omega}\sin\omega x\,d\omega = \begin{cases} \dfrac{\pi}{2} \text{ , } x\in(0,a) \\ \dfrac{\pi}{4} \text{ , } x=a \\ 0 \text{ , } x>a \end{cases}$　　　　【交大機械】

3. 以 $f(t)=u(t)+iv(t)$ 之形式，證明 Parseval 定理　　　　【台大造船】

4. (1)計算 $f(x)=\begin{cases} 1 \text{ , } |x|<1 \\ 0 \text{ , } |x|>1 \end{cases}$ 之 Fourier transform,

   (2) $\displaystyle\int_{-\infty}^\infty \frac{\sin^2\omega}{\omega^2}\,d\omega = ?$　　　　【成大土木，交大電子】

5. Solve $y''+3y'+2y=f(x), f(x)=u(x+1)-u(x-1)$　　　　【清大化工】

6. 以 Fourier 轉換法求 $y''+5y'+2y=3e^{iat}$ 之穩態解　　　　【清大電機】

7. Solve the boundary value problem $y''-y=e^{-|x|}$; $x\in(-\infty,\infty), y(\pm\infty)=0$　　　　【大同機械】

8. 已知 $f(x)=e^{i\omega_1 x}+e^{i\omega_2 x}$ 及 $h(t)$ 之 Fourier 轉換為 $H(\omega)$，求迴旋積分：
   $g(x)=\displaystyle\int_{-\infty}^\infty f(\tau)h(x-\tau)d\tau = ?$　　　　【中山電機】

9. (a)Compute the convolution $h(x)$ of $f(x)$ and $g(x)$ when
   $$f(x)=g(x)=\begin{cases} 1 \text{ ; } if -a\le x\le a \\ 0 \text{ ; } if |x|>a \end{cases}$$
   (b)Then use the convolution theorem that $H(\omega)=F(\omega)\cdot G(\omega)$ and the concept of inverse Fourier transform
   to evaluate $\displaystyle\int_{-\infty}^\infty \left(\frac{\sin\lambda}{\lambda}\right)^2 d\lambda$

10. Find the Fourier transform of
    (a)e^{-ax^2}; $a>0$
    (b)$f(x)=k$; if $0<x<a$ and $f(x)=0$ otherwise

11. Find the Fourier transform of the following function:
    $f(t)=\dfrac{1}{4+t^2}$　　　　【中央電機】

12. Use the Heaviside function to determine the following inverse Fourier transform
    $F^{-1}\left\{\dfrac{5}{2-\omega^2+3i\omega}\right\}$　　　　【中原電機】

13. 求 $x_s(t)=\displaystyle\sum_{m=-\infty}^\infty \delta(t-mT_s)$ 之 Fourier Transform

14. Prove the following identity
    (1)$F\{A\delta(t)\}=A$
    (2)$F\{A\delta(t-t_0)\}=Ae^{-j2\pi f t_0}$
    (3)$F\{A\}=2\pi A\delta(\omega)$
    (4)$F\{Ae^{j\omega_0 t}\}=2\pi A\delta(\omega-\omega_0)$

15. Let $H(\omega)$, $F(\omega)$, $G(\omega)$ be the Fourier Transform of $h(t)$, $f(t)$ and $g(t)$ respectively

    (1) If $g(t)$ is related to $f(t)$ as follows:

    $$g(t) = 2f(t) + \frac{1}{2}[f(t-2) + f(t+2)]$$

    What is the relationship between $F(\omega)$ and $G(\omega)$.

    (2) If $g(t)$ be the convolution of $f(t)$ and $h(t)$. If $f(t) = e^{i\omega_1 t} + e^{-i\omega_2 t}$, express $g(t)$ in terms of ω_1, ω_2, and $H()$.

16. Use Fourier Transform method to solve the steady state solution of the differential equation

    $$y'' + 3y' + 2y = e^{-3t}u(t)$$

    where $u(t)$ is the unit step function

17. Find the Fourier transform of the following functions

    (a)$f(t) = te^{-t}u(t)$ 　　　　　　　　　　　　　　　　　　　　　　【雲科大電機】

    (b)$f(t) = 1 - t^2$; $-1 \leq t \leq 1$ 　　　　　　　　　　　　　　　【高科大電腦與通訊】

    (c)$f(t) = e^{-2t}\sin(2\pi 100t)$ 　 $t \geq 0$ 　　　　　　　　　　　　【高科大電腦與通訊】

    (d)$f(t) = \begin{cases} k\cos(\omega_0 t) ; & -a \leq t \leq a \\ 0 & ; otherwise \end{cases}$ 　　　　　　　　　　　　【雲科大電機】

18. (a)Find the Fourier transform of $f(t) = \begin{cases} a ; & |t| \leq a \\ 0 ; & |t| > a \end{cases}$ 　　　　　　　　　【中山光電】

    (b)Find $\int\limits_{-\infty}^{\infty} \left(\frac{\sin \omega a}{\omega a}\right)^2 d\omega = ?$

19. Find the inverse Fourier transform of $F(\omega) = e^{-|\omega+4|}\cos(2\omega + 8)$ 　　　　【雲科大電機】

20. Calculate the Fourier transform of

    (1)$\left(\frac{2\sin t}{t}\right)^2$ 　　(2) $4\exp(-3t^2)\sin 2t$ 　　　　　　　　　　　【台科大電子】

21. (a)Show that the spectrum of a real-valued signal exhibits conjugate symmetry, i.e., the amplitude spectrum is an even function of f and the phase spectrum is an odd function of f.

    (b)Given $G(f) = \int_{-\infty}^{\infty} g(t)\exp(-j2\pi ft)dt$, i.e., $G(f)$ is the Fourier transform of $g(t)$. Show that $\int_{-\infty}^{\infty} g(\tau)d\tau = \frac{1}{j2\pi f}G(f) + \frac{G(0)}{2}\delta(f)$. 　　　　　　　　　　　　　　　　　【99 中山通訊】

22. (1) Let $g(t) = \text{rect}\left(\frac{t}{T}\right)\cos(2\pi f_c t)$, plot $|G(f)|$

    (2) Show that $\int\limits_{-\infty}^{\infty} \sin c^2(t)dt = 1$ 　　　　　　　　　　　　　　　　【98 海洋通訊】

23. Find the Fourier transforms of each signal given below. Also plot its amplitude and phase spectra.

    (1)$x(t) = -1 + 2\sin\left(10\pi t - \frac{\pi}{4}\right)$.

    (2)$x(t) = 4\Pi\left(\frac{t}{2}\right)$. (a rectangular pulse with pulse width = 2) 　　　　　【輔大電子】

24. (1) Find the Fourier Transform of the single-sided exponential pulse $e^{-at}u(t)$ where $a > 0$ and $u(t)$ is a unit step function.

    (2) Find the Fourier Transform of a two-sided exponential pulse defined by: $e^{-a|t|}$ where $a > 0$.

    (3) Find the Fourier Transform of a time-shifted version of two-sided exponential pulse defined by: $e^{-a|t-t_0|}$ where $a > 0$.

    (4) Find the Fourier Transform of a unit step function $u(t)$. 　　　　　　　【中山通訊】

25. Consider a stable LTI system that is characterized by the differential equation

$$\frac{d^2y(t)}{dt^2} + 4\frac{dy(t)}{dt} + 3y(t) = \frac{dx(t)}{dt} + 2x(t)$$

Find the impulse response of the LTI system.

【台大電信】

26.　Find the Fourier transform of the function $f(x) = 2e^{-2x^2}$

【101 交大電物】

附表：Fourier Transform 之重要性質及常用的富利葉轉換對

一、Fourier Transform 之重要性質

Fourier Transform 之重要性質	$f(x)$	$F(\omega)$
1. 重疊原理	$c_1 f_1(x) + c_2 f_2(x)$	$c_1 F_1(\omega) + c_2 F_2(\omega)$
2. 時間延遲	$f(x-a)$	$F(\omega)e^{-i\omega a}$
3. Scale change	$f(ax); a > 0$	$\dfrac{1}{a}F\left(\dfrac{\omega}{a}\right)$
4. 對偶	$F(x)$	$2\pi f(-\omega)$
5. 頻移	$f(x)e^{iax}$	$F(\omega - a)$
6. 調變	$f(x)\cos(ax)$	$\dfrac{1}{2}[F(\omega - a) + F(\omega + a)]$
7. 迴旋積（Convolution）	$f_1(x) * f_2(x)$	$F_1(\omega)F_2(\omega)$
8. 乘積	$2\pi f_1(x)f_2(x)$	$F_1(\omega) * F_2(\omega)$
9. 面積	$f(0) = \dfrac{1}{2\pi}\displaystyle\int_{-\infty}^{\infty} F(\omega)\,d\omega$	$F(0) = \displaystyle\int_{-\infty}^{\infty} f(x)\,dx$
10. 微分	$f^{(n)}(x)$	$(i\omega)^n F(\omega)$

二、常用的富利葉轉換對

$f(x)$	$F(\omega)$
1	$2\pi\delta(\omega)$
$\delta(x)$	1
sinc (x)	rect $\left(\dfrac{\omega}{2\pi}\right)$

rect (x)	$\sin c\left(\dfrac{\omega}{2\pi}\right)$
e^{iax}	$2\pi\delta(\omega-a)$
$e^{-ax}u(x);\ a>0$	$\dfrac{1}{a+i\omega}$
$\cos(ax)$	$\pi\left[\delta(\omega-a)+\delta(\omega+a)\right]$
$\sin(ax)$	$i\pi\left[\delta(\omega+a)-\delta(\omega-a)\right]$
$e^{-a|x|};\ a>0$	$\dfrac{2a}{a^2+\omega^2}$
$\dfrac{1}{1+x^2}$	$\pi e^{-|\omega|}$

9 偏微分方程式(1)—波動方程式

Every man is the master of his own fortune.

R. Steele

成功一定有方法，失敗一定有原因。

9-1 物理背景與數學模型

如圖 9-1 所示,考慮一維彈性繩之振動問題,彈性繩之兩端分別固定於 $x=0$ 及 $x=L$。繩子水平張力為 T,線密度為 $\rho(x)\,\mathrm{gm/cm}$。假設繩子僅受到縱向外力 $f\,(x, t)\,\mathrm{nt/cm}$,$u\,(x, t)$ 為繩子的垂直振幅且為時間 t 及位置 x 的函數(例如 $u\,(x, 1)$ 表示第一秒時繩子的形狀,而 $u\left(\dfrac{l}{2}, t\right)$ 則表示在 $x=\dfrac{l}{2}$ 處振幅隨著時間變化的情形)。

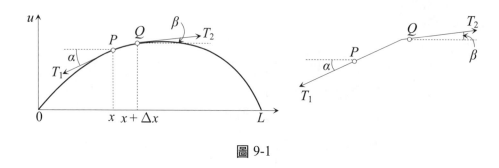

圖 9-1

應用牛頓定律於圖 9-1 所示的一小段繩上,可得到垂直方向上的運動方程式:

$$\rho(x)\,dx\,\frac{\partial^2 u(x, t)}{\partial t^2} = T_1 \sin\alpha - T_2 \sin\beta + f(x, t)dx \tag{1}$$

質量×加速度=外力和

根據以下條件以進一步簡化問題:

1. 假設振動僅發生在垂直方向故僅有垂直方向的位移,水平方向的力必互相抵消,故有:

$$T_1 \cos\alpha = T_2 \cos\beta = T \tag{2}$$

其中 T 為水平張力。將(2)式代入(1)式整理後可得

$$\frac{\rho(x)}{T}\frac{\partial^2 u}{\partial t^2} = \frac{f(x, t)}{T} + \frac{\tan\alpha - \tan\beta}{dx} \tag{3}$$

2. 假設在弦上任一點的張力必延著形狀之切線方向,因此

$$
\begin{cases}
\tan\alpha = u_x(x+dx,\,t) \\
\tan\beta = u_x(x,\,t)
\end{cases}
\tag{4}
$$

故 $\dfrac{\tan\alpha - \tan\beta}{dx} = \dfrac{\left.\dfrac{\partial u}{\partial x}\right|_{x+dx} - \left.\dfrac{\partial u}{\partial x}\right|_{x}}{dx} = \dfrac{\partial^2 u}{\partial x^2}$ (5)

代入(3)式可以得到

$$
\frac{\rho(x)}{T}\frac{\partial^2 u}{\partial t^2} = \frac{\partial^2 u}{\partial x^2} + \frac{f(x,\,t)}{T}
\tag{6}
$$

或寫成 $\dfrac{\partial^2 u}{\partial t^2} = \dfrac{T}{\rho(x)}\dfrac{\partial^2 u}{\partial x^2} + \dfrac{f(x,\,t)}{\rho(x)}$ (7)

(7)式為一維彈性繩振動方程式，其中

let $F(x,\,t) \equiv \dfrac{f(x,\,t)}{\rho(x)}$：單位質量所受的外力

$\dfrac{T}{\rho(x)}\dfrac{\partial^2 u}{\partial x^2}$：單位質量所受的張力

$\dfrac{\partial^2 u}{\partial t^2}$：為加速度

若 $\dfrac{T}{\rho(x)} = a^2$（a is a constant）則稱系統質量均勻分佈或稱均質系統。

形如(7)式含有二個（含）以上自變數及其偏導數之方程式稱為偏微分方程式（partial differential equation）。對於(7)式而言，欲得到解函數必須有二個邊界條件（與 x 有關）以及二個初始條件（與 t 有關）常見的邊界條件有：

(1)二固定端

　　$u(0,\,t) = u(l,\,t) = 0$

(2)二自由端

　　$u_x(0,\,t) = u_x(l,\,t) = 0$

(3)一端自由另一端固定

　　$u(0,\,t) = u_x(l,\,t) = 0$

　　or $u_x(0,\,t) = u(l,\,t) = 0$

(4)振動端（隨時間而變的端點）邊界條件

　　$u(0,\,t) = f_1(t),\, u(l,\,t) = f_2(t)$

(5)半無窮長

$$\left.\begin{array}{l} u(0,\, t)=0 \\ or \\ u_x(0,\, t)=0 \end{array}\right\} \ : \ \lim_{x\to\infty} u\,(x,\, t) \text{存在（有界）}$$

(6)全無窮長

$$\lim_{x\to-\infty} u\,(x,\, t) \text{存在}, \lim_{x\to\infty} u\,(x,\, t) \text{存在}$$

所需的二個初始條件為：

1. 初始位移

$$u\,(x, 0)=f(x)$$

2. 初始速度

$$u_t\,(x, 0)=g\,(x)$$

觀念提示： 二維或三維波動方程式延伸可得

$$\frac{\partial^2 u}{\partial t^2} = a^2\vec{\nabla}^2 u + F\,(x,\, y,\, z,\, t) \text{（直角座標）} \tag{8}$$
$$= a^2\left(\frac{\partial^2 u}{\partial x^2} + \frac{\partial^2 u}{\partial y^2} + \frac{\partial^2 u}{\partial z^2}\right) + F\,(x,\, y,\, z,\, t)$$

9-2 一維兩端固定的振動弦

題型一： 一維均質，無外力，兩端固定

$$u_{tt} = a^2\,u_{xx} \tag{9}$$

B.C.: $u(0,\, t)=u\,(l,\, t)=0$

I.C.: $u\,(x, 0)=f\,(x)$ Initial position

$u_t\,(x, 0)=g\,(x)$ Initial velocity

Step 1：利用分離變數法將 P.D.E 轉換為求解二 O.D.E

令 $u\,(x, t)=X\,(x)T\,(t)$代入 P.D.E.中得：

$$a^2 X''T=XT'' \tag{10}$$
$$\Rightarrow \frac{X''}{X} = \frac{1}{a^2}\frac{T''}{T} = k \quad k\text{:any constant}$$

B.C. $u(0, t) = X(0)T(t) = 0 \Rightarrow X(0) = 0$

$u(l, t) = X(l)T(t) = 0 \Rightarrow X(l) = 0$

(10)式可分成兩組 O.D.E：

(a)$X'' - kX = 0$　B.C: $X(0) = X(l) = 0$　　　　　　　　　　　　(11)

(b)$T'' - a^2kT = 0$　　　　　　　　　　　　　　　　　　　　　(12)

Step 2：將(11)式針對所有可能的 k 值討論一遍並利用 B.C. 找出特徵解：

$k = 0$　$X(x) = c_1 + c_2 x$

$k = \lambda^2$　$X(x) = c_3 \cosh \lambda x + c_4 \sinh \lambda x$

$k = -\lambda^2$　$X(x) = c_5 \cos \lambda x + c_6 \sin \lambda x$

$X(0) = 0 \Rightarrow c_1 = c_3 = c_5 = 0$

$X(l) = 0 \Rightarrow c_2 = c_4 = 0$

故可得特徵值：$\sin \lambda l = 0 \Rightarrow \lambda l = n\pi$　$n = 1, 2, \cdots$

$\therefore \lambda_n = \dfrac{n\pi}{l}$

特徵函數：$X_n(x) = \sin \dfrac{n\pi}{l} x$　$n = 1, 2 \cdots$

將 $k = -\lambda^2 = -\left(\dfrac{n\pi}{l}\right)^2$ 代入(12)式得

$$T(t) = c_1 \cos \frac{n\pi a}{l} t + c_2 \sin \frac{n\pi a}{l} t$$

Step 3：利用重疊原理求通解

$$u(x, t) = \sum_{n=1}^{\infty} \left[\alpha_n \cos \frac{n\pi at}{l} + \beta_n \sin \frac{n\pi at}{l} \right] \sin \frac{n\pi x}{l} \tag{13}$$

Step 4：利用 I.C.求係數

$$u(x, 0) = f(x) = \sum_{n=1}^{\infty} \alpha_n \sin \frac{n\pi x}{l} \Rightarrow \alpha_n = \frac{2}{l} \int_0^l f(x) \sin \frac{n\pi x}{l} dx \tag{14}$$

$$u_t(x, 0) = g(x) = \sum_{n=1}^{\infty} \beta_n \frac{n\pi a}{l} \sin \frac{n\pi x}{l} \Rightarrow \beta_n = \frac{2}{n\pi a} \int_0^l g(x) \sin \frac{n\pi x}{l} dx \tag{15}$$

觀念提示： *1.* α_n, β_n 可利用 Fourier 半幅正弦展開式之
係數公式求解。

2.(13)式即為一維均質兩端固定振動弦之
通解。

*3.*以 $l = \pi$, $a = 1$, $g(x) = 0$ 為例，代入(13)-
(15)中可得

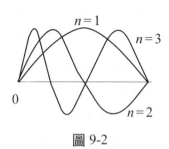

圖 9-2

$$u(x, t) = \sum_{n=1}^{\infty} \alpha_n \cos nt \sin nx \tag{16}$$

如(16)式及圖 9-2 所示，系統中僅有某些特徵狀態（頻率）會出現（以離散型式呈現）。特徵狀態為位置函數，與時間無關，故可應用分離變數法求解。

*4.*由(14)及(16)式可知，倘若初始條件恰為某一特徵狀態（頻率），則系統僅有此特徵狀態存在，其它特徵狀態均不會出現，如：

$$f(x) = \sin 2x \quad 則僅\ \alpha_2 = 1, \ \alpha_1 = \alpha_3 = \alpha_4 = \cdots = 0$$

*5.*特徵函數為系統所可能發生的行為，而分離變數即在尋找特徵狀態

題型二：一維非均質，無外力，兩端固定

$u_{tt} = (1 + x^2)\, u_{xx}$

B.C.: $u(0, t) = u(1, t) = 0$

I.C.: $u(x, 0) = f(x)$，$u_t(x, 0) = g(x)$

Step 1：利用分離變數法，可將 P.D.E 轉換為二組 O.D.E

$$\begin{cases} T''(t) + \lambda T(t) = 0 \\ (1 + x)^2 X'' + \lambda X = 0 \end{cases} \tag{17}$$

Step 2：let $\quad p = 1 + x \Rightarrow \dfrac{dX}{dx} = \dfrac{dX}{dp} \quad \dfrac{d^2X}{dx^2} = \dfrac{d^2X}{dp^2}$

$\Rightarrow p^2 \dfrac{d^2X}{dp^2} + \lambda X = 0$，$\rho(x) = \dfrac{1}{p^2} = \dfrac{1}{(1 + x)^2}$(weighting function)

代入(17)式後，可化為二階變係數等維微分方程式；令 $X = p^m$ 代入後，可得：

$$m = \frac{1 \pm \sqrt{1 - 4\lambda}}{2}$$

Step 3：檢視所有可能的 λ 值

$$\lambda = \frac{1}{4} - k^2 \; ; \; X(x) = \sqrt{1+x} \, [c_1 \cosh{(k\ln(1+x))} + c_2 \sinh{(k\ln(1+x))}]$$

$$\lambda = \frac{1}{4} \; ; \; X(x) = \sqrt{1+x} \, [c_3 + c_4 \ln(1+x)]$$

$$\lambda = \frac{1}{4} + k^2 \; ; \; X(x) = \; [c_5 \cos{(k\ln(1+x))} + c_6 \sin{(k\ln(1+x))}]$$

Step 4：代入 B.C.求 eigenfunction

$X(0) = 0 \Rightarrow \quad c_1 = c_3 = c_5 = 0$

$X(1) = 0 \Rightarrow \quad c_2 = c_4 = 0, \; \sin{(k\ln(2))} = 0 \Rightarrow k = \dfrac{n\pi}{\ln 2}$

$\therefore \lambda_n = \dfrac{1}{4} + \left(\dfrac{n\pi}{\ln 2}\right)^2 \quad n = 1, 2, \cdots$

可得 eigenfunction: $\sqrt{1+x} \sin{\dfrac{n\pi \ln(1+x)}{\ln 2}}$

觀念提示： In nonhomogeneous situation, the eigenfunction is no longer pure sine or cosine but still maintain the orthogonality characteristics since the Sturm-Liouville boundary condition is satisfied.

$$u(x, t) = \sum_{n=1}^{\infty} \left[\alpha_n \cos{\sqrt{\lambda_n} t} + \beta_n \sin{\sqrt{\lambda_n} t} \right] \sqrt{1+x} \sin{\frac{n\pi \ln(1+x)}{\ln 2}} \tag{18}$$

Step 5：代入 I.C.求係數

$$u(x, 0) = f(x) = \sum_{n=1}^{\infty} \alpha_n \sqrt{1+x} \sin{\frac{n\pi \ln(1+x)}{\ln 2}}$$

$$\Rightarrow \alpha_n = \frac{\displaystyle\int_0^1 \frac{1}{(1+x)^2} f(x)\sqrt{1+x} \sin{\frac{n\pi \ln(1+x)}{\ln 2}} \, dx}{\displaystyle\int_0^1 \frac{1}{(1+x)^2}(1+x) \sin^2{\frac{n\pi \ln(1+x)}{\ln x}} \, dx}$$

β_n 可利用第二個 I.C.求得

例題 1： $u_{tt} = a^2 u_{xx}$

$$u(0, t) = u(l, t) = 0 \; ; \; u(x, 0) = \begin{cases} \dfrac{2h}{l} x \; ; \; 0 \le x < \dfrac{l}{2} \\[2mm] \dfrac{2h}{l}(l-x) \; ; \; \dfrac{l}{2} \le x < l \end{cases} , \; u_t(x, 0) = 0$$

【101 彰師大光電】

解　應用分離變數法，設 $u(x, t) = X(x)T(t)$ 則原式可分成二個 O.D.E.

$$\frac{X''}{X} = \frac{1}{a^2} \frac{T''}{T} = k$$

(1) $X'' - kX = 0$；$X(0) = X(l) = 0$

(2) $T'' - a^2 kT = 0$

由(1)可求得當 $k = -\lambda_n^2 = -\left(\frac{n\pi}{l}\right)^2$ 時，可得 nontrivial solution

$\therefore X_n(x) = \sin\frac{n\pi x}{l}$, $T(t) = c_1 \cos\frac{n\pi a}{l}t + c_2 \sin\frac{n\pi a}{l}t$

$\Rightarrow u(x, t) = \sum\limits_{n=1}^{\infty}\left[\alpha_n \cos\frac{n\pi a}{l}t + \beta_n \sin\frac{n\pi a}{l}t\right]\sin\frac{n\pi x}{l}$

代入 I.C.：

$u_t(x, 0) = 0 = \sum\limits_{n=1}^{\infty} \beta_n \frac{n\pi a}{l} \sin\frac{n\pi x}{l} \Rightarrow \beta_n = 0$

$u(x, 0) = \begin{cases} \dfrac{2h}{l}x \; ; \; 0 \leq x < \dfrac{l}{2} \\ \dfrac{2h}{l}(l-x) \; ; \; \dfrac{l}{2} \leq x < l \end{cases} = \sum\limits_{n=1}^{\infty} \alpha_n \sin\frac{n\pi x}{l}$

$\Rightarrow \alpha_n = \frac{2}{l}\left(\int\limits_0^{\frac{l}{2}} \frac{2h}{l} x \sin\frac{n\pi x}{l} dx + \int\limits_{\frac{l}{2}}^{l} \frac{2h}{l}(l-x)\sin\frac{n\pi x}{l} dx\right)$

例題 2：$u_{tt} = a^2 u_{xx}$　　$u(0, t) = u(l, t) = 0$　　$u(x, 0) = \sin^3 x, u_t(x, 0) = x \sin x$

【交大機械，中央化工】

解　應用分離變數法，設 $u(x, t) = X(x)T(t)$ 則原式可分成二個 O.D.E.

$$\frac{X''}{X} = \frac{1}{a^2} \frac{T''}{T} = k$$

(1) $X'' - kX = 0$；$X(0) = X(l) = 0$

(2) $T'' - a^2 kT = 0$

由(1)可求得當 $k = -\lambda_n^2 = -\left(\frac{n\pi}{l}\right)^2$ 時，可得 nontrivial solution

$\therefore X_n(x) = \sin\frac{n\pi x}{l}$, $T(t) = c_1 \cos\frac{n\pi a}{l}t + c_2 \sin\frac{n\pi a}{l}t$

$\Rightarrow u(x, t) = \sum\limits_{n=1}^{\infty}\left[\alpha_n \cos\frac{n\pi a}{l}t + \beta_n \sin\frac{n\pi a}{l}t\right]\sin\frac{n\pi x}{l}$

代入 I.C.：

$u(x, 0) = \sin^3 x = \sum\limits_{n=1}^{\infty} \alpha_n \sin\frac{n\pi x}{l} \Rightarrow \alpha_n = \frac{2}{l}\int\limits_0^l \sin^3 x \sin\frac{n\pi x}{l} dx$

$$u_t(x, 0) = x \sin x = \sum_{n=1}^{\infty} \beta_n \frac{n\pi a}{l} \sin \frac{n\pi x}{l} \Rightarrow \beta_n = \frac{2}{n\pi a} \int_0^l x \sin x \sin \frac{n\pi x}{l} dx$$

例題 3：某一長度為 2 之振動弦，若其起始速度為 0，且其起始位移如下圖，求其波動函數？　　　　　　　　　　　　　　　　　　　　　　【交大機械】

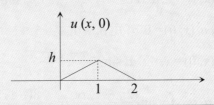

解　　如前例所述，其通解應為：

$$u(x, t) = \sum_{n=1}^{\infty} \left(\alpha_n \cos \frac{n\pi a}{2} t + \beta_n \sin \frac{n\pi a}{2} t \right) \sin \frac{n\pi x}{2}$$

$$u_t(x, 0) = 0 \Rightarrow \beta_n = 0$$

$$u(x, 0) = \begin{cases} hx & 0 \leq x \leq 1 \\ -hx + 2h & 1 \leq x \leq 2 \end{cases} = \sum_{n=1}^{\infty} \alpha_n \sin \frac{n\pi x}{2}$$

$$\alpha_n = \int_0^1 hx \sin \frac{n\pi x}{2} dx + \int_1^2 h(2-x) \sin \frac{n\pi x}{2} dx$$

$$= h \left(\frac{4}{n^2\pi^2} \sin \frac{n\pi}{2} - \frac{2}{n\pi} \cos \frac{n\pi}{2} + \frac{4}{n^2\pi^2} \sin \frac{n\pi}{2} + \frac{2}{n\pi} \cos \frac{n\pi}{2} \right)$$

$$= \frac{8h}{n^2\pi^2} \sin \frac{n\pi}{2}$$

$$\therefore u(x, t) = \sum_{n=0}^{\infty} \frac{(-1)^n 8h}{(2n+1)^2 \pi^2} \cos \frac{(2n+1)\pi a t}{2} \sin \frac{(2n+1)\pi x}{2}$$

例題 4：$u_{tt} = a^2 u_{xx}$

　　　B.C.: $u(0, t) = u_x(1, t) = 0$　　　　　　　　　　　　【中正機械】

　　　I.C.: $u(x, 0) = x$，$u_t(x, 0) = 0$

解　　應用分離變數法，設 $u(x, t) = X(x)T(t)$ 則原式可分成二組 O.D.E.

$$\frac{X''}{X} = \frac{1}{a^2} \frac{T''}{T} = k$$

(1) $X'' - kX = 0$　　$X(0) = X'(1) = 0$

(2) $T'' - a^2 kT = 0$

由(1)及其邊界條件 $k = -\lambda^2$ 時，可得 nontrivial solution

$$\therefore X_n(x) = \sin\frac{(2n-1)\pi x}{2} \; ; \; n = 1, 2, \cdots$$

$$\therefore u(x, t) = \sum_{n=1}^{\infty} c_n(t) \sin\frac{(2n-1)\pi x}{2}$$

代入(2)中，可得通解為：

$$u(x, t) = \sum_{n=1}^{\infty}\left(\alpha_n \cos\frac{(2n-1)\pi at}{2} + \beta_n \sin\frac{(2n-1)\pi at}{l}\right)\sin\frac{(2n-1)\pi x}{2}$$

由 $u_t(x, 0) = 0$ 可知 $\beta_n = 0$

$$u(x, 0) = x = \sum_{n=1}^{\infty} \alpha_n \sin\frac{(2n-1)\pi x}{2}$$

$$\Rightarrow \alpha_n = 2\int_0^l x \sin\frac{(2n-1)\pi x}{2}\, dx = \frac{8(-1)^{n+1}}{(2n-1)^2\pi^2}$$

$$\therefore u(x, t) = \sum_{n=1}^{\infty}\frac{8(-1)^{n+1}}{(2n-1)^2\pi^2}\cos\frac{(2n-1)\pi at}{2}\sin\frac{(2n-1)\pi x}{2}$$

9-3　二維（平板）均質無外力波動方程式

$$u_{tt} = k^2(u_{xx} + u_{yy})$$

B.C.: $u(0, y, t) = u(a, y, t) = 0$

$\qquad u(x, 0, t) = u(x, b, t) = 0$ 　　　　　　　　　　(19)

I.C.: $u(x, y, 0) = f(x, y)$

$\qquad u_t(x, y, 0) = g(x, y)$

Step 1：分離變數法求特徵函數

Let $u(x, y, t) = X(x)Y(y)T(t)$ 代入(19)式後可分解成三組 O.D.E

$$\begin{cases} X'' + \alpha^2 X = 0 & X(0) = X(a) = 0 \\ Y'' + \beta^2 = 0 & Y(0) = Y(b) = 0 \\ T'' + (\alpha^2 + \beta^2)k^2 T = 0 \end{cases}$$

$X(x), Y(y)$ 屬於 Sturm-Liouville 邊界值問題，其特徵函數解為：

$$\alpha_n = \frac{n\pi}{a} \quad n = 1, 2, \cdots \quad X_n(x) = \sin\frac{n\pi x}{a}$$

$$\beta_m = \frac{m\pi}{b} \quad m = 1, 2, \cdots \quad Y_m(x) = \sin\frac{m\pi y}{b}$$

Step 2：求解 $T(t)$

$$T''(t) + \left[\left(\frac{n\pi}{a}\right)^2 + \left(\frac{m\pi}{b}\right)^2\right]k^2T = 0$$

其解為 $T_{mn}(t) = A\cos\omega_{mn}t + B\sin\omega_{mn}t$

其中 $\omega_{mn}{}^2 = k^2\left[\left(\frac{n\pi}{a}\right)^2 + \left(\frac{m\pi}{b}\right)^2\right]$ 為振動角頻率　　　　　　(20)

Step 3：利用重疊原理求通解

$$u(x, y, t) = \sum_{m=1}^{\infty}\sum_{n=1}^{\infty}\left[A_{mn}\cos\omega_{mn}t + B_{mn}\sin\omega_{mn}t\right]\sin\frac{n\pi x}{a}\sin\frac{m\pi y}{b} \qquad (21)$$

Step 4：代入 I.C.求係數

顯然的(21)式具有雙變數 Fourier 級數展開的型式

$$u(x, y, 0) = f(x, y) = \sum_{m=1}^{\infty}\sum_{n=1}^{\infty}A_{mn}\sin\frac{n\pi x}{a}\sin\frac{m\pi y}{b}$$

由雙變數 Fourier 展開式可知

$$A_{mn} = \frac{4}{ab}\int_0^a\int_0^b f(x, y)\sin\frac{n\pi x}{a}\sin\frac{m\pi y}{b}\,dydx$$

$$u_t(x, y, 0) = g(x, y) = \sum_{m=1}^{\infty}\sum_{n=1}^{\infty}\omega_{mn}B_{mn}\sin\frac{n\pi x}{a}\sin\frac{m\pi y}{b}$$

$$B_{mn} = \frac{4}{\omega_{mn}ab}\int_0^a\int_0^b g(x, y)\sin\frac{n\pi x}{a}\sin\frac{m\pi y}{b}\,dydx$$

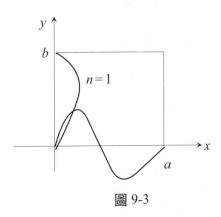

圖 9-3

觀念提示： *1.* 與前面之討論相似，平板中只有特定的特徵函數存在。振動角頻率
可由 m, n, a, b 等參數決定。

2. 若振動弦材質為均勻且無外力，則在不同的齊性邊界條件下其特徵
狀態（函數）分別為：

$$X(0) = X(l) = 0 \Rightarrow X(x) = \sin \frac{n\pi x}{l} \tag{22a}$$

$$X'(0) = X'(l) = 0 \Rightarrow X(x) = 1, \cos \frac{n\pi x}{l} \tag{22b}$$

$$X(0) = X'(l) = 0 \Rightarrow X(x) = \sin \frac{(2n-1)\pi x}{2l} \tag{22c}$$

$$X'(0) = X(l) = 0 \Rightarrow X(x) = \cos \frac{(2n-1)\pi x}{2l} \tag{22d}$$

根據 Sturm-Liouville 邊界條件可知，以上四組特徵函數在區間 $[0, l]$ 上都具有正
交且完整性質。但當振動弦為非均質，特徵函數將不再是純粹正弦或餘弦函數，
此時必須以分離變數法尋找特徵函數，通常所得特徵函數為一組以密度分佈函數
之倒數為權函數的正交函數集。

觀念提示： *1.* 使用分離變數的時機：系統由特徵狀態所構成，但特徵狀態未知。

2. 分離變數的目的：尋找特徵狀態（函數）。

3. 由方程式及邊界條件可決定特徵狀態（函數）。

4. 若方程式顯示系統為均質，則特徵狀態（函數）必落在 (22a)～(22d)
所界定的四種類型的函數內；若方程式顯示系統為非均質，則特徵
狀態（函數）必須按照分離變數法的步驟來尋找。

例題 5：$u_{tt} = a^2 (u_{xx} + u_{yy})$

B.C：$u(0, y, t) = u(1, y, t) = u(x, 0, t) = u(x, 1, t) = 0$ 　　　【清華電機】

I.C：$u(x, y, 0) = \cos(x - y)\pi - \cos(x + y)\pi,\ u_t(x, y, 0) = 0$

解　　　由邊界條件可知解函數明顯具有如下之形式：

$$u(x, y, t) = \sum_{n=1}^{\infty} \sum_{m=1}^{\infty} c_{mn}(t) \sin n\pi x \sin m\pi y$$

代入偏微分方程式中可得：

$$\sum_{n=1}^{\infty} \sum_{m=1}^{\infty} [c''_{mn}(t) + a^2 \pi^2 (n^2 + m^2) c_{mn}(t)] \sin n\pi x \sin m\pi y = 0$$

$$\Rightarrow c_{mn}(t) = \alpha_{mn} \cos(\omega_{mn} t) + \beta_{mn} \sin(\omega_{mn} t)$$

其中 $\omega_{mn} = a\pi \sqrt{m^2 + n^2}$,

而由 $u_t(x, y, 0) = 0$ 可知 $\beta_{mn} = 0$

再由 $u(x, y, 0) = \cos(x-y)\pi - \cos(x+y)\pi = 2\sin \pi x \sin \pi y = \sum\limits_{n=1}^{\infty} \sum\limits_{m=1}^{\infty} \alpha_{mn} \sin n\pi x$
$\sin m\pi y$

因而知道除了 $\alpha_{11} = 2$ 之外，其餘係數均為 0，故解函數為：

$$u(x, y, t) = 2\cos \sqrt{2}\, a\pi t \sin \pi x \sin \pi y$$

9-4　一維半無窮長振動弦

設振動弦之一端固定，另一端沿 x 方向延伸

$$u_{tt} = a^2 u_{xx}\,;\ 0 < x < \infty \tag{23}$$

B.C.: $u(0, t) = 0$

I.C.: $u(x, 0) = f(x)$

$u_t(x, 0) = g(x)$

Step 1：利用分離變數法可得到兩組 O.D.E.

$$\begin{cases} X'' - kX = 0 & ;\ X(0) = 0 \\ T'' - a^2 kT = 0 \end{cases}$$

Step 2：求解特徵函數

利用前述步驟可得, 當 $k = -\lambda^2$ 時有解

$$X_\lambda(x) = \sin \lambda x \quad x > 0 \tag{24}$$

Step 3：求解 $T(t)$ 方程式

$$T'' + \lambda^2 a^2 T = 0$$

$$T_\lambda = c_1 \cos \lambda at + c_2 \sin \lambda at$$

Step 4：利用重疊原理求通解

$$u(x, t) = \int_0^\infty (A(\lambda)\cos\lambda at + B(\lambda)\sin\lambda at)\sin\lambda x\, d\lambda \tag{25}$$

Step 5：代入 I.C. 求係數

$$u(x, 0) = f(x) = \int_0^\infty A(\lambda)\sin\lambda x\, d\lambda$$

⇒依 Fourier 正弦積分式

$$A(\lambda) = \frac{2}{\pi}\int_0^\infty f(x)\sin\lambda x\, dx \tag{26}$$

$$u_t(x, 0) = g(x) = \int_0^\infty B(\lambda)\lambda a\sin\lambda x\, d\lambda$$

$$B(\lambda) = \frac{1}{\lambda a}\frac{2}{\pi}\int_0^\infty g(x)\sin\lambda x\, dx \tag{27}$$

觀念提示： 　*1.* (25)式為一維均質半無窮長一端固定振動弦之通解

　　　　　　　2.若邊界條件為 $u_x(0, t) = 0$，則通解為

$$u(x, t) = \int_0^\infty (A(\lambda)\cos\lambda at + B(\lambda)\sin\lambda at)\cos\lambda x\, d\lambda \tag{28}$$

其中

$$A(\lambda) = \frac{2}{\pi}\int_0^\infty f(x)\cos\lambda x\, dx \tag{29}$$

$$B(\lambda) = \frac{1}{\lambda a}\frac{2}{\pi}\int_0^\infty g(x)\cos\lambda x\, dx \tag{30}$$

9-5 一維全無窮長振動弦

$$u_{tt} = a^2 u_{xx}\ ;\ -\infty < x < \infty$$

I.C.: $u(x, 0) = f(x)$

　　　$u_t(x, 0) = g(x)$

Step 1：利用分離變數法可得到兩組 O.D.E.

$$\begin{cases} X'' - kX = 0 \\ T'' - a^2 kT = 0 \end{cases}$$

Step 2：求解特徵函數

$k = 0 \Rightarrow X(x) = c_1 x + c_2$

$k = \lambda^2 \Rightarrow X(x) = c_3 e^{\lambda x} + c_4 e^{-\lambda x}$

$k = -\lambda^2 \Rightarrow X(x) = c_5 \cos \lambda x + c_6 \sin \lambda x$

代入 B.C.

$x \to \infty \quad X(x)$有界 $\Rightarrow c_1 = 0,\, c_2 = 0,\, c_3 = 0$

$x \to -\infty \quad X(x)$有界 $\Rightarrow c_4 = 0$

Step 3：求解 $T(t)$

以 $k = -\lambda^2 \Rightarrow$ 代入 O.D.E.中得

$T'' + a^2 \lambda^2 T = 0$

$T(t) = \alpha_1 \cos a\lambda t + \alpha_2 \sin a\lambda t$

Step 4：利用重疊原理求通解

$$u(x, t) = \int_0^\infty [(A_1(\lambda) \cos \lambda x + A_2(\lambda) \sin \lambda x) \cos a\lambda t + (B_1(\lambda) \cos \lambda x + B_2(\lambda) \sin \lambda x) \sin a\lambda t] d\lambda$$

Step 5：代入 I.C.：

$u(x, 0) = f(x) = \int_0^\infty (A_1(\lambda) \cos \lambda x + A_2(\lambda) \sin \lambda x) d\lambda$

$\qquad = \dfrac{1}{\pi} \int_0^\infty \left[\left(\int_{-\infty}^\infty f(x) \cos \lambda x dx \right) \cos \lambda x + \left(\int_{-\infty}^\infty f(x) \sin \lambda x dx \right) \sin \lambda x \right] d\lambda$

$\therefore A_1(\lambda) = \dfrac{1}{\pi} \int_{-\infty}^\infty f(x) \cos \lambda x dx$

$\quad A_2(\lambda) = \dfrac{1}{\pi} \int_{-\infty}^\infty f(x) \sin \lambda x dx$

$u_t(x, 0) = g(x) = \int_0^\infty (B_1(\lambda) \cos \lambda x + B_2(\lambda) \sin \lambda x) a\lambda d\lambda$

$\qquad = \dfrac{1}{\pi} \int_0^\infty \left[\left(\int_{-\infty}^\infty g(x) \cos \lambda x dx \right) \cos \lambda x + \left(\int_{-\infty}^\infty g(x) \sin \lambda x dx \right) \sin \lambda x \right] d\lambda$

$\therefore B_1(\lambda) = \dfrac{1}{a\lambda} \dfrac{1}{\pi} \int_{-\infty}^\infty g(x) \cos \lambda x dx$

$\quad B_2(\lambda) = \dfrac{1}{a\lambda} \dfrac{1}{\pi} \int_{-\infty}^\infty g(x) \sin \lambda x dx$

9-6　外力作用下的振動弦

$$u_{tt} = a^2 u_{xx} + F(x, t)$$

B.C.: $u(0, t) = u(l, t) = 0$　　　　　　　　　　　　　　　　　　　　　(31)

I.C.: $u(x, 0) = f(x)$

　　　$u_t(x, 0) = 0$

(31)式為一維均質材料兩端固定的振動弦，外力 $F(x, t)$ 作用於其上。在材質為均勻的前提下，其特徵狀態（函數）便是正弦或餘弦，這個性質不會因為外力的介入而改變。故前述的求解特徵函數的方法仍適用，只是此時必須將函數 $F(x, t)$ 作相同的展開，且時間函數所需滿足的是一個非齊性的O.D.E.而不是齊性O.D.E.。

Step 1：由(31)式之方程式及其邊界條件可知，解函數可展開為：

$$u(x, t) = \sum_{n=1}^{\infty} c_n(t) \sin \frac{n\pi x}{l} \tag{32}$$

Step 2：$F(x, t)$ 以相同之特徵函數集展開可得

$$F(x, t) = \sum_{n=1}^{\infty} d_n(t) \sin\left(\frac{n\pi x}{l}\right) \tag{33}$$

其中 $d_n(t)$ 可表示為

$$d_n(t) = \frac{2}{l} \int_0^l F(x, t) \sin\left(\frac{n\pi x}{l}\right) dx$$

Step 3：將(32)(33)式代入(31)式可得：

$$\sum_{n=1}^{\infty} \left[c_n''(t) + \frac{n^2\pi^2 a^2}{l^2} c_n(t) \right] \sin \frac{n\pi x}{l} = \sum_{n=1}^{\infty} d_n(t) \sin\left(\frac{n\pi x}{l}\right)$$

Step 4：比較係數：$c_n''(t) + \dfrac{n^2\pi^2 a^2}{l^2} c_n(t) = d_n(t)$　　　　　　　　(34)

　　I.C.　$u(x, 0) = f(x) = \sum_{n=1}^{\infty} c_n(0) \sin\left(\frac{n\pi x}{l}\right) \Rightarrow c_n(0) = \frac{2}{l} \int_0^l f(x) \sin \frac{n\pi x}{l} dx$

　　$u_t(x, 0) = 0 \Rightarrow c_n'(0) = 0$

將(34)式取 Laplace 轉換，可得

$$s^2 c_n(s) - s c_n(0) + \frac{n^2 \pi^2 a^2}{\ell^2} c_n(s) = d_n(s)$$

$$\Rightarrow c_n(s) = \frac{s c_n(0)}{s^2 + \frac{n^2 \pi^2 a^2}{\ell^2}} + \frac{1}{s^2 + \frac{n^2 \pi^2 a^2}{\ell^2}} d_n(s) \tag{35}$$

再對(35)式取 Laplace 反轉換（應用迴旋積分定理）可得：

$$c_n(t) = c_n(0)\cos\left(\frac{n\pi a}{\ell} t\right) + \frac{\ell}{n\pi a}\int_0^l \sin\frac{n\pi a}{\ell}\tau d_n(t-\tau)\,d\tau$$

故可得通解如下：

$$u(x, t) = \sum_{n=1}^{\infty}\left[c_n(0)\cos\frac{n\pi a}{\ell} t + \frac{\ell}{n\pi a}\int_0^l \sin\frac{n\pi a}{\ell}\tau d_n(t-\tau)d\tau\right]\sin\left(\frac{n\pi x}{\ell}\right) \tag{36}$$

例題 6：$u_{tt} = 4u_{xx} + 6x(x - \pi)$

　　　　B.C.: $u(0, t) = u(\pi, t) = 0$ 　　　　　　　　　　　【台大海洋】

　　　　I.C.: $u(x, 0) = 0$, $u_t(x, 0) = (x - \pi)\sin x$

解　由邊界條件可知解函數明顯具有如下之形式：

$$u(x, t) = \sum_{n=1}^{\infty} c_n(t)\sin nx \tag{1}$$

本題為均質齊性邊界有外力作用的波動問題，將外力作相同的 Fourier series expansion

$$6x(x - \pi) = \sum_{n=1}^{\infty} d_n \sin nx \tag{2}$$

其中 $d_n = \dfrac{2}{\pi}\int_0^{\pi} 6x(x - \pi)\sin nx\,dx = \dfrac{24}{n^3\pi}((-1)^n - 1)$

將(1)(2)式代入原式中可得：

$$\sum_{n=1}^{\infty}\left[c_n''(t) + 4n^2 c_n(t)\right]\sin nx = \sum_{n=1}^{\infty} d_n \sin nx \Rightarrow c_n''(t) + 4n^2 c_n(t) = d_n$$

$$\therefore c_n(t) = a_n \cos 2nt + b_n \sin 2nt + \frac{d_n}{4n^2}$$

故通解為：

$$u(x, t) = \sum_{n=1}^{\infty} \left(a_n \cos 2nt + b_n \sin 2nt + \frac{d_n}{4n^2} \right) \sin nx$$

代入 I.C.決定未定係數 a_n, b_n 之值

$$u(x, 0) = 0 \Rightarrow a_n = \frac{-d_n}{4n^2}$$

$$u_t(x, 0) = (x - \pi) \sin x = \sum_{n=1}^{\infty} 2nb_n \sin nx$$

$$\Rightarrow b_n = \frac{1}{n\pi} \int_0^{\pi} (x - \pi) \sin x \sin nx \, dx$$

例題 7：Solve the PDE for any constant a 【89 中山機械】

$u_{tt} = u_{xx} + ax$; $l > x > 0$, $t > 0$

B.C.: $u(0, t) = 0$, $u(l, t) = 0$

I.C.: $u(x, 0) = 0$, $u_t(x, 0) = 0$

解 由邊界條件可知解函數明顯具有如下之形式：

$$u(x, t) = \sum_{n=1}^{\infty} c_n(t) \sin \frac{n\pi x}{l} \tag{1}$$

本題為均質齊性邊界有外力作用的波動問題，將外力作相同的 Fourier series expansion

$$ax = \sum_{n=1}^{\infty} d_n(t) \sin \left(\frac{n\pi x}{l} \right) \tag{2}$$

其中 $d_n(t)$ 可表示為

$$d_n(t) = \frac{2}{l} \int_0^l ax \sin \left(\frac{n\pi x}{l} \right) dx \tag{3}$$

將(2)(3)式代入(1)式可得：

$$\sum_{n=1}^{\infty} \left[c_n''(t) + \frac{n^2\pi^2 a^2}{l^2} c_n(t) \right] \sin \frac{n\pi x}{l} = \sum_{n=1}^{\infty} d_n(t) \sin \left(\frac{n\pi x}{l} \right)$$

比較係數：$c_n''(t) + \dfrac{n^2\pi^2 a^2}{l^2} c_n(t) = d_n(t)$ \tag{4}

I.C. $u(x, 0) = 0 = \sum_{n=1}^{\infty} c_n(0) \sin \left(\frac{n\pi x}{l} \right) \Rightarrow c_n(0) = 0$

$u_t(x, 0) = 0 \Rightarrow c_n'(0) = 0$

將(4)式取 Laplace 轉換，可得

$$s^2 c_n(s) + \frac{n^2\pi^2 a^2}{\ell^2} c_n(s) = d_n(s)$$

$$\Rightarrow c_n(s) = \frac{1}{s^2 + \dfrac{n^2\pi^2 a^2}{\ell^2}} d_n(s) \tag{5}$$

再對(5)式取 Laplace 反轉換（應用迴旋積分定理）可得：

$$c_n(t) = \frac{\ell}{n\pi a} \int_0^l \sin\frac{n\pi a}{\ell}\tau d_n(t-\tau)d\tau$$

故可得通解如下：

$$u(x,t) = \sum_{n=1}^{\infty} \frac{\ell}{n\pi a} \int_0^l \sin\frac{n\pi a}{\ell}\tau d_n(t-\tau)d\tau \sin\left(\frac{n\pi x}{l}\right)$$

9-7　非齊性邊界值問題

$u_{tt} = a^2 u_{xx} + F(x,t)$

B.C.: $u(0,t) = f_1(t),\ u(\ell,t) = f_2(t)$

I.C.: $u(x,0) = g_1(x),\ u_t(x,0) = g_2(x)$

對於此種非齊性邊界條件問題，一般而言都利用變數代換，將原式化為齊性邊界條件的問題求解，令

$$u(x,t) = \phi(x,t) + w(x,t) \tag{37}$$

其中 $w(x,t)$ 設計來用以將非齊性的邊界條件帶走，以得到一新的齊性邊界值問題，令

$$w(x,t) = \left(1 - \frac{x}{\ell}\right)f_1(t) + \frac{x}{\ell}f_2(t) \tag{38}$$

將(37)、(38)式代回原式可得

$$\phi_{tt} = a^2\phi_{xx} + \left[F(x,t) - \left(1 - \frac{x}{\ell}\right)f_1''(t) - \frac{x}{\ell}f_2''(t)\right] = a^2\phi_{xx} + Q(x,t) \tag{39}$$

B.C.: $\phi(0,t) = \phi(\ell,t) = 0$

I.C.: $\phi(x,0) = g_1(x) - f_1(0)\left(1 - \frac{x}{\ell}\right) - \frac{x}{\ell}f_2(0) = G_1(x) \tag{40}$

$$\phi_t(x, 0) = g_2(x) - f_1'(0)\left(1 - \frac{x}{\ell}\right) - f_2'(0)\left(\frac{x}{\ell}\right) = G_2(x) \tag{41}$$

綜合以上所述，經由變數轉換可得到一新的齊性邊界值問題：

$\phi_{tt} = a^2\phi_{xx} + Q(x, t)$

B.C.: $\phi(0, t) = \phi(\ell, t) = 0$

I.C.: $\phi(x, 0) = G_1(x)$, $\phi_t(x, 0) = G_2(x)$

$\phi(x, t)$可經由上一節的步驟求得

觀念提示： 1.若邊界條件改為 $\begin{cases} u_x(0, t) = f_1(t) \\ u_x(\ell, t) = f_2(t) \end{cases}$，則適當的變數轉換應為：

$$u(x, t) = \phi(x, t) + w(x, t)$$

$$w(x, t) = \left(x - \frac{x^2}{2\ell}\right)f_1(t) + \frac{x^2}{2\ell}f_2(t) \tag{42}$$

2.若邊界條件改為 $\begin{cases} u(0, t) = f_1(t) \\ u_x(\ell, t) = f_2(t) \end{cases}$，則適當的變數轉換應為：

$$u(x, t) = \phi(x, t) + w(x, t)$$

$$w(x, t) = \left(1 - \frac{x}{\ell} + \frac{x^2}{2\ell}\right)f_1(t) + \frac{x^2}{2\ell}f_2(t) \tag{43}$$

9-8　轉換法解 P.D.E.

題型 1：應用 Fourier 轉換求解全無窮長 P.D.E.

定義：$F\{u(x, t)\} = \displaystyle\int_{-\infty}^{\infty} u(x, t) e^{-i\omega x} dx = U(\omega, t) \tag{44}$

$\qquad u(x, t) = \dfrac{1}{2\pi}\displaystyle\int_{-\infty}^{\infty} U(\omega, t) e^{i\omega x} d\omega \tag{45}$

若 $u(x, t)$滿足：

(1)$u(x, t), \dfrac{\partial u(x, t)}{\partial x}$ 在其定義域為分段連續

(2)$u(x, t)$在實數域為絕對值可積分（$\displaystyle\int_{-\infty}^{+\infty} |u(x, t)|dx$ 為存在）

(3)$\displaystyle\lim_{x \to \infty} u(x, t) = 0, \lim_{x \to \infty} \dfrac{\partial u(x, t)}{\partial x} = 0$

則可得：

$$F\left[\frac{\partial^2 u}{\partial t^2}\right] = \int_{-\infty}^{\infty} \frac{\partial^2 u(x,\,t)}{\partial t^2} e^{-i\omega x}\,dx = \frac{\partial^2}{\partial t^2} U(\omega,\,t) \tag{46}$$

$$F\left[\frac{\partial^2 u}{\partial x^2}\right] = \int_{-\infty}^{\infty} \frac{\partial^2 u}{\partial x^2} e^{-i\omega x}\,dx = -\omega^2 U(\omega,\,t) \tag{47}$$

故對於 $u_{tt} = a^2 u_{xx} + F(x,\,t)$

I.C.: $u(x,\,0) = f(x)$, $u_t(x,\,0) = g(x)$

可改寫為：

$$\frac{\partial^2}{\partial t^2} U(\omega,\,t) + a^2\omega^2 U(\omega,\,t) = F(\omega,\,t) \tag{48}$$

(48)為 $U(\omega,\,t)$ 之二階（自變數為 t）線性常係數 O.D.E.，(48)式之齊性解為

$$U(\omega,\,t) = A(\omega) \cos a\omega t + B(\omega) \sin a\omega t$$

I.C.:

$u(x,\,0) = f(x) \Rightarrow U(\omega,\,0) = A(\omega) = F\{f(x)\}$

$u_t(x,\,0) = g(x) \Rightarrow U_t(\omega,\,0) = a\omega B(\omega) = F\{g(x)\}$

在得到 $U(\omega,\,t)$ 後再取 Fourier 反轉換後便可得 $u(x,\,t)$

觀念提示：　1. $u(x,\,t)$ 及 $F(x,\,t)$ 需存在 Fourier 轉換，才可應用 Fourier 轉換法。

　　　　　　2. 即使半無窮長邊界值問題亦可應用 Fourier 轉換法

　　　　　　　(1)若邊界條件為 $u(0,\,t) = 0$ 則應用 Fourier 正弦轉換法

$$F_s\{u(x,\,t)\} = \int_0^{\infty} u(x,\,t) \sin \omega x\,dx \tag{49}$$

$$u(x,\,t) = \frac{2}{\pi} \int_0^{\infty} F_s\{u(x,\,t)\} \sin \omega x\,d\omega \tag{50}$$

$$F_s\left\{\frac{\partial^2 u(x,\,t)}{\partial x^2}\right\} = \omega u(0,\,t) - \omega^2 F_s\{u(x,\,t)\} = -\omega^2 F_s\{u(x,\,t)\} \tag{51}$$

證明：

$$F_s\left[\frac{\partial^2 u}{\partial x^2}\right] = \int_0^{\infty} \frac{\partial^2 u}{\partial x^2} \sin \omega x\,dx = \frac{\partial u}{\partial x} \sin \omega x \Big|_0^{\infty} - \omega \int_0^{\infty} \frac{\partial u}{\partial x} \cos \omega x\,dx$$

因 $\lim\limits_{x \to \infty} u(x,\,t) = 0$, $\lim\limits_{x \to \infty} \dfrac{\partial u(x,\,t)}{\partial x} = 0$，則有

$$F_s\left[\frac{\partial^2 u}{\partial x^2}\right] = -\omega \int_0^\infty \frac{\partial u}{\partial x}\cos\omega x dx = -\omega u\cos\omega x\Big|_0^\infty - \omega^2\int_0^\infty u(x,t)\sin\omega x dx$$

$$= \omega u(0,t) - \omega^2 F_s[u(x,t)] \text{故得證}$$

(2)若邊界條件為 $u_x(0,t)=0$，則應使用 Fourier 餘弦變換法

$$F_c\{u(x,t)\} = \int_0^\infty u(x,t)\cos\omega x dx \tag{52}$$

$$u(x,t) = \frac{2}{\pi}\int_0^\infty F_c\{u(x,t)\}\cos\omega x dx \tag{53}$$

$$F_c\left\{\frac{\partial^2 u}{\partial x^2}\right\} = -\omega^2 F_c\{u(x,t)\} - u_x(0,t) = -\omega^2 F_c\{u(x,t)\} \tag{54}$$

證明：證明過程與(51)式之證明相同

觀念提示：　在應用 Fourier 轉換以求解半無窮長邊界值問題時，在邊界為齊性的前提下較易進行。

題型 2：應用 Laplace 轉換法求解 P.D.E.

　　在非齊性邊界的條件下，則應使用 Laplace 轉換法，尤其是在時變型邊界下，Laplace 轉換更為方便。例如：

$u_{tt} = a^2 u_{xx}$

B.C.: $u(0,t) = T,$

I.C.: $u(x,0) = f(x), u_t(x,0) = g(x)$

$$L\{u(x,t)\} = \int_0^\infty u(x,t)e^{-st}dt = U(x,s) \tag{55}$$

$$L\left[\frac{\partial^2 u}{\partial t^2}\right] = s^2 U(x,s) - su(x,0) - u_t(x,0) = s^2 U(x,s) - sf(x) - g(x) \tag{56}$$

$$L\left[\frac{\partial^2 u}{\partial x^2}\right] = \frac{\partial^2}{\partial x^2}U(x,s) \tag{57}$$

將(55)-(57)代入 P.D.E.中可得

$$a^2\frac{\partial^2}{\partial x^2}U(x,s) - s^2 U(x,s) + sf(x) + g(x) = 0 \text{；} U(0,s) = \frac{T}{s} \tag{58}$$

　　(58)式為 $U(x,s)$ 之二階常係數 O.D.E.，在求得 $U(x,s)$ 之解後，進行 Laplace 逆變換，便可得到 $u(x,t)$ 之解。

觀念提示：　1. 應用 Laplace 轉換法求解 P.D.E.

　　　　　　　　(1)將形成以 x 為自變數之二階 O.D.E.

(2)利用邊界條件之 Laplace 轉換求出未定係數

(3)適用於任何邊界條件之 P.D.E.

2.應用 Fourier 轉換法求解 P.D.E.

(1)將形成以 t 為自變數之二階 O.D.E.（for 波動方程式）或一階 O.D.E.（for 擴散方程式）

(2)利用初始條件之 Fourier 轉換求出未定係數

(3)適用於全無窮長或半無窮長邊界條件之 P.D.E.

例題 8：Solve the partial differential equation with Fourier transform

$u_{tt} = 4u_{xx}$　$-\infty < x < \infty$　$t > 0$

$u(x, 0) = \exp(-2|x|)$

$u_t(x, 0) = 0$　　　　　　　　　　　　　　　　　　　【成大電機】

解　取 $u(x, t)$ 在 x 方向之 Fourier transform

$$\frac{\partial^2 U(\omega, t)}{\partial t^2} + 4\omega^2 U(\omega, t) = 0 \Rightarrow U(\omega, t) = A(\omega)\cos 2\omega t + B(\omega)\sin 2\omega t$$

$$U_t(\omega, 0) = 0 \Rightarrow B(\omega) = 0$$

$$U(\omega, 0) = A(\omega) = F\{\exp(-2|x|)\} = 2\int_0^\infty \exp(-2x)\cos \omega x\, dx = \frac{4}{4 + \omega^2}$$

$$\therefore U(\omega, t) = \frac{4}{4 + \omega^2}\cos 2\omega t$$

$$u(x, t) = F^{-1}\{U(\omega, t)\} = \frac{1}{2\pi}\int_{-\infty}^\infty \frac{4}{4 + \omega^2}\cos 2\omega t \exp(i\omega x)\, d\omega$$

$$= \frac{1}{\pi}\int_{-\infty}^\infty \frac{1}{4 + \omega^2}[\cos(x + 2t)\omega + \cos(x - 2t)\omega]\, d\omega$$

$$\int_{-\infty}^\infty \frac{\cos(x + 2t)\omega}{4 + \omega^2}\, d\omega = \begin{cases} 2\pi i\, \mathrm{Re}\, s(2i)\,;\ x + 2t > 0 \\ -2\pi i\, \mathrm{Re}\, s(-2i)\,;\ x + 2t < 0 \end{cases}$$

$$= \begin{cases} \dfrac{\pi}{2}\exp(-2(x + 2t))\,;\ x + 2t > 0 \\[2mm] \dfrac{\pi}{2}\exp(2(x + 2t))\,;\ x + 2t < 0 \end{cases}$$

$$= \frac{\pi}{2}\exp(-2|x + 2t|)$$

同理可得

$$\int_{-\infty}^\infty \frac{\cos(x - 2t)\omega}{4 + \omega^2}\, d\omega = \frac{\pi}{2}\exp(-2|x - 2t|)$$

$$\therefore u(x, t) = \frac{1}{2}[\exp(-2|x+2t|) + \exp(-2|x-2t|)]$$

觀念提示：$F^{-1}\left\{\dfrac{2a}{a^2+\omega^2}\right\} = \exp(-a|x|)$

$$u(x, t) = F^{-1}\{U(\omega, t)\} = \frac{1}{2\pi}\int_{-\infty}^{\infty}\frac{4}{4+\omega^2}\cos 2\omega t \exp(i\omega x)d\omega$$

$$= \frac{1}{2\pi}\int_{-\infty}^{\infty}\frac{4}{4+\omega^2}\frac{1}{2}(\exp(i2\omega t) + \exp(-i2\omega t))\exp(i\omega x)d\omega$$

$$= \frac{1}{2\pi}\int_{-\infty}^{\infty}\frac{4}{4+\omega^2}\frac{1}{2}[\exp(i(x+2t)\omega) + \exp(i(x-2t)\omega)]d\omega$$

$$= \frac{1}{2}[\exp(-2|x+2t|) + \exp(-2|x-2t|)]$$

例題 9：Solve the partial differential equation with Laplace and Fourier transform

$u_t = \alpha u_{xx}$　$0 < x < \infty$

B.C.: $u(0, t) = u_0$　$t > 0$

I.C.: $u(x, 0) = 0$　$x > 0$

$\lim\limits_{t \to \infty} u(x, t) = u_0$

解　〈法 I〉Laplace transform method

對 t 取 Laplace transform：

$$sL[u] - u(x, 0) = \alpha\frac{d^2}{dx^2}L[u]$$

$$\Rightarrow \frac{d^2}{dx^2}L[u] - \frac{s}{\alpha}L[u] = 0 \quad 為一二階齊性 \text{O.D.E}$$

$L[u]$ 之通解為：$c_1\exp\left(\sqrt{\dfrac{s}{\alpha}}x\right) + c_2\exp\left(-\sqrt{\dfrac{s}{\alpha}}x\right)$

當 $x \to \infty$，$L[u]$ bounded $\Rightarrow c_1 = 0$

再由 B.C.，$L[u(0, t)] = L[u_0] = \dfrac{u_0}{s} = c_2$

$$\therefore L[u] = \frac{u_0}{s}\exp\left(-\sqrt{\frac{s}{\alpha}}x\right)$$

$$u(x, t) = L^{-1}\left[\frac{u_0}{s}\exp\left(-\sqrt{\frac{s}{\alpha}}x\right)\right] = u_0\,\text{erfc}\left(\frac{x}{2\sqrt{\alpha t}}\right)$$

$$\therefore \lim_{t\to\infty}u(x, t) = u_0 = \lim_{t\to\infty}sL[u]$$

〈法 II〉利用 Fourier sine transform

$$F_s\left(\frac{\partial^2 u}{\partial x^2}\right) = \omega u(0, t) - \omega^2 F_s[u(x, t)]$$

Let $U_s\,(\omega, t) = F_s\,[u\,(x, t)] \Rightarrow \dfrac{dU_s(\omega, t)}{dt} = \alpha\omega u_0 - \alpha\omega^2 U_s\,(\omega, t)$

上式為一階線性 O.D.E., 故通解為：

$$U_s\,(\omega, t) = \exp\,(-\alpha\omega^2 t)\Big[\int \exp\,(\alpha\omega^2 t)\alpha\omega u_0\,dt + c\Big]$$

$$= c \exp\,(-\alpha\omega^2 t) + \dfrac{u_0}{\omega}$$

代入 I.C.：$F\,[u\,(x, 0)] = 0$，可得：$c = -\dfrac{u_0}{\omega}$

$\therefore U_s\,(\omega, t) = \dfrac{u_0}{\omega}(1 - \exp\,(-\alpha\omega^2 t))$

逆變換：$u\,(x, t) = \dfrac{2}{\pi}u_0\displaystyle\int_0^\infty [1 - \exp\,(-\alpha\omega^2 t)]\sin\omega x\,\dfrac{d\omega}{\omega}$

$\therefore \displaystyle\lim_{t\to\infty} u\,(x, t) = \dfrac{2}{\pi}u_0\int_0^\infty \sin\omega x\,\dfrac{d\omega}{\omega} = \dfrac{2}{\pi}u_0\dfrac{\pi}{2} = u_0$

觀念提示：$\displaystyle\int_0^\infty \sin\omega x\,\dfrac{d\omega}{\omega} = L\left\{\dfrac{\sin kt}{t}\right\}\bigg|_{s=0} = \int_0^\infty \dfrac{x}{u^2 + x^2}\,du = \tan^{-1}\dfrac{u}{x}\bigg|_0^\infty = \dfrac{\pi}{2}$

例題 10：Solve the partial differential equation

$u_t - u_{xx} + tu = 0$

B.C.: $u(0, t) = 0$　　　　　　　　　　　　　　　【成大電機】

I.C.: $u\,(x, 0) = e^{-x}$

解　利用 Fourier sine transform 可得：

$\dfrac{\partial}{\partial t}U_s\,(\omega, t) + (\omega^2 + t)U_s\,(\omega, t) = 0$

上式為一階線性 O.D.E., 故通解為：

$$U_s\,(\omega, t) = c\,(\omega) \exp\left[-\left(\omega^2 t + \dfrac{t^2}{2}\right)\right]$$

代入 I.C.：

$$U_s\,(\omega, 0) = F_s\,[u\,(x, 0)] = \int_0^\infty e^{-x}\sin\omega x\,dx = \dfrac{\omega}{1 + \omega^2} = c\,(\omega)$$

逆變換求解：$u\,(x, t) = \dfrac{2}{\pi}\displaystyle\int_0^\infty \dfrac{\omega}{1 + \omega^2}\exp\left[-\left(\omega^2 t + \dfrac{t^2}{2}\right)\right]\sin\omega x\,d\omega$

例題 11：Solve the partial differential equation

$$u_{tt} = u_{xx}$$

B.C.: $u(0, t) = -\int_0^t u(0, s)ds + e^{-2t} - 1 \quad x \in [0, \infty)$

I.C.: $u(x, 0) = 0, u_t(x, 0) = 0$ 【台大應力】

解 本題之邊界條件為時間之函數且具有記憶的形式，不適用特徵函數展開
法及 Fourier 轉換法，應用 Laplace 轉換法可得

$$\frac{\partial^2}{\partial x^2} U(x, s) = s^2 U(x, s) - su(x, 0) - u_t(x, 0) = s^2 U(x, s)$$

其中 $U(x, s) = L[u(x, t)]$

上式為二階線性常係數 O.D.E., 故通解為：

$$U(x, s) = c_1(s) \exp(sx) + c_2(s) \exp(-sx)$$

當 $x \to \infty$ 時 $U(x, s)$ bounded 故 $c_1(s) = 0$

又因 $U(0, s) = L[u(0, t)] = -\dfrac{U(0, s)}{s} + \dfrac{1}{s+2} - \dfrac{1}{s}$

$\Rightarrow U(0, s) = c_2(s) = \left(\dfrac{1}{s+2} - \dfrac{1}{s}\right)\dfrac{s}{s+1} = 2\left(\dfrac{1}{s+2} - \dfrac{1}{s+1}\right)$

$\therefore U(x, s) = 2\left(\dfrac{1}{s+2} - \dfrac{1}{s+1}\right)\exp(-sx)$

取 Laplace 逆轉換可得

$$u(x, t) = L^{-1}[U(x, s)] = 2[e^{-2(t-x)} - e^{-(t-x)}]u(t-x)$$

其中 $u(t-x)$ is unit step function

例題 12：Solve the partial differential equation

$$u_{tt} = a^2 u_{xx}$$

B.C.: $u(0, t) = 0, u(l, t) = f(t)$ 【交大機械】

I.C.: $u(x, 0) = \dfrac{xf(0)}{l}, u_t(x, 0) = 0$

解 應用 Laplace 轉換法可得

$$a^2 \frac{\partial^2}{\partial x^2} U(x, s) - s^2 U(x, s) = -\frac{sxf(0)}{l}$$

其中 $U(x, s) = L[u(x, t)]$

上式為二階線性非齊性 O.D.E.，不難得出 $U(x, s)$ 之解為：

$$U(x, s) = c_1(s)\exp\left(\frac{sx}{a}\right) + c_2(s)\exp\left(\frac{-sx}{a}\right) + \frac{xf(0)}{sl}$$

代入 B.C.：

$$U(0, s) = L[u(0, t)] = 0 = c_1(s) + c_2(s) \tag{1}$$

$$U(l, s) = L[u(l, t)] = F(s) = c_1(s)\exp\left(\frac{sl}{a}\right) + c_2(s)\exp\left(\frac{-sl}{a}\right) \tag{2}$$

由(1)(2)式聯立可解出 $c_1(s)$, $c_2(s)$

再做 Laplace 逆轉換即可得特解

例題 13：Solve the wave equation $u_{tt} = a^2 u_{xx}$; $x > 0$, $t > 0$ subject to the following conditions:

(1) $u(x, 0) = 0$, $u_t(x, 0) = 0$

(2) $u(0, t) = f(t) = \begin{cases} \sin t & ; 0 \le t \le 2\pi \\ 0 & ; otherwise \end{cases}$

(3) $\lim\limits_{x \to \infty} u(x, t) = 0$ 　　　　　　　　　【中山機械】

解　應用 Laplace 轉換法可得

$$a^2 \frac{\partial^2}{\partial x^2} U(x, s) - s^2 U(x, s) = 0$$

其中 $U(x, s) = L[u(x, t)]$

上式為二階線性齊性 O.D.E.，不難得出 $U(x, s)$ 之解為：

$$U(x, s) = c_1(s)\exp\left(\frac{sx}{a}\right) + c_2(s)\exp\left(\frac{-sx}{a}\right)$$

代入 B.C.：

$$L[u(\infty, t)] = 0 \Rightarrow c_1(s) = 0$$

$$\begin{aligned} U(0, s) &= L\{\sin t\,(u(t) - u(t - 2\pi))\} \\ &= \frac{1}{s^2 + 1} - \frac{1}{s^2 + 1}e^{-2\pi s} \\ &= c_1(s) \end{aligned}$$

再做 Laplace 逆轉換可得

$$u(x, t) = \sin\left(t + \frac{x}{a}\right)\left[u\left(t + \frac{x}{a}\right) - u\left(t + \frac{x}{a} - 2\pi\right)\right]$$

例題 14：Use Laplace transformation to solve the following partial differential equation:

$$\frac{\partial u}{\partial x} + 2x\frac{\partial u}{\partial t} = 2x, \ u(x, 0) = 1, \ u(0, t) = 1$$ 　　　　【中山資工】

解　　應用 Laplace 轉換法可得

$$\frac{d}{dx}U(x,s) + 2x[sU(x,s) - u(x,0)] = \frac{2x}{s}$$

$$u(x,0) = 1$$

$$\Rightarrow \frac{d}{dx}U(x,s) + 2xsU(x,s) = 2x\left(1 + \frac{1}{s}\right)$$

$$\Rightarrow U(x,s) = C(s)e^{-x^2 s} + \frac{1}{s} + \frac{1}{s^2}$$

$$u(0,t) = 1 \Rightarrow U(0,s) = \frac{1}{s} = C(s) + \frac{1}{s} + \frac{1}{s^2}$$

$$C(s) = -\frac{1}{s^2}$$

$$\Rightarrow U(x,s) = -\frac{1}{s^2}e^{-x^2 s} + \frac{1}{s} + \frac{1}{s^2}$$

$$\therefore u(x,s) = 1 + t - (t - x^2)u(t - x^2)$$

9-9　D'Alembert Method 解波動方程式

若將一維全無窮長波動方程式用 $x \pm at$ 做變數轉換，亦即取 $\xi = x - at$，$\eta = x + at$ 代入 $u_{tt} = a^2 u_{xx}$ 中

$$du = \frac{\partial u}{\partial \xi}d\xi + \frac{\partial u}{\partial \eta}d\eta$$

$$\Rightarrow \frac{\partial u}{\partial t} = -a\left(\frac{\partial u}{\partial \xi} - \frac{\partial u}{\partial \eta}\right) ; \frac{\partial^2 u}{\partial t^2} = a^2\left(\frac{\partial^2 u}{\partial \xi^2} - 2\frac{\partial^2 u}{\partial \xi \partial \eta} + \frac{\partial^2 u}{\partial \eta^2}\right)$$

$$\frac{\partial u}{\partial x} = \frac{\partial u}{\partial \xi} + \frac{\partial u}{\partial \eta} ; \frac{\partial^2 u}{\partial x^2} = a^2\left(\frac{\partial^2 u}{\partial \xi^2} + 2\frac{\partial^2 u}{\partial \xi \partial \eta} + \frac{\partial^2 u}{\partial \eta^2}\right)$$

$$\therefore u_{tt} = a^2 u_{xx} \quad \Rightarrow \frac{\partial^2 u}{\partial \xi \partial \eta} = 0 \tag{59}$$

由(59)式

$$\frac{\partial}{\partial \xi}\left(\frac{\partial u}{\partial \eta}\right) = 0 \Rightarrow \frac{\partial u}{\partial \eta} = f(\eta) \Rightarrow u = \int f(\eta)d\eta + g(\xi) \tag{60}$$

(60)式又可表示為

$$u(x, t) = \phi_1(\xi) + \phi_2(\eta) = \phi_1(x - at) + \phi_2(x + at) \tag{61}$$

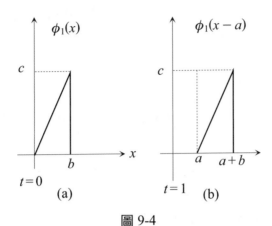

圖 9-4

如圖 9-4(a)與(b)所示，當時間 $t=0$ 時 $\phi_1(x)$ 之波形如圖 9-4(a)所示；但當時間 $t=1$ 時 $\phi_1(x-at)$ 之圖形與圖 9-4(a)相同，只是向右平移了 a 距離。換言之，$\phi_1(x-at)$ 表示以 $\phi_1(x)$ 為波形，a 為波速向右之行進波；同理，$\phi_2(x+at)$ 即表示以 $\phi_2(x)$ 為波形 a 為波速向左之行進波（traveling wave）。

就以上對 $\phi_1(x-at)$ 與 $\phi_2(x+at)$ 之物理意義的描述，應不難理解(61)即為波動方程式的通解。

再由 I.C.

$$u(x, 0) = f(x) \Rightarrow \phi_1(x) + \phi_2(x) = f(x)$$
$$\Rightarrow f'(x) = \phi_1'(x) + \phi_2'(x)$$
$$u_t(x, 0) = g(x) \Rightarrow a(\phi_2'(x) - \phi_1'(x)) = g(x)$$

由以上兩式聯立求解可得

$$\phi_1'(x) = \frac{1}{2}\left[f'(x) - \frac{1}{a}g(x)\right]$$
$$\phi_2'(x) = \frac{1}{2}\left[f'(x) + \frac{1}{a}g(x)\right]$$
$$\Rightarrow \phi_1(x) = \frac{1}{2}\left[f(x) - \frac{1}{a}\int_{-\infty}^{x} g(s)\,ds\right] + c_1$$
$$\phi_2(x) = \frac{1}{2}\left[f(x) + \frac{1}{a}\int_{-\infty}^{x} g(s)\,ds\right] + c_2$$

$$u\,(x,\,t) = \phi_1(x-at) + \phi_2(x+at)$$

$$= \frac{f(x-at) + f(x-at)}{2} + \frac{1}{2a}\int_{x-at}^{x+at} g(s)\,ds + c_1 + c_2 \tag{62}$$

再由 $u(x,0)=f(x)$，代入(62)式可知 $c_1+c_2=0$，故(62)式可說是在無限長振動弦的解。

在有限區間上的波動方程式，D'Alembert Method 仍能應用，考慮如下的邊界條件：

B.C.: $u(0,t) = u\,(l,\,t) = 0$

I.C.: $u\,(x,\,0) = f(x)$, $u_t\,(x,\,0) = g\,(x)$

將邊界條件代入(61)式之通解中得：

$$u(0,\,t) = 0 \Rightarrow \phi_1\,(-at) + \phi_2\,(at) = 0 \tag{63}$$

$$u\,(\ell,\,t) = 0 \Rightarrow \phi_1\,(\ell - at) + \phi_2\,(\ell + at) = 0 \tag{64}$$

由(63)及(64)式可知：

$$\phi_1\,(\ell - at) = -\phi_2\,(\ell + at) = \phi_1\,(-\ell - at)$$

若令 $s = -\ell - at$，則顯然的

$$\phi_1\,(s) = \phi_1\,(s + 2\ell)$$

同理

$$\phi_2\,(s) = \phi_2\,(s + 2\ell)$$

因此，二端固定為 0 的有限區間齊性邊界條件將使 $\phi_1(x)$ 出現以 $2l$ 為週期的空間週期性。如圖 9-5 所示，一個在有限區間 $[0,l]$ 上二端固定為 0 的波動系統等效於一個全無窮長的振動弦（圖 9-5(b)）；其在區間 $[0,\,l]$ 上與圖 9-5(a) 波形相同；為使 $u(0,t)=0$，圖 9-5(b) 以奇函數的方式並以週期 $2l$ 延伸重覆出現；為使 $x=0$ 及 $x=l$ 處為 0，故 $x=0$ 及 $x=l$ 應為駐波（standing wave）之節點。

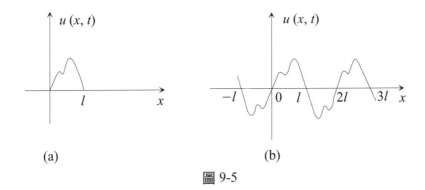

圖 9-5

此外，不難發現圖 9-5(b)為圖 9-5(a)之半幅正弦展開。故等效之起始條件應為：

$$F(x) = \sum_{n=1}^{\infty} \alpha_n \sin\left(\frac{n\pi x}{\ell}\right) \tag{65}$$

$$\alpha_n = \frac{2}{\ell} \int_0^{\ell} f(x) \sin\left(\frac{n\pi x}{\ell}\right) dx \tag{66}$$

$$G(x) = \sum_{n=1}^{\infty} \beta_n \sin\left(\frac{n\pi x}{\ell}\right) \tag{67}$$

$$\beta_n = \frac{2}{\ell} \int_0^{\ell} g(x) \sin\left(\frac{n\pi x}{\ell}\right) dx \tag{68}$$

故由(62)知其特解為：

$$u(x, t) = \frac{F(x - at) + F(x + at)}{2} + \frac{1}{2a} \int_{x-at}^{x+at} G(s)\,ds \tag{69}$$

若所要處理的邊界為 $u_x(0, t) = u_x(\ell, t) = 0$，經由相同的方法仍可證實：

$$\phi_1(s) = \phi_1(s + 2l) \text{ 及 } \phi_2(s) = \phi_2(s + 2l)$$

只是此時等效初始條件需以 Fourier 半幅餘弦展開式獲得：

$$F(x) = a_0 + \sum_{n=1}^{\infty} a_n \cos\frac{n\pi x}{\ell} \Rightarrow a_0 = \frac{1}{\ell} \int_0^{\ell} f(x)\,dx,$$

$$a_n = \frac{2}{\ell} \int_0^{\ell} f(x) \cos\frac{n\pi x}{\ell}\,dx$$

$$G(x) = a_0 + \sum_{n=1}^{\infty} a_n \cos\frac{n\pi x}{\ell} \Rightarrow a_0 = \frac{1}{\ell} \int_0^{\ell} g(x)\,dx,$$

$$a_n = \frac{2}{\ell} \int_0^\ell g(x) \cos \frac{n\pi x}{\ell} \, dx$$

　　若其邊界為混合型，如 $u(0, t) = u_x(l, t) = 0$，則將可發現解函數在空間上以 $4l$ 為週期的方式出現，因 $f(x)$ 與 $g(x)$ 只定義於 $[0, l]$，故要得到等效無窮長之邊界條件需作 Fourier $\frac{1}{4}$ 幅正弦展開

$$F(x) = \sum_{n=1}^\infty b_n \sin \frac{(2n-1)\pi x}{2\ell} : b_n = \frac{2}{\ell} \int_0^\ell f(x) \sin \frac{(2n-1)\pi x}{2\ell} \, dx$$

$$G(x) = \sum_{n=1}^\infty \beta_n \sin \frac{(2n-1)\pi x}{2\ell} : \beta_n = \frac{2}{\ell} \int_0^\ell g(x) \sin \frac{(2n-1)\pi x}{2\ell} \, dx$$

例題 15：Solve $u_{tt} = a^2 u_{xx}$; $u(x, 0) = f(x)$, $u_t(x, 0) = 0$　$x \in (-\infty, +\infty)$【清大電機】

解　　　〈法 I〉分離變數法

$$\begin{cases} X'' - kX = 0 \\ T'' - a^2 kT = 0 \end{cases}$$

$k = 0$　$X(x) = c_1 x + c_2$

$k = \lambda^2$　$X(x) = c_3 e^{\lambda x} + c_4 e^{-\lambda x}$

$k = -\lambda^2$　$X(x) = c_5 \cos \lambda x + c_6 \sin \lambda x$

As $x \to \pm\infty$ 時，$X(x)$ bounded $\Rightarrow X(x) = c_5 \cos \lambda x + c_6 \sin \lambda x$ $(k = -\lambda^2)$

$\therefore T'' + a^2 \lambda^2 T = 0$

$T(t) = \alpha_1 \cos a\lambda t + \alpha_2 \sin a\lambda t$

From $u_t(x, 0) = 0$，可知 $\alpha_2 = 0$

$$\therefore u(x, t) = \int_0^\infty [\alpha(\lambda) \cos \lambda x + \beta(\lambda) \sin \lambda x] \cos \lambda at \, d\lambda \quad (1)$$

代入 I.C.：

$$u(x, 0) = f(x) = \int_0^\infty [\alpha(\lambda) \cos \lambda x + \beta(\lambda) \sin \lambda x] d\lambda$$

$$\Rightarrow \alpha(\lambda) = \frac{1}{\pi} \int_{-\infty}^{+\infty} f(x) \cos \lambda x \, dx, \ \beta(\lambda) = \frac{1}{\pi} \int_{-\infty}^{+\infty} f(x) \sin \lambda x \, dx$$

〈法 II〉D'Alembert method

$$u(x, t) = \frac{1}{2} [f(x - at) + f(x + at)] + \frac{1}{2a} \int_{x-at}^{x+at} 0 \, ds$$

$$= \frac{1}{2}\left[f(x-at)+f(x+at)\right]$$

check：From (1), we have:

$$f(x-at)+f(x+at)=\int_0^\infty \left[\alpha(\lambda)\cos\lambda(x-at)+\beta(\lambda)\sin\lambda(x-at)\right]d\lambda$$

$$+\int_0^\infty \left[\alpha(\lambda)\cos\lambda(x+at)+\beta(\lambda)\sin\lambda(x+at)\right]d\lambda$$

$$=\int_0^\infty \alpha(\lambda)[\cos\lambda(x-at)+\cos\lambda(x+at)]d\lambda$$

$$+\int_0^\infty \beta(\lambda)[\sin\lambda(x-at)+\sin\lambda(x+at)]d\lambda$$

$$=2\int_0^\infty [\alpha(\lambda)\cos\lambda x\cos\lambda at+\beta(\lambda)\sin\lambda x\cos\lambda at]d\lambda$$

$$=2\int_0^\infty [\alpha(\lambda)\cos\lambda x+\beta(\lambda)\sin\lambda x]\cos\lambda at\, d\lambda$$

$$=2u(x,t)$$

例題 16：Solve $u_{tt}=4u_{xx}$；$u(x,0)=e^{-2|x|}, u_t(x,0)=0$　$x\in(-\infty,+\infty)$【成大電機】

解　
$$u(x,t)=\frac{1}{2}\left[f(x-at)+f(x+at)\right]+\frac{1}{4}\int_{x-2t}^{x+2t} g(s)\,ds$$

$$=\frac{1}{2}(e^{-2|x-2t|}+e^{-2|x+2t|})\ \text{（與 Fourier 轉換法獲得之結果相同）}$$

例題 17：Solve the partial differential equation by D'Alembert method

$u_{tt}=a^2 u_{xx}$；$0<x<l$

B.C.：$u(0,t)=u(l,t)=0$

I.C.：$u(x,0)=x+1, u_t(x,0)=2x$

解　
$$u(x,t)=\frac{1}{2}\left[F(x-at)+F(x+at)\right]+\frac{1}{2a}\int_{x-a}^{x+a} G(s)\,ds \quad(1)$$

其中 $F(x)$，$G(x)$ 為週期為 $2l$ 的函數，且在 $0<x<l$ 區間 $F(x)=f(x)$, $G(x)=g(x)$，今已知 $f(x)$ 及 $g(x)$，對 $f(x)$ 及 $g(x)$ 取 Fourier sine 半幅展開：

$$f(x)=x+1=\sum_{n=1}^\infty b_n \sin\left(\frac{n\pi x}{l}\right)=F(x)$$

$$b_n = \frac{2}{l}\int_0^l (x+1)\sin\left(\frac{n\pi x}{l}\right)dx$$

$$= \frac{2}{n\pi}(1-(-1)^n(l+1))$$

同理可得：

$$g(x) = 2x = \frac{4l}{\pi}\sum_{n=1}^{\infty}\frac{(-1)^{n+1}}{n}\sin\left(\frac{n\pi x}{l}\right) = G(x)$$

代入(1)後可得：

$$u(x,t) = \frac{1}{\pi}\sum_{n=1}^{\infty}\frac{1}{n}[1-(-1)^n(l+1)]\left(\sin\frac{n\pi}{l}(x-at)+\sin\frac{n\pi}{l}(x+at)\right)$$

$$+\frac{2l}{a\pi}\int_{x-at}^{x+at}\left(\sum_{n=1}^{\infty}\frac{(-1)^{n+1}}{n}\sin\frac{n\pi s}{l}\right)ds$$

$$= \frac{2}{\pi}\sum_{n=1}^{\infty}\frac{1}{n}[1-(-1)^n(l+1)]\sin\frac{n\pi x}{l}\cos\frac{n\pi at}{l}+\frac{4l^2}{a\pi^2}\sum_{n=1}^{\infty}\frac{(-1)^{n+1}}{n^2}\sin\frac{n\pi x}{l}\cos\frac{n\pi at}{l}$$

例題 18：Solve the partial differential equation

$u_{tt} = u_{xx}$

B.C.: $u(0,t) = u(2,t) = 0$

I.C.: $u(x,0) = x$, $u_t(x,0) = 0$

【交大資工】

解　　〈法 I〉分離變數法

由邊界條件可知特徵函數，且 $u(x,t)$ 可被展開為：

$$u(x,t) = \sum_{n=1}^{\infty} c_n(t)\sin\left(\frac{n\pi x}{2}\right)$$

代入原式後可得：

$$\sum_{n=1}^{\infty}\left(c_n''(t)+\frac{n^2\pi^2}{4}c_n(t)\right)\sin\left(\frac{n\pi x}{2}\right) = 0$$

$$\therefore c_n(t) = \alpha_n\cos\frac{n\pi t}{2}+\beta_n\sin\frac{n\pi t}{2}$$

由 I.C.：

$$u_t(x,0) = 0 = \beta_n$$

$$u(x,0) = x = \sum_{n=1}^{\infty}\alpha_n\sin\left(\frac{n\pi x}{2}\right) \Rightarrow \alpha_n = \int_0^2 x\sin\frac{n\pi x}{2}dx = \frac{4(-1)^{n+1}}{n\pi}$$

〈法 II〉D'Alembert method

等效無限系統之起始位移 $F(x)$ 應為 $f(x)$ 之半幅正弦展開

$$F(x) = \sum_{n=1}^{\infty} b_n\sin\frac{n\pi x}{2}$$

$$b_n = \int_0^2 x \sin\left(\frac{n\pi x}{2}\right) dx = \frac{4(-1)^{n+1}}{n\pi}$$

$$
\begin{aligned}
u(x, t) &= \frac{1}{2}\left[F(x - at) + F(x + at)\right] \\
&= \frac{1}{2}\left(\sum_{n=1}^{\infty} b_n \sin\frac{n\pi(x - t)}{2} + \sum_{n=1}^{\infty} b_n \sin\frac{n\pi(x + t)}{2}\right) \\
&= \sum_{n=1}^{\infty} \frac{4(-1)^{n+1}}{n\pi}\sin\frac{n\pi x}{2}\cos\frac{n\pi t}{2}
\end{aligned}
$$

綜合練習

1. 一彈性繩固定在 $x = 0$ 與 $x = 1$ 二點上，已知其中之張力為 10nt，線質量密度為 0.1kg/m；求在起始位移為 $k\sin 2\pi x$ 下之振動情形？並求何時此繩之振動位移為 0？ 【交大機械】

2. 已知邊界條件為 $u(0, t) = u(\pi, t) = 0$，求解如下波動問題
   $u_{tt} = u_{xx}$　I.C.: $u(x, 0) = \sin x$, $u_t(x, 0) = -2\sin x$ 【清華物理】

3. 長方形薄膜振動之方程式與邊界條件如下，若節線為以下左圖與右圖時，其振動頻率分別為何？
   （$k = 5$m/sec, $a = 10$cm, $b = 5$cm）
   $u_{tt} = k^2(u_{xx} + u_{yy})$；B.C.: $u(x, 0, t) = u(x, b, t) = 0$
   $u(0, y, t) = u(a, y, t) = 0$
   若 $u(x, y, 0) = \kappa\sin\frac{\pi x}{a}\sin\frac{2\pi y}{b}$ 且 $u_t(x, y, 0) = 0$，求解 $u(x, y, 0) = $？ 【交大機械】

4. 求解 $u(x, t) = $？
   $u_{tt} = a^2 u_{xx}$；B.C.: $u_x(0, t) = u_x(1, t) = 0$
   I.C.: $u_x(x, 0) = 1$, $u_t(x, 0) = x$ 【交大機械】

5. 求解 $u(x, t) = $？
   $u_{tt} = u_{xx} + x$；B.C.: $u(0, t) = u(1, t) = 0$
   I.C.: $u(x, 0) = u_t(x, 0) = 0$ 【中央機械】

6. 求解 $u(x, t) = $？
   $u_t = a^2 u_{xx} + f(x)$；$f(x) = \begin{cases} 1, & |x| < 1 \\ 0, & |x| > 1 \end{cases}$　$u(x, 0) = 0$ 【台大機械】

7. 求解 $u(x, t) = $？並求 $u(x, 2\pi)$ 及 $u(2\pi, t)$ 之值
   $u_{tt} = u_{xx}$；$u(x, 0) = \begin{cases} \sin x & if\ |x| \le \pi \\ 0 & if\ |x| > \pi \end{cases}$；$u_t(x, 0) = \begin{cases} 1 & if\ |x| \le \pi \\ 0 & if\ |x| > \pi \end{cases}$ 【成大土木】

8. 以 Laplace Transform method 解 $u(x, t) = $?

   $u_t = a^2 u_{xx}$; $u(x, 0) = 0$, $u(0, l) = k$ 【交大環工】

9. 以 Laplace Transform method 解 $u(x, t) = $?

   $u_t = a^2 u_{xx}$; $u(x, 0) = 1 + \sin \pi x$, $u(0, t) = u(1, t) = 1$ 【中原土木】

10. 以 Laplace Transform method 解 $u(x, t) = $? $u\left(\dfrac{1}{2}, 1\right) = $?

    $u_{tt} = 4 u_{xx}$; $u(x, 0) = \sin \pi x$, $u(0, t) = u(1, t) = u_t(x, 0) = 0$ 【成大工科】

11. 以 D'Alembert method 求解

    $u_{tt} = a^2 u_{xx}$; $u(x, 0) = e^{-x^2}$, $u_t(x, 0) = 0$ $x \in (-\infty, +\infty)$

12. Solve $u_{tt} = a^2 u_{xx}$; $u(0, t) = u_x(l, t) = u_t(x, 0) = 0$, $u(x, 0) = e^{-x}$ 【台大土木】

13. Consider the waveform of vibrations in a circular membrane. The partial differential equation is shown as follows:

    $$\frac{\partial^2 z}{\partial t^2} = 4 \vec{\nabla}^2 z = 4\left(\frac{\partial^2 z}{\partial r^2} + \frac{1}{r} \frac{\partial z}{\partial r} + \frac{1}{r^2} \frac{\partial^2 z}{\partial \theta^2} \right) ; 0 \leq r \leq R, -\pi \leq \theta \leq \pi$$

    The preset conditions are:

    $z(r, -\pi, t) = z(r, \pi, t)$

    $\dfrac{\partial z}{\partial \theta}(r, -\pi, t) = \dfrac{\partial z}{\partial \theta}(r, \pi, t)$

    $z(r, \theta, 0) = f(r, \theta)$

    $\dfrac{\partial z}{\partial t}(r, \theta, 0) = 0$

    $z(R, \theta, t) = 0$

    Please find the general solution. 【成大電機】

14. (a)Expand

    $$f(x) = \begin{cases} \dfrac{2h}{L} x & ; 0 \leq x \leq \dfrac{L}{2} \\ 2h - \dfrac{2h}{L} x & ; \dfrac{L}{2} \leq x \leq L \end{cases}$$

    in a Fourier series

    (b)Solve the wave equation

    $$a^2 \frac{\partial^2 u(x, t)}{\partial x^2} = \frac{\partial^2 u(x, t)}{\partial t^2}; 0 \leq x \leq L, t > 0$$

    $u(0, t) = u(L, t) = 0$; $u(x, 0) = f(x)$; $\left. \dfrac{\partial u}{\partial t} \right|_{t=0} = 0$ 【交大光電】

15. Consider the boundary value problem 【台大光電】

    $$\frac{\partial^2 u(x, t)}{\partial x^2} - \frac{1}{a^2} \frac{\partial^2 u(x, t)}{\partial t^2} = 0 ; -\infty < x < \infty, t > 0$$

    $u(x, 0) = e^{-\frac{x^2}{b^2}}$

    $\dfrac{\partial u}{\partial t}(x, 0) = 0$

    where a, b are constants

    (1) By changing the variables (x, t) into (r, s) with $r = x + at$ and $s = x - at$, the function $u(x, t)$ becomes $U(r, s)$. Find the PDE that $U(r, s)$ now has to satisfy

(2) Show that the solution of $U(r, s)$ should be in the form

$U(r, s) = F(r) + G(s)$

where F and G are arbitrary twice-differentiable functions

(3) Find the final solution $u(x, t)$ of the original boundary value problem

(4) Interpret the physical meaning of this boundary value problem and its solution

(5) If a is a function of x. Is the above method still applicable or is there any other adequate approach?

16. Solve the wave equation $u_{tt} = a^2 u_{xx}$; $x > 0$, $t > 0$ subject to the following conditions:

(1) $u(x, 0) = 0$, $u_t(x, 0) = 0$

(2) $u(0, t) = f(t) = \begin{cases} \sin t & ; \ 0 \le t \le 2\pi \\ 0 & ; \ otherwise \end{cases}$

(3) $\lim\limits_{x \to \infty} u(x, t) = 0$　　　　　　　　　　　　　　　　　　　【中山機械】

17. The wave equation $u_{tt} = a^2 u_{xx}$　　　　　　　　　　　　　　　　【中山海下技術】

(1) Show that any function with argument $x - ct$ or $x + ct$ is the solutions of the above PDE.

(2) If the above PDE is subject to the following initial and boundary conditions

B.C.: $u(0, t) = 0$, $u_x(1, t) = 0$

I.C.: $u(x, 0) = 0$, $u_t(x, 0) = 0$

determine the solution for $u(x, t)$

(3) If the above PDE is subject to the following initial and boundary conditions

B.C.: $u(0, t) = t$, $u_x(1, t) = 0$

I.C.: $u(x, 0) = 0$, $u_t(x, 0) = 0$

determine the solution for $u(x, t)$

18. Solve the PDE for any constant a　　　　　　　　　　　　　　　　　【中山機械】

$u_{tt} = u_{xx} + ax$; $l > x > 0$, $t > 0$

B.C.: $u(0, t) = 0$, $u_x(l, t) = 0$

I.C.: $u(x, 0) = 0$, $u_t(x, 0) = 0$

19. Solve the PDE $u_{tt} = 25 u_{xx}$; $\pi > x > 0$, $t > 0$

B.C.: $u(0, t) = 0$, $u_x(\pi, t) = 0$

I.C.: $u(x, 0) = \sin 2x$, $u_t(x, 0) = \pi - x$　　　　　　　　　　　　【成大機械】

20. $\dfrac{\partial^3 u}{\partial t^3} = \dfrac{\partial u}{\partial x}$　　　　　　　　　　　　　　　　　　　　　　　　　【清大電機】

B.C.: $u(0, t) = 0$, $u(-\infty, t) = 0$

I.C.: $u_{tt}(x, 0) = \exp(8x)$, $u_t(x, 0) = 0$

21. $u_{tt} = 4 u_{xx}$; $0 < x < \infty$, $0 < t < \infty$　　　　　　　　　　　　【台大機械】

B.C.: $u_x(0, t) = 0$

I.C.: $u(x, 0) = \begin{cases} x(1 - x) & ; \ 0 \le x \le 1 \\ 0 & ; \ 1 < x < \infty \end{cases}$, $u_t(x, 0) = 0$

Compute $u\left(0, \dfrac{3}{8}\right) = 0$ using the D'Alembert method

22. Using the separation of variables and the D'Alembert method to solve 【台大農工】

    $u_{tt} = u_{xx}$; $0 < x < l$, $0 < t < \infty$

    B.C.: $u(0, t) = u(l, t) = 0$

    I.C.: $u(x, 0) = \begin{cases} 0 & ; 0 < x < \dfrac{l}{4} \\ 4k\left(x - \dfrac{l}{4}\right) & ; \dfrac{l}{4} < x < \dfrac{l}{2} \\ 4k\left(\dfrac{3l}{4} - x\right) & ; \dfrac{l}{2} < x < \dfrac{3l}{4} \\ 0 & ; \dfrac{3l}{4} < x < l \end{cases}$, $u_t(x, 0) = g(x)$

23. Consider the following boundary value problem for $u(x, t)$ with $0 < x < \pi$, $t > 0$

    $u_{tt} = u_{xx}$; $0 < x < \pi$, $0 < t < \infty$

    B.C.: $u(0, t) = u(\pi, t) = 0$

    I.C.: $u(x, 0) = x$, $u_t(x, 0) = 0$ 【101 台聯大工數 C】

10 偏微分方程式(2)—熱傳導方程式

手把青秧插滿田，低頭便見水中天，心地清淨方為道，退步原來是向前

布袋和尚

The essence of mathematics is not to make simple things complicated, but to make complicated things simple.

S. Gudden

10-1　物理背景與數學模型

最典型的擴散現象為有關於熱傳導的問題，熱傳導問題之基本特性如下：

(1)熱流方向與溫度分佈有關，且恒由高溫流向低溫。

(2)流過一截面之熱通率（j/cm²sec）與其面積大小及垂直截面方向之溫度梯度成正比。

(3)熱流量的大小與溫差成正比。

考慮如圖 10-1 所示的一個能量系統，此封閉系統之體積為 V，表面積為 S，$d\tau$ 為其內部之一微量體積，系統內之溫度分佈為 u (x, y, z, t)，系統之內熱源（若存在）為 $f(x, y, z, t)$ j/cm³sec，介質密度為 ρ (x, y, z)，介質比熱為 c (x, y, z)，熱通率為 $\vec{q}$ (x, y, z, t) j/cm²sec

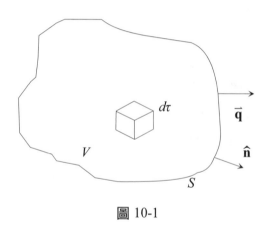

圖 10-1

根據連續性方程式（Continuity equation）可知，在任何時間下，總能量的變化率恒等於產生率減去流失率，故可得到下式：

$$\frac{\partial}{\partial t}\iiint\limits_{V}\rho cu d\tau = \iiint\limits_{V} f(x, y, z)d\tau - \oiint\limits_{S}\vec{q}\cdot\hat{\mathbf{n}}\,dA \tag{1}$$

其中：

$\displaystyle\iiint\limits_{V} f(x, y, z)d\tau =$ 系統在某時間的總能量產生率

$\displaystyle\oiint\limits_{S}\vec{q}\cdot\hat{\mathbf{n}}\,dA =$ 系統在某時間的總能量流失率

$\displaystyle\iiint\limits_{V}\rho cu d\tau =$ 系統在某時間的總能量

根據散度定理

$$\oiint_S \vec{q} \cdot \hat{\mathbf{n}} \, dA = \iiint_V \vec{\nabla} \cdot \vec{\mathbf{q}} \, d\tau$$

代入(1)式可得

$$\frac{\partial}{\partial t} \iiint_V \rho c u \, d\tau = \iiint_V f \, d\tau - \iiint_S \vec{\nabla} \cdot \vec{\mathbf{q}} \, d\tau \tag{2}$$

再由前述熱傳問題之基本現象可知，熱通率向量 $\vec{\mathbf{q}}$ 滿足：

$$\vec{\mathbf{q}} = -k\nabla u \tag{3}$$

其中 $k > 0$ 稱之為熱傳導係數，將(3)代入(2)可得

$$\iiint_V \left[\rho c \frac{\partial u}{\partial t} - \nabla \cdot (k\nabla u) - f \right] d\tau = 0 \tag{4}$$

或可寫成微分之型式

$$\frac{\partial u}{\partial t} = \frac{1}{\rho c} \nabla \cdot (k\nabla u) + \frac{1}{\rho c} f(x, y, z, t) \tag{5}$$

(5)式稱之為熱傳導方程式（Heat transfer equation），若 u 為物質濃度之分佈函數，則(5)又稱為擴散方程式（Diffusion equation）

Case 1.均質系統

在均質系統中 ρ, c 及熱傳導係數 k 均為常數（與空間位置無關），故(5)式可簡化為：

$$\frac{\partial u}{\partial t} = a^2 \nabla^2 u + F(x, y, z, t) \tag{6}$$

其中 $a^2 = \dfrac{k}{\rho c}$，$F(x, y, z, t) = \dfrac{1}{\rho c} f(x, y, z, t)$ 若系統無內熱源（$F(x, y, z, t) = 0$），

(6)式更可簡化為：

$$u_t = a^2 \nabla^2 u \tag{7}$$

倘若為穩定熱傳問題（$\frac{\partial u}{\partial t} = 0$）則(7)式滿足 Laplace 方程式：

$$\nabla^2 u = 0 \tag{8}$$

Case 2. 非均質系統

在非均質系統中 ρ, c 及 k 均為空間分佈的函數，若以一維空間為例，(5)式可表示為：

$$\frac{\partial u}{\partial t} = \frac{k(x)}{\rho(x)c(x)} \frac{\partial^2 u}{\partial x^2} + \frac{k'(x)}{\rho(x)c(x)} \frac{\partial u}{\partial x} + F(x, y, z, t) \tag{9}$$

比較(9)式與(6)式可知，非均質系統將使數學關係式中多出了 $\frac{\partial u}{\partial x}$ 項

就一維之均質系統而言，欲求解形如(6)式之偏微分方程式，必須包含二個邊界條件及一個起始條件。常見的邊界條件包括了：

(1)兩端為恆溫

$\quad u(0, t) = T_1, u(\ell, t) = T_2$

(2)兩端絕熱

$\quad u_x(0, t) = T_1, u_x(\ell, t) = T_2$

(3)一端恆溫，一端絕熱

$\quad (u(0, t) = T_1, u_x(\ell, t) = 0)$ or $(u_x(0, t) = 0, u(\ell, t) = T_2)$

(4)半無窮長介質

$\quad \left.\begin{array}{l} u(0, t) = T_1 \\ u_x(0, t) = 0 \end{array}\right\} \lim\limits_{x \to \infty} u(x, t)$存在

(5)全無窮長介質

$\quad \lim\limits_{x \to -\infty} u(x, t)$ 及 $\lim\limits_{x \to \infty} u(x, t)$ 均存在

此外，仍需知道起始之溫度分佈之位置函數：$u(x, 0) = f(x)$

10-2　一維零溫端熱傳問題

考慮一維均質無熱源零溫端之熱傳導方程式：

$$\frac{\partial u}{\partial t} = a^2 \frac{\partial^2 u}{\partial x^2} \tag{10}$$

B.C.: $u(0, t) = u(\ell, t) = 0$

I.C.: $u(x, 0) = f(x)$

Step 1. 使用分離變數法將 P.D.E. 的問題轉換為求解二組 O.D.E.。令 $u(x, t) = X(x)T(t)$
代入(10)式，可得到二組 O.D.E.

(a) $T' - a^2 kT = 0$ $\tag{11}$

(b) $X'' - kX = 0$　B.C.: $X(0) = X(\ell) = 0$ $\tag{12}$

Step 2. 將(12)式針對所有可能的 k 值討論，並利用 B.C. 找出特徵解。由上章之討論
可知(12)式滿足 Sturm-Liouville B.V.P，其對應之解函數為：

$$k = -\lambda_n^2 = -\left(\frac{n\pi}{\ell}\right)^2 \quad n = 1, 2, \cdots$$

$$X_n(x) = \sin\frac{n\pi x}{\ell} \quad n = 1, 2, \cdots \tag{13}$$

$$T_n(x) = \exp\left(-\frac{n^2\pi^2 a^2}{\ell^2}t\right) \tag{14}$$

Step 3. 利用重疊原理求通解

$$u(x, t) = \sum_{n=1}^{\infty} c_n u_n(x, t) = \sum_{n=1}^{\infty} c_n \exp\left[-\frac{n^2\pi^2 a^2}{\ell^2}t\right]\sin\left(\frac{n\pi x}{\ell}\right) \tag{15}$$

Step 4. 利用初始條件求出係數 c_n

$$f(x) = u(x, 0) = \sum_{n=1}^{\infty} c_n \sin\frac{n\pi x}{\ell} \tag{16}$$

$$\Rightarrow c_n = \frac{2}{\ell}\int_0^{\ell} f(x)\sin\frac{n\pi x}{\ell}dx \text{（Fourier 半幅正弦展開）}$$

觀念提示：　1. (15)式為一維零溫端無熱源均質熱傳問題的通解。因含有 exp $\left(-\frac{n^2\pi^2 a^2}{\ell^2}t\right)$ 項，故可知當 $t \to \infty$ 時 $u(x, t) \to 0$，此結果符合物理現象。

因系統無內熱源，故當時間無窮長時，可得到穩態解 $u\,(x,\infty)=0$；（受到兩端為零溫的影響）故或可稱(15)式為一暫態解（transient solution）。

2. 由本節及上章中之討論可知形如：$y''(x)+\lambda y=0$；B.C. $y(0)=y\,(\ell)=0$ 之 O.D.E.滿足 Sturm-Liouville 邊界條件。可得到一組正交且完整的特徵函數解：

$$\left\{\sin\left(\frac{n\pi x}{\ell}\right); n=1, 2, \cdots\right\}$$

例題 1：$u_t=2u_{xx}$；$0<x<\pi, t>0$

$\quad\quad u(0, t)=u\,(\pi, t)=0$

$\quad\quad u\,(x, 0)=\sin 2x$ 　　　　　　　　　　　　　　【101 北科大光電】

解　利用變數分離法將 $u\,(x, t)=X(x)T(t)$ 代入 P.D.E.中可得

(1) $X''+\lambda X=0$，$X(0)=X(\pi)=0$

(2) $T'+2\lambda T=0$

由(1)可得 $X(x)=\sin nx$

則 $T(t)=\exp\,[-2n^2t]$

故通解為 $u\,(x, t)=\sum\limits_{n=1}^{\infty} c_n\exp\,(-2n^2t)\sin nx$

再由 I .C.知

$\sin 2x=\sum\limits_{n=1}^{\infty} c_n\sin nx$

$\Rightarrow c_n=\begin{cases}1，n=2\\0，n\neq 2\end{cases}$

10-3　絕緣端之熱傳問題

考慮下列一維無熱源均質系統，在封閉系統四週敷有隔熱材料，因此沒有熱流進與流出。

$$u_t=a^2u_{xx} \tag{17}$$

B.C.: $u_x(0, t)=u_x\,(\ell, t)=0$

I.C.: $u\,(x, 0)=f(x)$

Step 1.使用變數分離法將(17)式分成二組 O.D.E.

$$T' - a^2 kT = 0 \tag{18}$$

$$X'' - kT = 0 \; ; \; X'(0) = X'(\ell) = 0 \tag{19}$$

Step 2.先解 $X(x)$ 之 Sturm-Liouville 邊界值問題

(1)$k = 0$，$X(x) = c_1 x + c_2$

(2)$k > 0$，$k = \lambda^2$，$X(x) = c_3 \cosh \lambda x + c_4 \sinh \lambda x$

(3)$k < 0$，$k = -\lambda^2$，$X(x) = c_5 \cos \lambda x + c_6 \sin \lambda x$

$X'(0) = 0 \Rightarrow c_1 = c_4 = c_6 = 0$

$X'(\ell) = 0 \Rightarrow c_3 = 0 \Rightarrow k = -\lambda_n^2 = -\left(\dfrac{n\pi}{\ell}\right)^2 \quad n = 0, 1, 2, \cdots$

$$\therefore X_n(x) = \cos \frac{n\pi x}{\ell} \Rightarrow T(t) = \exp\left[-\frac{n^2 \pi^2 a^2}{\ell^2} t\right] \tag{20}$$

Step 3.利用重疊原理找出通解

$$u(x, t) = a_0 + \sum_{n=1}^{\infty} a_n \exp\left[-\frac{n^2 \pi^2 a^2}{\ell^2} t\right] \cos \frac{n\pi x}{\ell} \tag{21}$$

Step 4.利用 I.C.求係數

$$u(x, 0) = f(x) = a_0 + \sum_{n=1}^{\infty} a_n \cos\left(\frac{n\pi x}{\ell}\right) \tag{22}$$

(22)式為藉著 $f(x)$ 在 $[0, \ell]$ 區間的性質展開成 $T = 2\ell$ 之級數，稱之為半幅餘弦展開式。

$$a_0 = \frac{1}{\ell} \int_0^\ell f(x) dx \tag{23}$$

$$a_n = \frac{2}{\ell} \int_0^\ell f(x) \cos \frac{n\pi x}{\ell} dx \tag{24}$$

觀念提示： *1.* (21)式為一維均質絕緣端熱傳問題的通解，不難發現，當 $t \to \infty$ 時 $\exp\left(-\dfrac{a^2 n^2 \pi^2}{\ell^2} t\right) \to 0$ 故 $u(x, t) \to a_0$ 其中 a_0 為一常數，由(23)式可知 a_0 代表 $f(x)$ 之平均值。

就一無內熱源絕熱之封閉系統而言，當 $t \to \infty$ 時，系統之溫度分佈

將漸趨向於初始分佈 $f(x)$ 之平均值，如圖 10-2 所示

$$\begin{cases} u(x, 0) = f(x) \\ u(x, \infty) = a_0 = \dfrac{1}{\ell} \int_0^\ell f(x)dx \end{cases}$$

故可將 a_0 看成系統之穩態解，而(21)式等號右邊第二項為暫態解

2. 由本節之討論可知形如 $y'' + \lambda y = 0$；B.C. $y'(0) = y'(\ell) = 0$ 之 O.D.E. 滿足 Sturm-Liouville 邊界條件可得到一組正交且完整的特徵函數集

$$\left\{ \cos\left(\frac{n\pi x}{\ell}\right) ; n = 0, 1, 2, \cdots \right\}$$

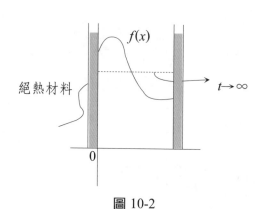

圖 10-2

10-4　混合型邊界之傳導問題

題型一：

$$u_t = a^2 u_{xx} \tag{25}$$

B.C.: $u(0, t) = u_x(\ell, t) = 0$

I.C.: $u(x, 0) = f(x)$

Step 1. 利用分離變數法將(25)式分成二組 O.D.E.

$$T' - a^2 kt = 0 \tag{26}$$

$$X'' - kX = 0 ; X(0) = X'(\ell) = 0 \tag{27}$$

Step 2. 先解 $X(x)$ 之 Sturm-Liouville 邊界值問題

(1) $k = 0$　$X(x) = c_1 x + c_2$

$(2) k = \lambda^2 \quad X(x) = c_3 \cosh \lambda x + c_4 \sinh \lambda x$

$(3) k = -\lambda^2 \quad X(x) = c_5 \cos \lambda x + c_6 \sin \lambda x$

$X(0) = 0 \Rightarrow c_2 = c_3 = c_5 = 0$

$X'(\ell) = 0 \Rightarrow c_1 = c_4 = 0$

$\cos \lambda \ell = 0 \Rightarrow \lambda_n = \dfrac{(2n-1)\pi}{2\ell} \quad n = 1, 2, \cdots$

$k = -\lambda^2$

$$\therefore X_n(x) = \sin \frac{(2n-1)\pi}{2\ell} x \Rightarrow T(t) = \exp\left[-\frac{(2n-1)^2 \pi^2 a^2}{4\ell^2} t\right] \tag{28}$$

Step 3. 求出通解

$$u(x, t) = \sum_{n=1}^{\infty} \beta_n \exp\left[-\frac{(2n-1)^2 \pi^2 a^2}{4\ell^2} t\right] \sin \frac{(2n-1)\pi}{2\ell} x \tag{29}$$

Step 4. 利用 I.C. 求出係數

$$u(x, 0) = f(x) = \sum_{n=1}^{\infty} \beta_n \sin \frac{(2n-1)\pi}{2\ell} x$$

$$其中 \beta_n = \frac{\int_0^\ell f(x) \sin \dfrac{(2n-1)\pi x}{2\ell} dx}{\int_0^\ell \sin^2 \dfrac{(2n-1)\pi x}{2\ell} dx} = \frac{2}{\ell} \int_0^\ell f(x) \sin \frac{(2n-1)\pi}{2\ell} dx \tag{30}$$

(30)式為藉著 $f(x)$ 在 $[0, \ell]$ 區間展開成 $T = 4\ell$ 之級數，即為 $\dfrac{1}{4}$ 幅正弦展開式。

題型二：

$$u_t = a^2 u_{xx} \tag{31}$$

B.C.: $u_x(0, t) = u(\ell, t) = 0$

I.C.: $u(0, t) = f(x)$

經由相同的討論過程不難得到下列結果：

$$k = -\lambda_n^2 = -\frac{(2n-1)^2 \pi^2}{4\ell^2} \quad n = 1, 2, \cdots$$

$$X_n(x) = \cos \frac{(2n-1)\pi}{2\ell} x \; ; \; T_n(t) = \exp\left[-\frac{(2n-1)^2 \pi^2 a^2}{4\ell^2} t\right] \tag{32}$$

$$u(x, t) = \sum_{n=1}^{\infty} \alpha_n \exp\left[-\frac{(2n-1)^2 \pi^2 a^2}{4\ell^2} t\right] \cos \frac{(2n-1)\pi x}{2\ell} \tag{33}$$

其中 $\alpha_n = \dfrac{2}{\ell}\displaystyle\int_0^\ell f(x)\cos\dfrac{(2n-1)\pi x}{2\ell}xdx$ (34)

α_n 即為 $\dfrac{1}{4}$ 幅餘弦展開式中係數之算法

例題 2： $u_t = a^2 u_{xx}$; $u(0, t) = u(\ell, t) = 0$

$\qquad u(x, 0) = x(\ell - x)$ 【101 台聯大，成大造船】

解 利用變數分離法將 $u(x, t) = X(x)T(t)$ 代入 P.D.E.中可得

(1) $X'' + \lambda X = 0$ ，$X(0) = X(\ell) = 0$

(2) $T'' + a^2\lambda T = 0$

由(1)可得 $X(x) = \sin\dfrac{n\pi}{\ell}x$

則 $T(t) = \exp\left[-\dfrac{n^2\pi^2 a^2}{\ell^2}t\right]$

故通解為 $u(x, t) = \displaystyle\sum_{n=1}^{\infty} c_n \exp\left(-\dfrac{n^2\pi^2 a^2}{\ell^2}t\right)\sin\dfrac{n\pi x}{\ell}$

再由 I.C.知

$x(\ell - x) = \displaystyle\sum_{n=1}^{\infty} c_n \sin\dfrac{n\pi x}{\ell}$

$\Rightarrow c_n = \dfrac{2}{\ell}\displaystyle\int_0^\ell x(\ell - x)\sin\dfrac{n\pi x}{\ell}dx$

例題 3： $u_t = a^2 u_{xx}$; B.C.: $u_x(0, t) = u(\ell, t) = 0$

$\qquad$ I.C.: $u(x, 0) = \kappa$ 【清華動機】

解 取 $u(x, t) = X(x)T(t)$ 代入原式中可得：

(1) $X'' + \lambda X = 0$ ，$X'(0) = X(\ell) = 0$

(2) $T' + a^2\lambda T = 0$

由(1)可得特徵函數解為：$X(x) = \cos\dfrac{(2n-1)}{2\ell}\pi x$

$\Rightarrow T(t) = \exp\left[-\dfrac{(2n-1)^2\pi^2 a^2 t}{4\ell^2}\right]$

故通解為：$u(x, t) = \displaystyle\sum_{n=1}^{\infty} c_n \exp\left[-\dfrac{(2n-1)^2\pi^2 a^2 t}{4\ell^2}\right]\cos\dfrac{(2n-1)\pi x}{2\ell}$

由 I.C. $u(x, 0) = \kappa = \displaystyle\sum_{n=1}^{\infty} c_n \cos\dfrac{(2n-1)\pi x}{2\ell}$

其中 $c_n = \dfrac{2\kappa}{\ell}\int_0^\ell \cos\dfrac{(2n-1)\pi x}{2\ell}\,dx = \dfrac{4\kappa}{(2n-1)\pi}(-1)^{n+1}$

故特解為：

$$u(x,t) = \sum_{n=1}^{\infty} \frac{(-1)^{n+1}4\kappa}{(2n-1)\pi}\exp\left[-\frac{(2n-1)^2\pi^2 a^2 t}{4\ell^2}\right]\cos\frac{(2n-1)\pi x}{2\ell}$$

例題 4：$u_t = u_{xx}$；$\begin{aligned}&u(0,t)=u(\pi,t)-u_x(\pi,t)=0\\&u(x,0)=x(\pi-x)\end{aligned}$　　【台大化工】

解　令 $u(x,t)=X(x)T(t)$ 代入 P.D.E.中可得：

$(1)X''+\lambda X=0$；$X(0)=0$；$X(\pi)-X'(\pi)=0$

$(2)T'+\lambda T=0$

由(1)之 O.D.E.及其邊界條件可得特徵值及特徵函數為：

$\lambda_n = k_n^2$（k_n 為 $k=\tan k\pi$ 之第 n 個根）$\Rightarrow X_n(x)=\sin k_n x$，

$T_n(t)=\exp(-k_n^2 t)$

$\lambda_n = -k_0^2$（k_0 滿足 $k=\tan k\pi$）$\Rightarrow X(x)=\sinh k_0 x$，$T(t)=\exp(k_0^2 t)$

故通解為：

$$u(x,t)=c_0\exp(k_0^2 t)\sinh k_0 x + \sum_{n=1}^{\infty} c_n\exp[-k_n^2 t]\sin k_n x$$

代入 I.C.：

$$u(x,0)=x(\pi-x)=c_0\sinh k_0 x + \sum_{n=1}^{\infty} c_n\sin k_n x$$

因(1)符合 Sturm-Liouville 邊界條件，故所得之特徵函數 $\{\sinh k_0 x,\ \sin k_n x\}$

在$[0,\pi]$上必為正交，故有

$$c_0 = \frac{\int_0^\pi x(\pi-x)\sinh k_0 x\,dx}{\int_0^\pi \sinh^2 k_0 x\,dx},\ c_n = \frac{\int_0^\pi x(\pi-x)\sin k_n x\,dx}{\int_0^\pi \sin^2 k_n x\,dx}$$

例題 5：$u_t = 2u_{xx}$；$u(0,t)=u(\pi,t)=0$, $u(x,0)=\begin{cases}x & ,\ x\in\left(0,\dfrac{\pi}{2}\right)\\[2mm]\pi-x & ,\ x\in\left(\dfrac{\pi}{2},\pi\right)\end{cases}$　　【交大電子】

解　由邊界條件可知特徵函數必具有 $\sin nx$ 之型式，且解函數 $u(x,t)$ 可表示為：

$$u(x,t)=\sum_{n=1}^{\infty} c_n(t)\sin nx$$ 代入 P.D.E.中可得：

$$\sum_{n=1}^{\infty}[c_n'(t)+2n^2 c_n(t)]\sin nx = 0$$

故可得：$c_n(t) = c_n e^{-2n^2t}$，則 $u(x, t) = \sum\limits_{n=1}^{\infty} c_n e^{-2n^2t} \sin nx$

由 I.C.可知：

$$c_n = \frac{2}{\pi} \int_0^\pi f(x) \sin nx dx = \frac{2}{\pi}\left[\int_0^{\frac{\pi}{2}} x \sin nx dx + \int_{\frac{\pi}{2}}^\pi (\pi - x) \sin nx dx \right]$$

$$= \frac{4}{n^2\pi} \sin \frac{n\pi}{2}$$

所以特解為：$u(x, t) = \sum\limits_{n=1}^{\infty} \frac{4}{n^2\pi} \sin \frac{n\pi}{2} e^{-2n^2t} \sin nx$

例題 6：$u_t = a^2 u_{xx}$；
$\quad u(-\ell, t) = u(\ell, t),\ u_x(-\ell, t) = u_x(\ell, t)$
$\quad u(x, 0) = -2\sin\dfrac{\pi x}{\ell} + 5\cos\dfrac{8\pi x}{\ell}$
【台大土木】

 令 $u(x, t) = X(x)T(t)$ 代入原式後可得：

(1) $X'' + \lambda X = 0$；$X(-\ell) = X(\ell)$，$X'(-\ell) = X'(\ell)$

(2) $T' + a^2\lambda T = 0$

先求特徵函數解：

$\lambda = -k^2$；$X(x) = c_1 \cosh kx + c_2 \sinh kx$

$\lambda = 0$；$X(x) = c_3 + c_4 x$

$\lambda = +k^2$；$X(x) = c_5 \cos kx + c_6 \sin kx$

1. 當 $\lambda = -k^2$ 時
$\left.\begin{array}{l} X(\ell) = X(-\ell) \Rightarrow c_2 = 0 \\ X'(\ell) = X'(-\ell) \Rightarrow c_1 = 0 \end{array}\right\} \Rightarrow$ trivial solution

2. 當 $\lambda = 0$ 時 $X(\ell) = X(-\ell) \Rightarrow c_4 = 0 \Rightarrow X(x) = 1$

3. 當 $\lambda = k^2$ 時

$$X(\ell) = X(-\ell) \Rightarrow c_6 \sin k\ell = 0，k_n = \frac{n\pi}{\ell}$$

$$X'(\ell) = X'(-\ell) \Rightarrow c_5 \sin k\ell = 0，k_n = \frac{n\pi}{\ell}$$

故通解為：$u(x, t) = a_0 + \sum\limits_{n=1}^{\infty} \exp\left(-\dfrac{n^2\pi^2 a^2}{\ell^2}t\right)\left[a_n \cos \dfrac{n\pi x}{\ell} + b_n \sin \dfrac{n\pi x}{\ell} \right]$

代入 I.C.：$u(x, 0) = -2\sin\dfrac{\pi x}{\ell} + 5\cos\left(\dfrac{8\pi x}{\ell}\right)$

$$= a_0 \sum\limits_{n=1}^{\infty}\left(a_n \cos \frac{n\pi x}{\ell} + b_n \sin \frac{n\pi x}{\ell} \right)$$

由正、餘弦函數之正交特性可知，僅有 $b_1 = -2, a_8 = 5$ 存在，其餘各係數均為 0

故特解為：

$$u(x, t) = -2\sin\frac{\pi x}{\ell}\exp\left(-\frac{\pi^2 a^2 t}{\ell^2}\right) + 5\cos\frac{8\pi x}{\ell}\exp\left(-\frac{64\pi^2 a^2 t}{\ell^2}\right)$$

10-5　無窮長熱傳導問題

題型一：一維無熱源均質半無限介質熱傳導問題

$$u_t = a^2 u_{xx} \quad x \in [0, \infty] \tag{35}$$

B.C.: $u(0, t) = 0$，$\lim_{x\to\infty} u(x, t)$存在

I.C.: $u(x, 0) = f(x)$

Step 1. 利用分離變數法將(35)式分解二組 O.D.E.

(1)$T'(t) - a^2 kT = 0$

(2)$X'' - kX = 0$；$X(0) = 0$　$X(x)$ 為有界函數 $\tag{36}$

Step 2. 先 $X(x)$ 解之 Sturm-Liouville 邊界值問題

(1)$k = 0$，$X(x) = c_1 x + c_2$

(2)$k = \lambda^2$，$X(x) = c_3 e^{\lambda x} + c_4 e^{-\lambda x}$

(3)$k = -\lambda^2$，$X(x) = c_5 \cos\lambda x + c_6 \sin\lambda x$

$X(0) = 0 \Rightarrow \begin{cases} c_2 = c_5 = 0 \\ c_3 + c_4 = 0 \end{cases}$

$X(\infty)$為有界 $\Rightarrow c_1 = c_3 = c_4 = 0$

$$\therefore X(x) = \sin\lambda x \text{；} T(t) = \exp[-a^2\lambda^2 t] \tag{37}$$

Step 3. 利用重疊原理求通解

　　參考前章之推導，顯然的在半無限介質的系統下，特徵值為連續而非離散，故可得通解為：

$$u(x, t) = \int_0^\infty c(\lambda)\exp(-a^2\lambda^2 t)\sin\lambda x d\lambda \tag{38}$$

Step 4. 代入初始條件求係數

$$u(x, 0) = f(x) = \int_0^\infty c(\lambda)\sin\lambda x dx$$

$$\Rightarrow c(\lambda) = \frac{2}{\pi} \int_0^\infty f(x) \sin \lambda x dx \quad 0 < x < \infty \tag{39}$$

(39)式為 $f(x)$ 之 Fourier 正弦積分式

將(39)式代入(38)式中可得通解為

$$u(x, t) = \frac{2}{\pi} \int_0^\infty \left[\int_0^\infty f(x) \sin \lambda x dx \right] \exp(-a^2\lambda^2 t) \sin \lambda x d\lambda \tag{40}$$

觀念提示： 顯然的，若一端為絕熱（$u_x(0, t) = 0$），則其溫度分佈函數之通解應為 Fourier 餘弦積分式。

題型二：一維均質無熱源全無窮長介質之熱傳導問題

$$u_t = a^2 u_{xx} \quad -\infty < x < \infty \tag{41}$$

B.C.: $\lim_{x \to -\infty} u(x, t)$存在，$\lim_{x \to \infty} u(x, t)$存在

I.C.: $u(x, 0) = f(x)$

顯然的(41)式之通解必為 Fourier 全三角積分式：

$$u(x, t) = \int_0^\infty [\alpha(\lambda) \cos \lambda x + \beta(\lambda) \sin \lambda x] \exp(-a^2\lambda^2 t) d\lambda \tag{42}$$

代入 I.C.：

$$u(x, 0) = f(x) = \int_0^\infty [\alpha(\lambda) \cos \lambda x + \beta(\lambda) \sin \lambda x] d\lambda$$

由 Fourier 全三角積分式可求得係數為

$$\alpha(\lambda) = \frac{1}{\pi} \int_{-\infty}^\infty f(x) \cos \lambda x dx \; ; \; \beta(\lambda) = \frac{1}{\pi} \int_{-\infty}^\infty f(x) \sin \lambda x dx \tag{43}$$

例題 7： Solve $u_t = 4u_{xx}$; $u(0, t) = 0$, $u(x, 0) = e^{-x}$; $x \in (0, \infty)$　　**【台大電機】**

解　　令 $u(x, t) = X(x)T(t)$ 代入 P.D.E.後可得二 O.D.E.

(1) $T' + 4\lambda T = 0$

(2) $X'' + \lambda X = 0$；$X(0) = 0$, $X(\infty)$ bounded

由(2)可得特徵值為 $\lambda = k^2$，特徵函數為 $\sin kx$

故 $u(x, t)$ 之通解為：$u(x, t) = \int_0^\infty \beta(k) \sin kx \exp(-4k^2 t) dk$

代入 I.C. $u(x, 0) = e^{-x} = \int_0^\infty \beta(k) \sin kx\, dk$

利用 Fourier 正弦轉換公式可得：

$\beta(k) = \dfrac{2}{\pi} \int_0^\infty e^{-k} \sin kx\, dx = \dfrac{2}{\pi} \dfrac{k}{1 + k^2}$

$\therefore u(x, t) = \dfrac{2}{\pi} \int_0^\infty \dfrac{k}{1 + k^2} \sin kx \exp(-4k^2 t) dk$

例題 8：$u_t = a^2 u_{xx}$, $u(x, 0) = \begin{cases} T_1, & if\ |x| < 1 \\ T_0, & if\ |x| > 1 \end{cases}$　$T_1 > T_0 > 0$　【台大造船】

解

先取 $\phi(x, t) = u(x, t) - T_0$，則

$\phi_t = a^2 \phi_{xx}$；$\phi(x, 0) = T_1 - T_0$，$|x| < 1$

對上式取 Fourier 轉換可得到一階 O.D.E.

$\dfrac{\partial \phi(\omega, t)}{\partial t} + a^2 \omega^2 \phi(\omega, t) = 0 \Rightarrow \phi(\omega, t) = c(\omega) e^{-a^2 \omega^2 t}$

$\phi(\omega, 0) = F[\phi(x, 0)] = \int_{-1}^{1} (T_1 - T_0) e^{-i\omega x} dx = 2(T_1 - T_0) \dfrac{\sin \omega}{\omega}$

$\qquad = c(\omega)$

取 Fourier inverse transform 可得解函數為：

$u(x, t) = T_0 + \dfrac{1}{2\pi} \int_{-\infty}^{\infty} 2(T_1 - T_0) \dfrac{\sin \omega}{\omega} e^{-a^2 \omega^2 t} e^{i\omega x} d\omega$

10-6　其他邊界值熱傳問題

題型一：非齊性邊界值熱傳問題

$u_t = a^2 u_{xx}$　　　　　　　　　　　　　　　　　　　　　　　(44)

B.C.：$u(0, t) = T_1$, $u(\ell, t) = T_2$

I.C.：$u(x, 0) = f(x)$

為使邊界條件符 Sturm-Liouville 邊界值問題，令 $u(x, t) = \phi(x, t) + w(x)$ 且 $w(x)$ 滿足：

$$w(x) = \frac{(T_2 - T_1)}{\ell}x + T_1 \tag{45}$$

顯然 $w(0) = T_1$, $w(\ell) = T_2$。將 $u(x, t) = \phi(x, t) + w(x)$ 代入(44)式中將可滿足：

$$\phi_t = a^2 \phi_{xx} \tag{46}$$

B.C.: $\phi(0, t) = \phi(\ell, t) = 0$

I.C.: $\phi(x, 0) = f(x) - w(x)$

(46)式之通解為：

$$\phi(x, t) = \sum_{n=1}^{\infty} c_n \exp\left[-\frac{n^2\pi^2 a^2}{\ell^2}t\right]\sin\left(\frac{n\pi x}{\ell}\right) \tag{47}$$

其中 $c_n = \dfrac{2}{\ell}\displaystyle\int_0^\ell (f(x) - w(x))\sin\frac{n\pi x}{\ell}dx$

故 $u(x, t)$ 之通解為(45)與(47)式之和：

$$u(x, t) = \left(\frac{(T_2 - T_1)}{\ell}x + T_1\right) + \sum_{n=1}^{\infty}\frac{2}{\ell}\int_0^\ell (f(x) - w(x))\sin\left(\frac{n\pi x}{\ell}\right)dx \exp$$
$$\left[-\frac{n^2\pi^2 a^2}{\ell^2}t\right]\sin\left(\frac{n\pi x}{\ell}\right) \tag{48}$$

由(48)式可知當 $t \to \infty$ 時 $\phi(x, t) \to 0$, $u(x, t) \to w(x)$ 亦即 $w(x)$ 為此系統之穩態解而 $\phi(x, t)$ 為暫態解。值得注意的是 $w(x)$ 僅與邊界條件有關，與時間及系統之初始條件無關。當時間趨近無窮大時，系統之溫度分佈在二非齊性邊界間呈線性分佈，此即為穩態解 $w(x)$ 所表示。

題型二：時變之邊界條件

$$u_t = a^2 u_{xx} \tag{49}$$

I.C.: $u(x, 0) = f(x)$

B.C.: $u(0, t) = g_1(t)$, $u(\ell, t) = g_2(t)$

令 $u(x, t) = \phi(x, t) + w(x, t)$ 且 $w(x, t)$ 滿足(49)式之 B.C.

$$w(x, t) = \left(1 - \frac{x}{\ell}\right)g_1(t) + \frac{x}{\ell}g_2(t) \tag{50}$$

$\Rightarrow w(0, t) = g_1(t)$, $w(\ell, t) = g_2(t)$

將 $u(x, t) = \phi(x, t) + w(x, t)$ 代入(49)式可得到：

$$\phi_t = a^2\phi_{xx} + (a^2\omega_{xx} - \omega_t) = a^2\phi_{xx} - \left[\left(1 - \frac{x}{\ell}\right)g_1'(t) + \frac{x}{\ell}g_2'(t)\right] \tag{51}$$

$$= a^2\phi_{xx} + G(x, t)$$

B.C.: $\phi(0, t) = \phi(\ell, t) = 0$

I.C.: $\phi(x, 0) = f(x) - \left[\left(1 - \frac{x}{\ell}\right)g_1(0) + \frac{x}{\ell}g_2(0)\right]$

其中 $G(x, t)$為等效內熱源（因時變型邊界所產生）

$$G(x, t) = \left[\left(1 - \frac{x}{\ell}\right)g_1'(t) + \frac{x}{\ell}g_2'(t)\right] \tag{52}$$

　　經過以上的轉換，我們已將原來時變型邊界的問題轉變為如(51)式中齊性邊界（含內熱源）的問題。有關於含內熱源問題解法可參考上一章的討論。

觀念提示：　　1. 對於非齊性邊界問題，一般均採取變數轉換法，給定一變數將非齊性的部份帶走，留下齊性邊界部份，以滿足特徵展開法所需要的邊界條件。

　　　　　　　　2. 對於時變的邊界條件亦可應用前章所述的拉式轉換法。

例題 9： $u_t = a^2 u_{xx}$; $u_x(0, t) = 0$, $u_x(\ell, t) = \dfrac{q}{x}$, $u(x, 0) = 0$　　　　【台大機械】

解　　令 $u(x, t) = \phi(x, t) + w(x)$

其中 $\begin{cases} w'(0) = 0 \\ w'(\ell) = \dfrac{q}{x} \end{cases} \Rightarrow w'(x) = \dfrac{q}{k\ell}x \Rightarrow w(x) = \dfrac{qx^2}{2k\ell}$

$w(x)$設計用以將邊界條件轉換為齊性，則有

$\phi_x(0, t) = \phi_x(\ell, t) = 0$

$\phi_t = a^2\left\{\phi_{xx} + \dfrac{q}{k\ell}\right\}$，故可得通解為：

$\phi(x, t) = c_0(t) + \displaystyle\sum_{n=1}^{\infty} c_n(t)\cos\dfrac{n\pi x}{\ell}$ 代回原式中，可得：

$c_0'(t) + \displaystyle\sum_{n=1}^{\infty}\left[c_1'(t) + \dfrac{n^2\pi^2 a^2}{\ell^2}c_n(t)\right]\cos\left(\dfrac{n\pi x}{\ell}\right) = \dfrac{qa^2}{\ell k}$

$\therefore c_0'(t) = \dfrac{qa^2}{\ell k}, \Rightarrow c_0(t) = c_0\dfrac{qa^2}{k\ell}t$

$c_n'(t) + \dfrac{n^2\pi^2 a^2}{\ell^2}c_n(t) = 0 \Rightarrow c_n(t) = c_n\exp\left[-\dfrac{n^2\pi^2 a^2}{\ell^2}t\right]$

故 $u(x, t)$ 之通解為：

$$u(x, t) = \frac{qx^2}{2k\ell} + \sum_{n=1}^{\infty} c_n \exp\left(-\frac{n^2\pi^2 a^2}{\ell^2} t\right) \cos \frac{n\pi x}{\ell} + \left[c_0 + \frac{qa^2}{k\ell} t\right]$$

再由 I.C.： $u(x, 0) = 0 = \sum_{n=1}^{\infty} c_n \cos \frac{n\pi x}{\ell} + c_0 + \frac{qx^2}{2k\ell}$

$$\therefore c_0 = \frac{-1}{\ell} \int_0^\ell \frac{qx^2}{2k\ell} dx = -\frac{q\ell}{6k}$$

$$c_n = \frac{-2}{\ell} \int_0^\ell \frac{qx^2}{2k\ell} \cos \frac{n\pi x}{\ell} dx = \frac{2q\ell}{kn^2\pi^2} (-1)^{n+1}$$

觀念提示： 1. 本題原為無熱源系統，但由於非齊性邊界條件，使系統等效於一有熱源且齊性邊界的情形。

2. 若 $\frac{q}{k} > 0$（在邊界 l 端之斜率為正），表示存在穩定熱流，源源不絕流進系統中

$\therefore$ 當 $t \to \infty$, $u(x, t) \to \infty$

例題 10：Use the method of separation of variables to find the solution

$$u_t = u_{xx}, 0 < x < 1, t > 0, u(0, t) = 1, u(1, t) = 2, u(x, 0) = x + 1 + \sin \pi x$$

【交大電子】

解　令 $\frac{d^2 v(x)}{dx} = 0$, $v(0) = 1$, $v(1) = 2$

$\Rightarrow v(x) = 1 + x$

令 $u(x, t) = w(x, t) + v(x) = w(x, t) + 1 + x$，代入 P.D.E. 中可得：

$w_t = w_{xx}$ 且 $w(x, t)$ 滿足：

B.C.: $w(0, t) = w(1, t) = 0$

I.C.: $w(x, 0) = \sin \pi x$

令 $w(x, t) = X(x)T(t)$ 代入 P.D.E. 可得二 O.D.E.

(1) $X'' - \lambda X = 0$ ； $X(0) = 0, X(1) = 0$

(2) $T' - \lambda T = 0$

由(1)及邊界條件可得特徵函數解為：

$X_n = c_n \sin n\pi x$ ； $n = 1, 2, \cdots$

將 $\lambda = -n^2\pi^2$ 代入(2)中可求得：

$T(t) = d_n \exp(-n^2\pi^2 t)$

故通解為：$w(x, t) = \sum\limits_{n=1}^{\infty} \alpha_n \sin n\pi x e^{-n^2\pi^2 t}$；其中 $\alpha_n = c_n d_n$

由 I.C.：$w(x, 0) = \sin \pi x = \sum\limits_{n=1}^{\infty} \alpha_n \sin(n\pi x)$

由正弦函數之正交性知 $\alpha_1 = 1$, $\alpha_2 = \alpha_3 = \cdots = 0$

$\therefore u(x, t) = w(x, t) + v(x) = \sin \pi x e^{-\pi^2 t} + 1 + x$

例題 11：$u_t = ku_{xx} + au_x + bu + F(x, t)$

滿足：$u(0, t) = g_1(t)$, $u(\ell, t) = g_2(t)$, $u(x, 0) = f(x)$　　【清華化工】

解

將問題轉換為一具有齊性邊界的系統

令 $u(x, t) = \phi(x, t) + w(x, t)$

其中：$w(x, t) = g_1(t) + \dfrac{x}{l}(g_2(t) - g_1(t))$

代入原 P.D.E.中可得：

$\phi_t = k\phi_{xx} + a\phi_x + b\phi + G(x, t)$

其中

$G(x, t) = F(x, t) + \dfrac{a}{\ell}[g_2(t) - g_1(t)] + \dfrac{bx}{\ell}[g_2(t) - g_1(t)] + bg_1(t) - g_1{}'(t) - \dfrac{x}{\ell}$

$[g_2{}'(t) - g_1{}'(t)]$

$\phi(0, t) = \phi(\ell, t) = 0$

令 $\phi(x, t) = X(x)T(t)$ 代入 P.D.E.後可得特徵方程式為：

$kX'' + aX' + (b + \lambda)X = 0$；$X(0) = X(\ell) = 0$

則特徵函數解為：$X(x) = \exp\left(-\dfrac{a}{2k}x\right)\sin\dfrac{n\pi x}{\ell}$

取 $\phi(x, t) = \sum\limits_{n=1}^{\infty} c_n(t)\exp\left(-\dfrac{a}{2k}x\right)\sin\left(\dfrac{n\pi x}{\ell}\right)$，並對等效內熱源 $G(x, t)$ 作相同的展開

$G(x, t) = \sum\limits_{n=1}^{\infty} d_n(t)\sin\dfrac{n\pi x}{\ell}$

其中 d_n 可由 $G(x, t)$ 之半幅正弦展開式中求得。

將 $\phi(x, t)$ 及 $G(x, t)$ 代入 P.D.E.中，利用比較係數可求出待定係數 $c_n(t)$

10-7　一維非均質系統

參考本章第一節的說明，一非均質系統的熱傳方程式可由(9)式得到：

$$u_t = a(x)u_{xx} + b(x)u_x + F(x, t) \tag{53}$$

考慮如下的例子：

$$\frac{\partial u}{\partial t} = (1 + x)^2 \frac{\partial^2 u}{\partial x^2} \; ; \; u(0, t) = u(1, t) = 0 \tag{54}$$
$$u(x, 0) = f(x)$$

Step 1.使用分離變數法將(54)式分解成二組 O.D.E.

$$T'(t) + \lambda T(t) = 0 \tag{55}$$
$$(1 + x)^2 X'' + \lambda X = 0 \; ; \; X(0) = X(1) = 0 \tag{56}$$

(56)滿足 Sturm-Liouville boundary value problem with weighting function $\dfrac{1}{(1+x)^2}$

$$令\, p = 1 + x \Rightarrow \begin{cases} \dfrac{dX}{dx} = \dfrac{dX}{dp} \\ \dfrac{d^2X}{dx^2} = \dfrac{d^2X}{dp^2} \end{cases}$$

代入(56)可化為 Cauchy 方程式，取 $X = P^m$ 代入後可得 $m = \dfrac{1 \pm \sqrt{1 - 4\lambda}}{2}$

Step 2.檢視所有可能的特徵值 λ，尋找特徵函數解可得到

$$\lambda_n = \frac{1}{4} + \left(\frac{n\pi}{\ln 2}\right)^2 \quad n = 1, 2, \cdots \Rightarrow X(x) = \sqrt{1 + x}\, \sin\frac{n\pi \ln(1 + x)}{\ln 2}$$

Step 3.求出 $u(x, t)$ 之通解

由(55)式知 $T(t) = ce^{-\lambda_n t}$，故通解為：

$$u(x, t) = \sum_{n=1}^{\infty} c_n \exp(-\lambda_n t)\, \sqrt{1 + x}\, \sin\frac{n\pi \ln(1 + x)}{\ln 2} \tag{57}$$

Step 4.代入 I.C.求係數

$$u(x, 0) = \sum_{n=1}^{\infty} c_n \sqrt{1 + x}\, \sin\frac{n\pi \ln(1 + x)}{\ln 2} = f(x)$$

$$\Rightarrow c_n = \frac{\int_0^1 \frac{f(x)}{(1+x)^2}\sqrt{1+x}\sin\frac{n\pi\ln(1+x)}{\ln 2}dx}{\int_0^1 \frac{1}{1+x}\sin^2\frac{n\pi\ln(1+x)}{\ln 2}dx}$$

例題 12：$u_t - u_{xx} + u = 5\sin 2x + 4x$ 滿足

　　　　B.C.：$u(0, t) = 0$, $u(\pi, t) = 4\pi$

　　　　I.C.：$u(x, 0) = \sin 2x + 4x$　　　　　　　　　　【台大化工】

設 $u(x, t) = \phi(x, t) + \sin 2x + 4x$

其中 $\phi(x, t)$ 為齊性邊界之解

$\Rightarrow \phi_t - \phi_{xx} + \phi = 0$

B.C.

$u(0, t) = \phi(0, t) = 0$

$u(\pi, t) = 4\pi = \phi(\pi, t) + 4\pi$, $\Rightarrow \phi(\pi, t) = 0$

令 $\phi(x, t) = X(x)T(t)$ 代入 $\phi_t - \phi_{xx} + \phi = 0$ 中得：

$\dfrac{T'}{T} = \dfrac{X''}{X} - 1 = p$ 則有

(1)$X'' - (1+p)X = 0$　　$X(0) = X(\pi) = 0$

(2)$T' - pT = 0$

由(1)可求得非零解特徵函數為：

$X(x) = \sin nx$，$n = 1, 2, \cdots$

$T' = pT = -(1+n^2)T \Rightarrow T(t) = ce^{-(1+n^2)t}$

故通解為：

$u(x, t) = \sum\limits_{n=1}^{\infty} c_n \sin nx\, e^{-(1+n^2)t} + \sin 2x + 4x$

由 I.C.：$u(x, 0) = \sin 2x + 4x = \sum\limits_{n=1}^{\infty} c_n \sin nx + \sin 2x + 4x$

$\therefore c_n = 0$，$n = 1, 2, \cdots$

例題 13：Solve $\dfrac{\partial\phi}{\partial t} = a^2 \dfrac{\partial}{\partial x}\left(x^2\dfrac{\partial\phi}{\partial x}\right)$；$\phi(1, t) = \phi(2, t) = 0$，$\phi(x, 0) = f(x)$

　　　　　　　　　　　　　　　　　　　　　　　　　　【中山機械】

解　　　原式：$\phi_t = a^2 x^2 \phi_{xx} + 2a^2 x\phi_x$

令 $\phi(x, t) = X(x)T(t)$ 代入上式後可得：

$$\frac{T'}{a^2 T} = x^2 \frac{X''}{X} + 2x \frac{X'}{X} = -\lambda$$

則可形成二組 O.D.E.

(1) $x^2 X'' + 2x X' + \lambda X = 0$；$X(1) = X(2) = 0$（等維變係數 O.D.E.）

(2) $T' + a^2 \lambda T = 0$

令 $X(x) = x^m$ 代入(1)式中後可得：

$$[m(m-1) + 2m + \lambda] x^m = 0 \quad \Rightarrow m = \frac{-1 \pm \sqrt{1 - 4\lambda}}{2}$$

當 $\lambda > \frac{1}{4}$ 時，具有 nontrivial solution；特徵值與特徵函數分別為：

$$\lambda_n = \frac{1}{4} + \left(\frac{n\pi}{\ln 2}\right)^2, \ X_n(x) = \frac{\sin(\beta_n \ln x)}{\sqrt{x}}, \ \beta_n = \frac{n\pi}{\ln 2} \quad n = 1, 2, \cdots$$

故通解為：$\phi(x, t) = \sum\limits_{n=1}^{\infty} c_n \exp(-a^2 \lambda_n t) \, x^{-\frac{1}{2}} \sin(\beta_n \ln x)$

由 I.C. $\phi(x, 0) = f(x) = \sum\limits_{n=1}^{\infty} c_n x^{-\frac{1}{2}} \sin(\beta_n \ln x)$

再由特徵函數之正交性求係數：

$$c_n = \frac{\int_1^2 f(x) x^{-\frac{1}{2}} \sin(\beta_n \ln x) \, dx}{\int_1^2 \sin^2(\beta_n \ln x) \, x^{-1} \, dx}$$

10-8　二維熱傳問題

題型一：二維直角座標均質無內熱源系統

$$\frac{\partial u}{\partial t} = k^2 \left(\frac{\partial^2 u}{\partial x^2} + \frac{\partial^2 u}{\partial y^2}\right) \tag{58}$$

B.C.: $u_x(0, y, t) = u_x(a, y, t) = 0$, $u(x, 0, t) = u(x, b, t) = 0$

I.C.: $u(x, y, 0) = f(x, y)$

Step 1. 利用分離變數法將(58)分解成三組 O.D.E.

$$X'' + \alpha X = 0 \quad X'(0) = X'(a) = 0 \tag{59}$$

$$Y'' + \beta Y = 0 \quad Y(0) = Y(b) = 0 \tag{60}$$

$$T' + k^2(\alpha + \beta)T = 0 \tag{61}$$

$X(x)$, $Y(y)$ 屬於 Sturm-Liouville 邊界值問題，其特徵函數解為：

$$\alpha_m = \left(\frac{m\pi}{a}\right)^2 \quad m = 0, 1, 2, \cdots \quad X_m(x) = \cos\left(\frac{m\pi x}{a}\right)$$

$$\beta_n = \left(\frac{n\pi}{b}\right)^2 \quad n = 1, 2, \cdots \quad Y_n(y) = \sin\left(\frac{n\pi y}{b}\right)$$

$$\therefore T(t) = \exp\left[-k^2(\alpha_m + \beta_n)t\right]$$

Step 2. 求 $u(x, y, t)$ 之通解：

$$u(x, y, t) = \sum_{m=0}^{\infty}\sum_{n=1}^{\infty} c_{mn}\exp\left[-k^2(\alpha_m + \beta_n)t\right]\cos\left(\frac{m\pi x}{a}\right)\sin\left(\frac{n\pi y}{b}\right) \tag{62}$$

Step 3. 利用 I.C. 求係數

$$u(x, y, 0) = f(x, y) = \sum_{m=0}^{\infty}\sum_{n=1}^{\infty} c_{mn}\cos\left(\frac{m\pi x}{a}\right)\sin\left(\frac{n\pi y}{b}\right)$$

$$\Rightarrow \frac{2}{b}\int_0^b f(x, y)\sin\left(\frac{n\pi y}{b}\right)dy = \sum_{m=0}^{\infty} c_{mn}\cos\left(\frac{m\pi x}{a}\right)$$

$$\Rightarrow c_{mn} = \frac{4}{ab}\int_0^a\int_0^b f(x, y)\sin\left(\frac{n\pi y}{b}\right)\cos\left(\frac{m\pi x}{a}\right)dydx \;;\; m = 1, 2, \cdots,\; n = 1, 2, \cdots$$

$$\Rightarrow c_{0n} = \frac{2}{ab}\int_0^a\int_0^b f(x, y)\sin\left(\frac{n\pi y}{b}\right)dydx$$

題型二：二維圓柱座標系統熱傳問題

$$u_t = a^2\nabla^2 u = a^2\left(\frac{\partial^2 u}{\partial r^2} + \frac{1}{r}\frac{\partial u}{\partial r} + \frac{1}{r^2}\frac{\partial^2 u}{\partial \theta^2}\right) \tag{63}$$

B.C.: $u(\ell, \theta, t) = 0$

I.C.: $u(r, \theta, 0) = f(r, \theta)$

Step 1. 令 $u = R(r)\phi(\theta)T(t)$ 代入(63)式整理後可得到三組 O.D.E.

(1) $T' + a^2\lambda^2 T = 0$ \hfill (64)

(2) $\phi'' + n^2\phi = 0$; $\phi(\theta) = \phi(\theta + 2\pi)$ \hfill (65)

(3) $r^2 R'' + rR' + (\lambda^2 r^2 - n^2)R = 0$ \hfill (66)

Step 2. 由(65)式可知 $\phi(\theta)$ 之特徵函數解為：

$$\phi_n(\theta) = a_n\cos n\theta + b_n\sin n\theta$$

值得注意的是：(66)式為 n 階 Bessel 方程式，若其邊界條件為 $u(0, \theta, t)$ 存在，
且 $u(\ell, \theta, t) = 0$，則(66)之解為：

$$\lambda_m = \frac{\alpha_m^n}{\ell} \quad m = 1, 2, \cdots$$

$$R_n(r) = J_n(\lambda_m r) = J_n\left(\frac{\alpha_m^n r}{\ell}\right)$$

Step 3. 可得到 $u(r, \theta, t)$ 之通解為

$$u(r, \theta, t) = \sum_{n=0}^{\infty} \sum_{m=1}^{\infty} \exp[-a^2 \lambda_m^2 t] J_n(\lambda_m r)[a_{mn}\cos n\theta + b_{mn}\sin n\theta] \tag{67}$$

Step 4. 代入 I.C. 可得：

$$u(r, \theta, 0) = f(r, \theta) = \sum_{n=0}^{\infty} \sum_{m=1}^{\infty} J_n(\lambda_m r)[a_{mn}\cos n\theta + b_{mn}\sin n\theta]$$

利用 Bessel 函數之正交性可得：

$$\frac{\frac{2^2}{\ell}}{J_{n+1}^2(\alpha_m^n)} \int_0^\ell rf(r, \theta) J_n(\lambda_m r)dr = \sum_{n=0}^{\infty} [a_{mn}\cos n\theta + b_{mn}\sin n\theta] \tag{68}$$

利用 Fourier 級數展開式求出未定係數

$$a_{0m} = \frac{1}{\pi\ell^2 J_1^2(\alpha_m^0)} \int_0^{2\pi} \int_0^\ell r J_0(\lambda_m r) f(r, \theta)drd\theta \tag{69a}$$

$$a_{nm} = \frac{2}{\pi\ell^2 J_{n+1}^2(\alpha_m^n)} \int_0^{2\pi} \int_0^\ell r J_n(\lambda_m r) f(r, \theta)\cos n\theta\, drd\theta \tag{69b}$$

$$b_{nm} = \frac{2}{\pi\ell^2 J_{n+1}^2(\alpha_m^n)} \int_0^{2\pi} \int_0^\ell r J_n(\lambda_m r) f(r, \theta)\sin n\theta\, drd\theta \tag{69c}$$

綜合練習

1. $u_t = a^2 u_{xx}$; $u(0, t) = u(\ell, t) = 0$, $u(x, 0) = x$ 　　　　　【清華原科】

2. $u_t = u_{xx}$; $u(0, t) = u(2, t) = 0$, $u(x, 0) = 1$ 　　　　　【台大土木】

3. $u_t = a^2 u_{xx}$; $u_x(0, t) = u_x(\ell, t) = 0$, $u(x, 0) = 2x$ 　　　　　【成大土木】

4. $u_t = 2u_{xx}$; $u(0, t) = u(3, t) = 0$, $u(x, 0) = 5\sin \pi x - 3\sin 2\pi x$ 　　　　　【中興土木】

5. $u_t = u_{xx} + e^{-t}\sin 3x$; $u(0, t) = 0$, $u(\pi, t) = 1$, $u(x, 0) = f(x)$ 　　　　　【成大機械】

6. $u_t = u_{xx}$ 滿足 $u(0, t) = 100$, $u(\ell, t) = 60$, $u(x, 0) = 100$ 　　　　　【清華電機】

7. $u_t = u_{xx} + 2u_x$; $u(0, t) = u(\pi, t) = 0$, $u(x, 0) = e^{-x}$ 　　　　　【台大機械】

8. $u_t = a^2 u_{xx}$, $x \in (-\infty, \infty)$, $u(x, 0) = k\delta(x - x_0)$ 　　　　　【交大光電】

9. The temperature distribution in a thin circular disk whose upper and lower faces are insulated, if independent of θ, satisfies the equation

    $$\frac{\partial}{\partial r}\left(r\frac{\partial u}{\partial r}\right) = c^2 r \frac{\partial u}{\partial t} \quad 0 \le r \le 1$$

    with initial condition $u(r, 0) = 100$, and boundary condition $u(1, t) = 0$

    (a) Find an equation whose roots are the eigenvalues of this problem.

    (b) Assume that λ_n ($n = 1, 2, 3, \cdots$) are the eigenvalues of this problem. Find the eigenfunctions ψ_n corresponding to eigenvalues λ_n

    (c) Show the orthogonality of eigenfunctions

    (d) Find the solution $u(r, t)$ of this problem 　　　　　【台科大自控】

10. (a) Find the Laplace transformation $U(x, s)$ of the following boundary value problem:

    $u_t = u_{xx}$; $0 \le x \le 1$, $t \ge 0$

    B.C.: $u(0, t) = u(1, t) = e^t$

    I.C.: $u(x, 0) = 1$

    (b) Solve the above problem by the method of separation of variables 　　　　　【中央化工】

11. Use Laplace transformation to solve the following partial differential equation:

    $$\frac{\partial u}{\partial x} + 2x\frac{\partial u}{\partial t} = 2x, \; u(x, 0) = 1, \; u(0, t) = 1$$ 　　　　　【中山資工】

12. Solve the PDE $u_t = a^2\left(u_{rr} + \frac{2}{r}u_r\right)$; $0 \le r \le R$, $t \ge 0$ 　　　　　【成大環工】

    B.C.: $u_r(0, t) = 0$, $u(R, t) = C$

    I.C.: $u(r, 0) = 0$

13. Solve the PDE $u_t = u_{xx}$; $1 > x > 0$, $t > 0$

    B.C.: $u(0, t) = 1$, $u(1, t) = 2$

    I.C.: $u(x, 0) = 1 + x + 2\sin \pi x + 0.5\sin 3\pi x + 0.05\sin 5\pi x$ 　　　　　【成大水利】

14. Solve the following PDE 　　　　　【台大】

    $$\begin{cases} u_t = u_{xx} & ; \; 0 < x < 1, t > 0 \\ u(0, t) = t & , \; u(1, t) = 1 \\ u(x, 0) = x \end{cases}$$

15. Consider the heat equation $u_t = a^2 u_{xx}$; $l > x > 0$, $t > 0$ 　　　　　【成大製造】

    B.C.: $u_x(0, t) = 0$, $u_x(l, t) = 0$

I.C.: $u(x, 0) = x(l - x)$

determine the solution for $u(x, t)$

16. Solve the PDE $u_t = 9u_{xx}; x \in (-\infty, \infty), u(x, 0) = \delta(x)$ 　　　　　　【中山光電】

17. Solve the PDE $u_t = 9u_{xx}; 0 \leq x \leq 5, t \geq 0$ 　　　　　　【雲科大機械】

　　 B.C.: $u(0, t) = 0, u(5, t) = 3$

　　 I.C.: $u(x, 0) = 0$

18. Solve the PDE $u_t = a^2 u_{xx}; 0 \leq x \leq l, t \geq 0$ 　　　　　　【成大機械】

　　 B.C.: $u(0, t) = 0, u_x(l, t) = -u(l, t)$

　　 I.C.: $u(x, 0) = f(x)$

19. Solve the PDE $u_t = u_{xx} - u; 0 \leq x \leq l, t \geq 0$ 　　　　　　【中原化工】

　　 B.C.: $u(0, t) = 0, u(l, t) = 1$

　　 I.C.: $u(x, 0) = 0$

20. Solve the PDE $u_t = a^2 u_{xx}; 0 \leq x, t \geq 0$ 　　　　　　【台科大電子】

　　 B.C.: $u(0, t) = 0$

　　 I.C.: $u(x, 0) = f(x) = \begin{cases} \pi - x & ; 0 \leq x \leq \pi \\ 0 & ; x \geq \pi \end{cases}$

21. Solve the PDE by Fourier sine transformation 　　　　　　【台科大機械】

　　 $u_t = u_{xx}; 0 \leq x, t \geq 0$

　　 B.C.: $u(0, t) = g(t)$

　　 I.C.: $u(x, 0) = 0$

22. Find the solution to the following heat equation:

　　 $\dfrac{\partial u(x, t)}{\partial t} = \dfrac{\partial^2 u(x, t)}{\partial x^2}$; $\forall 0 \leq x \leq 1, t \geq 0$

　　 B.C.: $u(0, t) = 0, u(1, t) = 1$ 　　$\forall t > 0$

　　 I.C.: $u(x, 0) = x + \sin(\pi x)$ 　　$\forall 0 < x < 1$ 　　　　　　【101 中山電機】

11

偏微分方程式(3)—Laplace 方程式及線性 PDE

盛年不重來，一日難在晨，及時當勉勵，歲月不待人！

陶淵明

耐心是一切聰明才智的基礎！

柏拉圖

11-1 物理背景與數學模型

在空間中某處置放一電荷 q，則根據電磁學理論，將在空間中建立一個電場 $\vec{E}$ 與電位場 u，且滿足 Poisson's equation

$$\nabla^2 u = \frac{-\rho}{\varepsilon_0} \tag{1}$$

其中 ρ 為電荷密度。當所求解區域不存在電荷（$\rho = 0$）時，則(1)式將變成：

$$\nabla^2 u = 0 \tag{2}$$

(2)即為 Laplace 方程式，Laplace 方程式除了可描述電位場之分佈情形外，亦可用於探討穩態下的擴散現象、勢能流（Potential flow）及不可壓縮流體之流動情形。滿足 Laplace 方程式的函數又稱為諧合函數（Harmonic function）。值得注意的是，由(2)式可知Laplace方程式中並無時間的因子，只為空間中位置的函數，故僅適用於非時變系統。解 Laplace 方程式僅需要邊界條件而不需起始條件：

(1) Dirichilet 邊界值問題

　　$\nabla^2 u = 0$；在邊界上 $u = f$

(2) Neumann 邊界值問題

　　$\nabla^2 u = 0$；在邊界上 $\dfrac{\partial u}{\partial n} = g$

　　其中 $\dfrac{\partial u}{\partial n}$ 為函數 u 在邊界上的法向導數

(3)混合邊界值問題

　　$\nabla^2 u = 0$；在邊界上 $\dfrac{\partial u}{\partial n} + hu = p$

11-2 2-D 卡氏座標邊界值問題

題型一：$\nabla^2 u = u_{xx} + u_{yy} = 0$

　　　　B.C.：$u(0, y) = f_1(y)$, $u(a, y) = 0$

　　　　$u(x, 0) = u(x, b) = 0$

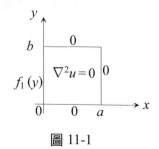

圖 11-1

Step 1. 利用分離變數法將 P.D.E 分解成二組 O.D.E. :

$$\frac{X''}{X} = -\frac{Y''}{Y} = k$$

$$\Rightarrow X'' - kX = 0 \quad \text{B.C.: } X(0) = f_1(y) \quad X(a) = 0$$

$$Y'' + kX = 0 \quad \text{B.C.: } Y(0) = Y(b) = 0$$

Step 2. 先解 $Y(y)$ 求出特徵函數集:

$$k = \lambda_n^2 = \left(\frac{n\pi}{b}\right)^2 \quad n = 1, 2, \cdots$$

$$\Rightarrow Y_n(y) = \sin\left(\frac{n\pi}{b}y\right) \quad n = 1, 2, \cdots$$

Step 3. 再解 $X(x)$ 及 $u(x, y)$ 之通解

$$X'' - \left(\frac{n\pi}{b}\right)^2 X = 0$$

$$\Rightarrow X(x) = c_1 \cosh\frac{n\pi}{b}x + c_2 \sinh\frac{n\pi x}{b} \tag{3}$$

代入 B.C. : $X(a) = c_1 \cosh\frac{n\pi}{b}a + c_2 \sinh\frac{n\pi}{b}a = 0$

$$\Rightarrow c_1 = -c_2 \tanh\frac{n\pi x}{b}$$

故通解為:

$$u(x, y) = \sum_{n=1}^{\infty} c_n\left(-\tanh\frac{n\pi a}{b}\cosh\frac{n\pi x}{b} + \sinh\frac{n\pi x}{b}\right)\sin\frac{n\pi y}{b}$$

$$= \sum_{n=1}^{\infty} \frac{-c_n}{\cosh\dfrac{n\pi a}{b}}\left(\sinh\frac{n\pi a}{b}\cosh\frac{n\pi x}{b} - \cosh\frac{n\pi a}{b}\sinh\frac{n\pi x}{b}\right)\sin\frac{n\pi y}{b} \tag{4}$$

$$= \sum_{n=1}^{\infty} \alpha_n \sinh\frac{n\pi}{b}(a - x)\sin\frac{n\pi y}{b}$$

Step 4. 代入非齊性條件 $u(0, y) = f_1(y) = \sum_{n=1}^{\infty} \alpha_n \sinh\frac{n\pi a}{b}\sin\frac{n\pi y}{b}$

$$\Rightarrow \alpha_n = \frac{1}{\sinh\dfrac{n\pi a}{b}}\frac{2}{b}\int_0^b f_1(y)\sin\frac{n\pi y}{b}dy \tag{5}$$

題型二: $\nabla^2 u = u_{xx} + u_{yy} = 0$

　　B.C.: $u(x, 0) = u(x, b) = 0$

　　$u(0, y) = 0, u(a, y) = f_2(y)$

　　求解的過程與題型一相同,且同樣可得到(3)式之解,
將 B.C. 代入可得:

$$X(0) = 0 = c_1$$

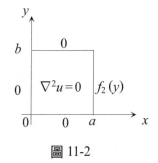

圖 11-2

故通解為

$$u(x, y) = \sum_{n=1}^{\infty} c_n \sinh \frac{n\pi x}{b} \sin \frac{n\pi y}{b} \tag{6}$$

再代入 B.C. $u(a, y) = f_2(y)$

$$\Rightarrow f_2(y) = \sum_{n=1}^{\infty} c_n \sinh \frac{n\pi a}{b} \sin \frac{n\pi}{b} y$$

$$\Rightarrow c_n = \frac{1}{\sinh \dfrac{n\pi a}{b}} \frac{2}{b} \int_0^b f_2(y) \sin \frac{n\pi y}{b} dy \tag{7}$$

題型三：$\nabla^2 u = u_{xx} + u_{yy} = 0$

B.C.: $u(0, y) = u(a, y) = 0$

$u(x, 0) = g_1(x), u(x, b) = 0$

依照上述的求解過程可得：

$$u(x, y) = \sum_{n=1}^{\infty} \alpha_n \sinh \frac{n\pi(b - y)}{a} \sin \frac{n\pi x}{a} \tag{8}$$

$$\alpha_n = \frac{1}{\sinh \dfrac{n\pi b}{a}} \frac{2}{a} \int_0^a g_1(x) \sin \frac{n\pi x}{a} dx \tag{9}$$

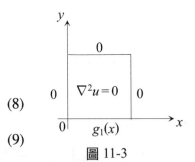

圖 11-3

題型四：$\nabla^2 u = u_{xx} + u_{yy} = 0$

B.C.: $u(0, y) = u(a, y) = 0$

$u(x, 0) = 0, u(x, b) = g_2(x)$

顯然的，本題之解為：

$$u(x, y) = \sum_{n=1}^{\infty} c_n \sinh \frac{n\pi y}{a} \sin \frac{n\pi x}{a} \tag{10}$$

$$c_n = \frac{1}{\sinh \left(\dfrac{n\pi b}{a} \right)} \frac{2}{a} \int_0^a g_2(x) \sin \frac{n\pi x}{a} dx \tag{11}$$

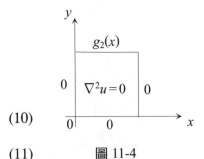

圖 11-4

題型五：$\nabla^2 u = u_{xx} + u_{yy} = 0$

B.C.: $u(x, 0) = g_1(x)$

$u(x, b) = g_2(x)$

$u(0, y) = f_1(y)$

$u(a, y) = f_2(y)$

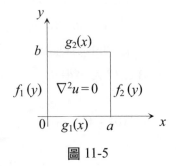

圖 11-5

若直接用變數分離法求解，因邊界條件不滿足 Sturm-Liouville equatuin 之邊界條件，將使解題過程無法繼續。

可利用 Laplace 方程式為線性方程式的特性：

亦即若函數 u 及 v 均滿足 Laplace 方程式，則 $u \pm v$ 亦必滿足 Laplace 方程式。

若 u_1, u_2, u_3, u_4 分別為滿足圖 11-1～圖 11-4 之解函數，則 $u = u_1 + u_2 + u_3 + u_4$

在邊界上的情形將為：

$$u(x, 0) = u_1(x, 0) + u_2(x, 0) + u_3(x, 0) + u_4(x, 0) = g_1(x)$$

同理可得：

$$u(x, b) = g_2(x) = u_1(x, b) + u_2(x, b) + u_3(x, b) + u_4(x, b)$$
$$u(0, y) = f_1(y) = u_1(0, y) + u_2(0, y) + u_3(0, y) + u_4(0, y)$$
$$u(a, y) = f_2(y) = u_1(a, y) + u_2(a, y) + u_3(a, y) + u_4(a, y)$$

明顯的 $u(x, y)$ 所必需滿足的邊界條件正如圖 11-5 所表示，由解函數之唯一性可看出，在圖 11-5 的邊界條件下其解函數為(4)，(6)，(8) 及(10)式之和。換言之，各邊界條件合成後所得到的解必相等於單獨由各邊界所得到的解函數的和—符合重疊原理。

題型六：$\nabla^2 u = u_{xx} + u_{yy} = 0$

   B.C.: $u(x, 0) = u(x, b) = 0$

   $u(0, y) = f(y)$

   $\lim\limits_{x \to \infty} u(x, y)$ 存在

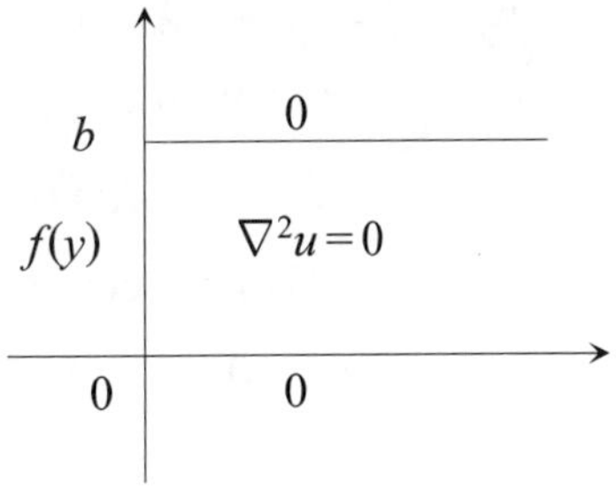

Step 1. 利用分離變數法將 P.D.E.分解成二組 O.D.E.

  $X'' - \lambda X = 0$；$\lim\limits_{x \to \infty} X(x)$ 存在

  $Y'' + \lambda Y = 0$；$Y(0) = Y(b) = 0$

Step 2. 先求解 $Y(y)$ 所形成之特徵函數集

  $\lambda_n = \left(\dfrac{n\pi}{b}\right)^2$　$n = 1, 2, \cdots$

圖 11-6

$$Y_n = \sin\frac{n\pi}{b}y \; ; \; X_n = \alpha_n \exp\left(\frac{n\pi}{b}x\right) + \beta_n \exp\left(\frac{-n\pi}{b}x\right)$$

Step 3. 求出通解及係數

$$u(x, y) = \sum_{n=1}^{\infty}\left[\alpha_n \exp\left(\frac{n\pi}{b}x\right) + \beta_n \exp\left(\frac{-n\pi}{b}x\right)\right]\sin\frac{n\pi y}{b}$$

$$\lim_{x\to\infty} u(x, y)存在 \Rightarrow \alpha_n = 0$$

$$u(0, y) = f(y) = \sum_{n=1}^{\infty}\beta_n \sin\frac{n\pi y}{b}$$

$$\Rightarrow \beta_n = \frac{2}{b}\int_0^b f(y)\sin\frac{n\pi y}{b}\,dy \tag{12}$$

$$\therefore u(x, y) = \sum_{n=1}^{\infty}\beta_n e^{\frac{-n\pi x}{b}}\sin\frac{n\pi y}{b}$$

例題 1： Solve the partial differential equation

$$\nabla^2 u = u_{xx} + u_{yy} = 0$$

【101 中正電機】

解　利用分離變數法將 P.D.E 分解成二組 O.D.E.：

$$\frac{X''}{X} = -\frac{Y''}{Y} = \lambda$$

$$\Rightarrow X'' - \lambda X = 0$$

$$Y'' + \lambda X = 0$$

(1) $\lambda = k^2 \Rightarrow X(x) = c_1 \cosh kx + c_2 \sinh kx$

　　$Y(y) = b_1 \cos ky + b_2 \sin ky$

(2) $\lambda = 0 \Rightarrow X(x) = c_3 + c_4 x$

　　$Y(y) = b_3 + b_4 y$

(3) $\lambda = -k^2 \Rightarrow X(x) = c_5 \cos kx + c_6 \sin kx$

　　$Y(y) = b_5 \cosh ky + b_6 \sinh ky$

例題 2： Find the solution $u(x, y)$ of Laplace equation in the rectangle $0 < x < a$, $0 < y < b$, also satisfying the boundary condition:

$u(0, y) = 0$, $u(a, y) = f(y)$; $0 < y < b$

$u(x, 0) = h(x)$, $u(x, b) = 0$; $0 \le x \le a$

【交大電信】

解　利用重疊原理可將本題視為以下二問題之合成：

(1)$u_{xx}+u_{yy}=0$；$u(0,y)=0$, $u(a,y)=f(y)$

$u(x,0)=0$, $u(x,b)=0$

(2)$u_{xx}+u_{yy}=0$；$u(0,y)=0$, $u(a,y)=0$

$u(x,0)=h(x)$, $u(x,b)=0$

由(1)之 B.C.可得：$u_1(x,y)=\sum\limits_{n=1}^{\infty}c_n(x)\sin\dfrac{n\pi y}{b}$

經代入原 P.D.E.後可得：

$\sum\limits_{n=1}^{\infty}\left[c_n''(x)-\dfrac{n^2\pi^2}{b^2}c_n(x)\right]\sin\dfrac{n\pi y}{b}=0$

$\Rightarrow c_n(x)=\alpha_n\cosh\dfrac{n\pi x}{b}+\beta_n\sinh\dfrac{n\pi x}{b}$

由此可知通解為：

$u_1(x,y)=\sum\limits_{n=1}^{\infty}\left[\alpha_n\cosh\dfrac{n\pi x}{b}+\beta_n\sinh\dfrac{n\pi x}{b}\right]\sin\dfrac{n\pi y}{b}$

由 $u(0,y)=0\Rightarrow\alpha_n=0$，再由 $u(a,y)=f(y)$ 可知：

$f(y)=\sum\limits_{n=1}^{\infty}\beta_n\sinh\dfrac{n\pi a}{b}\sin\dfrac{n\pi y}{b}$

$\Rightarrow\beta_n=\dfrac{2}{b}\dfrac{1}{\sinh\dfrac{n\pi a}{b}}\int_0^b f(y)\sin\dfrac{n\pi y}{b}dy$

同理可得(2)式中 P.D.E.之通解：

$u_2(x,y)=\sum\limits_{n=1}^{\infty}\left[\alpha_n\sinh\dfrac{n\pi(b-y)}{a}\right]\sin\dfrac{n\pi x}{a}$

再由 $u(x,0)=h(x)=\sum\limits_{n=1}^{\infty}\alpha_n\sinh\dfrac{n\pi b}{a}\sin\dfrac{n\pi}{a}x$

$\Rightarrow\alpha_n=\dfrac{1}{\sinh\dfrac{n\pi b}{a}}\dfrac{2}{a}\int_0^a h(x)\sinh\dfrac{n\pi x}{a}dx$

$u(x,y)=u_1(x,y)+u_2(x,y)$

例題 3：$u_{xx}+u_{yy}+1=0$；$u(x,0)=u(x,1)=u(0,y)=u(1,y)=1$　　　【成大土木】

解　取 $u(x,y)=\phi(x,y)+1$ 以帶走非齊性邊界

則題目可被改為：

$\phi_{xx}+\phi_{yy}+1=0$; B.C.: $\phi(x,0)=\phi(x,1)=\phi(0,y)=\phi(1,y)=0$

由 B.C.可得：

$$\phi(x, y) = \sum_{n=1}^{\infty} c_n(y)\sin n\pi x$$

代入 P.D.E.後可得：

$$\sum_{n=1}^{\infty} [c_n''(y) - n^2\pi^2 c_n(y)] \sin n\pi x = -1 \cdots\cdots(1)$$

將 -1 在$(0, 1)$間作相同之展開（半幅正弦展開）可得：

$$-1 = \sum_{n=1}^{\infty} d_n \sin n\pi x \Rightarrow d_n = -2\int_0^1 \sin n\pi x\,dx = \frac{2}{n\pi}[(-1)^n - 1]$$

代入(1)式後比較係數可得一二階非齊性方程式

$$c_n''(y) - n^2\pi^2 c_n(y) = \frac{2}{n\pi}[(-1)^n - 1]$$

故 $c_n(y) = \alpha_n \cosh n\pi y + \beta_n \sinh n\pi y + \dfrac{2}{n^3\pi^3}[1 - (-1)^n]$

由 $c_n(0) = 0 \Rightarrow \alpha_n = \dfrac{-2}{n^3\pi^3}[1 - (-1)^n]$

再由 $c_n(1) = 0 \Rightarrow \beta_n = \dfrac{1}{\sinh n\pi}\dfrac{2}{n^3\pi^3}[1 - (-1)^n](\cosh n\pi - 1)$

$$\therefore u(x, y) = 1 + \phi(x, y) = 1 + \sum_{n=1}^{\infty}\left\{\alpha_n \cosh n\pi y + \beta_n \sinh n\pi y + \right.$$

$$\left. \frac{2}{n^3\pi^3}[1 - (-1)^n]\right\}\sin n\pi x$$

例題 4：$u_{xx} + u_{yy} - u = 2\sin x$

  $u(0, y) = 0,\ u(\pi, y) = 0$；$0 < y < \pi$

  $u(x, 0) = 0,\ u(x, \pi) = 0$；$0 < x < \pi$ 　　　　　　　　【台大應力】

解　　由分離變數法令 $u(x, y) = X(x)Y(y)$代入原式可得

$$\frac{X''}{X} + \frac{Y''}{Y} - 1 = 0 \Rightarrow \frac{X''}{X} = -\frac{Y''}{Y} + 1 = \lambda$$

$$\Rightarrow u(x, y) = \sum_{n=1}^{\infty} c_n(y)\sin nx$$

代入 P.D.E.後可得

$$\sum_{n=1}^{\infty} [c_n''(y) - (1 + n^2)c_n(y)] \sin nx = 2\sin x$$

$$\therefore \begin{cases} c_1''(y) - 2c_1(y) = 2 \\ c_n''(y) - (1 + n^2)c_n(y) = 0 \quad (n > 1) \end{cases}$$

再由 B.C.：$c_n(0) = c_n(\pi) = 0$ 代入後可得

$c_1(y) = \alpha_1 \sinh\sqrt{2}y + \beta_1 \cosh\sqrt{2}y - 1$，$c_n(y) = 0,\ n = 2, 3, \cdots$

$c_n(0) = 0 \Rightarrow \beta_1 = 1,\ c_n(\pi) = 0$ 可知

$$\alpha_1 = \frac{1 - \cosh\sqrt{2}\pi}{\sinh\sqrt{2}\pi}$$

解函數為：$u(x, y) = \dfrac{1}{\sinh\sqrt{2}\pi}[\sinh\sqrt{2}y - \sinh\sqrt{2}\pi + \sinh\sqrt{2}(\pi - y)]\sin x$

例題 5：$\nabla^2 u = u_{xx} + u_{yy} = 0$，$0 < x < \pi$，$0 < y < \pi$

$u_x(0, y) = 0$，$u_x(\pi, y) = 0$

$u_y(x, 0) = \cos 2x \cos x - \sin 2x \sin x$

$u_y(x, \pi) = 3x - \dfrac{3}{2}\pi$　　　　　　　　　　　　　　【101 成大電機】

解　(1)$u_x(0, y) = 0$，$u_x(\pi, y) = 0$，$u_y(x, 0) = 0$，$u_y(x, \pi) = 3x - \dfrac{3}{2}\pi$

由 x 之邊界條件可知解函數為 $\dfrac{1}{2}$ 幅餘弦展開

$u_1(x, y) = \sum\limits_{n=0}^{\infty} c_n(y)\cos nx = \sum\limits_{n=0}^{\infty}[\alpha_n \cosh ny + \beta_n \sinh ny]\cos nx$

由 $u_y(x, 0) = 0 \Rightarrow \beta_n = 0$

$u_y(x, \pi) = 3x - \dfrac{3}{2}\pi = \sum\limits_{n=0}^{\infty} n\alpha_n \sinh n\pi \cos nx$

$\Rightarrow \alpha_n = \dfrac{2}{n\pi \sinh n\pi}\int_0^{\pi}\left(3x - \dfrac{3}{2}\pi\right)\cos nx\, dx$

(2)$u_x(0, y) = 0$，$u_x(\pi, y) = 0$，$u_y(x, 0) = \cos 2x \cos x - \sin 2x \sin x$，

$u_y(x, \pi) = 0$

由 x 之邊界條件可知解函數為 $\dfrac{1}{2}$ 幅餘弦展開

$u_1(x, y) = \sum\limits_{n=0}^{\infty} c_n(y)\cos nx = \sum\limits_{n=0}^{\infty}[\alpha_n \cosh ny + \beta_n \sinh ny]\cos nx$

由 $u_y(x, \pi) = 0 \Rightarrow \alpha_n = -\beta_n \dfrac{\cosh n\pi}{\sinh n\pi}$

$u_y(x, 0) = \cos 2x \cos x - \sin 2x \sin x = \sum\limits_{n=0}^{\infty} n\beta_n \cos nx$

$\Rightarrow \beta_n = \dfrac{2}{n\pi}\int_0^{\pi}(\cos 2x \cos x - \sin 2x \sin x)\cos nx\, dx$

利用重疊原理可知解函數為(1)(2)所得結果之和

例題 6：$\nabla^2 u = u_{xx} + u_{yy} = 0$

$u_x(0, y) = 0$，$u(\pi, y) = c_1$　　　　　　　　　　　　　　【成大電機】

$u_y(x, 0) = 0$，$u(x, \pi) = c_2$

解 (1)$u_x(0, y) = u(\pi, y) = u_y(x, 0) = 0$, $u(x, \pi) = c_2$

由 x 之邊界條件可知解函數為 $\frac{1}{4}$ 幅餘弦展開

$$u_1(x, y) = \sum_{n=1}^{\infty} c_n(y)\cos\frac{(2n-1)x}{2}$$

$$= \sum_{n=1}^{\infty}\left[\alpha_n\cosh\frac{(2n-1)}{2}y + \beta_n\sinh\frac{(2n-1)}{2}y\right]\cos\left(\frac{2n-1}{2}\right)x$$

由 $u_y(x, 0) = 0 \Rightarrow \beta_n = 0$

$$u_1(x, \pi) = c_2 = \sum_1^{\infty}\alpha_n\cosh\frac{(2n-1)\pi}{2}\cos\frac{(2n-1)x}{2}$$

$$\Rightarrow \alpha_n = \frac{2}{\pi\cosh\dfrac{(2n-1)\pi}{2}}\int_0^{\pi} c_2\cos\frac{(2n-1)}{2}x\,dx$$

(2)$u_x(0, y) = u_y(x, 0) = u(x, \pi) = 0$, $u(\pi, y) = c_1$

同(1)之討論可得解為：

$$u_2(x, y) = \sum_{n=1}^{\infty}\alpha_n'\cosh\frac{(2n-1)x}{2}\cos\frac{(2n-1)}{2}y$$

$$\alpha_n' = \frac{2}{\pi\cosh\dfrac{(2n-1)\pi}{2}}\int_0^{\pi} c_1\cos\frac{(2n-1)y}{2}\,dy$$

利用重疊原理可知解函數為(1)(2)所得結果之和

例題 7：Assume that

(a)The solution of $\nabla^2 u = u_{xx} + u_{yy} = 0$

with $u(0, y) = u_0$, $u(x, 0) = u(x, 1) = u(1, y) = 0$ is $u_1(x, y)$

(b)The solution of $\nabla^2 u = u_{xx} + u_{yy} = 0$

with $u(x, 0) = v_0$, $u(0, y) = u(1, y) = u(x, 1) = 0$ is $u_2(x, y)$

(c)The solution of $u_{xx} + u_{yy} = Q(x, y)$

with $u(0, y) = u(1, y) = u(x, 0) = u(x, 1) = 0$ is $u_3(x, y)$

Where $x, y \in [0, 1]$

What is the solution of $u_{xx} + u_{yy} = Q(x, y)$ with

$u(0, y) = 0$, $u(x, 0) = 0$, $u(1, y) = u_0$, $u(x, 1) = v_0$　　　【成大工科】

解 利用重疊原理,解函數可表示為

$$u(x, y) = u_1(1 - x, y) + u_2(x, 1 - y) + u_3(x, y)$$

例題 8：Solve $\nabla^2 u = u_{xx} + u_{yy} = 0$, $-\infty < x < \infty$, $0 < y < \infty$

$$u(x, 0) = \begin{cases} 0, & -\infty < x < 0 \\ 20, & 0 \le x < \infty \end{cases}$$

【101 台大工數 C】

解

Let $w = \ln z = \ln r + i\theta$, $0 < r < \infty$, $0 < \theta < \pi$

Let $w = \ln r + i\theta = p + iv \Rightarrow -\infty < p < \infty$, $0 \le v \le \pi$

$$\frac{d^2 u}{dv^2} = 0 \Rightarrow u = c_1 + c_2 v$$

代入

$$\begin{cases} \theta = 0, & v = 0, & u = 20 \\ \theta = \pi, & v = \pi, & u = 0 \end{cases}$$

$$\Rightarrow u = 20 - \frac{20}{\pi} v = 20 - \frac{20}{\pi} \theta$$

$$= 20 - \frac{20}{\pi}\left(\frac{\pi}{2} - \tan^{-1}\frac{x}{y}\right)$$

$$= 10 + \frac{20}{\pi}\tan^{-1}\frac{x}{y}$$

例題 9：Find the steady state solution in the two dimensional slab shown in the figure

$$\nabla^2 u = u_{xx} + u_{yy} = 0$$
$$u(0, y) = f(y)$$
$$u(x, \pm a) = T_0$$
$$u(\infty, y) = T_0$$

【中山機械】

解

令 $v(x, y) = u(x, y) - T_0$，以將非齊性邊界條件化為齊性

$v(0, y) = f(y) - T_0$, $v(\infty, y) = 0$, $v(x, -a) = 0$, $v(x, a) = 0$

steady state implies $u_t = 0$ 故滿足 Laplace equation

$$v_{xx} + v_{yy} = 0$$

令 $v(x, y) = X(x)Y(y)$ 代入後可得

$$X'' - k^2 X = 0, \quad Y'' + k^2 Y = 0$$

其通解為：

$$Y(y) = c_1 \cos ky + c_2 \sin ky$$

$$X(x) = d_1 e^{kx} + d_2 e^{-kx}$$

$$Y(a) = 0 \Rightarrow c_1 \cos ka + c_2 \sin ka = 0 \cdots\cdots(1)$$

$$Y(-a) = 0 \Rightarrow c_1 \cos ka - c_2 \sin ka = 0 \cdots\cdots(2)$$

c_1 與 c_2 不可同時為 0，故(1)(2)式之係數所得行列式必須為 0

$\Rightarrow -\cos ka \sin ka - \cos ka \sin ka = -\sin 2ka = 0$

即 $k = \dfrac{n\pi}{2a}; n = 1, 2, \cdots$

若 n 為奇數 $\Rightarrow$ 由(1)式知 $c_1 \cos \dfrac{n\pi}{2} + c_2 \sin \dfrac{n\pi}{2} = 0 \Rightarrow c_2 = 0$

$\therefore Y(y) = c_1 \cos \dfrac{n\pi}{2a} y = c_1 \cos \dfrac{(2m-1)\pi}{2a} y; m = 1, 2, \cdots$

若 n 為偶數 $\Rightarrow$ 由(1)式知 $c_1 \cos \dfrac{n\pi}{2} + c_2 \sin \dfrac{n\pi}{2} = c_1 (-1)^{\frac{n}{2}} = 0 \Rightarrow c_1 = 0$

$\therefore Y(y) = c_2 \sin \dfrac{n\pi}{2a} y = c_2 \sin \dfrac{m\pi}{a} y$

$\lim\limits_{x \to \infty} v(x, y) = 0 \Rightarrow d_1 = 0$

$\Rightarrow$

$v(x, y) = \sum\limits_{m=1}^{\infty} \left\{ A_m \exp\left(-\dfrac{m\pi}{a} x\right) \sin \dfrac{m\pi}{a} y + B_m \exp\left(-\dfrac{(2m-1)\pi}{2a} x\right) \cos \dfrac{(2m-1)\pi}{2a} y \right\}$

$v(0, y) = f(y) - T_0 = \sum\limits_{m=1}^{\infty} \left\{ A_m \sin \dfrac{m\pi}{a} y + B_m \cos \dfrac{(2m-1)\pi}{2a} y \right\}$

where: $A_m = \dfrac{1}{a} \int_{-a}^{a} (f(y) - T_0) \sin \dfrac{m\pi}{a} y \, dy$

$B_m = \dfrac{1}{a} \int_{-a}^{a} (f(y) - T_0) \cos \dfrac{(2m-1)\pi}{2a} y \, dy$

將 $v(x, y)$ 代入 $u(x, y) = v(x, y) + T_0$，即可求出 $u(x, y)$

例題 10：Find the solution of the equation: $u_{xx} + u_{yy} = \sin wx$ $(w > 0, w \neq \dfrac{k\pi}{l}$, where k is an integer) in the strip $0 \leq x \leq l, 0 \leq y \leq \infty$, which satisfies the conditions $u(x, 0) = u(0, y) = u(l, y) = 0$ and the requirement that u be bounded as $y \to \infty$ in the strip.　　　　【清華動機】

解　　由 x 之邊界條件可得：

$u(x, y) = \sum\limits_{n=1}^{\infty} c_n(y) \sin\left(\dfrac{n\pi x}{l}\right)$

代回原 P.D.E. 中可得：

$\sum\limits_{n=1}^{\infty} \left[c_n''(y) - \dfrac{n^2 \pi^2}{l^2} c_n(y) \right] \sin\left(\dfrac{n\pi x}{l}\right) = \sum\limits_{n=1}^{\infty} d_n \sin \dfrac{n\pi x}{l}$

$\sin wx = \sum\limits_{n=1}^{\infty} d_n \sin \dfrac{n\pi x}{l}$ ，係數 $d_n = \dfrac{2}{l} \int_0^l \sin wx \sin \dfrac{n\pi x}{l} dx$

$$\Rightarrow c_n''(y) - \frac{n^2\pi^2}{l^2}c_n(y) = d_n$$

由邊界條件 $u(x, \infty)$ bounded，可得 $c_n(y)$ 之解必須具有以下的型式

$$c_n(y) = c_n \exp\left(-\frac{n\pi}{l}y\right) - \frac{l^2 d_n}{n^2\pi^2}$$

$$\therefore u(x, y) = \left[\sum_{n=1}^{\infty} c_n \exp\left(\frac{-n\pi y}{l}\right) - \frac{l^2 d_n}{n^2\pi^2}\right]\sin\left(\frac{n\pi x}{l}\right)$$

最後應用 $u(x, 0) = 0$ 之邊界條件

$$u(x, 0) = \sum_{n=1}^{\infty}\left(c_n - \frac{l^2 d_n}{n^2\pi^2}\right)\sin\frac{n\pi x}{l} = 0 \Rightarrow c_n = \frac{l^2 d_n}{n^2\pi^2}$$

$$\therefore u(x, y) = \sum_{n=1}^{\infty}\frac{l^2 d_n}{n^2\pi^2}\left[\exp\left(\frac{-n\pi y}{l}\right) - 1\right]\sin\frac{n\pi x}{l}$$

11-3 二維圓柱座標系統之 Laplace 方程式（I）

當所要處理的系統邊界為圓形、環形或扇形時較適用應用極座標系統求解：

$$\nabla^2 u = \frac{\partial^2 u}{\partial x^2} + \frac{\partial^2 u}{\partial y^2} = \frac{\partial^2 u}{\partial r^2} + \frac{1}{r}\frac{\partial u}{\partial r} + \frac{1}{r^2}\frac{\partial^2 u}{\partial \theta^2} = 0 \tag{13}$$

(13)式之推導過程詳如第一章之例題 7

Step 1.利用分離變數法將(13)式分解成二組 O.D.E.

令 $u(r, \theta) = R(r)\Phi(\theta)$ 代入(13)式中處理後可得

$$r^2\frac{R''}{R} + r\frac{R'}{R} = -\frac{\Phi''}{\Phi} = k \quad k \in R$$

故可分解成二組 O.D.E.

(1) $\Phi'' + k\Phi = 0$ \tag{14}

(2) $r^2 R'' + rR' - kR = 0$ \tag{15}

Step 2.先解(14)式

(1) $k = 0$; $\Phi(\theta) = c_1\theta + c_2$

(2) $k = -\lambda^2$; $\Phi(\theta) = c_3 e^{\lambda\theta} + c_4 e^{-\lambda\theta}$

(3) $k = \lambda^2$; $\Phi(\theta) = c_5\cos\lambda\theta + c_6\sin\lambda\theta$

$\Phi(\theta)$ 必須為週期函數 i.e $\Phi(0) = \Phi(2\pi)$, $\Phi'(0) = \Phi'(2\pi) \Rightarrow c_1 = c_3 = c_4 = 0$

eigen value $k = n^2$; $n = 0, 1, 2, 3, \cdots$

Step 3.解(15)式：$r^2R'' + rR' - n^2R = 0$

(1)當 $n = 0$

$R(r) = c_1 + c_2 \ln r$

(2)當 $n = 1, 2, \cdots$

$R(r) = c_3 r^n + c_4 r^{-n}$

Step 4.由以上討論可知通解可寫成

$$u(r, \theta) = a_0 + b_0 \ln r + \sum_{n=1}^{\infty} (a_n r^n + b_n r^{-n}) \cos n\theta + (c_n r^n + d_n r^{-n}) \sin n\theta \tag{16}$$

Step 5.代入 B.C.求得待定係數：

Case 1. 求圓內部電位分布

B.C. $u(0, \theta)$ exist ($\lim_{r \to 0} u(r, \theta)$ exist), $u(l, \theta) = f(\theta)$

$\therefore b_0 = 0, b_n = 0, d_n = 0$

$u(l, \theta) = f(\theta) = a_0 + \sum_{n=1}^{\infty} a_n l^n \cos n\theta + c_n l^n \sin n\theta$

$\Rightarrow a_0 = \dfrac{1}{2\pi} \int_0^{2\pi} f(\theta)d\theta, \ a_n = \dfrac{1}{l^n} \dfrac{1}{\pi} \int_0^{2\pi} f(\theta) \cos n\theta \, d\theta, \ c_n = \dfrac{1}{l^n} \dfrac{1}{\pi} \int_0^{2\pi} f(\theta) \sin n\theta \, d\theta$

Case 2. 求圓外部電位分布

B.C. $\lim_{r \to \infty} u(r, \theta)$ exist, $u(l, \theta) = f(\theta)$

$\therefore b_0 = 0, a_n = 0, c_n = 0$

$u(l, \theta) = f(\theta) = a_0 + \sum_{n=1}^{\infty} b_n l^{-n} \cos n\theta + d_n l^{-n} \sin n\theta$

$\Rightarrow a_0 = \dfrac{1}{2\pi} \int_0^{2\pi} f(\theta)d\theta, \ b_n = l^n \dfrac{1}{\pi} \int_0^{2\pi} f(\theta) \cos n\theta \, d\theta, \ d_n = l^n \dfrac{1}{\pi} \int_0^{2\pi} f(\theta) \sin n\theta \, d\theta$

Case 3. 求環形區域電位分布

B.C. $u(l_1, \theta) = f_1(\theta), u(l_2, \theta) = f_2(\theta)$

聯立求解

$$\begin{cases} u(l_1, \theta) = f_1(\theta) = a_0 + b_0 \ln l_1 + \sum_{n=1}^{\infty} [(a_n l_1^n + b_n l_1^{-n}) \cos n\theta + (c_n l_1^n + d_n l_1^{-n}) \sin n\theta] \\ u(l_2, \theta) = f_2(\theta) = a_0 + b_0 \ln l_2 + \sum_{n=1}^{\infty} [(a_n l_2^n + b_n l_2^{-n}) \cos n\theta + (c_n l_2^n + d_n l_2^{-n}) \sin n\theta] \end{cases}$$

例題 11：Solve the Laplace equation $\nabla^2 u(r, \theta) = 0;\ 0 < r < 1,\ 0 < \theta < 2\pi$

　　　　$u(r, 0) = u(r, 2\pi)$

　　　　$u(1, \theta) = \cos 2\theta$　　　　　　　　　　　　　　　　【成大土木】

解　　本題為圓內部

$$u(1, \theta) = \cos(2\theta) = a_0 + \sum_{n=1}^{\infty} a_n 1^n \cos n\theta + c_n 1^n \sin n\theta$$

$$\Rightarrow a_0 = \frac{1}{2\pi} \int_0^{2\pi} \cos(2\theta)\, d\theta = 0,$$

$$a_n = \frac{1}{2\pi} \int_0^{2\pi} \cos(2\theta) \cos n\theta\, d\theta = \begin{cases} 1\ ;\ n = 2 \\ 0\ ;\ otherwise \end{cases}$$

$$c_n = \frac{1}{\pi} \int_0^{2\pi} \cos(2\theta) \sin n\theta\, d\theta = 0$$

$$\therefore u(r, \theta) = r^2 \cos 2\theta$$

例題 12：Let $f(\theta) = \cos^2 \theta$　　　　　　　　　　　　　　　【成大土木】

　　　　(a)Find the Fourier series

　　　　(b)Find the solution of the Laplace equation

　　　　$u_{yy}(x, y) + u_{xx}(x, y) = 0$

　　　　in the disc $x^2 + y^2 < 1$ with boundary values f

解　　(a)$f(\theta) = \cos^2 \theta = \dfrac{1 + \cos 2\theta}{2}$

　　　(b)本題為圓內部

$$u(1, \theta) = f(\theta) = a_0 + \sum_{n=1}^{\infty} a_n 1^n \cos n\theta + c_n 1^n \sin n\theta = \frac{1 + \cos 2\theta}{2}$$

$$\Rightarrow a_0 = \frac{1}{2} = a_2,$$

$$c_n = \frac{1}{\pi} \int_0^{2\pi} f(\theta) \sin n\theta\, d\theta = 0$$

$$\therefore u(r, \theta) = r^2 \cos 2\theta$$

例題 13：Solve the following PDE　　　　　　　　　　　　　　【台大】

$$\begin{cases} u_{rr} + \dfrac{1}{r} u_r + \dfrac{1}{r^2} u_{\theta\theta} = 0\ ;\ 1 < r < 2 \\ u(1, \theta) = 0\ ,\ u(2, \theta) = \sin \theta \\ u(r, 0) = u(r, 2\pi) \end{cases}$$

解 本題為環形區域, 已知通解為

$$u(r, \theta) = a_0 + b_0 \ln r + \sum_{n=1}^{\infty} (a_n r^n + b_n r^{-n}) \cos n\theta + (c_n r^n + d_n r^{-n}) \sin n\theta$$

$$u(1, \theta) = 0 = a_0 + \sum_{n=1}^{\infty} [(a_n + b_n) \cos n\theta + (c_n + d_n) \sin n\theta] \Rightarrow \begin{cases} a_0 = 0 \\ a_n = -b_n \\ c_n = -d_n \end{cases}$$

$$u(2, \theta) = \sin\theta = a_0 + b_0 \ln 2 + \sum_{n=1}^{\infty} [(a_n 2^n + b_n 2^{-n}) \cos n\theta +$$

$$(c_n 2^n + d_n 2^{-n}) \sin n\theta]$$

聯立求解 $\Rightarrow \begin{cases} a_0 = b_0 = 0 \\ a_n 2^n + b_n 2^{-n} = 0 \\ c_n 2^n + d_n 2^{-n} = \begin{cases} 1 & ; n=1 \\ 0 & ; n=2, 3, \cdots \end{cases} \end{cases}$

$$\therefore a_0 = b_0 = 0 = a_n = b_n$$

$$c_n = -d_n = \begin{cases} 0 & ; n=2, 3, \cdots \\ \dfrac{2}{3} & ; n=1 \end{cases}$$

例題 14：Find a uniform convergence solution by separation of variables of the following problem in a quarter circle

$$\frac{\partial^2 u}{\partial r^2} + \frac{1}{r} \frac{\partial u}{\partial r} + \frac{1}{r^2} \frac{\partial^2 u}{\partial \theta^2} = 0, \text{ for } r < 1, \ 0 < \theta < \frac{\pi}{2}$$

$$u(r, 0) = u_\theta\left(r, \frac{\pi}{2}\right) = 0 \quad u(1, \theta) = \theta$$

【台大應力】

解 考慮圓之內部，故其通解應為：

$$u(r, \theta) = \alpha_0 + \sum_{n=1}^{\infty} (\alpha_n \cos n\theta + \beta_n \sin n\theta) r^n \cdots\cdots(1)$$

代入 B.C.

$$u(r, 0) = 0 = \alpha_0 + \sum_{n=1}^{\infty} \alpha_n r^n = 0 \Rightarrow \alpha_0 = \alpha_1 = \alpha_2 = \cdots = 0$$

$$u_\theta\left(r, \frac{\pi}{2}\right) = 0 = \sum_{n=1}^{\infty} n\beta_n \cos\frac{n\pi}{2} r^n$$

$$\Rightarrow \beta_{2k} = 0 \ ; k = 1, 2, \cdots$$

$$\therefore 通解為 \ u(r, \theta) = \sum_{k=1}^{\infty} \beta_{2k-1} r^{2k+1} \sin(2k-1)\theta$$

再由 $u(1, \theta) = \theta = \sum_{k=1}^{\infty} \beta_{2k-1} \sin(2k-1)\theta$

$$\Rightarrow \beta_{2k-1} = \frac{4}{\pi} \int_0^{\frac{\pi}{2}} \theta \sin(2k-1)\theta d\theta = \frac{4(-1)^n}{\pi(2n-1)^2}$$

例題 15：Find the solution $\Phi(r, \theta)$ of Laplace equation in the circular sector $0 < r < a$, $0 < \theta < \alpha$, also satisfying the boundary condition

$\Phi(r, 0) = \Phi(r, \alpha) = 0$

$\Phi(a, \theta) = f(\theta)$

Assume that Φ is single valued and bounded in the sector. 【交大電子】

解 所考慮的為圓之內部，故通解為例題 14 -(1)式

$\Phi(r, 0) = 0 \Rightarrow \alpha_0 = \alpha_1 = \alpha_2 = \cdots = 0$

$\Phi(r, \alpha) = 0 = \sum\limits_{n=1}^{\infty} (\beta_n \sin n\alpha) r^n = 0$

$\Rightarrow \sin n\alpha = 0 \Rightarrow n = \dfrac{m\pi}{\alpha}$

$\therefore$ 通解為 $\Phi(r, \theta) = \sum\limits_{m=1}^{\infty} \beta_m \sin \dfrac{m\pi}{\alpha} \theta \, r^{\frac{m\pi}{\alpha}}$

再由 $\Phi(a, \theta) = f(\theta) = \sum\limits_{m=1}^{\infty} \beta_m \sin \dfrac{m\pi}{\alpha} \theta \, a^{\frac{m\pi}{\alpha}}$

$\beta_m = \dfrac{2}{a^{\frac{m\pi}{\alpha}} \alpha} \int_0^{\alpha} f(\theta) \sin \dfrac{m\pi}{\alpha} \theta d\theta$

例題 16：已知 $u(r, 0) = u(r, \alpha) = u(a, \theta) = 0, u(b, \theta) = f(\theta)$

Solve $u_{rr} + \dfrac{1}{r} u_r + \dfrac{1}{r^2} u_{\theta\theta} = 0$，$r \in [a, b]$ 且 $\theta \in [0, \alpha]$ 【成大材料】

解 將 $u(r, \theta) = R(r) T(\theta)$ 代入 P.D.E.中，應用變數分離法可得：

(1) $r^2 R'' + rR' - \lambda R = 0 \Rightarrow R(r) = c_1 r^{\sqrt{\lambda}} + c_2 r^{-\sqrt{\lambda}}$

(2) $T'' + \lambda T = 0; T(0) = T(\alpha) = 0$

由(2)可得 eigenvalues

$\lambda = \left(\dfrac{n\pi}{\alpha}\right)^2$

and eigen functions

$T(\theta) = \sin \dfrac{n\pi\theta}{\alpha}$

The general solution is:

$u(r, \theta) = \sum\limits_{n=1}^{\infty} \left(a_n r^{\frac{n\pi}{\alpha}} + b_n r^{\frac{-n\pi}{\alpha}}\right) \sin \dfrac{n\pi\theta}{\alpha}$

$$u(a, \theta) = 0 \quad \Rightarrow a_n a^{\frac{n\pi}{\alpha}} + b_n a^{\frac{-n\pi}{\alpha}} = 0$$

$$\Rightarrow u(r, \theta) = \sum_{n=1}^{\infty} a_n \left(r^{\frac{n\pi}{\alpha}} - a^{\frac{2n\pi}{\alpha}} r^{\frac{-n\pi}{\alpha}} \right) \sin \frac{n\pi\theta}{\alpha}$$

$$u(b, \theta) = f(\theta) = \sum_{n=1}^{\infty} a_n \left(b^{\frac{n\pi}{\alpha}} - a^{\frac{2n\pi}{\alpha}} b^{\frac{-n\pi}{\alpha}} \right) \sin \frac{n\pi\theta}{\alpha}$$

$$\therefore a_n = \frac{2}{\alpha \left(b^{\frac{n\pi}{\alpha}} - a^{\frac{2n\pi}{\alpha}} b^{\frac{-n\pi}{\alpha}} \right)} \int_0^{\alpha} f(\theta) \frac{\sin n\pi\theta}{\alpha} d\theta$$

11-4　二維圓柱座標系統之 Laplace 方程式（II）

Assume $u(r, \theta, z)$ 具軸對稱特性（函數與 θ 無關）

$$\Rightarrow u(r, \theta, z) \to u(r, z) \tag{17}$$

$$\nabla^2 u = u_{rr} + \frac{1}{r} u_r + u_{zz} = 0$$

B.C.:

$$u(a, z) = 0$$

$$u(r, 0) = 0$$

$$u(r, b) = f(r)$$

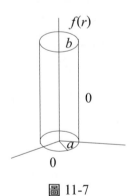

圖 11-7

Let $u(r, z) = R(r)Z(z)$，代入(17)式可得：

$$\begin{cases} Z'' - \lambda Z = 0 \\ r^2 R'' + r R' + (\lambda r^2 - 0^2) R = 0 \end{cases}$$

$$\lambda = -k^2 \Rightarrow R(r) = c_1 I_0(kr) + c_2 K_0(kr)$$

$$\lambda = 0 \Rightarrow R(r) = c_3 + c_4 \ln r$$

$$\lambda = +k^2 \Rightarrow R(r) = c_5 J_0 (kr) + c_6 Y_0 (kr)$$

$$\lim_{r \to 0} u (r, z) \text{ exist} \Rightarrow c_2 = c_4 = c_6 = 0$$

$$u (a, z) = 0 \Rightarrow c_1 = 0, c_3 = 0$$

$$J_0 (ka) = 0 \Rightarrow k = \frac{\alpha_m^0}{a}; m = 1, 2, 3, \cdots$$

$$u (r, z) = \sum_{m=1}^{\infty} \left(\alpha_m \cosh \frac{\alpha_m^0 z}{a} + \beta_m \sinh \frac{\alpha_m^0}{a} z \right) J_0 \left(\frac{\alpha_m^0 r}{a} \right)$$

$$u (r, 0) = 0 \Rightarrow \alpha_m = 0$$

$$u (r, b) = f(r) = \sum_{m=1}^{\infty} \left[\beta_m \sinh \frac{\alpha_m^0 b}{a} \right] J_0 \left(\frac{\alpha_m^0 r}{a} \right)$$

$$\Rightarrow \beta_m = \frac{1}{\sinh \frac{\alpha_m^0 b}{a}} \frac{\int_0^a rf(r) J_0 \left(\frac{\alpha_m^0 r}{a} \right) dr}{\int_0^a r J_0^2 \left(\frac{\alpha_m^0 r}{a} \right) dr} = \frac{1}{\sinh \frac{\alpha_m^0 b}{a}} \frac{\int_0^a rf(r) J_0 \left(\frac{\alpha_m^0 r}{a} \right) dr}{\frac{a^2}{2} J_1^2 (\alpha_m^0)}$$

11-5　球座標系統之 Laplace 方程式

Laplace 方程式在球座標系中的形式為：

$$\nabla^2 u = \frac{1}{r^2} \frac{\partial}{\partial r} \left(r^2 \frac{\partial u}{\partial r} \right) + \frac{1}{r^2 \sin \theta} \frac{\partial}{\partial \theta} \left(\sin \theta \frac{\partial u}{\partial \theta} \right) + \frac{1}{r^2 \sin \theta} \frac{\partial^2 u}{\partial \phi^2} \tag{18}$$

假設 μ 與 ϕ 無關，則(18)可簡化為

$$\nabla^2 u = \frac{\partial^2 u}{\partial r^2} + \frac{2}{r} \frac{\partial u}{\partial r} + \frac{1}{r^2} \frac{\partial^2 u}{\partial \theta^2} + \frac{\cos \theta}{r^2 \sin \theta} \frac{\partial u}{\partial \theta} \tag{19}$$

Step 1：令 $u = R(r)T(\theta)$，代入(19)可得

$$r^2 \frac{R''}{R} + 2r \frac{R'}{R} = -\left(\frac{T''}{T} - \frac{\cos \theta}{\sin \theta} \frac{T'}{T} \right) = \lambda \quad \lambda \in R \tag{20}$$

可得兩組 O.D.E.

$$r^2 R'' + 2rR' - \lambda R = 0 \tag{21}$$

$$\sin\theta T'' + \cos\theta T' + \lambda\sin\theta T = 0 \tag{22}$$

Step 2：Let $x = \cos\theta$

$$\Rightarrow \frac{dT}{d\theta} = -\sin\theta\,\frac{dT}{dx}$$

$$\frac{d^2T}{d\theta^2} = -\sin\theta\,\frac{d}{dx}\left(-\sin\theta\,\frac{d}{dx}\right) = \sin^2\theta\,\frac{d^2T}{dx^2} - \cos\theta\,\frac{dT}{dx} \tag{23}$$

對(22)進行變數轉換可得

$$(1 - x^2)T'' - 2xT' + \lambda T = 0 \tag{24}$$

其中 $x = \pm1$（$\theta = 0\sim\pi$）為(24)之 singular points, 由前章之討論可知 $T(\pm1)$存在必須滿足 $\lambda = n(n+1)$，代入(24)，(21) 可得解為

$$R(r) = a_n r^n + b_n r^{-(n+1)}$$

$$T(\theta) = P_n(x) = P_n(\cos\theta)$$

Step 3：故(20)之通解為

$$u(r, \theta) = \sum_{n=0}^{\infty} [a_n r^n + b_n r^{-(n+1)}]\, P_n(\cos\theta) \tag{25}$$

Step 4：利用 B. C. 以及 $P_n(x)$之正交性求解未定係數 a_n, b_n

Case 1.求球內部電位分布

B.C. $u(0, \theta)$ exist $(\lim_{r\to 0} u(r, \theta)$ exist$)$, $u(l, \theta) = f(\theta)$

$$\therefore b_n = 0$$

$$u(l, \theta) = f(\theta) = \sum_{n=0}^{\infty} a_n l^n P_n(\cos\theta)$$

$$\Rightarrow a_n = \frac{1}{l^n}\frac{2n+1}{2}\int_0^{\pi} f(\theta)\, P_n(\cos\theta)d\theta$$

Case 2.求球外部電位分布

B.C. $\lim_{r\to 0} u(r, \theta)$ exist, $u(l, \theta) = f(\theta)$

$$\therefore a_n = 0$$

$$u(l, \theta) = f(\theta) = \sum_{n=0}^{\infty} b_n l^{-(n+1)} P_n(\cos\theta)$$

$$\Rightarrow b_n = l^{(n+1)}\frac{2n+1}{2}\int_0^{\pi} f(\theta)\, P_n(\cos\theta)d\theta$$

11-6　一階 P.D.E.通解：Lagrange 法

對自變數 x, y 及因變數 z 之一階 P.D.E.通式，可表示成以下二式：

$$P(x, y, z)\frac{\partial z}{\partial x} + Q(x, y, z)\frac{\partial z}{\partial y} = R(x, y, z) \tag{26a}$$

或

$$P(x, y, z)\frac{\partial u}{\partial x} + Q(x, y, z)\frac{\partial u}{\partial y} + R(x, y, z)\frac{\partial u}{\partial z} = 0 \tag{26b}$$

由幾何上可清楚的解釋以上二式之物理意義：

已知向量場 $\vec{\mathbf{F}} = P(x, y, z)\hat{\mathbf{i}} + Q(x, y, z)\hat{\mathbf{j}} + R(x, y, z)\hat{\mathbf{k}}$，尋找一空間曲面 $z = \phi(x, y)$（或以隱函數方式表示為 $u(x, y, z) = c$），使得曲面上滿足任何位置都和向量場 $\vec{\mathbf{F}}$ 相切。顯然的，所求曲面之梯度向量必須與 $\vec{\mathbf{F}}$ 垂直。若曲面表示式為 $z = \phi(x, y)$ 則有

$$\vec{\mathbf{F}} \cdot \vec{\nabla}(z - \phi(x, y)) = 0 \Rightarrow P\frac{\partial \phi}{\partial x} + Q\frac{\partial \phi}{\partial y} = R$$

此即為(25)式。若曲面表示式為 $u(x, y, z) = c$ 則有

$$\vec{\mathbf{F}} \cdot \nabla \phi = 0 \Rightarrow P\frac{\partial u}{\partial x} + Q\frac{\partial u}{\partial y} + R\frac{\partial u}{\partial z} = 0$$

此即為(26b)式。換言之，解函數 $u(x, y, z) = c$ 上任一點之切線向量中必有一個與 $\vec{\mathbf{F}}$ 互為平行。若 $\vec{\mathbf{r}}$ 為曲面上任一點的位置向量，則其切線向量可表示為：$d\vec{\mathbf{r}} = dx\hat{\mathbf{i}} + dy\hat{\mathbf{j}} + dz\hat{\mathbf{k}}$，由於 $d\vec{\mathbf{r}}$ 必須與 $\vec{\mathbf{F}}$ 平行，故可得：

$$d\vec{\mathbf{r}} \times \vec{\mathbf{F}} = 0 \Rightarrow \frac{dx}{P} = \frac{dy}{Q} = \frac{dz}{R} \tag{27}$$

上式不難理解，因二平行向量之各分量須成比例。由(27)式可得到二個獨立解：

$u(x, y, z) = c_1$，及 $v(x, y, z) = c_2$

　　由這兩個獨立的解函數所形成的曲面族取交集後便是所求的曲面。故形如(25)或(26)式之一階 P.D.E.之通解可表示為

$G(u, v) = 0$ 或 $u = f(v)$

　　以上的方法稱之為 Lagrange 法

觀念提示：　1. Lagrange 法亦可應用於 n 個自變數的一階 P.D.E.；其步驟為：

$$P_1 \frac{\partial u}{\partial x_1} + P_2 \frac{\partial u}{\partial x_2} + \cdots + P_n \frac{\partial u}{\partial x_n} = R \tag{28}$$

則有：

$$\frac{dx_1}{P_1} = \frac{dx_2}{P_2} = \cdots = \frac{dx_n}{P_n} = \frac{du}{R} \tag{29}$$

任取 n 組獨立常微分方程式分別求其通解：

$u_1(x_1, x_2, \cdots x_n) = c_1, \cdots, u_n(x_1, x_2, \cdots x_n) = c_n$

得通解為：

$$F(u_1, u_2, \cdots u_n) = 0 \tag{30}$$

2. 一階常係數 P.D.E.

$$a\frac{\partial z}{\partial x} + b\frac{\partial z}{\partial y} + cz = 0$$

之通解可由(27) 求出

$$z = \exp\left(-\frac{1}{a}x\right)f(bx - ay) \tag{31}$$

例題 17：Find the solution of $y\dfrac{\partial z}{\partial x} + x\dfrac{\partial z}{\partial y} = z - 1$　　　　　【台大材料】

解

$$\frac{dx}{y} = \frac{dy}{x} = \frac{dz}{z-1}$$

由 $\dfrac{dx}{y} = \dfrac{dy}{x}$ 可得：$x^2 - y^2 = c_1, c_1 \in R$

由 $\dfrac{dx}{y} = \dfrac{dz}{z-1} \Rightarrow \dfrac{dx}{\sqrt{x^2 - c_1}} = \dfrac{dz}{z-1}$

$\ln|x + \sqrt{x^2 - c_1}| + c_2 = \ln|z - 1|$

$\ln|x + y| + c_2 = \ln|z - 1|$

$\therefore z - 1 = c_3(x+y) \Rightarrow \dfrac{z-1}{x+y} = c_3 = f(x^2 - y^2)$

$\Rightarrow z = 1 + (x+y)f(x^2 - y^2)$

例題 18：Solve the equation

$$-y\frac{\partial u}{\partial x}+x\frac{\partial u}{\partial y}+(1+4z^2)\frac{\partial u}{\partial z}=0$$ 【交大光電】

解

$$\frac{dx}{-y}=\frac{dy}{x}=\frac{dz}{1+4z^2}=\frac{du}{0}$$

由 $\frac{dx}{-y}=\frac{dy}{x}$ 可得 $x^2+y^2=c_1$

由 $\frac{dx}{-y}=\frac{dy}{x}\Rightarrow\frac{xdy}{x^2}=\frac{-ydx}{y^2}=\frac{xdy-ydx}{x^2+y^2}=d\tan^{-1}\frac{y}{x}$

$d\tan^{-1}\left(\frac{y}{x}\right)=\frac{dz}{1+4z^2}\Rightarrow\tan^{-1}\frac{y}{x}-\frac{1}{2}\tan^{-1}2z=c_2$

$\frac{du}{0}$ 存在 $\Rightarrow u=c_3=f\left(x^2+y^2,\tan^{-1}\frac{y}{x}-\frac{1}{2}\tan^{-1}2z\right)$

例題 19：$\frac{\partial u(x,t)}{\partial x}+\frac{\partial u(x,t)}{\partial t}+u(x,t)=0$; $-\infty<x<\infty, 0<t<\infty$

with the initial condition: $u(x,0)=\sin x$

by (a) method of characteristics

(b) method of Laplace transform

(c) method of Fourier transform 【成大造船】

解

(a) $\frac{dx}{1}=\frac{dt}{1}=\frac{du}{-u}$

由 $dx=dt$ 可使得 $x-t=c_1$

由 $\frac{du}{u}=-dx\Rightarrow\ln|u|=-x+c_2'$

$\Rightarrow u=c_2e^{-x}$ or $ue^x=c_2$

原式之通解為：$c_2=ue^x=f(x-t)$

$\Rightarrow u(x,t)=e^{-x}f(x-t)$

代入 I.C.：$u(x,0)=\sin x=e^{-x}f(x)$

$\therefore u(x,t)=e^{-x}[e^{x-t}\sin(x-t)]$

(b) 利用 Laplace transform：

$U(x,s)=L\{u(x,t)\}=\int_0^\infty e^{-st}u(x,t)\,dt$

對原 P.D.E.取 Laplace transform 可得：

$\frac{dU(x,s)}{dx}+sU(x,s)-\sin x+U(x,s)=0\Rightarrow U(x,s)=A(s)e^{-(s+1)x}+$

$$\frac{(s+1)\sin x - \cos x}{(s+1)^2 + 1}$$

應用 $\lim_{x \to -\infty} U(x, s) = \lim_{x \to -\infty} L\{u(x, t)\} = $ bounded 之條件得 $A(s) = 0$

$$\therefore u(x, t) = L^{-1}\{U(x, s)\} = L^{-1}\left\{\frac{(s+1)\sin x - \cos x}{(s+1)^2 + 1}\right\}$$

$$= e^{-t} L^{-1}\left\{\frac{s \sin x - \cos x}{s^2 + 1}\right\}$$

$$= e^{-t}\{\cos t \sin x - \sin t \cos x\} = e^{-t}\sin(x - t)$$

(c) 令 $u(x, t) = \sum_{n=-\infty}^{\infty} U_n(t) e^{inx}$

其中 $U_n(t) = \frac{1}{2\pi}\int_{-\pi}^{\pi} u(x, t) e^{-inx}\, dx$

代入原式可得：

$$\sum_{n=-\infty}^{\infty} [in\, U_n(t) + U_n'(t) + U_n(t)]e^{inx} = 0 \Rightarrow \frac{dU_n(t)}{dt} + (1 + in)U_n(t) = 0$$

$$U_n(t) = A_n e^{-(1+in)t} \Rightarrow u(x, t) = \sum_{n=-\infty}^{\infty} A_n e^{-(1+in)t} e^{inx}$$

利用 I.C.

$$\therefore u(x, 0) = \sin x \Rightarrow \sum_{n=-\infty}^{\infty} A_n e^{inx} = \frac{e^{ix} - e^{-ix}}{2i},$$

$$\Rightarrow A_1 = \frac{1}{2i}, \quad A_{-1} = \frac{-1}{2i}$$

$$\therefore u(x, t) = \frac{1}{2i} e^{-(1-i)t} e^{ix} + \frac{1}{2i} e^{-(1+i)t} e^{ix}$$

$$= e^{-t}\sin(x - t)$$

例題 20：Find the solution of the problem: $2z_x - 3z_y + 2z = 2x$ such that $z = x^2$ on the line:
$$y = \frac{-x}{2}$$
【台大造船】

解

$$\frac{dx}{2} = \frac{dy}{-3} = \frac{dz}{2x - 2z}$$

由 $\frac{dx}{2} = \frac{dy}{-3}$ 可得 $3x + 2y = c_1$

由 $\frac{dz}{2x - 2z} = \frac{dx}{2}$ 可得 $z = c_1 e^{-x} + e^{-x}\int e^x x\, dx = c_1 e^{-x} + x - 1$

$\Rightarrow c_2 = (z - x + 1) e^x = f(3x + 2y)$

或 $z = x - 1 + e^{-x} f(3x + 2y)$

在 $y = \frac{-x}{2}$ 上 $z = x^2$ 代入上式可得

$x^2 = x - 1 + e^{-x}f(2x)$ 則有

$$f(t) = e^{\frac{t}{2}}\left(\frac{t^2}{4} - \frac{t}{2} + 1\right)$$

$$\therefore z = x - 1 + e^{-x}e^{\frac{3x+2y}{2}}\left\{\frac{(3x+2y)^2}{4} - \frac{3x+2y}{2} + 1\right\}$$

例題 21：$u_x + 2xu_y - 3x^2 = 0$, $u(0, y) = 5y + 10$ is the initial condition.

Determine:

(a)the equation for the characteristics passing through $(2, 4)$

(b)the compatibility equation valid along the characteristics.　【成大機械】

解

$$\frac{dx}{1} = \frac{dy}{2x} = \frac{du}{3x^2}$$

由 $\dfrac{dx}{1} = \dfrac{dy}{2x}$ 可得 $y - x^2 = c_1$

由 $\dfrac{dx}{1} = \dfrac{du}{3x^2}$ 可得 $u - x^3 = c_2$

故通解為 $u(x, y) = x^3 + f(y - x^2)$

代入 I.C.

$u(0, y) = 5y + 10 = f(y)$

$\therefore u(x, y) = x^3 + 5(y - x^2) + 10$

$u(2, 4) = 18 \Rightarrow c_1 = 0, c_2 = 10$

故(a)特徵曲線：$y - x^2 = 0$ 及 $u - x^3 = 10$

　　(b)相容方程式：$u = x^3 + 5(y - x^2) + 10$

例題 22：Evaluate following equation with boundary condition $u(0, y) = e^{-y}$

$$\frac{\partial u(x,y)}{\partial x} + \frac{\partial u(x,y)}{\partial y} = u(x, y)\ ;\ x > 0, y > 0$$ 　【101 中山光電】

解

$$\frac{dx}{1} = \frac{dy}{1} = \frac{du}{u}$$

由 $\dfrac{dx}{1} = \dfrac{dy}{1}$ 可得 $x = y + c_1$

由 $\dfrac{dx}{1} = \dfrac{du}{u}$ 可得 $u = c_2 e^x$

故通解為 $u = e^x f(x - y)$

代入 I.C.

$u(0, y) = e^{-y} \Rightarrow e^{-y} = f(-y) \Rightarrow e^{-y} = f(y)$

$\therefore u(x, y) = e^x e^{x-y} = e^{2x-y}$

例題 23：Solve the following partial differential equation

$$\frac{\partial^2 u(x,y)}{\partial x^2} = 5 \frac{\partial}{\partial x} \frac{\partial u(x,y)}{\partial y}$$

【101 台大電子】

解

let $v = \dfrac{\partial u(x,y)}{\partial x} \Rightarrow$

$\dfrac{\partial v}{\partial x} - 5 \dfrac{\partial v(x,y)}{\partial y} = 0$

$\Rightarrow \dfrac{dx}{1} = \dfrac{dy}{-5} = \dfrac{dv}{0}$

$\begin{cases} dy + 5dx = 0 \Rightarrow y + 5x = c_1 \\ dv = 0 dx \Rightarrow v = c_2 \end{cases}$

$\therefore v = f(y + 5x) = \dfrac{\partial u}{\partial x}$

$\therefore u = \displaystyle\int f(y + 5x)\, dx + g(y)$

$\quad = \dfrac{1}{5} F(y + 5x) + g(y)$

11-7　二階線性 PDE 及廣義 D'Alembert 解法

通式：

$$A(x, y)u_{xx} + B(x, y)u_{xy} + C(x, y)u_{yy} + D(x, y)u_x + E(x, y)u_y + F(x, y)u = G(x, y)$$

$$(32)$$

若 $G(x, y) = 0 \Rightarrow$ Linear homogeneous

$\quad G(x, y) \neq 0 \Rightarrow$ Linear nonhomogeneous

㈠廣義 D'Alembert 解法：

以二階齊次 P.D.E.為例

$$A \frac{\partial^2 u}{\partial x^2} + B \frac{\partial^2 u}{\partial x \partial y} + C \frac{\partial^2 u}{\partial y^2} = 0 \tag{33}$$

假設解函數具有 $\phi(x+my)$ 的形式，代入(33)式中可得

$$(A + Bm + Cm^2)\phi''(x + my) = 0 \Rightarrow A + Bm + Cm^2 = 0 \tag{34}$$

(34)之解可分類如下：

Type I：$B^2 - 4AC > 0$；則此 P.D.E.屬於雙曲線型（Hyperbolic）

　　例如：1D wave equation

　　　　$u_{tt} = c^2 u_{xx}$

Type II：$B^2 - 4AC = 0$；則此 P.D.E.屬於拋物線（Parabolic）

　　例如：1D heat equation

　　　　$u_{tt} = c^2 u_{xx}$

Type III：$B^2 - 4AC < 0$；則此 P.D.E.屬於橢圓型（Elliptic）

　　例如：2D Laplace equation

　　　　$u_{xx} + u_{yy} = 0$

Case 1：若(34)式之解為 m_1 與 m_2 二相異實根，則(33)式之通解為

$$u(x, y) = \phi(x + m_1 y) + \varphi(x + m_2 y) \tag{35}$$

其中函數 ϕ 與 φ 為任意二階微分存在且連續的單變數函數。

Case 2：在發生重根（$m_1 = m_2 = m$）時，可得到解函數為：

$$u(x, y) = \phi(x + my) + y\phi'(x + my) \tag{36}$$

由於 ϕ 為任意函數，因此 ϕ' 亦視為任意函數，故通常將(36)式寫為：

$$u(x, y) = \phi(x + my) + y\varphi(x + my) \tag{37}$$

㈡二階常係數 P.D.E.之齊性解

Consider the homogeneous solution of (32)，若(32)式可因式分解為

$$(a_1 D_x + b_1 D_y + c_1)(a_2 D_x + b_2 D_y + c_2)\, u = 0 \tag{38}$$

由(27) 式可知(38) 式之解為

$$u_h = \exp\left(-\frac{c_1}{a_1} x\right) f(b_1 x - a_1 y) + \exp\left(-\frac{c_2}{a_2} x\right) f(b_2 x - a_2 y) \tag{39}$$

若(32)式可因式分解為

$$(a D_x + b D_y + c)^2\, u = 0 \tag{40}$$

由(27)可知(40)之解為

$$u_h = \exp\left(-\frac{c}{a} x\right) [f(bx - ay) + x g(bx - ay)] \tag{41}$$

觀念提示： 常係數 P.D.E.之齊性解亦可令 $u_h = \exp(\alpha x + \beta y)$代入原式求解 $\alpha\beta$

㈢二階常係數 P.D.E.之非齊性解-待定係數法

$G(x, y)$ 之型式	$u_p(x, y)$之假設型式
$\exp(\alpha x + \beta y)$	$u_p = c \exp(\alpha x + \beta y)$
$\sin(\alpha x + \beta y)$ or $\cos(\alpha x + \beta y)$	$u_p = c_1 \sin(\alpha x + \beta y) + c_2 \cos(\alpha x + \beta y)$

㈣二階變係數 P.D.E.之齊性解-降階法

若(32)式可因式分解為

$$(a_1 D_x + b_1 D_y + c_1)(a_2 D_x + b_2 D_y + c_2)u = 0$$

Step 1：Let $(a_2D_x + b_2D_y + c_2)u\,(x, y) = v\,(x, y)$，可得

$$(a_1D_x + b_1D_y + c_1)v\,(x, y) = 0$$

Step 2：use Lagrange method to solve $v\,(x, y)$.

Step 3：Substituting $v\,(x, y)$ into $(a_2D_x + b_2D_y + c_2)u\,(x, y) = v\,(x, y)$

Step 4：use Lagrange method again to solve $u\,(x, y)$.

觀念提示：　1. 由波動方程式之 D'Alembert 解法可得 $m = \pm a$

　　　　　　2. 橢圓型 P.D.E.，顯然不具有如 $\phi\,(x + my)$ 之解函數

例題 24：Solve $\dfrac{\partial^3 u}{\partial x^3} + \dfrac{\partial^3 u}{\partial x^2 \partial y} - \dfrac{\partial^3 u}{\partial x \partial y^2} - \dfrac{\partial^3 u}{\partial y^3} = 0$　　　　【電信特考】

解　　取 $u\,(x, y) = \phi\,(x + my)$ 代入 P.D.E. 中可得

$(m^3 + m^2 - m - 1)\phi'''\,(x + my) = 0$

$m^3 + m^2 - m - 1 = 0 \Rightarrow m = 1, -1, -1$

故此 P.D.E. 之通解為：

$u\,(x, y) = \phi_1\,(x + y) + \phi_2\,(x - y) + y\phi_3\,(x - y)$

例題 25：Solve the following P.D.E.

$u_{xx} + 2u_{xy} + u_{yy} = 0$　　　　【中央大氣物理】

解　　令 $(x, y) = \phi\,(x + my)$ 代入原式可得

$(m^2 + 2m + 1)\phi''\,(x + my) = 0$

$m = -1, -1 \Rightarrow u\,(x, y) = \phi\,(x - y) + y\varphi\,(x - y)$

例題 26：若 P.D.E.：$a\dfrac{\partial^2 u}{\partial x^2} - \dfrac{\partial^2 u}{\partial y^2} = 4$ 之通解為：

$u\,(x, y) = f(x + 2y) + g\,(x + by) + x^2 + cy^2$；求 $a, b, c = ?$　　【成大土木】

解　　先看齊性部分：$f(x + 2y)$ 與 $g\,(x + by)$ 均為 $au_{xx} - u_{yy} = 0$ 之齊性解

$\Rightarrow m^2 - a = 0$；已知 -2 為一零根，故 $a = 4, b = -2$

由於 $x^2 + cy^2$ 為 P.D.E. 之特解代入原式後可得 $c = 2$

例題 27：Consider the following differential equation:

$$\frac{\partial^2 u}{\partial x^2} + \frac{\partial^2 u}{\partial y^2} + (x+y)u = 0$$

(1) Reduce the above equation to two second-order differential equations by using separation of variables

(2) Using Fourier transformation technique, show that each of the above second-order differential equation corresponds to a first-order equation in the Fourier conjugate variable. Solve these first-order equations

(3) Collecting the result from (2) and finding an expression for the solution of $u(x, y)$ expressed as a multiple integral　　　【101 交大電子物理】

解

(1) Let $u(x, y) = X(x)Y(y)$

$$\frac{X''}{X} = -\frac{Y'' + (x+y)Y}{Y} = g(x)$$

$$\Rightarrow \begin{cases} X'' - g(x)X = 0 \\ Y'' + (x+y)Y + g(x)Y = 0 \end{cases}$$

$$\Rightarrow \frac{Y'' + yY}{Y} = -(x + g(x)) = \lambda \Rightarrow g(x) = -x - \lambda$$

$$\Rightarrow \begin{cases} X'' + (x+\lambda)X = 0 \\ Y' + (y-\lambda)Y = 0 \end{cases}$$

(2) Take Fourier transform on the above second-order differential equations, we have

$$\begin{cases} -\omega^2 X(\omega) + \lambda X(\omega) + i\dfrac{dX(\omega)}{d\omega} = 0 \\[2mm] -\omega^2 Y''(\omega) - \lambda Y(\omega) + i\dfrac{dY(\omega)}{d\omega} = 0 \end{cases}$$

$$\Rightarrow \begin{cases} X(\omega) = c_1 \exp\left(-i\left(\dfrac{1}{3}\omega^3 - \lambda\omega\right)\right) \\[3mm] Y(\omega) = c_2 \exp\left(-i\left(\dfrac{1}{3}\omega^3 + \lambda\omega\right)\right) \end{cases}$$

$$\Rightarrow \begin{cases} X(x) = \dfrac{c_1}{2\pi} \displaystyle\int_{-\infty}^{\infty} \exp\left(-i\left(\dfrac{1}{3}\omega^3 - \lambda\omega - \omega x\right)\right)d\omega \\[4mm] Y(y) = \dfrac{c_2}{2\pi} \displaystyle\int_{-\infty}^{\infty} \exp\left(-i\left(\dfrac{1}{3}\omega^3 + \lambda\omega - \omega y\right)\right)d\omega \end{cases}$$

$u(x, y) = X(x)Y(y)$

$$= \frac{c}{4\pi^2} \int_{-\infty}^{\infty} \exp\left(-i\left(\frac{1}{3}\omega^3 - \lambda\omega - \omega x\right)\right)d\omega \int_{-\infty}^{\infty} \exp\left(-i\left(\frac{1}{3}\omega^3 + \lambda\omega - \omega y\right)\right)d\omega$$

綜合練習

1. Solve the following boundary-value problem

   P.D.E.: $u_{xx} + u_{yy} = 0$, $0 < x < \pi$, $0 < y < b$

   B.C.: $u(0, y) = u(\pi, y) = 0$, $0 < y < b$

   $u(x, b) = 0$, $u(x, 0) = f(x)$, $0 < x < \pi$ 　　　　　　　　　【交大工工】

2. 已知 $u_{xx} + u_{yy} = 0$；$x, y \in [0, 1]$就以下三種邊界條件求解：

   (a)$u(x, 0) = x$, $u(x, 1) = u(0, y) = u(1, y) = 0$

   (b)$u(0, y) = \sin y$, $u(x, 0) = u(x, 1) = u(1, y) = 0$

   (c)$u(x, 0) = x$, $u(0, y) = \sin y$; $u(x, 1) = u(1, y) = 0$

3. Determine the general solution of the boundary-value problem

   $$\frac{\partial^2 u}{\partial x^2} + \frac{\partial^2 u}{\partial y^2} = 0 \quad 0 < x < a, 0 < y < \infty$$ 　　　　　　　【台大土木】

   $u_x(0, y) = u_x(a, y) = 0$, $u(x, 0) = \dfrac{T_0 x}{a}$, $u(x, \infty) = 0$

4. Solve $\dfrac{\partial^2 u}{\partial r^2} + \dfrac{1}{r}\dfrac{\partial u}{\partial r} + \dfrac{1}{r^2}\dfrac{\partial^2 u}{\partial \theta^2}$; $u(c, \theta) = 0$, $u(b, \theta) = f(\theta)$ 　　【台大應力，成大土木】

5. Compute the solution $u(r, \theta)$ to the problem by separation of variables

   $r^2 u_{rr} + r u_r + u_{\theta\theta} = 0$, $0 < \theta < \dfrac{\pi}{2}$, $0 < r < 1$

   $u(r, 0) = u_\theta\left(r, \dfrac{\pi}{2}\right) = 0$, $0 < r < 1$

   $u(r, \theta) = \theta\left(\dfrac{\pi}{2} - \theta\right)$, $0 < \theta < \dfrac{\pi}{2}$ 　　　　　　　　　　　　【成大土木】

6. Solve Laplace's equation $\nabla^2 \psi = 0$, in cylindrical coordinates (ρ, ϕ, z) for $\psi = \psi(\rho)$ 　　　【中山物理】

7. Find the solution of the Laplace equation in the disk of radius 1 with boundary values 　　【中山光電】

   $f(\theta) = 10 \cos^2 \theta$

8. Solve $u_{yy}(x, y) + u_{xx}(x, y) = 0$；$0 \le x \le 1, 0 \le y \le 1$ 　　　　　　　【清大電機】

   $u(x, 0) = (1 - x)^2$

   $u(x, 1) = 0$

   $u_x(0, y) = 0$

   $u(1, y) = 0$

9. Solve $u_{yy}(x, y) + u_{xx}(x, y) = 0$；$0 \le x \le 1, 0 \le y \le 1$ 　　　　　　　　【成大土木】

   $u(x, 0) = 0$

   $u(x, b) = x$

   $u(0, y) = 0$

   $u(1, y) = y$

10. Solve $u_{yy}(x, y) + u_{xx}(x, y) = 0$; $0 \le x \le \pi, 0 \le y$ 　　　　　　　　　【中原土木】

    $u_y(x, 0) = 0$

    $u(0, y) = 0$

    $u(\pi, y) = e^{-y}$

11. Solve the Laplace equation $\nabla^2 u = 0$ in the annular region defined by $a \le |z| \le b$ with $u = 1$ at $r = b$ and $\dfrac{\partial u}{\partial r}$

$= 0$ at $r = a$. 　　　　　　　　　【成大土木】

12. If x and y are both real numbers except zeros and a function $u(x, y)$ follows a partial differential equation

$$\frac{\partial^2 u}{\partial x^2} + 9y^2 u = \csc(3yx)$$

Please solve the equation by the following steps

(a) For the associated homogeneous equation

$$\frac{\partial^2 u_h}{\partial x^2} + 9y^2 u_h = 0$$

Prove that you can find two arbitrary functions, $f(y)$ and $g(y)$, such that

$$u_h(x, y) = f(y) \cos(3yx) + g(y) \sin(3yx)$$

(b) Using the above result, please find a particular solution of the original nonhomogeneous equation

(c) What is the general solution of the original partial differential equation

13. Solve the problem $\dfrac{\partial w}{\partial x} + x\dfrac{\partial w}{\partial t} = 0$, $w(x, 0) = 0$, $w(0, t) = t$, $t \geq 0$ 　　【中山光電】

14. Solve the following PDE 　　　　　　　　　【台大】

$$\begin{cases} u_{rr} + \dfrac{1}{r} u_r + \dfrac{1}{r^2} u_{\theta\theta} = 0 \ ; \ 1 < r < 2 \\[2mm] u(1, \theta) = 0 \ , \ u(2, \theta) = \sin\theta \\[2mm] u(r, 0) = u(r, 2\pi) \end{cases}$$

15. Solve the Laplace equation in the cylindrical region

$$\begin{cases} u_{rr} + \dfrac{1}{r} u_r + u_{zz} = 0 \ ; \ r < 1, \ 0 < z < a \\[2mm] u(1, z) = 0 \ , \ u(r, a) = 0 \\[2mm] u(r, 0) = f(r) \end{cases}$$
　　　　　　　　　【中原機械】

16. Solve the following Cauchy initial value problem:

$$x u_x + y u_y = 0$$

with initial condition: $u(x, 1) = \sin x$ 　　　　　　　　　【交大土木】

17. $\dfrac{\partial \phi}{\partial t} + \dfrac{\partial \phi}{\partial x} = 0$　$x > 0, t > 0$; $\phi(x, 0) = 0, \phi(0, t) = f(t)$ 　　【成大機械】

18. Solve:

$$\frac{\partial z}{\partial x} + \frac{\partial z}{\partial y} = 0 \quad z(x, 0) = 2, z(0, y) = y^2 + 1 \quad y \geq 0$$
　　　　　　　　　【成大電機】

19. Solve the following P.D.E. with initial condition

$$\frac{\partial G(s, t)}{\partial t} + (1 - s)(\lambda s - u)\frac{\partial G(s, t)}{\partial s} = 0$$

$$G(s, 0) = s^i$$
　　　　　　　　　【清大化工】

where λ, u, and i are constants

20. Solve: $2\dfrac{\partial^2 u}{\partial x^2} - \dfrac{\partial^2 u}{\partial x \partial y} - \dfrac{\partial^2 u}{\partial y^2} = 0$ 　　　　　　　　　【台大造船】

21. Solve: $\dfrac{\partial^2 u}{\partial x^2} - \dfrac{\partial^2 u}{\partial x \partial y} - 2\dfrac{\partial^2 u}{\partial y^2} = 0$ 　　　　　　　　　【成大機械】

12 向量微積分(1)—向量分析

　　人生歷程，大抵逆境居十六、七；順境居十三、四。而順逆兩境，又常相間以迭乘。

梁啟超

　　故在順境中應心存感激，在逆境中則仍需沉著奮進！

12-1　向量之基本運算

㈠**向量基本要素：**⑴大小（長度，量）⑵方向（向）

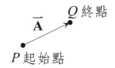

$$\vec{\mathbf{A}} = \vec{PQ} = |\vec{\mathbf{A}}|\,\hat{\mathbf{e}}_{\mathbf{A}}$$

$|\vec{\mathbf{A}}|$代表向量$\vec{\mathbf{A}}$之長度（大小），$\hat{\mathbf{e}}_{\mathbf{A}}$代表向量$\vec{\mathbf{A}}$之方向，$\hat{\mathbf{e}}_{\mathbf{A}}$為一單位向量，其大小為 1，$\vec{\mathbf{A}}$之方向由$\hat{\mathbf{e}}_{\mathbf{A}}$所定義，$\therefore\vec{\mathbf{A}}$即為$\hat{\mathbf{e}}_{\mathbf{A}}$放大$|\vec{\mathbf{A}}|$倍後的結果

$\vec{\mathbf{A}}=\vec{\mathbf{B}} \Rightarrow \vec{\mathbf{A}}$與$\vec{\mathbf{B}}$大小相等方向相同

$-\vec{\mathbf{A}}$（反作用力）與$\vec{\mathbf{A}}$（作用力）之大小相等，但方向恰好相反

㈡**向量的基本運算：**

　1. 加：$(\vec{\mathbf{A}}+\vec{\mathbf{B}})$

　⑴幾何（平行四邊形法）：二向量之和表示其所圍成之平行四邊形之對角線向量

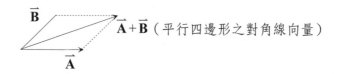

　⑵物理：力之合成

　2. 減：$(\vec{\mathbf{A}}-\vec{\mathbf{B}})$

　⑴物理：相對位移

　⑵ 幾何：$\vec{\mathbf{A}}$與$\vec{\mathbf{B}}$所形成之三角形之斜邊向量，方向由$\vec{\mathbf{B}}$指向$\vec{\mathbf{A}}$

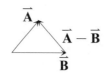

3.內積：$(\vec{A} \cdot \vec{B})$

⑴物理：功＝力×物體在受力方向上之位移

定義：$\vec{A} \cdot \vec{B} = |\vec{A}||\vec{B}|\cos\theta$ 　　　　　　　　　　　　(1)

其中 θ 為 $\vec{A}$ 與 $\vec{B}$ 之夾角

⑵幾何：投影量

$|\vec{A}|^2 = \vec{A} \cdot \vec{A}$

$|\vec{A}|\cos\theta = \vec{A} \cdot \hat{e}_B$（$\vec{A}$ 在 $\hat{e}_B$ 方向上的投影量）

若 $\theta = \dfrac{\pi}{2} \Rightarrow \vec{A} \cdot \vec{B} = 0 \Rightarrow$ 用來檢查向量是否垂直（正交）

4.外積：$(\vec{A} \times \vec{B})$

⑴物理：力矩＝力×力臂，為一種旋轉現象

對於以 $\vec{A}$ 之力臂並施加 $\vec{B}$ 之力所造成的力矩大小為 $|\vec{A}||\vec{B}|\sin\theta$，且力矩之方向恆與 $\vec{A}, \vec{B}$ 垂直，以此定義向量之外積。

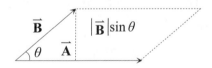

$\vec{A} \times \vec{B} = |\vec{A}||\vec{B}|\sin\theta \, \hat{n}$ 　　　　　　　　　　　　(2)

$\hat{n}$ 為 $\vec{A}, \vec{B}$ 之公垂單位向量，方向由右手定則決定之

⑵幾何：檢查二向量是否平行

$\vec{A} \times \vec{B}$ 　$\vec{B}$ 　$\vec{A}$

求二向量所圍平行四面形面積

平行四邊形面積＝$|\vec{A} \times \vec{B}|$

Lagrange Identity：$|\vec{A} \times \vec{B}| = \sqrt{(\vec{A} \cdot \vec{A})(\vec{B} \cdot \vec{B}) - (\vec{A} \cdot \vec{B})^2}$ 　　　(3)

證明：由外積長度定義知：

$$\left|\vec{A}\times\vec{B}\right|=\left|\vec{A}\right|\left|\vec{B}\right|\left|\sin\theta\right|=\sqrt{\left|\vec{A}\right|^2\left|\vec{B}\right|^2\sin^2\theta}=\sqrt{\left|\vec{A}\right|^2\left|\vec{B}\right|^2(1-\cos^2\theta)}$$
$$=\sqrt{\left|\vec{A}\right|^2\left|\vec{B}\right|^2-\left|\vec{A}\right|^2\left|\vec{B}\right|^2\cos^2\theta}$$
$$=\sqrt{(\vec{A}\cdot\vec{A})(\vec{B}\cdot\vec{B})-(\vec{A}\cdot\vec{B})^2}$$

觀念提示： 1. 根據(1)，內積可用來計算二向量間的夾角

$$\theta=\cos^{-1}\frac{\vec{A}\cdot\vec{B}}{\left|\vec{A}\right|\left|\vec{B}\right|}=\cos^{-1}\frac{\vec{A}\cdot\vec{B}}{\sqrt{(\vec{A}\cdot\vec{A})(\vec{B}\cdot\vec{B})}}=\cos^{-1}(\hat{e}_A\cdot\hat{e}_B) \tag{4}$$

2. 三角不等式：若 $\vec{A},\vec{B}$ 為任意二向量，則有

$$\left|\vec{A}+\vec{B}\right|\le\left|\vec{A}\right|+\left|\vec{B}\right| \tag{5}$$

證明：

$$\left|\vec{A}+\vec{B}\right|^2=(\vec{A}+\vec{B})\cdot(\vec{A}+\vec{B})=\left|\vec{A}\right|^2+\left|\vec{B}\right|^2+2\vec{A}\cdot\vec{B}$$
$$\le\left|\vec{A}\right|^2+\left|\vec{B}\right|^2+2\left|\vec{A}\right|\left|\vec{B}\right|=(\left|\vec{A}\right|+\left|\vec{B}\right|)^2$$

3. Cauchy-Schwartz inequality：$\vec{A},\vec{B}$ 為任意非零向量

$$\Rightarrow\left|\vec{A}\cdot\vec{B}\right|\le\left|\vec{A}\right|\left|\vec{B}\right| \tag{6}$$

證明：$\left|\vec{A}\cdot\vec{B}\right|=\left|\left|\vec{A}\right|\left|\vec{B}\right|\cos\theta\right|=\left|\vec{A}\right|\left|\vec{B}\right|\cos\theta\le\left|\vec{A}\right|\left|\vec{B}\right|$

4. 餘弦定律：設 a,b,c,為三角形三邊之邊長，θ 為 a,b,邊之夾角，

$$\Rightarrow c^2=a^2+b^2-2ab\cos\theta \tag{7}$$

證明：$c^2=\vec{c}\cdot\vec{c}=(\vec{B}-\vec{A})\cdot(\vec{B}-\vec{A})=\vec{B}\cdot\vec{B}+\vec{A}\cdot\vec{A}-2\vec{A}\cdot\vec{B}$

$\therefore c^2=a^2+b^2-2ab\cos\theta$

5. 正弦定律：設 a,b,c, 為三角形三邊之邊長，α 為 b,c 邊之夾角，β 為 a,c 邊之夾角，γ 為 b,a 邊之夾角，

$$\Rightarrow\frac{\sin\gamma}{c}=\frac{\sin\alpha}{a}=\frac{\sin\beta}{b} \tag{8}$$

證明：三角形面積$=\frac{1}{2}\left|\vec{A}\times\vec{B}\right|=\frac{1}{2}\left|\vec{A}\right|\left|\vec{B}\right|\sin\gamma=\frac{1}{2}\left|\vec{B}\times\vec{C}\right|=\frac{1}{2}bc\sin\alpha=\frac{1}{2}\left|\vec{C}\times\vec{A}\right|$

$=\frac{1}{2}ca\sin\beta$

同除 abc 可得：$\frac{\sin\gamma}{c}=\frac{\sin\alpha}{a}=\frac{\sin\beta}{b}$

6. 交換性

$\vec{A}+\vec{B}=\vec{B}+\vec{A}$

$\vec{A}\cdot\vec{B}=\vec{B}\cdot\vec{A}$（內積符合交換律）

$\vec{A}\times\vec{B}=-\vec{B}\times\vec{A}$（外積不符合交換律）

7. 分配律：$\vec{A}\cdot(\vec{B}+\vec{C})=\vec{A}\cdot\vec{B}+\vec{A}\cdot\vec{C}$

㈢向量的直角座標表示法：

定義：$\hat{\mathbf{i}}$ 大小為 1，方向朝向正 x 軸，$\hat{\mathbf{j}}$ 大小為 1，方向朝向正 y 軸，$\hat{\mathbf{k}}$ 大小為 1，
　　　方向朝向正 z 軸 3-D 直角座標，方向符合右手定則

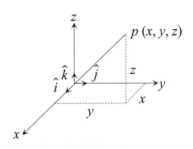

$$\hat{\mathbf{i}} \times \hat{\mathbf{j}} = \hat{\mathbf{k}} \quad \hat{\mathbf{j}} \times \hat{\mathbf{i}} = -\hat{\mathbf{k}}$$
$$\hat{\mathbf{j}} \times \hat{\mathbf{k}} = \hat{\mathbf{i}} \quad \hat{\mathbf{k}} \times \hat{\mathbf{j}} = -\hat{\mathbf{i}}$$
$$\hat{\mathbf{k}} \times \hat{\mathbf{i}} = \hat{\mathbf{j}} \quad \hat{\mathbf{i}} \times \hat{\mathbf{k}} = -\hat{\mathbf{j}}$$

向量的直角座標表示法可分為以下三種，且各表示法等價：

(1)座標（終點）表示法：$\vec{\mathbf{P}} = (x, y, z)$

(2)分量表示法：$\vec{\mathbf{P}} = x\hat{\mathbf{i}} + y\hat{\mathbf{j}} + z\hat{\mathbf{k}}$

(3)單位向量表示法：$\vec{\mathbf{P}} = |\vec{\mathbf{P}}|\hat{\mathbf{e}}_{\mathbf{p}}$

其中：$|\vec{\mathbf{p}}| = \sqrt{x^2 + y^2 + z^2} = \sqrt{\vec{\mathbf{p}} \cdot \vec{\mathbf{p}}}$　　　　　　　　　(9)

$$\hat{\mathbf{e}}_{\mathbf{p}} = \frac{\vec{\mathbf{p}}}{|\vec{\mathbf{p}}|} = \frac{x\hat{\mathbf{i}} + j\hat{\mathbf{j}} + z\hat{\mathbf{k}}}{\sqrt{x^2 + y^2 + z^2}} \tag{10}$$

㈣向量之方向角

定　義：α：$\vec{\mathbf{p}}$ 與 x 軸之夾角，β：$\vec{\mathbf{p}}$ 與 y 軸之夾角，γ：$\vec{\mathbf{p}}$ 與 z 軸之夾角

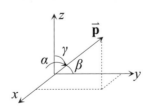

$|\vec{\mathbf{p}}|\cos\alpha = x,\ |\vec{\mathbf{p}}|\cos\beta = y,\ |\vec{\mathbf{p}}|\cos\gamma = z$

or

$$\cos \alpha = \frac{x}{\sqrt{x^2+y^2+z^2}} \Rightarrow x = \vec{\mathbf{p}} \cdot \hat{\mathbf{i}} = \sqrt{x^2+y^2+z^2}\cos \alpha$$

$$\cos \beta = \frac{y}{\sqrt{x^2+y^2+z^2}} \Rightarrow y = \vec{\mathbf{p}} \cdot \hat{\mathbf{j}} = \sqrt{x^2+y^2+z^2}\cos \beta$$

$$\cos \gamma = \frac{z}{\sqrt{x^2+y^2+z^2}} \Rightarrow z = \vec{\mathbf{p}} \cdot \hat{\mathbf{k}} = \sqrt{x^2+y^2+z^2}\cos \gamma$$

與(10)式比較可得：

$$\hat{\mathbf{e}}_{\mathbf{p}} = \frac{\vec{\mathbf{p}}}{\left|\vec{\mathbf{p}}\right|} = \cos \alpha \hat{\mathbf{i}} + \cos \beta \hat{\mathbf{j}} + \cos \gamma \hat{\mathbf{k}} \tag{11}$$

∴方向餘弦之物理意義：$\vec{\mathbf{p}}$ 之單位向量

$$\cos^2 \alpha + \cos^2 \beta + \cos^2 \gamma = 1 \tag{12}$$

㈤直角座標分量表示式

$$\vec{\mathbf{A}} = \overrightarrow{PQ} = (x_2 - x_1)\hat{\mathbf{i}} + (y_2 - y_1)\hat{\mathbf{j}} + (z_2 - z_1)\hat{\mathbf{k}}$$

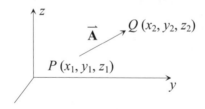

$$\left|\vec{\mathbf{A}}\right| = \sqrt{(x_2 - x_1)^2 + (y_2 - y_1)^2 + (z_2 - z_1)^2} = \left|\overrightarrow{PQ}\right|$$

故 $\left|\vec{\mathbf{A}}\right|$ 為點至點的距離

可輕易證明：

若：
$$\vec{\mathbf{A}} = x_a\hat{\mathbf{i}} + y_a\hat{\mathbf{j}} + z_a\hat{\mathbf{k}}$$
$$\vec{\mathbf{B}} = x_b\hat{\mathbf{i}} + y_b\hat{\mathbf{j}} + z_b\hat{\mathbf{k}}$$

則有：

(1) $\vec{\mathbf{A}} = \vec{\mathbf{B}} \Leftrightarrow x_a = x_b, y_a = y_b, z_a = z_b$

$(2) k\vec{A} = kx_a\hat{\mathbf{i}} + ky_a\hat{\mathbf{j}} + kz_a\hat{\mathbf{k}}$

$(3) \vec{A} + \vec{B} = (x_a + x_b)\hat{\mathbf{i}} + (y_a + y_b)\hat{\mathbf{j}} + (z_a + z_b)\hat{\mathbf{k}}$

$(4) \vec{A} \cdot \vec{B} = x_a x_b + y_a y_b + z_a z_b = \vec{B} \cdot \vec{A}$

$$(5) \vec{A} \times \vec{B} = \begin{vmatrix} \hat{\mathbf{i}} & \hat{\mathbf{j}} & \hat{\mathbf{k}} \\ x_a & y_a & z_a \\ x_b & y_b & z_b \end{vmatrix}$$

$$= (y_a z_b - y_b z_a)\hat{\mathbf{i}} + (z_a x_b - x_a z_b)\hat{\mathbf{j}} + (x_a y_b - y_a x_b)\hat{\mathbf{k}} = -\vec{B} \times \vec{A}$$

$(6) \vec{A} \cdot (k_1\vec{B} + k_2\vec{C}) = k_1 (\vec{A} \cdot \vec{B}) + k_2 (\vec{A} \cdot \vec{C})$

$(7) \vec{A} \times (k_1\vec{B} + k_2\vec{C}) = k_1 (\vec{A} \times \vec{B}) + k_2 (\vec{A} \times \vec{C})$

㈥三重積

1. 純量三重積 $\vec{A} \cdot (\vec{B} \times \vec{C})$

$$\vec{A} \cdot (\vec{B} \times \vec{C}) = (x_a\hat{\mathbf{i}} + y_a\hat{\mathbf{j}} + z_a\hat{\mathbf{k}}) \cdot \begin{vmatrix} \hat{\mathbf{i}} & \hat{\mathbf{j}} & \hat{\mathbf{k}} \\ x_b & y_b & z_b \\ x_c & y_c & z_c \end{vmatrix}$$

$$= \begin{vmatrix} x_a & y_a & z_a \\ x_b & y_b & z_b \\ x_c & y_c & z_c \end{vmatrix} = \begin{vmatrix} x_b & y_b & z_b \\ x_c & y_c & z_c \\ x_a & y_a & z_a \end{vmatrix} = \vec{B} \cdot (\vec{C} \times \vec{A})$$

$$= \begin{vmatrix} x_c & y_c & z_c \\ x_a & y_a & z_a \\ x_b & y_b & z_b \end{vmatrix} = \vec{C} \cdot (\vec{A} \times \vec{B})$$

$$\equiv [\vec{A}\,\vec{B}\,\vec{C}] \tag{13}$$

幾何意義：表 $\vec{A}, \vec{B}, \vec{C}$ 三向量所圍成之平行六面體體積

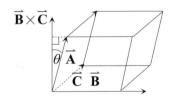

$\vec{B} \times \vec{C} = \hat{\mathbf{e}}_{\mathbf{n}} |\vec{B} \times \vec{C}|$

$\vec{A} \cdot (\vec{B} \times \vec{C}) = |\vec{A}| \cos\theta |\vec{B} \times \vec{C}| = $ 高×底面積

觀念提示：(1)純量三重積可用來檢查 $\vec{A}, \vec{B}, \vec{C}$ 是否共面（ $\vec{A} \cdot (\vec{B} \times \vec{C}) = 0$ ）

證明：若 $\vec{A}, \vec{B}, \vec{C}$ 共面 $\Rightarrow \vec{C}$ 可表為 $\vec{C} = m_1\vec{A} + m_2\vec{B}$

$$\therefore \vec{A} \cdot (\vec{B} \times \vec{C}) = \vec{A} \cdot (\vec{B} \times (m_1\vec{A} + m_2\vec{B})) = 0$$

(2) $\vec{A} \cdot (\vec{B} \times \vec{C}) \neq 0 \Rightarrow$ 下列三敘述等價

(a) $\vec{A}, \vec{B}, \vec{C}$ 不共面

(b) $\vec{A}, \vec{B}, \vec{C}$ linear independent

(c) $\vec{A}, \vec{B}, \vec{C}$ 形成空間之一組 basis

2.向量三重積

$$\vec{A} \times (\vec{B} \times \vec{C}) = (\vec{A} \cdot \vec{C})\vec{B} - (\vec{A} \cdot \vec{B})\vec{C} \tag{14}$$

【成大電機，清大電機】

證明：$\vec{A} \times (\vec{B} \times \vec{C})$ 之結果必與 $\vec{A}$ 垂直故必躺在 $\vec{B}, \vec{C}$ 面上

令 $\vec{A} \times (\vec{B} \times \vec{C}) = \alpha\vec{B} + \beta\vec{C}$

$\Rightarrow \vec{A} \cdot (\vec{A} \times (\vec{B} \times \vec{C})) = \alpha\vec{A} \cdot \vec{B} + \beta\vec{A} \cdot \vec{C} = 0$

$\Rightarrow \gamma = \dfrac{\alpha}{(\vec{A} \cdot \vec{C})} = \dfrac{-\beta}{(\vec{A} \cdot \vec{B})}$

$\Rightarrow \vec{A} \times (\vec{B} \times \vec{C}) = \gamma[(\vec{A} \cdot \vec{C})\vec{B} - (\vec{A} \cdot \vec{B})\vec{C}]$

此為一恆等式

令 $\begin{cases} \vec{A} = \hat{i} + \hat{j} + \hat{k} \\ \vec{B} = \hat{j} \\ \vec{C} = \hat{k} \end{cases}$

代入 $\Rightarrow \gamma = 1$

觀念提示：$\vec{A} \times (\vec{B} \times \vec{C}) \neq (\vec{A} \times \vec{B}) \times \vec{C}$

3.純量四重積

$$(\vec{A} \times \vec{B}) \cdot (\vec{C} \times \vec{D}) = \vec{C} \cdot (\vec{D} \times (\vec{A} \times \vec{B})) = \vec{C} \cdot [(\vec{B} \cdot \vec{D})\vec{A} - (\vec{A} \cdot \vec{D})\vec{B}]$$

$$= (\vec{B} \cdot \vec{D})(\vec{A} \cdot \vec{C}) - (\vec{A} \cdot \vec{D})(\vec{B} \cdot \vec{C}) \tag{15}$$

*4.*向量四重積

$$(\vec{A} \times \vec{B}) \times (\vec{C} \times \vec{D}) = [\vec{A}\,\vec{B}\,\vec{D}]\vec{C} - [\vec{A}\,\vec{B}\,\vec{C}]\vec{D}$$
$$= -(\vec{C} \times \vec{D}) \times (\vec{A} \times \vec{B}) \qquad (16)$$
$$= [\vec{A}\,\vec{C}\,\vec{D}]\vec{B} - [\vec{B}\,\vec{C}\,\vec{D}]\vec{A}$$

證明：取 $\vec{E} = \vec{A} \times \vec{B}$ 則有

$$(\vec{A} \times \vec{B}) \times (\vec{C} \times \vec{D}) = \vec{E} \times (\vec{C} \times \vec{D})$$
$$= (\vec{E} \cdot \vec{D})\vec{C} - (\vec{E} \cdot \vec{C})\vec{D}$$
$$= [\vec{A}\,\vec{B}\,\vec{D}]\vec{C} - [\vec{A}\,\vec{B}\,\vec{C}]\vec{D}$$

同理若取 $\vec{F} = \vec{C} \times \vec{D}$ 則有

$$(\vec{A} \times \vec{B}) \times (\vec{C} \times \vec{D}) = (\vec{A} \times \vec{B}) \times \vec{F} = [\vec{A}\,\vec{C}\,\vec{D}]\vec{B} - [\vec{B}\,\vec{C}\,\vec{D}]\vec{A}$$

觀念提示：*1.* 由(16)可知向量四重積之結果同時位在 $\vec{A}, \vec{B}$ 平面及 $\vec{C}, \vec{D}$ 平面上

⇒ 故知必位於 $\vec{A}, \vec{B}$ 平面與 $\vec{C}, \vec{D}$ 平面的交線上。

*2.*若向量四重積之結果為 0，表示 $\vec{A}, \vec{B}$ 平面與 $\vec{C}, \vec{D}$ 平面無交線

⇒ $\vec{A}, \vec{B}, \vec{C}, \vec{D}$ 共面

例題 1：$\vec{A} = 2\hat{\mathbf{i}} + 3\hat{\mathbf{j}} - \hat{\mathbf{k}}, \vec{B} = -\hat{\mathbf{i}} + 3\hat{\mathbf{j}} + \hat{\mathbf{k}}$. Find (1) $\vec{A} \cdot \vec{B}$ (2) $\vec{A} \times \vec{B}$ (3) The projection of $\vec{A}$ on $\vec{B}$ 【101 雲科大電子、光電】

解 (1) 6 (2) $\vec{A} \times \vec{B} = 6\hat{\mathbf{i}} - \hat{\mathbf{j}} + 9\hat{\mathbf{k}}$,

(3) $\dfrac{\vec{A} \cdot \vec{B}}{\vec{B} \cdot \vec{B}}\vec{B} = \dfrac{6}{11}(-\hat{\mathbf{i}} + 3\hat{\mathbf{j}} + \hat{\mathbf{k}})$

例題 2：A tetrahedron (四面體) ABCD has four outward area vectors, S_1, S_2, S_3, S_4 to each of its four faces respectively. Prove the following equation

$\sum_{i=1}^{4} S_i = 0$ 【101 北科大光電】

解

$$S_1 + S_2 + S_3 + S_4 = (\overrightarrow{AB} \times \overrightarrow{AC}) + (\overrightarrow{AC} \times \overrightarrow{AD}) + (\overrightarrow{AD} \times \overrightarrow{AB}) + (\overrightarrow{CB} \times \overrightarrow{CD})$$

$$= [(\overrightarrow{OB} - \overrightarrow{OA}) \times (\overrightarrow{OC} - \overrightarrow{OA})] + [(\overrightarrow{OC} - \overrightarrow{OA}) \times$$
$$(\overrightarrow{OD} - \overrightarrow{OA})] + [(\overrightarrow{OD} - \overrightarrow{OA}) \times (\overrightarrow{OB} - \overrightarrow{OA})] +$$
$$[(\overrightarrow{OB} - \overrightarrow{OC}) \times (\overrightarrow{OD} - \overrightarrow{OC})]$$
$$= \cdots$$
$$= 0$$

例題 3：Without using the components, but just using vector operations (*i.e.* vector, scalar products), solve for $\vec{J}$ in terms of $k, \vec{E}, \vec{B}$

$$\vec{J} = \vec{E} - k\vec{J} \times \vec{B}$$
【台大機械】

解

Case 1：$k = 0$　$\Rightarrow \vec{J} = \vec{E}$

Case 2：$k \neq 0$

$$\Rightarrow \frac{1}{k}(\vec{J} - \vec{E}) = \vec{B} \times \vec{E} - k\{(\vec{B} \cdot \vec{B})\vec{J} - (\vec{B} \cdot \vec{J})\vec{B}\}$$

$$\vec{J} - \vec{E} = k\vec{B} \times \vec{E} - k^2(\vec{B} \cdot \vec{B})\vec{J} + k^2(\vec{B} \cdot \vec{E})\vec{B}$$

$$\Rightarrow \vec{J} = \frac{\vec{E} + k\vec{B} \times \vec{E} + k^2(\vec{B} \cdot \vec{E})\vec{B}}{1 + k^2(\vec{B} \cdot \vec{B})}$$

例題 4：Let $\vec{F}, \vec{G}, \vec{H}$ be any three linearly independent vectors in R^3, Let $\vec{V}$ be any vector in R^3, show that

$$\vec{V} = \frac{[\vec{V}\vec{G}\vec{H}]}{[\vec{F}\vec{G}\vec{H}]}\vec{F} + \frac{[\vec{V}\vec{H}\vec{F}]}{[\vec{F}\vec{G}\vec{H}]}\vec{G} + \frac{[\vec{V}\vec{F}\vec{G}]}{[\vec{F}\vec{G}\vec{H}]}\vec{H}$$
【大同材料，清大動機】

解

$\vec{F}, \vec{G}, \vec{H}$ 為線性獨立，故其純量三重積 $\vec{F} \cdot (\vec{G} \times \vec{H}) = [\vec{F}\vec{G}\vec{H}] \neq 0$

$\Rightarrow \vec{F}, \vec{G}, \vec{H}$ 可構成三維空間中的一組基底（bases）換言之，任何三維空間中的向量均可以被 $\vec{F}, \vec{G}, \vec{H}$ 所展開且展開的方式唯一 *i.e.*

$$\vec{V} = a\vec{F} + b\vec{G} + c\vec{H}　a, b, c \in R$$

$$\Rightarrow \vec{V} \cdot (\vec{G} \times \vec{H}) = [\vec{V}\vec{G}\vec{H}] = a[\vec{F}\vec{G}\vec{H}] + b[\vec{G}\vec{G}\vec{H}] + c[\vec{H}\vec{G}\vec{H}]$$

$$= a[\vec{F}\vec{G}\vec{H}]$$

$$\therefore a = \frac{[\vec{V}\vec{G}\vec{H}]}{[\vec{F}\vec{G}\vec{H}]}$$

同理可得：$b = \dfrac{[\vec{\mathbf{V}}\,\vec{\mathbf{H}}\,\vec{\mathbf{F}}]}{[\vec{\mathbf{F}}\,\vec{\mathbf{G}}\,\vec{\mathbf{H}}]}$ ，$c = \dfrac{[\vec{\mathbf{V}}\,\vec{\mathbf{F}}\,\vec{\mathbf{G}}]}{[\vec{\mathbf{F}}\,\vec{\mathbf{G}}\,\vec{\mathbf{H}}]}$

例題 5：(a) a vector $\vec{\mathbf{V}}$ makes an angle $\cos^{-1}\left(\dfrac{1}{3}\right)$ with the vector $\vec{\mathbf{b}} = \vec{\mathbf{i}} - \vec{\mathbf{j}} + \vec{\mathbf{k}}$, and $\vec{\mathbf{V}} \times$

$\vec{\mathbf{a}}$ has elements $-2\vec{\mathbf{i}} + \vec{\mathbf{j}} + \vec{\mathbf{k}}$, where $\vec{\mathbf{a}}$ is the vector $\vec{\mathbf{i}} + 2\vec{\mathbf{j}}$, find the vector $\vec{\mathbf{V}}$ and

the angle between them

(b)Find the vector $\vec{\mathbf{X}}$ which satisfies the equations $\vec{\mathbf{X}} \times \vec{\mathbf{a}} = \vec{\mathbf{b}}$, $\vec{\mathbf{X}} \cdot \vec{\mathbf{c}} = p$ in which

p is a given scalar and $\vec{\mathbf{a}} \cdot \vec{\mathbf{c}} \neq 0$, i.e. $\vec{\mathbf{X}}$ can be represented by p, $\vec{\mathbf{a}}$, $\vec{\mathbf{b}}$, $\vec{\mathbf{c}}$

【清大資工】

解　(a)設 $\vec{\mathbf{V}} = v_1\hat{\mathbf{i}} + v_2\hat{\mathbf{j}} + v_3\hat{\mathbf{k}}$ 則

$$\vec{\mathbf{V}} \times \vec{\mathbf{a}} = \begin{vmatrix} \hat{\mathbf{i}} & \hat{\mathbf{j}} & \hat{\mathbf{k}} \\ v_1 & v_2 & v_3 \\ 1 & 2 & 0 \end{vmatrix} = -2v_3\hat{\mathbf{i}} + v_3\hat{\mathbf{j}} + (2v_1 - v_2)\hat{\mathbf{k}} = -2\hat{\mathbf{i}} + \hat{\mathbf{j}} + \hat{\mathbf{k}}$$

$\therefore v_2 = 2v_1 - 1$, $v_3 = 1$

又知 $\vec{\mathbf{V}} \cdot \vec{\mathbf{b}} = v_1 - v_2 + v_3 = |\vec{\mathbf{V}}||\vec{\mathbf{b}}|\cos\theta$

$$= \frac{1}{3} \cdot \sqrt{v_1^2 + v_2^2 + v_3^2} \cdot \sqrt{3}$$

將 $v_3 = 1$, $v_2 = 2v_1 - 1$ 代入後可得

$\vec{\mathbf{V}} = \hat{\mathbf{i}} + \hat{\mathbf{j}} + \hat{\mathbf{k}}$ or $\vec{\mathbf{V}} = -5\hat{\mathbf{i}} - 11\hat{\mathbf{j}} + \hat{\mathbf{k}}$ 故兩者的夾角為

$\cos\theta = \dfrac{-15}{\sqrt{3}\sqrt{147}} = \dfrac{-5}{7}$ or $\theta = \cos^{-1}\left(\dfrac{-5}{7}\right)$

(b)根據 $\vec{\mathbf{X}} \times \vec{\mathbf{a}} = \vec{\mathbf{b}} \Rightarrow \vec{\mathbf{c}} \times (\vec{\mathbf{X}} \times \vec{\mathbf{a}}) = \vec{\mathbf{c}} \times \vec{\mathbf{b}} = (\vec{\mathbf{c}} \cdot \vec{\mathbf{a}})\vec{\mathbf{X}} - (\vec{\mathbf{c}} \cdot \vec{\mathbf{X}})\vec{\mathbf{a}} = (\vec{\mathbf{c}} \cdot \vec{\mathbf{a}})\vec{\mathbf{X}} - p\vec{\mathbf{a}}$

$\therefore \vec{\mathbf{X}} = \dfrac{p\vec{\mathbf{a}} + \vec{\mathbf{c}} \times \vec{\mathbf{b}}}{\vec{\mathbf{a}} \cdot \vec{\mathbf{c}}}$

例題 6：Prove $\vec{\mathbf{A}} \times (\vec{\mathbf{B}} \times \vec{\mathbf{C}}) + \vec{\mathbf{B}} \times (\vec{\mathbf{C}} \times \vec{\mathbf{A}}) + \vec{\mathbf{C}} \times (\vec{\mathbf{A}} \times \vec{\mathbf{B}}) = 0$ 【101 東華光電、材料】

解　$\vec{\mathbf{A}} \times (\vec{\mathbf{B}} \times \vec{\mathbf{C}}) = (\vec{\mathbf{A}} \cdot \vec{\mathbf{C}})\vec{\mathbf{B}} - (\vec{\mathbf{A}} \cdot \vec{\mathbf{B}})\vec{\mathbf{C}}$

$\vec{\mathbf{B}} \times (\vec{\mathbf{C}} \times \vec{\mathbf{A}}) = (\vec{\mathbf{B}} \cdot \vec{\mathbf{A}})\vec{\mathbf{C}} - (\vec{\mathbf{B}} \cdot \vec{\mathbf{C}})\vec{\mathbf{A}}$

$\vec{\mathbf{C}} \times (\vec{\mathbf{A}} \times \vec{\mathbf{B}}) = (\vec{\mathbf{B}} \cdot \vec{\mathbf{C}})\vec{\mathbf{A}} - (\vec{\mathbf{A}} \cdot \vec{\mathbf{C}})\vec{\mathbf{B}}$

$\therefore \vec{\mathbf{A}} \times (\vec{\mathbf{B}} \times \vec{\mathbf{C}}) + \vec{\mathbf{B}} \times (\vec{\mathbf{C}} \times \vec{\mathbf{A}}) + \vec{\mathbf{C}} \times (\vec{\mathbf{A}} \times \vec{\mathbf{B}}) = 0$

例題 7：Let $P^3[t]$ be the real vector space of polynomials of degree strictly less than 3; define the inner product between the polynomials f and g in $P^3[t]$ by

$$\langle f, g \rangle = \int_0^1 f(t)g(t)\,dt$$

Find the angle between t and $t^2 - t + 1$. 　　　　　【95 海洋通訊】

解　　假設 t 與 $t^2 - t + 1$ 的角度為 θ

$$\Rightarrow \cos\theta = \frac{\langle t, t^2 - t + 1 \rangle}{\| t \| \| t^2 - t + 1 \|} = \frac{\int_0^1 t(t^2 - t + 1)\,dt}{\left(\int_0^1 t^2\,dt\right)^{\frac{1}{2}}\left(\int_0^1 (t^2 - t + 1)^2\,dt\right)^{\frac{1}{2}}}$$

$$= \frac{\dfrac{5}{12}}{\sqrt{\dfrac{1}{3}}\sqrt{\dfrac{7}{10}}} = \frac{5\sqrt{5}}{2\sqrt{42}}$$

$$\Rightarrow \theta = \cos^{-1}\left(\frac{5\sqrt{5}}{2\sqrt{42}}\right).$$

例題 8：Given vectors $u = (1, 0, 0)$, $v = (1, 2, 3)$ and $w = (0, 1, -1)$, solve each of the following.

(a)$3v \cdot (w + 2u)$　　(b)$\| u \| v + \| v \| w$　　(c)$(u \times v) \times w$　【95 中正電機、通訊】

解

(a)$3v \cdot (w + 2u) = (3, 6, 9) \cdot (2, 1, -1) = 3$

(b)$\| u \| v + \| v \| w = (1, 2, 3) + \sqrt{14}(0, 1, -1) = (1, 2 + \sqrt{14}, 3 - \sqrt{14})$

(c)$\begin{vmatrix} i & j & k \\ 1 & 0 & 0 \\ 1 & 2 & 3 \end{vmatrix} = -3j + 2k$

$\Rightarrow u \times v = (0, -3, 2)$

$\begin{vmatrix} i & j & k \\ 0 & -3 & 2 \\ 0 & 1 & -1 \end{vmatrix} = -i$

$\Rightarrow (u \times v) \times w = (-1, 0, 0)$

12-2　空間解析幾何

定義：位置向量（Position vector）

　　$\vec{r} = x\hat{i} + y\hat{j} + z\hat{k}$，$x, y, z$, arbitrary，表示空間中任何一點之位置向量

㈠空間直線方程式（點向式）

　　空間中之直線方程式必須包含二個要素：

　　⑴此直線之方向

　　⑵直線上任何一點之位置向量

　　故一空間中之直線不外乎以下列三種方程式表示之：

　　1. 已知空間中之一直線

　　⑴通過 r_0 點 (x_0, y_0, z_0)

　　⑵平行方向 $\vec{l} = a\hat{i} + b\hat{j} + c\hat{k}$

　　則其直線方程式可表示為：

$$\frac{x - x_0}{a} = \frac{y - y_0}{b} = \frac{z - z_0}{c} \tag{17}$$

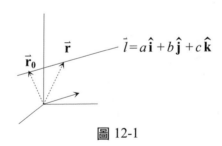

圖 12-1

　　2. 已知空間中之一直線通過 r_0 點且其

方向平行於 $\vec{l} = a\hat{i} + b\hat{j} + c\hat{k}$，則顯然的

直線上任何一點之位置向量 $\vec{r} = x\hat{i} + y\hat{j} + z\hat{k}$

至點所形成之向量 $(\vec{r} - \vec{r}_0)$ 必平行於直線方向 $\vec{l} = a\hat{i} + b\hat{j} + c\hat{k}$，故(17)可改寫為：

$$(\vec{r} - \vec{r}_0) \times \vec{l} = 0 \tag{18}$$

3.已知空間直線通過二定點：$\vec{r}_1 = x_1\hat{\mathbf{i}} + y_1\hat{\boldsymbol{j}} + z_1\hat{\mathbf{k}}$；$\vec{r}_2 = x_2\hat{\mathbf{i}} + y_2\hat{\boldsymbol{j}} + z_2\hat{\mathbf{k}}$ 則直線上任何一點 $\vec{r}$ 至 $\vec{r}_1$ 與 $\vec{r}_1$ 至 $\vec{r}_2$ 所形成之二向量 $(\vec{r} - \vec{r}_1)$、$(\vec{r}_1 - \vec{r}_2)$ 必定互為平行，故可得到直線方程式為：

$$(\vec{r} - \vec{r}_1) \times (\vec{r}_1 - \vec{r}_2) = 0 \tag{19}$$

題型一：求空間直線外一點至此直線的最短距離：

已知空間直線外一點之位置向量為 $\vec{P}$，直線通過二定點 $\vec{r}_1$ 與 $\vec{r}_2$，如圖 12-2 所示

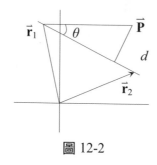

圖 12-2

設 $\vec{P}$ 點至 $\vec{r}_1$ 點之向量與直線之夾角為 θ，則 $\vec{P}$ 點至此直線的最短距離 d 可表示為：

$$\begin{aligned}
d &= \left|\vec{p} - \vec{r}_1\right| \sin\theta \\
&= \frac{\left|\vec{p} - \vec{r}_1\right|\left|\vec{r}_1 - \vec{r}_2\right| \sin\theta}{\left|\vec{r}_1 - \vec{r}_2\right|} \\
&= \frac{\left|(\vec{p} - \vec{r}_1) \times (\vec{r}_2 - \vec{r}_1)\right|}{\left|\vec{r}_2 - \vec{r}_1\right|}
\end{aligned} \tag{20}$$

觀念提示：d 為 $(\vec{p} - \vec{r}_1)$ 與 $(\vec{r}_2 - \vec{r}_1)$ 所圍平行四邊形之高，故 d 為平行四邊形面積（由 $\left|(\vec{P} - \vec{r}_1) \times (\vec{r}_2 - \vec{r}_1)\right|$ 而得）除以底之長度（$\left|(\vec{r}_2 - \vec{r}_1)\right|$）得到。

題型二：兩歪斜線間之最短距離

歪斜線為空間中之二不平行且不相交之二直線。已知空間中之兩歪斜線分別通過 $\vec{r}_1$ 與 $\vec{r}_2$ 點，方向分別為 $\vec{\mathbf{l}}_1$ 與 $\vec{\mathbf{l}}_2$，則其直線方程式可表示為：

$$\begin{cases} L_1 : (\vec{r} - \vec{r}_1) \times \vec{\mathbf{l}}_1 = \mathbf{0} \\ L_2 : (\vec{r} - \vec{r}_2) \times \vec{\mathbf{l}}_2 = \mathbf{0} \end{cases}$$

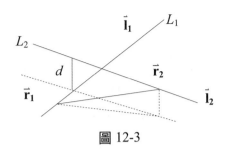

圖 12-3

如圖 12-3 所示，兩歪斜線間之最短距離必然發生在 L_1 與 L_2 之公垂方向上，即 $\vec{\mathbf{l}}_1 \times \vec{\mathbf{l}}_2$ 的方向，而 θ 為 $(\vec{\mathbf{r}}_2 - \vec{\mathbf{r}}_1)$ 與此方向之夾角，故可得：

$$d = |\vec{\mathbf{r}}_2 - \vec{\mathbf{r}}_1| \cos\theta = \frac{|\vec{\mathbf{r}}_2 - \vec{\mathbf{r}}_1| |\vec{\mathbf{l}}_1 \times \vec{\mathbf{l}}_2|}{|\vec{\mathbf{l}}_1 \times \vec{\mathbf{l}}_2|} \cos\theta \tag{21}$$

$$= \frac{|(\vec{\mathbf{r}}_2 - \vec{\mathbf{r}}_1) \cdot (\vec{\mathbf{l}}_1 \times \vec{\mathbf{l}}_2)|}{|\vec{\mathbf{l}}_1 \times \vec{\mathbf{l}}_2|}$$

觀念提示：　d 可看作是 $(\vec{\mathbf{r}}_2 - \vec{\mathbf{r}}_1)$, $\vec{\mathbf{l}}_1, \vec{\mathbf{l}}_2$ 所圍平行六面體之高，故其大小為體積／底面積；而體積即為 $(\vec{\mathbf{r}}_2 - \vec{\mathbf{r}}_1)$, $\vec{\mathbf{l}}_1, \vec{\mathbf{l}}_2$ 之純量三重積，底面積即為 $\vec{\mathbf{l}}_1, \vec{\mathbf{l}}_2$ 之外積長度。

㈡空間平面方程式

描述空間中之平面必須包含二個要素：

⑴此平面之法向量

⑵平面上任何一點之位置向量

故一空間中之平面不外乎以下列二種方程式表示之：

1. 已知平面上一點 $\vec{\mathbf{r}}_1 = x_1 \hat{\mathbf{i}} + y_1 \hat{\mathbf{j}} + z_1 \hat{\mathbf{k}}$，法向向量 $\vec{\mathbf{N}} = a \hat{\mathbf{i}} + b \hat{\mathbf{j}} + c \hat{\mathbf{k}}$

⇒平面上任何一點 $\vec{\mathbf{r}}$ 至 $\vec{\mathbf{r}}_1$ 點所形成之二向量 $(\vec{\mathbf{r}} - \vec{\mathbf{r}}_1)$ 必定與法向量正交，故可得到平面方程式為：

$$(\vec{\mathbf{r}} - \vec{\mathbf{r}}_1) \cdot \vec{\mathbf{N}} = 0 \tag{22}$$
$$\Rightarrow a\,(x - x_1) + b\,(y - y_1) + c\,(z - z_1) = 0$$

or

$$ax + by + cz = ax_1 + by_1 + cz_1$$

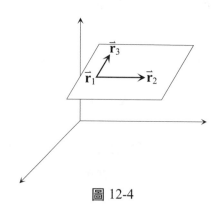

圖 12-4

2.若已知空間中不共線之三點 $\vec{r}_1, \vec{r}_2, \vec{r}_3$

⇒此三點所形成之平面法向量必為 $(\vec{r}_2 - \vec{r}_1)$

與 $(\vec{r}_3 - \vec{r}_2)$ 之公垂向量，i.e., $(\vec{r}_2 - \vec{r}_1) \times (\vec{r}_3 - \vec{r}_2)$

，故 $\vec{r}_1, \vec{r}_2, \vec{r}_3$ 所形成之平面方程式為：

$$(\vec{r} - \vec{r}_1) \cdot [(\vec{r}_2 - \vec{r}_1) \times (\vec{r}_3 - \vec{r}_2)] = 0 \tag{23}$$

觀念提示： 1.平面之法向量為唯一（而曲面法向量則因曲面上不同之位置而異）。

2.$\vec{N}$ 可由 $[(\vec{r}_2 - \vec{r}_1) \times (\vec{r}_3 - \vec{r}_1)]$ 決定

題型一：空間平面外一點至此平面的最短距離

如圖 12-5 所示 p 點，$\vec{r}_1$ 點與 p 點投影至平面上之點形成一直角三角形，故 p 點至平面之最短距離可表示為：

$$\begin{aligned}
d &= |\vec{p} - \vec{r}_1| \cos \theta \\
&= \frac{|\vec{p} - \vec{r}_1| |\vec{N}| \cos \theta}{|\vec{N}|} \\
&= \frac{(\vec{p} - \vec{r}_1) \cdot \vec{N}}{|\vec{N}|} \\
&= |(\vec{p} - \vec{r}_1) \cdot \hat{e}_N|
\end{aligned} \tag{24}$$

觀念提示： d 即為 $(\vec{P} - \vec{r}_1)$ 在平面之法向量上的投影量

題型二：求兩平面間之夾角

圖 12-6 所示，兩平面間之夾角即為兩平面法向向量之夾角

已知二平面：

$a_1x + b_1y + c_1z = d_1$，

i.e. $\vec{N_1} = a_1\hat{i} + b_1\hat{j} + c_1\hat{k}$

$a_2x + b_2y + c_2z = d_2$　$\vec{N_2} = a_2\hat{i} + b_2\hat{j} + c_2\hat{k}$

根據(3)，兩平面間之夾角為：

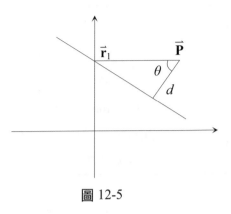

圖 12-5

$$\theta = \cos^{-1}\frac{\vec{N_1} \cdot \vec{N_2}}{|\vec{N_1}||\vec{N_2}|} \tag{25}$$

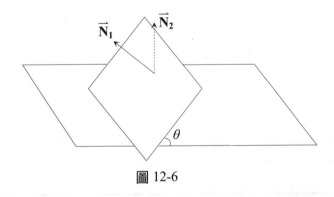

圖 12-6

例題 9：Find the point on the plane: $2x + y - z = 6$ which is closest to the origin

【101 中山電機】

 　If $a\hat{i} + b\hat{j} + c\hat{k}$ is the point on the plane

$\Rightarrow a\hat{i} + b\hat{j} + c\hat{k} = t(2\hat{i} + \hat{j} - \hat{k})$

$\therefore \begin{cases} a = 2t \\ b = t \\ c = -t \end{cases}$　$2a + b - c = 6 \Rightarrow t = 1$

例題 10：Find the projection of $\vec{v} = 4\hat{i} + 2\hat{j} - \hat{k}$ on the plane $x - 2y + z = 0$ in R^3

解　$\vec{n} = \hat{i} - 2\hat{j} + \hat{k}$

$\vec{v} - \dfrac{\langle \vec{v}, \vec{n} \rangle}{\langle \vec{n}, \vec{n} \rangle}\vec{n} = \dfrac{5}{6}(5\hat{i} + 2\hat{j} - \hat{k})$

例題 11：Two lines are defined as follows
$$L_1: \begin{cases} x = 1 + 2t \\ y = 1 + 3t \\ z = 2 - t \end{cases} \quad L_2: \begin{cases} x = t \\ y = 2t \\ z = 3t \end{cases}$$

(a)Find the shortest distance between L_1 and L_2

(b)Find the equation of the plane which passes through (1, 0, 1) and parallel

lines L_1 and L_2　　　　　　　　　　　　　　　【成大電機】

解　　(a)$\vec{\ell}_1 = 2\hat{\mathbf{i}} + 3\hat{\mathbf{j}} - \hat{\mathbf{k}}$

$\vec{\ell}_2 = \hat{\mathbf{i}} + 2\hat{\mathbf{j}} + 3\hat{\mathbf{k}}$

$\Rightarrow$公垂向量 $\hat{\mathbf{n}} = \dfrac{\vec{\ell}_1 \times \vec{\ell}_2}{|\vec{\ell}_1 \times \vec{\ell}_2|} = \dfrac{11\hat{\mathbf{i}} - 7\hat{\mathbf{j}} + \hat{\mathbf{k}}}{\sqrt{171}}$

最短距離即為二線上各取一點之連線在法向量上的投影量

$[(1, 1, 2) - (0, 0, 0)] \cdot \hat{\mathbf{n}} = \dfrac{6}{\sqrt{171}}$

(b)平面方程式為：

$[\vec{\mathbf{r}} - (1, 0, 1)] \cdot \hat{\mathbf{n}} = 0$

$\Rightarrow 11(x - 1) - 7y + (z - 1) = 0$

$\Rightarrow 11x - 7y + z = 12$

例題 12：已知二條直線

$L_1: x_1 = 1 + 6t, y = 2 - 4t, z = 8t - 1$ 及 $L_2: x = 4 - 3t, y = 2t, z = 3 + 4t$

求：(a)交點(b)夾角(c)包含此二直線的平面　　　　　【交大環工】

解　　(a)$L_1: \dfrac{x - 1}{6} = \dfrac{y - 2}{-4} = \dfrac{z + 1}{8} = t$

$L_2: \dfrac{x - 4}{-3} = \dfrac{y}{2} = \dfrac{z - 3}{4} = s$

$\Rightarrow \begin{cases} 1 + 6t = 4 - 3s \\ 2 - 4t = 2s \\ -1 + 8t = 3 + 4s \end{cases}$

可求得 $s = 0, t = \dfrac{1}{2}$

故二條線有交點，交點為$(4, 0, 3)$

(b)$\theta = \cos^{-1}\dfrac{\vec{\ell}_1 \cdot \vec{\ell}_2}{|\vec{\ell}_1||\vec{\ell}_2|} = \cos^{-1}\dfrac{3}{29}$

(c) 平面方程式之法向量為：$(3\hat{\mathbf{i}} - 2\hat{\mathbf{j}} + 4\hat{\mathbf{k}}) \times (-3\hat{\mathbf{i}} + 2\hat{\mathbf{j}} + 4\hat{\mathbf{k}})$

$\therefore (\vec{\mathbf{r}} - (\hat{\mathbf{i}} + 2\hat{\mathbf{j}} - \hat{\mathbf{k}})) \cdot [(3\hat{\mathbf{i}} - 2\hat{\mathbf{j}} + 4\hat{\mathbf{k}}) \times (-3\hat{\mathbf{i}} + 2\hat{\mathbf{j}} + 4\hat{\mathbf{k}})] = 0$

$\Rightarrow 2(x-1) + 3(y-2) + 0(z+1) = 0$

$\Rightarrow 2x + 3y = 8$

例題 13：方程式$(\vec{\mathbf{r}} - \vec{\mathbf{r}}_0) \cdot \hat{\mathbf{n}} = 0$ 表示一個通過$\vec{\mathbf{r}}_0$ 且法向量為$\hat{\mathbf{n}}$之平面，求此平面上一點$\vec{\mathbf{r}}^*$，使得此點到面外一點$\vec{\mathbf{p}}$之距離最小　【台大機械】

解　$\vec{\mathbf{p}}$點至平面的距離為：

$d = (\vec{\mathbf{p}} - \vec{\mathbf{r}}_0) \cdot \hat{\mathbf{n}} = |\vec{\mathbf{p}} - \vec{\mathbf{r}}^*|$

$\therefore \vec{\mathbf{r}}^* = \vec{\mathbf{p}} + d(-\hat{\mathbf{n}})$

$= \vec{\mathbf{p}} - [(\vec{\mathbf{p}} - \vec{\mathbf{r}}_0) \cdot \hat{\mathbf{n}}]\hat{\mathbf{n}}$

例題 14：For what c are the plane $x + y + z = 1$ and $2x + cy + 7z = 0$ orthogonal？　【成大化工】

解　$\hat{\mathbf{n}}_1 = \pm\dfrac{\hat{\mathbf{i}} + \hat{\mathbf{j}} + \hat{\mathbf{k}}}{\sqrt{3}}$, $\hat{\mathbf{n}}_2 = \pm\dfrac{2\hat{\mathbf{i}} + c\hat{\mathbf{j}} + 7\hat{\mathbf{k}}}{\sqrt{4 + c^2 + 49}}$

若平面正交 $\Rightarrow \hat{\mathbf{n}}_1 \cdot \hat{\mathbf{n}}_2 = 0$

$\therefore 2 + c + 7 = 0$, $c = -9$

例題 15：Find the angle between the plane $2x - y + 2z = 1$ and $x - y = 2$　【成大】

解　二平面之夾角即為法向量夾角：

$\hat{\mathbf{n}}_1 = \pm\dfrac{2\hat{\mathbf{i}} - \hat{\mathbf{j}} + 2\hat{\mathbf{k}}}{3}$, $\hat{\mathbf{n}}_2 = \pm\dfrac{\hat{\mathbf{i}} - \hat{\mathbf{j}}}{\sqrt{2}}$

$\therefore \hat{\mathbf{n}}_1 \cdot \hat{\mathbf{n}}_2 = \cos\theta = \dfrac{\pm 3}{3\sqrt{2}} = =\pm\dfrac{1}{\sqrt{2}}$

$\therefore \theta = \dfrac{\pi}{4}$ or $\dfrac{3}{4}\pi$

例題 16：Let θ be a fixed real number and let

$$\mathbf{x}_1 = \begin{bmatrix} \cos\theta \\ \sin\theta \end{bmatrix} \text{ and } \mathbf{x}_2 = \begin{bmatrix} -\sin\theta \\ \cos\theta \end{bmatrix}$$

(a) Show that $\{\mathbf{x}_1, \mathbf{x}_2\}$ is an orthonormal basis for R^2.

(b) Given a vector $\mathbf{y}$ in R^2, find c_1, c_2 such that $\mathbf{y}$ is a linear combination of $c_1\mathbf{x}_1 + c_2\mathbf{x}_2$.

(c) Verify that $c_1^2 + c_2^2 = \|\mathbf{y}\|^2 = y_1^2 + y_2^2$.　　　　【95 海洋通訊所】

解

(a) $\langle \mathbf{x}_1, \mathbf{x}_2 \rangle = (\cos\theta)(-\sin\theta) + (\sin\theta)(\cos\theta) = 0$

$\langle \mathbf{x}_1, \mathbf{x}_1 \rangle = (\cos\theta)(\cos\theta) + (\sin\theta)(\sin\theta) = 1$，

$\langle \mathbf{x}_2, \mathbf{x}_2 \rangle = (-\sin\theta)(-\sin\theta) + (\cos\theta)(\cos\theta) = 1$

$\Rightarrow \{\mathbf{x}_1, \mathbf{x}_2\}$ 為 orthonormal set

$\Rightarrow \{\mathbf{x}_1, \mathbf{x}_2\}$ 為 linearly independent set

$\Rightarrow \{\mathbf{x}_1, \mathbf{x}_2\}$ 為 R^2 的一組 basis

$\Rightarrow \{\mathbf{x}_1, \mathbf{x}_2\}$ 為 R^2 的一組 orthonormal basis

(b) $\langle \mathbf{y}, \mathbf{x}_1 \rangle = \langle c_1\mathbf{x}_1 + c_2\mathbf{x}_2, \mathbf{x}_1 \rangle = c_1 \langle \mathbf{x}_1, \mathbf{x}_1 \rangle + c_2 \langle \mathbf{x}_2, \mathbf{x}_1 \rangle = c_1$

$\langle \mathbf{y}, \mathbf{x}_2 \rangle = \langle c_1\mathbf{x}_1 + c_2\mathbf{x}_2, \mathbf{x}_2 \rangle = c_1 \langle \mathbf{x}_1, \mathbf{x}_2 \rangle + c_2 \langle \mathbf{x}_2, \mathbf{x}_2 \rangle = c_2$

(c) 因為 $\langle \mathbf{x}_1, \mathbf{x}_2 \rangle = 0$

$\Rightarrow \langle c_1\mathbf{x}_1, c_2\mathbf{x}_2 \rangle = c_1 c_2 \langle \mathbf{x}_1, \mathbf{x}_2 \rangle = 0$

根據畢氏定理

$\|\mathbf{y}\|^2 = \|c_1\mathbf{x}_1 + c_2\mathbf{x}_2\|^2 = \|c_1\mathbf{x}_1\|^2 + \|c_2\mathbf{x}_2\|^2 = c_1{}^2\|\mathbf{x}_1\|^2 + c_2{}^2\|\mathbf{x}_2\|^2$

$\qquad = c_1{}^2 + c_2{}^2$

另外，$\|\mathbf{y}\|^2 = \langle \mathbf{y}, \mathbf{y} \rangle = \langle \begin{bmatrix} y_1 \\ y_2 \end{bmatrix}, \begin{bmatrix} y_1 \\ y_2 \end{bmatrix} \rangle = y_1{}^2 + y_2{}^2$.

例題 17：Find an equation of the plane containing the line

$x = -2 + 3t$, $y = 4 + 2t$, $z = 3 - t$

And perpendicular to the plane: $x - 2y + z = 5$.　　　　【95 成大電信所】

假設題目要求的 plane 為 $P : a(x+2) + b(y-4) + c(z-3) = d$ 且假設 P_1：

$x - 2y + z = 5$

則因為 P 與 P_1 垂直，所以

$\Rightarrow a - 2b + c = 0$

另外，因為 P 經過 line：$(-2 + 3t, 4 + 2t, 3 - t) = (-2, 4, 3) + t(3, 2, -1)$

$\Rightarrow 3a + 2b - c = 0$

解方程式 $\begin{cases} a - 2b + c = 0 \\ 3a + 2b - c = 0 \end{cases}$ 得 $a = 0, c = 2b$

則 P：$(y - 4) + 2(z - 3) = 0$

例題 18：Find the equation for

(1) the plane that passes through the point $(-1, -5, 5)$ and is perpendicular to

the line of intersection of the planes $\begin{cases} 5x + 2y - 7z = 0 \\ z = 0 \end{cases}$

(2) the plane that passes through the point $(-1, -5, 5)$ and contains the line of

intersection of the planes $\begin{cases} 5x + 2y - 7z = 0 \\ z = 0 \end{cases}$　　【99 交大電機】

解

$(1) \mathbf{n} = \begin{vmatrix} \hat{i} & \hat{j} & \hat{k} \\ 5 & 2 & -7 \\ 0 & 0 & 1 \end{vmatrix} = 2\hat{i} - 5\hat{j}$

$\Rightarrow P: 2(x + 1) - 5(y + 5) = 0$

$(2) \mathbf{n} = \begin{vmatrix} \hat{i} & \hat{j} & \hat{k} \\ 2 & -5 & 0 \\ -1 & -5 & 5 \end{vmatrix} = 25\hat{i} + 10\hat{j} + 15\hat{k} = 5\hat{i} + 2\hat{j} + 3\hat{k}$

$\Rightarrow P: 5(x + 1) + 2(y + 5) + 3(z - 5) = 0$

例題 19：Find the shortest distance between the following pairs of parallel lines.

$L_1: (x, y, z) = (3, 0, 2) + t(3, 1, 0)$

$L_2: (x, y, z) = (-1, 2, 2) + t(3, 1, 0)$　　【95 銘傳，統資】

解

如下圖所示，假設 $\mathbf{v} = (3, 1, 0)$

$\mathbf{u} = (3, 0, 2) - (-1, 2, 2) = (4, -2, 0)$

$$\mathbf{x} = \frac{\langle \mathbf{u}, \mathbf{v} \rangle}{\langle \mathbf{v}, \mathbf{v} \rangle} \mathbf{v} = \frac{10}{10}(3, 1, 0) = (3, 1, 0)$$

所以 L_1 與 L_2 的 shortest distance 為 $d = \|\mathbf{u} - \mathbf{x}\| = \|(1, -3, 0)\| = \sqrt{10}$

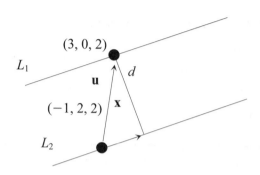

綜合練習

1. If vectors $\vec{A}, \vec{B}, \vec{C}$ and $\vec{D}$ lie in the same plane show that $(\vec{A} \times \vec{B}) \times (\vec{C} \times \vec{D}) = 0$　　【交大土木、環工】

2. (a) Find the volume of the parallelepiped that has the following vectors as adjacent edges

    $\vec{a} = 2\hat{j} + \hat{k}, \vec{b} = \hat{i} - \hat{j}, \vec{c} = -\hat{j} + 4\hat{k}$

    (b) Let the pairs $(\vec{A}, \vec{B})$ and $(\vec{C}, \vec{D})$ each determine a plane. What does it mean geometrically if $(\vec{A} \times \vec{B}) \cdot (\vec{C} \times \vec{D}) = 0$?　　【交大機械】

3. $\vec{a} = \vec{a}_1 + \vec{a}_2, \vec{a}_1 \perp \vec{b}, \vec{a}_2 \perp \vec{b}$ show that $\vec{a}_2 = \frac{\vec{a} \cdot \vec{b}}{|\vec{b}|^2}\vec{b}, \vec{a}_1 = \vec{a} - \frac{\vec{a} \cdot \vec{b}}{|\vec{b}|^2}\vec{b}$　　【成大機械】

4. Given vectors $\vec{a} = 2\hat{i} + \hat{j}, \vec{b} = -\hat{i} + 2\hat{j}, \vec{c} = \hat{i} + \hat{j} + 3\hat{k}$ in a three dimensional linear space referred to a rectangular set of base vectors $\hat{i}, \hat{j}, \hat{k}$

    (a) show that $\vec{a}, \vec{b}, \vec{c}$ are linearly independent

    (b) find the area of the triangle formed by tip of vectors $\vec{a}, \vec{b}$ and $\vec{c}$

    (c) using $\vec{a}, \vec{b}, \vec{c}$ as a new basis for the space, express the vector

    $\vec{d} = 2\hat{i} + 3\hat{j} - 3\hat{k}$ in terms of $\vec{a}, \vec{b}$ and $\vec{c}$　　【台大土木】

5. 已知 $\vec{A}_1, \vec{A}_2$ 與 $\vec{A}_3$ 不共面且有：

    $\vec{B}_1 = \alpha_{11}\vec{A}_1 + \alpha_{12}\vec{A}_2 + \alpha_{13}\vec{A}_3$

    $\vec{B}_2 = \alpha_{21}\vec{A}_1 + \alpha_{22}\vec{A}_2 + \alpha_{23}\vec{A}_3$

    $\vec{B}_3 = \alpha_{31}\vec{A}_1 + \alpha_{32}\vec{A}_2 + \alpha_{33}\vec{A}_3$

    Prove: $\dfrac{\vec{B}_1 \cdot (\vec{B}_2 \times \vec{B}_3)}{\vec{A}_1 \cdot (\vec{A}_2 \times \vec{A}_3)} = \begin{vmatrix} \alpha_{11} & \alpha_{12} & \alpha_{13} \\ \alpha_{21} & \alpha_{22} & \alpha_{23} \\ \alpha_{31} & \alpha_{32} & \alpha_{33} \end{vmatrix}$　　【交大材料】

6. 求空間中二條歪斜線之最短距離

$$L_1 : \frac{x+1}{-1} = \frac{y-2}{2} = \frac{z+3}{1}$$

$$L_2 : \frac{x}{3} = \frac{y-1}{1} = \frac{z+2}{-2}$$

7. L_1 為通過 $(0, 0, 0)$ 與 $(1, 1, 1)$ 之直線，而 L_2 為通過 $(3, 4, 1)$ 與 $(0, 0, 1)$ 之直線；求 L_1 與 L_2 間最短距離

8. 證明點 (x_0, y_0, z_0) 到平面 $ax + by + cz = d$ 之最短距離為 $\dfrac{|ax_0 + by_0 + cz_0 - d|}{\sqrt{a^2 + b^2 + c^2}}$　【交大環工】

9. 使用向量方法尋找

   (a)垂直於平面 $x - 2y + 2 = 0$ 且過點 $(1, 3)$ 之直線方程式？

   (b)原點到平面 $4x + 2y + 2z = -7$ 之距離　【台大環工】

10. Find the volume of the tetrahedron with vectors $\vec{a}, \vec{b}, \vec{c}$ as adjacent edges where $\vec{a} = \hat{i} + 2\hat{k}$, $\vec{b} = 4\hat{i} + 6\hat{j} + 2\hat{k}$, $\vec{c} = 3\hat{i} + 3\hat{j} - 6\hat{k}$　【中山光電】

11. 設 $\vec{v_1} = a\vec{i} - 2\vec{j} + \vec{k}$，$\vec{v_2} = \vec{i} + b\vec{j} - 4\vec{k}$，求 a，b 之值使 $\vec{v_1} /\!/ \vec{v_2}$。

12. 設 $\vec{A}, \vec{B}, \vec{C}$ 不共面，則空間中任何向量 $\vec{v}$ 可表為 $\vec{v} = a\vec{A} + b\vec{B} + c\vec{C}$，求 a, b, c 之值。

13. $\vec{v_1} = \vec{i} + a\vec{j} + 2\vec{k}$，$\vec{v_1} = b\vec{i} + \vec{j} + 3\vec{k}$，$\vec{v_3} = b\vec{i} + \vec{j} + \vec{k}$，求 a，b 之值，使 $\vec{v_1} \perp \vec{v_2}$，且 $\vec{v_1}, \vec{v_1}, \vec{v_3}$ 共面。

14. The point $R = (x, x, x)$ is on a line through $(1, 1, 1)$. And, the point $S = (y+1, 2y, 1)$ is on another line

    (a)Choose x and y to minimze the squared distance $\|R - S\|^2$

    (b)Find the minimum value of $\|R - S\|^2$　【95 交大電子】

15. Let $\mathbf{u}$ and $\mathbf{v}$ be nonzero vectors in 2- or 3-space, and let $k = \|\mathbf{u}\|$ and $l = \|\mathbf{v}\|$. Show that the vector $\mathbf{w} = l\mathbf{u} + k\mathbf{v}$ bisects the angle between $\mathbf{u}$ and $\mathbf{v}$ (i.e., the angles between $\mathbf{u}$ and $\mathbf{w}$ and between $\mathbf{v}$ and $\mathbf{w}$ are equal).

　【100 中正電機通訊】

16. Write the vector $\mathbf{v} = [4 \quad 9 \quad 19]$ as a linear combination of

    $\mathbf{u}_1 = [1 \quad -2 \quad 3]$, $\mathbf{u}_2 = [3 \quad -7 \quad 10]$, $\mathbf{u}_3 = [2 \quad 1 \quad 9]$　【94 中正電機】

17. Let $\vec{a}, \vec{b}, \vec{c}$ be three non-zero vectors, show that

    (a) $(\vec{a} - \vec{b}) \times (\vec{a} + \vec{b}) = 2(\vec{a} \times \vec{b})$

    (b) $\left| \dfrac{\vec{a}}{|\vec{a}|^2} - \dfrac{\vec{b}}{|\vec{b}|^2} \right|^2 = \dfrac{|\vec{a} - \vec{b}|^2}{|\vec{a}|^2 |\vec{b}|^2}$

    (c) If $\vec{a}, \vec{b}$ are perpendicular, then $|\vec{a} + \vec{b}| = |\vec{a} - \vec{b}|$

    (d) If $\vec{a}, \vec{b}$ are parellel, then $(\vec{a} - \vec{b}), (\vec{a} + \vec{b})$ are also parallel

    (e) Let θ be the angle between $\vec{a}, \vec{b}$, show that $\tan\theta = \dfrac{|\vec{a} \times \vec{b}|}{\vec{a} \cdot \vec{b}}$

    (f) $|\vec{a} \times \vec{b}|^2 = |\vec{a}|^2 |\vec{b}|^2 - (\vec{a} \cdot \vec{b})^2$

18. $\vec{a} = 2\hat{i} - \hat{j} + 2\hat{k}$, $\vec{b} = 4\hat{i} - 4\hat{j} + 3\hat{k}$

    (1) Find a vector $\vec{c}$ that is perpendicular to both $\vec{a}, \vec{b}$

    (2) Find the area of the triangle with $\vec{a}, \vec{b}$ as its adjacent sides

    (3) Find the equatiom of the plane containing $\vec{a}, \vec{b}$

    (4) Let $\vec{d} = \hat{i} + 2\hat{k}$, are the vectors, $\vec{a}, \vec{b}, \vec{d}$ coplanbar?

13 向量微積分(2)—向量微分學

青、取之於藍，而青於藍；冰、水為之，而寒於水。

—— 荀子勸學

13-1 向量函數的微分性質

㈠純量場與向量場

函數 $\phi(x, y, z)$賦予了空間中任一點一個實數值，而此實數值在物理上可能代表了溫度、電位能、壓力…等，使得我們能夠藉由函數 $\phi(x, y, z)$清楚的瞭解物理量在空間中分佈或變化的情形。這樣的函數稱之為純量函數，此函數可視為在空間中建立了純量場（scalar field）。純量函數亦可用以描述空間中任一點隨時間變化的情形，亦即我們所考慮的是一個時變的純量場。向量函數則賦予空間中的每一點一個向量，而此向量就物理上而言包含了電力、磁力、流力、重力…等含有方向性的物理量，表示為：

$$\vec{F}(x, y, z) = P(x, y, z)\,\hat{\mathbf{i}} + Q(x, y, z)\,\hat{\mathbf{j}} + R(x, y, z)\,\hat{\mathbf{k}} \tag{1}$$

故向量函數不但定義了函數在空間中任一點的大小，亦描述了函數之運動方向。因此 $\vec{F}(x, y, z)$可看作是在空間中建立了一個向量場（vector field）。同樣的，向量場亦可以是時變的，例如：

$$\vec{r}(t) = x(t)\,\hat{\mathbf{i}} + y(t)\,\hat{\mathbf{j}} + z(t)\,\hat{\mathbf{k}} \tag{2}$$

(2)式可看成是物體在空間中隨時間而運動的軌跡

㈡向量函數之極限與微分

定義：向量函數的極限

如(2)式之向量函數 $\vec{r}(t)$，若當 $t \to t_0$ 時
$\lim\limits_{t \to t_0} x(t) = a_1,\ \lim\limits_{t \to t_0} y(t) = a_2,\ \lim\limits_{t \to t_0} z(t) = a_3$ 則

$$\lim_{t \to t_0} r(t) = a_1\,\hat{\mathbf{i}} + a_2\,\hat{\mathbf{j}} + a_3\,\hat{\mathbf{k}} \tag{3}$$

根據微分基本定義，向量函數 $\vec{r}(t)$的微分運算可定義為：

$$\vec{\mathbf{r}}\,'(t) = \frac{d\vec{\mathbf{r}}(t)}{dt} = \lim_{\Delta t \to 0} \frac{\vec{\mathbf{r}}(t + \Delta t) - \vec{\mathbf{r}}(t)}{\Delta t} \qquad (4)$$

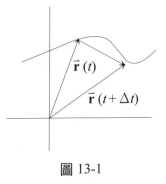

圖 13-1

　　若 $\vec{\mathbf{r}}\,'(t)$ 存在則稱 $\vec{\mathbf{r}}\,(t)$ 為可微分。如圖 13-1 所示，曲線表示物體隨著時間的變化在空間中運動的軌跡，故 $\vec{\mathbf{r}}\,(t + \Delta t)$、$\vec{\mathbf{r}}\,(t)$ 分別表示在時間 $(t + \Delta t)$ 及 t 時在空間中的位置向量而 $(\vec{\mathbf{r}}\,(t + \Delta t) - \vec{\mathbf{r}}\,(t))$ 則表示相對位移向量，顯然的，當 $\Delta t \to 0$ 時 $\vec{\mathbf{r}}(t + \Delta t)$ 將無限靠近 $\vec{\mathbf{r}}(t)$，而 $(\vec{\mathbf{r}}(t + \Delta t) - \vec{\mathbf{r}}(t))$ 則表示了曲線在該點的切線向量。將(2)式代入(4)式中，(4)式可進而表示為

$$
\begin{aligned}
\vec{\mathbf{r}}\,'(t) &= \lim_{\Delta t \to 0}\left[\frac{x(t + \Delta t) - x(t)}{\Delta t}\hat{\mathbf{i}} + \frac{y(t + \Delta t) - y(t)}{\Delta t}\hat{\mathbf{j}} + \frac{z(t + \Delta t) - z(t)}{\Delta t}\hat{\mathbf{k}}\right] \\
&= \frac{dx(t)}{dt}\hat{\mathbf{i}} + \frac{dy(t)}{dt}\hat{\mathbf{j}} + \frac{dz(t)}{dt}\hat{\mathbf{k}} \qquad\qquad (5)\\
&= x'(t)\hat{\mathbf{i}} + y'(t)\hat{\mathbf{j}} + z'(t)\hat{\mathbf{k}}
\end{aligned}
$$

　　向量函數亦可進行全微分的運算，全微分描述當每個自變數都產生一微量改變時，所導致因變數的改變量

$$
\begin{aligned}
d\vec{\mathbf{r}}\,(t) &= \vec{\mathbf{r}}\,(t + dt) - \vec{\mathbf{r}}\,(t) \\
&= [x\,(t + dt) - x(t)]\,\hat{\mathbf{i}} + [y\,(t + dt) - y(t)]\,\hat{\mathbf{j}} + [z\,(t + dt) - z(t)]\,\hat{\mathbf{k}} \qquad (6)\\
&= dx\,\hat{\mathbf{i}} + dy\,\hat{\mathbf{j}} + dz\,\hat{\mathbf{k}} \\
&= \left(\frac{dx}{dt}\,dt\right)\hat{\mathbf{i}} + \left(\frac{dy}{dt}\,dt\right)\hat{\mathbf{j}} + \left(\frac{dz}{dt}\,dt\right)\hat{\mathbf{k}} \\
&= \frac{d\vec{\mathbf{r}}(t)}{dt}\,dt
\end{aligned}
$$

觀念提示： 全微分之物理意義為切線向量，微分之物理意義為切線速度向量

　　(2)式或圖 13-1 所描述的是空間中的一條曲線，故 $\vec{\mathbf{r}}\,(t)$ 表示空間曲線的向量函數，其中只有一個自由變數 t, t 一旦決定，則 x, y, z 同時被決定。另外一種向量函數則描述空間曲面：

$$\vec{\mathbf{r}}\,(u, v) = x\,(u, v)\hat{\mathbf{i}} + y\,(u, v)\hat{\mathbf{j}} + z\,(u, v)\hat{\mathbf{k}} \qquad (7)$$

由於向量函數 $\vec{r}(u, v)$ 為 u, v 之函數，故可定義 $\vec{r}(u, v)$ 之偏微分如下：

$$
\begin{aligned}
\frac{\partial \vec{r}}{\partial u} &= \lim_{\Delta u \to 0} \frac{\vec{r}(u + \Delta u, v) - \vec{r}(u, v)}{\Delta u} \\
&= \lim_{\Delta u \to 0} \left[\frac{x(u + \Delta u, v) - x(u, v)}{\Delta u} \hat{\mathbf{i}} + \frac{y(u + \Delta u, v) - y(u, v)}{\Delta u} \hat{\mathbf{j}} + \right. \\
&\qquad\qquad \left. \frac{z(u + \Delta u, v) - z(u, v)}{\Delta u} \hat{\mathbf{k}} \right] \\
&= \frac{\partial x}{\partial u} \hat{\mathbf{i}} + \frac{\partial y}{\partial u} \hat{\mathbf{j}} + \frac{\partial z}{\partial u} \hat{\mathbf{k}}
\end{aligned}
\tag{8}
$$

同理可得

$$
\frac{\partial \vec{r}}{\partial v} = \frac{\partial x}{\partial v} \hat{\mathbf{i}} + \frac{\partial y}{\partial v} \hat{\mathbf{j}} + \frac{\partial z}{\partial v} \hat{\mathbf{k}}
\tag{9}
$$

由(7)式可知當 $u = c_1, c_1 \in R$ 時，(7)式與(2)式相似，均表示空間中的一條曲線，同理當 $v = c_2, c_2 \in R$ 時 $\vec{r}(u, c_2)$ 表示空間中的另一條曲線，換言之，空間曲面由不同的曲線族組合而成

$\left. \dfrac{\partial \vec{r}}{\partial u} \right|_{v = c_2}$ 表示 $\vec{r}(u, c_2)$ 曲線的切線速度向量

$\left. \dfrac{\partial \vec{r}}{\partial v} \right|_{u = c_1}$ 表示 $\vec{r}(c_1, v)$ 曲線的切線速度向量

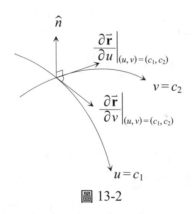

圖 13-2

因此可知

$\left. \dfrac{\partial \vec{r}}{\partial u} \right|_{(u, v) = (c_1, c_2)}$ 表示 $\vec{r}(u, c_2)$ 曲線在 $\vec{r}(c_1, c_2)$ 點之切線速度向量

$\dfrac{\partial \vec{r}}{\partial v}\bigg|_{(u,v)=(c_1,c_2)}$ 表示 $\vec{r}\,(c_1, v)$ 曲線在 $\vec{r}\,(c_1, c_2)$ 點之切線速度向量

更重要的是，可藉著 $\dfrac{\partial \vec{r}}{\partial u}\bigg|_{(u,v)=(c_1,c_2)}$ 及 $\dfrac{\partial \vec{r}}{\partial v}\bigg|_{(u,v)=(c_1,c_2)}$ 求出曲面在 $\vec{r}(c_1, c_2)$ 的法向量

$$\hat{\mathbf{n}} = \dfrac{\partial \vec{r}}{\partial u}\bigg|_{(u,v)=(c_1,c_2)} \times \dfrac{\partial \vec{r}}{\partial v}\bigg|_{(u,v)=(c_1,c_2)} \qquad (10)$$

$\vec{r}\,(u, v)$ 之全微分，依定義可得：

$$\begin{aligned}
d\vec{r}\,(u, v) &= \vec{r}\,(u+du, v+dv) - \vec{r}\,(u, v) \\
&= [x\,(u+du, v+dv) - x\,(u, v)]\hat{\mathbf{i}} + [y\,(u+du, v+dv) - y\,(u, v)]\hat{\mathbf{j}} \\
&\quad + [z\,(u+du, v+dv) - z\,(u, v)]\hat{\mathbf{k}} \\
&= [x\,(u+du, v+dv) - x\,(u, v+dv) + x\,(u, v+dv) - x\,(u, v)]\hat{\mathbf{i}} + \\
&\quad [y\,(u+du, v+dv) - y\,(u, v+dv) + y\,(u, v+dv) - y\,(u, v)]\hat{\mathbf{j}} + \\
&\quad [z\,(u+du, v+dv) - z\,(u, v+dv) + z\,(u, v+dv) - z\,(u, v)]\hat{\mathbf{k}} \qquad (11) \\
&= \left(\dfrac{\partial x}{\partial u}du + \dfrac{\partial x}{\partial v}dv\right)\hat{\mathbf{i}} + \left(\dfrac{\partial y}{\partial u}du + \dfrac{\partial y}{\partial v}dv\right)\hat{\mathbf{j}} + \left(\dfrac{\partial z}{\partial u}du + \dfrac{\partial z}{\partial v}dv\right)\hat{\mathbf{k}} \\
&= \dfrac{\partial \vec{r}}{\partial u}du + \dfrac{\partial \vec{r}}{\partial v}dv \\
&= dx\hat{\mathbf{i}} + dy\hat{\mathbf{j}} + dz\hat{\mathbf{k}}
\end{aligned}$$

例題 1：已知曲線為 $x(t) = (1+t)t^{-3}$ 及 $y(t) = \dfrac{3t^{-2}}{2} + \dfrac{t^{-1}}{2}$，求在 $(2, 2)$ 之切線與法平面方程式

解　　若 t 表時間則 $\vec{r}\,(t) = x(t)\hat{\mathbf{i}} + y(t)\hat{\mathbf{j}}$ 代表空間中之曲線的位置向量及運動軌跡。在 $(2, 2)$ 點時，t 為：

$\dfrac{1+t}{t^3} = 2$，$\dfrac{3}{2t^2} + \dfrac{1}{2t} = 2 \Rightarrow t = 1$

曲線 $\vec{r}\,(t)$ 在 $t = 1$ 時之切線方向為

$\dfrac{d\vec{r}}{dt}\bigg|_{t=1} = \dfrac{dx}{dt}\hat{\mathbf{i}} + \dfrac{dy}{dy}\hat{\mathbf{j}}\bigg|_{t=1} = -5\hat{\mathbf{i}} - \dfrac{7}{2}\hat{\mathbf{j}}$

故其切線方程式為：

$\dfrac{x-2}{10} = \dfrac{y-2}{7}$ or $(\vec{r} - \vec{r}_0) = \left(-5\hat{\mathbf{i}} - \dfrac{7}{2}\hat{\mathbf{j}}\right)t$

切線向量即為法平面之法向量，故法平面方程式為：

$10(x-2)+7(y-2)=0$ or $10x+7y-34=0$

例題 2： 在直角座標系內，某物體其位置與時間 t 之關係為 $x=2t^2$，$y=t^2-4t$，$z=3t-5$，求在 $t=1$ 時，沿 $\hat{\mathbf{i}}-3\hat{\mathbf{j}}+2\hat{\mathbf{k}}$ 方向之加速度。　　【成大化工】

解　　$\vec{\mathbf{r}}(t)$ 為空間中之位置向量，則 $\dfrac{d\vec{\mathbf{r}}}{dt}$ 表示沿曲線上運動質點的速度，$\dfrac{d^2\vec{\mathbf{r}}}{dt^2}$ 則代表質點之加速度

$\dfrac{d^2\vec{\mathbf{r}}}{dt^2}=4\hat{\mathbf{i}}+2\hat{\mathbf{j}}$（加速度向量）

沿 $\hat{\mathbf{i}}-3\hat{\mathbf{j}}+2\hat{\mathbf{k}}$ 方向之分量為

$(4\hat{\mathbf{i}}+2\hat{\mathbf{j}}) \cdot \dfrac{\hat{\mathbf{i}}-3\hat{\mathbf{j}}+2\hat{\mathbf{k}}}{\sqrt{14}}=\dfrac{-2}{\sqrt{14}}$

13-2　方向導數與梯度基本式

定義： 純量函數 $\phi(x,y,z)$ 在點 (x_0,y_0,z_0) 沿著方向 $\hat{\mathbf{u}}=\cos\alpha\,\hat{\mathbf{i}}+\cos\beta\,\hat{\mathbf{j}}+\cos\gamma\,\hat{\mathbf{k}}$ 之變化率，稱為 $\phi(x,y,z)$ 在此點沿方向 $\hat{\mathbf{u}}$ 之方向導數（directional derivative）

由 (x_0,y_0,z_0) 出發，沿給定方向移動了 s 的距離而 α,β,γ 分別為此方向與 x 軸 y 軸及 z 軸的夾角，則新的位置之 x,y,z 軸分量應為

$$x(s)=x_0+s\cos\alpha \tag{12}$$

$$y(s)=y_0+s\cos\beta \tag{13}$$

$$z(s)=z_0+s\cos\gamma \tag{14}$$

觀念提示： 方向導數描述純量場在空間中沿一給定方向的變化率，由定義式可看出，雖然討論空間中的變化率，但因為限制了沿某固定方向的變化率（在一條線上移動）故僅有一變數 s.因此，方向導數可表示為

$$\frac{d\phi}{ds}=\lim_{s\to 0}\frac{\phi(x_0+s\cos\alpha,\,y_0+s\cos\beta,\,z_0+s\cos\gamma)-\phi(x_0,y_0,z_0)}{s} \tag{15}$$

根據(12)～(14)式及全微法則

$$\frac{d\phi}{ds} = \frac{\partial \phi}{\partial x}\frac{dx}{ds} + \frac{\partial \phi}{\partial y}\frac{dy}{ds} + \frac{\partial \phi}{\partial z}\frac{dz}{ds}$$

$$= \frac{\partial \phi}{\partial x}\cos\alpha + \frac{\partial \phi}{\partial y}\cos\beta + \frac{\partial \phi}{\partial z}\cos\gamma$$

$$= \left(\frac{\partial \phi}{\partial x}\hat{\mathbf{i}} + \frac{\partial \phi}{\partial y}\hat{\mathbf{j}} + \frac{\partial \phi}{\partial z}\hat{\mathbf{k}}\right) \cdot (\cos\alpha\,\hat{\mathbf{i}} + \cos\beta\,\hat{\mathbf{j}} + \cos\gamma\,\hat{\mathbf{k}}) \tag{16}$$

其中 $\cos\alpha\,\hat{\mathbf{i}} + \cos\beta\,\hat{\mathbf{j}} + \cos\gamma\,\hat{\mathbf{k}}$ 為當 $s=1$ 時投影至直角座標系各軸的量，故為給定方向的單位向量，記為 $\hat{\mathbf{e}}_{\mathbf{d}}$，而 $\left(\frac{\partial \phi}{\partial x}\hat{\mathbf{i}} + \frac{\partial \phi}{\partial y}\hat{\mathbf{j}} + \frac{\partial \phi}{\partial z}\hat{\mathbf{k}}\right)$ 可看作純量場受到一運算子 $\vec{\nabla}$ 的作用

$$\vec{\nabla} \equiv \frac{\partial}{\partial x}\hat{\mathbf{i}} + \frac{\partial}{\partial y}\hat{\mathbf{j}} + \frac{\partial}{\partial z}\hat{\mathbf{k}} \tag{17}$$

當此運算子作用在一純量函數時，計算方式稱之為梯度（Gradient）

$$\vec{\nabla}\phi = \frac{\partial \phi}{\partial x}\hat{\mathbf{i}} + \frac{\partial \phi}{\partial y}\hat{\mathbf{j}} + \frac{\partial \phi}{\partial z}\hat{\mathbf{k}} \tag{18}$$

綜合上述，(16)式可改寫為：

$$\frac{d\phi}{ds} = \vec{\nabla}\phi \cdot \hat{\mathbf{e}}_{\mathbf{d}}\Big|_{(x_0,\,y_0,\,z_0)} \tag{19}$$

(19)式表示了純量函數 $\phi\,(x,y,z)$ 在空間中某定點 (x_0,y_0,z_0) 沿著單位向量 $\hat{\mathbf{e}}_{\mathbf{d}}$ 之方向導數。其值等於其梯度在此方向上的投影量，由向量內積公式可知：

$$\vec{\nabla}\phi \cdot \hat{\mathbf{e}}_{\mathbf{d}} = |\vec{\nabla}\phi|\cos\theta \tag{20}$$

其中 θ 為 $\vec{\nabla}\phi$ 與方向 $\hat{\mathbf{e}}_{\mathbf{d}}$ 間的夾角，顯然的方向導數之最大值為 $|\vec{\nabla}\phi|$（當 $\theta = 0°$），整理上述可得到如下定理：

定理 1

若純量場 $\phi(x, y, z)$ 存在一階偏導數，則其最大方向導數為 $\dfrac{d\phi}{ds}\bigg|_{max} = |\vec{\nabla}\phi|$；方向為 $\dfrac{\vec{\nabla}\phi}{|\vec{\nabla}\phi|}$

由定理 1 可知梯度的物理意義為空間中之純量場變化率最快的方向。

定理 2

梯度基本式

$$
\begin{aligned}
d\phi &= \phi(x+dx, y+dy, z+dz) - \phi(x, y, z) \\
&= \frac{\phi(x+dx, y+dy, z+dz) - \phi(x, y+dy, z+dz)}{dx} dx + \\
&\quad \frac{\phi(x, y+dy, z+dz) - \phi(x, y, z+dz)}{dy} dy + \frac{\phi(x, y, z+dz) - \phi(x, y, z)}{dz} dz \\
&= \frac{\partial\phi}{\partial x} dx + \frac{\partial\phi}{\partial y} dy + \frac{\partial\phi}{\partial z} dz \\
&= \vec{\nabla}\phi \cdot d\vec{l}
\end{aligned}
\tag{21}
$$

其中 $d\vec{l} = \hat{\mathbf{i}}\,dx + \hat{\mathbf{j}}\,dy + \hat{\mathbf{k}}\,dz$

隱函數 $\phi(x, y, z) = c$ 在幾何上代表空間中的一個曲面，（或可表示為 $z = f(x, y)$），在物理上的涵義包括了等位面、等溫面…等。

在 $\phi(x, y, z) = c$ 的前提下，$d\phi = \vec{\nabla}\phi \cdot d\vec{l} = 0$，$d\vec{l}$ 事實上是曲面上一點的所有可能的切線方向，故可知向量 $\nabla\phi$ 和所有可能的切方向均垂直，換言之，$\vec{\nabla}\phi$ 在幾何上表示了曲面的法向量。

定理 3

等位面 $\phi(x, y, z) = c$ 上任何一點 (x_0, y_0, z_0) 的單位法向量為：

$$
\hat{\mathbf{n}} = \frac{\vec{\nabla}\phi}{|\vec{\nabla}\phi|}\bigg|_{(x_0, y_0, z_0)}
\tag{22}
$$

　　由定理 1 及定理 3 可得到以下結論：空間中之純量場上某位置的最大增加率方向即為此點的法向量方向，而此方向即為純量場之梯度，由(22)式求出曲面上某點的法向量後即可求出通過該點的切平面方程式：

$$(\vec{r} - \vec{r_0}) \cdot \vec{\nabla}\phi = 0 \tag{23}$$

(23)式展開後即可得切平面之另一種表示法：

$$(x - x_0)\frac{\partial \phi}{\partial x} + (y - y_0)\frac{\partial \phi}{\partial y} + (z - z_0)\frac{\partial \phi}{\partial z} = 0 \tag{24}$$

　　由(23)或(24)式可知通過(x_0, y_0, z_0)而與$\vec{\nabla}\phi$垂直的所有的點所成的集合即構成了切平面，同理通過(x_0, y_0, z_0)而與$\vec{\nabla}\phi$平行的所有的點所成的集合即構成了法線方程式

$$(\vec{r} - \vec{r_0}) \times \vec{\nabla}\phi = 0 \tag{25}$$

　　二曲面的交集必為一曲線，如圖 13-3 所示，藉由幾何上的特性，亦不難理解切直線與法平面的計算方式，因為二曲面交線上任何一點的切線必同時與$\vec{\nabla}\phi$及$\vec{\nabla}\varphi$垂直，換言之，其切線向量必平行於$\vec{\nabla}\phi$與$\vec{\nabla}\varphi$之公垂向量。由此可得到切線方程式；另一方面，$\vec{\nabla}\phi$與$\vec{\nabla}\varphi$之公垂向量必平行於其法平面的法向量。

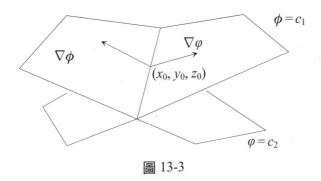

圖 13-3

定理 4

二曲面交線之切線與法平面方程式：

對於空間中二曲面 $\phi\,(x,\,y,\,z)=c_1$，$\varphi\,(x,\,y,\,z)=c_2$ 通過其交線上某點 $(x_0,\,y_0,\,z_0)$ 的切線及法平面方程式為：

切線方程式：$(\vec{\mathbf{r}}-\vec{\mathbf{r}}_0)\times(\vec{\nabla}\phi\times\vec{\nabla}\varphi)=0$ (26)

法面方程式：$(\vec{\mathbf{r}}-\vec{\mathbf{r}}_0)\cdot(\vec{\nabla}\phi\times\vec{\nabla}\varphi)=0$ (27)

例題 3：The distribution of surface energy of a thin film is

$$f(x,\,y,\,z)=x^2+y^2+2zx$$

At point (2, 1, 0), find

(1) energy gradient

(2) the unit vector in the direction of the energy gradient

(3) the curl of the surface force 【101 中山光電】

解

$(1)\,\vec{\nabla}f\big|_{(2,1,0)}=\dfrac{\partial f}{\partial x}\hat{\mathbf{i}}+\dfrac{\partial f}{\partial y}\hat{\mathbf{j}}+\dfrac{\partial f}{\partial z}\hat{\mathbf{k}}=(2x+2z)\hat{\mathbf{i}}+2y\hat{\mathbf{j}}+2x\hat{\mathbf{k}}\,\big|_{(2,1,0)}$

$\qquad=4\hat{\mathbf{i}}+2\hat{\mathbf{j}}+4\hat{\mathbf{k}}$

$(2)\,\dfrac{\vec{\nabla}f}{|\vec{\nabla}f|}=\dfrac{1}{3}(2\hat{\mathbf{i}}+1\hat{\mathbf{j}}+2\hat{\mathbf{k}})$

$(3)\,\vec{\nabla}\times\vec{\nabla}f=0$

例題 4：已知函數 $f(x,\,y,\,z)=xy+yz+zx$：

(a)求 $\dfrac{df}{ds}$ 在點 $(1,\,1,\,3)$ 之值，其中 s 為朝向點 $(1,\,1,\,1)$ 之路徑？

(b)求 $\dfrac{df}{ds}$ 在點 $(1,\,1,\,3)$ 之最大值，並求出在此情況下之方向？

(c)求在點 $(1,\,1,\,3)$ 垂直於面 $xy+yz+zx=7$ 之向量？ 【成大機械】

解

$(a)\,\vec{\nabla}f\big|_{(1,1,3)}=\dfrac{\partial f}{\partial x}\hat{\mathbf{i}}+\dfrac{\partial f}{\partial y}\hat{\mathbf{j}}+\dfrac{\partial f}{\partial z}\hat{\mathbf{k}}=(y+z)\hat{\mathbf{i}}+(z+x)\hat{\mathbf{j}}+(x+y)\hat{\mathbf{k}}\,\big|_{(1,1,3)}$

$\qquad=4\hat{\mathbf{i}}+4\hat{\mathbf{j}}+2\hat{\mathbf{k}}$

方向為：$\hat{\mathbf{n}}=\dfrac{(1,1,1)-(1,1,3)}{|(1,1,1)-(1,1,3)|}=-\hat{\mathbf{k}}$

$\therefore f(x, y, z)$ 在 $(1, 1, 3)$ 點沿著方向為 $\hat{\mathbf{u}}$ 之方向導數為：$\dfrac{df}{ds} = \vec{\nabla} f \cdot \hat{\mathbf{u}} = -2$

(b)沿著梯度方向時，方向導數有最大值

$$\left(\frac{df}{ds} \right)_{max} = |\vec{\nabla} f| = |4\hat{\mathbf{i}} + 4\hat{\mathbf{j}} + 2\hat{\mathbf{k}}| = 6$$

方向為：$\dfrac{\vec{\nabla} f}{|\vec{\nabla} f|} = \dfrac{1}{3}(2\hat{\mathbf{i}} + 2\hat{\mathbf{j}} + \hat{\mathbf{k}})$

(c)$\hat{\mathbf{n}} = \pm \dfrac{\vec{\nabla} f}{|\vec{\nabla} f|} = \pm \dfrac{1}{3}(2\hat{\mathbf{i}} + 2\hat{\mathbf{j}} + \hat{\mathbf{k}})$

例題 5：已知溫度分佈 $T(x, y, z) = x^2 + 2y^2 + 3z^2$，求在位置 $(0, 1, 2)$ 沿直線 $x = t, y = 1 + t, z = 2 + t$ 的變化率？　【台大機械】

解　變化率在此即表示方向導數

直線之方向為 $\dfrac{\hat{\mathbf{i}} + \hat{\mathbf{j}} + \hat{\mathbf{k}}}{\sqrt{3}}$

$\vec{\nabla} T \big|_{(0, 1, 2)} = 4\hat{\mathbf{j}} + 12\hat{\mathbf{k}}$

$\therefore \dfrac{dT}{ds} = \vec{\nabla} T \cdot \hat{\mathbf{u}} = (4\hat{\mathbf{j}} + 12\hat{\mathbf{k}}) \cdot \dfrac{\hat{\mathbf{i}} + \hat{\mathbf{j}} + \hat{\mathbf{k}}}{\sqrt{3}} = \dfrac{16}{\sqrt{3}}$

例題 6：Find the tangent plane and normal line to the surface of $z^2 = x^2 - y^2$ at the point $(1, 1, 0)$　【成大電機】

解　曲面 $f(x, y, z) = x^2 - y^2 - z^2 = 0$ 在 $(1, 1, 0)$ 之梯度為：

$\vec{\nabla} f = 2x\hat{\mathbf{i}} - 2y\hat{\mathbf{j}} - 2z\hat{\mathbf{k}} \big|_{(1,1,0)} = 2\hat{\mathbf{i}} - 2\hat{\mathbf{j}}$

故通過 $(1, 1, 0)$ 之切平面方程式為：

$((x - 1)\hat{\mathbf{i}} + (y - 1)\hat{\mathbf{j}} + z\hat{\mathbf{k}}) \cdot (2\hat{\mathbf{i}} - 2\hat{\mathbf{j}}) = 0$

$\Rightarrow x - y = 0$

法線方程式為：$\dfrac{x - 1}{2} = \dfrac{y - 1}{-2}$

例題 7：球面 $x^2 + y^2 + z^2 = 4$ 上一點 $(1, 0, \sqrt{3})$ 受到力 $\vec{F}$ 之作用，已知 $|\vec{F}| = 5$，且 $\vec{F}$ 之方向在 $\hat{\mathbf{i}} + \hat{\mathbf{j}} + \hat{\mathbf{k}}$，求此力在球面上之法向分量與切分量之大小？

【成大海洋】

解　球面在$(1, 0, \sqrt{3})$點之單位法向量為：

$$\hat{\mathbf{n}} = \frac{\overrightarrow{\nabla} f}{|\overrightarrow{\nabla} f|} = \frac{x\hat{\mathbf{i}} + y\hat{\mathbf{j}} + z\hat{\mathbf{k}}}{\sqrt{x^2 + y^2 + z^2}}\bigg|_{(1, 0, \sqrt{3})} = \frac{1}{2}(\hat{\mathbf{i}} + \sqrt{3}\hat{\mathbf{k}})$$

$\overrightarrow{\mathbf{F}}$ 可表示為 $\overrightarrow{\mathbf{F}} = |\overrightarrow{\mathbf{F}}| \cdot \hat{\mathbf{e}}_\mathbf{F} = 5 \cdot \frac{1}{\sqrt{3}}(\hat{\mathbf{i}} + \hat{\mathbf{j}} + \hat{\mathbf{k}})$

故 $\overrightarrow{\mathbf{F}}$ 在曲面上一點$(1, 0, \sqrt{3})$之法向分量為：

$$\overrightarrow{\mathbf{F}} \cdot \hat{\mathbf{n}} = \frac{5}{2\sqrt{3}}(1 + \sqrt{3})$$

切方向分量為：$\sqrt{5^2 - \left(\frac{5}{2\sqrt{3}}(1 + \sqrt{3})\right)^2} = 5\sqrt{\frac{2}{3} - \frac{\sqrt{3}}{6}}$

例題 8：Determine the equation of the tangent plane, and a unit normal vector $\hat{\mathbf{n}}$, to S at the given point P

$S : x^2 + y^2 - z^2 = 1$　　$P = (1, 1, 1)$　　　　　　　　　　　【交大土木】

解　曲面 S 可表示為 $f(x, y, z) = x^2 + y^2 - z^2 - 1 = 0$

S 在 P 點之單位法向量：$\hat{\mathbf{n}} = \pm\frac{\overrightarrow{\nabla} f}{|\overrightarrow{\nabla} f|}\bigg|_{(1, 1, 1)} = \pm\frac{\hat{\mathbf{i}} + \hat{\mathbf{j}} - \hat{\mathbf{k}}}{\sqrt{3}}$

通過 P 點之切平面方程式為：

$((x - 1)\hat{\mathbf{i}} + (y - 1)\hat{\mathbf{j}} + (z - 1)\hat{\mathbf{k}}) \cdot \hat{\mathbf{n}} = 0$

$\Rightarrow x + y - z - 1 = 0$

13-3　弧長

㈠空間曲線長度的計算

圖 13-4 表示空間中一隨時間而移動的向量場軌跡圖，而 ds 即表示在時間 $(t, t + dt)$內所對應之弧長，當 dt 很小時

$$ds = |d\overrightarrow{\mathbf{r}}| = \sqrt{(dx)^2 + (dy)^2 + (dz)^2}$$
$$= \sqrt{\left(\frac{dx}{dt}\right)^2 + \left(\frac{dy}{dt}\right)^2 + \left(\frac{dz}{dt}\right)^2}\, dt$$

(28)

$$= \sqrt{(x')^2 + (y')^2 + (z')^2}\,dt$$
$$= |\vec{\mathbf{r}}'(t)|\,dt$$

$\dfrac{ds}{dt} = |\vec{\mathbf{r}}'|$　速度＝單位時間弧長的改變量

故弧長（Arc length）可表示為：

$$s = \int_{t_1}^{t_2} ds = \int_{t_1}^{t_2} \left| \frac{d\vec{\mathbf{r}}}{dt} \right| dt \tag{29}$$

由(28)式：$\left| \dfrac{d\vec{\mathbf{r}}}{ds} \right| = 1 \Rightarrow \dfrac{d\vec{\mathbf{r}}}{ds}$ 表曲線的單位切

線速度向量

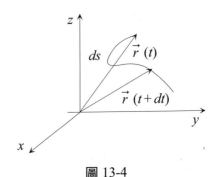

圖 13-4

$$\frac{d\vec{\mathbf{r}}}{ds} = \frac{\dfrac{d\vec{\mathbf{r}}}{dt}}{\dfrac{ds}{dt}} = \frac{\dfrac{d\vec{\mathbf{r}}}{ds}}{\left| \dfrac{d\vec{\mathbf{r}}}{dt} \right|} \tag{30}$$

對於其他正交座標系統的微量弧長計算公式歸納為：

(1)$ds = \sqrt{(rd\theta)^2 + (dr)^2}$（平面極座標）　(31)

(2)$ds = \sqrt{(rd\theta)^2 + (dr)^2 + (dz)^2}$（空間柱座標）　(32)

(3)$ds = \sqrt{(dr)^2 + (rd\theta)^2 + (r\sin\theta\, d\phi)^2}$（空間球座標）　(33)

㈢切線及法線向量

向量函數 $\vec{\mathbf{r}}(s) = x(s)\hat{\mathbf{i}} + y(s)\hat{\mathbf{j}} + z(s)\hat{\mathbf{k}}$ 之單位切線速度向量由(30)式可知為：

$$\vec{\mathbf{u}} = \frac{d\vec{\mathbf{r}}}{ds} = \frac{dx}{ds}\hat{\mathbf{i}} + \frac{dy}{ds}\hat{\mathbf{j}} + \frac{dz}{ds}\hat{\mathbf{k}} = \frac{\dfrac{d\vec{\mathbf{r}}}{dt}}{\left| \dfrac{d\vec{\mathbf{r}}}{dt} \right|} = \frac{\dfrac{d\vec{\mathbf{r}}}{dt}}{\dfrac{ds}{dt}} = \frac{d\vec{\mathbf{r}}}{dt}\frac{dt}{ds} \tag{34}$$

物質在做曲線運動時，其速度之方向就是在切線方向上，而加速度則在與切線方向垂直的方向上，稱之為法方向

已知：$\hat{\mathbf{u}} \cdot \hat{\mathbf{u}} = 1 \Rightarrow \dfrac{d}{ds}(\hat{\mathbf{u}} \cdot \hat{\mathbf{u}}) = \hat{\mathbf{u}}' \cdot \hat{\mathbf{u}} + \hat{\mathbf{u}} \cdot \hat{\mathbf{u}}' = 2(\hat{\mathbf{u}} \cdot \hat{\mathbf{u}}') = 0$

換言之，向量 $\hat{\mathbf{u}}$ 必和 $\hat{\mathbf{u}}'$ 互相垂直，故曲線的單位主法線向量為：

$$\frac{d\vec{\mathbf{u}}}{ds} = \frac{d^2\vec{\mathbf{r}}}{ds^2} \; ; \; \hat{\mathbf{n}} = \frac{\dfrac{d\vec{\mathbf{u}}}{ds}}{\left| \dfrac{d\vec{\mathbf{u}}}{ds} \right|} \tag{35}$$

定義：曲率（Curvature）

曲率用以描述曲線彎曲的程度

$$\kappa \equiv \left| \frac{d\vec{\mathbf{u}}}{ds} \right| = \left| \frac{d^2\vec{\mathbf{r}}}{ds^2} \right| \tag{36}$$

觀念提示：　1.因曲率表示曲線「彎曲」的程度，換言之，即表示曲線上某點之單位切線向量變化的程度，此點可由(36)式得到證實。如圖 13-5 所示，隨著 s 的改變，曲線方向因而改變，其改變量的大小即定義為曲率，可表示為：

$$\kappa = \left| \vec{\mathbf{u}}'(s) \right| = \lim_{\Delta s \to 0} \frac{|\Delta\vec{\mathbf{u}}|}{\Delta s} \tag{37}$$

　　　　　　2.定義：曲率半徑

$$\rho = \frac{1}{\kappa} \tag{38}$$

　　　　　　3.(35)式單位主法線向量可表示為：

$$\hat{\mathbf{n}} = \frac{\vec{\mathbf{u}}'(s)}{\kappa(s)} \tag{39}$$

由 $\vec{\mathbf{u}}(s)$ 與 $\hat{\mathbf{n}}(s)$ 可定義出一同時垂直於 $\vec{\mathbf{u}}(s)$ 與 $\hat{\mathbf{n}}(s)$ 之向量，稱之為單位副法線向量（unit binormal vector）

$$\vec{\mathbf{b}}(s) = \vec{\mathbf{u}}(s) \times \hat{\mathbf{n}}(s) \tag{40}$$

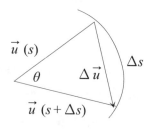

圖 13-5

$\vec{\mathbf{b}}(s), \vec{\mathbf{u}}(s)$ 與 $\hat{\mathbf{n}}(s)$ 之關係可由圖 13-6 瞭解

由於 $\vec{\mathbf{b}}(s)$ 為 unit vector，即 $\vec{\mathbf{b}}(s) \cdot \vec{\mathbf{b}}(s) = 1$

$\Rightarrow \dfrac{d}{ds}(\vec{\mathbf{b}}(s) \cdot \vec{\mathbf{b}}(s)) = 0 = 2\vec{\mathbf{b}}(s)\vec{\mathbf{b}}'(s)$

$\therefore \vec{\mathbf{b}}'(s) \perp \vec{\mathbf{b}}(s)$

又由 $\vec{\mathbf{b}}(s) \cdot \vec{\mathbf{u}}(s) = 0 \Rightarrow$

$\vec{\mathbf{b}}'(s) \cdot \vec{\mathbf{u}}(s) + \vec{\mathbf{b}}(s) \cdot \vec{\mathbf{u}}'(s) = 0$

$\therefore \vec{\mathbf{b}}(s) \perp \vec{\mathbf{u}}'(s)$

$\therefore \vec{\mathbf{b}}'(s) \perp \vec{\mathbf{u}}(s) \Rightarrow \vec{\mathbf{b}}'(s)$ 之方向必在 $\hat{\mathbf{n}}$ 之方向

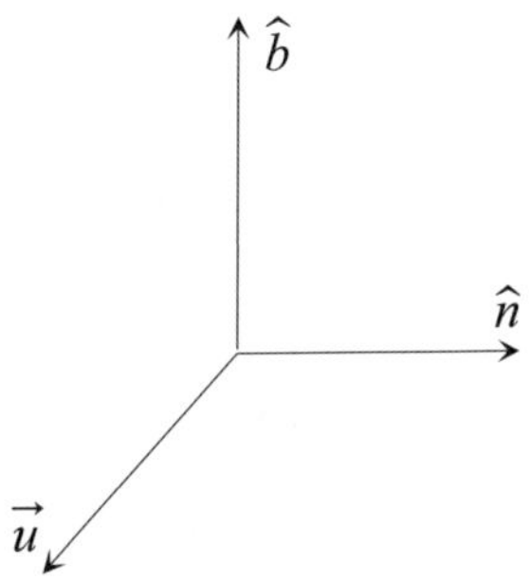

圖 13-6

定義：扭率（Torsion）：$\tau(s)$

$$\vec{\mathbf{b}}'(s) \equiv -\tau\hat{\mathbf{n}}(s) \tag{41}$$

扭率表示曲線在第三度空間之「彎曲」程度，亦即 $\vec{\mathbf{b}}(s)$ 之變化率，故對一二維平面曲線而言 $\tau(s) = 0$。同理可知，對一直線而言曲率與扭率均為 0。

將(41)式等號二邊同時取絕對值後可得

$$\tau(s) = |\vec{\mathbf{b}}'(s)| \tag{42}$$

定理 5

以下之關係式恆滿足

$\vec{\mathbf{u}}'(s) = \kappa\hat{\mathbf{n}}(s)$

$\vec{\mathbf{n}}'(s) = -\kappa\vec{\mathbf{u}}(s) + \tau\vec{\mathbf{b}}(s)$

$\vec{\mathbf{b}}'(s) = -\tau\hat{\mathbf{n}}(s)$

或 $\dfrac{d}{ds}\begin{bmatrix} \vec{\mathbf{u}} \\ \hat{\mathbf{n}} \\ \vec{\mathbf{b}} \end{bmatrix} = \begin{bmatrix} 0 & \kappa & 0 \\ -\kappa & 0 & \tau \\ 0 & -\tau & 0 \end{bmatrix}\begin{bmatrix} \vec{\mathbf{u}} \\ \hat{\mathbf{n}} \\ \vec{\mathbf{b}} \end{bmatrix}.$ $\tag{43}$

證明： $\hat{\mathbf{n}}'(s) = -\kappa\vec{\mathbf{u}}(s) + \tau\vec{\mathbf{b}}(s)$

由 $\hat{\mathbf{n}}(s) = \vec{\mathbf{b}}(s) \times \vec{\mathbf{u}}(s) \Rightarrow \vec{\mathbf{n}}'(s) = \vec{\mathbf{b}}'(s) \times \vec{\mathbf{u}}(s) + \vec{\mathbf{b}}(s) \times \vec{\mathbf{u}}'(s)$

$\qquad = -\tau\hat{\mathbf{n}}(s) \times \vec{\mathbf{u}}(s) + \vec{\mathbf{b}}(s) \times \kappa\hat{\mathbf{n}}(s)$

$\qquad = -\kappa\hat{\mathbf{n}}(s) + \tau\vec{\mathbf{b}}(s)$

定理 6

若 $\vec{r}(t)$ 之三個分量均可微分且各階微分值均不全為 0，則有

$$\kappa = \frac{|\vec{r}' \times \vec{r}''|}{|\vec{r}'|^3} \tag{44}$$

$$\tau = \frac{[\vec{r}' \vec{r}'' \vec{r}''']}{|\vec{r}' \times \vec{r}''|^2} \tag{45}$$

觀念提示： 1. κ 及 τ 之單位均為：$\dfrac{1}{長度}$

2. (43)式及定理 6 可分別由圖 13-7 及圖 13-8 之幾何關係加以瞭解

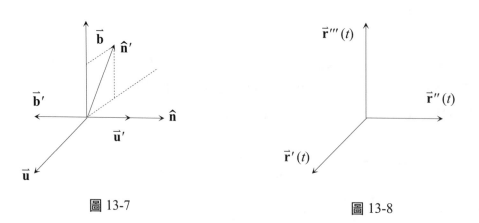

圖 13-7   圖 13-8

例題 9：已知曲線為：$x = \cos t, y = \sin t, z = kt$，計算自 $t = 0$ 至 $t = 2\pi$ 之長度

【台大電機】

解 先由微量弧長 ds 算起

$$ds = |d\vec{r}| = \sqrt{(dx)^2 + (dy)^2 + (dz)^2} = \sqrt{(x')^2 + (y')^2 + (z')^2}\, dt$$
$$= \sqrt{\sin^2 t + \cos^2 t + k^2}\, dt = \sqrt{1 + k^2}\, dt$$
$$\therefore s = \int_{t_1}^{t_2} ds = \int_0^{2\pi} \sqrt{1 + k^2}\, dt = 2\pi\sqrt{1 + k^2}$$

例題 10：設一空間曲線之參數式為 $\vec{r}(t) = 3t^2\hat{\mathbf{i}} - \sin t\,\hat{\mathbf{j}} + 2t\hat{\mathbf{k}}$，求 $\dfrac{d\vec{r}}{ds}$ 其中 s 表示弧長

解 $\dfrac{d\vec{\mathbf{r}}(t)}{dt} = 6t\hat{\mathbf{i}} - \cos t\,\hat{\mathbf{j}} + 2\,\hat{\mathbf{k}}$

$\dfrac{d\vec{\mathbf{r}}}{ds}$: unit tangent vector

$$\frac{d\vec{\mathbf{r}}}{ds} = \frac{d\vec{\mathbf{r}}}{dt}\frac{dt}{ds} = \frac{\dfrac{d\vec{\mathbf{r}}}{dt}}{\dfrac{ds}{dt}} = \frac{\dfrac{d\vec{\mathbf{r}}}{dt}}{\left|\dfrac{d\vec{\mathbf{r}}}{dt}\right|} = \frac{6t\hat{\mathbf{i}} - \cos t\,\hat{\mathbf{j}} + 2\,\hat{\mathbf{k}}}{\sqrt{36t^2 + \cos^2 t + 4}}$$

例題 11：計算曲線：$r = a(1 - \cos\theta)$，介於 $\theta = 0$ 與 $\theta = 2\pi$ 間之弧長？【淡江土木】

解 $s = \displaystyle\int ds = \int \sqrt{dr^2 + (rd\theta)^2} = \int_0^{2\pi} \sqrt{(a\sin\theta)^2 + a^2(1 - \cos\theta)^2}\,d\theta$

$\quad = a\displaystyle\int_0^{2\pi}\sqrt{2(1 - \cos\theta)}\,d\theta = \sqrt{2}a\int_0^{2\pi}\sqrt{2\sin^2\frac{\theta}{2}}\,d\theta$

$\quad = 4a\displaystyle\int_0^{\pi}\sin\frac{\theta}{2}\,d\left(\frac{\theta}{2}\right) = 8a$

例題 12：已知曲線 $y = \sqrt{x^3}$，計算其在 $(0, 0)$ 到 $(4, 8)$ 間之弧長以及在 $(2, \sqrt{2^3})$ 之單位切向量 【中山海洋】

解 $(1)\, ds = \sqrt{dx^2 + dy^2} = \sqrt{1 + \left(\dfrac{dy}{dx}\right)^2}\,dx = \sqrt{1 + (y')^2}\,dx$

$\quad\therefore s = \displaystyle\int_0^4 \sqrt{1 + \left(\frac{3}{2}x^{\frac{1}{2}}\right)^2}\,dx = \frac{8}{27}\left(10^{\frac{3}{2}} - 1\right)$

(2) 將曲線用位置向量表示為

$\quad \vec{\mathbf{r}}(x) = x\hat{\mathbf{i}} + x^{\frac{3}{2}}\hat{\mathbf{j}} \Rightarrow \dfrac{d\vec{\mathbf{r}}}{dx}\bigg|_{x=2} = \hat{\mathbf{i}} + \frac{3}{2}x^{\frac{1}{2}}\hat{\mathbf{j}}\bigg|_{x=2} = \hat{\mathbf{i}} + \frac{3}{\sqrt{2}}\hat{\mathbf{j}}$

$\quad$ 在 $x = 2$ 時之單位切線向量為：

$\quad \sqrt{\dfrac{2}{11}}\left(\hat{\mathbf{i}} + \dfrac{3}{\sqrt{2}}\hat{\mathbf{j}}\right)$

例題 13：A space curve C is defined by the position vector $\vec{\mathbf{r}}(s)$, where s is the length of C measured from some fixed point in C, ρ is the radius of the curvature and τ is torsion of the curve C show that

$$\frac{d\vec{\mathbf{r}}}{ds} \cdot \left(\frac{d^2\vec{\mathbf{r}}}{ds^2} \times \frac{d^3\vec{\mathbf{r}}}{ds^3}\right) = \frac{\tau}{\rho^2} \qquad 【中山機械】$$

解 依定義 $\dfrac{d\vec{\mathbf{r}}}{ds} = \vec{\mathbf{u}}$，$\vec{\mathbf{u}}$：單位切線向量

$$\therefore \frac{d^2\vec{\mathbf{r}}}{ds^2} = \frac{d\vec{\mathbf{u}}}{ds} = \kappa\hat{\mathbf{n}}\ ;\ \hat{\mathbf{n}}：單位主法線量$$

$$\Rightarrow \frac{d^3\vec{\mathbf{r}}}{ds^3} = \frac{d\kappa}{ds}\hat{\mathbf{n}} + \kappa\frac{d\hat{\mathbf{n}}}{ds} = \frac{d\kappa}{ds}\hat{\mathbf{n}} + \kappa(-\kappa\vec{\mathbf{u}} + \tau\vec{\mathbf{b}})$$

$$= \frac{d\kappa}{ds}\hat{\mathbf{n}} - \kappa^2\vec{\mathbf{u}} + \kappa\tau\vec{\mathbf{b}}$$

$$\frac{d\vec{\mathbf{r}}}{ds}\cdot\left(\frac{d^2\vec{\mathbf{r}}}{ds^2}\times\frac{d^3\vec{\mathbf{r}}}{ds^3}\right) = \vec{\mathbf{u}}\cdot\left[\kappa\hat{\mathbf{n}}\times\left(\frac{d\kappa}{ds}\hat{\mathbf{n}} - \kappa^2\vec{\mathbf{u}} + \kappa\tau\vec{\mathbf{b}}\right)\right]$$

$$= \vec{\mathbf{u}}\cdot[-\kappa^3\hat{\mathbf{n}}\times\vec{\mathbf{u}} + \kappa^2\tau(\hat{\mathbf{n}}\times\vec{\mathbf{b}})] = \kappa^2\tau$$

例題 14：證明 $\kappa = \dfrac{|\vec{\mathbf{r}}'\times\vec{\mathbf{r}}''|}{|\vec{\mathbf{r}}'|^3}$，其中 $\vec{\mathbf{r}}'(t) = \dfrac{d\vec{\mathbf{r}}(t)}{dt}$　　　　　【台大化工】

解　利用 chain rule

$$\frac{d\vec{\mathbf{r}}}{ds} = \frac{d\vec{\mathbf{r}}}{dt}\frac{dt}{ds} = \frac{\vec{\mathbf{r}}'}{|\vec{\mathbf{r}}'|}\quad\left(\frac{ds}{dt} = |\vec{\mathbf{r}}'|\right)$$

$$\frac{d^2\vec{\mathbf{r}}}{ds^2} = \frac{d}{dt}\left(\frac{d\vec{\mathbf{r}}}{ds}\right)\frac{dt}{ds} = \frac{1}{|\vec{\mathbf{r}}'|}\left(\frac{\vec{\mathbf{r}}''}{|\vec{\mathbf{r}}'|} - \frac{(\vec{\mathbf{r}}'\cdot\vec{\mathbf{r}}'')}{(\vec{\mathbf{r}}'\cdot\vec{\mathbf{r}}')^{\frac{3}{2}}}\vec{\mathbf{r}}'\right)$$

根據 κ 之定義：$\kappa = \left|\dfrac{d\vec{\mathbf{u}}}{ds}\right| = \left|\dfrac{d^2\vec{\mathbf{r}}}{ds^2}\right|$

$$\kappa^2 = \frac{d^2\vec{\mathbf{r}}}{ds^2}\cdot\frac{d^2\vec{\mathbf{r}}}{ds^2} = \frac{1}{\vec{\mathbf{r}}'\cdot\vec{\mathbf{r}}'}\left[\frac{\vec{\mathbf{r}}''}{\sqrt{\vec{\mathbf{r}}'\cdot\vec{\mathbf{r}}'}} - \frac{\vec{\mathbf{r}}'\cdot\vec{\mathbf{r}}''}{(\vec{\mathbf{r}}'\cdot\vec{\mathbf{r}}')^{\frac{3}{2}}}\vec{\mathbf{r}}'\right]\cdot\left[\frac{\vec{\mathbf{r}}''}{\sqrt{\vec{\mathbf{r}}'\cdot\vec{\mathbf{r}}'}} - \frac{\vec{\mathbf{r}}'\cdot\vec{\mathbf{r}}''}{(\vec{\mathbf{r}}'\cdot\vec{\mathbf{r}}')^{\frac{3}{2}}}\vec{\mathbf{r}}'\right]$$

$$= \frac{1}{(\vec{\mathbf{r}}'\cdot\vec{\mathbf{r}}')^3}[(\vec{\mathbf{r}}'\cdot\vec{\mathbf{r}}')(\vec{\mathbf{r}}''\cdot\vec{\mathbf{r}}'') - (\vec{\mathbf{r}}'\cdot\vec{\mathbf{r}}'')^2]$$

$$= \frac{|\vec{\mathbf{r}}'\times\vec{\mathbf{r}}''|^2}{(\vec{\mathbf{r}}'\cdot\vec{\mathbf{r}}')^3}\text{(Lagrange Identity)}$$

觀念提示：$|\vec{\mathbf{r}}'| = (\vec{\mathbf{r}}'\cdot\vec{\mathbf{r}}')^{\frac{1}{2}}$

例題 15：A circular helix is given by $\vec{\mathbf{r}}(t) = a\cos t\,\hat{\mathbf{i}} + a\sin t\,\hat{\mathbf{j}} + ct\,\hat{\mathbf{k}}$ derive the following

　　　　quantities along curve

　　　　(a)velocity and acceleration vectors

　　　　(b)unit tangent, normal , and binormal vectors

　　　　(c)radius of curvature and radius of torsion　　　　　【成大造船】

解　(a)$\vec{\mathbf{v}} = \dfrac{d\vec{\mathbf{r}}}{dt} = -a\sin t\,\hat{\mathbf{i}} + a\cos t\,\hat{\mathbf{j}} + c\,\hat{\mathbf{k}}$

$$\vec{a} = \frac{d^2\vec{r}}{dt^2} = -a\cos t\,\hat{\mathbf{i}} - a\sin t\,\hat{\mathbf{j}}$$

$$(b)\,\vec{\mathbf{u}} = \frac{\vec{r}'}{|\vec{r}'|} = \frac{1}{\sqrt{a^2+c^2}}(-a\sin t\,\hat{\mathbf{i}} + a\cos t\,\hat{\mathbf{j}} + c\,\hat{\mathbf{k}})$$

$$\vec{r}' \times \vec{r}'' = ac\cos t\,\hat{\mathbf{i}} - ac\cos t\,\hat{\mathbf{j}} + a^2\,\hat{\mathbf{k}}$$

$$\vec{\mathbf{b}} = \frac{\vec{r}' \times \vec{r}''}{|\vec{r}' \times \vec{r}''|} = \frac{1}{\sqrt{a^2+c^2}}(c\sin t\,\hat{\mathbf{i}} - c\cos t\,\hat{\mathbf{j}} + a\,\hat{\mathbf{k}})$$

$$\hat{\mathbf{n}} = \vec{\mathbf{b}} \times \vec{\mathbf{u}} = \frac{-1}{a^2+c^2}\{(a^2+c^2)\cos t\,\hat{\mathbf{i}} + (a^2+c^2)\sin t\,\hat{\mathbf{j}}\}$$

$$= -\cos t\,\hat{\mathbf{i}} - \sin t\,\hat{\mathbf{j}}$$

$$(c)\,\kappa = \frac{|\vec{r}' \times \vec{r}''|}{|\vec{r}'|^3} = \frac{a}{a^2+c^2}$$

$$\tau = \frac{[\vec{r}'\vec{r}''\vec{r}''']}{|\vec{r}' \times \vec{r}''|^2} = \frac{c}{a^2+c^2}$$

13-4　曲面面積

　　如前節所述，空間中的曲線表示法，僅有一自由度，如 $\vec{r}(t)$ 或 $\vec{r}(s)$，而空間中之曲面則包含了二個自由度，除了隱函數 $\phi(x,y,z)=c$ 的表示方式外，還包括了

(1) $z=f(x,y)$ 或 $\vec{r}(x,y)=x\,\hat{\mathbf{i}} + y\,\hat{\mathbf{j}} + f(x,y)\,\hat{\mathbf{k}}$

(2) $\vec{r}(u,v)=x(u,v)\,\hat{\mathbf{i}} + y(u,v)\,\hat{\mathbf{j}} + z(u,v)\,\hat{\mathbf{k}}$（參數式）

　　曲面最重要的參數為法向量，由(10)式可知，曲面 $\vec{r}(u,v)$ 上之一點 $\vec{r}(c_1,c_2)$ 之單位法向量 $\hat{\mathbf{n}}$ 可表示為：

$$\hat{\mathbf{n}} = \left. \frac{\frac{\partial \vec{r}}{\partial u} \times \frac{\partial \vec{r}}{\partial v}}{\left| \frac{\partial \vec{r}}{\partial u} \times \frac{\partial \vec{r}}{\partial v} \right|} \right|_{(u,v)=(c_1,c_2)} \tag{46}$$

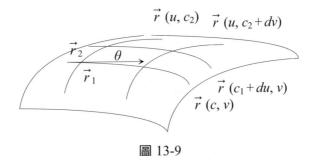

圖 13-9

計算曲面面積，仍需從曲面上之一小塊微量面積開始分析，參考圖 13-9，在曲面上一點 $\vec{r}\,(c_1, c_2)$ 附近截取無限小的一塊區域其面積應為：

$$dA = |\,\vec{r}_1 \times \vec{r}_2\,| \tag{47}$$

其中 $\vec{r}_1 = \vec{r}\,(c_1, c_2 + dv) - \vec{r}\,(c_1, c_2) = \dfrac{\partial \vec{r}}{\partial v}\, dv$

$\vec{r}_2 = \vec{r}\,(c_1 + du, c_2) - \vec{r}\,(c_1, c_2) = \dfrac{\partial \vec{r}}{\partial u}\, du$

故其面積利用向量外積的計算可得：

$$dA = \left| \frac{\partial \vec{r}}{\partial u} \times \frac{\partial \vec{r}}{\partial v} \right| du\,dv \tag{48}$$

1. 若考慮形如 $\vec{r}\,(x, y) = x\hat{\mathbf{i}} + y\hat{\mathbf{j}} + f(x, y)\hat{\mathbf{k}}$ 的曲面表示式，則有

$$\frac{\partial \vec{r}}{\partial x} = \hat{\mathbf{i}} + f_x\,\hat{\mathbf{k}}\;,\; \frac{\partial \vec{r}}{\partial y} = \hat{\mathbf{j}} + f_y\,\hat{\mathbf{k}}$$

$$故\; dA = \left| \frac{\partial \vec{r}}{\partial x} \times \frac{\partial \vec{r}}{\partial y} \right| dx\,dy = \sqrt{1 + f_x^2 + f_y^2}\; dx\,dy \tag{49}$$

2. 曲面 $z = f(x, y)$ 面積的計算可從幾何的角度加以詮釋，如圖 13-10 所示，將空間中曲面上之微量面積投影至 x-y 平面得到一微量面積 $dA' = dx\,dy$，法向量為 $\hat{k}$，而曲面之法向量 $\hat{\mathbf{n}}$ 可根據(22)式利用純量函數之梯度求得：

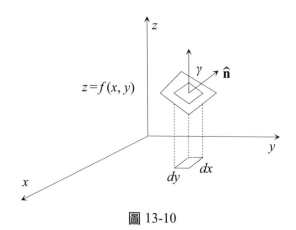

圖 13-10

$$\hat{\mathbf{n}} = \frac{\overrightarrow{\nabla}(z - f(x, y))}{|\overrightarrow{\nabla}(z - f(x, y))|}$$

$$= \frac{-f_x \hat{\mathbf{i}} - f_y \hat{\mathbf{j}} + \hat{\mathbf{k}}}{\sqrt{1 + f_x^2 + f_y^2}}$$

$$= \cos\alpha\,\hat{\mathbf{i}} + \cos\beta\,\hat{\mathbf{j}} + \cos\gamma\,\hat{\mathbf{k}} \tag{50}$$

其中 α, β, γ 分別為 $\hat{\mathbf{n}}$ 與 $\hat{\mathbf{i}}, \hat{\mathbf{j}}, \hat{\mathbf{k}}$ 的夾角，顯然的

$$dA = \sec\gamma\,dxdy = \sqrt{1 + f_x^2 + f_y^2}\,dxdy \tag{51}$$

同理，曲面面積亦可經由將 dA 投影至 x-z plane 或 y-z plane 再利用 $\hat{\mathbf{n}}$ 與 $\hat{\mathbf{j}}$ 或 $\hat{\mathbf{i}}$ 的夾角求出：

$$dA = \sec\alpha\,dydz = \sec\beta\,dxdz = \sec\gamma\,dxdy \tag{52}$$

觀念提示： 1. 在平面上，每個點均有相同的法向量，但在曲面上之法向量因點的位置而異

2. The angle between two planes is equivalent to the angle between the associative normal vectors.

例題 16：使用參數法表示曲面 $z^2 = x^2 + y^2$ 並求 $0 \leq z \leq 1$ 曲面面積

解（法 1）取 $x = z\cos\theta$; $y = z\sin\theta$ 故曲面可表示為 $\vec{r}(z, \theta) = z\cos\theta\,\hat{\mathbf{i}} + z\sin\theta\,\hat{\mathbf{j}} + z\,\hat{\mathbf{k}}$

$$dA = \left| \frac{\partial\vec{r}}{\partial z} \times \frac{\partial\vec{r}}{\partial\theta} \right| d\theta dz$$

$$\therefore \frac{\partial\vec{r}}{\partial z} = \cos\theta\,\hat{\mathbf{i}} + \sin\theta\,\hat{\mathbf{j}} + \hat{\mathbf{k}}, \quad \frac{\partial\vec{r}}{\partial\theta} = -z\sin\theta\,\hat{\mathbf{i}} + z\cos\theta\,\hat{\mathbf{j}}$$

$$\Rightarrow \frac{\partial\vec{r}}{\partial z} \times \frac{\partial\vec{r}}{\partial\theta} = \begin{vmatrix} \hat{\mathbf{i}} & \hat{\mathbf{j}} & \hat{\mathbf{k}} \\ \cos\theta & \sin\theta & 1 \\ -z\sin\theta & z\cos\theta & 0 \end{vmatrix} = -z\cos\theta\,\hat{\mathbf{i}} - z\cos\theta\,\hat{\mathbf{j}} + z\,\hat{\mathbf{k}}$$

$$\therefore A = \iint dA = \int_0^1 \int_0^{2\pi} \sqrt{2}z\,d\theta dz = \sqrt{2}\pi$$

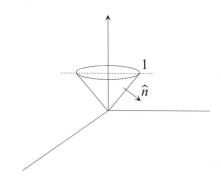

（法 2） 曲面 $f(x, y, z) = x^2 + y^2 - z^2 = 0$ 之單位法向量為

$$\hat{\mathbf{n}} = \frac{\overrightarrow{\nabla} f}{|\overrightarrow{\nabla} f|} = \frac{x\hat{\mathbf{i}} + y\hat{\mathbf{j}} - z\hat{\mathbf{k}}}{\sqrt{x^2 + y^2 + z^2}} = \cos\alpha\,\hat{\mathbf{i}} + \cos\beta\,\hat{\mathbf{j}} + \cos\gamma\,\hat{\mathbf{k}}$$

$$\therefore dA = \sec\gamma\, dxdy = \frac{1}{\cos\gamma} dxdy$$

$$\because z^2 = x^2 + y^2 \quad \therefore \cos\gamma = \frac{z}{\sqrt{x^2 + y^2 + z^2}} = \frac{1}{\sqrt{2}}$$

$$\Rightarrow A = \iint dA = \iint \sqrt{2}\, dxdy = \sqrt{2}\pi$$

例題 17：求空間曲面：$x^2 + y^2 + z^2 = 4,\ x^2 + y^2 - 2y = 0$；交集部分之面積。

解

$$\hat{n} = \frac{x\hat{i} + y\hat{j} + z\hat{k}}{2}$$

$$A = 4 \iint \sec\gamma\, dxdy = 4 \iint \frac{2}{z} dxdy$$

$$= 8 \iint \frac{1}{\sqrt{4 - (x^2 + y^2)}} dxdy$$

$$= 8 \int_0^{\frac{\pi}{2}} \int_0^{2\sin\varphi} \frac{1}{\sqrt{4 - \rho^2}} \rho\, d\rho\, d\varphi$$

$$= 8(\pi - 2)$$

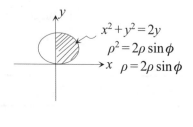

13-5　散度、旋度、梯度與聯合運算

在前節中已經介紹了運算子 $\overrightarrow{\nabla} = \frac{\partial}{\partial x}\hat{\mathbf{i}} + \frac{\partial}{\partial y}\hat{\mathbf{j}} + \frac{\partial}{\partial z}\hat{\mathbf{k}}$，並用以計算純量函數 $\phi(x, y, z)$ 的梯度及法向量，另外兩種重要的運算為散度及旋度，此兩者的運算均是針對向量函數。散度為進行內積運算，而旋度則為外積運算。

考慮一向量函數 $\vec{\mathbf{F}}(x, y, z) = P(x, y, z)\hat{\mathbf{i}} + Q(x, y, z)\hat{\mathbf{j}} + R(x, y, z)\hat{\mathbf{k}}$；則
散度為：

$$\vec{\nabla} \cdot \vec{\mathbf{F}} = \left(\frac{\partial}{\partial x}\hat{\mathbf{i}} + \frac{\partial}{\partial y}\hat{\mathbf{j}} + \frac{\partial}{\partial z}\hat{\mathbf{k}}\right) \cdot (P\hat{\mathbf{i}} + Q\hat{\mathbf{j}} + P\hat{\mathbf{k}})$$

$$= \frac{\partial P}{\partial x} + \frac{\partial Q}{\partial y} + \frac{\partial R}{\partial z} \tag{53}$$

旋度為：

$$\vec{\nabla} \times \vec{\mathbf{F}} = \left(\frac{\partial}{\partial x}\hat{\mathbf{i}} + \frac{\partial}{\partial y}\hat{\mathbf{j}} + \frac{\partial}{\partial z}\hat{\mathbf{k}}\right) \times (P\hat{\mathbf{i}} + Q\hat{\mathbf{j}} + P\hat{\mathbf{k}}) = \begin{vmatrix} \hat{\mathbf{i}} & \hat{\mathbf{j}} & \hat{\mathbf{k}} \\ \dfrac{\partial}{\partial x} & \dfrac{\partial}{\partial y} & \dfrac{\partial}{\partial z} \\ P & Q & R \end{vmatrix} \tag{54}$$

觀念提示： $\vec{\nabla}$ 兼具微分與向量的特質。

(1)$\vec{\nabla} \cdot (\vec{\nabla}\varphi) = \dfrac{\partial^2 \varphi}{\partial x^2} + \dfrac{\partial^2 \varphi}{\partial y^2} + \dfrac{\partial^2 \varphi}{\partial z^2} = \vec{\nabla}^2 \varphi$（Laplace operator）

(2)零運算子

　　1. $\vec{\nabla} \cdot (\vec{\nabla} \times \vec{\mathbf{F}}) = 0$；$\forall \vec{\mathbf{F}}(x, y, z)$ $\tag{55}$

　　2. $\vec{\nabla} \times (\vec{\nabla}\varphi) = 0$；$\forall \varphi(x, y, z)$ $\tag{56}$

　　證明： 見例題。

(3)$\vec{\nabla}(\phi\varphi) = \dfrac{\partial}{\partial x}(\phi\varphi)\hat{\mathbf{i}} + \dfrac{\partial}{\partial y}(\phi\varphi)\hat{\mathbf{j}} + \dfrac{\partial}{\partial z}(\phi\varphi)\hat{\mathbf{k}}$

　　　　　$= (\phi_x\varphi + \phi\varphi_x)\hat{\mathbf{i}} + (\phi_y\varphi + \phi\varphi_y)\hat{\mathbf{j}} + (\phi_z\varphi + \phi\varphi_z)\hat{\mathbf{k}}$

　　　　　$= \varphi\vec{\nabla}\phi + \phi\vec{\nabla}\varphi$ $\tag{57}$

(4)$\vec{\nabla} \cdot (\phi\vec{\mathbf{F}}) = \dfrac{\partial}{\partial x}(\phi P) + \dfrac{\partial}{\partial y}(\phi Q) + \dfrac{\partial}{\partial z}(\phi R)$

　　　　　$= \left(P\dfrac{\partial\phi}{\partial x} + Q\dfrac{\partial\phi}{\partial y} + R\dfrac{\partial\phi}{\partial z}\right) + \phi\left(\dfrac{\partial P}{\partial x} + \dfrac{\partial Q}{\partial y} + \dfrac{\partial R}{\partial z}\right)$

　　　　　$= \vec{\nabla}\phi \cdot \vec{\mathbf{F}} + \phi(\vec{\nabla} \cdot \vec{\mathbf{F}})$ $\tag{58}$

(5)$\vec{\nabla} \times (\phi\vec{\mathbf{F}}) = \vec{\nabla}\phi \times \vec{\mathbf{F}} + \phi(\vec{\nabla} \times \vec{\mathbf{F}})$ $\tag{59}$

(6)$\vec{\nabla} \cdot (\vec{\mathbf{F}} \times \vec{\mathbf{G}}) = \vec{\mathbf{G}} \cdot (\vec{\nabla} \times \vec{\mathbf{F}}) - \vec{\mathbf{F}} \cdot (\vec{\nabla} \times \vec{\mathbf{G}})$ $\tag{60}$

(7)$\vec{\nabla} \times (\vec{\mathbf{F}} \times \vec{\mathbf{G}}) = (\vec{\mathbf{G}} \cdot \vec{\nabla})\vec{\mathbf{F}} - (\vec{\nabla} \cdot \vec{\mathbf{F}})\vec{\mathbf{G}} + (\vec{\nabla} \cdot \vec{\mathbf{G}})\vec{\mathbf{F}} - (\vec{\mathbf{F}} \cdot \vec{\nabla})\vec{\mathbf{G}}$ $\tag{61}$

　　證明： 見例題。

⑧ $\vec{\nabla}(\vec{F} \cdot \vec{G}) = (\vec{F} \cdot \vec{\nabla})\vec{G} + (\vec{G} \cdot \vec{\nabla})\vec{F} + \vec{F} \times (\vec{\nabla} \times \vec{G}) + \vec{G} \times (\vec{\nabla} \times \vec{F})$　　　　(62)

　　證明：習題 16。

⑨ $\vec{\nabla} \times (\vec{\nabla} \times \vec{F}) = \vec{\nabla}(\vec{\nabla} \cdot \vec{F}) - \vec{\nabla}^2 \vec{F}$　　　　(63)

　　證明：見例題。

例題 18：Prove $\vec{\nabla} \cdot \left(\dfrac{\vec{r}}{r^3}\right) = 0$　　　　【101 中山光電】

解

$$\vec{\nabla} \cdot \left(\frac{\vec{r}}{r^3}\right) = \left(\vec{\nabla}\frac{1}{r^3}\right) \cdot \vec{r} + \frac{1}{r^3}(\vec{\nabla} \cdot \vec{r})$$
$$= 0$$

例題 19：Prove 3-dimensional vector identity

$$\vec{\nabla} \times (\vec{\nabla} \times \vec{A}) = \vec{\nabla}(\vec{\nabla} \cdot \vec{A}) - \vec{\nabla}^2 \vec{A}$$

【清大原科】

解　　設 $\vec{A} = A_1\hat{\mathbf{i}} + A_2\hat{\mathbf{j}} + A_3\hat{\mathbf{k}}$ 則

左式 $= \vec{\nabla} \times [\vec{\nabla} \times (A_1\hat{\mathbf{i}} + A_2\hat{\mathbf{j}} + A_3\hat{\mathbf{k}})]$

$$= \vec{\nabla} \times \left[\left(\frac{\partial A_3}{\partial y} - \frac{\partial A_2}{\partial z}\right)\hat{\mathbf{i}} + \left(\frac{\partial A_1}{\partial z} - \frac{\partial A_3}{\partial x}\right)\hat{\mathbf{j}} + \left(\frac{\partial A_2}{\partial x} - \frac{\partial A_1}{\partial y}\right)\hat{\mathbf{k}}\right]$$

$$= \left[\frac{\partial}{\partial y}\left(\frac{\partial A_2}{\partial x} - \frac{\partial A_1}{\partial y}\right) - \frac{\partial}{\partial z}\left(\frac{\partial A_1}{\partial z} - \frac{\partial A_3}{\partial x}\right)\right]\hat{\mathbf{i}} +$$

$$\left[\frac{\partial}{\partial z}\left(\frac{\partial A_3}{\partial y} - \frac{\partial A_2}{\partial z}\right) - \frac{\partial}{\partial x}\left(\frac{\partial A_2}{\partial x} - \frac{\partial A_1}{\partial y}\right)\right]\hat{\mathbf{j}}$$

$$+ \left[\frac{\partial}{\partial x}\left(\frac{\partial A_1}{\partial z} - \frac{\partial A_3}{\partial x}\right) - \frac{\partial}{\partial y}\left(\frac{\partial A_3}{\partial y} - \frac{\partial A_2}{\partial z}\right)\right]\hat{\mathbf{k}}$$

右式：$\vec{\nabla}(\vec{\nabla} \cdot \vec{A}) - \vec{\nabla}^2(\vec{A})$

$$= \left(\hat{\mathbf{i}}\frac{\partial}{\partial x} + \hat{\mathbf{j}}\frac{\partial}{\partial y} + \hat{\mathbf{k}}\frac{\partial}{\partial z}\right)\left(\frac{\partial A_1}{\partial x} + \frac{\partial A_2}{\partial y} + \frac{\partial A_3}{\partial z}\right)$$

$$- \left(\frac{\partial^2}{\partial x^2} + \frac{\partial^2}{\partial y^2} + \frac{\partial^2}{\partial z^2}(A_1\hat{\mathbf{i}} + A_2\hat{\mathbf{j}} + A_3\hat{\mathbf{k}})\right)$$

$$= \hat{\mathbf{i}}\left(\frac{\partial^2 A_2}{\partial x \partial y} + \frac{\partial^2 A_3}{\partial x \partial z} - \frac{\partial^2 A_1}{\partial y^2} - \frac{\partial^2 A}{\partial z^2}\right)$$

$$+ \hat{\mathbf{j}}\left(\frac{\partial^2 A_1}{\partial y \partial x} + \frac{\partial^2 A_3}{\partial y \partial z} - \frac{\partial^2 A_2}{\partial x^2} - \frac{\partial^2 A_2}{\partial z^2}\right)$$

$$+ \hat{\mathbf{k}}\left(\frac{\partial^2 A_1}{\partial z \partial x} + \frac{\partial^2 A_2}{\partial z \partial y} - \frac{\partial^2 A_3}{\partial x^2} - \frac{\partial^2 A_3}{\partial y^2}\right)$$　　故得證

例題 20： Find (a) div (curl $\vec{v}$)

(b) curl (grad f) 【成大環工】

解 　(a)令 $\vec{v} = v_1\hat{\mathbf{i}} + v_2\hat{\mathbf{j}} + v_3\hat{\mathbf{k}}$ 則

$$\text{div (curl } \vec{v}) = \vec{\nabla} \cdot (\vec{\nabla} \times \vec{v})$$

$$= \frac{\partial}{\partial x}\left(\frac{\partial v_3}{\partial y} - \frac{\partial v_2}{\partial z}\right) + \frac{\partial}{\partial y}\left(\frac{\partial v_1}{\partial z} - \frac{\partial v_3}{\partial x}\right) + \frac{\partial}{\partial z}\left(\frac{\partial v_2}{\partial x} - \frac{\partial v_1}{\partial y}\right) = 0$$

$$\vec{\nabla} \times (\vec{\nabla}f) = \begin{vmatrix} \hat{\mathbf{i}} & \hat{\mathbf{j}} & \hat{\mathbf{k}} \\ \dfrac{\partial}{\partial x} & \dfrac{\partial}{\partial y} & \dfrac{\partial}{\partial z} \\ \dfrac{\partial f}{\partial x} & \dfrac{\partial f}{\partial y} & \dfrac{\partial f}{\partial z} \end{vmatrix} = \hat{\mathbf{i}}\left(\frac{\partial^2 f}{\partial y \partial z} - \frac{\partial^2 f}{\partial y \partial z}\right)$$

$$+ \hat{\mathbf{j}}\left(\frac{\partial^2 f}{\partial z \partial x} - \frac{\partial^2 f}{\partial x \partial z}\right) + \hat{\mathbf{k}}\left(\frac{\partial^2 f}{\partial x \partial y} - \frac{\partial^2 f}{\partial x \partial y}\right) = 0$$

例題 21：證明 $\vec{\nabla} \times (\vec{\mathbf{F}} \times \vec{\mathbf{G}}) = (\vec{\mathbf{G}} \cdot \vec{\nabla})\vec{\mathbf{F}} - (\vec{\nabla} \cdot \vec{\mathbf{F}})\vec{\mathbf{G}} + (\vec{\nabla} \cdot \vec{\mathbf{G}})\vec{\mathbf{F}} - (\vec{\mathbf{F}} \cdot \vec{\nabla})\vec{\mathbf{G}}$

【台大材料】

解 　$\vec{\nabla} \times (\vec{\mathbf{F}} \times \vec{\mathbf{G}}) = \vec{\nabla}_F \times (\vec{\mathbf{F}} \times \vec{\mathbf{G}}) + \vec{\nabla}_G \times (\vec{\mathbf{F}} \times \vec{\mathbf{G}})$

$\qquad = (\vec{\nabla}_F \cdot \vec{\mathbf{G}})\vec{\mathbf{F}} - (\vec{\nabla}_F \cdot \vec{\mathbf{F}})\vec{\mathbf{G}} + (\vec{\nabla}_G \cdot \vec{\mathbf{G}})\vec{\mathbf{F}} - (\vec{\nabla}_G \cdot \vec{\mathbf{F}})\vec{\mathbf{G}}$

$\qquad = (\vec{\mathbf{G}} \cdot \vec{\nabla})\vec{\mathbf{F}} - (\vec{\nabla} \cdot \vec{\mathbf{F}})\vec{\mathbf{G}} + (\vec{\nabla} \cdot \vec{\mathbf{G}})\vec{\mathbf{F}} - (\vec{\mathbf{F}} \cdot \vec{\nabla})\vec{\mathbf{G}}$

觀念提示： 1. $\vec{\nabla}_F$ 表示，只對向量 $\vec{\mathbf{F}}$ 發生作用之微分運算子

2. $\vec{\mathbf{F}} \cdot \vec{\nabla} = F_1\dfrac{\partial}{\partial x} + F_2\dfrac{\partial}{\partial y} + F_3\dfrac{\partial}{\partial z}$，仍是一個微分運算子

例題 22： If $\vec{\mathbf{r}}$ = radius vector, $r = |\vec{\mathbf{r}}|$ and $\vec{\mathbf{a}}$ = constant vector, verify that

(a) $\vec{\nabla}(\vec{\mathbf{r}} \cdot \vec{\mathbf{a}}) = \vec{\mathbf{a}}$

(b) $\vec{\nabla} \cdot (\vec{\mathbf{r}} \times \vec{\mathbf{a}}) = 0$

(c) $\vec{\nabla} \times (\vec{\mathbf{r}} \times \vec{\mathbf{a}}) = -2\vec{\mathbf{a}}$

(d) $\vec{\nabla}^2\left(\dfrac{1}{r}\right) = 0$ 【交大機械】

解 　(a) $\vec{\nabla}(\vec{\mathbf{r}} \cdot \vec{\mathbf{a}}) = \left(\hat{\mathbf{i}}\dfrac{\partial}{\partial x} + \hat{\mathbf{j}}\dfrac{\partial}{\partial y} + \hat{\mathbf{k}}\dfrac{\partial}{\partial z}\right)(a_1 x + a_2 y + a_3 z)$

$$= a_1\hat{\mathbf{i}} + a_2\hat{\mathbf{j}} + a_3\hat{\mathbf{k}}$$

(b)$\vec{\mathbf{r}}\times\vec{\mathbf{a}} = \begin{vmatrix} \hat{\mathbf{i}} & \hat{\mathbf{j}} & \hat{\mathbf{k}} \\ x & y & z \\ a_1 & a_2 & a_3 \end{vmatrix} = \hat{\mathbf{i}}\,(a_3 y - a_2 z) + \hat{\mathbf{j}}\,(a_1 z - a_3 x) + \hat{\mathbf{k}}\,(a_2 x - a_1 y)$

$$\Rightarrow \vec{\nabla}\cdot(\vec{\mathbf{r}}\times\vec{\mathbf{a}}) = \frac{\partial}{\partial x}(a_3 y - a_2 z) + \frac{\partial}{\partial y}(a_1 z - a_3 x) + \frac{\partial}{\partial z}(a_2 x - a_1 y)$$

$$= 0$$

(c)$\vec{\nabla}\times(\vec{\mathbf{r}}\times\vec{\mathbf{a}}) = \begin{vmatrix} \hat{\mathbf{i}} & \hat{\mathbf{j}} & \hat{\mathbf{k}} \\ \dfrac{\partial}{\partial x} & \dfrac{\partial}{\partial y} & \dfrac{\partial}{\partial z} \\ a_3 y - a_2 z & a_1 z - a_3 x & a_2 x - a_1 y \end{vmatrix} = -2\vec{\mathbf{a}}$

(d)$\vec{\nabla}^2\left(\dfrac{1}{r}\right) = \dfrac{\partial^2}{\partial x^2}\dfrac{1}{r} + \dfrac{\partial^2}{\partial y^2}\dfrac{1}{r} + \dfrac{\partial^2}{\partial z^2}\dfrac{1}{r}$

$$= \frac{1}{(x^2+y^2+z^2)^{\frac{5}{2}}}[(2x^2 - y^2 - z^2) + (2y^2 - z^2 - x^2) + (2z^2 - x^2 - y^2)]$$

$$= 0$$

例題 23： 設 $\vec{\mathbf{v}} = \vec{\nabla}\phi$，其中 ϕ 為一純量函數，證明：

$$(\vec{\mathbf{v}}\cdot\vec{\nabla})\vec{\mathbf{v}} = \vec{\nabla}\left(\frac{1}{2}\vec{\nabla}\phi\cdot\vec{\nabla}\phi\right)$$　　　　【台大材料】

解

$$\vec{\nabla}(\vec{\mathbf{v}}\cdot\vec{\mathbf{v}}) = (\vec{\mathbf{v}}\cdot\vec{\nabla})\vec{\mathbf{v}} + \vec{\mathbf{v}}\times(\vec{\nabla}\times\vec{\mathbf{v}}) + (\vec{\mathbf{v}}\cdot\vec{\nabla})\vec{\mathbf{v}} + \vec{\mathbf{v}}\times(\vec{\nabla}\times\vec{\mathbf{v}})$$

$$= 2[(\vec{\mathbf{v}}\cdot\vec{\nabla})\vec{\mathbf{v}} + \vec{\mathbf{v}}\times(\vec{\nabla}\times\vec{\mathbf{v}})]$$

$\because \vec{\mathbf{v}} = \vec{\nabla}\phi \quad \therefore \vec{\nabla}\times\vec{\mathbf{v}} = \vec{\nabla}\times\vec{\nabla}\phi = 0$

$$\Rightarrow \frac{1}{2}\vec{\nabla}(\vec{\mathbf{v}}\cdot\vec{\mathbf{v}}) = (\vec{\mathbf{v}}\cdot\vec{\nabla})\vec{\mathbf{v}} \quad 得證$$

綜合練習

1.　已知湖中任一位置(x, y, z)的溫度均與原點距離之平方成反比且有$T(0, 0, 1) = 50$，求
　　(1)在$(2, 3, 3)$沿方向$(3, 1, 1)$之溫度變化率？
　　(2)在$(2, 3, 3)$之最大溫度變化率發生方向以及最大溫度變化率？　　【中央環工】

2.　已知某物體內之溫度分佈為$T(x, y) = 5 + 2x^2 + y^2$，求在位置$(2, 4)$之熱流方向？　　【成大環工】

3.　某平面溫度分佈為$T(x, t) = 1 - \dfrac{x^2}{a^2} - \dfrac{y^2}{b^2}$而一質點自$(-a, b)$出發，在此溫度場中沿溫度增加最快之方向移動，試問其路徑為何？　　【中央環工】

4.　求曲面$z = x^2 - 2y + 4$上一點$(1, 1, 3)$之切面與法線方程式　　【成大化工】

5.　求曲面$x^2 y + z = 3$與$x \ln z - y^2 = -4$在交點$(-1, 2, 1)$之夾角？　　【成大化工】

6.　(1)考慮函數$f(x, y) = \exp(x + 3y)$在$(0, 0)$位置，求
　　　　(a)f沿$2\hat{\mathbf{i}} + \hat{\mathbf{j}}$之方向導數？
　　　　(b)f之法向導數
　　(2)曲面$e^{2z} + 3 = [f(x, y) + 1]^2$，求通過$(0, 0, 0)$之切面方程式、法線方程式，以及此法線與直線$y - 3 = z - 5, x = 1$之最短距離？　　【中央土木】

7.　列出 1. $z = \sqrt{x^2 + y^2}$在$(3, 4, 5)$之 tangent plane 表示式：
　　　　 2. $z = \sqrt{x^2 + y^2}$在$(3, 4, 5)$之 normal line 表示式：　　【交大環工】

8.　求純量場$x + 3y^2 + 4z^3$在$\left(\dfrac{1}{2}, \dfrac{1}{2}, 2\right)$沿曲面$z = 4x^2 + 4y^2$法方向之方向導數？

9.　求下列空間曲線之弧長
　　 1. $\vec{\mathbf{r}}(t) = (\cos t + t \sin t)\hat{\mathbf{i}} + (\sin t - t \cos t)\hat{\mathbf{j}}$, $t = 0$至$t = \pi$
　　 2. $\vec{\mathbf{r}}(t) = a \cos t \hat{\mathbf{i}} + a \sin t \hat{\mathbf{j}} + ct\hat{\mathbf{k}}$從$(0, 0, 0)$至$(0, 0, 2c\pi)$

10.　Prove $\tau = \dfrac{[\vec{\mathbf{r}}\,\vec{\mathbf{r}}'\,\vec{\mathbf{r}}''']}{|\vec{\mathbf{r}}' \times \vec{\mathbf{r}}''|^2}$

11.　求空間曲線$\vec{\mathbf{r}}(t) = \cos t \hat{\mathbf{i}} + \sin t \hat{\mathbf{j}} + \cos t \hat{\mathbf{k}}$之曲率$\kappa(t)$與扭率$\tau(t)$

12.　求空間曲線$\vec{\mathbf{r}}(t) = \cos t \hat{\mathbf{i}} + \sin t \hat{\mathbf{j}} + e^t \hat{\mathbf{k}}$之曲率$\kappa(t)$與扭率$\tau(t)$

13.　證明半徑a之圓，其上之任何一點之曲率均為$\dfrac{1}{a}$　　【成大工木】

14.　求曲線$\vec{\mathbf{v}}(t) = a \cos t \hat{\mathbf{i}} + a \sin t \hat{\mathbf{j}} + bt\hat{\mathbf{k}}$在任一點之曲率？　　【成大機械】

15.　曲面$S : \vec{\mathbf{r}}(u, v) = x(u, v)\hat{\mathbf{i}} + y(u, v)\hat{\mathbf{j}} + z(u, v)\hat{\mathbf{k}}$，
　　(1)證明$dA = \sqrt{|\vec{\mathbf{r}}_{\mathbf{u}}|^2 |\vec{\mathbf{r}}_{\mathbf{v}}|^2 - (\vec{\mathbf{r}}_{\mathbf{u}} \cdot \vec{\mathbf{r}}_{\mathbf{v}})^2}\, du dv$
　　(2)驗證半徑為a之球其表面積為$4\pi a^2$　　【中山海洋，台大機械】

16.　證明$\vec{\nabla}(\vec{\mathbf{F}} \cdot \vec{\mathbf{G}}) = (\vec{\mathbf{F}} \cdot \vec{\nabla})\vec{\mathbf{G}} + (\vec{\mathbf{G}} \cdot \vec{\nabla})\vec{\mathbf{F}} + \vec{\mathbf{F}} \times (\vec{\nabla} \times \vec{\mathbf{G}}) + \vec{\mathbf{G}} \times (\vec{\nabla} \times \vec{\mathbf{F}})$

17.　Show that (1) $\vec{\nabla} r^n = n r^{n-2} \vec{\mathbf{r}}$　(2) $\vec{\nabla} \cdot \left(\dfrac{\vec{\mathbf{r}}}{r^3}\right) = 0$　　【中央地球物理】

18.　已知二純量函數：$u = u(x, y), v = v(x, y)$，若有$f(u, v)$
　　證明：$\vec{\nabla} f = \dfrac{\partial f}{\partial u} \vec{\nabla} u + \dfrac{\partial f}{\partial v} \vec{\nabla} v$　　【交大電信】

19.　已知$\vec{\mathbf{r}} = x\hat{\mathbf{i}} + y\hat{\mathbf{j}} + z\hat{\mathbf{k}}, r^2 = x^2 + y^2 + z^2$且$n$為一整數，計算$\vec{\nabla} \cdot (r^n \vec{\mathbf{r}}) = ?$　　【中興應數，交大材料】

20. 已知 $\vec{F} = f(r)\vec{r}$ 且 $f(1) = 1$ 其中 $\vec{r} = x\hat{i} + y\hat{j} + z\hat{k}$ 及 $r = |\vec{r}|$，若 $\vec{\nabla} \cdot \vec{F} = 0$（$r \neq 0$），求 $f(r) = ?$

【中興應數，台大機械】

21. Find the directional derivative, $\dfrac{\partial f}{\partial s}$ of $f(x, y, z) = x^2 + y^2 + z^2$ at the point $P(2, 2, 2)$ in the direction of the vector $a = \hat{i} + 2\hat{j} - 3\hat{k}$, then $\dfrac{\partial f}{\partial s} = ?$

【中山光電】

22. 令 $f(x, y, z) = x^2 + 2y^2 + 3z^2$，求在 $(1, 1, 1)$ 向量 $\vec{b} = \vec{i} + 2\vec{j} - 3\vec{k}$ 方向上之方向導數 $\dfrac{\partial f}{\partial s}$。

23. (a)求 $f(x, y, z) = x^2 + 3y^2 + 4z^2$ 在 p 點 $(2, 0, 1)$，且方向 $\vec{a} = 2\vec{i} - \vec{j}$ 之方向導數。

    (b)若 $f(x, y, z)$ 表溫度係數，求在 p 點之最熱方向為何？

    (c)求 $f(x, y, z)$ 之法線向量。

24. 二曲面方程式：$f(x, y, z) = 0$ 及 $g(x, y, z) = 0$ 其交點成一曲線，求在交線上一點 (x_1, y_1, z_1) 垂直於曲線之平面方程式。

25. 曲面 $x^3 - 2xy + z^3 + 7y + 6 = 0$ 過 $p(1, 4, -3)$ 之切平面及法線。

26. 求球面 $x^2 + y^2 + z^2 = a^2$ 在圓柱體 $x^2 + y^2 = ax$ 內，xy 平面以上部分之曲面面積。

27. Find the tangent line and normal plane of the ellipse $\dfrac{x^2}{4} + y^2 = 1$ at point $\left(\sqrt{2}, \dfrac{1}{\sqrt{2}}\right)$.

28. (1) Given $\vec{r} = x\hat{i} + y\hat{j} + z\hat{k}$, find $\nabla \cdot \left(\dfrac{\vec{r}}{|\vec{r}|^3}\right)$

    (2) The position vector on a surface Σ is given as $\vec{r} = x(u, v)\hat{i} + y(u, v)\hat{j} + z(u, v)\hat{k}$

    show that the surface area of a small element, on Σ can be expressed as

    $$d\sigma = |\vec{N}| du dv = \sqrt{\left|\dfrac{\partial \vec{r}}{\partial u}\right|^2 \left|\dfrac{\partial \vec{r}}{\partial v}\right|^2 - \left(\dfrac{\partial \vec{r}}{\partial u} \cdot \dfrac{\partial \vec{r}}{\partial v}\right)} du dv$$

    where $\vec{N}$ is the normal vector on Σ

    (3) If the surface Σ is given as $(x - 2)^2 - y^2 + z^2 = 1$, find its unit normal vector $\hat{n}$

    (4) For the surface Σ: $(x - 2)^2 - y^2 + z^2 = 1$, find $\displaystyle\iint_{\Sigma} \dfrac{\vec{r}}{|\vec{r}|^3} \cdot \vec{N} d\sigma$

【台大土木】

29. Find the arc length of the curve $(y - 1)^3 = \dfrac{9}{4}x^2$ for $0 \leq x \leq \dfrac{2}{3}3^{\frac{3}{2}}$

30. Find the arc length of the curve $\begin{cases} x = t - \sin t \\ y = 1 - \cos t \end{cases}$ for $0 \leq t \leq 2\pi$

14

向量微積分(3)—向量積分學

樂觀的人,在每個危機裏看到了機會;悲觀的人,在每個機會裏看到了危機。

—— 邱吉爾

14-1　線積分

定義：純量函數之線積分

　　曲線 C 為空間中之一條間斷連續（piecewise continuous）的曲線，空間純量函數 $\varphi(x_i, y_i, z_i)$ 在 C 上為連續，將 C 分 n 個子區間，子區間寬度分別為 Δl_i，$i = 1, 2, \cdots, n$ 則下式之極限存在且稱作 φ 沿曲線 C 之線積分：

$$\lim_{n \to \infty} \sum_{i=1}^{n} \varphi(x_i, y_i, z_i) \Delta l_i = \int_C \varphi(x, y, z) dl \tag{1}$$

　　其中 $\varphi(x_i, y_i, z_i)$ 為曲線 C 在第 i 子區間上任一點之函數值，dl 為微量弧長

觀念提示： 　*1.* 一般而言線積分大致有兩種類型：

(1) $\int_C \varphi(x, y, z) dl$

(2) $\int_C (Pdx + Qdy + Rdz)$

2. 線積分之特性

(1) 線性：$\displaystyle\int_C (a_1\varphi_1 + a_2\varphi_2) dl = a_1 \int_C \varphi_1 dl + a_2 \int_C \varphi_2 dl$ $\tag{2}$

(2) 路線可相加：$\displaystyle\int_{C_1+C_2} \varphi dl = \int_{C_1} \varphi dl + \int_{C_2} \varphi dl$ $\tag{3}$

(3) $\displaystyle\int_C \varphi dl = \int_{C^{-1}} \varphi dl$ $\tag{4}$

　　其中為 C^{-1} 之反方向

(4) $\left| \displaystyle\int_C \varphi dl \right| \leq ML$ $\tag{5}$

　　其中 M 為 $|\varphi|$ 在 C 上之極大值，$L = \int dl$ 為路徑長度

　　值得注意的是在(4)式中，若以定積分的觀點來看，積分路徑相反，則積分結果會改變正負號，然而在純量函數之線積分中 dl 代表微量弧長，不論沿任何方向，均為一正實數故在(4)式中，積分方向相反並不影響積分之結果。

㈠純量函數線積分值的計算

　　在計算純量函數線積分時首先應將曲線的限制條件放入 $\varphi(x_i, y_i, z_i)$ 中，以確保 $\varphi(x_i, y_i, z_i)$ 是在曲線上求值。若 C 為一平滑曲線，表成參數式：

$x = x(t), y = y(t), z = z(t)$ 則

$$\int_C \varphi\,(x,\,y,\,z)dl = \int_C \varphi\,(x\,(t),\,y\,(t),\,z\,(t))\sqrt{(x')^2 + (y')^2 + (z')^2}\,dt \qquad (6)$$

(二)向量函數之線積分

空間中之一物體在向量場 $\vec{F}$（如電場、磁場…）中沿路徑 C 移動，亦即外力 $\vec{F}$ 對物體作了功（work），表示為

$$W = \int_C \vec{F} \cdot d\vec{r} \qquad (7)$$

(7)即為向量函數之線積分的標準形式及物理意義。

若已知向量場 $\vec{F} = P\hat{i} + Q\hat{j} + R\hat{k}$

路徑為時間函數：

$C: \vec{r}\,(t) = x\,(t)\hat{i} + y\,(t)\hat{j} + z\,(t)\hat{k}$

則有

$$W = \int_C \vec{F} \cdot d\vec{r} = \int_C Pdx + Qdy + Rdz$$
$$= \int_{t_1}^{t_2}\left\{ P\,(x\,(t),\,y\,(t),\,z\,(t))\frac{dx}{dt} + Q\,(x\,(t),\,y\,(t),\,z\,(t))\frac{dy}{dt} + R\,(x\,(t),\,y\,(t),\,z\,(t))\frac{dz}{dt}\right\} dt \qquad (8)$$

觀念提示：　向量函數線積分之性質如下：

(1)線性：
$$\int_C (k_1\vec{F}_1 + k_2\vec{F}_2) \cdot d\vec{r} = k_1\int_C \vec{F}_1 \cdot d\vec{r} + k_2\int_C \vec{F}_2 \cdot d\vec{r} \qquad (9)$$

(2)路徑可相加：
$$\int_{C_1 + C_2} \vec{F} \cdot d\vec{r} = \int_{C_1} \vec{F} \cdot d\vec{r} + \int_{C_2} \vec{F} \cdot d\vec{r} \qquad (10)$$

(3)$\displaystyle\int_C \vec{F} \cdot d\vec{r} = -\int_{C^{-1}} \vec{F} \cdot d\vec{r} \qquad (11)$

例題 1：What is $\displaystyle\int_C (xy + z^2)ds$, where C is the arc of the helix: $x = \cos t$, $y = \sin t$, $z = t$ which joins the point $(1,\,0,\,0)$ and $(-1,\,0,\,\pi)$?　　　　【中山電機】

解　路徑 C 的參數方程式為：

$C: \vec{r}(t) = x(t)\hat{\mathbf{i}} + y(t)\hat{\mathbf{j}} + z(t)\hat{\mathbf{k}} = \cos t\,\hat{\mathbf{i}} + \sin t\,\hat{\mathbf{j}} + t\,\hat{\mathbf{k}} \quad 0 \le t \le \pi$

$\Rightarrow d\vec{r} = (-\sin t\,\hat{\mathbf{i}} + \cos t\,\hat{\mathbf{j}} + \hat{\mathbf{k}})dt$

$$\int_C (xy + z^2)ds = \int_0^\pi (\cos t \sin t + t^2)\sqrt{\left(\frac{dx}{dt}\right)^2 + \left(\frac{dy}{dt}\right)^2 + \left(\frac{dz}{dt}\right)^2}\,dt$$

$$= \int_0^\pi (\cos t \sin t + t^2)\sqrt{2}\,dt = \frac{\sqrt{2}}{3}\pi^3$$

例題 2：Evaluate：

$$\oint_C \left[-\frac{y}{x^2 + y^2}\hat{\mathbf{i}} + \frac{x}{x^2 + y^2}\hat{\mathbf{j}} \right] \cdot d\vec{R};\ C:\text{ the circle of radius 4 about the origin , orien-}$$

ted positively

【交大機械】

解　曲線 C 之參數方程式為：$\vec{R}(t) = 4\cos t\,\hat{\mathbf{i}} + 4\sin t\,\hat{\mathbf{j}}$；$0 \le t \le 2\pi$

$d\vec{R}(t) = (-4\sin t\,\hat{\mathbf{i}} + 4\cos t\,\hat{\mathbf{j}})dt$

$$\oint_C \left[-\frac{y}{x^2 + y^2}\hat{\mathbf{i}} + \frac{x}{x^2 + y^2}\hat{\mathbf{j}} \right] \cdot (-4\sin t\,\hat{\mathbf{i}} + 4\cos t\,\hat{\mathbf{j}})dt$$

$$= \int_0^{2\pi} \left(\frac{-4\sin t}{4^2}\hat{\mathbf{i}} + \frac{4\cos t}{4^2}\hat{\mathbf{j}} \right) \cdot (-4\sin t\,\hat{\mathbf{i}} + 4\cos t\,\hat{\mathbf{j}})dt$$

$$= \int_0^{2\pi} (\sin^2 t + \cos^2 t)dt = 2\pi$$

例題 3：$\displaystyle\int_C (xy + z)ds$ 其中 C 為球面 $x^2 + y^2 + z^2 = 1$ 與平面 $3z = 4y$ 之交線

解　先列出交線 C 之參數式

將 $z = \dfrac{4}{3}y$ 代入球面方程式中可得：

$$x^2 + y^2 + \left(\frac{4}{3}y\right)^2 = 1 \text{ or } x^2 + \frac{25}{9}y^2 = 1$$

$$\begin{cases} x = \cos t \\ y = \dfrac{3}{5}\sin t \\ z = \dfrac{4}{3}y = \dfrac{4}{5}\sin t \end{cases}$$

$$ds = \sqrt{\left(\frac{dx}{dt}\right)^2 + \left(\frac{dy}{dt}\right)^2 + \left(\frac{dz}{dt}\right)^2}\,dt = dt$$

$$\int_C (xy + z)ds = \int_0^{2\pi}\left(\sin t\,\frac{3}{5}\cos t + \frac{4}{5}\sin t\right)dt = \frac{3}{5}\int_0^{2\pi}\sin t\cos t\,dt + \frac{4}{5}\int_0^{2\pi}\sin t\,dt = 0$$

14-2 在保守場中的線積分

由於在保守場中，向量函數 $\vec{\mathbf{F}}(x, y, z)$ 與純量函數 $\varphi(x, y, z)$ 之間具有如下的關係

$$\vec{\mathbf{F}} = -\vec{\nabla}\varphi = -\left(\frac{\partial\varphi}{\partial x}\hat{\mathbf{i}} + \frac{\partial\varphi}{\partial y}\hat{\mathbf{j}} + \frac{\partial\varphi}{\partial z}\hat{\mathbf{k}}\right) \tag{12}$$

使得在執行向量線積分時（由點(x_1, y_1, z_1)至(x_2, y_2, z_2)）

$$\int_C \vec{\mathbf{F}} \cdot d\vec{\mathbf{r}} = -\int_C \left(\frac{\partial\varphi}{\partial x}dx + \frac{\partial\varphi}{\partial y}dy + \frac{\partial\varphi}{\partial z}dz\right) = -\int_C d\varphi$$
$$= \varphi(x_1, y_1, z_1) - \varphi(x_2, y_2, z_2) \tag{13}$$

由以上的討論可知，只要向量場是某一純量函數的梯度，$\vec{\mathbf{F}} = \vec{\nabla}\varphi$，則其向量線積分，將只和積分的起點與終點位置有關，與積分之路徑無關（path independent）。換言之，只要線積分之起始點與終點位置為已知，即可獲知積分結果。在(13)式中，不難發現

$$Pdx + Qdy + Rdz = d\varphi(x, y, z) \tag{14}$$

亦即 $\dfrac{\partial\varphi}{\partial x} = P, \dfrac{\partial\varphi}{\partial y} = Q, \dfrac{\partial\varphi}{\partial z} = R$

故知 $\begin{cases} \dfrac{\partial P}{\partial y} = \dfrac{\partial Q}{\partial x} \\[2mm] \dfrac{\partial Q}{\partial z} = \dfrac{\partial R}{\partial y} \\[2mm] \dfrac{\partial P}{\partial z} = \dfrac{\partial R}{\partial x} \end{cases}$

因此可得：

$$\vec{\nabla}\times\vec{\mathbf{F}} = \begin{vmatrix} \hat{\mathbf{i}} & \hat{\mathbf{j}} & \hat{\mathbf{k}} \\ \dfrac{\partial}{\partial x} & \dfrac{\partial}{\partial y} & \dfrac{\partial}{\partial z} \\ P & Q & R \end{vmatrix} = \left(\frac{\partial R}{\partial y} - \frac{\partial Q}{\partial z}\right)\hat{\mathbf{i}} + \left(\frac{\partial P}{\partial z} - \frac{\partial R}{\partial x}\right)\hat{\mathbf{j}}$$
$$+ \left(\frac{\partial Q}{\partial x} - \frac{\partial P}{\partial y}\right)\hat{\mathbf{k}} = 0 \tag{15}$$

定理 1

對於一階偏導數存在且連續的向量場 $\vec{\mathbf{F}}(x, y, z)$ 而言，線積分 $\displaystyle\int_C \vec{\mathbf{F}} \cdot d\vec{\mathbf{r}}$ 與路徑無關

之充要條件為 $\vec{\nabla} \times \vec{\mathbf{F}} = 0$ 或 $\vec{\mathbf{F}} = \pm \vec{\nabla} \varphi$

在定理 1 中 $\vec{\nabla} \times \vec{\mathbf{F}} = 0$ 與 $\vec{\mathbf{F}} = \pm \vec{\nabla} \varphi$ 這二個判別是否為保守場的方法是可以互相推導的，若 $\vec{\nabla} \times \vec{\mathbf{F}} = 0$ 則依 $\vec{\nabla}$ 運算子之恆等式：

$$\vec{\nabla} \times \vec{\nabla} \varphi = 0; \text{ for } \forall \varphi$$
$$\vec{\mathbf{F}} = \pm \vec{\nabla} \varphi$$

由定理 1 亦可知任何保守場之旋度為 0，或稱為無旋場（irrotational field）

觀念提示：對於保守場 $\vec{\mathbf{F}}$ 進行線積分時若積分路徑為一封閉迴路則其積分值為 0。

$$\oint_C \vec{\mathbf{F}} \cdot d\vec{\mathbf{r}} = 0; \forall C \tag{16}$$

例題 4：Consider a vector field $\vec{\mathbf{F}}(x, y, z) = (2xy + y^2)\hat{\mathbf{i}} + (2xy + x^2)\hat{\mathbf{j}} + z\hat{\mathbf{k}}$

(1) Find a line integral $\displaystyle\oint_C \vec{\mathbf{F}} \cdot d\vec{\mathbf{r}}$ along the path C from $(0, 0, 0)$ to $(1, 1, 1)$ for

C being the curve intersecting by two surfaces: $\begin{cases} y - x^2 = 0 \\ z^3 - x = 0 \end{cases}$

(2) Consider the same line integral from $(0, 0, 0)$ to $(1, 1, 1)$ but with C being from $(0, 0, 0)$ to $(1, 0, 0)$ and then from $(1, 0, 0)$ to $(1, 1, 0)$ and finally to $(1, 1, 1)$. All intermediate connections are straight lines. Is the value of the line integral the same? Why? Is $\vec{\mathbf{F}}(x, y, z)$ conservative? Construct its potential function. 【101 台聯大應用數學】

解　(1) $\vec{\mathbf{F}}(x, y, z) = (2xy + y^2)\hat{\mathbf{i}} + (2xy + x^2)\hat{\mathbf{j}} + z\hat{\mathbf{k}}$

$\displaystyle\int_C \vec{\mathbf{F}} \cdot d\vec{\mathbf{r}} = \int_C (2xy + y^2)dx + (2xy + x^2)dy + zdz$

$\displaystyle = \int_0^1 (4x^3 + 5x^4)dx + \int_0^1 zdz$

$$= \frac{5}{2}$$

(2)令 C_1: from $(0, 0, 0)$ to $(1, 0, 0)$, C_2: from $(1, 0, 0)$ to $(1, 1, 0)$,

C_3: from $(1, 1, 0)$ to $(1, 1, 1)$

$$\int_C \vec{\mathbf{F}} \cdot d\vec{\mathbf{r}} = \int_{C_1} \vec{\mathbf{F}} \cdot d\vec{\mathbf{r}} + \int_{C_2} \vec{\mathbf{F}} \cdot d\vec{\mathbf{r}} + \int_{C_3} \vec{\mathbf{F}} \cdot d\vec{\mathbf{r}}$$

C_1: from $(0, 0, 0)$ to $(1, 0, 0)$

$$\int_{C_1} \vec{\mathbf{F}} \cdot d\vec{\mathbf{r}} = 0$$

C_2: from $(1, 0, 0)$ to $(1, 1, 0)$

$$\int_{C_2} \vec{\mathbf{F}} \cdot d\vec{\mathbf{r}} = 2$$

C_3: from $(1, 1, 0)$ to $(1, 1, 1)$

$$\int_{C_3} \vec{\mathbf{F}} \cdot d\vec{\mathbf{r}} = \frac{1}{2}$$

$$\therefore \int_C \vec{\mathbf{F}} \cdot d\vec{\mathbf{r}} = \int_{C_1} \vec{\mathbf{F}} \cdot d\vec{\mathbf{r}} + \int_{C_2} \vec{\mathbf{F}} \cdot d\vec{\mathbf{r}} + \int_{C_3} \vec{\mathbf{F}} \cdot d\vec{\mathbf{r}} = 0 + 2 + \frac{1}{2} = \frac{5}{2}$$

$\therefore \vec{\mathbf{F}} = \vec{\nabla}\varphi$ 為保守場 $= \dfrac{\partial \varphi}{\partial x}\hat{\mathbf{i}} + \dfrac{\partial \varphi}{\partial y}\hat{\mathbf{j}} + \dfrac{\partial \varphi}{\partial z}\hat{\mathbf{k}}$

$$\frac{\partial \varphi}{\partial x} = 2xy + y^2 \quad \Rightarrow \varphi = x^2 y + y^2 x + f(y, z)$$

$$\frac{\partial \varphi}{\partial y} = 2xy + x^2 \quad \Rightarrow \varphi = x^2 y + y^2 x + g(x, z)$$

$$\frac{\partial \varphi}{\partial z} = z \quad \Rightarrow \varphi = \frac{1}{2}z^2 + h(x, y)$$

$$\therefore \varphi = x^2 y + y^2 x + \frac{1}{2}z^2$$

例題 5：證明下列線積分與積分路徑無關，並求其值

$$\int_{(0,2,1)}^{(2,0,1)} [z \exp(x)dx + 2yzdy + (\exp(x) + y^2)dz] \qquad 【台大土木】$$

解

$$\vec{\mathbf{F}} = ze^x \hat{\mathbf{i}} + 2yz \hat{\mathbf{j}} + (e^x + y^2) \hat{\mathbf{k}}$$

$$\vec{\nabla} \times \vec{\mathbf{F}} = \begin{vmatrix} \hat{\mathbf{i}} & \hat{\mathbf{j}} & \hat{\mathbf{k}} \\ \dfrac{\partial}{\partial x} & \dfrac{\partial}{\partial y} & \dfrac{\partial}{\partial z} \\ ze^x & 2yz & e^x + y^2 \end{vmatrix} = 0$$

$$\therefore \vec{F} = \vec{\nabla}\varphi \text{ 為保守場} = \frac{\partial \varphi}{\partial x}\hat{\mathbf{i}} + \frac{\partial \varphi}{\partial y}\hat{\mathbf{j}} + \frac{\partial \varphi}{\partial z}\hat{\mathbf{k}}$$

$$\Rightarrow \frac{\partial \varphi}{\partial x} = ze^x \quad \Rightarrow \varphi = ze^x + f(y, z)$$

$$\frac{\partial \varphi}{\partial y} = 2yz \Rightarrow \varphi = y^2z + g(x, z)$$

$$\frac{\partial \varphi}{\partial z} = e^x + y^2 \quad \Rightarrow \varphi = e^x z + y^2 z + h(x, y)$$

$$\therefore \varphi = ze^x + y^2z + c$$

$$\therefore 原式 = \int_{(0,2,1)}^{(2,0,1)} \vec{F} \cdot d\vec{r} = = \int_{(0,2,1)}^{(2,0,1)} d\varphi = \varphi(2, 0, 1) + \varphi(0, 2, 1) = e^2 - 5$$

例題 6：求 k 之值，使下列線積分在沿曲線 C 積分時，只與 C 之端點有關

$$\int_C \left(\frac{1 + ky^2}{(1 + xy)^2} dx + \frac{1 + kx^2}{(1 + xy)^2} dy \right)$$

【清大動機】

解　　若 $\int Pdx + Qdy$ 與積分路徑無關則 $Pdx + Qdy$ 為正合

$$\Rightarrow Pdx + Qdy = d\varphi$$

$$\Rightarrow \frac{\partial P}{\partial y} = \frac{\partial Q}{\partial x}$$

$$\therefore \frac{\partial P}{\partial y} = \frac{2ky(1 + xy) - 2x(1 + ky^2)}{(1 + xy)^3} = \frac{2(ky - x)}{(1 + xy)^3}$$

$$\frac{\partial Q}{\partial x} = \frac{2kx(1 + xy) - 2y(1 + ky^2)}{(1 + xy)^3} = \frac{2kx - 2y}{(1 + xy)^3}$$

$$\frac{\partial P}{\partial y} = \frac{\partial Q}{\partial x} \Rightarrow k = -1$$

14-3　曲面積分

㈠純量函數之曲面積分

　　若空間曲面 S 為分段平滑，純量函數 $\phi(x, y, z)$ 在此曲面上有定義且分段連續，將 S 分為 n 個小區域 $S_1, S_2, \cdots, S_n$ 每個區域的面積為 ΔA_i，$i = 1, 2, \cdots, n$，則當 $n \to \infty$ 時，$\varphi(x, y, z)$ 在曲面 S 上之面積分可表示為：

$$\iint_S \varphi(x, y, z)\, dA = \lim_{n \to \infty} \sum_{i=1}^{\infty} \varphi(x_i, y_i, z_i) \Delta A_i \tag{17}$$

其中 $\varphi\,(x_i, y_i, z_i)$ 為 S_i 上任意點的函數值。

由(17)可知，面積分為連續疊加的過程，故其運算符合下列性質：

(1)重疊原理

$$\iint\limits_{S} [k_1\varphi_1\,(x, y, z) + k_2\varphi_2\,(x, y, z)]dA = k_1 \iint\limits_{S} \varphi_1\,(x, y, z)dA + k_2 \iint\limits_{S} \varphi_2\,(x, y, z)dA$$

$$k_1,\ k_2 \in R \tag{18}$$

$$(2)\ \iint\limits_{S_1 + S_2} \varphi\,(x, y, z)\,dA = \iint\limits_{S_1} \varphi\,(x, y, z)\,dA + \iint\limits_{S_2} \varphi\,(x, y, z)\,dA \tag{19}$$

與線積分之觀念相同，執行曲面積分時，必須將曲面的性質代入 $\phi(x,y,z)$ 中，此外，根據不同的曲面表示法，積分的變數及 dA 表示法亦有所不同。

(1)若曲面表示式為 $\vec{r}\,(u, v) = x\,(u, v)\,\hat{\mathbf{i}} + y\,(u, v)\,\hat{\mathbf{j}} + z\,(u, v)\,\hat{\mathbf{k}}$，可知其微量曲面面積為：

$$dA = \left| \frac{\partial \vec{r}}{\partial u} \times \frac{\partial \vec{r}}{\partial v} \right| dudv$$

$$\therefore \iint\limits_{S} \varphi\,(x, y, z)dA = \iint\limits_{S} \varphi\,[x\,(u, v), y\,(u, v), z\,(u, v)] \left| \frac{\partial \vec{r}}{\partial u} \times \frac{\partial \vec{r}}{\partial v} \right| dudv \tag{20}$$

(2)若曲面之表示式為：$z = f(x, y)$ 則可知其微量曲面面積可表示為：

$dA = \sqrt{1 + f_x^2 + f_y^2}\,dxdy$，故可得：

$$\iint\limits_{S} \varphi\,(x, y, z)dA = \iint\limits_{S} \varphi\,(x, y, f(x, y))\sqrt{1 + f_x^2 + f_y^2}\,dxdy \tag{21}$$

觀念提示： (20)及(21)式均為二重積分（double Integral）除了直接積分外，亦可利用變換積分次序，座標轉換，或變數轉換等的方式進行，其中在執行變數轉換或座標轉換時，特別注意必須加入 Jacobian 行列式，如：

$$\iint\limits_{R} F\,(x, y)dxdy = \iint\limits_{R} F\,(f\,(u, v), g\,(u, v))\,|\,J\,|\,dudv \tag{22}$$

其中 $x = f\,(u, v), y = g\,(u, v)$

$$J = \frac{\partial(x, y)}{\partial(u, v)} = \begin{vmatrix} \dfrac{\partial x}{\partial u} & \dfrac{\partial x}{\partial v} \\ \dfrac{\partial y}{\partial u} & \dfrac{\partial y}{\partial v} \end{vmatrix} \tag{23}$$

㈡向量函數之空間曲面積分

考量空間中之向量場 $\vec{\mathbf{F}}(x, y, z) = P(x, y, z)\hat{\mathbf{i}} + Q(x, y, z)\hat{\mathbf{j}} + R(x, y, z)\hat{\mathbf{k}}$ 通過曲面 S，向量場在曲面上之積分結果即為曲面 S 之通率（Flux），或單位時間的通過量

$$\Phi = \iint\limits_{S} (\vec{\mathbf{F}} \cdot \hat{\mathbf{n}}) \, dA \tag{24}$$

其中 $\hat{\mathbf{n}}$ 為 dA 之單位法向量。將曲面微面積 dA 分別投影至直角座標系中之 x-y, y-z, x-z 平面，可得：

$$dA = \frac{1}{\cos\alpha} dydz = \frac{1}{\cos\beta} dxdz = \frac{1}{\cos\gamma} dxdy \tag{25}$$

將(25)式代入(24)式中可將向量函數之空間曲面積分化為純量函數之平面積分：

$$\iint\limits_{S} (\vec{\mathbf{F}} \cdot \hat{\mathbf{n}}) \, dA = \iint\limits_{S} (P\hat{\mathbf{i}} + Q\hat{\mathbf{j}} + R\hat{\mathbf{k}}) \cdot \hat{\mathbf{n}} \, dA$$

$$= \iint\limits_{S} \left(P\frac{dydz}{\cos\alpha}(\hat{\mathbf{i}} \cdot \hat{\mathbf{n}}) + Q\frac{dxdz}{\cos\beta}(\hat{\mathbf{j}} \cdot \hat{\mathbf{n}}) + R\frac{dxdy}{\cos\beta}(\hat{\mathbf{k}} \cdot \hat{\mathbf{n}}) \right) \tag{26}$$

$$= \iint\limits_{S} (Pdydz + Qdxdz + Rdxdy)$$

例題 7：Evaluate the surface integral $\iint\limits_{S} (\vec{\mathbf{r}} \cdot \hat{\mathbf{n}}) \, dA$ on the surface (which is a triangle) in the first octant formed by the plane $2x + 3y + 5z = 30$ and x, y, z axes.

$\hat{\mathbf{n}}$ is the unit normal vector to the surface, pointing away from the origin.

【101 台聯大應用數學】

解　　　$\varphi : 2x + 3y + 5z - 30 = 0 \Rightarrow$

$$\begin{cases} \hat{n} = \dfrac{\nabla \varphi}{|\nabla \varphi|} = \dfrac{2\hat{\mathbf{i}} + 3\hat{\mathbf{j}} + 5\hat{\mathbf{k}}}{\sqrt{38}} \\ dA = \dfrac{\sqrt{38}}{5}dxdy \end{cases}$$

$$\iint\limits_{S} (\vec{\mathbf{F}} \cdot \hat{\mathbf{n}})dA = \iint\limits_{R_{xy}} \frac{1}{5}(2x+3y+5z)dxdy = \iint\limits_{R_{xy}} \frac{30}{5}dxdy = 450$$

例題 8：Evaluate the surface integral $\iint\limits_{S} (x^3dydz + x^2ydxdz + x^2zdxdy)$ on the surface S:

$x^2 + y^2 = a^2, z \in [0, b]$. 【101 交大電子物理】

解

$$\vec{\mathbf{F}} = x^3\hat{\mathbf{i}} + x^2y\hat{\mathbf{j}} + x^2z\hat{\mathbf{k}}$$

$$\iint\limits_{S} (x^3dydz + x^2ydxdz + x^2zdxdy) = \iint\limits_{S} (\vec{\mathbf{F}} \cdot \hat{\mathbf{n}})dA$$

$S: x = a\cos\theta, y = a\sin\theta \quad \hat{\mathbf{n}}\,dA = (\cos\theta\hat{\mathbf{i}} + \sin\theta\hat{\mathbf{j}})ad\theta dz$

$$\iint\limits_{S} (\vec{\mathbf{F}} \cdot \hat{\mathbf{n}})dA = \int_{0}^{b}\int_{0}^{2\pi} (a^4\cos^4\theta + a^4\cos^2\theta\sin^2\theta)d\theta dz = \pi a^4 b$$

例題 9：Evaluate $\iint\limits_{S} \vec{\mathbf{F}} \cdot \hat{\mathbf{n}}\,dA = ?$ 其中 $\vec{\mathbf{F}} = 2z\hat{\mathbf{i}} - z^4\hat{\mathbf{k}}$（$\hat{\mathbf{n}}$ 指離原點）

$S: x^2 + 16y^2 + 4z^2 = 16$；$x \geq 0, y \geq 0, z \geq 0$ 【清華電機】

解

球面 S 上之單位法向量為：

$$\hat{\mathbf{n}} = \frac{\vec{\nabla}S}{|\vec{\nabla}S|} = \frac{2x\hat{\mathbf{i}} + 32y\hat{\mathbf{j}} + 8z\hat{\mathbf{k}}}{\sqrt{4x^2 + 1024y^2 + 64z^2}} = \frac{x\hat{\mathbf{i}} + 16y\hat{\mathbf{j}} + 4z\hat{\mathbf{k}}}{\sqrt{x^2 + 256y^2 + 16z^2}}$$

$$dA = \sec\gamma\,dxdy = \frac{\sqrt{x^2 + 256y^2 + 16z^2}}{4z}dxdy$$

$$\therefore \iint\limits_{S} \vec{\mathbf{F}} \cdot \hat{\mathbf{n}}\,dA = \iint\limits_{S'} \frac{2xz - 4z^5}{\sqrt{x^2 + 256y^2 + 16z^2}} \frac{\sqrt{x^2 + 256y^2 + 16z^2}}{4z}dxdy$$

$$= \iint\limits_{S'} \frac{1}{2}(x - 2z^4)\,dxdy$$

$$= \iint\limits_{S'} \frac{1}{2}\left[x - 2\left(4 - 4y^2 - \frac{x^2}{4}\right)^2\right]dxdy$$

其中 $S' = x^2 + 16y^2 \leq 16$；$x \geq 0, y \geq 0$

取 $x = r\cos\theta, y = \dfrac{r}{4}\sin\theta$ 代入上式可得

$$\therefore \iint\limits_{S} \vec{\mathbf{F}} \cdot \hat{\mathbf{n}} \, dA = \frac{1}{8} \int_{0}^{\frac{\pi}{2}} \int_{0}^{4} \left[r\cos\theta - 2\left(\frac{16-r^2}{4}\right)^2 \right] r \, dr \, d\theta = \frac{8}{3} - \frac{16\pi}{3}$$

例題 10：已知 $\vec{\mathbf{F}} = (x-y)\hat{\mathbf{i}} + 2z\hat{\mathbf{j}} + x^2\hat{\mathbf{k}}$，及曲面 S: $z = x^2 + y^2$, $z \le 2$；計算：

$$\iint\limits_{S} \vec{\mathbf{F}} \cdot \hat{\mathbf{n}} \, dA = ? \;\; ; \;\; \iint\limits_{S} (\vec{\nabla} \times \vec{\mathbf{F}}) \cdot \hat{\mathbf{n}} \, dA = ?$$
【交大機械】

解

(1) $\hat{\mathbf{n}} = \dfrac{\vec{\nabla}S}{|\vec{\nabla}S|} = \dfrac{2x\hat{\mathbf{i}} + 2y\hat{\mathbf{j}} - 1\hat{\mathbf{k}}}{\sqrt{4x^2 + 4y^2 + 1}}$ ；

$dA = \sec\gamma \, dxdy = \sqrt{4x^2 + 4y^2 + 1} \, dxdy$

$\therefore \iint\limits_{S} \vec{\mathbf{F}} \cdot \hat{\mathbf{n}} \, dA = \iint\limits_{S} [2x(x-y) + 2y \cdot 2z - x^2] dxdy$

令 $x = r\cos\theta, y = r\sin\theta, \Rightarrow z = r^2 = x^2 + y^2$ 故原式為

$\displaystyle\int_{0}^{2\pi} \int_{0}^{\sqrt{2}} (r^2\cos^2\theta - 2r^2\sin\theta\cos\theta + 4r^3\sin\theta) = \int_{0}^{\sqrt{2}} \pi r^3 dr = \pi$

$$\vec{\nabla} \times \vec{\mathbf{F}} = \begin{vmatrix} \hat{\mathbf{i}} & \hat{\mathbf{j}} & \hat{\mathbf{k}} \\ \dfrac{\partial}{\partial x} & \dfrac{\partial}{\partial y} & \dfrac{\partial}{\partial z} \\ x-y & 2z & x^2 \end{vmatrix} = -2\hat{\mathbf{i}} - 2x\hat{\mathbf{j}} + \hat{\mathbf{k}}$$

$\therefore \iint\limits_{S} (\vec{\nabla} \times \vec{\mathbf{F}}) \cdot \hat{\mathbf{n}} \, dA = -\iint (4x + 4xy + 1) dxdy$

$= -\displaystyle\int_{0}^{\sqrt{2}} \int_{0}^{2\pi} (4r\cos\theta + 4r^2\cos\theta\sin\theta + 1) r \, d\theta \, dr = -\int_{0}^{\sqrt{2}} 2\pi r \, dr = -2\pi$

觀念提示： 或可用高斯散度定理（如下節所述）

例題 11：Evaluate the surface integral $\iint\limits_{S} x^2 z \, ds$, where S is the upper half surface of a sphere of radius 1 and centered at the origin
【成大物理】

解　曲面 S 為：$x^2 + y^2 + z^2 = 1, z \ge 0$

以球座標表示為：

$\vec{\mathbf{r}} = x\hat{\mathbf{i}} + y\hat{\mathbf{j}} + z\hat{\mathbf{k}} = \sin\theta\cos\varphi\,\hat{\mathbf{i}} + \sin\theta\sin\varphi\,\hat{\mathbf{j}} + \cos\theta\,\hat{\mathbf{k}}$

其中 $0 \le \theta \le \dfrac{\pi}{2}, 0 \le \varphi \le 2\pi$

故曲面微量面積 ds 可表示為：

$$ds = \left| \frac{\partial \vec{r}}{\partial \theta} \times \frac{\partial \vec{r}}{\partial \phi} \right| d\theta d\varphi = \sin\theta \, d\theta d\varphi$$

$$\iint_S x^2 z \, ds = \int_0^{2\pi} \int_0^{\frac{\pi}{2}} (\sin\theta\cos\varphi)^2 \cos\theta \sin\theta \, d\theta d\varphi$$

$$= \int_0^{\frac{\pi}{2}} \sin^3\theta \cos\theta \, d\theta \int_0^{2\pi} \cos^2\varphi d\varphi$$

$$= \int_0^{\frac{\pi}{2}} \sin^3\theta d(\sin\theta) \int_0^{2\pi} \frac{1}{2}(1 + \cos 2\varphi) d\varphi = \frac{\pi}{4}$$

另解：

$$\hat{\mathbf{n}} = \frac{\vec{\nabla}S}{|\vec{\nabla}S|} = x\hat{\mathbf{i}} + y\hat{\mathbf{j}} + z\hat{\mathbf{k}} \; ; \; dA = \sec\gamma \, dxdy = \frac{1}{z}dxdy$$

$$\therefore \iint_S \vec{\mathbf{F}} \cdot \hat{\mathbf{n}} \, dA = \iint_S \left[x^2 z \frac{1}{z} \right] dxdy$$

令 $x = \rho\cos\varphi, y = \rho\sin\varphi$ 故原式為

$$\int_0^{2\pi} \int_0^1 (\rho^2 \cos^2\varphi)\rho d\rho d\varphi = \frac{\pi}{4}$$

14-4　散度定理

散度的物理意義：設一連續且可微之向量函數 $\vec{\mathbf{F}}$ 定義在封閉曲面 S 所包圍之簡連區域 R 內

定義：(1) Flux, Φ

$$\Phi = \iint \vec{\mathbf{F}} \cdot \hat{\mathbf{n}} \, ds$$

其中 $\hat{\mathbf{n}}$ 為微量面積 ds 的單位法向量，$d\Phi = (\vec{\mathbf{F}} \cdot \hat{\mathbf{n}})ds$ 為單位面積通過的場量或稱微量通率

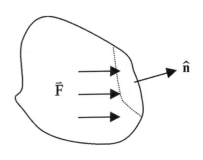

(2)淨流出率（單位時間的總發散量）：

$$\oiint_S (\vec{\mathbf{F}} \cdot \hat{\mathbf{n}})ds$$

(3)單位體積之淨流出率：$\dfrac{\oiint_S (\vec{\mathbf{F}} \cdot \hat{\mathbf{n}})ds}{\Delta\tau}$

其中 $\Delta\tau$ 為封閉曲面 S 所包圍之微體積

定義：散度

表示場 $\vec{\mathbf{F}}$ 在空間中某位置之單位體積發散（流失）率：

$$\overrightarrow{\nabla} \cdot \vec{\mathbf{F}} = \lim_{\nabla\tau\to0} \frac{\oiint\limits_{S}(\vec{\mathbf{F}} \cdot \hat{\mathbf{n}})ds}{\Delta\tau} \tag{27}$$

證明：$\vec{\mathbf{F}}(x, y, z) = P(x, y, z)\hat{\mathbf{i}} + Q(x, y, z)\hat{\mathbf{j}} + R(x, y, z)\hat{\mathbf{k}}$

取一微體積 $\Delta\tau = \Delta x \Delta y \Delta z$ 則

S_1 面之流出量：$(\vec{\mathbf{F}} \cdot \hat{\mathbf{i}})\Delta y \Delta z = P(x + \Delta x, y, z)\Delta y \Delta z$

S_2 面之流出量：$(\vec{\mathbf{F}} \cdot (-\hat{\mathbf{i}}))\Delta y \Delta z = -P(x, y, z)\Delta y \Delta z$

∴此二平面之淨流出量為：$[P(x + \Delta x, y, z) - P(x, y, z)]\Delta y \Delta z$

⇒ 全部淨流出量為：

$$\oiint\limits_{S}\vec{\mathbf{F}} \cdot \hat{\mathbf{n}}\,ds = [P(x + \Delta x, y, z) - P(x, y, z)]\Delta y \Delta z +$$
$$[Q(x, y + \Delta y, z) - Q(x, y, z)]\Delta x \Delta z \tag{28}$$
$$+ [R(x, y, z + \Delta z) - R(x, y, z)]\Delta y \Delta x$$

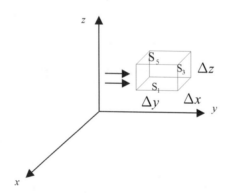

將 (28)代入(27)中，可得：

$$\overrightarrow{\nabla} \cdot \vec{\mathbf{F}} = \lim_{\nabla\tau\to0} \frac{\oiint\limits_{S}(\vec{\mathbf{F}} \cdot \hat{\mathbf{n}})ds}{\Delta\tau}$$
$$= \lim_{\nabla\tau\to0}\left[\frac{P(x + \Delta x, y, z) - P(x, y, z)}{\Delta x} + \frac{Q(x, y + \Delta y, z) - Q(x, y, z)}{\Delta y}\right.$$
$$\left.+ \frac{R(x, y, z + \Delta z) - R(x, y, z)}{\Delta z}\right]$$
$$= \frac{\partial P}{\partial x} + \frac{\partial Q}{\partial y} + \frac{\partial R}{\partial z}$$

設封閉面 S 所包圍之體積為 V，(27)式中之 $\Delta\tau$ 為 V 內之一個微量體積，因此，對 $\vec{\nabla}\cdot\mathbf{F}$ 進行體積分可得到單位時間的總發散量，因為體積 V 是被封閉面 S 所包圍，因此，單位時間體積 V 的總發散量必定和單位時間通過 S 的淨流失量相等，此即為著名的散度定理。

定理 2：（Gauss）散度定理

設空間中之封閉區域 V，其邊界為一分段平滑且可定向之封閉曲面 S，若向量函數 $\vec{\mathbf{F}}(x,y,z)$ 在 S 及 V 上均存在連續之一階偏導數，則

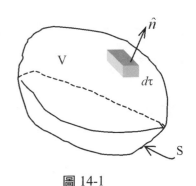

$$\iiint_V (\vec{\nabla}\cdot\mathbf{F})d\tau = \oiint_S (\vec{\mathbf{F}}\cdot\hat{\mathbf{n}})dA \qquad (29)$$

其中 $\hat{\mathbf{n}}$ 為微量曲面 dA 向外之單位法向量

圖 14-1

在前面所提到的線積分中，當 $\vec{\nabla}\times\vec{\mathbf{F}}=0$ 時線積分與路徑無關，僅和積分的起始點與終點函數值有關，換言之，只要固定起點與終點，積分路徑不論如何變形均不影響結果。在散度定理中，亦有類似之性質，試想若 $\vec{\nabla}\cdot\mathbf{F}=0$，考慮如圖 14-2 之封閉面，應用散度定理可得

$$\iiint_{V_1}\vec{\nabla}\cdot\vec{\mathbf{F}}d\tau = \iint_S \vec{\mathbf{F}}\cdot\hat{\mathbf{n}}\,dA + \iint_{S_1}\vec{\mathbf{F}}\cdot\hat{\mathbf{n}}_1 dA = 0 \qquad (30a)$$

其中 S 與 S_1 包圍所形成之封閉區域為 V_1，$\hat{\mathbf{n}}_1$，$\hat{\mathbf{n}}$ 分別為 S_1 與 S 之單位法向量（遠離 V_1）。再由圖可知 S 與 S_2 包圍所形成之封閉區域為 V_2，$\hat{\mathbf{n}}_2$，$-\hat{\mathbf{n}}$ 分別為 S_2 與 S 之單位法向量（遠離 V_2）。故有：

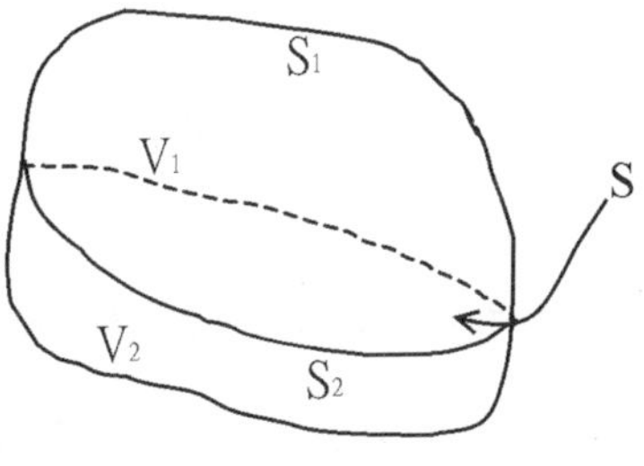

圖 14-2

$$\iiint_{V_2}\vec{\nabla}\cdot\vec{\mathbf{F}}d\tau = \iint_S \vec{\mathbf{F}}\cdot(-\hat{\mathbf{n}})dA + \iint_{S_2}\vec{\mathbf{F}}\cdot\hat{\mathbf{n}}_2 dA = 0 \qquad (30b)$$

由(30a)(30b)二式可得

$$\iint_{S_1} \vec{\mathbf{F}} \cdot \hat{\mathbf{n}}_1 dA = -\iint_{S_2} \vec{\mathbf{F}} \cdot \hat{\mathbf{n}}_2 dA \tag{31}$$

由以上討論可得：沿著曲面 S_1 之面積分與沿著曲面 S_2 之面積分之絕對值相等，以此類推可知，任何以 S 為邊界的曲面其面積分值大小相等。

定理 3

對一階偏導數存在且連續的向量場 $\vec{\mathbf{F}}$ 而言，其曲面積分與形狀無關之充要條件為 $\vec{\nabla} \cdot \vec{\mathbf{F}} = 0$

觀念提示： 1. (31)亦可在區間 $V_1 V_2$ 內直接應用散度定理獲得：

$$\iiint_{V_1+V_2} \vec{\nabla} \cdot \vec{\mathbf{F}} \, d\tau = \iint_{S_1} \vec{\mathbf{F}} \cdot \hat{\mathbf{n}}_1 dA + \iint_{S_2} \vec{\mathbf{F}} \cdot \hat{\mathbf{n}}_2 dA = 0$$

$$\Rightarrow \iint_{S_1} \vec{\mathbf{F}} \cdot \hat{\mathbf{n}}_1 dA = -\iint_{S_2} \vec{\mathbf{F}} \cdot \hat{\mathbf{n}}_2 dA$$

2. 若 $\vec{\nabla} \cdot \vec{\mathbf{F}} = 0 \Rightarrow \vec{\mathbf{F}} = \vec{\nabla} \times \vec{\mathbf{E}}$，換言之，$\vec{\mathbf{F}}$ 為螺旋場。

3. 若 $\vec{\nabla} \times \vec{\mathbf{F}} = 0 \Rightarrow \vec{\mathbf{F}}$ 為保守場 $\Rightarrow$ 線積分 $\int_C \vec{\mathbf{F}} \cdot d\vec{\mathbf{r}}$ 與路徑無關。

若 $\vec{\nabla} \cdot \vec{\mathbf{F}} = 0 \Rightarrow \vec{\mathbf{F}}$ 為螺旋場 $\Rightarrow \iint_{S_1} \vec{\mathbf{F}} \cdot \hat{\mathbf{n}} \, dA$ 與曲面形狀無關。

定理 4：散度定理的向量形式

1. $\oiint_S \varphi(x, y, z) \hat{n} \, dA = \iiint_V \vec{\nabla}\varphi \, d\tau$

2. $\oiint_S (\hat{n} \times \vec{F}) dA = \iiint_V (\vec{\nabla} \times \vec{F}) d\tau$

證明： 對於任意常數向量 $\vec{a}$

1. $\vec{a} \cdot \oiint_S \varphi(x, y, z) \hat{n} \, dA = \oiint_S \varphi(x, y, z) \vec{a} \cdot \hat{n} \, dA = \iiint_V \vec{\nabla} \cdot (\varphi \vec{a}) d\tau$

$$= \iiint_V \vec{\nabla}\varphi \cdot \vec{a} \, d\tau = \vec{a} \cdot \iiint_V \vec{\nabla}\varphi \, d\tau$$

2. $\vec{a} \cdot \oiint_S (\hat{n} \times \vec{F}) dA = \oiint_S \vec{a} \cdot (\hat{n} \times \vec{F}) dA = \oiint_S \hat{n} \cdot (\vec{F} \times \vec{a}) dA$

$$= \iiint_V \vec{\nabla} \cdot (\vec{F} \times \vec{a}) d\tau = \iiint_V \vec{a} \cdot (\vec{\nabla} \times \vec{F}) d\tau = \vec{a} \cdot \iiint_V (\vec{\nabla} \times \vec{F}) d\tau$$

例題 12：(a) Compute the flux due to $2xz\hat{\mathbf{e}}_1 + yz\hat{\mathbf{e}}_2 + z^2\hat{\mathbf{e}}_3$ passing through the part of the surface of the sphere $x^2 + y^2 + z^2 = a^2$ above the x-y plane

(b) check the results of (a) by the divergence theorem 【交大機械】

解 (a)曲面之單位法向量為：

$$\hat{\mathbf{n}} = \frac{\overrightarrow{\nabla}S}{|\overrightarrow{\nabla}S|} = \frac{x\hat{\mathbf{i}} + y\hat{\mathbf{j}} + z\hat{\mathbf{k}}}{\sqrt{x^2+y^2+z^2}} = \frac{1}{a}(x\hat{\mathbf{i}} + y\hat{\mathbf{j}} + z\hat{\mathbf{k}})$$

曲面 S 之球座標表示式為：

$$\vec{\mathbf{r}} = a\sin\theta\cos\varphi\,\hat{\mathbf{i}} + a\sin\theta\sin\varphi\,\hat{\mathbf{j}} + a\cos\theta\,\hat{\mathbf{k}}$$

where $0 \le \theta \le \dfrac{\pi}{2},\ 0 \le \varphi \le 2\pi$

$$\iint_S \vec{\mathbf{F}} \cdot \hat{\mathbf{n}}\,dA = \iint_S \frac{1}{a}(2x^2z + y^2z + z^3)\,dA$$

$$= \frac{1}{a}\int_0^{\frac{\pi}{2}}\int_0^{2\pi}(a^2\sin^2\theta\cos^2\varphi + a^2)\,a\cos\theta\,(a^2\sin\theta)\,d\varphi\,d\theta$$

$$= a^4\int_0^{\frac{\pi}{2}}(\pi\sin^3\theta\cos\theta + 2\pi\sin\theta\cos\theta)\,d\theta$$

$$= \frac{5}{4}\pi a^4$$

〈另解〉

$$\iint_S \vec{\mathbf{F}} \cdot \hat{\mathbf{n}}\,dA = \iint_S \frac{1}{a}(2x^2z + y^2z + z^3)\,dA$$

$$= \iint \frac{1}{a}(2x^2z + y^2z + z^3)\frac{a}{z}\,dx\,dy$$

$$= \iint (a^2 + x^2)\,dx\,dy = \pi a^4 + \int_0^{2\pi}\int_0^a \rho^2\cos^2\varphi\,\rho\,d\rho\,d\varphi$$

$$= \frac{5}{4}\pi a^4$$

(b)取 $S_1: z = 0,\ x^2 + y^2 \le a^2,\ \hat{\mathbf{n}} = -\hat{\mathbf{k}}$

$\Rightarrow S$ 與 S_1 形成封閉曲面，應用 Gauss divergence theorem 可得：

$$\iint_S \vec{\mathbf{F}} \cdot \hat{\mathbf{n}}\,dA + \iint_{S_1} \vec{\mathbf{F}} \cdot (-\hat{\mathbf{k}})\,dA = \iiint_V \overrightarrow{\nabla} \cdot \vec{\mathbf{F}}\,d\tau$$

$$\iint_{S_1} \vec{\mathbf{F}} \cdot (-\hat{\mathbf{k}})\,dA = \iint_{S_1}(-z^2)\,dA = 0$$

$$\iiint_V \overrightarrow{\nabla} \cdot \vec{\mathbf{F}}\,d\tau = \iint_S \vec{\mathbf{F}} \cdot \hat{\mathbf{n}}\,dA = \iiint_V (2z + z + 2z)\,d\tau$$

$$= 5\int_{\theta=0}^{\frac{\pi}{2}}\int_0^{2\pi}\int_0^a r\cos\theta\,(r^2\sin\theta)\,dr\,d\varphi\,d\theta = \frac{5}{4}\pi a^4$$

$$= \iint_S \vec{\mathbf{F}} \cdot \hat{\mathbf{n}}\,dA$$

例題 13：Compute $\iint\limits_{S} \vec{\mathbf{F}} \cdot \hat{\mathbf{n}}\, ds$ over the closed surface bounded by the right circular cyl-

inder $x^2 + y^2 = 9$ and the planes $z = 0$ and $z = 5$, where $\vec{\mathbf{F}} = x\hat{\mathbf{i}} + y\hat{\mathbf{j}} + (z^2 - 1)\hat{\mathbf{k}}$

(a)directly　　(b)by using the divergence theorem　　　　　　【交大工工】

解

(a) $\oiint\limits_{S} \vec{\mathbf{F}} \cdot \hat{\mathbf{n}}\, ds = \iint\limits_{S_1(z=5)} \vec{\mathbf{F}} \cdot \hat{\mathbf{k}}\, dxdy + \iint\limits_{S_2(z=0)} \vec{\mathbf{F}} \cdot (-\hat{\mathbf{k}})\, dxdy + \iint\limits_{S_3} \vec{\mathbf{F}} \cdot \hat{\mathbf{n}}\, ds$

對 S_3 而言，適合用柱座標表示：

$\vec{r} = x\hat{\mathbf{i}} + y\hat{\mathbf{j}} + z\hat{\mathbf{j}} = 3\cos\theta\,\hat{\mathbf{i}} + 3\sin\theta\,\hat{\mathbf{j}} + z\hat{\mathbf{k}}$

$\therefore ds = \left| \dfrac{\partial \vec{r}}{\partial \theta} \times \dfrac{\partial \vec{r}}{\partial z} \right| d\theta dz$

$= |(-3\sin\theta\,\hat{\mathbf{i}} + 3\cos\theta\,\hat{\mathbf{j}}) \times \hat{\mathbf{k}}|\, d\theta dz$

$= 3\, d\theta dz$

$\hat{\mathbf{n}} = \dfrac{\dfrac{\partial \vec{r}}{\partial \theta} \times \dfrac{\partial \vec{r}}{\partial z}}{\left| \dfrac{\partial \vec{r}}{\partial \theta} \times \dfrac{\partial \vec{r}}{\partial z} \right|} = \cos\theta\,\hat{\mathbf{i}} + \sin\theta\,\hat{\mathbf{j}}$

$\therefore \iint\limits_{S_3} \vec{\mathbf{F}} \cdot \hat{\mathbf{n}}\, ds = \int_0^5 \int_0^{2\pi} (3\cos^2\theta + 3\sin^2\theta)\, 3\, d\theta dz = 9(2\pi)\, 5 = 90\pi$

〈另解〉

$\hat{\mathbf{n}}_3 = \dfrac{\vec{\nabla}S}{|\vec{\nabla}S|} = \dfrac{1}{3}(x\hat{\mathbf{i}} + y\hat{\mathbf{j}}),\ \vec{F} \cdot \hat{\mathbf{n}}_3 = 3$

$2\int_0^5 \int_{-3}^{+3} 3\sec\beta\, dxdz = 4\int_0^5 \int_0^{+3} \dfrac{9}{\sqrt{9 - x^2}}\, dxdz = 4\int_0^5 \int_0^{\frac{\pi}{2}} 9\, d\theta dz = 90\pi$

$\iint\limits_{S_1(z=5)} \vec{\mathbf{F}} \cdot \hat{\mathbf{k}}\, dxdy = \iint 24\, dxdy = 24\int_0^3 \int_0^{2\pi} \rho\, d\rho d\theta = 24 \cdot 9\pi = 216\pi$

$\iint\limits_{S_2(z=0)} \vec{\mathbf{F}} \cdot (-\hat{\mathbf{k}})\, dxdy = \iint dxdy = 9\pi$

$\therefore \oiint\limits_{S} \vec{\mathbf{F}} \cdot \hat{\mathbf{n}}\, ds = \iint\limits_{S_1+S_2+S_3} \vec{\mathbf{F}} \cdot \hat{\mathbf{n}}\, dS = 9\pi + 216\pi + 90\pi = 315\pi$

(b) divergence theorem

$\oiint\limits_{S} \vec{\mathbf{F}} \cdot \hat{\mathbf{n}}\, ds = \iiint\limits_{V} \vec{\nabla} \cdot \vec{\mathbf{F}}\, d\tau = \int_0^{2\pi} d\theta \int_0^3 \rho\, d\rho \int_0^5 (2 + 2z)\, dz = 315\pi$

例題 14：求 $\iint\limits_{S} \vec{\mathbf{u}} \cdot \hat{\mathbf{n}}\, ds$ 之值，其中 $\vec{\mathbf{u}} = z^2\hat{\mathbf{k}}$，$S$ 為圓錐體之封閉曲面

(a)利用散度定理

(b)直接面積分 【台大土木】

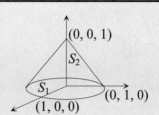

解 (a) $\oiint_S \vec{\mathbf{u}} \cdot \hat{\mathbf{n}}\, ds = \iiint_V \vec{\nabla} \cdot \vec{\mathbf{u}}\, d\tau = \int_0^1 \int_0^{2\pi} \int_0^{1-z} 2z\rho\, d\rho\, d\varphi\, dz = \dfrac{\pi}{6}$

(b) $\oiint_S \vec{\mathbf{u}} \cdot \hat{\mathbf{n}}\, ds = \iint_{S_1(z=0)} \vec{\mathbf{u}} \cdot (-\hat{\mathbf{k}})ds + \iint_{S_2} \vec{\mathbf{u}} \cdot \hat{\mathbf{n}}\, ds$

For S_2: $\vec{\mathbf{r}}\,(\varphi, z) = (1-z)\cos\varphi\,\hat{\mathbf{i}} + (1-z)\sin\varphi\,\hat{\mathbf{j}} + z\,\hat{\mathbf{k}}$

$ds = \left| \dfrac{\partial \vec{\mathbf{r}}}{\partial \varphi} \times \dfrac{\partial \vec{\mathbf{r}}}{\partial z} \right| d\varphi dz = |\,(-(1-z)\sin\varphi\,\hat{\mathbf{i}} + (1-z)\cos\varphi\,\hat{\mathbf{j}}) \times$

$(-\cos\varphi\,\hat{\mathbf{i}} - \sin\varphi\,\hat{\mathbf{j}} + \hat{\mathbf{k}})|d\varphi dz$

$= (1-z)\sqrt{2}\, d\varphi dz$

$\hat{\mathbf{n}} = \dfrac{\dfrac{\partial \vec{\mathbf{r}}}{\partial \varphi} \times \dfrac{\partial \vec{\mathbf{r}}}{\partial z}}{\left| \dfrac{\partial \vec{\mathbf{r}}}{\partial \varphi} \times \dfrac{\partial \vec{\mathbf{r}}}{\partial z} \right|} = \dfrac{1}{\sqrt{2}}(\cos\varphi\,\hat{\mathbf{i}} + \sin\varphi\,\hat{\mathbf{j}} + \hat{\mathbf{k}})$

$\Rightarrow \iint_{S_2} \vec{\mathbf{u}} \cdot \hat{\mathbf{n}}\, dS = \int_0^1 \int_0^{2\pi} z^2(1-z)d\varphi dz = \dfrac{\pi}{6}$

在 S_1 上 $z=0 \Rightarrow \vec{\mathbf{u}} = 0$ $\therefore \iint_{S_1} \vec{\mathbf{u}} \cdot \hat{\mathbf{n}}\, ds = 0$

$\oiint_S \vec{\mathbf{u}} \cdot \hat{\mathbf{n}}\, ds = \iint_{S_1} \vec{\mathbf{u}} \cdot \hat{\mathbf{n}}\, ds + \iint_{S_2} \vec{\mathbf{u}} \cdot \hat{\mathbf{n}}\, ds = \dfrac{\pi}{6}$

〈另解〉 $x^2 + y^2 = (1-z)^2$

$\hat{\mathbf{n}}_3 = \dfrac{\vec{\nabla}S}{|\vec{\nabla}S|} = \dfrac{1}{\sqrt{2}(1-z)}(x\,\hat{\mathbf{i}} + y\,\hat{\mathbf{j}} + (1-z)\,\hat{\mathbf{k}})$

$\iint \vec{u} \cdot \hat{\mathbf{n}}\, dA = \iint z^2 dxdy = \int_0^{2\pi} \int_0^1 (1-\rho)^2 \rho\, d\rho\, d\varphi$

例題 15：A steady fluid motion in space has velocity vector

$\vec{\mathbf{F}}\,(x, y, z) = (x^3 + 7y + 2z^3)\,\hat{\mathbf{i}} + (4 - 3x^2y + 2yz)\,\hat{\mathbf{j}} + (x^2 + y^2 - z^2)\,\hat{\mathbf{k}}$

(a)Evaluate the net outflow rate of $\vec{\mathbf{F}}$ across a sphere $x^2 + y^2 + z^2 = 4$

(b)What is the outflow rate across the upper hemisphere $x^2 + y^2 + z^2 = 4$, $z > 0$

and the lower hemisphere $x^2 + y^2 + z^2 = 4$, $z < 0$, respectively? 【台大應力】

解 應用散度定理，可知球面之淨流出率為：

$$\oiint_S \vec{F} \cdot \hat{\mathbf{n}}\, dA = \iiint_V \vec{\nabla} \cdot \vec{F}\, d\tau = 0$$

設上半球面為 S_1，下半球面為 S_2，x-y plane 之截面為 S_3 則由 $\vec{\nabla} \cdot \vec{F} = 0$ 可知

$$\iiint_V \vec{\nabla} \cdot \vec{F}\, d\tau = \oiint_{S_1+S_2} \vec{F} \cdot \hat{\mathbf{n}}\, dA = \iint_{S_1} \vec{F} \cdot \hat{\mathbf{n}}_1\, dA_1 + \iint_{S_3} \vec{F} \cdot \hat{\mathbf{n}}_3\, dA_3 = 0$$

對 S_3 而言

$$\iint_{S_3(z=0)} \vec{F} \cdot (-\hat{\mathbf{k}})\, dx\, dy = -\int_0^{2\pi} \int_0^2 \rho^3\, d\rho\, d\varphi = -8\pi$$

$$\Rightarrow \iint_{S_1} \vec{F} \cdot \hat{\mathbf{n}}_1\, dA_1 = 8\pi \Rightarrow \iint_{S_2} \vec{F} \cdot \hat{\mathbf{n}}_2\, dA_2 = -8\pi$$

14-5 旋度與平面 Green 定理

考慮如圖 14-3 之向量函數 $\vec{F}$ 以及封閉環線 C，明顯的 $\vec{F}$ 沿封閉線 C 之積分值為 0

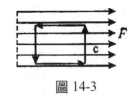

圖 14-3

$$\oint_C \vec{F} \cdot d\vec{r} = 0 \tag{32}$$

而若 $\vec{F}$ 通過環線 C 之強度不均勻（如圖 14-4 所示），則將迫使位於環線區域內的質點受到力量而彎曲（旋轉），則(32)式之積分值將不為 0，且其值愈大表示旋度愈大，或向量場的不平衡度愈大。

定義：

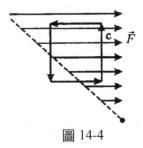

圖 14-4

$$\text{旋度} = \frac{1}{A} \oint_C \vec{F} \cdot d\vec{r} = \frac{\text{環流量}}{\text{單位面積}} \tag{33}$$

其中 A 為封閉線 C 所包圍的面積，因此可知，旋度的大小可由向量場之平面封閉曲線線積分求得。

觀念提示：　若觀察 C 內之某一點的旋轉現象，則(33)式可修改為

$$旋度 = \lim_{A \to 0} \frac{1}{A} \oint_C \vec{\mathbf{F}} \cdot d\vec{\mathbf{r}} \tag{34}$$

定理 5：平面 Green 定理

若曲線 C 為簡連封閉曲線（simple connected region），S 表示曲線 C 所包圍之區域，若函數 $P(x, y), Q(x, y), \dfrac{\partial P}{\partial y}, \dfrac{\partial Q}{\partial x}$ 在 S 內為連續且單值，則有：

$$\iint_S \left(\frac{\partial Q}{\partial x} - \frac{\partial P}{\partial y} \right) dxdy = \oint_C Pdx + Qdy \tag{35}$$

證明：先證 $\displaystyle\oint_C Pdx = -\iint_S \frac{\partial P}{\partial y} dxdy$

$$\iint_S -\frac{\partial P}{\partial y} dxdy = -\int_a^b dx \int_{g_1(x)}^{g_2(x)} \frac{\partial P}{\partial y} dy$$

$$= -\int_a^b [P(x, g_2(x)) - P(x, g_1(x))]dx$$

$$= \int_{C_1} P(x, g_1(x))dx - \int_{-C_2} P(x, g_2(x))dx$$

$$= \int_{C_1 + C_2} P(x, y)dx$$

$$= \oint_C P(x, y)dx$$

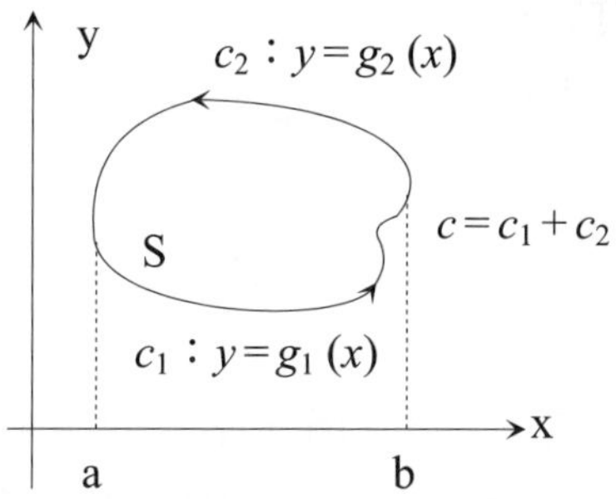

圖 14-5

同理可得：$\displaystyle\oint_C Q(x, y)dy = \iint_S \frac{\partial Q}{\partial x} dxdy$

觀念提示: 1. 平面 Green 定理連結了平面封閉曲線之線積分與開放面面積分的關係

2. 在保守場（$\vec{\nabla} \times \vec{\mathbf{F}} = 0$）中線積分僅與起點及終點有關，故在保守場中之封閉線積分為 0，若積分值不為 0，則必有旋轉發生。

$$\hat{\mathbf{k}} \cdot (\vec{\nabla} \times \vec{\mathbf{F}}) = \begin{vmatrix} 0 & 0 & 1 \\ \dfrac{\partial}{\partial x} & \dfrac{\partial}{\partial y} & \dfrac{\partial}{\partial z} \\ P & Q & R \end{vmatrix} = \frac{\partial Q}{\partial x} - \frac{\partial P}{\partial y} \Rightarrow$$

$$\oint_C P dx + Q dy = \iint_S \left(\frac{\partial Q}{\partial x} - \frac{\partial P}{\partial y} \right) dx dy = \iint_S \hat{\mathbf{k}} \cdot (\vec{\nabla} \times \vec{\mathbf{F}}) \, dx dy \tag{36}$$

同理可得：

$$\hat{\mathbf{i}} \cdot (\vec{\nabla} \times \vec{\mathbf{F}}) = \frac{\partial R}{\partial y} - \frac{\partial Q}{\partial z}$$

$$\oint_C Q dy + R dz = \iint_S \left(\frac{\partial R}{\partial y} - \frac{\partial Q}{\partial z} \right) dy dz = \iint_S \hat{\mathbf{i}} \cdot (\vec{\nabla} \times \vec{\mathbf{F}}) \, dy dz \;（y\text{-}z \text{ plane}） \tag{37}$$

$$\hat{\mathbf{i}} \cdot (\vec{\nabla} \times \vec{\mathbf{F}}) = \frac{\partial P}{\partial z} - \frac{\partial R}{\partial x}$$

$$\oint_C P dx + R dz = \iint_S \left(\frac{\partial R}{\partial z} - \frac{\partial R}{\partial x} \right) dx dz = \iint_S \hat{\mathbf{j}} \cdot (\vec{\nabla} \times \vec{\mathbf{F}}) \;（x\text{-}z \text{ plane}） \tag{38}$$

由(36)～(38)式，不難寫出 Green 定理之通式: Stokes 定理

定理 6：Stokes 定理（旋度定理）

$$\oint_C \vec{\mathbf{F}} \cdot d\vec{\mathbf{r}} = \iint_S (\vec{\nabla} \times \vec{\mathbf{F}}) \cdot \hat{\mathbf{n}} \, dA \tag{39}$$

其中 C 為一平面封閉曲線，A 為其所包圍的面積，$\hat{\mathbf{n}}$ 為此平面上微量面積 dA 的單位法向量，$\hat{\mathbf{n}}$ 與線積分之方向符合右手定則，由 Stokes 定理可延伸出定理 7, 8。

定理 7

向量函數 $\vec{\mathbf{F}}$ 之線積分 $\displaystyle\int_C \vec{\mathbf{F}} \cdot d\vec{\mathbf{r}}$ 與路徑 C 無關的充分且必要條件為：對任何間斷平滑

的封閉曲線 C 恆有：

$$\oint_C \vec{\mathbf{F}} \cdot d\vec{\mathbf{r}} = 0 \tag{40}$$

定理 7 可由圖 14-6 說明：設想從 A 到 B 分沿著 C_1 及 C_2 兩條不同的路徑積分，而 C_3 為從 B 到 A 的任一條路徑若滿足 $\oint_C \vec{\mathbf{F}} \cdot d\vec{\mathbf{r}} = 0$，則：

$$\int_{C_1} \vec{\mathbf{F}} \cdot d\vec{\mathbf{r}} + \int_{C_3} \vec{\mathbf{F}} \cdot d\vec{\mathbf{r}} = \oint_{C_1 + C_3} \vec{\mathbf{F}} \cdot d\vec{\mathbf{r}} = 0$$

$$\int_{C_2} \vec{\mathbf{F}} \cdot d\vec{\mathbf{r}} + \int_{C_3} \vec{\mathbf{F}} \cdot d\vec{\mathbf{r}} = \oint_{C_2 + C_3} \vec{\mathbf{F}} \cdot d\vec{\mathbf{r}} = 0$$

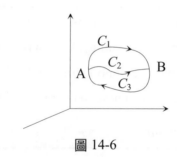

圖 14-6

故有 $\displaystyle\oint_{C_1 + C_3} \vec{\mathbf{F}} \cdot d\vec{\mathbf{r}} = \oint_{C_2 + C_3} \vec{\mathbf{F}} \cdot d\vec{\mathbf{r}} = 0$

$$\Rightarrow \int_{C_1} \vec{\mathbf{F}} \cdot d\vec{\mathbf{r}} = \int_{C_2} \vec{\mathbf{F}} \cdot d\vec{\mathbf{r}}$$

定理 8

任何以 C 為邊界的曲面其面積分值大小相等。

定理 9　旋度定理之向量形式

1. $\displaystyle\oint_C d\vec{r} \times \vec{F} = \iint_S (\vec{n} \times \vec{\nabla}) \times \vec{F} dA$

2. $\displaystyle\oint_C \varphi d\vec{r} = \iint_S (\vec{n} \times \vec{\nabla} \varphi) dA$

證明：對任意常數向量 $\vec{a}$

　　(1) $\vec{a} \cdot \displaystyle\oint_C d\vec{r} \times \vec{F} = \oint_C \vec{a} \cdot (d\vec{r} \times \vec{F}) = \oint_C d\vec{r} \cdot (\vec{F} \times \vec{a})$

$$= \iint\limits_{S} [\vec{\nabla} \times (\vec{F} \times \vec{a})] \cdot \vec{n}\, dA$$

$$= \iint\limits_{S} (\vec{n} \times \vec{\nabla}) \cdot (\vec{F} \times \vec{a})\, dA$$

$$= \iint\limits_{S} \vec{a} \cdot (\vec{n} \times \vec{\nabla}) \times \vec{F}\, dA$$

$$= \vec{a} \cdot \iint\limits_{S} (\vec{n} \times \vec{\nabla}) \times \vec{F}\, dA$$

$$(2)\, \vec{a} \cdot \oint\limits_{C} \phi\, d\vec{r} = \oint\limits_{C} (\phi \vec{a}) \cdot d\vec{r}$$

$$= \iint\limits_{S} (\nabla \times (\phi \vec{a})) \cdot \vec{n}\, dA = \iint\limits_{S} (\nabla \phi \times \vec{a}) \cdot \vec{n}\, dA$$

$$= \vec{a} \cdot \iint\limits_{S} (\vec{n} \times \vec{\nabla} \phi)\, dA$$

例題 16：Let D be a closed bounded region in the xy-plane. If $L: y=x^2$, $M: y=x$ are defined on an open region containing D and have continuous partial derivatives there. The closed curve C, composed of L and M is a positively oriented, piecewise smooth, simple closed curve in the plane. Please calculate $\int\limits_{C} y^2 dx + (x^3 + xy)dy$ using Green theorem. 【101 高應大電子】

解　應用平面 Green 定理：

$$\int\limits_{C} y^2 dx + (x^3 + xy)dy = \int_0^1 \int_{x^2}^x (3x^2 - y)\, dy\, dx = \frac{1}{12}$$

例題 17：應用平面 Green 定理；證明任意封閉曲線 C 所包圍之面積為：

$$\frac{1}{2} \oint\limits_{C} (-ydx + xdy) \text{ 或 } \frac{1}{2} \int_0^{2\pi} \rho^2(\theta)d\theta$$ 【中央機械】

解　應用平面 Green 定理：

$$\frac{1}{2} \oint\limits_{C} (-ydx + xdy) = \frac{1}{2} \iint\limits_{R} (1+1)dxdy = \iint\limits_{R} dxdy = A \quad 得證$$

考慮極座標系統：$x = \rho(\theta)\cos\theta,\, y = \rho(\theta)\sin\theta$

$$\Rightarrow \frac{1}{2} \oint\limits_{C} (xdy - ydx) = \frac{1}{2} \int_0^{2\pi} \rho(\theta)\cos\theta\, [\rho'(\theta)\sin\theta + \rho(\theta)\cos\theta]\, d\theta$$

$$- \frac{1}{2} \int_0^{2\pi} \rho(\theta)\sin\theta\, [\rho'(\theta)\cos\theta - \rho(\theta)\sin\theta]\, d\theta = \frac{1}{2} \int_0^{2\pi} \rho^2(\theta)d\theta$$

例題 18：求 $I = \oint\limits_{C} (3x^2 + y)dx + (x + y^2)dy$

(a)line integral

(b)Green 定理

【中央土木】

解　(a)$(0, 0) \to (1, 0), y = 0, dy = 0$

$I_1 = \int_0^1 3x^2 dx = 1$

$(1, 0) \to (0, 1); y = 1 - x, dy = -dx, x: 1 \to 0$

$I_2 = \int_1^0 [3x^2 + (1 - x)]dx + [x + (1 - x)^2](-dx) = \int_1^0 2x^2 \, dx = -\dfrac{2}{3}$

$(0, 1) \to (0, 0), x = 0, dx = 0, y: 1 \to 0$

$I_3 = \int_1^0 y^2 dy = -\dfrac{1}{3}$

$\therefore I = I_1 + I_2 + I_3 = 1 - \dfrac{2}{3} - \dfrac{1}{3} = 0$

(b)$\oint\limits_{C} Pdx + Qdy = \iint\limits_{S} \left(\dfrac{\partial Q}{\partial x} - \dfrac{\partial P}{\partial y} \right) dxdy = \iint\limits_{S} (1 - 1) \, dxdy = 0$

例題 19：Evaluate the line integral $\oint\limits_{C} \vec{\mathbf{F}} \cdot d\vec{\mathbf{r}}$, where $\vec{\mathbf{F}} = x\hat{\mathbf{i}} + (2z - x)\hat{\mathbf{j}} - y^2\hat{\mathbf{k}}$ and C is from $(0, 0, 0)$ straight to $(1, 1, 0)$, then to $(1, 1, 1)$ and back to $(0, 0, 0)$.

【101 交大電子物理】

解　$\oint\limits_{C} \vec{\mathbf{F}} \cdot d\vec{\mathbf{r}} = \iint\limits_{S} (\vec{\nabla} \times \mathbf{F}) \cdot \hat{\mathbf{n}} \, dA$

$\varphi = x - y \Rightarrow \nabla\varphi = \hat{\mathbf{i}} - \hat{\mathbf{j}}$

$\hat{\mathbf{n}} \, dA = (\hat{\mathbf{i}} - \hat{\mathbf{j}})dydz$

$\oint\limits_{C} \vec{\mathbf{F}} \cdot d\vec{\mathbf{r}} = \iint\limits_{S} (\vec{\nabla} \times \vec{\mathbf{F}}) \cdot \hat{\mathbf{n}} \, dA = \iint 3dydz = \dfrac{3}{2}$

例題 20：Evaluate $\iint\limits_{S} (\vec{\nabla} \times \vec{\mathbf{A}}) \cdot \hat{\mathbf{n}} \, ds$ where $\vec{\mathbf{A}} = (x^2 + y - 4)\hat{\mathbf{i}} + 3xy\hat{\mathbf{j}} + (2xz + z^2)\hat{\mathbf{k}}$ and S in the surface of the semisphere $x^2 + y^2 + z^2 = 16$ above the x-y plane

【中山機械】

解　利用 Stoke's theorem C 可視為 S 之邊界曲線，

故有

$$\iint\limits_{S} (\vec{\nabla}\times\vec{A})\cdot\hat{n}\,ds = \oint\limits_{C}\vec{A}\cdot d\vec{r}$$

同理 C 亦可視為 S_1 之邊界，故同樣可應用

Stoke's theorem 得到 $\oint\limits_{C}\vec{A}\cdot d\vec{r} = \iint\limits_{S_1}(\vec{\nabla}\times\vec{A})\cdot\hat{n}\,ds_1$

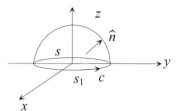

由右手定則可知 $\hat{n}=\hat{k}$，且 $\vec{\nabla}\times\vec{A}=\begin{vmatrix}\hat{i} & \hat{j} & \hat{k}\\ \dfrac{\partial}{\partial x} & \dfrac{\partial}{\partial y} & \dfrac{\partial}{\partial z}\\ x^2+y-4 & 3xy & 2xz+z^2\end{vmatrix}$

$$= -2z\hat{j} + (3y-1)\hat{k}$$

$$\therefore I = \iint\limits_{S}(\vec{\nabla}\times\vec{A})\cdot\hat{n}\,ds = \iint\limits_{S_1}(3y-1)ds_1$$

$$= \int_0^{2\pi}\int_0^4 (3\rho\sin\phi - 1)\rho\,d\rho\,d\phi$$

$$= \int_0^{2\pi}(64\sin\phi - 8)d\phi = -16\pi$$

例題 21：Given Stoke's theorem for surface integrals as $\iint\limits_{S}(\vec{\nabla}\times\vec{F})\cdot\hat{n}\,dA = \oint\limits_{C}\vec{F}\cdot d\vec{r}$

and Green's theorem：

$$\iint\limits_{R}\left(\frac{\partial F_2}{\partial x} - \frac{\partial F_1}{\partial y}\right)dxdy = \oint\limits_{C}(F_1 dx + F_2 dy)$$

(a)show that Green's theorem is a special case of Stoke's theore

(b)show that $\iint\limits_{R}\vec{\nabla}^2 w\,dxdy = \oint\limits_{C}\vec{\nabla}w\cdot\hat{n}\,ds$

(c)Evaluate $\oint\limits_{C}\vec{\nabla}w\cdot\hat{n}\,ds$ for $w = x^3 + 4x^2 - 3xy^2$ and $C:(x-2)^2 + (y+3)^2 = 10$

解　(a)當 $\hat{n}=\hat{k}$ 時，$(\vec{\nabla}\times\vec{F})\cdot\hat{n} = \left(\dfrac{\partial F_2}{\partial x} - \dfrac{\partial F_1}{\partial y}\right)dA = dxdy$，Stoke 定理→ Green

定理，故 Green 定理為 Stoke's theorem 在曲面 S 位於 x-y 平面時的特例

(b)$\oint\limits_{C}\vec{\nabla}w\cdot\hat{n}\,ds = \oint\limits_{C}\left(\dfrac{\partial w}{\partial x}\hat{i} + \dfrac{\partial w}{\partial y}\hat{j} + \dfrac{\partial w}{\partial z}\hat{k}\right)\cdot(dy\,\hat{i} - dx\,\hat{j})$

$$= \oint\limits_{C}\left(-\frac{\partial w}{\partial y}dx + \frac{\partial w}{\partial x}dy\right)$$

$$= \iint\limits_{R}\left\{\frac{\partial}{\partial x}\left(\frac{\partial w}{\partial x}\right) - \frac{\partial}{\partial y}\left(-\frac{\partial w}{\partial y}\right)\right\}dxdy$$

$$= \iint_R \left(\frac{\partial^2 w}{\partial x^2} + \frac{\partial^2 w}{\partial y^2} \right) dxdy$$

$$= \iint_R \vec{\nabla}^2 w\, dxdy$$

(c)應用(b)之結果

$$\oint_C \vec{\nabla} w \cdot \hat{\mathbf{n}}\, ds = \iint_R \left(\frac{\partial^2}{\partial x^2} + \frac{\partial^2}{\partial y^2} \right) w\, dxdy$$

$$= \iint_R \left(\frac{\partial^2}{\partial x^2} + \frac{\partial^2}{\partial y^2} \right) (x^3 + 4x^2 - 3xy^2)\, dxdy$$

$$= \iint_R \{(6x + 8) + (-6x)\}\, dxdy$$

$$= 8 \iint_R dxdy = 80\pi$$

例題 22：已知場 $\vec{\mathbf{F}} = x\hat{\mathbf{i}} + (2z - x)\hat{\mathbf{j}} - y^2\hat{\mathbf{k}}$ 及曲面 S_1 與 S_2 如下圖，求：

(a) $\oint_C \vec{\mathbf{F}} \cdot d\vec{\mathbf{r}} = ?$

(b) S_1 之單位法向量 $= ?$

(c) $\oiint_{S_1 + S_2} (\vec{\nabla} \times \vec{\mathbf{F}}) \cdot \hat{\mathbf{n}}\, dA = ?$

(d) $\iint_{S_1} (\vec{\nabla} \times \vec{\mathbf{F}}) \cdot \hat{\mathbf{n}}\, dA = ?$, $\iint_{S_2} (\vec{\nabla} \times \vec{\mathbf{F}}) \cdot \hat{\mathbf{n}}\, dA = ?$

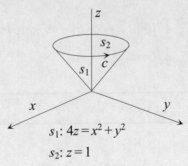

$$s_1: 4z = x^2 + y^2$$
$$s_2: z = 1$$

解　(a)在曲線 C 上，$x^2 + y^2 = 4$, $z = 1$, $dz = 0$

令 $x = 2\cos\theta$, $y = 2\sin\theta$, $d\vec{\mathbf{r}} = dx\hat{\mathbf{i}} + dy\hat{\mathbf{j}} + dz\hat{\mathbf{k}} = -2\sin\theta d\theta\,\hat{\mathbf{i}} + 2\cos\theta d\theta\,\hat{\mathbf{j}}$

$$\oint_C \vec{\mathbf{F}} \cdot d\vec{\mathbf{r}} = \int_0^{2\pi} (-4\cos\theta\sin\theta\, d\theta + (2 - 2\cos\theta)\, 2\cos\theta)d\theta$$

$$= \int_0^{2\pi} (-4\cos^2\theta\, d\theta)$$

$$= -4\pi$$

(b)$f = x^2 + y^2 - 4z = 0 \Rightarrow \hat{\mathbf{n}}_1 = \dfrac{\vec{\nabla} f}{|\vec{\nabla} f|} = \dfrac{x\hat{\mathbf{i}} + y\hat{\mathbf{j}} - 2\hat{\mathbf{k}}}{\sqrt{x^2 + y^2 + 4}}$

(c) $\displaystyle\oiint_{S_1 + S_2} (\vec{\nabla} \times \vec{F}) \cdot \hat{\mathbf{n}}\, dA = \iiint_V \vec{\nabla} \cdot (\vec{\nabla} \times \vec{F}) d\tau = 0$

(d) $\displaystyle\iint_{S_2} (\vec{\nabla} \times \vec{F}) \cdot \hat{\mathbf{n}}\, dA = \oint_C \vec{F} \cdot d\vec{r} = -4\pi$

$\displaystyle\iint_{S_1} (\vec{\nabla} \times \vec{F}) \cdot \hat{\mathbf{n}}\, dA = -\iint_{S_2} (\vec{\nabla} \times \vec{F}) \cdot \hat{\mathbf{n}}\, dA = 4\pi$

例題 23：計算：$\displaystyle\iint_S (\vec{\nabla} \times \vec{F}) \cdot \hat{\mathbf{n}}\, dA = ?$ 其中曲面 $S: x^2 + y^2 - 2ax + az = 0,\ z \geq 0$，

$\vec{F} = (2y^2 + 3z^2 - x^2)\hat{\mathbf{i}} + (2z^2 + 3x^2 - y)\hat{\mathbf{j}} + (2x^2 + 3y^2 - z^2)\hat{\mathbf{k}}$ 【成大電機】

解

曲面 $S: (x - a)^2 + y^2 - a^2 + az = 0$ 與曲面 $S_1: (x - a)^2 + y^2 - a^2 = 0$ 共有同一封閉迴路為邊界，故有

$$\iint_S (\vec{\nabla} \times \vec{F}) \cdot \hat{\mathbf{n}}\, dA = \iint_{S_1} (\vec{\nabla} \times \vec{F}) \cdot \hat{\mathbf{n}}_1 dA$$

$\vec{\nabla} \times \vec{F} = (6y - 4z)\hat{\mathbf{i}} + (6z - 4x)\hat{\mathbf{j}} + (6x - 4y)\hat{\mathbf{k}}$，且在 S_1 上：

$\hat{\mathbf{n}}_1 = \hat{\mathbf{k}},\ dA_1 = dxdy$，因此

$$\iint_S (\vec{\nabla} \times \vec{F}) \cdot \hat{\mathbf{n}}\, dA = \iint_{S_1} (\vec{\nabla} \times \vec{F}) \cdot \hat{\mathbf{n}}\, dA = \iint_{S_1} (6x - 4y)dxdy$$

$$= \int_0^{2\pi} \int_0^a [6(a + r\cos\theta) - 4r\sin\theta] r dr d\theta$$

$$= \int_0^{2\pi} \int_0^a 6ar dr d\theta = 6\pi a^3$$

例題 24：Prove that $\displaystyle\oint u\nabla v \cdot d\lambda = \int (\nabla u) \times (\nabla v) \cdot d\sigma$ 【101 中央光電】

解

$$\oint u\nabla v \cdot d\lambda = \oint u\nabla v \cdot d\vec{r} = \iint \nabla \times (u\nabla v) \cdot \vec{n}\, dA$$

$$= \iint [(\nabla u) \times (\nabla v) + u\nabla \times (\nabla v)] \cdot \vec{n}\, dA$$

$$= \iint (\nabla u) \times (\nabla v) \cdot \vec{n}\, dA$$

$$= \iint (\nabla u) \times (\nabla v) \cdot d\sigma$$

例題 25：證明：$\displaystyle\iint_{R_{xy}} f(x, y)dxdy = \iint_{R_{uv}} f[x(u, v), y(u, v)] \left| \dfrac{\partial(x, y)}{\partial(u, v)} \right| dudv$ 【成大工工】

解 利用平面 Green 定理：

$$f(x, y) = \frac{\partial Q(x, y)}{\partial x} \Rightarrow$$

$$\iint\limits_{R_{xy}} f(x, y) dx dy = \iint\limits_{R_{xy}} \frac{\partial Q(x, y)}{\partial x} dx dy = \oint\limits_{C_{xy}} Q(x, y) dy$$

$$= \oint\limits_{C_{xy}} Q(x(u, v), y(u, v)) \left(\frac{\partial y}{\partial u} du + \frac{\partial y}{\partial v} dv \right)$$

$$= \oint\limits_{C_{xy}} \left(Q \frac{\partial y}{\partial u} \right) du + \left(Q \frac{\partial y}{\partial v} \right) dv$$

$$= \iint\limits_{R_{uv}} \left[\frac{\partial}{\partial u} \left(Q \frac{\partial y}{\partial v} \right) - \frac{\partial}{\partial v} \left(Q \frac{\partial y}{\partial u} \right) \right] du dv$$

$$= \iint\limits_{R_{uv}} \left[\frac{\partial Q}{\partial u} \frac{\partial y}{\partial v} - \frac{\partial Q}{\partial v} \frac{\partial y}{\partial u} \right] du dv$$

$$= \iint\limits_{R_{uv}} \left[\left(\frac{\partial Q}{\partial x} \frac{\partial x}{\partial u} + \frac{\partial Q}{\partial y} \frac{\partial y}{\partial u} \right) \frac{\partial y}{\partial v} - \right.$$

$$\left. \left(\frac{\partial Q}{\partial x} \frac{\partial x}{\partial v} + \frac{\partial Q}{\partial y} \frac{\partial y}{\partial v} \right) \frac{\partial y}{\partial u} \right] du dv$$

$$= \iint\limits_{R_{uv}} \frac{\partial Q}{\partial x} \left(\frac{\partial x}{\partial u} \frac{\partial y}{\partial v} - \frac{\partial x}{\partial v} \frac{\partial y}{\partial u} \right) du dv$$

$$= \iint\limits_{R_{uv}} f(x(u, v), y(u, v)) \left| \frac{\partial(x, y)}{\partial(u, v)} \right| du dv$$

綜合練習

1. $\int_C xy^3 ds = $? 其中 C 為沿 $y = x^3$ 自 $(0, 0)$ 到 $(1, 1)$　　　【台大應力】

2. 已知 $\vec{F} = (xy + y^2) \hat{\mathbf{i}} + x^2 \hat{\mathbf{j}}$，求 $\int_C \vec{F} \cdot d\vec{r}$，其中 C 為 $y = x$ 及 $y = x^2$ 所圍區域之邊界。　　　【台大造船】

3. 求 $\int_C (x^2 + y^2 + z^2) ds = $? 其中 C 為螺旋線 $\vec{r}(t) = \cos t \hat{\mathbf{i}} + \sin t \hat{\mathbf{j}} + 3t \hat{\mathbf{k}}$ 上從 $(1, 0, 0)$ 至 $(1, 0, 6\pi)$ 之弧長

4. 求 $I = \int_C ((y^2 - z^2) \hat{\mathbf{i}} + (2yz) \hat{\mathbf{j}} - x^2 \hat{\mathbf{k}}) \cdot d\vec{r}$ 其中 $x = t, y = t^2, z = t^3$，t 從 $0 \rightarrow 1$　　　【台大海洋】

5. $\vec{F} = y^3 \hat{\mathbf{i}} + (x^3 + 3y^2 x) \hat{\mathbf{j}}$，$C$ 為 $y = x^2$ 及 $y = x$ 所圍之曲線，$0 \le x \le 1$，求：
   (1) $\int_C \vec{F} \cdot \vec{N} ds$　$\vec{N}$：單位法向量　　(2) $\int_C \vec{F} \cdot \vec{T} ds$　$\vec{T}$：單位切向量　　　【台大農工】

6. 計算 $\int_{(0, 0)}^{(2, 1)} [(10x^4 - 2xy^3) dx - 3x^2 y^2 dy]$ 沿著 $x^4 - 6xy^3 = 4y^2$ 之路徑。　　　【中央土木】

7. (1) 求證 $\int_C (2xy + z^3) dx + x^2 dy + 3xz^2 dz$ 為保守力場
   (2) 求位能函數　　(3) 求 C 為從 $(1, -2, 1)$ 至 $(3, 1, 4)$ 之線積分。

8. $\int_0^{\frac{\pi}{2}} \int_0^{\frac{\pi}{2}} \frac{\sin x}{2x} dx dy = $?

9. $\iint\limits_{R} \sqrt{x} - y^2\,dxdy = ?$ R 為 $y=x^2$ 與 $x=y^4$ 所圍成區域

10. 求 $\vec{\mathbf{F}} = x^6\hat{\mathbf{i}} + y\cos^2 x\,\hat{\mathbf{j}} + 2z\,\hat{\mathbf{k}}$ 在曲面上 $y^2+4z^2=4$ 而 $x \in (-\pi, \pi)$ 範圍的面積分 【清華物理】

11. $\int_0^4 \int_{\sqrt{y}}^2 y\cos x^5\,dxdy = ?$

12. 求面積分 $\iint\limits_{S} \vec{\mathbf{F}} \cdot \hat{\mathbf{n}}\,dA$ ，其中 $\vec{\mathbf{F}} = z\hat{\mathbf{i}} + x\hat{\mathbf{j}} - 3y^2z\,\hat{\mathbf{k}}$ ；其積分區域 S 為第一象限內 $z=0$ ， $z=5$ 之間之圓柱面 $x^2+y^2=16$

13. 求 $\iint\limits_{S_1} xz^2dydz + (x^2y - z^3)dxdz + (2xy+y^2z)dxdy$ ； S_1 為 $x^2+y^2+z^2=a^2$ 在 $x\text{-}y$ plane 以上之部分

【台大材料】

14. Evaluate the surface integral $\iint\limits_{S} \vec{\mathbf{F}} \cdot \hat{\mathbf{n}}\,dA$ by the divergence theorem, where $\vec{\mathbf{F}} = xy^2\hat{\mathbf{i}} + y^3\hat{\mathbf{j}} + 4z^2z\,\hat{\mathbf{k}}$ and S is the surface of the cylinder $x^2+y^2 \le 4$, $0 \le z \le 5$

15. By the divergence theorem , evaluate the integral $\iint\limits_{S} x^2dzdy - (2x-1)\,dxdz + 4zdxdy$, where S is the surface of $x^2+y^2 \le z^2$, $0 \le z \le 2$

16. 計算 $\oint\limits_{C} x^2ydx - xy^2dy = ?$ C 為區域 $x^2+y^2 \le 4$, $x \ge 0, y \ge 0$ 之邊界 【成大電機】

17. 就以下積分之計算驗證平面 Green 定理

$\oint\limits_{C} (x^3+y^3)dx + (2y^3 - x^3)dy = ?$ $C: x^2+y^2=1$ 【清華材料】

18. 求 $\dfrac{x^2}{a^2} + \dfrac{y^2}{b^2} = 1$ 所圍面積

19. $\int\limits_{C} (e^{-x^2} + y^2)\,dx + (\ln y - x^2)dy$ ；其中 C 如右圖所示

20. 計算 $\oint\limits_{C} \dfrac{-y}{x^2+y^2}dx + \dfrac{x}{x^2+y^2}dy = ?$ 其中 C 為任意包圍原點之單連封閉曲線 【交大機械】

21. 以 $\vec{\mathbf{F}} = y\hat{\mathbf{i}} + zx^2\hat{\mathbf{j}} - zy^3\,\hat{\mathbf{k}}$ 及 $C: x^2+y^2=a^2, z=b$ 驗證 Stoke's theorem 【台大農機】

22. 向量場 $\vec{\mathbf{F}}$ ，已知在 $z=1$ 有 $\nabla \times \vec{\mathbf{F}} = \hat{\mathbf{k}}$ ，求 $\iint\limits_{S} (\nabla \times \vec{\mathbf{F}}) \cdot \hat{\mathbf{n}}\,dA = ?$ 其中 S 為 $x^2+y^2=4z^2, 0 \le z \le 1$

【台大機械】

23. Prove $\oint d\vec{\mathbf{r}} \times \vec{\mathbf{B}} = \iint\limits_{S} (\hat{\mathbf{n}} \times \vec{\nabla}) \times \vec{\mathbf{B}}\,ds$ 【中山機械】

24. Use Stoke's theorem to evaluate the normal component of $\vec{\nabla} \times \vec{\mathbf{F}}$ over the surface bounded by the planes $4x + 6y + 3z = 12$, $x=0$ and $y=0$ above the $x\text{-}y$ plane, where $\vec{\mathbf{F}} = y\hat{\mathbf{i}} + xz\hat{\mathbf{j}} + (x^2 - yz)\,\hat{\mathbf{k}}$ 【交大工工】

25. 設 $\vec{\mathbf{F}} = (y\cos x + 2x\exp(y))\hat{\mathbf{i}} + (\sin x + x^2\exp(y) + 4)\hat{\mathbf{j}}$

(a)證明 $\int\limits_{C} \vec{\mathbf{F}} \cdot d\vec{\mathbf{r}}$ 之結果與路徑無關 (b)若 $\vec{\nabla}f = \vec{\mathbf{F}}$ ，求 f 【交大科管】

26. 以 Divergence theorem 求下列面積分之值

$\iint\limits_{S} (x+y)dydz + (y+z)dzdx + (x+y)dxdy$ $S: x^2+y^2+z^2=4$ 【台大土木】

27. Evaluate the integral

(1) $\oint\limits_{C} Pdx + Qdy$, where $P = \dfrac{ax-by}{x^2+y^2}, Q = \dfrac{bx+ay}{x^2+y^2}$ and C is an arbitrary closed curve enclosing the origin.

(2) Can you prove Green's theorem by the result of (1) 【清大動機】

28. Evaluate the integral

$$\int_C [2xyz^2 dx + (x^2z^2 + z\cos yz)dy + (2x^2yz + y\cos yz)dz]$$

C 為折線由 $A(0, 0, 1)$ 至 $B\left(0, \dfrac{\pi}{2}, 0\right)$ 至 $C\left(1, \dfrac{\pi}{4}, 2\right)$ 【台大農工】

29. 假設有一有限的定義域（Bounded Domain）Ω，包圍它的表面為 S

(a)寫出 Gauss Divergence Theorem，此定理存在成立的條件為何？

(b)「若給一向量場 $\vec{\mathbf{v}} = \dfrac{\vec{\mathbf{r}}}{|\vec{\mathbf{r}}|^3}$，$\Omega$ 是半徑為 a 的球，$\vec{\mathbf{r}}$ 是球面的位置向量，則由 Gauss Divergence Theorem 知 $\displaystyle\iint_{SR} \vec{\mathbf{v}} \cdot \vec{d\mathbf{s}} = 0$」，請問此敘述是否正確？

(c)若 $\vec{\mathbf{b}}, \vec{\mathbf{c}}$ 為已知任意常數向量，S 為半徑為 a 的球面，若 SR 為 $\vec{\mathbf{c}} \cdot \vec{\mathbf{r}} \geq 0$ 半球面，請計算 $\displaystyle\iint_{SR} \vec{\mathbf{b}} \cdot \vec{d\mathbf{s}}$

= ？ 【台大造船】

30. $\int_0^1 \int_{2x}^2 \exp(y^2) dy dx = $ ？

31. Find the value of the k for which the line integral

$$\int_C \left\{ \frac{1+ky^2}{(1+xy)^2} dx + \frac{1+kx^2}{(1+xy)^2} dy \right\}$$

taken along a curve C depends only on the coordinates of the end points of C. 【清大動機】

32. Using (a) direct calculation (b) Green's theorem in the plane evaluate

$$\oint_C [(3x^2 + y)dx + 4y^2 dy]$$

C is the boundary of the triangle with vertices $(0, 0)$, $(1, 0)$, $(0, 2)$ in counterclockwise 【中興土木】

33. (a) What is the condition for a function to be harmonic? Which of the following functions are harmonic?

(1)$f = x^2 + y^2 + z^2$ (2)$f = (x+y)^2$

(b) Show that the integral of the normal derivative of a harmonic function over any piecewise smooth closed orientable surface in the domain of definition is zero. 【清大物理】

34. Let $F(x, y)$ and $G(x, y)$ be scalar field in the plane, Let C be a simple closed piecewise smooth curve in the plane enclosing a region D over which F, G and their first and second derivative are continuous, show that

$$\iint_D F\vec{\nabla}^2 G dA = \oint_C \left(F\frac{\partial G}{\partial x} dy - F\frac{\partial G}{\partial y} dx \right) - \iint_D \vec{\nabla}F \cdot \vec{\nabla}G dA$$ 【台科大電子】

35. Let D be the region bounded by the hemiopion $x^2 + y^2 + (z-1)^2 = 9$; $1 \leq z \leq 4$ and the plane $z = 1$. Verify the divergence theorem if $\vec{\mathbf{F}} = x\hat{\mathbf{i}} + y\hat{\mathbf{j}} + (z-1)\hat{\mathbf{k}}$ 【台科大電子】

36. Giving the vector

$$\vec{\mathbf{A}}(\vec{\mathbf{r}}) = \vec{\mathbf{F}} \exp(i\vec{\mathbf{k}} \cdot \vec{\mathbf{r}})$$

where $\vec{\mathbf{F}}$ and $\vec{\mathbf{k}}$ are constant vectors, and $\vec{\mathbf{r}}$ is the coordinate of a point with respect to some origin. Calculate the followings

(a)$\vec{\nabla} \times \vec{\mathbf{A}}$ (b)$\displaystyle\oiint_S (\vec{\nabla} \times \vec{\mathbf{A}}) \cdot \hat{\mathbf{n}}$ where S is a closed two-dimensional surface of a convex solid with volume V, with area element da and unit normal vector $\hat{\mathbf{n}}$ at da 【交大光電】

37. Compute 【元智電機】

$$\int_C \vec{\mathbf{F}} \cdot d\vec{\mathbf{r}};$$ where $\vec{\mathbf{F}} = \cos y\hat{\mathbf{i}} - x\sin y\hat{\mathbf{j}}$ and C is the curve $y = \sqrt{1-x^2}$ in the x-y plane from $(1, 0)$ to $(0, 1)$

38. A vector $\vec{\mathbf{F}} = x\,\hat{\mathbf{i}} + y\,\hat{\mathbf{j}} + z\,\hat{\mathbf{k}}$, and S is the closed cone surface. The closed cone surface equation is
$z = (x^2 + y^2)^{\frac{1}{2}}; \, 0 \le z \le 1$

    (a)Evaluate the vector integral with this two surfaces (cone surface and cap surface)

    $$\oiint_S \vec{\mathbf{F}} \cdot d\vec{\mathbf{A}}$$

    (b)Using the divergence theorem to reevaluate the vector integral shown above 【成大電機】

39. Let $\vec{\mathbf{F}} = 4\,\hat{\mathbf{i}} - 3x\,\hat{\mathbf{j}} + z^2\,\hat{\mathbf{k}}$, find $\int_C \vec{\mathbf{F}} \cdot d\vec{\mathbf{r}}$ where

    (a)C is the semicircle $x^2 + z^2 = 4$, $y = 1$, $z \ge 0$ oriented from $(2, 1, 0)$ to $(-2, 1, 0)$

    (b)C is the line segment from $(1, 0, 3)$ to $(2, 1, 1)$ 【中山電機】

40. For a closed surface S that bounds a volume V, prove the relations:

    (a)$\oiint_S \hat{\mathbf{n}} \, da = 0$　　　(b)$\oiint_S \vec{\mathbf{r}} \times \hat{\mathbf{n}} \, da = 0$ 【交大光電】

41. Apply the divergence theorem to evaluate the integral $\iint_S \exp(y) dz dx$, where S: the surface of the parallelpi-

    ped $0 \le x \le 3, 0 \le y \le 2, 0 \le z \le 1$ 【中山光電】

42. Prove theorem 4

43. If $\vec{\mathbf{F}} = y\,\hat{\mathbf{i}} + (x - 2xz)\,\hat{\mathbf{j}} + xy\,\hat{\mathbf{k}}$, find $\iint_S (\nabla \times \vec{F}) \cdot \vec{n} \, ds$, where S: the surface of the sphere $x^2 + y^2 + z^2 = a^2$ abo-

    ve the xy plane 【交大機械】

44. Verify the Stoke's theorem for the case where the vector field $\vec{\mathbf{F}} = xz\,\hat{\mathbf{j}}$ and where S is the surface $z = 4 - y^2$,
    cut off by planes $x = 0, z = 0$ and $y = x$ 【清大材料】

45. Verify the divergence theorem for the case where the vector field $\vec{\mathbf{F}} = \hat{\mathbf{j}} + x^2 z\,\hat{\mathbf{k}}$ and where V is the cube $0 \le$
    $x \le 1, 0 \le y \le 1, 0 \le z \le 1$ 【清大材料】

46. (a) Find the tangent plane and normal line to the surface $x^2 + y^2 - z^2 = 0$ at the point $(1, 0, 1)$

    (b)Evaluate the surface integral $\iint_S \vec{\mathbf{F}} \cdot \hat{\mathbf{n}} \, ds$ where S is the surface bounded by $x^2 + y^2 - z^2 = 0$ for $0 \le z \le 1$,

    $\vec{\mathbf{F}} = x^3\,\hat{\mathbf{i}} + y^3\,\hat{\mathbf{j}} + z^3\,\hat{\mathbf{k}}$ 【台大應力】

47. 求 $I = \int_C [2xyz^2 dx + (x^2 z^2 + z \cos yz) dy + (2x^2 yz + y \cos yz) dz]$, where C is a curve connecting $A: (0, 0, 1)$ and

    $B: \left(1, \dfrac{\pi}{4}, 2\right)$.

48. Compute $\iint_S \vec{\mathbf{F}} \cdot \hat{\mathbf{n}} \, ds$, where $\vec{\mathbf{F}} = x^2\,\hat{\mathbf{i}} + 3y^2\,\hat{\mathbf{k}}$, S is the plane $x + y + z = 1$ in the first octant $(x > 0, y > 0, z > 0)$.

49. Compute $\oiint_S [xdydz + (y + 9)dzdx + zdxdy]$, where $S: x^2 + y^2 + z^2 = 9$ 【101 高應大光電與通訊】

50. Compute $\iint_S \vec{\mathbf{F}} \cdot \hat{\mathbf{n}} \, ds$ over the closed surface bounded by the right circular cylinder $x^2 + y^2 = a^2$ and the pla-

    nes $z = 0$ and $z = c$, where $\vec{\mathbf{F}} = x\,\hat{\mathbf{i}} + y\,\hat{\mathbf{j}} + (z^2 + 1)\,\hat{\mathbf{k}}$ 【101 彰師大電子】

51. Evaluate the surface integral $\oiint_S [4xdydz - zdxdy]$ over the sphere $S: x^2 + y^2 + z^2 = 4$ 【101 彰師大電機】

15 複變函數(1)—複變函數的 基本性質

不積蹞步，無以致千里；不積小流，無以成江海。

―荀子勸學

15-1　複數代數及幾何表示

定義：$i = \sqrt{-1}$，$z = x + iy$，$x, y \in R$

　　　稱 x 為 z 之實部，表示為 $x = \text{Re}\{z\}$

　　　y 為 z 之虛部，表示為 $y = \text{Im}\{z\}$

基本運算：$(z_1 = x_1 + iy_1, z_2 = x_2 + iy_2)$

1. 相等：

$z_1 = z_2 \Rightarrow x_1 = x_2, y_1 = y_2$

2. 加減：

$z_1 \pm z_2 \Rightarrow (x_1 \pm x_2) + i(y_1 \pm y_2)$

3. 乘法：

$$z_1 z_2 \Rightarrow (x_1 + iy_1)(x_2 + iy_2)$$
$$= (x_1 x_2 - y_1 y_2) + i(x_1 y_2 + x_2 y_1)$$

4. 共軛（complex conjugate）：

$z = x + iy \Rightarrow \bar{z} = x - iy \Rightarrow z\bar{z} = (x + iy)(x - iy) = x^2 + y^2$

5. 相除：

$$\frac{z_1}{z_2} = \frac{z_1 \bar{z}_2}{z_2 \bar{z}_2} = \frac{(x_1 + iy_1)(x_2 - iy_2)}{x_2^2 + y_2^2}$$
$$= \frac{1}{x_2^2 + y_2^2}(x_1 x_2 + y_1 y_2 + i(x_2 y_1 - x_1 y_2))$$

6. 絕對值或模數（modulus）：

$|z| = \sqrt{z\bar{z}} = \sqrt{x^2 + y^2}$

7. 進階運算：

(1) $x = \text{Re}\{z\} = \dfrac{1}{2}(z + \bar{z})$，$y = \text{Im}\{z\} = \dfrac{1}{2i}(z - \bar{z})$

(2) $\begin{cases} \overline{z_1 + z_2} = \bar{z}_1 + \bar{z}_2 \\ \overline{z_1 - z_2} = \bar{z}_1 - \bar{z}_2 \\ \overline{z_1 z_2} = \bar{z}_1 \bar{z}_2 \\ \overline{\left(\dfrac{z_1}{z_2}\right)} = \dfrac{\bar{z}_1}{\bar{z}_2} \end{cases}$

(3) $|z_1 z_2 \cdots z_n| = |z_1||z_2| \cdots |z_n|$ 相乘的絕對值＝絕對值再相乘

$\left| \dfrac{z_1}{z_2} \right| = \dfrac{|z_1|}{|z_2|}$；$z_2 \neq 0$　相除的絕對值＝絕對值再相除

(4)三角不等式：

$|z_1 + z_2| \le |z_1| + |z_2|$　　or　　$|z_1 + z_2 \cdots + z_n| \le |z_1| + |z_2| + \cdots |z_n|$

$|z_1 + z_2| \ge |z_1| - |z_2|$

$|z_1 - z_2| \ge |z_1| - |z_2|$

複數幾何表示法：

$z = x + iy$ 需由一組實數對(x, y)表示，如同平面上的一點，故 z-plane 可分別以直角座標及極座標表示

$$r = \sqrt{x^2 + y^2} = |z|$$
$$\theta = \arg (z) = \tan^{-1} \frac{y}{x}$$

複數向量表示法：

任何複數可視為 z-plane 上的一個向量，故而複數的加減具有圖 15-1 的幾何意義：

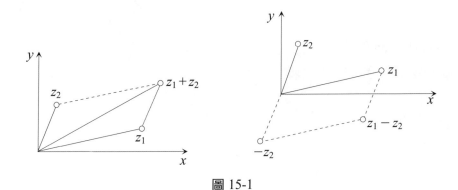

圖 15-1

同理可得：

1. $|z_1 - z_2| = |(x_1 - x_2) + i(y_1 - y_2)| = \sqrt{(x_1 - x_2)^2 + (y_1 - y_2)^2}$ 表上 z_1 至 z_2 之距離。

2. $|z - z_0| < \rho$；z_0 為已知複數。表 z_0 為圓心，ρ 為半徑的圓的內部。

3. $\rho_1 < |z - a| < \rho_2$；$\rho_2 > \rho_1$ 表圖 15-2 之環狀區域

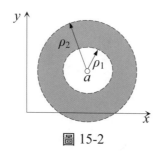

圖 15-2

已知 $z = x + iy$ 之直角座標表示法及極座標表示法分別為 (x, y)，(r, θ)，明顯可得

$$\begin{cases} x = r\cos\theta \\ y = r\sin\theta \end{cases} \text{where} \begin{cases} r = \sqrt{x^2 + y^2}(mod\text{ulus of } z) \\ \theta = \tan^{-1}\dfrac{y}{x}(\text{arg}\text{umnet of } z) \end{cases}$$

故由 Euler 公式

$$z = x + iy = r\cos\theta + ir\sin\theta = re^{i\theta} \tag{1}$$

其中 $e^{i\theta} = \cos\theta + i\sin\theta$

1. 在極座標表示下複數的乘除：

$$z_1 z_2 = r_1 e^{i\theta_1} \times r_2 e^{i\theta_2} = r_1 r_2\, e^{i(\theta_1 + \theta_2)} \tag{2}$$

$$\frac{z_1}{z_2} = \frac{r_1 e^{i\theta_1}}{r_2 e^{i\theta_2}} = \frac{r_1}{r_2} e^{i(\theta_1 - \theta_2)} \tag{3}$$

由(2)(3)式可發現複數相乘後所得新複數的大小（長度，模數）為原來二複數大小的乘積，而其幅角為原二數幅角的和。同理相除後，新複數大小為二複數大小相除，但幅角為原二幅角之差。

$$\arg(z_1 z_2) = \arg(z_1) + \arg(z_2) \tag{4}$$

$$\arg\left(\frac{z_1}{z_2}\right) = \arg(z_1) - \arg(z_2) \tag{5}$$

由以上討論不難得到如下之通式

定理 1：隸莫夫定理（De Moivre's theorem）

$$z_1 z_2 \cdots\cdots z_n = r_1 r_2 \cdots\cdots r_n\, e^{i(\theta_1 + \theta_2 + \cdots\cdots \theta_n)} \tag{6}$$

若 $z_1 = z_2 \cdots = z_n = z$ 則(6)式可改寫為

$$z^n = r^n e^{in\theta} = r^n (\cos n\theta + i \sin n\theta) \tag{7}$$

(7)式即為著名的 De Moivre's theorem

2. 複數方根的計算：

在複數系下 $\arg(z)$ 並非唯一，因為角度具有週期性

$$x + iy = r[\cos\theta + i\sin\theta] = r[\cos(\theta + 2k\pi) + i\sin(\theta + 2k\pi)] \tag{8}$$

故任何 n 次代數方程式在複數系中皆恰有 n 個根，if

$$z^n = r[\cos(\theta + 2k\pi) + i\sin(\theta + 2k\pi)] = r\, e^{i(\theta + 2k\pi)} \tag{9}$$

則

$$z = r^{\frac{1}{n}} e^{i\left(\frac{\theta + 2k\pi}{n}\right)} = r^{\frac{1}{n}}\left(\cos\frac{\theta + 2k\pi}{n} + i\sin\frac{\theta + 2k\pi}{n}\right) ; \; k = 0, 1, \cdots, n-1 \tag{10}$$

觀念提示： 在(9)中 $k = 0, 1, 2, \cdots$ 在 z-plane 中表示的是同一個位置，而(10)中 $k = 0$, $1, \cdots$ 在開 n 次方根後表示不同的結果。

例題 1：Prove the equality: $|z_1 + z_2|^2 + |z_1 - z_2|^2 = 2(|z_1|^2 + |z_2|^2)$, where z_1 and z_2 are two complex numbers. 【交大資工】

$$|z_1 + z_2|^2 + |z_1 - z_2|^2 = (z_1 + z_2)(\overline{z_1} + \overline{z_2}) + (z_1 - z_2)(\overline{z_1} - \overline{z_2})$$

$$= (z_1\overline{z_1} + z_1\overline{z_2} + z_2\overline{z_1} + z_2\overline{z_2}) + (z_1\overline{z_1} - z_1\overline{z_2} - z_2\overline{z_1} - \overline{z_2}z_2)$$

$$= 2\,(z_1|^2 + |z_2|^2)$$

例題 2：求 $z^5 = -32$ 之根　　　　　　　　　　　　　　【台大機械、土木】

解　$-32 = 32e^{i(\pi + 2k\pi)} = 32(\cos(\pi + 2k\pi) + i\sin(\pi + 2k\pi))$

$\Rightarrow z = 32^{\frac{1}{5}} e^{\frac{i(\pi + 2k\pi)}{5}} = 2e^{\frac{i(\pi + 2k\pi)}{5}}$

$k = 0$，$z = z_1 = 2e^{\frac{i\pi}{5}} = 2\left(\cos\frac{\pi}{5} + i\sin\frac{\pi}{5}\right)$

$k = 1$，$z = z_2 = 2e^{\frac{i3\pi}{5}} = 2\left(\cos\frac{3\pi}{5} + i\sin\frac{3\pi}{5}\right)$

$k = 2$，$z = z_3 = 2e^{\frac{i5\pi}{5}} = 2\left(\cos\frac{5\pi}{5} + i\sin\frac{5\pi}{5}\right) = -2$

$k = 3$，$z = z_4 = 2e^{\frac{i7\pi}{5}} = 2\left(\cos\frac{7\pi}{5} + i\sin\frac{7\pi}{5}\right)$

$k = 4$，$z = z_5 = 2e^{\frac{i9\pi}{5}} = 2\left(\cos\frac{9\pi}{5} + i\sin\frac{9\pi}{5}\right)$

例題 3：求 $\left(\dfrac{1+\sqrt{3}i}{1-\sqrt{3}i}\right)^{10} = ?$

解　$\left(\dfrac{1+\sqrt{3}i}{1-\sqrt{3}i}\right)^{10} = \left(\dfrac{2e^{i\frac{\pi}{3}}}{2e^{-i\frac{\pi}{3}}}\right)^{10} = \left(e^{i\frac{2\pi}{3}}\right)^{10} = e^{i\frac{20\pi}{3}}$

$\qquad = e^{i\left(6\pi + \frac{2\pi}{3}\right)} = e^{i6\pi}\left(\cos\frac{2\pi}{3} + i\sin\frac{2\pi}{3}\right)$

$\qquad = -\dfrac{1}{2} + \dfrac{\sqrt{3}}{2}i$

例題 4：$\left(\dfrac{1+i}{1-i}\right)^{\frac{1}{3}} = a + bi$, find a and $b = ?$

解　$\left(\dfrac{1+i}{1-i}\right)^{\frac{1}{3}} = \left(\dfrac{\sqrt{2}e^{i\frac{\pi}{4}}}{\sqrt{2}e^{-i\frac{\pi}{4}}}\right)^{\frac{1}{3}} = \left(e^{i\frac{\pi}{2}}\right)^{\frac{1}{3}} = e^{i\frac{\pi}{6}}$

$\qquad = \left(\cos\frac{\pi}{6} + i\sin\frac{\pi}{6}\right)$

$\qquad = \dfrac{\sqrt{3}}{2} + i\dfrac{1}{2}$

例題 5：Find the smallest positive integers m and n such that
$$(\sqrt{3} - i)^m = (1 + i)^n \qquad \text{【101 成大電機、微電子】}$$

解

$$(\sqrt{3} - i)^m = \left(2e^{-i\frac{\pi}{6}}\right)^m = 2^m e^{-i\frac{m\pi}{6}}$$

$$(1 + i)^n = \left(\sqrt{2}e^{i\frac{\pi}{4}}\right)^n = 2^{\frac{n}{2}} e^{-i\frac{n\pi}{4}}$$

$$\Rightarrow m = 3,\ n = 6$$

例題 6：求 $(z+1)^7 + z^7 = 0$ 之根 　　　　　　　　　　【101 海洋光電】

解

$$(z+1)^7 + z^7 = 0 \Rightarrow \left(\frac{z+1}{z}\right)^7 = -1 = e^{j(\pi + 2k\pi)}$$

$$\Rightarrow \left(1 + \frac{1}{z}\right) = e^{\frac{j(\pi + 2k\pi)}{7}}$$

$$\Rightarrow z_k = \frac{1}{-1 + e^{\frac{j(\pi + 2k\pi)}{7}}}\ ;\ k = 0,\ 1,\ \cdots,\ 6$$

15-2　複變數函數

函數的功能在於建立變數與變數間的關係，實變數函數之自變數的定義域（稱之為 domain）為實數

$$y = f(x) \quad x \in R$$

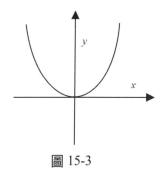

圖 15-3

例如實變函數中的 $y = f(x) = x^2$，$x \in (-\infty, +\infty)$　$x \in R$，如圖 15-3 所示，　所有 x 的集合為一條線，所有 y 的集合亦為一條線，自變數 x（定義域）與因變數 y（值域，稱之為 range）的映射（轉換）關係藉 $y = f(x) = x^2$ 完成，故實變函變是一種線到線的轉換。

複變函數的自變數定義域為複數

$$w = f(z) \quad z \in C$$

因所有 z 的集合是一平面，而 w 之集合亦是一平面，故複變函數代表了面至面的轉換

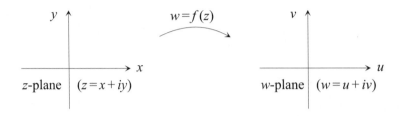

觀念提示： 1. 實變函數的值域可以是複數，而複變函數的值域亦可為實數
2. 複變數函數可視為二個自變數 (x, y) 到二個因變數 (u, v) 的轉換

說例：$w = z^2$

$u + iv = (x + iy)^2 = x^2 - y^2 + 2ixy$

$\therefore u = x^2 - y^2$

$v = 2xy$

$(1, -1) \xrightarrow{\ w = f(z)\ } (0, -2)$

一、各種複變函數的性質：

定義：與實變函數相同，複變指數函數，雙曲線函數，三角函數之定義如下：

$$e^z = 1 + z + \frac{1}{2!}z^2 + \frac{1}{3!}z^3 + \cdots \tag{11}$$

$$\sin z = z - \frac{1}{3!}z^3 + \frac{1}{5!}z^5 - + \cdots \tag{12}$$

$$\cos z = 1 - \frac{1}{2!}z^2 + \frac{1}{4!}z^4 - + \cdots \tag{13}$$

$$\sinh z = z + \frac{1}{3!}z^3 + \frac{1}{5!}z^5 + \cdots \tag{14}$$

$$\cosh z = 1 + \frac{1}{2!}z^2 + \frac{1}{4!}z^4 + \cdots \tag{15}$$

觀念提示： 1. Euler 公式：$e^z = e^{x+iy} = e^x(\cos y + i \sin y)$

證明：由(11)，將 $z = i\theta$ 代入後，可得

$e^{i\theta} = 1 + (i\theta) + \frac{1}{2!}(i\theta)^2 + \frac{1}{3!}(i\theta)^3 + \cdots$

$= \left(1 - \frac{1}{2!}\theta^2 + \frac{1}{4!}\theta^4 - + \cdots\right) + i\left(\theta - \frac{\theta^3}{3!} + \frac{\theta^5}{5!} - + \cdots\right)$

$$= \cos \theta + i \sin \theta$$

2. 由(11)～(15)可得：

$$\begin{cases} \cosh z = \dfrac{e^z + e^{-z}}{2} \\ \sinh z = \dfrac{e^z - e^{-z}}{2} \end{cases} \Rightarrow e^z = \cosh z + \sinh z \tag{16}$$

$$e^{iz} = \cos z + i \sin z \Rightarrow$$

$$\cos z = \frac{e^{iz} + e^{-iz}}{2} \tag{17a}$$

$$\sin z = \frac{e^{iz} - e^{-iz}}{2i} \tag{17b}$$

$$\cosh (iz) = \cos z \; ; \; \sinh (iz) = i \sin z \tag{18}$$

$$\cos (iz) = \cosh z \; ; \; \sin (iz) = i \sinh z \tag{19}$$

由(18), (19)可知複變的正弦與餘弦函數是無界函數，而在實變中為週期性函數，且限制區間$[-1, +1]$中

$$e^{z + 2\pi i} = e^z \cdot e^{2\pi i} = e^z(\cos 2\pi + i \sin 2\pi) = e^z \tag{20}$$

由(20)可知複變指數函數是一週期性函數，其週期為純虛數 $2\pi i$

二、複變函數中之多值函數

1. 對數函數

$$z = e^w \Rightarrow w = \ln z = \ln re^{i(\theta + 2n\pi)} = \ln r + i (\theta + 2n\pi) \text{（通解）} \tag{21}$$

其中 $r = |z|$, modulus of z，θ 為 z 之主幅角 $\theta \in [0, 2\pi]$

由(21)可知對數函數為一多值函數，事實上，所有週期函數的反函數均為多值函數，如正弦函數，正切函數……顯然的，多值函數是許多單值函數的集合，因此在應用上，通常必須限制值域的範圍，使其形成單值函數，如(21)式，可取 $n = 0$ 則 $w = \ln r + i\theta$，稱為此多值函數的主值（principal value）。

2.若 a 非整數冪函數，$w = z^a$ 亦為一多值函數

$$w = z^a = e^{a \ln z} = e^{a(\ln r + i(\theta + 2n\pi))}$$

$$= r^a \cdot e^{ia(\theta + 2n\pi)} \tag{22}$$

同理，限制值域範（$n = 0$）可得到冪函數的主值

觀念提示： $f(z) = z^a = r^a \exp\{ia(\theta + 2n\pi)\}$，若 a 為整數則必有 $\exp(ia2n\pi) = 1$，因而使 $f(z) = r^a e^{ia\theta}$，此時 z^a 不為多值函數

三、Branch, Principal branch, Branch point, Branch cut

定義： *1.* Branch （分支）：

多值函數藉由限制值域所形成的每個單值函數稱為分支。

2. Principal branch （主要分支）：

通常取各分支中，值域最簡單的一個稱之。

3. Principal value （主值）：

在主要分支的值域中取值，稱為此多值函數的主值。

4. Branch point （分支點）：

若在複平面上一點 z_0，圍繞 z 取一圓形封閉迴路 $C：|z - z_0| = \delta, (\delta \to 0)$，反時針繞一圈後，若滿足下列條件，則 z_0 為一 Branch point：

(a)$f(z)$ 隨 z 一直在連續變化。

(b)繞一圈後，$f(z) \neq$ 其初始函數值。

例：說明 $z = 0$ 為 $f(z) = \ln z$ 的一分支點

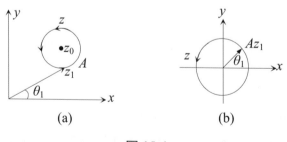

圖 15-4

如圖 15-4(a)(b) initial point 對應之函數值均為

$$f(z) = \ln|z| + i\theta_1$$

反時針繞一圈後回到 A 點時，圖(a)之函數值不變，而圖(b)之函數值變為：

$$f(z) = \ln|z| + i\,(\theta_1 + 2\pi)$$

故知 $z_0 = 0$ 為 $f(z) = \ln z$ 之一 Branch point。

5. Branch cut（分支切割）：

由 Branch point 劃出一線段或射線，限制 $f(z)$ 之幅角在某區間內，使多值函數變為單值函數，則此線段或射線稱為 Branch cut；如(21)式：$w = \ln|z| + i\,(\theta + 2n\pi)$若主幅角 θ 取在區間$(0, 2\pi)$上，並在 $n = 0$ 內對角 $\ln z$ 取主值。

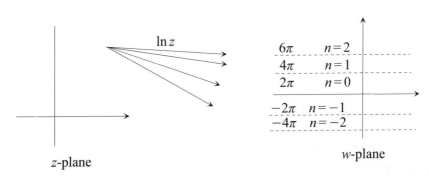

圖 15-5

z-plane 每多繞一圈對應至 w-plane 不同的值。

觀念提示：　1. 限制值域有如在 z-plane 上人為規定一屏障，不准超越，如上例則有如將正實軸剪開

　　　　　　⇒ 在 z-plane 上的幅角計算不可任意延伸（具唯一性）

　　　　　　⇒使對數函數變為單值函數，此時正實軸便稱為 $\ln z$ 的 Branch cut

　　　　　2. 隨主幅角的取法不同，Branch cut 位置因而相異：

　　　　　　例：$\theta \in (-\pi, \pi)$ ⇒ Branch cut 取負實軸

　　　　　　$\theta \in \left(-\dfrac{3}{2}\pi, \dfrac{\pi}{2}\right)$ ⇒ Branch cut 取正虛軸

　　　　　3. Branch cut 為剪開 z-plane 以破壞其連續性或幅角多樣性，剪法有無限多種但有一點卻根深蒂固需被切割，此點即為 Branch point。

　　　　　4. 在 Branch cut 上函數值會產生不連續，因此不能進行微分或積分的數學運算。

5. Branch cut 之端點必為 Branch point。

以 $f(z) = \sqrt{z(z-1)}$ 為例，如圖 15-6 所示，複平面上任一點可表示為 $z = r_1 e^{i\theta_1}$ 或 $z = 1 + r_2 e^{i\theta_2}$，則有 $f(z) = \sqrt{r_1 r_2} e^{i\left(\frac{\theta_1 + \theta_2}{2}\right)}$

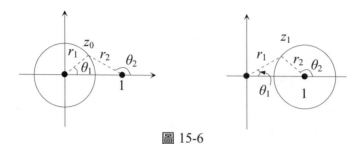

圖 15-6

考慮 $z = 0$ 點：

由 z_0 點繞 $z = 0$ 點一圈後，幅角由 θ_1 改變為 $\theta_1 + 2\pi$，但 θ_2 維持不變，故有

$$f(z) = \sqrt{r_1 r_2} e^{i\left(\frac{\theta_1 + \theta_2 + 2\pi}{2}\right)} = -\sqrt{r_1 r_2} e^{i\left(\frac{\theta_1 + \theta_2}{2}\right)}$$

$\therefore z = 0$ is a Branch point

考慮 $z = 1$ 點：

由 z_1 點繞 $z = 1$ 點一圈後，θ_1 維持不變，但 θ_2 變為 $\theta_2 + 2\pi$

$$f(z) = \sqrt{r_1 r_2} e^{i\left(\frac{\theta_1 + \theta_2 + 2\pi}{2}\right)} = -\sqrt{r_1 r_2} e^{i\left(\frac{\theta_1 + \theta_2}{2}\right)}$$

故 $z = 1$ 亦為一 Branch point。

例題 7：若 $\sin z = u(x, y) + iv(x, y)$，求 $u(x, y)$ 及 $v(x, y)$，並解 $\sin z = 5$

【台大化工】

解

(1) $\sin z = \sin(x + iy) = \sin x \cos(iy) + \cos x \sin(iy)$

$\qquad = \sin x \cosh y + i \cos x \sinh y$

$\qquad = u(x, y) + iv(x, y)$

(2) $\sin z = \sin x \cosh y + i \cos x \sinh y = 5$

$$\Rightarrow \begin{cases} \cos x \sinh y = 0 & (a) \\ \sin x \cosh y = 5 & (b) \end{cases}$$

由(a)得 $y = 0$ 或 $x = \dfrac{(2n-1)\pi}{2}$；$n = 1, 2, \cdots$

若 $y = 0 \Rightarrow \cosh y = 1 \Rightarrow$ 由(b)知 $\sin x = 5$（不合）

若 $x = \dfrac{(2n-1)\pi}{2}$；$n = 1, 2, \cdots \Rightarrow \sin x = (-1)^{n-1}$，

但知 $\cosh y > 0$，故由(b)知 $\sin x$ 必須為 1

$\cosh y = 5,\ y = \cosh^{-1} 5$

$\therefore \sin z = 5 \Rightarrow z = \dfrac{(4n+1)\pi}{z} + i \cosh^{-1} 5$；$n = 0, 1, 2, \cdots$

例題 8：Suppose we use a branch $f(z)$ of $f(z) = \sqrt{z(z+i)}$ analytic throughout the complex plane with a cut of $(x = 0, -1 \leq y \leq 0)$. If $f\left(\dfrac{1}{\sqrt{3}}\right) = \sqrt{\dfrac{2}{3}}\, e^{-i\frac{5\pi}{6}}$, what is $f(i)$?

解　$f(z)$ 之 Branch point 位於 $z = 0$ 及 $z = -i$，今以連接二 Branch point 之線段作為 Branch cut，如圖所示，則 z 可表示為：

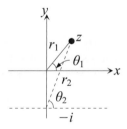

$z = 0 + r_1 e^{i\theta_1}$，$-\dfrac{\pi}{2} + 2k_1\pi \leq \theta_1 \leq \dfrac{3\pi}{2} + 2k_1\pi$

$z = -i + r_2 e^{i\theta_2}$，$-\dfrac{3\pi}{2} + 2k_2\pi \leq \theta_2 \leq \dfrac{\pi}{2} + 2k_2\pi$

其中 k_1, k_2 為整數，代表複平面上的某個分支

$z = \dfrac{1}{\sqrt{3}} = \dfrac{1}{\sqrt{3}} e^{i(0 + 2k_1\pi)} = -i + \dfrac{2}{\sqrt{3}} e^{i\left(\frac{\pi}{3} + 2k_2\pi\right)}$

$f\left(\dfrac{1}{\sqrt{3}}\right) = z^{\frac{1}{2}} (z+i)^{\frac{1}{2}} = 3^{\frac{-1}{4}} e^{ik_1\pi} \sqrt{2}\, 3^{\frac{-1}{4}} e^{i\left(\frac{\pi}{6} + k_2\pi\right)}$

$\qquad = \dfrac{\sqrt{2}}{\sqrt{3}} e^{i\left(\frac{\pi}{6} + k_1\pi + k_2\pi\right)} = \dfrac{\sqrt{2}}{\sqrt{3}} e^{-i\frac{5\pi}{6}}$

$\therefore k_1 + k_2 = -1$

而 $z = i$ 可表示為：

$$z = 0 + 1 \cdot e^{i\left(\frac{\pi}{2} + 2k_1\pi\right)} = -i + 2 \cdot e^{i\left(-\frac{3\pi}{2} + 2k_2\pi\right)}$$

$$f(i) = \sqrt{2}e^{i\left(-\frac{\pi}{2} + k_1\pi + k_2\pi\right)} = \sqrt{2}e^{i\left(-\frac{3\pi}{2}\right)} = \sqrt{2}i$$

例題 9：對任意二複數 z_1 與 z_2，是否 $\ln z_1 z_2 = \ln z_1 + \ln z_2$ 必定成立？【台大化工】

解 $\ln$ 為多值函數，必須限制值域範圍在某一分支下討論方有意義。若限制幅角於 $[0, 2\pi]$，則有：

$\ln z_1 = \ln|z_1| + i\theta_1$；$0 \le \theta_1 \le 2\pi$

$\ln z_2 = \ln|z_2| + i\theta_2$；$0 \le \theta_2 \le 2\pi$

$$\begin{aligned} \ln z_1 + \ln z_2 &= \ln|z_1| + \ln|z_2| + i(\theta_1 + \theta_2) \\ &= \ln|z_1 z_2| + i(\theta_1 + \theta_2) \\ &= \ln z_1 z_2 \end{aligned}$$

當 $0 \le \theta_1 + \theta_2 \le 2\pi$ 時，上式固然成立，但當 $\theta_1 + \theta_2 > 2\pi$ 時則有

$$\ln z_1 z_2 = \ln|z_1 z_2| + i(\theta_1 + \theta_2 - 2\pi) \ne \ln z_1 + \ln z_2$$

故只有在 $\theta_1 + \theta_2$ 之幅角仍在主要分支所限制之幅角範圍內時，等號才能成立。

例題 10：Find all roots of the equation $\sin z = \cosh 2$　　　　【台科大電子】

解 $$\begin{aligned} \sin z &= \sin(x + iy) = \sin x \cos(iy) + \cos x \sin(iy) \\ &= \sin x \cosh y + i \cos x \sinh y \\ &= \cosh 2 \end{aligned}$$

$$\Rightarrow \begin{cases} \cos x \sinh y = 0 & (a) \\ \sin x \cosh y = \cosh 2 & (b) \end{cases}$$

由(a)得 $\cos x = 0$ 或 $\sinh y = 0$

若 $\sinh y = 0 \Rightarrow y = 0$，代入(b)中可得 $\sin x = \cosh 2$（不合）

If $\cos x = 0 \Rightarrow x = \dfrac{(2n-1)\pi}{2}$；$n = 1, 2, \cdots$ 代入(b)中可得

$$(-1)^{n+1} \cosh y = \cosh 2$$

Case 1. $n \in$ even

$-\cosh y = \cosh 2$（不合）

Case 2. $n \in$ odd

$$\cosh y = \cosh 2 \Rightarrow y = \pm 2$$

故 $\sin z = \cosh 2$ 之解為：

$$z = x + iy = \left(2m + \frac{1}{2}\right)\pi + 2i \quad \text{or} \quad \left(2m + \frac{1}{2}\right)\pi - 2i \; ; \; m = 0, 1, 2, \cdots$$

例題 11：若 $\cos z = u(x, y) + iv(x, y)$，求 $u(x, y)$ 及 $v(x, y)$，並解 $\cos z = 3$

解 (1) $\cos z = \cos(x + iy) = \cos x \cos(iy) - \sin x \sin(iy)$

$\qquad\quad = \cos x \cosh y - i \sin x \sinh y$

$\qquad\quad = u(x, y) + iv(x, y)$

(2) $\cos z = \cos x \cosh y - i \sin x \sinh y = 3$

$\qquad \Rightarrow \begin{cases} \sin x \sinh y = 0 & (a) \\ \cos x \cosh y = 3 & (b) \end{cases}$

由(a)得 $y = 0$ 或 $x = n\pi$; $n = 1, 2, \cdots$

若 $y = 0 \Rightarrow \cosh y = 1 \Rightarrow$ 由(b)知 $\cos x = 3$（不合）

若 $x = n\pi$; $n = 1, 2, \cdots \Rightarrow \cos x = (-1)^n$，

但知 $\cosh y > 0$，故由(b)知 $\cos x$ 必須為 1

$\cosh y = 3, y = \cosh^{-1} 3$

$\therefore \cos z = 3 \Rightarrow z = 2n\pi + i \cos^{-1} 3$; $n = 1, 2, \cdots$

15-3　解析函數

一、複變函數的極限

定義：$f(z)$ 在 z_0 的某個去心鄰域內（$0 < |z - z_0| < \delta$）有定義。對於任意 $\varepsilon > 0$ 存在一正實數 δ，使得只要 $|z - z_0| < \delta$，恆使 $|f(z) - l| < \varepsilon$ 則稱 $f(z)$ 在 $z = z_0$ 點之極限存在，$\lim\limits_{z \to z_0} f(z) = l = f(z_0)$

觀念提示： 1. 通常 δ 之決定與 ε 有關。

2. 若極限值存在，極限值之決定與 $z \to z_0$ 之路徑無關，逼近的路徑有無限多種。

3. 連續：若 $f(z_0)$ 為確切定義，$\lim\limits_{z \to z_0} f(z) = f(z_0) \Rightarrow$ 稱 $f(z)$ 在 z_0 點為連續。

4.對具有 branch cut 的函數而言，在 branch cut 上的每一點均不存在極限。

二、複變函數之微分

定義：就單值函數 $f(z)$ 而言，若下式極限存在，則稱 $f(z)$ 在 z_0 可微分，且此極限值 $f'(z_0)$ 稱 $f(z)$ 在 z_0 之導數

$$f'(z_0) = \lim_{z \to z_0} \frac{f(z) - f(z_0)}{z - z_0} \tag{23a}$$

或

$$f'(z_0) = \lim_{\Delta z \to 0} \frac{f(z_0 + \Delta z) - f(z_0)}{\Delta z} \tag{23b}$$

說例：證明 $\bar{z}$ 不可微分

解：留作習題

定義：Analytic（可解析）

若一單值函數在 z_0 及其鄰近區間內每一點均存在導數，則稱 $f(z)$ 在 z_0 點為解析點（又稱 z_0 為 regular point）。

定義：解析函數（analytic function）

$f(z)$ 為一單值函數，若所有 $z \in D_f$ 均使 $f'(z)$ 存在則稱 $f(z)$ 在 D_f 內為解析函數（analytic function means a function that is analytic in some domain）。

定義：全函數

若 D_f 為全複數平面 $\Rightarrow f(z)$ 稱全函數（entire function）或可視為無缺陷的複變函數。

觀念提示： 1.多項式函數、指數、三角、雙曲函數均為全函數

2.對數函數除 branch point 及 branch cut 外均為 analytic function

3.若 $f(z)$ 可微 $\Rightarrow f(z)$ 必為連續函數（反之未必然）

三、哥西一里曼條件（Cauchy Riemamn Condition）

定理 2

$w = f(z) = u + iv$，若 u 及 v 在區域 R 均存在連續之一階偏導數

$\Rightarrow f(z)$ 在區域 R 為解析函數的充要條件為：

$$\frac{\partial u}{\partial x} = \frac{\partial v}{\partial y} \; ; \; \frac{\partial u}{\partial y} = -\frac{\partial v}{\partial x} \text{（直角座標）} \tag{24}$$

$$\frac{\partial u}{\partial r} = \frac{1}{r} \frac{\partial v}{\partial \theta} \; ; \; \frac{\partial v}{\partial r} = \frac{-1}{r} \frac{\partial u}{\partial \theta} \text{（極座標）} \tag{25}$$

證明：(a)必要性（直角座標）：

若 $f(z) = u(x, y) + iv(x, y)$ 為解析 $\Rightarrow \dfrac{df}{dz}$ 存在且等於

$$\frac{df}{dz} = \lim_{\Delta z \to 0} \frac{\Delta f(z + \Delta z) - f(z)}{\Delta z}$$

$$= \lim_{\Delta z \to 0} \left\{ \frac{u(x + \Delta x, y + \Delta y) + iv(x + \Delta x, y + \Delta y)}{\Delta x + i\Delta y} - \frac{u(x, y) + iv(x, y)}{\Delta x + i\Delta y} \right\}$$

則：

$$f'(z) = \lim_{\Delta x \to 0} \lim_{\Delta y \to 0} \left\{ \frac{u(x + \Delta x, y + \Delta y) - u(x, y)}{\Delta x + i\Delta y} + \frac{i[v(x + \Delta x, y + \Delta y) - v(x, y)]}{\Delta x + i\Delta y} \right\}$$

$$= \lim_{\Delta x \to 0} \frac{u(x + \Delta x, y) - u(x, y)}{\Delta x} + i \lim_{\Delta x \to 0} \frac{v(x + \Delta x, y) - v(x, y)}{\Delta x} \tag{26}$$

$$= \frac{\partial u}{\partial x} + i \frac{\partial v}{\partial x}$$

若先取 $\Delta x \to 0$，再取 $\Delta y \to 0$

$$f'(z) = \lim_{\Delta y \to 0} \left\{ \frac{u(x, y + \Delta y) - u(x, y)}{i\Delta y} + \frac{i[v(x, y + \Delta y) - v(x, y)]}{i\Delta y} \right\} \tag{27}$$

$$= -i \frac{\partial u}{\partial y} + \frac{\partial v}{\partial y}$$

因解析函數之導數與趨近路徑無關，所以(26) = (27)

$$\Rightarrow \frac{\partial u}{\partial x} = \frac{\partial v}{\partial y}, \frac{\partial u}{\partial y} = -\frac{\partial v}{\partial x}$$

(b)充分性：

〈Ⅰ〉直角座標（$z = x + iy$）

若 f 對 z 為可微，則：

$$\frac{\partial f}{\partial x} = \frac{df}{dz} \frac{\partial z}{\partial x} = \frac{df}{dz} = \frac{\partial u}{\partial x} + i \frac{\partial v}{\partial x} \tag{28}$$

$$\frac{\partial f}{\partial y} = \frac{df}{dz} \frac{\partial z}{\partial y} = i \frac{df}{dz} = \frac{\partial u}{\partial y} + i \frac{\partial v}{\partial y} \tag{29}$$

由(28)與(29) $\Rightarrow \dfrac{\partial u}{\partial x} = \dfrac{\partial v}{\partial y}, \dfrac{\partial u}{\partial y} = -\dfrac{\partial v}{\partial x}$

〈 II 〉極座標 $z = re^{i\theta}$

$$\frac{\partial f}{\partial r} = \frac{df}{dz}\frac{\partial z}{\partial r} = e^{i\theta}\frac{df}{dz} = \frac{\partial u}{\partial r} + i\frac{\partial v}{\partial r} \tag{30}$$

$$\frac{\partial f}{\partial \theta} = \frac{df}{dz}\frac{\partial z}{\partial \theta} = ire^{i\theta}\frac{df}{dz} = \frac{\partial u}{\partial \theta} + i\frac{\partial v}{\partial \theta} \tag{31}$$

比較(30)與(31)，可得

$$\frac{\partial u}{\partial r} = \frac{1}{r}\frac{\partial v}{\partial \theta}, \frac{\partial v}{\partial r} = -\frac{1}{r}\frac{\partial u}{\partial \theta}$$

比較(28)與(26)且由(30)，可得以下定理：

定理 3

若 $f(z)$ 為可微，則其微分式 $f'(z)$ 為

$$f(z) = u(x, y) + iv(x, y) \Rightarrow \frac{df}{dz} = \frac{\partial u}{\partial x} + i\frac{\partial v}{\partial x} = \frac{\partial f}{\partial x} \tag{32}$$

$$f(z) = u(r, \theta) + iv(r, \theta) \Rightarrow \frac{df}{dz} = e^{-i\theta}\left(\frac{\partial u}{\partial r} + i\frac{\partial v}{\partial r}\right) = e^{-i\theta}\frac{\partial f}{\partial r} \tag{33}$$

四、共軛座標系的 C-R condition

定義：使用 z 及 $\bar{z}$ 為變數的座標系 $(z, \bar{z})$ 稱為共軛座標系（conjugate coordinate）

$$z = x + iy \Leftrightarrow x = \frac{z + \bar{z}}{2} \;;\; \bar{z} = x - iy \Leftrightarrow y = \frac{z - \bar{z}}{2i}$$

$$\Rightarrow \text{Jacobian 為}: \frac{\partial(z, \bar{z})}{\partial(x,y)} = \begin{vmatrix} 1 & i \\ 1 & -i \end{vmatrix} = -2i \neq 0$$

定理 4

$$f = u(x, y) + iv(x, y) = u\left(\frac{z + \bar{z}}{2}, \frac{z - \bar{z}}{2i}\right) + iv\left(\frac{z + \bar{z}}{2}, \frac{z - \bar{z}}{2i}\right)$$

$$\Rightarrow \text{C-R condition 為}: \frac{\partial f}{\partial \bar{z}} = 0$$

證明：

$$\frac{\partial f}{\partial \bar{z}} = \frac{\partial u}{\partial \bar{z}} + i\frac{\partial v}{\partial \bar{z}}$$

$$= \left(\frac{\partial u}{\partial x}\frac{\partial x}{\partial \bar{z}} + \frac{\partial u}{\partial y}\frac{\partial y}{\partial \bar{z}}\right) + i\left(\frac{\partial v}{\partial x}\frac{\partial x}{\partial \bar{z}} + \frac{\partial v}{\partial y}\frac{\partial y}{\partial \bar{z}}\right)$$

$$= \frac{1}{2}\frac{\partial u}{\partial x} + \frac{i}{2}\frac{\partial u}{\partial y} + i\left(\frac{1}{2}\frac{\partial v}{\partial x} + \frac{i}{2}\frac{\partial v}{\partial y}\right)$$

$$= \frac{1}{2}\left(\frac{\partial u}{\partial x} + i\frac{\partial u}{\partial y}\right) + \frac{i}{2}\left(\frac{\partial v}{\partial x} + i\frac{\partial v}{\partial y}\right)$$

$f(z)$ 為 analytic，代入 C-R condition 可得 $\frac{\partial f}{\partial \bar{z}} = 0$

觀念提示： 由定理 4 可知，若一複變函數在共軛座標系下為 analytic 則此函數與 $\bar{z}$ 無關。

例題 12： Where does $f'(z)$ exist and where is $f(z)$ analytic if $f(z) = xy^2 + ix^2y$ which is a complex function 　　　　　　　　　　　　　　　　　　【交大電子】

解　$f(z) = u + iv$

$\frac{df}{dz} = \frac{\partial u}{\partial x} + i\frac{\partial v}{\partial x} = y^2 + i2xy$

又 $\frac{df}{dz} = \frac{\partial v}{\partial y} - i\frac{\partial u}{\partial y} = x^2 - i2xy$

則 $\begin{cases} x^2 = y^2 \\ 2xy = -2xy \end{cases}$

顯然的，上式只有在 $x = 0$，$y = 0$ 處才成立，因 $f'(z)$ 只在 $z = 0 + 0i$ 處才存在，因此 $f(z)$ 不可解析。

例題 13： Let $f(z)$ is analytic in a domain D. If the modulus $|f(z)|$ is constant, then $f(z)$ is constant in D. 　　　　　　　　　　　　　　　　　【交大電物】

解　$f(z) = u + iv$，已知 $f(z)$ 在 D 內為可解析，故在 D 內必滿足 C-R condition：

$\frac{\partial u}{\partial x} = \frac{\partial v}{\partial y}$; $\frac{\partial u}{\partial y} = -\frac{\partial v}{\partial x}$

若 $|f(z)| = $ constant $\Rightarrow u^2 + v^2 = |f(z)|^2 = \text{cosns tan } t$

分別對 x 及 y 偏微後可得：

$2uu_x + 2vv_x = 0$ 　　　　　　　　　　　　　　　　　　　　(a)

$2uu_y + 2vv_y = 0$ 　　　　　　　　　　　　　　　　　　　　(b)

將 C-R condition 代入(a)式後可得：

$2uv_y - 2vu_y = 0$ 　　　　　　　　　　　　　　　　　　　　(c)

由(b)式與(c)式聯立求解，並假設 $|f(z)|^2 = u^2 + v^2 \neq 0$（若 $|f(z)| = 0$ 則本題之敘述顯然成立）後可得 $u_y = 0, v_y = 0$；再由 C-R condition 可知 $u_x = 0, v_x = 0$

$\therefore u = $ constant, $v = $ constant

例題 14：若 $\ln z = \ln|z| + i \arg(z), 0 \leq \arg(z) < 2\pi$，則 $\lim\limits_{z \to 1} \ln z = ?$

解 若函數 $\ln z$ 在 $z=1$ 點存在極限，則不論以任何方式趨近於 $z=1$，函數 $\ln z$ 之極限值均相同。

如圖所示，選擇 C_1 及 C_2 兩條趨近的路線：

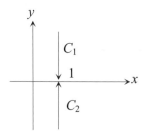

$C_1: \lim\limits_{z \to 1} \ln|z| = \ln 1 = 0, \ \lim\limits_{z \to 1} \arg(z) = 0,$

$\therefore \lim\limits_{z \to 1} \ln z = 0$

$C_2: \lim\limits_{z \to 1} \ln|z| = \ln 1 = 0, \ \lim\limits_{z \to 1} \arg(z) = 2\pi,$

$\therefore \lim\limits_{z \to 1} \ln z = 2\pi i$

沿 C_1 及 C_2 不同的路徑，分別可得到不同的極限值，故極限不存在

觀念提示： 對具有 branch cut 的函數而言，branch cut 上的任一點均不存在極限，不連續，且不可微分。

例題 15：(1) Does the following complex function satisfy C-R condition?

$$f(z) = \begin{cases} \dfrac{\bar{z}^2}{z}, & z \neq 0 \\ 0, & z = 0 \end{cases}$$

(2) Does the derivative of $f(z)$ at $z=0$ exist?　　　　　【101 中山電機】

解 $(1) f(z) = \dfrac{\bar{z}^2}{z} = r(\cos 3\theta - i \sin 3\theta) = u + iv$

$\dfrac{\partial u}{\partial r} = \dfrac{1}{r} \dfrac{\partial v}{\partial \theta} \Rightarrow \cos 3\theta = 0$

$\dfrac{\partial v}{\partial r} = \dfrac{-1}{r} \dfrac{\partial u}{\partial \theta} \Rightarrow \sin 3\theta = 0$

C-R condition does not satisfy

(2) Let $y = mx$, then

$$f'(0) = \lim_{z \to 0} \frac{f(z) - f(0)}{z} = \lim_{\substack{x \to 0 \\ y \to 0}} \frac{(x - iy)^2}{(x + iy)^2} = \lim_{\substack{x \to 0 \\ y \to 0}} \frac{(x - imx)^2}{(x + imx)^2}$$

$$= \lim_{x \to 0} \frac{(x - imx)^2}{(x + imx)^2} = \frac{(1 - im)^2}{(1 + im)^2}$$

Limit does not exist

例題 16：證明：若$f(z)$在z_0為可微分，則$f(z)$在z_0必為連續，並給一例證明反之不然

解　⑴若$f(z)$在z_0為可微分，則極限 $\lim\limits_{z \to z_0} \dfrac{f(z) - f(z_0)}{z - z_0}$ 存在

　　$\because \lim\limits_{z \to z_0}(z - z_0) = 0$，因此必須滿足 $\lim\limits_{z \to z_0} f(z) - f(z_0) = 0$

　　則$f(z)$在z_0必為連續

⑵若$f(z) = \bar{z} = x - iy$則有 $\lim\limits_{z \to z_0} f(z) = f(z_0)$（連續），但經檢查 C-R condition

　　不難發現，$f(z) = \bar{z} = x - iy$在任何地方均不可微分。

觀念提示：　函數若可微分 $\Rightarrow$ 必為連續函數，反之未必然。

　　　　　　$f(z)$ 為 analytic，代入 C-R condition 可得 $\dfrac{\partial f}{\partial \bar{z}} = 0$

五、解析函數的特性

定理 5

if $f(z) = u(x, y) + iv(x, y)$ is analytic function，則 $u(x, y), v(x, y)$之二階偏導數均連續且滿足 Laplace equation

$$\begin{cases} u_{xx} + u_{yy} = 0 \\ v_{xx} + v_{yy} = 0 \end{cases}$$

但反之未必然

證明：已知$f(z) = u(x, y) + iv(x, y)$ is analytic

　　　$\Rightarrow \dfrac{\partial u}{\partial x} = \dfrac{\partial v}{\partial y} \Rightarrow \dfrac{\partial^2 u}{\partial x^2} = \dfrac{\partial^2 v}{\partial x \partial y}$

　　　同理

　　　$\dfrac{\partial u}{\partial y} = -\dfrac{\partial v}{\partial x} \Rightarrow \dfrac{\partial^2 u}{\partial y^2} = -\dfrac{\partial^2 v}{\partial x \partial y}$

$$\therefore \frac{\partial^2 u}{\partial x^2} + \frac{\partial^2 u}{\partial y^2} = 0 \quad \therefore \nabla^2 u = 0$$

同理可證$\therefore \nabla^2 v = 0$

觀念提示： 對任何實變函數 $u(x, y, z)$，若滿足 Laplace equation，$u_{xx} + u_{yy} + u_{zz} = 0 \Rightarrow$ u 為諧合函數（Harmonic function）。

定理 6

if $f(z) = u(r, \theta) + iv(r, \theta)$ is analytic function，則 $u(r, \theta), v(r, \theta)$ 之二階偏導數均連續且滿足 Laplace equation

$$\begin{cases} \nabla^2 u = u_{rr} + \dfrac{1}{r} u_r + \dfrac{1}{r^2} u_{\theta\theta} = 0 \\[2mm] \nabla^2 v = v_{rr} + \dfrac{1}{r} v_r + \dfrac{1}{r^2} v_{\theta\theta} = 0 \end{cases}$$

但反之未必然

定理 7

If $f(z) = u(x, y) + iv(x, y)$ 在某區域為 analytic

$\Rightarrow u(x, y) = c_1$ 與 $v(x, y) = c_2$ 在此區域將形成正交曲線族，但反之未必然

證明： $u(x, y) = c_1$

$$\Rightarrow du = \frac{\partial u}{\partial x} dx + \frac{\partial u}{\partial y} dy = 0 \quad （全微分）$$

$$\therefore m_1 = \frac{dy}{dx} = -\frac{u_x}{u_y}$$

for $v(x, y) = c_2$

$$\Rightarrow dv = \frac{\partial v}{\partial x} dx + \frac{\partial v}{\partial y} dy = 0$$

$$\therefore m_2 = \frac{dy}{dx} = -\frac{v_x}{v_y}$$

From C-R condition: $u_x = v_y, u_y = -v_x$ 代入可得

$$m_1 m_2 = \left(-\frac{u_x}{u_y} \right) \cdot \left(-\frac{v_x}{v_y} \right) = -1$$

$\Rightarrow u(x, y) = c_1$ 與 $v(x, y) = c_2$ 正交

例題 17：If $f(z) = u(x, y) + iv(x, y)$ 在某區域為 analytic, and $u(x, y) = \exp(3x) \cos(3y)$

(1) find out $v(x, y)$

(2) calculate $f'(z)$　　　　　　　　　　　　　　　　　　　【101 台大電子】

解

$$(1)\frac{\partial u}{\partial x} = \frac{\partial v}{\partial y}; \frac{\partial u}{\partial y} = -\frac{\partial v}{\partial x}$$

$$v(x, y) = \exp(3x)\sin(3y) + c$$

$$(2)\frac{df}{dz} = \frac{\partial u}{\partial x} + i\frac{\partial v}{\partial x} = \frac{\partial f}{\partial x}$$

例題 18：討論以下複變函數 $f(z)$，在何處為可微分，又在何處為可解析

$$f(z) = (2x - x^3 - xy^2) + i(x^2y + y^3 - 2y)$$ 【台大機械】

解

$$f(z) = u(x, y) + iv(x, y) = (2x - x^3 - xy^2) + i(x^2y + y^3 - 2y)$$

$u_x = v_y$ 則有 $(2 - 3x^2 - y^2) = (x^2 + 3y^2 - 2) \Rightarrow x^2 + y^2 = 1$

$u_y = -v_x$ 則有 $2xy = 2xy$

由 C-R condition 可知，在 $|z| = 1$ 圓周上為可微分，但在任何一可微分點附近，必定可以找到不可微分點，故均不可解析

例題 19：Let $f(z) = u(x, y) + iv(x, y)$ be an analytic function, show that

(a)Both $u(x, y)$ and $v(x, y)$ satisfy Laplace equation

(b)Equal-value lines of $u(x, y)$ are perpendicular to those of $v(x, y)$

【交大電信】

解

(a)若 $f(z)$ 為解析，則 $f(z)$ 之各階導數均存在，且仍為解析函數。故 $f'(z)$ $= u_x + iv_x$ 仍為解析函數

$$\Rightarrow \frac{\partial u_x}{\partial x} = \frac{\partial v_x}{\partial y}, \frac{\partial u_x}{\partial y} = -\frac{\partial v_x}{\partial x}$$

已知 $u_x = v_y, u_y = -v_x$ 代入上式可得

$$u_{xx} = \frac{\partial}{\partial y}(v_x) = \frac{\partial}{\partial y}(-u_y) = -u_{yy} \Rightarrow u_{xx} + u_{yy} = 0$$

$$v_{xx} = -\frac{\partial}{\partial y}(u_x) = -\frac{\partial}{\partial y}(v_y) = -v_{yy} \Rightarrow v_{xx} + v_{yy} = 0$$

故 u, v 皆滿足 Laplace equation（皆為 harmonic function）

(b)曲線 $u(x, y) = C_1$ 之切線斜率可利用全微分導出：

$$du = u_x dx + u_y dy = 0 \Rightarrow \frac{dy}{dx} = -\frac{u_x}{u_y}$$

同理 $v(x, y) = C_2$ 之切線斜率為

$$\frac{dy}{dx} = -\frac{v_x}{v_y}$$

$$\left(-\frac{u_x}{u_y}\right)\left(-\frac{v_x}{v_y}\right) = -\frac{v_y}{v_x}\frac{v_x}{v_y} = -1$$

故知 $u(x, y) = C_1$ 與 $v(x, y) = C_2$ 為正交曲線

例題 20：$u(x, y) = x^3 - 3xy^2$. Find a function v so that the function of $C \to C$ defined by $f(z) = u(x, y) + iv(x, y)$ is analytic.

解

$$\frac{\partial u}{\partial x} = \frac{\partial v}{\partial y}; \frac{\partial u}{\partial y} = -\frac{\partial v}{\partial x}$$

$$v(x, y) = 3x^2y - y^3 + c$$

例題 21：Verify that $u(x, y) = \ln|z|$ is harmonic and find a corresponding analytic function $f(z) = u(x, y) + iv(x, y)$ with complex number $z = x + iy$　【101 成大光電】

解

$(1) u(x, y) = \ln|z| = \ln r$

$$\Rightarrow \nabla^2 u = u_{rr} + \frac{1}{r}u_r + \frac{1}{r^2}u_{\theta\theta} = \frac{-1}{r^2} + \frac{1}{r}\cdot\frac{1}{r} + 0 = 0$$

$(2) f(z) = u(x, y) + iv(x, y)$ is analytic function, then

$$\frac{\partial u}{\partial r} = \frac{1}{r}\frac{\partial v}{\partial \theta}; \frac{\partial v}{\partial r} = \frac{-1}{r}\frac{\partial u}{\partial \theta}$$

$$\Rightarrow v(r, \theta) = \theta + c$$

綜合練習

1. Proof $\tan z = \dfrac{\sin 2x + i\sin 2y}{\cos 2x + \cosh 2y}$　　【交大電信】

2. Calculate: $\ln(-1+\sqrt{3}i)$, $(1+i)^i$ and $\tan^{-1} 2i$　　【交大電信】

3. If $u = e^{-x}(x\sin y - y\cos y)$, find v such that $f(z) = u + iv$ is analytic.

4. Show that the function $f(z) = |z|^2$ is differentiable only at $z = 0$

5. $f(z) = \bar{z}, f'(z) = ?$

6. Evaluate $\lim\limits_{z\to 0}(\cos z)^{\frac{1}{z^2}} = ?$　　【台大機械】

7. $f(z) = z^{\frac{1}{2}}$ 在何處為解析？　　【台大電機】

8. 將 $\nabla^2 = \dfrac{\partial^2}{\partial x^2} + \dfrac{\partial^2}{\partial y^2}$ 以共軛座標表示之　　【成大土木】

9. Verify that the real and imaginary parts of the function $f(z) = (z+1)^2$ are harmonic functions 【交大工工】

10. Let $u: R^2 \to R$ be defined by $u(x, y) = x^2 - y^2$

(a)Show that u is harmonic on R^2

(b)Find a function $v: R^2 \to R$ so that the function of $C \to C$ defined by $f(z) = u + iv$ is analytic.【交大控制】

11. $u(x, y) = x^3 - 3xy^2$. Find a function v so that the function of $C \to C$ defined by $f(z) = u + iv$ is analytic.

【交大應數】

12. Find the imaginary and real part of $\cot\left(\dfrac{\pi}{4} - i \ln 2\right)$ 【交大電子】

13. Verify both the imaginary and real parts of $f(z) = (z+1)^2$ are harmonic functions 【交大工工】

14. If $f(z)$ is analytic function , prove: $\left(\dfrac{\partial^2}{\partial x^2} + \dfrac{\partial^2}{\partial y^2}\right)|f(z)|^2 = 4|f'(z)|^2$ 【中山應數】

15. 在某區域 R 上，函數 u, v 均為 harmonic function 證明 $\left(\dfrac{\partial u}{\partial y} - \dfrac{\partial v}{\partial x}\right) + i\left(\dfrac{\partial u}{\partial x} + \dfrac{\partial v}{\partial y}\right)$ 為 analytic function

【成大機械】

16. If $u(x, y) = x^3 + 3x^2y + axy^2 + by^3$ is harmonic function, determine a, b and function $v(x, y)$ such that $u + iv$ is analytic 【交大光電】

17. (1) Prove that $\sin z = \sin x \cosh y + i \cos x \sinh y$

(2) Find all solutions of the equations of the equation $\sin z = \cosh 4$. 【中正電機】

18. True or false, with reason if true and counter-example if false. 【交大電信】

$(1) f(z) = \begin{cases} \dfrac{\cos z - 1}{z^2} & if \quad z \neq 0 \\ \dfrac{-1}{2} & if \quad z = 0 \end{cases}$ is an entire function

(2) If $f'(z) = 0$ for all complex number z, then $f(z)$ is constant function

(3) If $u: R^2 \to R$ is harmonic function, then $f(z) \equiv u_x - iu_y$ is an entire function.

19. (a)Please explain the meaning of a cut in a complex plane

(b)Find the cut of the complex function $f(z) = [z(z^2 - 1)]^{\frac{1}{2}}$ in the complex plane of z.

(c)Compute the integral $\oint_C f(z)dz$ with the contour C a circle of radius $\dfrac{1}{2}$. Is the value equal to zero? If not,

how do you modify the contour such that it is zero? Justify your modification. 【中正物理】

20. Find (a) all the roots for $(8 - 8\sqrt{2}i)^{\frac{1}{4}}$

(b)the limit for $\lim\limits_{z \to 1+i} (x + i(x + 2y))$, where $z = x + iy$

(c)the principal value of $(1 + i)^{2i}$ 【交大控制】

21. For the multivalued function $(z^2 - 1)^{\frac{1}{3}}(z - 3)^{\frac{1}{3}}$

(a)Please find the branch points of the function

(b)Find suitable branch cuts for defining a branch 【交大電信】

22. (a)Show that $\cosh z = \cosh x \cos y + i \sinh x \sin y$　(b)Show that $\sin^{-1} z = -i \ln[iz + (1 - z^2)^{\frac{1}{2}}]$

(c)Find the principle value of $(1 + i)^{1-i}$ 【中央電機】

23. Determine where the following functions are analytic

$(1) f(z) = \dfrac{x^2}{3} + i\left(y - \dfrac{y^3}{3}\right)$　　$(2) f(z) = (1 + i)(x + y^2)$　　$(3) f(z) = z\bar{z}$ 【清大物理】

24. Suppose that $f(z) = u + iv$ and $g(z) = v + iu$ both are analytic, show that u and v must both be constants

【交大電信】

25. (1) Give the definition of which f is an analytic function on the whole complex plane.

(2) Is $f(z) = z + \bar{z}$ an analytic function? 【交大光電】

(3) Suppose that both $f(z)$ and $\overline{f(z)}$ are analytic functions. Should $f(z)$ be constant function?

26. Express all values of the following complex numbers in the form of $a + bi$

(1) $(2i)^{3i}$　(2) $(1+i)^{1-i}$ 【交大電信】

27. What does $\left|\dfrac{z}{z-1}\right| = 2$ represents? 【中山機械】

28. Find the roots of (1) $\sqrt[4]{-1}$　(2) $\sqrt[3]{1+i}$ 【交大土木】

29. Find the branch point and branch cut of $\sqrt{z}$ 【中山光電】

30. Let $\omega = z^{\frac{1}{n}}$ denote a complex function, where n is a positive integer. Show that ω has in general n roots, followed to find the roots of $\left(\dfrac{1}{4}\right)^{\frac{1}{4}}$ 【逢甲機械】

31. 求 $z^4 + iz^3 + 3z^2 + 2iz + 2 = 0$ 在上半平面有多少根.

32. Is the complex function $f(z) = z\sin\left(\dfrac{1}{z}\right)$ analytic at $z = 0$? If not, what type of the singularity is it?

【台大機械】

33. (1) Prove that $\sin z = \sin x \cosh y + i \cos x \sinh y$

(2) Find all solutions of the equation $\sin z = \cosh 4$, where z is in the complex plane. 【中正電機】

34. Find the limit of $\dfrac{z^2}{|z|^2}$ as z approaches 0. Note that z is a complex number 【台大材料】

35. For a complex function: $f(z) = e^x(x\cos y - y\sin y) + ie^x(y\cos y + x\sin y)$ 【台科大電子】

(1) Prove $f(z)$ is analytic　　(2) Determine whether $f'(z)$ exist and find its value

36. Is the complex function $f(z) = z\sin\left(\dfrac{1}{z}\right)$ analytic at $z = 0$? If not, what type of the singularity is it?

【台大機械】

37. 已知 $f(z) = u(x, y) + iv(x, y)$ 在單連封閉曲線 C 上及其內部為解析，證明：

$\dfrac{\partial u}{\partial s} = -\dfrac{\partial v}{\partial n}, \dfrac{\partial u}{\partial n} = \dfrac{\partial v}{\partial s}$；其中 $\dfrac{\partial u}{\partial s} = \hat{\mathbf{t}} \cdot \Delta u$，而 $\dfrac{\partial u}{\partial n} = \hat{\mathbf{n}} \cdot \Delta u$；向量 $\hat{\mathbf{t}}$ 及 $\hat{\mathbf{n}}$ 為曲線 C 上某點之單位切線向量與法向量，且 $\hat{\mathbf{t}} = \hat{\mathbf{i}}\cos\phi + \hat{\mathbf{j}}\sin\phi, \hat{\mathbf{n}} = \hat{\mathbf{i}}\sin\phi - \hat{\mathbf{j}}\cos\phi$ 【交大機械】

38. $\dfrac{\left(\frac{3}{2}\sqrt{3} + \frac{3}{2}i\right)^6}{\left(\sqrt{\frac{5}{2}} + \sqrt{\frac{5}{2}}i\right)^3} = a + bi$, find a and $b = ?$ 【101 海洋光電】

39. $f(z) = [(z+2)^3 + z^3]^4, \dfrac{df(z)}{dz} = ?$ 【101 海洋光電】

16 複變函數⑵─複變函數 的定積分

鍥而舍之，朽木不折；鍥而不舍，金石可鏤

—荀子勸學

16-1 複平面的線積分

一、實數定積分

$$\int_a^b f(x)dx = \lim_{n\to\infty} \sum_{i=1}^n f(\xi_i)\Delta x_i$$

其中　$\Delta x_i = x_i - x_{i-1}$

　　　　$\xi_i \in [x_{i-1}, x_i]$

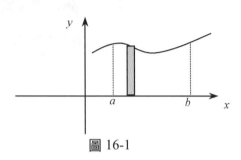

圖 16-1

實數定積分表示 $f(x)$ 曲線下在 $x=a$ 及 $x=b$ 之間與 x 軸所圍之面積大小

二、複變函數線積分

在複平面上，自 $z=a$ 到 $z=b$ 有無限多種路徑，因此複變函數的線積分必須指明積分路徑

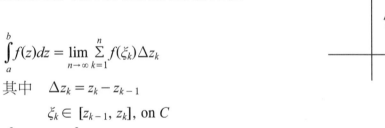

圖 16-2

$$\int_a^b f(z)dz = \lim_{n\to\infty} \sum_{k=1}^n f(\xi_k)\Delta z_k$$

其中　$\Delta z_k = z_k - z_{k-1}$

　　　　$\xi_k \in [z_{k-1}, z_k]$, on C

$$\begin{aligned}
\int_C f(z)dz &= \int_C [u(x, y) + iv(x, y)](dx + idy) \\
&= \int_C [u(x(t), y(t)) + iv(x(t), y(t))]\left(\frac{dx}{dt} + i\frac{dy}{dt}\right)dt \qquad (1) \\
&= \int_C [u(x, y)dx - v(x, y)dy] + i\int_C [u(x, y)dy + v(x, y)dx]
\end{aligned}$$

由(1)可知複變函數的線積分可以看成是二個實變函數積分或二個向量函數線積分的組合。故顯然符合下列特性：

(a) $\int_C [af_1(z) + bf_2(z)]dz = a\int_C f_1(z)dz + b\int_C f_2(z)dz$ （線性） $\qquad (2)$

(b) $\int_{C_1} f(z)dz + \int_{C_2} f(z)dz = \int_{C_1+C_2} f(z)dz$ （路徑可相加） $\qquad (3)$

(c) $\int_C f(z)dz = -\int_{C^{-1}} f(z)dz$ （C^{-1} 為 C 之反向路徑） $\qquad (4)$

三、平面 Green 定理之複數表示法

定理 1：平面 Green 定理

若曲線 C 為簡連封閉曲線（simple connected region），S 表示曲線 C 所包圍之區域，若函數 $P(x, y), Q(x, y), \dfrac{\partial P}{\partial y}, \dfrac{\partial Q}{\partial x}$ 在 S 內為連續且單值，則有：

$$\iint_S \left(\frac{\partial Q}{\partial x} - \frac{\partial P}{\partial y} \right) dxdy = \oint_C Pdx + Qdy \tag{5}$$

證明：見第 14 章第 5 節

$$w = f(z) = u(x, y) + iv(x, y)$$

$$\oint_C f(z, \bar{z})dz = \oint_C (udx - vdy) + i\oint_C (udy + vdx)$$

$$= -\iint_R \left(\frac{\partial v}{\partial x} + \frac{\partial u}{\partial y} \right) dxdy + i\iint_R \left(\frac{\partial u}{\partial x} - \frac{\partial v}{\partial y} \right) dxdy \tag{6}$$

$$= i\iint_R \left[\left(\frac{\partial u}{\partial x} - \frac{\partial v}{\partial y} \right) + i\left(\frac{\partial v}{\partial x} + \frac{\partial u}{\partial y} \right) \right] dxdy$$

$$= 2i\iint_R \frac{\partial f}{\partial \bar{z}} dxdy$$

其中

$$\frac{\partial f}{\partial \bar{z}} = \frac{\partial f}{\partial x}\frac{\partial x}{\partial \bar{z}} + \frac{\partial f}{\partial y}\frac{\partial y}{\partial \bar{z}} = \frac{\partial f}{\partial x}\frac{1}{2} + \frac{\partial f}{\partial y}\frac{-1}{2i} = \frac{1}{2}\left(\frac{\partial f}{\partial x} + i\frac{\partial f}{\partial y} \right)$$

$$= \frac{1}{2}\left[\left(\frac{\partial u}{\partial x} + i\frac{\partial v}{\partial x} \right) + i\left(\frac{\partial u}{\partial y} + i\frac{\partial v}{\partial y} \right) \right] \tag{7}$$

$$= \frac{1}{2}\left[\left(\frac{\partial u}{\partial x} - \frac{\partial v}{\partial y} \right) + i\left(\frac{\partial u}{\partial y} + i\frac{\partial v}{\partial x} \right) \right]$$

(7)式亦可由以下推導獲得

$$\frac{\partial f}{\partial \bar{z}} = \frac{\partial u}{\partial \bar{z}} + i\frac{\partial u}{\partial \bar{z}}$$

$$= \frac{\partial u}{\partial x} \times \frac{1}{2} + \frac{\partial u}{\partial y} \times \frac{i}{2} + i\left(\frac{\partial v}{\partial x} \times \frac{1}{2} + \frac{\partial v}{\partial y} \times \frac{i}{2} \right) \tag{8}$$

$$= \frac{1}{2}\left[\left(\frac{\partial u}{\partial x} - \frac{\partial v}{\partial y} \right) + i\left(\frac{\partial u}{\partial y} + i\frac{\partial v}{\partial x} \right) \right]$$

∴根據以上之討論可得到以下定理

定理 2：Green 定理在複平面可表為

$$\oint_C f(z, \bar{z})dz = 2i \iint_R \frac{\partial f}{\partial \bar{z}}dxdy$$

觀念提示： 1. 同理可得

$$\frac{\partial f}{\partial z} = \frac{\partial f}{\partial x}\frac{\partial x}{\partial z} + \frac{\partial f}{\partial y}\frac{\partial y}{\partial z} = \frac{\partial f}{\partial x}\frac{1}{2} + \frac{\partial f}{\partial y}\frac{1}{2i} = \frac{1}{2}\left(\frac{\partial f}{\partial x} - i\frac{\partial f}{\partial y}\right)$$

$$= \frac{1}{2}\left[\left(\frac{\partial u}{\partial x} + i\frac{\partial v}{\partial x}\right) - i\left(\frac{\partial u}{\partial y} + i\frac{\partial v}{\partial y}\right)\right] \qquad (9)$$

$$= \frac{1}{2}\left[\left(\frac{\partial u}{\partial x} + \frac{\partial v}{\partial y}\right) + i\left(\frac{\partial v}{\partial x} - i\frac{\partial u}{\partial y}\right)\right]$$

2. 同理可得，若 $f_1\ (z,\bar{z}), f_2\ (z,\bar{z})$ 為曲線 C 上及區域 R 內連續函數，則

$$\oint_C [f_1\ (z,\bar{z})dz + f_2\ (z,\bar{z})d\bar{z} = 2i \iint_R \left(\frac{\partial f_1}{\partial \bar{z}} - \frac{\partial f_2}{\partial z}\right)dxdy \qquad (10)$$

例題 1：Show that

$$\oint_{|z-z_0|=r} \frac{dz}{(z-z_0)^{n+1}} = \begin{cases} 2\pi \ ; \ n=0 \\ 0 \ \ ; \ n \neq 0 \end{cases}$$ 　【交大光電，清華材料】

解　　積分路徑 $|z-z_0|=r$ 可表示為 $z=z_0+re^{i\theta}, \theta=0\sim2\pi$

$dz=ire^{i\theta}d\theta, (z-z_0)^{n+1}=r^{n+1}e^{i(n+1)\theta}$

當 $n=0$ 時

$$\oint_{|z-z_0|=r} \frac{dz}{(z-z_0)} = \int_0^{2\pi} \frac{ire^{i\theta}d\theta}{re^{i\theta}} = 2\pi i$$

當 $n \neq 0$ 時

$$\oint_{|z-z_0|=r} \frac{dz}{(z-z_0)^{n+1}} = \int_0^{2\pi} \frac{ire^{i\theta}d\theta}{r^{n+1}e^{i(n+1)\theta}} = \frac{i}{r^n}\int_0^{2\pi} e^{-in\theta}d\theta = 0 \quad 故得證$$

例題 2：Evaluate

$$\oint_C [z - \text{Re}\,(z)]dz \ ; \ C: |z|=2, z=x+iy$$ 　【成大機械】

 解　　積分路徑可表示為 $z=2e^{i\theta}d\theta, \theta=0\sim2\pi$

$dz=2ie^{i\theta}d\theta, z-\text{Re}\,(z)=\text{Im}\,(z)=2i\sin\theta$

$$原式 = \int\limits_{0}^{2\pi} 2i \sin\theta(2e^{i\theta})d\theta = -4\int\limits_{0}^{2\pi} \sin\theta(\cos\theta + i\sin\theta)d\theta = -4\pi i$$

另解:

利用平面 Green 定理:

$$原式 = \oint\limits_{C} iy\,(dx + idy) = \oint\limits_{C} (iydx - ydy) = \iint\limits_{R}\left[\frac{\partial(-y)}{\partial x} - \frac{\partial(iy)}{\partial y}\right]dxdy$$

$$= -i\iint\limits_{R} dxdy = -4\pi i$$

另解:

$$\oint\limits_{C} [z - \mathrm{Re}\,(z)]dz = \oint\limits_{C}[\mathrm{Im}\,(z)]dz = \oint\limits_{C}\frac{z - \bar{z}}{z}\,dz = 2i\iint\frac{\partial\left(\frac{z - \bar{z}}{z}\right)}{\partial\bar{z}}dxdy$$

$$= 2i\iint\frac{-1}{2}dxdy = -4\pi i$$

例題 3:Prove if C is a simple closed curve, then

$$\frac{1}{2i}\oint\limits_{C}\bar{z}\,dz$$

is the area included by C, where $z = x + iy$ 【台大機械】

解   原式可化為:

$$\frac{1}{2i}\oint\limits_{C}\bar{z}\,dz = \frac{1}{2i}\oint\limits_{C}[(x - iy)dx + (y + ix)dy]$$

應用平面 Green 定理

$$\oint\limits_{C}(fdx + gdy) = \iint\limits_{R}\left(\frac{\partial g}{\partial x} - \frac{\partial f}{\partial y}\right)dxdy$$

$$原式 = \frac{1}{2i}\iint\limits_{R}\left[\frac{\partial}{\partial x}(y + ix) - \frac{\partial}{\partial y}(x - iy)\right]dxdy$$

$$= \frac{1}{2i}\iint\limits_{R}[i - (-i)]\,dxdy = \iint\limits_{R} dxdy$$

$$= C\,所包圍區域之面積$$

另解:$\dfrac{1}{2i}\oint\limits_{C}\bar{z}dz = \iint\dfrac{\partial\bar{z}}{\partial\bar{z}}dxdy = \iint dxdy = C\,所包圍區域之面積$

例題 4:Evaluate the complex line integral $\oint\limits_{C}\mathrm{Re}\,(z)dz$, where C is the contour given as

follows: 【清大電機】

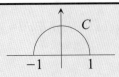

解 線積分可分成兩部分：

圓弧部分之參數式為：$z = e^{i\theta}$, $\theta = 0 \sim \pi$

$(1)I_{C_1} = \int\limits_0^\pi \cos \theta \,(ie^{i\theta})d\theta = \int\limits_0^\pi \frac{e^{i\theta} + e^{-i\theta}}{2} ie^{i\theta}\, d\theta = \frac{i\pi}{2}$

(2)沿實軸部分之參數式可表為 $z = x$, $x = -1 \sim 1$

$I_{C_2} = \int\limits_{-1}^1 xdx = 0$

$\therefore \oint\limits_C \text{Re}\,(z)dz = I_{C_1} + I_{C_2} = \frac{i\pi}{2}$

另解：$\oint\limits_C \text{Re}\,(z)dz = 2i\iint \frac{\partial\left(\frac{z-\bar{z}}{z}\right)}{\partial\bar{z}} dxdy = i\iint dxdy = \frac{\pi}{2}$

例題 5：Given a square boundary C which has four vertices $z = 0, 1, 1+i, i$. If we trace C in a counterclockwise direction, compute the integral result of

$\int\limits_C \pi \exp\,(\pi\bar{z})dz$ 【中正電機】

解 利用平面 Green 定理：

$\oint\limits_C \pi e^{\pi\bar{z}}\, dz = 2i \iint \pi^2 e^{\pi\bar{z}} dxdy = 2i \int\limits_0^1 \int\limits_0^1 \pi^2 e^{\pi(x-iy)}dxdy = 4\,(e^\pi - 1)$

例題 6：Let $f(z) = x^2 + iy^2$, evaluate $\int\limits_C f(z)dz$

where C is a curve $y = \cos x$ from $x = 0$ to $x = \frac{\pi}{2}$ 【101 中山光電】

解 $z = x + iy = x + i \cos x$

$\int\limits_C f(z)dz = \int\limits_0^{\frac{\pi}{2}} (x^2 + i \cos^2 x)(1 - i \sin x)dx$

$= \frac{1}{24}\pi^3 + \frac{1}{3} + i\left(2 - \frac{3}{4}\pi\right)$

16-2　Cauchy 積分定理

定理 3

曲線 C 為複平面上之一條單連封閉曲線，若 $f(z)$ 在 C 上及其內部為 analytic，則恆有：

$$\oint_C f(z)dz = 0$$

證明：〈法一〉

由 Green 定理

$$\oint_C Pdx + Qdy = \iint_R \left(\frac{\partial Q}{\partial x} - \frac{\partial P}{\partial y} \right) dxdy$$

已知複數線積分

$$\oint_C f(z)dz = \oint_C (udx - vdy) + i\oint_C (vdx + udy)$$

$$= \iint_R -\left(\frac{\partial v}{\partial x} + \frac{\partial u}{\partial y} \right) dxdy + i\iint_R \left(\frac{\partial u}{\partial x} - \frac{\partial v}{\partial y} \right) dxdy \qquad (11)$$

From C-R condition, $\oint_C f(z)dz = 0$

〈法二〉

$f(z)$ is analytic $\Rightarrow \dfrac{\partial f}{\partial \bar{z}} = 0$

$$\oint_C f(z)dz = 2i \iint_R \frac{\partial f}{\partial \bar{z}} dz = 0$$

觀念提示：　1. Cauchy 定理亦可應用於多連區域（Multiply connected region）

　　　　　　2. Cauchy 定理為充分條件非必要條件

說例：

$$\oint_C \frac{1}{z^2} dz \quad C \text{ 為以原點為中心之單位圓}$$

進行線積分可得 $\oint_C \dfrac{1}{z^2} dz = 0$

但 $\dfrac{1}{z^2}$ 在 $z=0$ 點不可解析

定理 4

曲線 C 為複平面上的一條單連封閉曲線，$f(z)$ 在 C 上及其內部為解析，則 $f(z)$ 在 C 內部二點 z_1, z_2 之間的線積分，對於完全包含在 C 內部之任何路徑皆有相同的積分值。

證明：對於在區域 C 內任何二條連接 z_1, z_2 的不同路徑 C_1, C_2，由 Cauchy 定理，可得

$$\oint_{C_3} f(z)dz = 0, \; C_3 = C_1 - C_2$$

$$\therefore \oint_{C_3} f(z)dz = \int_{C_1} f(z)dz - \int_{C_2} f(z)dz = 0$$

$$\therefore \int_{C_1} f(z)dz = \int_{C_2} f(z)dz$$

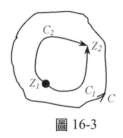

圖 16-3

觀念提示： 1. 由定理 4 可得：在解析之區域內，線積分之結果只與端點有關，與積分的路徑無關（path independent）。

2. 若 $f(z)$ 為全函數（在整個複平面上均解析），則線積分在整個複平面上均與路徑無關。

定理 5

單連封閉曲線 C_1 與 C_2 在複平面上形成一環狀區域，若 $f(z)$ 在此環狀區域及其邊界上為 analytic，則

$$\int_{C_1} f(z)dz = \int_{C_2} f(z)dz$$

證明：若將環狀區域切開一道缺口並連起來，由於 $f(z)$ 在環狀區及邊界均解析，則由 Cauchy 定理可得

$$\oint_C f(z)dz = \int_{C_1-\varepsilon} f(z)dz + \int_{in} f(z)dz + \int_{C_2-\varepsilon} f(z)dz + \int_{out} f(z)dz$$
$$= 0$$

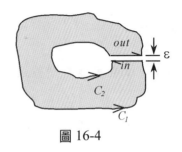

而 $\lim\limits_{\varepsilon \to 0} [\int_{in} f(z)dz + \int_{out} f(z)dz] = 0$

且 $\lim\limits_{\varepsilon \to 0} \int_{C_1-\varepsilon} f(z)dz = \int_{C_1} f(z)dz$

$\lim\limits_{\varepsilon \to 0} \int_{C_2-\varepsilon} f(z)dz = \int_{C_2} f(z)dz$

$\therefore \oint_C f(z)dz = \int_{C_1} f(z)dz - \int_{C_2} f(z)dz$

圖 16-4

觀念提示: 定理 5 為路線變形原理,可應用之條件為路線在變形的過程中沒有通過任何 $f(z)$ 之不解析點。

定理 6

若 $f(z)$ 在單連封閉曲線 C 上及其內部除了 $z_1, z_2 \cdots, z_k$ 等點外均為 analytic,倘若單連封閉曲線 $C_1, C_2 \cdots, C_k$ 分別圍繞 $z_1, z_2 \cdots, z_k$ 等點,且均不相交,且在 C 之內部,則

$$\therefore \oint_C f(z)dz = \oint_{C_1} f(z)dz + \oint_{C_2} f(z)dz + \cdots \oint_{C_k} f(z)dz$$

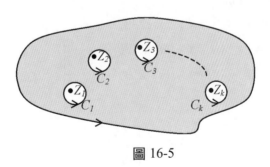

圖 16-5

證明: 可參考上個定理之證明

定理 7

若 $f(z)$ 在含路徑 C 之單連區域內為可解析,則必然存在複變函數 $F(z)$,使得在 C 上有 $F'(z) = f(z)$,且 $F(z)$ 亦為可解析

$$\int\limits_{\substack{a \\ C}}^{b} f(z)dz = F(b) - F(a) \tag{12}$$

定理 8

$f(z), g(z)$在單連封閉區域（包含 C）內為可解析，則以下部分積分成立：

$$\int_a^b f(z)g'(z)dz = f(z)g(z)\Big|_a^b - \int_a^b g(z)f'(z)dz \tag{13}$$

觀念提示： 全函數之微分或積分仍為全函數

例題 7：Evaluate $\int_C (z^2+1)dz = ?$　　$C: \left\{ t+i\left(\dfrac{t}{2} - \sin\dfrac{\pi t}{2}\right)\Big| t : 0 \to 2 \right\}$　　【交大控制】

解　　$f(z) = z^2 + 1$ 為全函數，在整個複平面上均為可解析。線積分與積分路線
　　無關，僅與端點有關。

$$\int_C (z^2+1)dz = \int_0^{2+i} (z^2+1)dz = \frac{8+14i}{3}$$

例題 8：Evaluate $\displaystyle\oint_C \frac{dz}{(z-z_0)^m}$　　【台大材料】

　　　(1)$C = C_1, m = 1$　　(2)$C = C_1, m = 2, 3, \cdots$

　　　(3)$C = C_2, m = 1$　　(4)$C = C_2, m = 2, 3, \cdots$

　　　(5)$C = C_3, m = 1$　　(6)$C = C_3, m = 2, 3, \cdots$

解　　(1)$C_1: z = z_0 + \rho e^{i\theta}, \theta = 0 \sim 2\pi, dz = i\rho e^{i\theta}d\theta$

$$I_1 = \int_0^{2\pi} \frac{i\rho e^{i\theta}d\theta}{\rho e^{i\theta}} = \int_0^{2\pi} id\theta = 2\pi i$$

$(2) I_2 = \int_0^{2\pi} \frac{i\rho e^{i\theta} d\theta}{(\rho e^{i\theta})^m} = i\rho^{1-m} \int_0^{2\pi} e^{i(1-m)\theta} d\theta = 0$

$(3) I_3 = 2\pi i$（積分路線變形原理）

$(4) I_4 = 0$（積分路線變形原理）

$(5) I_5 = 0$（Cauchy's Integral theorem）

$(6) I_6 = 0$（Cauchy's Integral theorem）

16-3　Cauchy 積分通式

定理 9

$(1) f(z)$在單連封閉曲線 C 上及其內部 D 為解析

$(2) z_0$ 為 D 內之一點，則

$$f(z_0) = \frac{1}{2\pi i} \oint_C \frac{f(z)}{(z - z_0)} dz \tag{14}$$

證明：選擇在 C 內一以 Z_0 為圓心，ρ 為半徑之圓 C_ρ，則由路線變形原理可得：

$$\begin{aligned}
\oint_C \frac{f(z)}{(z - z_0)} dz &= \oint_{C_\rho} \frac{f(z)}{(z - z_0)} dz \\
&= \lim_{\rho \to 0} \int_0^{2\pi} \frac{f(z_0 + \rho e^{i\theta})}{\rho e^{i\theta}} i\rho e^{i\theta} d\theta \\
&= \lim_{\rho \to 0} i \int_0^{2\pi} f(z_0 + \rho e^{i\theta}) d\theta \\
&= 2\pi i f(z_0)
\end{aligned} \tag{15}$$

觀念提示：　Cauchy 積分通式亦可表示成

$$f(z) = \frac{1}{2\pi i} \oint_C \frac{f(\xi)}{\xi - z} d\xi \tag{16}$$

其中 z 在 C 之內且 ξ 在 C 上

定理 10

(1) $f(z)$ 在單連封閉曲線 C 上及其內部 D 為解析

(2) z_0 為 D 內之一點

(3) 已知 $f(z_0) = \dfrac{1}{2\pi i} \oint_C \dfrac{f(z)}{(z-z_0)} dz$

　　則 $f(z)$ 在 z_0 存在任意階的微分，且

$$f'(z_0) = \frac{1}{2\pi i} \oint_C \frac{f(z)}{(z-z_0)^2} dz$$

$$f''(z_0) = \frac{1}{2\pi i} \oint_C \frac{f(z)}{(z-z_0)^3} dz$$

$$\vdots \tag{17}$$

$$f^{(n)}(z_0) = \frac{n!}{2\pi i} \oint_C \frac{f(z)}{(z-z_0)^{n+1}} dz$$

證明：（成大）

$$\begin{aligned}
f'(z_0) &= \lim_{\Delta z \to 0} \frac{f(z_0 + \Delta z) - f(z_0)}{\Delta z} \\
&= \lim_{\Delta z \to 0} \frac{1}{\Delta z} \frac{1}{2\pi i} \left[\oint_C \frac{f(z)}{z - z_0 - \Delta z} dz - \oint_C \frac{f(z)}{z - z_0} dz \right] \\
&= \lim_{\Delta z \to 0} \frac{1}{\Delta z} \frac{1}{2\pi i} \left[\oint_C \frac{f(z)\Delta z}{(z - z_0 - \Delta z)(z - z_0)} dz \right] \\
&= \lim_{\Delta z \to 0} \frac{1}{2\pi i} \left[\oint_C \frac{f(z)}{(z - z_0 - \Delta z)(z - z_0)} dz \right] \\
&= \frac{1}{2\pi i} \oint_C \frac{f(z)}{(z - z_0)^2} dz
\end{aligned}$$

同理，依此類推

$$f^{(n)}(z_0) = \frac{n!}{2\pi i} \oint_C \frac{f(z)}{(z-z_0)^{(n+1)}} dz$$

觀念提示：　1. Cauchy 積分通式亦可表示成

$$f^{(n)}(z) = \frac{n!}{2\pi i} \oint_c \frac{f(\xi)}{(\xi - z)^{n+1}} d\xi \tag{18}$$

　　　　　　其中 z 在 C 之內且 ξ 在 C 上

　　　　　2. 由以定理 10 可知：若 $f(z)$ 在區域 D 內為 analytic，則 $f(z)$ 之各階導數均能存在，且均為解析函數；而一般實變函數則不一定具有此性質

　　　　　　說例：$f(x) = x^{\frac{1}{2}} \Rightarrow f(0) = 0$

$$f'(x) = \frac{1}{2}x^{-\frac{1}{2}} \Rightarrow f(0) = 0 \text{ 不存在}$$

定理 11：高斯均值定理（Gauss mean-value theorem）

$f(z)$在以z_0為為圓心，ρ 為半徑之圓周 C 上及其內部各點均為解析函數，則$f(z)$在 C 上之平均值即為$f(z_0)$

$$f(z_0) = \frac{1}{2\pi} \int_0^{2\pi} f(z_0 + \rho e^{i\theta}) d\theta \tag{19}$$

證明：由 Cauchy 積分公式知$f(z_0) = \frac{1}{2\pi i} \oint_C \frac{f(z)}{(z - z_0)} dz$

令 $z = z_0 + \rho e^{i\theta}$, $\theta = 0 \sim 2\pi$, $dz = \rho e^{i\theta} d\theta$

$$f(z_0) = \frac{1}{2\pi i} \oint_C \frac{f(z_0 + \rho e^{i\theta})}{\rho e^{i\theta}} i\rho e^{i\theta} d\theta = \frac{1}{2\pi} \int_0^{2\pi} f(z_0 + \rho e^{i\theta}) d\theta$$

觀念提示：　解析函數$f(z)$在z_0上的函數值，便是其在z_0四週的平均值。由 Gauss mean-value theorem 不難得知：

$f(z_0) \leq M$, 其中 M 為$|f(z)|$在圓周 C 上之最大絕對值。

若$f(z)$在以z_0為為圓心，ρ 為半徑之圓周 C 上及其內部各點均為解析函數，且$f(z) \neq 0$，則可得如下定理

定理 12：Maximum modulus theorem

解析函數在複數平面內任何一常點之絕對值，不可能成為極大，因為不能超過其附近任何圓周或其他環線上最大值。

定理 13：Minimum modulus theorem

解析函數在複數平面上任何一常點之絕對值，不可能成為極小。

證明：$f(z)$在以z_0為圓心及其他環線 C 上及其內部為解析函數，且$f(z) \neq 0$ 則 $\frac{1}{f(z)}$必為解析函數，則依最大值定理 $\frac{1}{f(z)}$不可能在z_0有極大值，亦即$f(z)$在z_0不可能有極小值。

定理 14：Cauchy 不等式

設 $f(z)$ 在以 z_0 為圓心，ρ 為半徑，圓周 C 上及其內部均係解析函數，則

$$|f^{(n)}(z_0)| \le \frac{n!}{\rho^n} M \tag{20}$$

證明：【清華電機】

$$|f^{(n)}(z_0)| = \left| \frac{n!}{2\pi i} \oint_C \frac{f(z)dz}{(z-z_0)^{n+1}} \right| = \frac{n!}{2\pi} \left| \oint_C \frac{f(z)dz}{(z-z_0)^{n+1}} \right|$$

$$\le \frac{n!}{2\pi} \oint_C \left| \frac{f(z)}{(z-z_0)^{n+1}} \right| |dz| = \frac{n!}{2\pi} \oint_C \frac{|f(z)||dz|}{|z-z_0|^{n+1}} \tag{21}$$

$$\because z - z_0 = \rho e^{i\theta},\ dz = i\rho e^{i\theta} d\theta$$

$$|dz| = \rho |d\theta|\ ,\ \therefore |z - z_0|^{n+1} = \rho^{n+1}$$

$$\Rightarrow |f^{(n)}(z_0)| \le \frac{n!}{2\pi} \frac{M}{\rho^{n+1}} \int_0^{2\pi} \rho |d\theta| = \frac{n!}{2\pi} \frac{M}{\rho^{n+1}} 2\pi\rho = \frac{n!}{\rho^n} M$$

觀念提示： $n = 0 \Rightarrow |f(z_0)| \le M$ (Maximum modulus theorem)

定理 15：Liouville theorem

若 $f(z)$ 為全函數且 $|f(z)| \le M$，則 $f(z)$ 必為常數

證明：取 $C: |z - z_0| < \rho$, z_0 is any point in complex plane

由 Cauchy 不等式 $(n = 1)$，可得

$$|f'(z_0)| \le \frac{M}{\rho} \tag{a}$$

$f(z)$ is a entire function, then $\rho \to \infty$ can also be applied in (a)

$\therefore |f'(z_0)| \le 0 \Rightarrow f'(z_0) = 0$

$\therefore f(z)$ is constant

例題 9：應用 Cauchy's integral formula 求下列複數線積分值

$$\int_C \frac{z^2 - 1}{z^2 + 1} dz = ?$$

其中曲線 C 表示一個圓：$|z - i| = 1$ 積分方向係循該圓之反時針方向。

【交大環工】

解　　原式可化為

$$I = \oint_C \frac{\dfrac{z^2-1}{z+i}}{z-i}\, dz \Rightarrow f(z) = \frac{z^2-1}{z+i},\ z_0 = i$$

依歌西積分公式有

$$I = 2\pi i f(i) = 2\pi i \frac{-2}{2i} = -2\pi$$

例題 10：A complex function is given by: $h(z) = \phi(x,y) + i\varphi(x,y)$ if h is analytic inside $|z| \le 2$, evaluate

$$\int_C \frac{h(z)}{z^2-1}\, dz = ?$$

where C is shown in the figure　　　　　　　　　　　　　【成大航太】

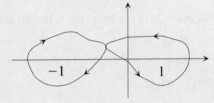

解　　將曲線 C 分割成 C_1（順時針）及 C_2（逆時針）

$z_1 = -1,\ z_2 = 1$ 分別位於 C_1 及 C_2 之內部

$$\oint_C \frac{h(z)}{z^2-1}\, dz = \oint_{C_1} \frac{\dfrac{h(z)}{z-1}}{z+1}\, dz + \oint_{C_2} \frac{\dfrac{h(z)}{z+1}}{z-1}\, dz$$

$$= -2\pi i\left(\frac{h(-1)}{-2}\right) + 2\pi i\left(\frac{h(1)}{2}\right)$$

$$= \pi i\,[h(-1) + h(1)]$$

例題 11：使用歌西積分公式計算：

$$I = \oint_{|z|=2} \frac{\sin z}{z^2+1}\, dz$$　　　　　　　　　　　　　【交大資訊】

解　　$$\frac{1}{z^2+1} = \frac{1}{2i}\left(\frac{1}{z-i} - \frac{1}{z+i}\right)$$

$$I = \frac{1}{2i}\left[\oint_{|z|=2} \frac{\sin z}{z-i}\, dz - \oint_{|z|=2} \frac{\sin z}{z+i}\, dz\right] = \frac{1}{2i}[2\pi i \sin i - 2\pi i \sin(-i)]$$

$$= 2\pi i \sinh 1$$

例題 12：(a)State the sufficient condition for the following formula

$$f^{(n)}(z_0) = \frac{n!}{2\pi i} \oint_C \frac{f(z)}{(z-z_0)^{n+1}} dz$$

(b)For any contour enclosing the point πi (counterclockwise) find

$$\oint_C \frac{\cos(z^2)}{(z-\pi i)^2} dz$$
【交大機械】

解

(a) 1. D 為一 simple connected region

2. C 為 D 內之 simple closed curve，且 $z = z_0$ 位於 C 內

3. $f(z)$ 在 D 內可解析

(b)取 $f(z) = \cos(z^2)$, $z_0 = \pi i$

$\Rightarrow f'(z_0) = -\sin(z^2)\, 2z$

$$\oint_C \frac{\cos(z^2)}{(z-\pi i)^2} dz = 2\pi i f'(z_0) = 2\pi i\,(-2\pi i)\sin(-\pi^2) = -4\pi^2 \sin \pi^2$$

例題 13：Given $\oint_C \frac{\exp(3z)\,dz}{(z-z_0)^4} = 9\pi i \exp(-\pi)$

where C is $|z - z_0| = 1$, find z_0
【成大電機】

解

$$\oint_C \frac{e^{3z}}{(z-z_0)^4} dz = \frac{2\pi i}{3!} f'''(z_0) = \frac{\pi i}{3} 3^3\, e^{3z_0} = 9\pi i e^{-\pi}$$

$$\Rightarrow e^{3z_0} = e^{-\pi} \Rightarrow z_0 = -\frac{\pi}{3} \pm i\frac{2k\pi}{3}$$

例題 14：Find the minimum value of $|e^{1-2z}|$ on the region $|\text{Re}(z)| + |\text{Im}(z)| \leq 4$
【交大電信】

解

$f(z) = e^{1-2z}$ is analytic within and on C. From Minimum Modulus theorem

$\therefore |f(z)|$ 之最小值必發生在 C 上

$|f(z)| = |e^{1-2z}| = |e^{(1-2x)+i2y}| = e^{1-2x}$

$\therefore \min|f(z)| = e^{-7}$; $(z = +4)$

例題 15：Evaluate $I = \oint_C \frac{2z-1}{z^2+1} dz$ by using Cauchy's integral formula.

(1)C: $|z - i| = 1$ counterclockwise

(2)C: $|z| = 3$ counterclockwise

解　(1) $I = \oint_C \dfrac{\dfrac{2z-1}{z+i}}{z-i}\, dz \Rightarrow f(z) = \dfrac{2z-1}{z+i}, z_0 = i$

依歌西積分公式有 $I = 2\pi i f(i) = 2\pi i \dfrac{2i-1}{2i} = (2i-1)\pi$

(2) $I = \dfrac{1}{2i}\left[\oint_{|z|=3} \dfrac{2z-1}{z-i}\, dz - \oint_{|z|=3} \dfrac{2z-1}{z+i}\, dz \right]$

$\quad = \dfrac{1}{2i}[2\pi i(2i-1) - 2\pi i(-2i-1)]$

$\quad = 4\pi i$

16-4　Taylor 級數與 Laurent 級數

定義： 對無窮級數 $\sum\limits_{j=1}^{\infty} f_j(z)$ 而言，取 $S_n(z) = \sum\limits_{j=1}^{n} f_j(z)$，若在某區域 D 中有 $\lim\limits_{n \to \infty} S_n(z) = S(z)$，則稱此級數在 D 為收斂，且收斂至 $S(z)$

絕對收斂：$\sum\limits_{j=1}^{\infty} f_j(z)$ 收斂

條件收斂：$\sum\limits_{j=1}^{\infty} |f_j(z)|$ 不收斂，但 $\sum\limits_{j=1}^{\infty} f_j(z)$ 收斂

定理 16：比值審斂法（Ratio test）

對於級數 $\sum\limits_{j=1}^{\infty} f_j(z)$，取 $R(z) = \lim\limits_{n \to \infty}\left| \dfrac{f_{n+1}(z)}{f_n(z)} \right|$

(1) 對於滿足 $R(z) < 1$ 的 z 而言，此級數為絕對收斂

(2) 對於滿足 $R(z) > 1$ 的 z 而言，此級數為發散

(3) 對於滿足 $R(z) = 1$ 的 z 而言，此測試失敗

比值審斂法適用於判別冪級數之斂散，及判定其收斂半徑。

(一)冪級數（Power series）

Power series 之形式如下：

$$\sum_{n=0}^{\infty} a_n(z-z_0)^n = a_0 + a_1(z-z_0) + a_2(z-z_0)^2 + \cdots + a_n(z-z_0)^n + \cdots \tag{22}$$

應用 ratio test 來判別 Power series 之斂散如下：

$$R(z) = \lim_{n \to \infty} \left| \frac{a_{n+1}(z-z_0)^{n+1}}{a_n(z-z_0)^n} \right| = |z-z_0| \lim_{n \to \infty} \left| \frac{a_{n+1}}{a_n} \right| = \frac{|z-z_0|}{\rho} \tag{23}$$

其中 ρ is defined as radius of convergence (收斂半徑) and

$$\rho = \lim_{n \to \infty} \left| \frac{a_n}{a_{n+1}} \right| \tag{24}$$

如定理 16 所述，收斂的條件為 $R\ (z)$ <1 由(23)式可知，此即要求 $|z-z_0| < \rho$，由圖 16-6 可知，顯然的收斂區間為一以 z_0 圓心 ρ 為半徑的圓，對於滿足 $|z-z_0| < \rho$ 的 z 值而言，此級數為絕對收斂，位於圓外的 z 值必使級數發散，而在邊界上 斂散性質不一定，z_0 為此級數的展開中心。

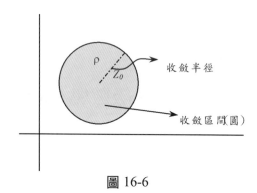

圖 16-6

定理 17

對於複變 Power series $\sum\limits_{n=0}^{\infty} a_n (z-z_0)^n$ 而言，其收斂區間必為一個圓之內部，圓心為展開點 z_0 收斂半徑 $\rho = \lim\limits_{n \to \infty} \left| \dfrac{a_n}{a_{n+1}} \right|$

定理 18

Power series 在其收斂區間內可逐項微分及積分，且其收斂範圍並不因微分或積分而改變

$f(z) = \sum\limits_{n=0}^{\infty} a_n (z-z_0)^n$ on D

則 $\begin{cases} f'(z) = \sum\limits_{n=0}^{\infty} na_n(z-z_0)^{n-1} & on\ D \\ \int f(z)dz = \sum\limits_{n=0}^{\infty} \dfrac{a_n}{n+1}(z-z_0)^{n+1} + constant & on\ D \end{cases}$ (25)

在(25)式中 $\rho = \lim\limits_{n \to \infty} \left| \dfrac{na_n}{(n+1)a_{n+1}} \right| = \lim\limits_{n \to \infty} \left| \dfrac{a_n}{a_{n+1}} \right|$ 故其收斂區間不變

因 $f(z)$ 在 D 中可逐項微分且收斂半徑不變，故 $f(z)$ 在 D 中為 analytic，換言之，若 $f(z)$ is analytic on D, then $f(z)$ 必可展開為 Power series. 由此並可知全函數之微分或積分仍為全函數。

觀念提示： *1.* 對函數級數而言，收斂區間即為所有能使級數收斂的變數之值域所成的集合。

2. 對 Power series 而言，某點 z 是否收斂完全視其至 z_0 的距離是否小於收斂半徑。

例題 16： Find the convergence interval of the series

$$\sum_{n=0}^{\infty} \frac{n!}{n^n}(z+1)^n$$

【101 成大光電】

解 應用 ratio test 可知：一無窮級數之收斂區間須滿足下列條件

$$\lim_{n\to\infty}\left|\frac{\dfrac{(n+1)!}{(n+1)^{n+1}}(z+1)^{n+1}}{\dfrac{n!}{n^n}(z+1)^n}\right|<1$$

$$\Rightarrow \lim_{n\to\infty}\left(\frac{n}{n+1}\right)^n|z+1|<1,\ \text{let } l=\lim_{n\to\infty}\left(\frac{n+1}{n}\right)^n$$

則

$$\ln l = \lim_{n\to\infty} n[\ln(n+1)-\ln n]$$

$$=\lim_{n\to\infty}\frac{\ln(n+1)-\ln n}{\dfrac{1}{n}}=\lim_{n\to\infty}\frac{\dfrac{1}{n+1}-\dfrac{1}{n}}{\dfrac{-1}{n^2}}=\lim_{n\to\infty}\frac{n}{n+1}=1$$

$$\ln l = 1 \Rightarrow l = e$$

故可得 $|z+1|<e$

(二) Taylor 級數

定理 19

若 $f(z)$ 在單連封閉區域 $|z-z_0|\le\rho$ 為解析，則對於任何滿足 $|z-z_0|\le\rho$ 的 z 而言，$f(z)$ 可展開成 $(z-z_0)$ 之 Power series

$$f(z)=f(z_0)+f'(z_0)(z-z_0)+\frac{f''(z_0)}{2!}(z-z_0)^2+\cdots+\frac{f^{(n)}(z_0)}{n!}(z-z_0)^n+\cdots$$

$$=\sum_{n=0}^{\infty}\frac{f^{(n)}(z_0)}{n!}(z-z_0)^n \tag{26}$$

證明：由 Cauchy 積分公式可知：

$$f(z_0) = \frac{1}{2\pi i} \oint_C \frac{f(z)}{(z-z_0)} dz,$$

$$f(z) = \frac{1}{2\pi i} \oint_C \frac{f(\xi)}{\xi - z} d\xi, \quad (\xi \text{ 表圓上之任何一點，} z \text{ 為圓內部之任何一點})$$

$$\frac{1}{\xi - z} = \frac{1}{(\xi - z_0) - (z - z_0)} = \frac{1}{\xi - z_0} \left(\frac{1}{1 - \dfrac{z - z_0}{\xi - z_0}} \right)$$

$\because \dfrac{z - z_0}{\xi - z_0}$ 之絕對值恆小於 1，故有：

$$\frac{1}{\xi - z} = \frac{1}{\xi - z_0} \left(1 + \frac{z - z_0}{\xi - z_0} + \left(\frac{z - z_0}{\xi - z_0} \right)^2 + \cdots \right) = \frac{1}{\xi - z_0} + \frac{z - z_0}{(\xi - z_0)^2} + \cdots$$

$$= \sum_{n=0}^{\infty} \frac{(z - z_0)^n}{(\xi - z_0)^{n+1}}$$

代入原式，得

$$f(z) = \frac{1}{2\pi i} \oint_C f(\xi) \left[\frac{1}{\xi - z_0} + \frac{z - z_0}{(\xi - z_0)^2} + \cdots \right] d\xi$$

$$= \frac{1}{2\pi i} \oint_C \frac{f(\xi)}{\xi - z_0} d\xi + \frac{z - z_0}{2\pi i} \oint_C \frac{f(\xi)}{(\xi - z_0)^2} d\xi + \cdots$$

$$= f(z_0) + f'(z_0)(z - z_0) + \frac{f''(z_0)}{2!}(z - z_0)^2 + \cdots + \frac{f^{(n)}(z_0)}{n!}(z - z_0)^n + \cdots$$

$$= \sum_{n=0}^{\infty} \frac{f^{(n)}(z_0)}{n!}(z - z_0)^n$$

$f(z)$ 在 z_0 點能夠以 Taylor series 的形式展開的充要條件是以 z_0 為中心畫出一個使得 $f(z)$ 都能解析的圓形區域。

觀念提示： 1. Taylor series 之收斂半徑為由 z_0 點出發，至最近的奇異點（不解析點）的距離。

2. 解析函數在 z_0 點的 Power series 展開式必為 Taylor series

3. 若某函數展開的 Power series 具無限大之收斂半徑，則此函數為全函數。如：$e^z, \cos z, \sin z \cdots$

$$e^z = 1 + z + \frac{z^2}{2!} + \cdots + \frac{z^n}{n!} \Rightarrow \rho = \lim_{n \to \infty} \frac{\dfrac{1}{n!}}{\dfrac{1}{(n+1)!}} = \infty$$

(三) Laurent 級數

當需要將複變函數在一不解析點展開成級數，使能代表該點附近之函數值時，Taylor series 便不適用，此時需以 Laurent series 展開，Laurent series 定義如下：

定理 20

若 z_0 為一孤立的不解析點（被解析點所包圍的不解析點），而 $f(z)$ 在 z_0 以為中心，r_1, r_2 為半徑之兩圓 C_1, C_2 中間的環狀區域均為解析，則在此環狀區域內的點 $r_1 < |z - z_0| < r_2$ 可展開成

$$f(z) = \sum_{n=0}^{\infty} a_n (z - z_0)^n + \sum_{m=1}^{\infty} b_m (z - z_0)^{-m} \tag{27}$$

$$其中\ a_n = \frac{1}{2\pi i} \oint_{C_2} \frac{f(z)}{(z - z_0)^{n+1}} dz \tag{28}$$

$$b_m = \frac{1}{2\pi i} \oint_{C_1} f(z) (z - z_0)^{m-1} dz \tag{29}$$

(27)式即為 Laurent 級數。

證明：由路線變形原理及 Cauchy 積分公式可知

$$f(z) = \frac{1}{2\pi i} \oint_C \frac{f(\xi)}{\xi - z} d\xi$$

$$= \frac{1}{2\pi i} \left(\oint_{C_2} \frac{f(\xi)}{\xi - z} d\xi - \oint_{C_1} \frac{f(\xi)}{\xi - z} d\xi \right)$$

$$\oint_{C_2} \frac{f(\xi)}{\xi - z} d\xi = \oint_{C_2} \frac{f(\xi)}{\xi - z_0} \frac{1}{1 - \dfrac{z - z_0}{\xi - z_0}} d\xi \tag{30}$$

$$= \oint_{C_2} \frac{f(\xi)}{\xi - z_0} \left(1 + \frac{z - z_0}{\xi - z_0} + \left(\frac{z - z_0}{\xi - z_0} \right)^2 + \cdots \right) d\xi$$

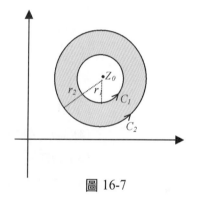

圖 16-7

其中 $\xi \in C_2, z \in D$

$$\Rightarrow \frac{1}{2\pi i} \oint_{C_2} \frac{f(\xi)}{\xi - z} d\xi = \sum_{n=0}^{\infty} a_n (z - z_0)^n \tag{31}$$

$$其中\ a_n = \frac{1}{2\pi i} \oint_{C_2} \frac{f(\xi)}{(\xi - z_0)^{n+1}} d\xi$$

$$\oint_{C_1} \frac{f(\xi)}{\xi - z} d\xi = -\oint_{C_1} \frac{f(\xi)}{z - z_0} \frac{1}{1 - \dfrac{\xi - z_0}{z - z_0}} d\xi \tag{32}$$

$$= -\oint_{C_1} \frac{f(\xi)}{z - z_0} \left(1 + \frac{\xi - z_0}{z - z_0} + \left(\frac{\xi - z_0}{z - z_0} \right)^2 + \cdots \right) d\xi$$

其中 $\xi \in C_1, z \in D$

$$\Rightarrow \frac{-1}{2\pi i} \oint_{C_1} \frac{f(\xi)}{\xi - z} d\xi = \sum_{m=1}^{\infty} b_m (z - z_0)^{-m} \tag{33}$$

其中 $b_m = \dfrac{1}{2\pi i}\displaystyle\oint_{C_1} f(\xi)\,(\xi - z_0)^{m-1}\,d\xi$

觀念提示：

1. (30)式中，因 $\xi \in C_2$ 而 z 位於圓環中，故 $\left|\dfrac{z - z_0}{\xi - z_0}\right| < 1$，而能展開成無窮級數。

2. (32)式中，因 $\xi \in C_1$ 而 z 位於圓環中，故 $\left|\dfrac{\xi - z_0}{z - z_0}\right| < 1$，而能展開成無窮級數。

3. 若 $f(z)$ 在 C_1 內均可解析，則依照定理 3，b_m 恆 $= 0$

   同理 $a_n = \dfrac{1}{2\pi i}\displaystyle\oint_{C_2}\dfrac{f(\xi)}{(\xi - z_0)^{n+1}}\,d\xi = \dfrac{f^{(n)}(z_0)}{n!}$，(27) 式變為(26)式，換言之，

   Laurent series $\rightarrow$ Taylor series

4. Taylor series 及 Laurent series 之適用情形：Taylor series 之有效範圍為一解析圓之內部，而 Laurent series 之有效範圍則為一解析環。

5. Taylor series 及 Laurent series 之形式：Taylor series 顯然為 Power series 之一種，而 Laurent series 並非 Power series，因其存在負冪次項。

6. 對 Laurent series 而言，z_0 必須是一個被解析點所包圍的不解析點，而不能是 branch cut 上之一點。

7. (a) $f(z)$ 在解析點展開一定有 Taylor series

   (b) $f(z)$ 在不可解析點展開一定無 Taylor series，有可能有 Laurent series，如在 branch cut 上之一點展開一定無 Laurent series。

   (c) $f(z)$ 在極點展開一定有 Laurent series

例題 17： Find the Power series of $\ln\left(\dfrac{1+z}{1-z}\right)$ about the point $z = 0$, and determine the radius of convergence. 【台大機械】

$$\ln(1+z) = \int \frac{dz}{1+z} = \int (1 - z + z^2 - z^3 + - \cdots)dz$$

$$= z - \frac{z^2}{2} + \frac{z^3}{3} - \frac{z^4}{3} + \cdots \quad |z| < 1$$

$$\ln(1-z) = -\int \frac{dz}{1-z} = -\int (1 + z + z^2 + z^3 + \cdots)dz$$

$$= \left(z + \frac{z^2}{2} + \frac{z^3}{3} + \frac{z^4}{4} + \cdots\right) \quad |z| < 1$$

又 $\ln \dfrac{1+z}{1-z} = \ln(1+z) - \ln(1-z) = 2\left(z + \dfrac{z^3}{3} + \dfrac{z^5}{5} + \cdots\right)$

由展開中心（$z=0$）到最近之不解析點（$z=1$）之距離，可知 $\rho=1$。

例題 18： Find the convergence interval of the series

$$\sum_{n=1}^{\infty} \frac{n^n}{3^n n!}(z-i)^n$$
【清華電機】

解　應用 ratio test 可知：一無窮級數之收斂區間需滿足下列條件

$$\lim_{n\to\infty}\left|\frac{\dfrac{(n+1)^{n+1}}{3^{n+1}(n+1)!}(z-i)^{n+1}}{\dfrac{n^n}{3^n n!}(z-i)^n}\right| < 1$$

$$\Rightarrow \lim_{n\to\infty}\frac{1}{3}\left(\frac{n+1}{n}\right)^n|z-i| < 1,\ \text{let } l = \lim_{n\to\infty}\left(\frac{n+1}{n}\right)^n$$

then

$$\ln l = \lim_{n\to\infty} n[\ln(n+1) - \ln n]$$

$$= \lim_{n\to\infty}\frac{\ln(n+1) - \ln n}{\dfrac{1}{n}} = \lim_{n\to\infty}\frac{\dfrac{1}{n+1} - \dfrac{1}{n}}{\dfrac{-1}{n^2}} = \lim_{n\to\infty}\frac{n}{n+1} = 1$$

$$\ln l = 1 \Rightarrow l = e$$

故可得 $|z-i| < \dfrac{3}{e}$

例題 19： Expand $f(z) = \dfrac{1}{(1+z)^2}$ into a Taylor series about $z=-i$ 【交大電子】

解　令 $x = z+i$ 則

$$f(z) = \frac{1}{(1+x-i)^2} = \frac{1}{(1-i)^2}\frac{1}{\left(1+\dfrac{x}{1-i}\right)^2} = \frac{i}{2}\left(1+\frac{x}{1-i}\right)^{-2}$$

$$= \frac{i}{2}\left[1 - 2\frac{z+i}{1-i} + \frac{(-2)(-3)}{2!}\left(\frac{z+i}{1-i}\right)^2 - + \cdots\right]$$

收斂區間：$|z+i| < |-1-(-i)| = \sqrt{2}$

例題 20： Consider the complex series

$$f(z) = \sum_{n=0}^{\infty}\frac{z^n}{2^{n+1}} + \sum_{n=1}^{\infty}\frac{1}{z^n}$$

Is it true that $z = 0$ is a singular point of $f(z)$ with residue equal to 1?

【台大應力】

解 顯然的 $\frac{1}{2}\sum_{n=1}^{\infty}\left(\frac{z}{2}\right)^n$ 之收斂區間在 $|z| < 2$，$\sum_{n=1}^{\infty}\frac{1}{z^n}$ 之收斂區間在 $|z| > 1$

又 $\frac{1}{2}\sum_{n=1}^{\infty}\left(\frac{z}{2}\right)^n = \frac{1}{2}\frac{1}{1 - \frac{z}{2}} = \frac{1}{2 - z}$

$$\sum_{n=1}^{\infty}\frac{1}{z^n} = \frac{1}{z} + \frac{1}{z^2} + \cdots = \frac{\frac{1}{z}}{1 - \frac{1}{z}} = \frac{1}{z - 1}$$

故 $f(z) = \frac{1}{2 - z} + \frac{1}{z - 1}$

收斂區間在 $1 < |z| < 2$

$z = 0$ 並非 $f(z)$ 之 singular point，$f(z)$ 在 $z = 0$ 之 residue 為 0

例題 21：求 $f(z) = \dfrac{1}{z(z - 1)(z - 2)}$ 在 $1 < |z| < 2$ 有效之 Laurent series 【中央土木】

解 對 $f(z)$ 而言，複平面以 $z = 0$ 為中心，可分成三個解析區域：

(1) $|z| < 1$　(2) $1 < |z| < 2$　(3) $2 < |z|$

$$f(z) = \frac{1}{z(z - 1)(z - 2)} = \frac{1}{2}\left(\frac{1}{z} - \frac{2}{z - 1} + \frac{1}{z - 2}\right)$$

(1) $|z| < 1$

$$-\frac{2}{z - 1} = \frac{2}{1 - z} = 2(1 + z + z^2 + \cdots) \tag{a}$$

$$\frac{1}{z - 2} = -\frac{1}{2}\frac{1}{1 - \frac{z}{2}} = -\frac{1}{2}\left[1 + \frac{z}{2} + \left(\frac{z}{2}\right)^2 + \cdots\right] \tag{b}$$

$$f(z) = \frac{1}{2}\left(\frac{1}{z} + (a) + (b)\right)$$

(2) $1 < |z| < 2$

$$-\frac{2}{z - 1} = \frac{-2}{z}\frac{1}{1 - \frac{1}{z}} = \frac{-2}{z}\left[1 + \frac{1}{z} + \left(\frac{1}{z}\right)^2 + \cdots\right] \tag{c}$$

$$\frac{1}{z - 2} = -\frac{1}{2}\frac{1}{1 - \frac{z}{2}} = -\frac{1}{2}\left[1 + \frac{z}{2} + \left(\frac{z}{2}\right)^2 + \cdots\right] \tag{d}$$

$$f(z) = \frac{1}{2}\left(\frac{1}{z} + (c) + (d)\right)$$

(3) $2 < |z|$

$$-\frac{2}{z-1} = \frac{-2}{z}\frac{1}{1-\frac{1}{z}} = \frac{-2}{z}\left[1 + \frac{1}{z} + \left(\frac{1}{z}\right)^2 + \cdots\right] \qquad (e)$$

$$\frac{1}{z-2} = \frac{1}{z}\frac{1}{1-\frac{2}{z}} = \frac{1}{z}\left[1 + \frac{2}{z} + \left(\frac{2}{z}\right)^2 + \cdots\right] \qquad (f)$$

$$f(z) = \frac{1}{2}\left(\frac{1}{z} + (e) + (f)\right)$$

例題 22：Find all Taylor and Laurent series of

$$f(z) = \frac{z-2}{z^2 - 4z + 3}$$

with center 0　　　　　　　　　　　　　　　　　　　【交大資工】

解

$$\frac{z-2}{z^2-4z+3} = \frac{z-2}{(z-1)(z-3)} = \frac{1}{2}\left(\frac{1}{z-3} + \frac{1}{z-1}\right)$$

$f(z)$ 之奇異點位於 $z = 1$，$z = 3$ 故以 $z = 0$ 為中心展開共可分割成為三個解析環：

(1) $|z| < 1$

$$\frac{1}{z-1} = \frac{-1}{1-z} = -(1 + z + z^2 + \cdots) \qquad (a)$$

$$\frac{1}{z-3} = -\frac{1}{3}\frac{1}{1-\frac{z}{3}} = -\frac{1}{3}\left[1 + \frac{z}{3} + \left(\frac{z}{3}\right)^2 + \cdots\right] \qquad (b)$$

$$f(z) = \frac{1}{2}((a) + (b))$$

(2) $1 < |z| < 3$

$$\frac{1}{z-1} = \frac{1}{z}\frac{1}{1-\frac{1}{z}} = \frac{1}{z}\left[1 + \frac{1}{z} + \left(\frac{1}{z}\right)^2 + \cdots\right] \qquad (c)$$

$$\frac{1}{z-3} = -\frac{1}{3}\frac{1}{1-\frac{z}{3}} = -\frac{1}{3}\left[1 + \frac{z}{3} + \left(\frac{z}{3}\right)^2 + \cdots\right] \qquad (d)$$

$$f(z) = \frac{1}{2}((c) + (d))$$

(3) $3 < |z|$

$$\frac{1}{z-1} = \frac{1}{z}\frac{1}{1-\frac{1}{z}} = \frac{1}{z}\left(1 + \frac{1}{z} + \left(\frac{1}{z}\right)^2 + \cdots\right) \qquad (e)$$

$$\frac{1}{z-3}=\frac{1}{z}\ \frac{1}{1-\dfrac{3}{z}}=\frac{1}{z}\left[1+\frac{3}{z}+\left(\frac{3}{z}\right)^2+\cdots\right] \tag{f}$$

$$f(z)=\frac{1}{2}((e)+(f))$$

例題 23：Represent $\dfrac{1}{z^3-z}$ as a Laurent series which is valid in $\{z: 1<|z-1|<2\}$

【交大應數】

解

$$f(z)=\frac{1}{z^3-z}=\frac{1}{z(z-1)(z+1)}=\frac{1}{2}\left(\frac{1}{z-1}-\frac{2}{z}+\frac{1}{z+1}\right)$$

$f(z)$有三個不解析點：$z=0,\,1,\,-1$

$$2>|z-1|>1:\ \frac{-2}{z}=\frac{-2}{(z-1)+1}=\frac{-2}{z-1}\ \frac{1}{1+\dfrac{1}{z-1}}$$

$$=\frac{-2}{z-1}\left[1-\frac{1}{z-1}+\frac{1}{(z-1)^2}-+\cdots\right] \tag{a}$$

$$\frac{1}{z+1}=\frac{1}{(z-1)+2}=\frac{1}{2}\ \frac{1}{1+\dfrac{z-1}{2}}=\frac{1}{2}\left[1-\frac{z-1}{2}+\left(\frac{z-1}{2}\right)^2-+\cdots\right] \tag{b}$$

$$f(z)=\frac{1}{2}\left(\frac{1}{z-1}+(a)+(b)\right)$$

例題 24：Let $f(z)=\dfrac{1}{z}$, what is the Taylor expansion of $f(z)$ around $z_0=1$? Show the region in complex plane where this expansion is convergent 【交大電子物理】

解

$$令\ t=z-1,\ |t|<1 \Rightarrow f(z)=\frac{1}{z}=\frac{1}{t+1}=1-t+t^2-t^3+-\cdots$$

$$\therefore f(z)=1-(z-1)+(z-1)^2-(z-1)^3+-\cdots \quad |z-1|<1$$

radius of convergence $\displaystyle\lim_{n\to\infty}\left|\frac{(z-1)^{n+1}}{(z-1)^n}\right|<1 \Rightarrow |z-1|<1$

例題 25：(a)Express $\tan z$ as $\displaystyle\sum_{n=0}^{\infty}a_n\left(z-\frac{\pi}{4}\right)^n$ in some region.

(b)Compute $\displaystyle\oint_C \tan z\,dz$ where C is a counterclockwise contour as shown below

【清大電機】

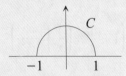

解　　　(a)Let $z - \dfrac{\pi}{4} = t \Rightarrow$

$$\tan z = \tan\left(t + \frac{\pi}{4}\right) = \frac{\sin\left(t + \dfrac{\pi}{4}\right)}{\cos\left(t + \dfrac{\pi}{4}\right)} = \frac{\cos t \sin\dfrac{\pi}{4} + \sin t \cos\dfrac{\pi}{4}}{\cos t \cos\dfrac{\pi}{4} - \sin t \sin\dfrac{\pi}{4}}$$

$$= \frac{\cos t + \sin t}{\cos t - \sin t} = \frac{\left(1 - \dfrac{1}{2}t^2 + \cdots\right) + \left(t - \dfrac{1}{3!}t^3 + \cdots\right)}{\left(1 - \dfrac{1}{2}t^2 + \cdots\right) + \left(t - \dfrac{1}{3!}t^3 + \cdots\right)}$$

$$= 1 + 2t + 2t^2 + \cdots$$

$$= 1 + 2\left(z - \frac{\pi}{4}\right) + 2\left(z - \frac{\pi}{4}\right)^2 + \cdots$$

(b)$\tan z$ is an analytic function inside C

$$\oint_C \tan z\, dz = 0$$

綜合練習

1.　Evaluate $\displaystyle\int_C \bar{z}\,dz = ?$　$C: |z| = 1, \ 0 \leq \theta \leq \dfrac{\pi}{2}$　　　【台大機械】

2.　Evaluate $\displaystyle\int_C |z|\,dz = ?$ 其中 C 為自 0 經 $-(1 + i)$ 到 $-i$ 之折線　　　【清華動機】

3.　Evaluate $\displaystyle\int_C f(z)\,dz = ?$, where $f(z) = \pi e^{\pi \bar{z}}$, where the integration contour C from the origin to $(1 + i)$ is chosen

along the segments **OA** and **OB**

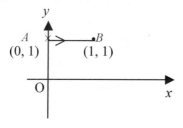

【台科大電子】

4.　Evaluate $\displaystyle\int_C (z^2 + 2z - 5)\,dz = ?$　其中 C 為折線：$0 \to -(1 + i) \to -2i \to 1 - 2i \to 2 \to 3i$　【台大機械】

5.　Evaluate $\displaystyle\oint_C \frac{e^z}{z^3}\,dz = ?$ 其中 C 為單位圓　　　【交大】

6.　求 $f(z) = \dfrac{1}{z - 2}$ 在 $z = 1$ 展開之 Taylor series，並求收斂半徑？　　　【台大化工】

7.　將函數 $f(z) = \ln(1 - z)$ 在 $z = 0$ 展開為冪級數　　　【台大化工】

8.　Find the infinite series of $f(z) = \dfrac{3z^2}{z^2 + 2z - 8}$ in power of z, which are convergent at (a)$z = 0$ (b)$z = i$ (c)$z = 3i$

【交大機械】

9. Obtain a Laurent expansion of $f(z)=\dfrac{1}{z(z-1)}$ about the point $z=1$ and specify the convergence radius of the expansion 【台科大電子】

10. 以 z 之冪級數形式，求出 $f(z)$ 之所有 Laurent （or Taylor） series 展開式

$$f(z)=\dfrac{z-2}{z^3-1}$$

並說明各級展開式之收斂區間 【成大機械】

11. Evaluate the following integrals: 【清大物理】

(a) $\displaystyle\oint_C e^{\frac{1}{z}}(z-i)dz$, C: unit circle, counterclockwise

(b) $\displaystyle\int_{-\infty}^{\infty}\dfrac{x\sin 2x}{x^2+4}dx$

(c) $\displaystyle\int_C \vec{F}\cdot d\vec{r}\quad \vec{F}=\left(\dfrac{e^y}{x}\right)\hat{\mathbf{i}}+(e^y\ln x+2x)\hat{\mathbf{j}}$; C: the boundary of the region , counterclockwise

12. Consider the expression

$$\dfrac{1}{\log z}=\sum_{n=-m}^{\infty}c_n(z-1)^n;\ 0<|z-1|<r$$

(a) Show that $m=1$

(b) Find r

(c) Find a recursion formula for the nth coefficient c_n. What is c_{-1}? What is c_1? What is c_4? 【交大電信】

13. Expand each of the following functions in a Laurent series that converge for $0<|z|<R$ and determine the precise region of convergence:

(a) $\dfrac{1}{z(1+z^2)}$　　(b) $z\cos\left(\dfrac{1}{z}\right)$ 【成大電機】

14. Evaluate $\displaystyle\oint_C \operatorname{Im}(z)dz$; C: $|z|=3$, counterclockwise

15. Evaluate the following line integral 【中山光電】

$$\int_C\dfrac{1}{z-z_0}dz$$

where $z_0=2+i$ and C is the path along the imaginary axis from the start point $(0, 3)$ to end point $(0, -1)$

16. Find the maximum and minimum moduli of z^2-z in the disc $|z|\le 1$ 【交大電信】

17. $f(z)=(z+1)^2$ in the region D, which is the triangular region with vertices at points $z=0, z=2$, and $z=i$. Find points in D where $|f(z)|$ has its maximum value and minimum value 【清大電機】

18. Expand $\dfrac{1}{1+z}$ in a Taylor series centered at $-2i$ and determine the radius of convergence 【成大工科】

19. Evaluate $\displaystyle\oint_c [z^2+2z^5+\operatorname{Im}(z)]dz$, where Im is the imaginary part of a complex variable, c is a rectangular and its top points are $0, -2i, 2-2i$ and 2 as shown in the figure 【成大水利】

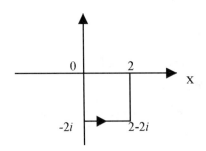

20. Evaluate $\int_{1+i}^{2+4i} z^2 dz$ along the parabola $x = t$, $y = t^2$, where $1 \le t \le 2$, and $i = \sqrt{-1}$ 　【雲科大機械】

21. Apply the Cauchy-Goursat theorem and the Cauchy integral formula to find $\int_c \frac{z^2}{(z-2)(z-6)} dz$

    1. when the contour C is the circle $\|z\| = 1$ in either direction,

    2. when the contour C consists of the circle $\|z\| = 4$, described in the negative direction, and

    3. when the contour C is the circle $\|z - 2\| = 1$ in the positive direction. 　【交大電控】

22. Expand $f(z) = \frac{1}{(z-1)(z-2)}$ 　【成大造船】

    (1) for $|z| < 1$　　(2) for $1 < |z| < 2$　　(3) for $2 < |z|$

23. Let $F(z)$ and $G(z)$ be two functions of complex variable z as follows: $F(z) = |z|^2$, $G(z) = \frac{z^2}{z - 0.5}$

    (1) Is $F(z)$ differentiable? Why? 　【清大電機，清大通訊】

    (2) $G(z)$ can be expressed as the following Laurent series expansion $G(z) = \sum_{n=\infty}^{\infty} g(n)z^{-n}$ for $|z| > 0.5$. Find $g(n)$.

24. Integrate the complex function $f(z) = \frac{\sin(\pi z^2) + \cos(\pi z^2)}{(z-1)(z-2)}$ counterclockwise around the circle $|z| = 3$ by using Cauchy's integral formula. 　【清大動機】

25. Find the Laurent expansion of the complex function $f(z) = \frac{z+1}{z^2+4}$ about the point $z = 2i$ 　【台大機械】

26. Find all Taylor and Laurent series of

    $$f(z) = \frac{2z-1}{z^2 - 7z + 10}$$

    with center 0

27. Find the Laurent expansion of the complex function $f(z) = \frac{1}{z^2 - 3z + 2}$ about the point $z = 0$ in each of the following domains

    (1) $|z| < 1$

    (2) $1 < |z| < 2$

    (3) $2 < |z|$ 　【101 台聯大應用數學】

28. Consider $f(z) = (z^2 - 1)^{-1}$, the Laurent expansion of $f(z) = (z^2 - 1)^{-1}$ with $z = 1 + i$ as the center can be expressed as

    $$f(z) = \sum_{n=-\infty}^{\infty} c_n (z - 1 - i)^n$$

    If the region of convergence of this expansion is $1 < |z - 1 - i| < \sqrt{5}$, find out the coefficients c_{-2}, c_2

    【90 中央土木】

17 複變函數(3)─留數定理與雙線性轉換

吾心信其可行，則移山填海之難；終有成功之日；吾心信其不可行，則反掌折枝之易，亦無收效之期也。

孫文

17-1　極點與留數

若複變函數$f(z)$在某一點z_0為可微分，則z_0稱為$f(z)$的常點（regular point）。反之，若不可微分，則z_0稱為$f(z)$的一個奇異點（singular point）。又倘若$f(z)$在奇異點z_0之鄰域內均為可解析，z_0稱為$f(z)$的一個孤立的（isolated）不解析點或稱為極點（pole）。

定理 1

若z_0為$f(z)$之一 pole $\Rightarrow |f(z)| \to \infty$ as $z \to z_0$ in any manner

若z_0為$f(z)$之一極點，則$f(z)$必可展開成 Laurent series：

$$f(z) = \sum_{n=0}^{\infty} a_n (z-z_0)^n + \sum_{m=1}^{\infty} b_m (z-z_0)^{-m} \tag{1}$$

定義：(1) $\sum_{m=1}^{\infty} b_m (z-z_0)^{-m}$ 稱為$f(z)$之主要部分

(2) b_1稱為$f(z)$在z_0點的留數（residue），表示為 $b_1 = \operatorname{Re} s (z_0)$或 $b_1 = R(z_0)$。

(3) 若m為 finite，則其最高負指數m稱為極點的階數（order）

(4) 若極點的階數為 1，亦即主要部分僅有 $b_1 (z-z_0)^{-1}$ 項，則稱z_0為$f(z)$之 simple pole

(5) Essential Singularity（本質奇異點）：無窮階之 pole

說例：$f(z) = e^{\frac{1}{z}}$

(6) Removable Singularity：$f(z)$在z_0無確切之數值存在，但當$z \to z_0$時，$f(z)$可能有極限值存在，則z_0稱為 removable singularity。（主要部分不存在）

說例：$f(z) = \dfrac{1 - \cos z}{z}$ at $z = 0$

觀念提示：　1. 若z_0為$f(z)$之一 k階 zero $\Rightarrow z_0$ 為 $\dfrac{1}{f(z)}$ 的一 k階 pole，反之亦然。

　　　　　　2. 已知z_0為$f(z)$之 pole，則其 order 可藉由檢驗會使 $\lim\limits_{z \to z_0} (z-z_0)^k f(z)$ 存在之最小正整數k來決定。

對一複變函數$f(z)$而言，最重要的是必須決定 pole 的位置、階數以及其留數（residue）；$f(z)$在z_0的留數可藉由以下定理來計算：

定理 2：若 z_0 為 $f(z)$ 之一 m 階 pole $\Rightarrow f(z)$ 在 z_0 的留數 $R(z_0)$ 為

$$R(z_0) = b_1 = \frac{1}{(m-1)!} \lim_{z \to z_0} \frac{d^{m-1}}{dz^{m-1}}[(z-z_0)^m f(z)] \tag{2}$$

證明：$f(z)$ 在 z_0 的 Laurent series 為：

$$f(z) = \frac{b_m}{(z-z_0)^m} + \frac{b_{m-1}}{(z-z_0)^{m-1}} + \cdots + \frac{b_1}{(z-z_0)} + a_0 + a_1(z-z_0) + \cdots \tag{3}$$

$$\Rightarrow (z-z_0)^m f(z) = b_m + b_{m-1}(z-z_0) + \cdots b_1(z-z_0)^{m-1} + a_0(z-z_0)^m + \cdots \tag{4}$$

微分 $(m-1)$ 次，可得：

$$\frac{d^{m-1}}{dz^{m-1}}[(z-z_0)^m f(z)] = (m-1)! b_1 + m! a_0(z-z_0) + \cdots$$

$$\Rightarrow \frac{1}{(m-1)!} \lim_{z \to z_0} \frac{d^{m-1}}{dz^{m-1}}[(z-z_0)^m f(z)] = b_1$$

得證

觀念提示：　1. 由以下之步驟，可幫助記憶(2)式：

(1) $(z-z_0)^m f(z)$ 之作用在使原函數 $f(z)$ 變為可解析，同時使(3)式之 Laurent series 變為(4)式之 Taylor series。

(2) 微分 $(m-1)$ 次，在使 $b_2, b_3, \cdots b_m$ 項消失，同時 b_1 項只剩常數 $(m-1)!$ 與 b_1 之乘積。

(3) $\lim_{z \to z_0}$ 在消去 $a_0, a_1 \cdots$ 項（因均含 $(z-z_0)$ 之因式），使得只剩 b_1 項。

2. 藉由對 Taylor series 及 Laurent series 之形式的了解，定理 2 自然可得。

3. 應用定理 2 需事先知道 z_0 之階數，否則將會發生以下情形：

(1) Underestimate（低估了 z_0 之階數）：

由於 Laurent series 之形式仍然存在，故當取 $\lim_{z \to z_0}$ 時會趨向 ∞ 而發散。

(2) Overestimate（高估了 z_0 之階數）：

極易證明 Overestimate 後亦可得到(2)之結果，但缺點為計算繁複。故一般在 z_0 之階數不明確時，通常會先 Underestimate 嘗試以找出

真正的階數（只要 $\lim\limits_{z \to z_0}$ 不發散，即為正確之階數）。

4.若複變函數 $f(z)$ 為有理函數，且 $f(z) = \dfrac{p(z)}{q(z)}$，$z_0$ 是一個簡單極點，q

$(z_0) = 0$ 且 $p(z_0) \neq 0$，則 $f(z)$ 在 z_0 的留數為 $\dfrac{p(z_0)}{q'(z_0)}$。

證明：

$$b_1 = \lim_{z \to z_0} \left[(z - z_0) \frac{p(z)}{q(z)} \right] = \lim_{z \to z_0} \left[\frac{p(z)}{\frac{q(z)}{(z - z_0)}} \right] = \lim_{z \to z_0} \left[\frac{p(z)}{\frac{q(z) - q(z_0)}{(z - z_0)}} \right] = \frac{p(z_0)}{q'(z_0)} \tag{5}$$

例題 1：Find the residue of $f(z) = \dfrac{1+z}{2(1 - \cos z)}$ at $z = 0$ 　　　【交大機械】

解

$\lim\limits_{z \to 0} z f(z) \to \infty$

$\lim\limits_{z \to 0} z^2 f(z) \to 1$

$z = 0$ is a second order pole

$R(0) = \lim\limits_{z \to 0} \dfrac{d}{dz} (z^2 f(z)) = 1$

例題 2：Find the residue of $(1) f(z) = \dfrac{z^2 + z}{(z - 1)^2 (z^2 + 4)}$　　$(2) f(z) = \cot z$　【101 海洋光電】

解　　$(1) R(1) = \lim\limits_{z \to 1} \dfrac{d}{dz} ((z - 1)^2 f(z)) = \dfrac{11}{25}$

$R(2i) = \lim\limits_{z \to 2i} ((z - 2i) f(z)) = \dfrac{2i + 1}{2(2i - 1)^2}$

$R(-2i) = \lim\limits_{z \to 2i} ((z + 2i) f(z)) = \dfrac{-2i + 1}{2(-2i - 1)^2}$

$(2) f(z) = \cot z = \dfrac{\cos z}{\sin z}$

$R(n\pi) = \lim\limits_{z \to n\pi} \dfrac{\cos z}{\sin z'} = \lim\limits_{z \to n\pi} \dfrac{\cos z}{\cos z} = 1$

17-2　留數定理

若複變函數 $f(z)$ 在單連封閉曲線 C 內除某一點 z_0 外均為可解析，則由圍線變形原理，在 C 上進行線積分可得

$$\oint_C f(z)dz = \oint_{C_\rho} f(z)dz$$

其中 C_ρ 位於 C 之內，是以 z_0 為圓心，ρ 為半徑之圓；以 z_0 為中心點作 Laurent series 展開可得：

$$\oint_{C_\rho} f(z)dz = \oint_{C_\rho}\left[\sum_{n=0}^{\infty} a_n(z-z_0)^n + \sum_{m=1}^{k} b_m(z-z_0)^{-m}\right]dz \tag{6}$$
$$= \sum_{n=0}^{\infty} a_n\oint_{C_\rho}(z-z_0)^n\,dz + \sum_{m=1}^{k} b_m\oint_{C_\rho}\frac{1}{(z-z_0)^m}\,dz$$

已知

$$\oint_C \frac{dz}{(z-z_0)^n} = \begin{cases} 0 & ; n \neq 1 \\ 2\pi i & ; n = 1 \end{cases} \tag{7}$$

將(7)代入(6)後，可得：

$$\oint_C f(z)dz = b_1\oint_{C_\rho}\frac{1}{z-z_0}\,dz = 2\pi i b_1 \tag{8}$$

觀念提示：　1. 若複變函數 $f(z)$ 在單連封閉曲線 C 上及其內部為可解析，則由 Cauchy 積分定理可知 $\oint_C f(z)dz = 0$，因此會影響封閉線積分之結果的是 C 內之極點。

2. 經過線積分後唯一剩下的是 b_1，故稱 b_1 為留數。

定理 3：留數定理（Residue theorem）

若複變函數 $f(z)$ 在單連封閉曲線 C 上及其內部，除有限個極點 $z_1, z_2, \cdots z_n$ 外（各極點間需孤立而不可相連）均為可解析，則

$$\oint_C f(z)dz = 2\pi i \sum_{i=1}^{n} R(z_i) = 2\pi i \text{（} C \text{內各極點之留數和）} \tag{9}$$

證明：

$$\oint_C f(z)dz = \oint_{C_1} f(z)dz + \oint_{C_2} f(z)dz + \cdots \oint_{C_n} f(z)dz$$

$$= 2\pi i \, (b_{11} + b_{12} + \cdots b_{1n})$$

$$= 2\pi i \, [R(z_1) + R(z_2) + \cdots R(z_n)]$$

得證

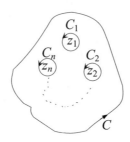

例題 3：(a)Compute $\oint_C \dfrac{\cos z}{z^2(z-3)} dz$ along the contour indicated

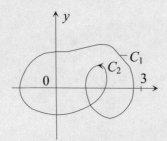

(b)Determine the order of each pole and the residue of the function there

$$f(z) = \frac{1 - \exp(2z)}{z^4}$$

【成大機械】

解　(a)C 可看作是內外兩個單連封閉曲線的和

$$\oint_C f(z)dz = \oint_{C_1} f(z)dz + \oint_{C_2} f(z)dz$$

顯然的，C_2 所包圍的區間內無極點，故 $\oint_{C_2} f(z)dz = 0$，C_1 所包圍的區間只有 $z=0$ 一個二階極點，其留數為：

$$R(0) = \lim_{z \to 0} \frac{d}{dz}\left(z^2 \frac{\cos z}{z^2(z-3)}\right) = -\frac{1}{9}$$

$$\oint_C f(z)dz = -\frac{2\pi i}{9}$$

(b) $f(z) = \dfrac{1 - e^{2z}}{z^4} = \dfrac{1 - \left(1 + 2z + \dfrac{1}{2!}4z^2 + \cdots\right)}{z^4} = \dfrac{-2 - 2z - \dfrac{1}{3!}2^3 z^2 \cdots}{z^3}$

故 $z = 0$ 為一個三階極點，其留數為 $\dfrac{-4}{3}$

例題 4：Compute $\oint_C \tan z \, dz$; $|z| = 100$　　　　　　　【台大機械】

解　$\oint_C \tan z \, dz = \oint_C \dfrac{\sin z}{\cos z} \, dz$，$\sin z$ 為全函數，極點位於 $\cos z = 0$ 的位置

$\cos z = \cos(x + iy) = \cos x \cosh y - i \sin x \sinh y = 0$

$\Rightarrow \begin{cases} \cos x = 0 \Rightarrow x = \dfrac{(2n+1)\pi}{2} \\ y = 0 \end{cases}$

其中，在 $|z| = 100$ 內的極點有 $n = -32, -31, \cdots, -1, 0, 1, \cdots 31$ 共 64 個，其留數為：

$\dfrac{\sin z}{(\cos z)'}\bigg|_{z = z_i} = -1$　　$\therefore \oint_C \tan z \, dz = 2\pi i \times 64 \times (-1) = -128\pi i$

例題 5：Evaluate the following complex integral with C any piecewise-smooth simple closed curve enclosing $0, 2i, -2i$

$$\oint_C \dfrac{\sin z}{z^2(z^2 + 4)} dz$$　　　　　　　【台科大電機】

解　令 $f(z) = \dfrac{\sin z}{z^2(z^2 + 4)}$ 之極點 $z = 0, 2i, -2i$ 均位於 C 內，其留數為：

$R(0) = \lim\limits_{z \to 0} \dfrac{d}{dz}\left(z^2 \dfrac{\sin z}{z^2(z+4)}\right) = \left\{\dfrac{\cos z}{z^2 + 4} - \dfrac{\sin z}{(z^2+4)^2}2z\right\}\bigg|_{z=0} = \dfrac{1}{4}$

$R(2i) = \lim\limits_{z \to 2i}(z - 2i)f(z) = \dfrac{\sin 2i}{-4(4i)} = \dfrac{\sinh 2}{-16}$

$R(-2i) = \lim\limits_{z \to -2i}(z + 2i)f(z) = \dfrac{\sin(-2i)}{-4(-4i)} = \dfrac{\sinh 2}{-16}$

$\therefore I = \oint_C f(z)dz = 2\pi i\left(\dfrac{1}{4} - \dfrac{1}{16}\sinh 2 - \dfrac{1}{16}\sinh 2\right)$

$= \pi i\left(\dfrac{1}{2} - \dfrac{1}{4}\sinh 2\right)$

例題 6：Evaluate the following complex integral where C is the ellipse $9x^2 + y^2 = 9$ (counterclockwise)

$$\oint_C \left(\dfrac{z \exp(\pi z)}{z^4 - 16} + z \exp\left(\dfrac{\pi}{z}\right)\right) dz$$　　　　　　　【交大機械】

解　$\oint_C \left(\dfrac{z \exp(\pi z)}{z^4 - 16} + z \exp\left(\dfrac{\pi}{z} \right) \right) dz$ 共 有 $z = 0,\ 2,\ -2,\ 2i,\ -2i$ 等 極 點，其 中 有

$z = 0, 2i, -2i$ 位於 C 內，其留數為：

$$R(0) = z e^{\frac{\pi}{z}} = z\left(1 + \frac{\pi}{2} + \frac{1}{2!}\frac{\pi^2}{z^2} + \cdots \right) \Rightarrow R(0) = \frac{\pi^2}{2}$$

$$R(2i) = \frac{z e^{\pi z}}{4z^3}\bigg|_{z=2i} = \frac{e^{2\pi i}}{4(-4)} = \frac{-1}{16}$$

$$R(-2i) = \frac{z e^{\pi z}}{4z^3}\bigg|_{z=-2i} = \frac{e^{-2\pi i}}{4(-4)} = \frac{-1}{16}$$

$$\therefore I = \oint_C f(z)\,dz = 2\pi i \left(\frac{\pi^2}{2} - \frac{1}{16} - \frac{1}{16} \right) = \pi i \left(\pi^2 - \frac{1}{4} \right)$$

例題 7：Evaluate $\oint_C \dfrac{\cos z}{z^3}\,dz$; where C is the simple closed unit circle in the counter-clockwise direction 　　　　　　　　　　　　　　　　　　　　　【交大電信】

解　$$f(z) = \frac{\cos z}{z^3} = \frac{1}{z^3}\left(1 - \frac{z^2}{2!} + \frac{z^4}{4!} - + \cdots \right) = \frac{1}{z^3} - \frac{1}{2!}\frac{1}{z} + \frac{1}{4!}z - + \cdots$$

$$\Rightarrow R(0) = -\frac{1}{2}$$

$$\therefore \oint_C f(z)\,dz = -\pi i$$

例題 8：Find the residue of $\dfrac{1}{1 - \exp(z)}$ 　　　　　　　　　　　【中央大氣物理】

解

$$f(z) = \frac{1}{1 - e^z} = \frac{1}{1 - \left(1 + z + \frac{z^2}{2!} + \cdots \right)} = \frac{1}{-z - \frac{z^2}{2!}} \quad 0 < |z| < \infty$$

$$= -\frac{1}{z} + \frac{1}{2} - \frac{z}{12} + \cdots$$

故可得 pole $= 0$，$R(0) = -1$

例題 9：Consider the complex series $f(z) = \sum\limits_{n=0}^{\infty} \dfrac{z^n}{2^{n+1}} + \sum\limits_{n=1}^{\infty} \dfrac{1}{z^n}$。Is it true that $z = 0$ is a singular point of $f(z)$ with residue equal to 1? Prove or disprove it. 【台大應力】

解

$$f(z) = \frac{1}{2}\left(1 + \frac{z}{2} + \left(\frac{z}{2} \right)^2 + \cdots \right) + \left(\frac{1}{z} + \frac{1}{z^2} + \cdots \right)$$

$$= \frac{1}{2}\frac{1}{1-\dfrac{z}{2}} + \frac{1}{z}\frac{1}{1-\dfrac{1}{z}} = \frac{1}{2-z} + \frac{1}{z-1}$$

收斂範圍為 $\left|\dfrac{z}{2}\right| < 1$ 且 $\left|\dfrac{1}{2}\right| < 1 \Rightarrow 1 < |z| < 2$

故 $f(z)$ 之奇異點位於 $z=1$ 及 $z=2$，$f(z)$ 在 $z=0$ 為可解析，且 $R(0)=0$

例題 10：Evaluate $\displaystyle\oint_C \frac{\exp(z)}{\cosh z} dz$; $C: |z| = 5$ 　　　　　【大同電機】

解　$f(z) = \dfrac{e^z}{\cosh z}$ 之不解析點發生在 $\cosh z = 0$ 亦即 $e^z + e^{-z} = 0$

$\Rightarrow e^{2z} = -1 = e^{\pi i} = e^{i(2n+1)\pi} \Rightarrow z = \dfrac{i(2n+1)n}{2}$

在 $|z| = 5$ 內部之極點為 $\pm\dfrac{\pi i}{2}, \pm\dfrac{3\pi i}{2}$ 其留數分別為：

$$R\left(\frac{\pi i}{2}\right) = \frac{e^z}{(\cosh z)'}\bigg|_{z=\frac{\pi i}{2}} = \frac{e^{\frac{\pi i}{2}}}{\sinh\frac{\pi i}{2}} = 1$$

$$R\left(-\frac{\pi i}{2}\right) = \frac{e^z}{(\cosh z)'}\bigg|_{z=-\frac{\pi i}{2}} = \frac{e^{-\frac{\pi i}{2}}}{\sinh\left(\frac{\pi i}{2}\right)} = 1$$

同理可得 $R\left(\dfrac{3\pi i}{2}\right) = R\left(-\dfrac{3\pi i}{2}\right) = 1$

$\Rightarrow \displaystyle\oint_C \frac{e^z}{\cosh z} dz = 2\pi i(1+1+1+1) = 8\pi i$

例題 11：(a)Locate and classify the singularity for the following two functions:

$$f_1(z) = \frac{\ln(z-2)}{z^2(z^2+4)}$$

$$f_2(z) = \frac{\sin\sqrt{z}}{\sqrt{z}}$$

(b)Find $\displaystyle\int_C \frac{e^z}{z^2(z^2+4iz-3)} dz$ around C with equation $C: |z| = 2$

解　(a)$f_1(z)$ 共有三個奇異點：

$z = 2$：屬於 branch point

$z = 0$：2 階極點

$z = 2i, -2i,$ simple pole

$f_2(z)$ 可以 $z = 0$ 為中心展開成

$$f_2(z) = \frac{1}{\sqrt{z}}\left(\sqrt{z} - \frac{(\sqrt{z})^3}{3!} + \frac{(\sqrt{z})^5}{5!} + \cdots\right) = 1 - \frac{z}{3!} + \frac{z^2}{5!} - + \cdots$$

為 Taylor series 故 $f_2(z)$ 在 $z = 0$ 點為可解析，亦即 $z = 0$ 屬於 $f_2(z)$ 之 removable singularity

(b)$f(z) = \dfrac{e^z}{z^2(z^2 + 4iz - 3)}$ $\Rightarrow$ $f(z)$ 共有 $z = 0$, $-i$, $-3i$ 共 3 個極點，其中僅有 $z = 0$, $-i$ 在 C 內部，其留數分別為：

$$R(0) = \lim_{z \to 0} \frac{d}{dz}\{z^2 f(z)\} = -\frac{1}{3} - \frac{4}{9}i$$

$$R(-i) = \lim_{z \to -i}\{(z + i)f(z)\} = -\frac{e^{-i}}{2i}$$

$$\therefore \oint_C f(z)dz = 2\pi i\,(R(0) + R(-i)) = \pi\left[\left(\frac{8}{9} - \cos 1\right) + i\left(\sin 1 - \frac{2}{3}\right)\right]$$

例題 12：$\oint_{|\rho|=1} \dfrac{1}{\sin\dfrac{1}{z}}\, dz = ?$

解

$$\begin{cases} w_1 = \dfrac{1}{z} \Rightarrow pole:\ z = 0 \\ w_2 = \sin w_1 \\ w_3 = \dfrac{1}{w_2} \Rightarrow pole:\ w_2 = 0 \Rightarrow \sin w_1 = 0 \Rightarrow w_1 = n\pi \Rightarrow z = \dfrac{1}{n\pi};\ n = \pm 1, \pm 2, \cdots \end{cases}$$

$$\text{Res}\left(\frac{1}{n\pi}\right) = \frac{1}{\left(\sin\dfrac{1}{z}\right)'}\bigg|_{z=\frac{1}{n\pi}} = \frac{-z^2}{\cos\dfrac{1}{z}}\bigg|_{z=\frac{1}{n\pi}} = (-1)^{n+1}\left(\frac{1}{n\pi}\right)^2$$

$$= \text{Res}\left(-\frac{1}{n\pi}\right)$$

$$\oint_{|\rho|=1}\frac{1}{\sin\dfrac{1}{z}}\,dz = 2\pi i \sum_{n=1}^{\infty} 2\frac{(-1)^{n+1}}{n^2\pi^2}$$

例題 13：$\oint_C \dfrac{1}{z^2 - 2z + 2}\, dz = ?$; $C: |z - (2 + 2i)| = 2$　　　　【101 中山光電】

解

$$\oint_C \frac{1}{z^2 - 2z + 2}\,dz = 2\pi i R(1 + i)$$

$$= 2\pi i\frac{1}{2i} = \pi$$

例題 14：$\oint_C \dfrac{\sin \pi(z+1) + \cos \pi z}{z^2 - 3z + 2}\, dz = ?\, ; C: |z| = 4$ 　　　　　【101 海洋光電】

解　　$\oint_C \dfrac{\sin \pi(z+1) + \cos \pi z}{z^2 - 3z + 2}\, dz = 2\pi i\, [R(1) + R(2)]$

$$= 2\pi i(1 + 1) = 4\pi i$$

例題 15：$\oint_C \dfrac{z^3 + 2z + i}{z^3 - 1}\, dz = ?$

　　　　(1)$C: |z - 1| = 1$

　　　　(2)$C: |z - i| = 1$ 　　　　　【101 交大光電】

解　　(1)$\oint_C \dfrac{z^3 + 2z + i}{z^3 - 1}\, dz = 2\pi i\, [R(1)] = 2\pi i\left(\lim\limits_{z \to 1} \dfrac{z^3 + 2z + i}{3z^2} \right)$

$$= 2\pi i\left(1 + \dfrac{i}{3} \right)$$

　　　　(2)$\oint_C \dfrac{z^3 + 2z + i}{z^3 - 1}\, dz = 2\pi i\left[R\!\left(e^{i\frac{2}{3}\pi} \right) \right]$

$$= 2\pi i\left(\lim\limits_{z \to e^{i\frac{2}{3}\pi}} \dfrac{z^3 + 2z + i}{3z^2} \right)$$

17-3　雙線性轉換

㈠基本性質

(1)平移

$w = z + z_0$

$\Rightarrow u + iv = (x + x_0) + i\,(y + y_0)$

$\begin{cases} u = x + x_0 \\ v = y + y_0 \end{cases}$

將 z-plane 上的原點平移至 z_0 點

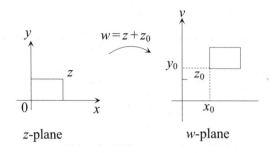

(2)旋轉（Rotation）

$$w = ze^{i\theta_0} = re^{i(\theta + \theta_0)}$$

z-plane 上的點反時針旋轉 θ_0

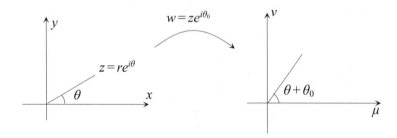

(3)冪函數變換

$$w = z^n = (re^{i\theta})^n = r^n e^{in\theta} = \rho e^{i\varphi}$$

$$\therefore \begin{cases} \rho = r^n \\ \varphi = n\theta \end{cases} \text{（角度放大 } n \text{ 倍）}$$

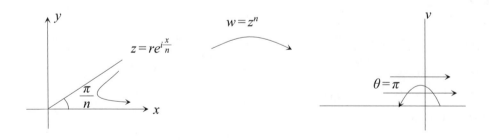

(4)逆變換

$$w = \frac{1}{z} = \frac{1}{r} e^{-i\theta} = \rho e^{i\varphi}$$

$$\Rightarrow \rho = \frac{1}{r} \text{（長度為倒數）}$$

$$\phi = -\theta \text{（角度與實軸對稱倒映）}$$

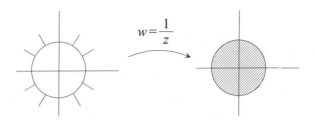

(二) Bilinear（Mobius）變換

$$w = \frac{az+b}{cz+d} \quad ad - bc \neq 0 \quad a, b, c, d \text{ are complex constants}$$

$$w = \frac{a}{c} \cdot \frac{z + \dfrac{b}{a}}{z + \dfrac{d}{c}} = \frac{a}{c} + \frac{bc - ad}{c^2} \cdot \frac{1}{z + \dfrac{d}{c}} \tag{10}$$

定義　$w_1 = z + \dfrac{d}{c}$（平移）

$\qquad w_2 = \dfrac{1}{w_1}$（逆變換）

$\qquad w_3 = \dfrac{bc - ad}{c^2} w_2$（旋轉）

$\qquad w_4 = w_3 + \dfrac{a}{c}$（平移）

$$\Rightarrow w = \frac{az+b}{cz+b} = w_4\left(w_3\left(w_2\left(w_1\left(z\right)\right)\right)\right) \tag{11}$$

觀念提示： 1. Mobius 變換最有用的性質就是保圓（若 z-plane 上為一圓，則 w 平面上亦必定是圓）

2. 若 $ad - bc = 0$

$\qquad \Rightarrow \dfrac{a}{b} = \dfrac{c}{d}$

$\qquad \Rightarrow w = \dfrac{b\left(\dfrac{a}{b}z + 1\right)}{d\left(\dfrac{c}{a}z + 1\right)} = \dfrac{b}{d} = $ 常數

換言之，整個 z-plane 映射至 w-plane 上之一定點。稱之為奇異變換

3. 任意複常數 a, b, c, d 之決定：

From (10) 可知，只有 $\dfrac{a}{c}, \dfrac{d}{c}$ 及 $\dfrac{b}{a}$ 三組獨立常數而已，故需有三個條件以確定此 mobius transform，設 z-plane 上任何二點 z_i, z_j 在 w-plane

內之映射為 w_i , w_j

$$\Rightarrow w_i = \frac{az_i+b}{cz_i+d} \; , \; w_j = \frac{az_j+b}{cz_j+d}$$

$$\Rightarrow w_i - w_j = \frac{(az_i+b)(cz_j+d)-(az_j+b)(cz_i+d)}{(cz_i+d)(cz_j+d)} = \frac{(ad-bc)(z_i-z_j)}{(cz_i+d)(cz_j+d)}$$

故可得 $(z_1, z_2, z_3) \rightarrow (w_1, w_2, w_3)$ 之變換關係為

$$\frac{(w-w_1)(w_2-w_3)}{(w-w_3)(w_2-w_1)} = \frac{\dfrac{(ad-bc)(z-z_1)}{(cz_1+d)(cz_2+d)}\dfrac{(ad-bc)(z_2-z_3)}{(cz_3+d)(cz_4+d)}}{\dfrac{(ad-bc)(z-z_3)}{(cz_1+d)(cz_4+d)}\dfrac{(ad-bc)(z_2-z_1)}{(cz_3+d)(cz_2+d)}}$$

$$= \frac{(z-z_1)(z_2-z_3)}{(z-z_3)(z_2-z_1)} \tag{12}$$

4. 討論轉換時要從轉換區域之邊界著手，因為邊界恆映射至邊界。

5. mobius transform 通常用來進行以圓或直線為邊界間之轉換，若將直線看成是圓的特例，則 mobius transform 恆把圓映射至圓（保圓）。

(三)解析函數的映射

定理 4：Conformal Mapping

$f(z)$ 在 z_0 附近的映射為保角的充要條件是 $f(z)$ 在 z_0 為 analytic 且 $f'(z_0) \neq 0$

證明：Taylor series on z_0

$$f(z) = f(z_0) + f'(z_0)(z-z_0) + \frac{f''(z_0)}{2!}(z-z_0)^2 + \cdots \tag{13}$$

$$w_0 = f(z_0)$$

$$w_1 = f(z_1)$$

$$w_2 = f(z_2)$$

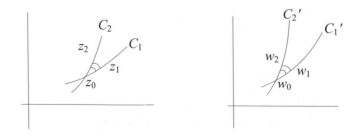

Substituting into (13), with some manipulation, we have

$$\frac{w_1 - w_0}{z_1 - z_0} = f'(z_0) + \frac{f''(z_0)}{2}(z_1 - z_0) + \cdots \tag{14}$$

$$\frac{w_2 - w_0}{z_2 - z_0} = f'(z_0) + \frac{f''(z_0)}{2}(z_2 - z_0) + \cdots \tag{15}$$

將(15)式除以(14)，可得

$$\lim_{\substack{z_1 \to z_0 \\ z_2 \to z_0}} \frac{w_2 - w_0}{w_1 - w_0} \frac{z_1 - z_0}{z_2 - z_0} = \lim_{\substack{z_1 \to z_0 \\ z_2 \to z_0}} \frac{f'(z_0) + \dfrac{f''(z_0)(z_2 - z_0)}{2} + \cdots}{f'(z_0) + \dfrac{f''(z_0)(z_1 - z_0)}{2} + \cdots} = 1 \tag{16}$$

$$\Rightarrow \lim_{\substack{w_1 \to w_0 \\ w_2 \to w_0}} \arg\left(\frac{w_2 - w_0}{w_1 - w_0}\right) = \lim_{\substack{z_1 \to z_0 \\ z_2 \to z_0}} \arg\left(\frac{z_2 - z_0}{z_1 - z_0}\right) \tag{17}$$

觀念提示： 1. (16) is satisfied under the condition that $f'(z_0) \neq 0$

2. if $f'(z_0) = 0$, than (14) and (15) become

$$\frac{w_1 - w_0}{(z_1 - z_0)^2} = \frac{f''(z_0)}{2} + \frac{f'''(z_0)}{3!}(z_1 - z_0) + \cdots \tag{18}$$

$$\frac{w_2 - w_0}{(z_2 - z_0)^2} = \frac{f''(z_0)}{2} + \frac{f'''(z_0)}{3!}(z_2 - z_0) + \cdots \tag{19}$$

$$\Rightarrow \lim_{\substack{z_1 \to z_0 \\ z_2 \to z_0}} \arg\left[\left(\frac{w_2 - w_0}{w_1 - w_0}\right)\left(\frac{z_2 - z_0}{z_1 - z_0}\right)^2\right] \tag{20}$$

$$= \lim_{\substack{w_1 \to w_0 \\ w_2 \to w_0}} \arg\left(\frac{w_2 - w_0}{w_1 - w_0}\right) - 2\lim_{\substack{z_1 \to z_0 \\ z_2 \to z_0}} \arg\left(\frac{z_2 - z_0}{z_1 - z_0}\right) = 0$$

定理 5

(1) $f(z)$ is analytic on z_0

(2) $f'(z_0) = 0, f''(z_0) \neq 0$

則在 z_0 附近之映射將具幅角放大二倍之性質，同理，若 $f'(z_0) = 0, f''(z_0) = 0$，但 $f'''(z_0) \neq 0$ 則在 z_0 附近之映射將具幅角放大三倍之性質，其餘依此類推。

定理 6

If $f(z) = u(x, y) + iv(x, y)$ is analytic, $h(x, y)$ is harmonic function in z-plane, then $h(u, v)$ that is obtained by the Comformal mapping of $w = f(z)$, is also harmonic function in w-plane, and vice-versa.

證明：見例題 24

例題 16：Determine the mapping of $x^2 + y^2 \leq 1$ under the transformation

$w = \ln\left(\dfrac{1+z}{1-z}\right); z = x + iy$ 　　　　【成大電機】

解

令 $w_1 = \dfrac{1+z}{1-z}$, $w_2 = \ln(w_1) \Rightarrow z = \dfrac{w_1-1}{w_1+1}$

由 $|z| = 1 \Rightarrow |w_1 - 1| = |w_1 + 1|$（$w_1$ 至 $+1$ 及 -1 之距離相等）

對應 $|z| = 1$，w_1 之軌跡為虛軸

再由 $z = 0$ 對應至 $w_1 = +1$，故知 $|z| < 1$ 映射至右半平面

$w_2 = \ln(w_1) = \ln|w_1| + i\arg(w_1)$，若將 $w_2 = \ln(w_1)$ 之 branch cut 取在左半平面，則 w_1 之幅角限制於 $\left(-\dfrac{\pi}{2}, \dfrac{\pi}{2}\right)$ 之內，而 $\ln|w_1|$ 之範圍在 $(-\infty, +\infty)$，因而可知映射結果為如下圖之帶狀區域

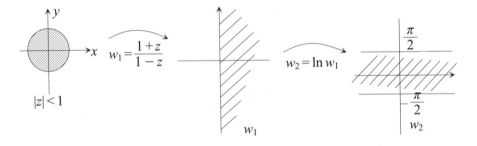

例題 17：設 $w = \sin z$，求 $\left\{-\dfrac{\pi}{2} \leq x \leq \dfrac{\pi}{2}, 0 \leq y \leq 2\right\}$ 之 Image 　　【成大水利海洋】

解

$w = u + iv = \sin(x + iy) = \sin x \cos(iy) + \cos x \sin(iy) = \sin x \cosh y + i\cos x \sinh y$

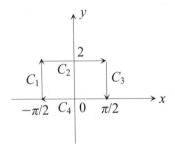

根據邊界加以逐步討論，將 z-plane 之邊界以 $C_1 \sim C_4$ 來表示，並分別討

論其映射：

$C_1: x = -\dfrac{\pi}{2}, y: 0 \to 2$

$w = -\cosh y$

$\therefore \begin{cases} u = -\cosh y, u: -\cosh 0 \to -\cosh 2 \\ v = 0 \end{cases}$

$C_2: x = -\dfrac{\pi}{2} \to \dfrac{\pi}{2}, y = 2$

$w = \sin x \cosh 2 + i \cos x \sinh 2$

$\therefore \begin{cases} u = \sin x \cosh 2 \\ v = \cos x \sinh 2 (>0) \end{cases}$

$\left(\dfrac{u}{\cosh 2}\right)^2 + \left(\dfrac{v}{\sinh 2}\right)^2 = 1$

$C_3: x = \dfrac{\pi}{2}, y: 2 \to 0$

$w = \cosh y$

$\therefore \begin{cases} u = -\cosh y, u: \cosh 2 \to \cosh 0 \\ v = 0 \end{cases}$

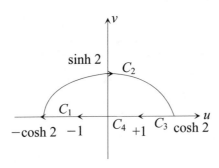

$C_4: x = \dfrac{\pi}{2} \to -\dfrac{\pi}{2}, y = 0$

$w = \sin x$

$\therefore \begin{cases} u = \sin x, u: 1 \to -1 \\ v = 0 \end{cases}$

由 $z = i \to w = i \sinh 1$ 可知映射至橢圓之內部

例題 18：Find a transformation that maps the inside of $|z| = 1$ to the outside of $|z + 1 - i| = 1$
【交大資工】

解　Step 1. 應用倒數變換將單位圓之內外交換

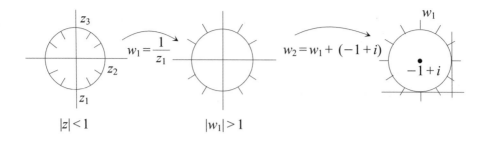

$$|z| < 1 \qquad\qquad |w_1| > 1$$

Step 2. 應用平移將圓心移到$(-1+i)$

$$w_2 = w_1 + (-1+i)$$

Step 3. 由 $z \to w_1 \to w_2 = w$ 可知

$$w = w_1 + (-1+i) = \frac{1}{z} - 1 + i$$

觀念提示： 不可先平移再裏外交換

另解：Bilinear transformation

在 z-plane 與 w-plane 上各取三點相對應之座標

$z_1 = -i \to w_1 = -1 + 2i$

$z_2 = 1 \to w_2 = i$

$z_3 = i \to w_3 = -1$

代入：

$$\frac{w - w_1}{w - w_3} \frac{w_2 - w_3}{w_2 - w_1} = \frac{z - z_1}{z - z_3} \frac{z_2 - z_3}{z_2 - z_1}$$

即可得到：

$$w = \frac{(i-1)z + 1}{z}$$

例題 19：Find a transformation which will make the following mapping 【清華電機】

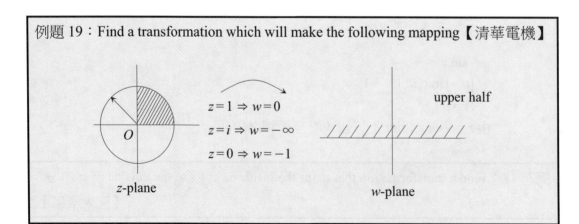

$z = 1 \Rightarrow w = 0$

$z = i \Rightarrow w = -\infty$

$z = 0 \Rightarrow w = -1$

upper half

z-plane

w-plane

解　先以 $w_1 = z^2$ 進行轉換：

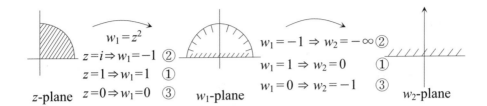

利用 Bilinear transformation

$$\frac{w_2 - 0}{w_2 + 1} \times \frac{-\infty + 1}{-\infty - 0} = \frac{w_1 - 1}{w_1 - 0} \times \frac{-1 - 0}{-1 - 1} \Rightarrow w_2 = \frac{w_1 - 1}{w_1 + 1}$$

Check：

$$w_2 = \frac{w_1 - 1}{w_1 + 1} \Rightarrow w_1 = \frac{1 + w_2}{1 - w_2} \Rightarrow |w_1| = \left| \frac{1 + w_2}{1 - w_2} \right|$$

故 if $|w_1| = 1$（單位圓上）$\Rightarrow w_2$ 必位於虛軸，再由 $w_1 = \dfrac{i}{2}$ 映射的結果，

及邊界必映射至邊界可知 $w_2 = \dfrac{w_1 - 1}{w_1 + 1}$ 僅映射至 w_2 plane 之第 II 象限。

欲映射至上半平面，必須將圖形順時針旋轉 $\dfrac{\pi}{2}$，再將角度放大兩倍：

$$w = w_3 = (-iw_2)^2 = \left(-i \frac{w_1 - 1}{w_1 + 1} \right)^2 = \left(-i \frac{z^2 - 1}{z^2 + 1} \right)^2 = \frac{-(z^2 - 1)^2}{(z^2 + 1)^2}$$

例題 20：$w = f(z) = \dfrac{z - z_0}{z\overline{z_0} - 1}$ 其中 z_0 為常數，且 $|z_0| < 1$：

(a)證明此函數將 $|z| \leq 1$ 映至 $|w| < 1$

(b)決定此映射之映射點

(c)是否保角？　　　　　　　　　　　　　　　　　　　　　　【清華電機】

解　(a) $w = \dfrac{z - z_0}{z\overline{z_0} - 1} \Rightarrow z = \dfrac{z_0 - w}{1 - w\overline{z_0}}$

$$|z|^2 = z\bar{z} = \frac{z_0 - w}{1 - w\overline{z_0}} \frac{\overline{z_0} - \overline{w}}{1 - \overline{w}z_0} = \frac{|z_0|^2 + |w|^2 - w\overline{z_0} - \overline{w}z_0}{1 + |w|^2|z_0|^2 - w\overline{z_0} - \overline{w}z_0}$$

在圓 $|z| = 1$ 上有：

$$|z_0|^2 + |w|^2 - w\overline{z_0} - \overline{w}z_0 = 1 + |w|^2|z_0|^2 - w\overline{z_0} - \overline{w}z_0 \tag{1}$$

$$\Rightarrow |z_0|^2 = (1 - |w|^2) = 1 - |w|^2$$

$|z_0| < 1$，故(1)式成立須保證 $|w| = 1$

故知 $|z| = 1$ 映射至 $|w| = 1$

以 $z=z_0$ 代入，可得 $w=0$，故可得由 $|z|=1$ 單位圓內部映射至 $|w|=1$ 單位圓內部

(b) $z=0 \to w=z_0$

$z=z_0 \to w=0$

$z=\dfrac{1}{\overline{z_0}} \to w=\infty$

(c)除了在 $z=\dfrac{1}{\overline{z_0}}$ 外，其餘各點均解析且保角

例題 21：求線性分數變換，其將 z-plane 之上半平面映到 w 平面之單位圓內，且已知 i 映射到原點及 ∞ 映射到 1 　　　　　　　　　【淡江環工】

解

$$w=\frac{az+b}{cz+d}=\frac{a}{c}\frac{z+\dfrac{b}{a}}{z+\dfrac{d}{c}} \quad (保圓)$$

觀念提示： *1.* 直線為圓的特例（radius$\to\infty$）

2. 邊界(z)恆映射至邊界(w) $\Rightarrow$ $z\in R$ 映射至 $|w|=1$

$$|w|=\left|\frac{a}{c}\right|\frac{\left|z+\dfrac{b}{a}\right|}{\left|z+\dfrac{d}{c}\right|}$$

$\Rightarrow$ (1) $\left|\dfrac{a}{c}\right|=1 \Rightarrow \dfrac{a}{c}=e^{i\theta_0}$, (2) $\dfrac{\left|z+\dfrac{b}{a}\right|}{\left|z+\dfrac{d}{c}\right|}=1$

$\Rightarrow \dfrac{d}{c}$ and $\dfrac{b}{a}$ are complex conjugate

$\therefore w=e^{i\theta_0}\dfrac{z-z_0}{z-\overline{z_0}}$

(1) $i\to 0 \Rightarrow z_0=i$

(2) $\infty\to 1 \Rightarrow w=1=e^{i\theta_0}$

$\therefore w=f(z)=\dfrac{z-i}{z+i}$

例題 22：Find a transformation that maps the inside of $|z-(1+i)|=1$ to the outside of $|z-(-1+i)|=1$

解 Step 1. $w_1 = z + (-1 - i)$

Step 2. $w_2 = \dfrac{1}{w_1}$

Step 3. $w_3 = w_2 + (-1 + i) = \dfrac{1}{w_1} + (-1 + i) = \dfrac{1}{z - (1 + i)} - 1 + i$

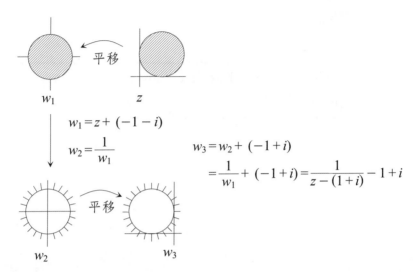

$w_1 = z + (-1 - i)$

$w_2 = \dfrac{1}{w_1}$

$w_3 = w_2 + (-1 + i)$
$= \dfrac{1}{w_1} + (-1 + i) = \dfrac{1}{z - (1 + i)} - 1 + i$

例題 23：某一楔形金屬板，其兩面之溫度固定為恆溫，試求其中溫度分布

【台大化工】

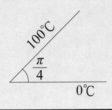

解 利用複變之映射原理先將 z-plane 轉換為 w-plane，以簡化問題

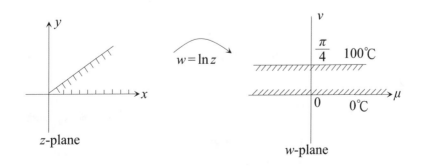

在 u-v plane 上之解為（均勻分布）

$$T(u, v) = \frac{100}{\frac{\pi}{4}} v = \frac{400}{\pi} v$$

已知 $u + iv = \ln(x + iy) = \ln|z| + i\tan^{-1}\left(\frac{y}{x}\right)$

故可得在 x-y plane 之解為：

$$T(x, y) = \frac{400}{\pi}\tan^{-1}\left(\frac{y}{x}\right)$$

例題 24：Given $h(x, y)$ in x-y plane is harmonic, show that $h(u, v)$ via the conformal mapping of $w = f(z)$ is also harmonic in u-v plane 【中央機械】

解　$f(z)$ 為可解析：

已知 $h(x, y)$ is harmonic $\Rightarrow h_{xx} + h_{yy} = 0$

$h_x = h_u u_x + h_v v_x$

$h_{xx} = (h_{uu} u_x + h_{uv} v_x)u_x + h_u u_{xx} + (h_{uv} u_x + h_{vv} v_x)v_x + h_v v_{xx}$

$h_{yy} = (h_{uu} u_y + h_{uv} v_y)u_y + h_u u_{yy} + (h_{uv} u_y + h_{vv} v_y)v_y + h_v v_{yy}$

$\Rightarrow h_{xx} + h_{yy} = h_{uu}(u_x^2 + u_y^2) + 2h_{uv}(u_x v_x + u_y v_y) + h_{vv}(v_x^2 + v_y^2) +$

$h_u(u_{xx} + u_{yy}) + h_v(v_{xx} + v_{yy})$ 　　　　　　　　　(1)

由於 $f(z) = u + iv$ 為可解析，故有

$u_x = v_y$, $u_y = -v_x$

$u_{xx} + u_{yy} = 0$, $v_{xx} + v_{yy} = 0$

代入(1)式得：

$h_{xx} + h_{yy} = h_{uu}(u_x^2 + v_x^2) + h_{vv}(u_x^2 + v_x^2)$

　　　　　$= (h_{uu} + h_{vv})|f'(z)|^2$

$f'(z) \neq 0 \Rightarrow h_{uu} + h_{vv} = 0$ 　得證

綜合練習

1. $z = x + iy$, $w = u + iv$, z-plane 上某區域 $\begin{cases} 1 \leq, x \leq 2 \\ 2 \leq y \leq 3 \end{cases}$ 經 $w = \frac{1}{z}$ 映射到 w-plane 上對應區域？繪圖示之

2. Find the image of the region $\text{Re}(z) < 0$ under the mapping:
   $w = \frac{1 + 2z}{1 - 2z}$

3. Find a bilinear transformation that maps the circle $|z - i| = 1$ onto the circle $|w - 1| = 2$

4. What the quadrant $x > 0$, $y > 0$ is transformed into the mapping

$$w = \frac{z-i}{z+i}$$

5. Given a bilinear transformation $w = \dfrac{az+b}{cz+d}$, $ad - bc \neq 0$

(1) Prove that the cross ratio of four points $\dfrac{(w_1 - w_2)(w_3 - w_4)}{(w_1 - w_4)(w_3 - w_2)}$ is invariant.

(2) What is the bilinear transformation which sends the points $z = 0$, 2, $2i$ into the points $w = 0$, 2, $1+i$, respectively?

(3) Define the "invariant point" as the one that satisfies $f(z_0) = z_0$. Giving a mapping $w = f(z)$, find the largest distance between any two of the invariant points for the mapping found in (2).　【中正電機】

6. Find and sketch the image in the w-plane of a straight line $x + y = 1$, in the z-plane under the transformation

$$w = \frac{1}{z}$$ 　【中山物理】

7. (1) Show that $\mathbf{y} = \mathbf{A}\mathbf{x}$ with

$$\mathbf{A} = \begin{bmatrix} \cos\theta & \sin\theta \\ -\sin\theta & \cos\theta \end{bmatrix}, \ \mathbf{x} = \begin{bmatrix} x_1 \\ x_2 \end{bmatrix}, \ \mathbf{y} = \begin{bmatrix} y_1 \\ y_2 \end{bmatrix}$$

is a clockwise rotation of the vector $\mathbf{x}$ by an angle of θ.

(2) Is $\mathbf{A}$ an orthogonal matrix?

(3) What is the geometrical meaning of $\mathbf{y}' = \mathbf{A}^T \mathbf{x}$　【中山資工】

8. Map $|z| < 2$ onto the domain D: $u + v > 0$ in the w-plane　【台科大電機】

9. Find the area of region into which the square with vertices $z = 0$, 1, $1+i$, i is transformed by the function $w = z^2$　【中正電機】

10. Integrate $f(z) = \dfrac{2z^2 + 2}{z^2 - 1}$ in the counterclockwise sense around a circle of radius 1 with center at the point:

(a)$z = 1$　(b)$z = \dfrac{1}{2}$　(c)$z = -1 + \dfrac{1}{2}i$　(d)$z = i$　【中央電機】

11. 依路徑$(1)c$: $|z| = 1$, $(2)|z| = 3$，求下式積分值

$$V = \oint_C \frac{\cos z}{z^2(z-2)} dz$$ 　【台科大電子】

12. (a) Show that the function

$$f(z) = \frac{1}{\sin\dfrac{\pi}{z}}$$

has infinitely many singularities, only one of which is nonisolated.

(b)Find the residue of $f(z) = \dfrac{1}{\text{Log}(\text{Log}(z)) - 1}$, where Log (z) represents the principal value of the logarithm of z, and evaluate the integration of $\int f(z) dz$ around the circle $|z - 16| = 5$ positively oriented.

(c)Evaluate $\displaystyle\int_0^{2\pi} \dfrac{dt}{1 + a\cos t}$; $|a| < 1$　【交大電信】

13. Let $D = \{z: |z - h| = r\}$ be a circle centered at h, with radius r, $r > 0$. Consider the simple linear fractional transformation (or bilinear transformation)

$$\omega = T(z) = \frac{1}{z}$$

Show that if D does not pass through the origin in the z-plane, then $T(D)$ is a circle not passing through the origin in the ω-plane. Also, what are the center and radius of $T(D)$? (Remark: both the center and the radius must be represented in terms of h and r directly, but not their real or imaginary parts) 【中山電機】

14. Map $|z| < 2$ onto the domain $u + v > 0$ in the w-plane 【台科大電機】

15. $f(z) = \dfrac{\sin z}{z^2(z^2 - 4)}$

    (a)Find all poles of $f(z)$ and classify their orders

    (b)Evaluate the residue at each pole of $f(z)$ 【台大機械】

16. Find the Laurent series for $f(z) = \sin\left(z + \dfrac{1}{z}\right)$ in the annulus $0 < |z| < \infty$. Find $R(0)$, the residue at $z = 0$

    【台大材料】

17. Evaluate a circular integral

    $$\oint_C \frac{1}{z^3 + 1}\, dz$$

    where the circular is counterclockwise as $C: |z + 1| = 1$ 【台科大機械】

18. (1) Evaluate the integral $\displaystyle\int_0^{2\pi} \frac{1 + a\sin\theta}{k + \cos\theta}\, d\theta$, $(k > 1)$ 【中央物理】

    (2) Evaluate the integral $\displaystyle\oint_C \frac{1}{z^4 - 1}\, dz$ counterclockwise over $C: (x - 2)^2 + y^2 = 16$

19. Compute the integral $\displaystyle\oint_{C:|z|=2} \exp\left(\frac{1}{z}\right) dz$ 【成大土木】

20. Evaluate $\dfrac{1}{2\pi i} \displaystyle\oint_{C:|z|=3} \frac{\exp(zt)}{(z^2 + 1)^2}\, dz$; $t > 0$ 【交大機械】

21. Identify and characterize the singularities of

    $(1) f(z) = \dfrac{z}{\sin z}$ $(2) f(z) = \dfrac{\sin z}{z}$ 【成大土木】

22. Evaluate $\displaystyle\oint_C \cot z\, dz$; $C: |z| = 50$ counterclockwise.

23. Evaluate $\displaystyle\oint_C \left(\frac{z \exp(\pi z)}{z^4 - 16} + z \exp\left(\frac{\pi}{2}\right)\right) dz$; $C: |z - i| = 2$ counterclockwise.

24. Evaluate $\displaystyle\oint_C \frac{\exp(z)}{\sinh z}$; $C: |z| = 8$ counterclockwise.

25. Find a transformation that maps the inside of $|z - (2 - i)| = 1$ to the outside of $|z - (1 + 2i)| = 1$

26. Evaluate $\displaystyle\oint_C \frac{|z| \exp(z)}{z^2}\, dz$; $C: |z| = 2$ counterclockwise. 【101 成大電通丙】

27. Evaluate the following integral in a complex plane for the circle of $C: |z| = 4$

    $(1) \displaystyle\oint_C \frac{1}{z}\, dz$ $(2) \displaystyle\oint_C \frac{\cos(z)}{z - \pi}\, dz$

    $(3) \displaystyle\oint_C \frac{z}{z^2 - 5z - 6}\, dz$ $(4) \displaystyle\oint_C \frac{\exp(2z)}{z^3}\, dz$ 【101 彰師大電機】

18 複變函數(4)─留數定理的應用

Education is a progressive discovery of our own ignorance.

-Will Durant

18-1 有理三角函數的積分

實變函數的積分 $\int_a^b f(x)dx$ 可看作是複變函數沿著實軸積分的結果，故實變函數的積分實為複變函數積分的一特例。

題型一：含 $\cos\theta, \sin\theta$ 之有理函數的定積分式：

$$I = \int_0^{2\pi} f(\cos\theta, \sin\theta)d\theta \tag{1}$$

將實變函數的積分轉換到複變函數積分

let $z = e^{i\theta} = \cos\theta + i\sin\theta$, $e^{-i\theta} = \cos\theta - i\sin\theta = \dfrac{1}{z}$

$\Rightarrow \cos\theta = \dfrac{e^{i\theta} + e^{-i\theta}}{2}$, $\sin\theta = \dfrac{e^{i\theta} - e^{-i\theta}}{2i}$

$dz = ie^{i\theta}d\theta = izd\theta$

$$\begin{aligned}
I &= \int_0^{2\pi} f(\cos\theta, \sin\theta)d\theta = \int_0^{2\pi} f\left(\frac{e^{i\theta} + e^{-i\theta}}{2}, \frac{e^{i\theta} - e^{-i\theta}}{2i}\right)\frac{de^{i\theta}}{ie^{i\theta}} \\
&= \oint_{|z|=1} f\left(\frac{z + z^{-1}}{2}, \frac{z - z^{-1}}{2i}\right)\frac{dz}{iz} \\
&= 2\pi i \sum_{i=1}^{n} R(z_i)
\end{aligned} \tag{2}$$

觀念提示： (1)式能轉換到複平面內並應用留數定理求解的原因為：在實變積分中，由 $\theta=0$ 至 $\theta=2\pi$ 即為複平面之 unit circle。在形成封閉迴路後，故適用留數定理求解本來實變積分中極難處理的問題。

題型二：$I = \int_0^{\pi} f(\cos\theta)d\theta = \lim_{n\to\infty} \sum_{i=1}^{n} f(\cos\theta_i)\Delta\theta_i$ (3)

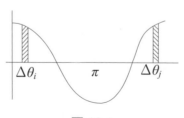

圖 18-1

$$I = \int_0^\pi f(\cos\theta)d\theta$$

由圖 18-1 中可知在 $0 \le \theta < \pi$ 上之任何一小段區間的函數值及積分值在 $\pi \le \theta < 2\pi$ 上均有對稱的位置 $\Delta\theta_i$，其函數值及積分值均與 $\Delta\theta_i$ 上相同，因而有：

$$I = \int_0^\pi f(\cos\theta)d\theta = \int_\pi^{2\pi} f(\cos\theta)d\theta = \frac{1}{2}\int_0^{2\pi} f(\cos\theta)d\theta \tag{4}$$

(4)式對於 $f(\sin\theta)$ 或 $f(\cos\theta\sin\theta)$ 不成立，其原因為 $\cos\theta$ 對稱於 $\theta=\pi$ 為一偶函數（even function）而 $\sin\theta$ 或 $\cos\theta\sin\theta$ 不是。

例題 1：計算 $I = \int_0^{2\pi} \dfrac{\cos n\theta}{a+b\cos\theta}d\theta$ 之值；$a>b>0$　　　【交大電子，淡江機械】

解

$$I = \int_0^{2\pi} \frac{\cos n\theta}{a+b\cos\theta}d\theta = \text{Re}\left[\int_0^{2\pi} \frac{e^{in\theta}}{a+b\cos\theta}d\theta\right]$$

令 $z=e^{i\theta} \Rightarrow \cos\theta = \dfrac{e^{i\theta}+e^{-i\theta}}{2}$　$dz=ie^{i\theta}d\theta = iz\,d\theta$ 代入上式可得：

$$\text{Re}\left[\oint_{|z|=1} \frac{z^n}{a+b\frac{z+z^{-1}}{2}}\frac{dz}{iz}\right] = \text{Re}\left[\frac{2}{i}\oint_{|z|=1} \frac{z^n}{bz^2+2az+b}dz\right]$$

$$= \text{Re}\left[\frac{2}{i}\,2\pi i\, \frac{\left(\dfrac{-a+\sqrt{a^2-b^2}}{b}\right)^n}{2b\dfrac{-a+\sqrt{a^2-b^2}}{b}+2a}\right]$$

$$= \frac{2\pi}{\sqrt{a^2-b^2}}\left(\frac{-a+\sqrt{a^2-b^2}}{b}\right)^n$$

例題 2：Use the method of residues to show that

$$I = \int_0^\pi \sin^{2n}\theta\,d\theta = \pi\frac{(2n)!}{(2^n n!)^2}\,;\ n=1,2,\cdots \qquad 【台科大機械】$$

解　　因 $\sin^{2n}\theta$ 為 even function 故有：

$$2I = \int_{-\pi}^\pi \sin^{2n}\theta\,d\theta$$

令 $z = e^{i\theta} \Rightarrow \sin\theta = \dfrac{z - z^{-1}}{2i}$, $dz = ie^{i\theta}\,d\theta = iz\,d\theta$ 代入上式可得：

$$2I = \oint_C \left(\dfrac{z - z^{-1}}{2i}\right)^{2n} \dfrac{dz}{iz} = \dfrac{1}{2^{2n}\,i^{2n+1}} \oint_C \dfrac{1}{z}\left(z - \dfrac{1}{z}\right)^{2n} dz$$

被積分函數只在 $z = 0$ 不解析，將函數展開成 Laurent series

$$f(z) = \dfrac{1}{z} \sum_{m=0}^{2n} \binom{2n}{m} z^{2n-m} z^{-m} (-1)^m$$

$$= \dfrac{1}{z}\left(z^{2n} - 2nz^{2n-2} + \binom{2n}{2} z^{2n-4} - + \cdots + (-1)^n \binom{2n}{n} z^0 + \cdots + z^{-2n}\right)$$

$$\therefore R(0) = \binom{2n}{n} = \dfrac{(2n)!}{(n!)^2}(-1)^n$$

$$\therefore I = \dfrac{1}{2} \dfrac{(-1)^n}{2^{2n}\,i^{2n+1}} 2\pi i \binom{2n}{n} = \pi \dfrac{(2n)!}{(2^n n!)^2}$$

例題 3：計算 $I = \displaystyle\int_0^{2\pi} (\cos\theta)^m \cos n\theta\,d\theta$ 之值；$m, n > 0$ 【交大電子】

解

$$I = \int_0^{2\pi} (\cos\theta)^m \cos n\theta\,d\theta$$

$$= \mathrm{Re}\left[\oint_{|z|=1} \left(\dfrac{z + z^{-1}}{2}\right)^m z^n \dfrac{dz}{iz}\right] = \mathrm{Re}\left[\dfrac{1}{i2^m} \oint_{|z|=1} \dfrac{(z^2+1)^m}{z^{m+1}} z^n\,dz\right]$$

Case 1. $n \geq m+1 \Rightarrow$ 被積分函數為全函數，$I = 0$

Case 2. $n = m \Rightarrow R(0) = 1,\ I = \dfrac{\pi}{2^{m-1}}$

Case 3. $n < m$

(1) $m - n + 1$ is even（m, n 一為奇一為偶）$\Rightarrow R(0) = 0 = I$

(2) $m - n + 1$ is odd（m, n 同奇或同偶）

$R(0)$ is $(z^2+1)^m$ 展開後的 z^{m-n} 項係數

$$R(0) = \binom{m}{\dfrac{m-n}{2}} = \dfrac{m!}{\left(\dfrac{m-n}{2}\right)!\left(\dfrac{m+n}{2}\right)!} \Rightarrow I = \dfrac{\pi}{2^{m-1}} \binom{m}{\dfrac{m-n}{2}}$$

例題 4：Use the method of residues to evaluate the integral

$$I = \int_0^{2\pi} \dfrac{\sin^2\theta}{a + b\cos\theta}\,d\theta;\ a > b > 0$$ 【清大核工】

解

$$I = \oint_{|z|=1} \frac{-\frac{1}{4}(z - z^{-1})^2}{a + \frac{b}{2}(z + z^{-1})} \frac{dz}{iz} = \frac{i}{2b} \oint_{|z|=1} \frac{z^4 - 2z^2 + 1}{z^2\left(z^2 + \frac{2a}{b}z + 1\right)} dz$$

$$= \frac{i}{2b} \oint_{|z|=1} f(z) dz$$

$f(z)$之奇異點位於 $z_1 = \frac{1}{b}(-a + \sqrt{a^2 - b^2})$,

$z_2 = \frac{1}{b}(-a - \sqrt{a^2 - b^2})$, $z_3 = 0$，除 z_2 外，均在單位圓 $|z| = 1$ 內

$$I = 2\pi i \frac{i}{2b}\{R(z_1) + R(z_3)\}$$

例題 5：Use the method of residues to evaluate the integral

$$I = \int_0^{2\pi} \frac{\cos^2 \theta}{13 - 5\cos 2\theta} d\theta \qquad 【中央電機】$$

解

$$\cos^2 \theta = \frac{(1 + \cos 2\theta)}{2} \Rightarrow I = \frac{1}{2} \int_0^{2\pi} \frac{\cos 2\theta + 1}{13 - 5\cos 2\theta} d\theta, \text{ let } z = e^{i2\theta}$$

$$\Rightarrow dz = 2iz d\theta \Rightarrow d\theta = \frac{dz}{2iz}$$

$$\Rightarrow I = \frac{-1}{2i} \oint_{|z|=1} \frac{z^2 + 2z + 1}{z(5z^2 - 26z + 5)} dz$$

$f(z)$之奇異點位於 $z = 0$, $z = 5$, $z = \frac{1}{5}$

$$\Rightarrow R(0) = \frac{1}{5}, R\left(\frac{1}{5}\right) = -\frac{3}{10}$$

$$\therefore I = \int_0^{2\pi} \frac{\cos^2 \theta}{13 - 5\cos 2\theta} d\theta = \frac{-1}{2i} 2\pi i \left(\frac{1}{5} - \frac{3}{10}\right) = \frac{\pi}{10}$$

例題 6：Find the following integral by contour integration

$$I = \int_0^{2\pi} \frac{\cos \theta}{(1 - 2a\cos \theta + a^2)} d\theta \qquad 【交大電信】$$

解　取積分封閉路徑為 $C: |z| = 1$

$$\Rightarrow z = e^{i\theta}, 0 \le \theta \le 2\pi$$

$$\Rightarrow \cos \theta = \frac{1}{2}(z + z^{-1}), \sin \theta = \frac{1}{2i}(z - z^{-1}), d\theta = \frac{dz}{iz}$$

代入原式可得：

$$I = \int_0^{2\pi} \frac{\cos\theta}{(1 - 2a\cos\theta + a^2)} d\theta = \oint_C \frac{\frac{1}{2}(z + z^{-1})}{1 - 2a\frac{1}{2}(z + z^{-1}) + a^2} \frac{dz}{iz}$$

$$= \frac{i}{2a} \oint_C \frac{z^2 + 1}{z(z - a)\left(z - \frac{1}{a}\right)} dz = \frac{i}{2a} \oint_C f(z) dz$$

The poles of $f(z)$ are $z = 0,\ a,\ \frac{1}{a}$ Assuming that $|a| < 1$, then only $z = 0$ and $z = a$ are inside C. The residues can be calculated as follows:

$$R(0) = \left. \frac{z^2 + 1}{(z - a)\left(z - \frac{1}{a}\right)} \right|_{z=0} = 1$$

$$R(a) = \left. \frac{z^2 + 1}{z\left(z - \frac{1}{a}\right)} \right|_{z=a} = \frac{a^2 + 1}{a^2 - 1}$$

From residue theorem, we have

$$I = \frac{i}{2a} 2\pi i \left(R(0) + R(a)\right) = \frac{2a\pi}{1 - a^2}$$

當 $|a| > 1$，積分之過程同上

例題 7：Evaluate the integral $I = \int_0^{2\pi} \frac{1 + \sin\theta}{3 + \cos\theta} d\theta$ 　　【101 中央光電】

解

$$I = \int_0^{2\pi} \frac{1 + \sin\theta}{3 + \cos\theta} d\theta = \mathrm{Im}\left\{ \int_0^{2\pi} \frac{i + e^{i\theta}}{3 + \cos\theta} d\theta \right\}$$

let $z = e^{i\theta} \Rightarrow \cos\theta = \frac{z + z^{-1}}{2}$, $dz = iz d\theta$

$$\int_0^{2\pi} \frac{i + e^{i\theta}}{3 + \cos\theta} d\theta = \frac{2}{i} \oint_C \frac{i + z}{z^2 + 6z + 1} dz$$

$$\therefore I = \mathrm{Im}\left\{ 2\pi i \frac{2}{i} R(-3 + 2\sqrt{2}) \right\}$$

$$= \frac{\pi}{\sqrt{2}}$$

例題 8：Evaluate the integral $I = \int_0^{\pi} \frac{d\theta}{a + b\cos\theta}$; $a > b > 0$ 　　【清華動機】

解

$$I = \frac{1}{2} \int_{-\pi}^{\pi} \frac{d\theta}{a + b\cos\theta}$$

let $z = e^{i\theta} \Rightarrow \cos\theta = \dfrac{z + z^{-1}}{2}$, $dz = iz\,d\theta$

$$I = \frac{1}{i} \oint_C \frac{dz}{bz^2 + 2az + b} = \frac{1}{i} \oint_C \frac{dz}{b(z-p)(z-q)}$$

where C is unit circle, $p = \dfrac{-a + \sqrt{a^2 - b^2}}{b}$, $q = \dfrac{-a - \sqrt{a^2 - b^2}}{b}$,

$pq = 1$, $|q| > \dfrac{a}{b} > 1 \Rightarrow p < 1$

故 $z = p$ 極點在 unit circle 內，$z = q$ 極點不在 unit circle 內。

Residue

$$\lim_{z \to p} (z - p) \frac{1}{b(z-p)(z-q)} = \frac{1}{b(p-q)} = \frac{1}{2\sqrt{a^2 - b^2}}$$

$$I = 2\pi i \frac{1}{i} \frac{1}{2\sqrt{a^2 - b^2}} = \frac{\pi}{\sqrt{a^2 - b^2}}$$

18-2　有理函數的積分

題型一：$I = \displaystyle\int_{-\infty}^{+\infty} \frac{p(x)}{q(x)}\,dx$　　　　　　　　　　　　　　(5)

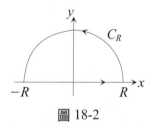

圖 18-2

應用 residue theorem 之過程如下：

1. 將實變函數 $\dfrac{p(x)}{q(x)}$ 看作複變函數 $\dfrac{p(z)}{q(z)}$，則其積分路徑便是複平面上的實軸。

2. 應用 residue theorem，必須形成封閉迴路，故可定義一半圓形環線 C_R，藉增加積分路徑以形成圖 18-2 之封閉迴路。

3. 若 C 為封閉之半圓，C_R 為圓弧部分，則有

$$I = \int_{-\infty}^{+\infty} \frac{p(x)}{q(x)} dx = \lim_{R \to \infty} \left[\oint_C \frac{p(z)}{q(z)} dz - \int_{C_R} \frac{p(z)}{q(z)} dz \right] \tag{6}$$

$$= 2\pi i \left[\frac{p(z)}{q(z)} 在上半平面所有極點的留數和 \right] - \lim_{R \to \infty} \int_{C_R} \frac{p(z)}{q(z)} dz$$

(6)式右邊第一項可以利用 residue theorem 將 C 內之留數和求出；第二項之線積分須將圓弧條件代入：

$$z = Re^{i\theta}, \; dz = iRe^{i\theta} d\theta = iz d\theta$$

$$\lim_{R \to \infty} \int_{C_R} \frac{p(z)}{q(z)} dz = \lim_{|z| \to \infty} i \int_0^\pi \frac{zp(z)}{q(z)} d\theta \tag{7}$$

設 $p(z)$ 為 m 次 $q(z)$ 為 n 次多項式，則以上函數之 modulus 為：

$$\lim_{|z| \to \infty} \frac{1}{|z|^{n-m-1}} \left| \frac{a_m + a_{m-1} z^{-1} + \cdots a_0 z^{-(m+1)}}{b_n + b_{n-} z^{-1} + \cdots b_0 z^{-n}} \right|$$

顯然的，只要 $n-m-1 > 0 \Rightarrow$ (7)式趨向 0。因 n, m 均為整數，$n > m+1$ 表示 $q(x)$ 之冪次至少比 $p(x)$ 大 2 次以上；則 $\frac{p(z)}{q(z)}$ 沿著 C_R 之線積分會隨 $R \to \infty$ 而趨向 0。

定理 1

$$I = \int_{-\infty}^{+\infty} \frac{p(x)}{q(x)} dx，若：$$

(1) $p(x)q(x)$ 均為 x 之多項式

(2) $q(x)$ 之冪次比 $p(x)$ 高出 2 次或以上

(3) $q(x) = 0$ 無實根存在 （則複平面上的實軸無極點）。則

$$I = \int_{-\infty}^{+\infty} \frac{p(x)}{q(x)} dx = 2\pi i \left[\frac{p(z)}{q(z)} 在上半平面所有極點的留數和 \right]$$

觀念提示： *1.* 條件(3)要求 $q(x) = 0$ 無實根存在，其原因為 residue theorem 要求積分路徑上必須是可解析的。

2. 條件(2)是本定理能成功的原因，若積分的形式為 $\int_{-\infty}^{+\infty} F(x)dx$ 則只要 $F(x)$ 滿足 $\lim_{|z| \to \infty} zF(z) = 0$ 本定理仍然能適用。

由(7)式可知，只要 $q(z)$ 之次數大於 $p(z)$ 二次以上，(7)式之積分結果恆等於 0，與積分範圍無關； 此為積分函數之 modulus 在 $R \to \infty$ 收斂至 0 的結果。 因此選擇積分範圍為 $[0, 2\pi]$ 並不改變這個結果；而當 $R \to \infty$，$\theta \to 2\pi$ 時，積分結果正是函數在整個複平面的極點留數和，故可得到以下定理：

定理 2

任何複變有理函數，只要分母 $q(z)$ 之次數大於分子 $p(z)$ 二次以上，則此函數在整個複平面上的所有極點留數和 $= 0$

題型二：$I = \displaystyle\int_{-\infty}^{+\infty} \exp(iax) \frac{p(x)}{q(x)} dx$

考慮如上節圖 18-2 之半圓積分路徑，可得：

$$I = \int_{-\infty}^{+\infty} \frac{p(x)}{q(x)} \exp(iax) dx = \lim_{R \to \infty} \left[\oint_C \frac{p(z)}{q(z)} \exp(iaz) dz - \int_{C_R} \frac{p(z)}{q(z)} \exp(iaz) dz \right]$$

$$= 2\pi i \left(\sum_{U.H.P} R\left(\frac{p(z)}{q(z)} \exp(iaz) \right) \right) - \lim_{R \to \infty} \int_{C_R} \frac{p(z)}{q(z)} \exp(iaz) dz \tag{8}$$

現在討論在何種條件下(8)式右邊第二項可收斂至 0；將
$z = Re^{i\theta}$, $dz = iRe^{i\theta} d\theta = iz d\theta$ 代入

$$\lim_{R \to \infty} \int_{C_R} \frac{p(z)}{q(z)} e^{iaz} dz = \lim_{R \to \infty} \int_0^\pi \frac{izp(z)}{q(z)} e^{iaR\cos\theta} e^{-aR\sin\theta} d\theta \tag{9}$$

觀察(9)式可知：

1. $e^{iaR\cos\theta}$ 不論 R 如何變化均為一具有單位長度的複數，故不影響 modulus。

2. $e^{-aR\sin\theta}$

   (1)若 $a \in R^+$ $\Rightarrow$ 選擇積分路徑為上半圓 $\theta \in [0, \pi]$ 使 $\sin\theta$ 恆正；因此，當 $R \to \infty$ 恆使 $e^{-aR\sin\theta}$ 收斂至 0。

   (2)若 $a \in R^-$ $\Rightarrow$ 選擇積分路徑為下半圓 $\theta \in [0, -\pi]$ 使 $\sin\theta$ 恆負（$a\sin\theta$ 恆正）；因此，當 $R \to \infty$ 恆使 $e^{-aR\sin\theta}$ 收斂至 0。

3. $\dfrac{izp(z)}{q(z)}$，i 不影響此函數之 modulus, 只要本項函數在 $\lim\limits_{R \to \infty}$ 時至少不發散，則因 $e^{-aR\sin\theta}$ 已收斂至 0，都將使沿 C_R 之線積分為 0；因此 $q(x)$ 之冪次要求要比 $p(x)$ 之冪次高

出一次或以上。得到以下二定理：

定理 3

$p(z), q(z)$ 均為多項式，且 $q(z)$ 之冪次比 $p(z)$ 之冪次高出一次以上，則對任意正實數 a，有

$$\lim_{R \to \infty} \int_{C_R} \frac{p(z)}{q(z)} \exp(iaz) dz = 0$$

定理 4：$I = \int_{-\infty}^{+\infty} \exp(iax) \frac{p(x)}{q(x)} dx$

(1) $p(x)q(x)$ 均為 x 之多項式。

(2) $q(x)$ 之冪次比 $p(x)$ 高出一次或以上。

(3) $q(x) = 0$ 無實根存在（則複平面上的實軸無極點）。則

$$\text{若 } a \in R^+ \Rightarrow I = \int_{-\infty}^{+\infty} \exp(iax) \frac{p(x)}{q(x)} dx = 2\pi i \left[\sum_{U.H.P} R\left(\exp(iaz) \frac{p(z)}{q(z)} \right) \right]$$

$$\text{若 } a \in R^- \Rightarrow I = \int_{-\infty}^{+\infty} \exp(iax) \frac{p(x)}{q(x)} dx = 2\pi i \left[\sum_{L.H.P} R\left(\exp(iaz) \frac{p(z)}{q(z)} \right) \right]$$

觀念提示：$\displaystyle \int_{-\infty}^{+\infty} F(x) \begin{Bmatrix} \cos ax \\ \sin ax \end{Bmatrix} dx = \begin{Bmatrix} \text{Re} \\ \text{Im} \end{Bmatrix} 2\pi i \sum_{\substack{upper \\ half \\ plane}} R\,[F(z)\exp(iaz)]; \, a \in R^+$ (10)

定理 5：Application of Residue theorem in Fourier Integral (Transform)

1. Fourier Integral

$$f(x) = \int_0^\infty [A(\omega)\cos\omega x + B(\omega)\sin\omega x]\, d\omega \tag{11}$$

$$A(\omega) = \frac{1}{\pi} \int_{-\infty}^\infty f(x)\cos\omega x\, dx = \frac{1}{\pi}\text{Re}\left\{ 2\pi i \sum_{U.H.P} R[\exp(i\omega z)\, f(z)] \right\}; \, \omega > 0 \tag{12}$$

$$B(\omega) = \frac{1}{\pi} \int_{-\infty}^\infty f(x)\sin\omega x\, dx = \frac{1}{\pi}\text{Im}\left\{ 2\pi i \sum_{U.H.P} R[\exp(i\omega z)\, f(z)] \right\}; \, \omega > 0 \tag{13}$$

2. Fourier Transform

$$F(\omega) = \int_{-\infty}^\infty f(x)e^{-i\omega x}\, dx = -2\pi i \sum_{L.H.P} R[\exp(-i\omega z)\, f(z)]; \, \omega > 0 \tag{14}$$

$$f(x) = \frac{1}{2\pi} \int_{-\infty}^{\infty} F(\omega) e^{i\omega x} d\omega = i \sum_{U.H.P} R[\exp(i\omega z) F(z)]; \ \omega > 0 \tag{15}$$

例題 9：Evaluate $\displaystyle\int_0^{\infty} \frac{dx}{1+x^3}$　　　　　　　　　【101 台聯大工數 A、台大機械】

解 選擇如下圖所示之圍線積分：

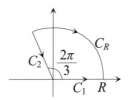

$$\int_0^{+\infty} \frac{dx}{1+x^3} = \lim_{R\to\infty}\left[\oint_C \frac{1}{1+z^3} dz - \int_{C_R} \frac{1}{1+z^3} dz - \int_{C_2} \frac{1}{1+z^3} dz \right]$$

$$\lim_{R\to\infty}\int_{C_R} \frac{1}{1+z^3} dz = \lim_{R\to\infty}\int_0^{\frac{2\pi}{3}} \frac{iz}{1+z^3} d\theta = 0$$

$$\lim_{R\to\infty}\int_{C_2} \frac{1}{1+z^3} dz = \lim_{R\to\infty}\int_R^0 \frac{e^{i\frac{2\pi}{3}}}{1+\left(re^{i\frac{2\pi}{3}}\right)^3} dr = -e^{i\frac{2\pi}{3}}\int_0^{\infty} \frac{1}{1+x^3} dx$$

$$\int_0^{+\infty} \frac{dx}{1+x^3} = \frac{1}{1-e^{i\frac{2\pi}{3}}} R\left(e^{\frac{\pi i}{3}}\right) = \frac{2\pi i}{1-e^{i\frac{2\pi}{3}}} \frac{1}{3e^{\frac{2\pi i}{3}}} = \frac{2\pi}{3\sqrt{3}}$$

觀念提示： 選擇路徑 C_2 之原因為 $\left(e^{i\frac{2\pi}{3}}\right)^3 = e^{i2\pi} = 1$，因此增加 C_2 的路徑並無引入任何新的未知情況，只與原結果相差一已知常數

例題 10：Solve $\displaystyle\int_{-\infty}^{0} \frac{dx}{1+x^6}$　　　　　　　　　　　　　　　【清大原科】

解 原式為偶函數

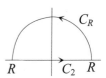

$$\int_{-\infty}^{0} \frac{dx}{1+x^6} = \frac{1}{2}\int_{-\infty}^{+\infty} \frac{dx}{1+x^6}$$

考慮如右圖所示之圍線積分

$$\lim_{R\to\infty}\oint_C \frac{1}{1+z^6} dz = 2\pi i \sum_{U.H.P.} R\{f(z)\} = \lim_{R\to\infty}\left[\int_{C_R} \frac{1}{1+z^6} dz + \int_{C_2} \frac{1}{1+z^6} dz\right]$$

其中 $f(z) = \dfrac{1}{1+z^6}$ ，顯然的

$$\lim_{R \to \infty} \int_{C_R} \frac{1}{1+z^6}\,dz = 0 \Rightarrow \lim_{R \to \infty} \int_{C_2} \frac{1}{1+z^6}\,dz = \int_{-\infty}^{+\infty} f(x)\,dx$$

$f(z)$ 有 6 個奇異點：

$$z^6 = -1 = \cos\pi + i\sin\pi = e^{i(\pi+2n\pi)} \Rightarrow z = e^{i\left(\frac{\pi+2n\pi}{6}\right)}$$

$$z_1 = e^{i\frac{\pi}{6}}, z_2 = e^{i\frac{3\pi}{6}}, z_3 = e^{i\frac{5\pi}{6}} \quad (\text{位於上半平面})$$

$$z_4 = e^{i\frac{7\pi}{6}}, z_5 = e^{i\frac{9\pi}{6}}, z_6 = e^{i\frac{11\pi}{6}} \quad (\text{位於下半平面})$$

residues：

$$R(z_1) = \frac{1}{6z^5}\bigg|_{z=e^{\frac{i\pi}{6}}} = \frac{1}{6}e^{\frac{i5\pi}{6}}$$

$$R(z_2) = \frac{1}{6z^5}\bigg|_{z=i} = \frac{1}{6i}$$

$$R(z_3) = \frac{1}{6z^5}\bigg|_{z=e^{\frac{i5\pi}{6}}} = \frac{1}{6}e^{\frac{i\pi}{6}}$$

$$\int_{-\infty}^{0} \frac{dx}{1+x^6} = \frac{1}{2}\left[2\pi i\left(\frac{1}{6}\frac{-\sqrt{3}-i}{2} - \frac{i}{6} + \frac{1}{6}\frac{\sqrt{3}-i}{2}\right)\right] = \frac{\pi}{3}$$

例題 11：Evaluate $\dfrac{1}{2\pi i}\oint_C \dfrac{dz}{(1+z^{100})(z-4)}$

　　(a)C: $|z| = \infty$(counterclockwise)

　　(b)C: $|z| = 3$(counterclockwise) by using the result in (a) 　　【台大機械】

解　　本題共有 101 個簡單極點（其中 100 個在單位圓上，1 個在 $z = 4$）

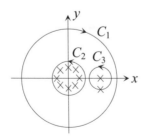

(a)$\displaystyle\oint_{C_1} f(z)dz = \lim_{R \to \infty}\oint_{|R|} \frac{1}{(1+z^{100})(z-4)}\,dz = 0$ （定理 2）

(b)由圍線變形定理可知：

$$\oint_{C_1} f(z)dz = \oint_{C_2} f(z)dz + \oint_{C_3} f(z)dz = 0$$

$$\therefore \oint_{C_2} f(z)dz = -\oint_{C_3} f(z)dz = -2\pi i \frac{1}{1+4^{100}}$$

例題 12：Evaluate $\displaystyle\int_{-\infty}^{\infty} \frac{x(\sin \pi x + \cos \pi x)}{x^2 + 2x + 5}$　　　　　　　　【中山電機】

解　　考慮如下圖所示之圍線積分，利用 residue 定理可得：

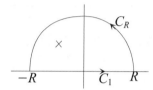

$$\lim_{R\to\infty} \oint_{C} \frac{ze^{i\pi z}}{z^2+2z+5} dz = \lim_{R\to\infty}\left[\int_{C_R} \frac{ze^{i\pi z}}{z^2+2z+5} dz + \int_{C_1} \frac{ze^{i\pi z}}{z^2+2z+5} dz\right]$$

$$= 2\pi i R\,(-1+2i)$$

$$= 2\pi i \frac{ze^{i\pi z}}{2z+2}\bigg|_{z=-1+2i} = e^{-2\pi}\left(\frac{\pi}{2} - \pi i\right)$$

其中 $\displaystyle\lim_{R\to\infty}\int_{C_R} \frac{ze^{i\pi z}}{z^2+2z+5} dz = 0$

$$\lim_{R\to\infty}\int_{C_1} \frac{ze^{i\pi z}}{z^2+2z+5} dz = \int_{-\infty}^{+\infty} \frac{xe^{i\pi x}}{x^2+2x+5} dx$$

$$= \int_{-\infty}^{+\infty} \frac{x\cos \pi x}{x^2+2x+5} dx + i\int_{-\infty}^{+\infty} \frac{x\sin \pi x}{x^2+2x+5} dx$$

$$= e^{-2\pi}\left(\frac{\pi}{2} - \pi i\right)$$

$$\int_{-\infty}^{+\infty} \frac{x(\cos \pi x + \sin \pi x)}{x^2+2x+5} dx = e^{-2\pi}\left(\frac{\pi}{2} - \pi\right) = -\frac{\pi}{2}e^{-2\pi}$$

例題 13：Evaluate $\displaystyle\int_{-\infty}^{\infty} \frac{a\cos x + x\sin x}{x^2 + a^2} dx, a > 0$　　　　　　【101 彰師大電子】

解　　$$\int_{-\infty}^{\infty} \frac{a\cos x + x\sin x}{x^2+a^2} dx = \mathrm{Re}\left(\int_{-\infty}^{\infty} \frac{ae^{ix} - ixe^{ix}}{x^2+a^2} dx\right)$$

考慮如例題 12 的圖所示之圍線積分，利用 residue 定理可得：

$$\lim_{R\to\infty} \oint_{C} \frac{ae^{iz} - ize^{iz}}{z^2+a^2} dz = \lim_{R\to\infty}\left(\int_{C_R} \frac{ae^{iz} - ize^{iz}}{z^2+a^2} dz + \int_{C_1} \frac{ae^{ix} - ixe^{ix}}{x^2+a^2} dx\right)$$

$$= 2\pi i R\,(ai) = 2\pi e^{-a}$$

其中 $\lim\limits_{R \to \infty} \int_{C_R} \dfrac{ae^{iz} - ize^{iz}}{z^2 + a^2}\,dz = 0$

$$\int_{-\infty}^{\infty} \frac{a\cos x + x\sin x}{x^2 + a^2}\,dx = 2\pi e^{-a}$$

例題 14：Evaluate $\displaystyle\int_0^\infty \dfrac{w^3 \sin w}{w^4 + 4}\,dw$ 【成大機械】

解　顯然的，被積分函數為偶函數，故原式可改寫為：

$$I = \frac{1}{2}\int_{-\infty}^{\infty} \frac{w^3 \sin w}{w^4 + 4}\,dw = \frac{1}{2}\operatorname{Im}\left\{ \int_{-\infty}^{\infty} \frac{w^3\, e^{iw}}{w^4 + 4}\,dw \right\} = \frac{1}{2}\operatorname{Im}\left\{ \oint_C \frac{z^3\, e^{iz}}{z^4 + 4}\,dz \right\}$$

$f(z)$ 在上半平面的奇異點為：

$$z_1 = \sqrt{2}\,e^{i\frac{\pi}{4}},\ z_2 = \sqrt{2}\,e^{i\frac{3\pi}{4}} \Rightarrow$$

$$R(z_1) = \frac{z^3\, e^{iz}}{4z^3}\bigg|_{z = \sqrt{2}e^{\frac{i\pi}{4}}} = \frac{1}{4}e^{i(1+i)}$$

$$R(z_2) = \frac{z^3\, e^{iz}}{4z^3}\bigg|_{z = \sqrt{2}e^{\frac{i3\pi}{4}}} = \frac{1}{4}e^{i(-1+i)}$$

$$I = \frac{1}{2}\operatorname{Im}\left\{ 2\pi i\left(\frac{e^{i(1+i)}}{4} + \frac{e^{i(-1+i)}}{4} \right) \right\} = \frac{\pi}{2}e^{-1}\cos 1$$

例題 15：Evaluate $\displaystyle\int_{-\infty}^{\infty} \dfrac{\cos ax}{(x^2 + b^2)(x^2 + c^2)}\,dx$ $(a, b, c > 0,\ b \ne 0)$ by residue theorem

【中央資訊電子】

解　考慮 $f(z)$ 如下；其在上半複平面的 pole 與 residue 分別為：

$$f(z) = \frac{e^{iaz}}{(z^2 + b^2)(z^2 + c^2)}$$

$$R\,(bi) = \lim_{z \to bi} \frac{e^{iaz}}{(z + bi)(z^2 + c^2)} = \frac{ie^{-ab}}{2b(b^2 - c^2)};\ R\,(ci) = \frac{ie^{-ac}}{2c(c^2 - b^2)}$$

原式：

$$\operatorname{Re}\left\{ \lim_{R \to \infty} \oint_C \frac{e^{iaz}}{(z^2 + b^2)(z^2 + c^2)}\,dz \right\} = \operatorname{Re}\{2\pi i\,[R\,(bi) + R\,(ci)]\}$$

$$= \frac{\pi e^{-ab}}{b(c^2 - b^2)} + \frac{\pi e^{-ac}}{c(b^2 - c^2)}$$

以上結果僅適用於 $b \ne c$，當 $b = c$ 時，$R(bi) = \lim\limits_{z \to bi}\left\{ \dfrac{d}{dz}\,\dfrac{e^{iaz}}{(z + bi)^2} \right\} = \dfrac{e^{-ab} + ib^2 e^{-ab}}{4b^3 i}$

$$\therefore \int_{-\infty}^{\infty} \frac{\cos ax}{(x^2+b^2)^2}\,dx = \mathrm{Re}[2\pi i R\,(bi)] = \frac{\pi e^{-ab}}{2b^3}(1+ab)$$

例題 16：Evaluate $\displaystyle\int_{-\infty}^{\infty} \frac{(x^2+1)}{(x^4+1)}\,dx$ by residue theorem　　　　【101 中央光電】

解

$$R\left(e^{i\frac{\pi}{4}}\right) = \lim_{z\to e^{i\frac{\pi}{4}}} \left\{\left(z-e^{i\frac{\pi}{4}}\right)\frac{z^2+1}{z^4+1}\right\} = \frac{1}{4}(1+i)e^{-i\frac{3\pi}{4}}$$

$$R\left(e^{i\frac{3\pi}{4}}\right) = \lim_{z\to e^{i\frac{3\pi}{4}}} \left\{\left(z-e^{i\frac{3\pi}{4}}\right)\frac{z^2+1}{z^4+1}\right\} = \frac{1}{4}(1-i)e^{-i\frac{\pi}{4}}$$

$$\int_{-\infty}^{\infty} \frac{(x^2+1)}{(x^4+1)}\,dx = 2\pi i\left[\frac{1}{4}(1+i)\,e^{-i\frac{3\pi}{4}} + \frac{1}{4}(1-i)\,e^{-i\frac{\pi}{4}}\right]$$

$$= \sqrt{2}\,\pi$$

例題 17：Evaluate $\displaystyle\int_{-\infty}^{\infty} \frac{\cos ax}{(x^2+1)}\,dx$ by residue theorem　　　　【中山機械】

解

$$f(z) = \frac{e^{iaz}}{z^2+1}$$

(1) $a>0$

$$R\,(i) = \lim_{z\to 1}\left\{(z-i)\frac{1}{z^2+1}\,e^{iaz}\right\} = \frac{1}{2i}\,e^{-a}$$

$$\int_{-\infty}^{\infty} \frac{\cos ax}{(x^2+1)}\,dx = \mathrm{Re}\{2\pi i R\,(i)\} = \pi e^{-a}$$

(2) $a<0$

$$R\,(-i) = -\frac{1}{2i}\,e^{a}$$

$$\int_{-\infty}^{\infty} \frac{\cos ax}{(x^2+1)}\,dx = \mathrm{Re}\{-2\pi i R\,(-i)\} = \pi e^{a}$$

例題 18：Using the theory of residues, compute the inverse Fourier transform of

$$F(\omega) = \frac{2a}{a^2+\omega^2};\ a>0$$　　　　【101 中山電機】

解

$$f(t) = \frac{1}{2\pi}\int_{-\infty}^{\infty} \frac{2a}{a^2+\omega^2}\,e^{i\omega t}\,d\omega$$

(1) $t > 0$

$$\int_{-\infty}^{\infty} \frac{2a}{a^2 + \omega^2} e^{i\omega t} d\omega + \int_{C_{R^+}} \frac{2a}{a^2 + z^2} e^{izt} dz = 2\pi i R(ai)$$

$$R(ai) = \lim_{z \to ai} \left\{ (z - ai) \frac{2a}{z^2 + a^2} e^{izt} \right\} = \frac{1}{i} e^{-at}$$

(2) $t < 0$

$$\int_{-\infty}^{\infty} \frac{2a}{a^2 + \omega^2} e^{i\omega t} d\omega + \int_{C_{R^-}} \frac{2a}{a^2 + z^2} e^{izt} dz = -2\pi i R(-ai)$$

$$R(-ai) = \lim_{z \to -ai} \left\{ (z + ai) \frac{2a}{z^2 + a^2} e^{izt} \right\} = \frac{1}{-i} e^{at}$$

$$\Rightarrow f(t) = \begin{cases} e^{-at} & ; \ t > 0 \\ e^{at} & ; \ t < 0 \end{cases}$$

18-3　避開簡單極點的積分

定義：Cauchy Principal Value

　　若函數 $f(x)$ 在區間 $[a, c]$ 上只有在 $x = b$ 不連續，則當以下極限存在時，此極限稱為 $f(x)$ 在區間 $[a, c]$ 上的 Cauchy Principal Value

$$\text{P.V.} \int_a^c f(x) dx = \lim_{\varepsilon \to 0} \left[\int_a^{b - \varepsilon} f(x) dx + \int_{b - \varepsilon}^c f(x) dx \right]$$

　　若 $F(z)$ 在實軸上有一簡單極點，考慮執行如圖 18-3 之封閉路線積分：

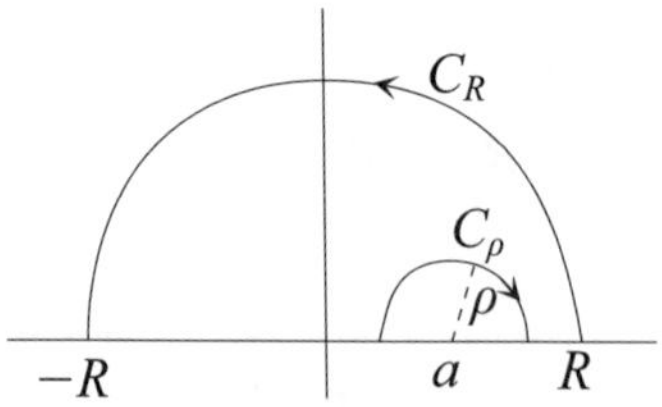

圖 18-3

$$\oint_C F(z) dz = \oint_{C_R} F(z) dz + \oint_{C_\rho} F(z) dz + \int_{-R}^{a - \rho} F(z) dz + \int_{a + \rho}^R F(z) dz \tag{16}$$

其中 C_R 為逆時針方向 C_ρ 為順時針方向。From the definition of Cauchy Principal Value, we have

$$\text{P.V.} \int_{-\infty}^{+\infty} F(x)dx = \lim_{\substack{\rho \to 0 \\ R \to \infty}} \left[\int_{-R}^{a-\rho} F(z)dz + \int_{a+\rho}^{R} F(z)dz \right] \tag{17}$$

$$\lim_{\substack{\rho \to 0 \\ R \to \infty}} \oint_C F(z)dz = 2\pi i \, [F(z) \text{ 在上半平面的留數和}] \tag{18}$$

(18)式可應用留數定理計算得到。如前節所述：

$$\text{若} \lim_{R \to \infty} zF(z) = 0 \Rightarrow \lim_{R \to \infty} \int_{C_R} F(z)dz = \lim_{R \to \infty} \int_0^\pi izF(z)\,d\theta = 0 \tag{19}$$

故知 $\lim_{R \to \infty} zF(z) = 0$ 為必要的條件。最後(16)式只剩下 $\lim_{\rho \to 0} \int_{C_\rho} F(z)dz$ 需作處理，以下定理提供了重要的結果：

定理 6：路徑不封閉的留數定理

$f(z)$ 在單連封閉曲線 C 上及內部為 analytic，z_0 是 C 內部一點，以 z_0 為圓心，ρ 為半徑，張開一角度為 α 之圓弧 C_ρ，則有

$$\lim_{\rho \to 0} \int_{C_\rho} \frac{f(z)}{z - z_0} \, dz = i\alpha f(z_0) = i\alpha R(z_0) \tag{20}$$

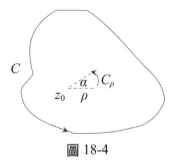

圖 18-4

證明：

設 $f(z)$ 在 $|z - z_0| \leq \rho$ 內部為 analytic，則 $f(z)$ 在 z_0 點之 Taylor series 為：

$$f(z) = f(z_0) + f'(z_0)(z - z_0) + \frac{f''(z_0)}{2!}(z - z_0)^2 + \cdots \text{ 故：}$$

$$\int_{C_\rho} \frac{f(z)}{(z - z_0)} \, dz = \int_{C_\rho} \frac{f(z_0)}{(z - z_0)} \, dz + \int_{C_\rho} f'(z_0)dz + \int_{C_\rho} \frac{f''(z_0)}{2!}(z - z_0)dz + \cdots$$

$$\because \lim_{\rho \to 0} |z - z_0| = 0$$

$$\therefore \lim_{\rho \to 0} \int_{C_\rho} \frac{f''(z_0)}{2!}(z - z_0)dz = \lim_{\rho \to 0} \int_{C_\rho} \frac{f'''(z_0)}{3!}(z - z_0)^2 dz = \cdots = 0$$

$$\lim_{\rho \to 0} \int_{C_\rho} f'(z_0)\, dz = f'(z_0) \lim_{\rho \to 0} \int_{C_\rho} i\rho e^{i\theta}\, d\theta = 0$$

$$\lim_{\rho \to 0} \int_{C_\rho} \frac{f(z)}{(z - z_0)}\, dz = \lim_{\rho \to 0} \int_{C_\rho} \frac{f(z_0)}{(z - z_0)}\, dz = f(z_0) \lim_{\rho \to 0} \int_{C_\rho} \frac{1}{(z - z_0)}\, dz$$

$$= f(z_0) \lim_{\rho \to 0} \int_{C_\rho} \frac{1}{\rho e^{i\theta}} i\rho e^{i\theta}\, d\theta$$

$$= i\alpha f(z_0)$$

觀念提示： 1. Though $f(z)$ is analytic on and inside C，但積分函數 $F(z) = \dfrac{f(z)}{z - z_0}$ 在 $z = z_0$ 明顯的是一個簡單極點。

2. 顯然的 $f(z_0)$ is the residue of $F(z) = \dfrac{f(z)}{z - z_0}$ at z_0.

由於此定理在討論圍繞一個簡單極點，在路徑不封閉的情況下，沿圓弧線積分而圓弧半徑趨向 0 的情況，此正可解決(16)式的積分問題。

$$\lim_{\rho \to 0} \int_{C_\rho} F(z)dz = -i\pi R\,(a) \tag{21}$$

負號產生的原因是因為 C_ρ 為沿順時針積分，由(17)至(21)式可得：

$$\text{P.V.} \int_{-\infty}^{\infty} F(x)dx = 2\pi i\,[F(z)\, \text{在上半複平面留數和}] + i\pi R\,(a) \tag{22}$$

觀念提示： 若 $F(z)$ 在實軸上有許多 simple poles $(a_1, a_2\cdots)$，做法仍與上述過程相同。只是要執行許多個避點積分，結果則為在實軸上的各留數和。

參考上節所述，限制條件隨著被積分函數的不同，而有不同的要求，整理如下：

(1) $\displaystyle\int_{-\infty}^{+\infty} F(x)\, dx \Rightarrow \lim_{|z| \to \infty} zF(z) = 0$

(2) $\displaystyle\int_{-\infty}^{+\infty} \frac{p(x)}{q(x)}\, dx \Rightarrow \deg\,[q(z)] \ge \deg\,[p(z)] + 2$

(3) $\displaystyle\int_{-\infty}^{+\infty} \frac{p(x)}{q(x)}\, e^{iax}\, dx \Rightarrow \deg\,[q(z)] \ge \deg\,[p(z)] + 1$

綜合以上所述，可得以下定理：

定理 7

$p(x)$, $q(x)$ 均為 x 之多項式，deg $[q(x)] \geq$ deg $[p(x)] + 2$, $q(x) = 0$ 可以有實根，但必須為單根（簡單極點），則：

$$\text{P.V.} \int_{-\infty}^{+\infty} \frac{p(x)}{q(x)} dx = \begin{cases} 2\pi i \left[\Sigma R\left(\dfrac{p(z)}{q(z)} \ in \ the \ U.H.P.\right) \right] + \pi i \left[\Sigma R\left(\dfrac{p(z)}{q(z)} \ on \ the \ real \ axis\right) \right] \\ -2\pi i \left[\Sigma R\left(\dfrac{p(z)}{q(z)} \ in \ the \ L.H.P.\right) \right] - \pi i \left[\Sigma R\left(\dfrac{p(z)}{q(z)} \ on \ the \ real \ axis\right) \right] \end{cases}$$

定理 8

(1) $p(x)$, $q(x)$ 均為 x 之多項式

(2) deg $[q(x)] \geq$ deg $[p(x)] + 1$

(3) $q(x) = 0$，可以有實根，但必須為單根（簡單極點），$a \in R^+$，則：

$$\text{P.V.} \int_{-\infty}^{+\infty} \frac{p(x)}{q(x)} \exp(iax) dx = 2\pi i \left[\Sigma R\left(\frac{p(z)}{q(z)} \exp(iaz) \ in \ the \ U.H.P.\right) \right] +$$

$$\pi i \left[\Sigma R\left(\frac{p(z)}{q(z)} \exp(iaz) \ on \ the \ real \ axis\right) \right]; \ a > 0$$

$$\text{P.V.} \int_{-\infty}^{+\infty} \frac{p(x)}{q(x)} \exp(iax) dx = -2\pi i \left[\Sigma R\left(\frac{p(z)}{q(z)} \exp(iaz) \ in \ the \ L.H.P.\right) \right] -$$

$$\pi i \left[\Sigma R\left(\frac{p(z)}{q(z)} \exp(iaz) \ on \ the \ real \ axis\right) \right]; \ a < 0$$

定理 9

避點積分在 Fourie 積分（轉換）上的應用

1. Fourier Integral

$f(x) = \int_0^\infty [A(\omega) \cos \omega x + B(\omega) \sin \omega x] d\omega$

$A(\omega) = P.V. \left[\dfrac{1}{\pi} \int_{-\infty}^\infty f(x) \cos \omega x dx \right]$

$$= \frac{1}{\pi} \text{Re} \left\{ 2\pi i \sum_{U.H.P.} R\left[e^{i\omega z} f(z) \right] + \pi i \Sigma R\left[e^{i\omega x_k} f(x_k) \right] \right\}; \ \omega > 0 \tag{23}$$

$B(\omega) = P.V. \left[\dfrac{1}{\pi} \int_{-\infty}^\infty f(x) \sin \omega x dx \right]$

$$= \frac{1}{\pi} \text{Im} \left\{ 2\pi i \sum_{U.H.P.} R\left[e^{i\omega z} f(z) \right] + \pi i \Sigma R\left[e^{i\omega x_k} f(x_k) \right] \right\}; \ \omega > 0 \tag{24}$$

2. Fourier Transform

$$F(\omega) = P.V. \left[\int_{-\infty}^{\infty} f(x)\, e^{-i\omega x}\, dx \right]$$

$$= -2\pi i \sum_{L.H.P.} R\, [e^{-i\omega z} f(z)] - \pi i \Sigma R\, [e^{-i\omega x_k} f(x_k)];\ \omega > 0 \tag{25}$$

$$f(x) = P.V. \left[\frac{1}{2\pi} \int_{-\infty}^{\infty} F(\omega)\, e^{i\omega x}\, d\omega \right]$$

$$= i \sum_{U.H.P.} R\, [e^{i\omega z} F(z)] + \frac{i}{2} \Sigma R\, [e^{i\omega x_k} F(x_k)];\ \omega > 0 \tag{26}$$

例題 19：求解 $I = \int_{-\infty}^{\infty} \dfrac{\sin x}{x}\, dx = 2 \int_{0}^{\infty} \dfrac{\sin x}{x}\, dx$　　　　【清華電機，中央數學】

解　　　選擇下圖所示之圍線積分：

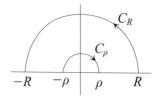

$$\lim_{\substack{\rho \to 0 \\ R \to \infty}} \oint_{C} \frac{e^{iz}}{z}\, dz = \lim_{\substack{\rho \to 0 \\ R \to \infty}} \left[\int_{C_R} \frac{e^{iz}}{z}\, dz + \int_{C_\rho} \frac{e^{iz}}{z}\, dz + \int_{-R}^{-\rho} \frac{e^{iz}}{z}\, dz + \int_{\rho}^{R} \frac{e^{iz}}{z}\, dz \right] = 0$$

$$\lim_{R \to \infty} \int_{C_R} \frac{e^{iz}}{z}\, dz = 0$$

$$\lim_{\rho \to 0} \int_{C_\rho} \frac{e^{iz}}{z}\, dz = -\pi i e^{i0} = -\pi i$$

$$\therefore \lim_{\substack{\rho \to 0 \\ R \to \infty}} \left[\int_{-R}^{-\rho} \frac{e^{iz}}{z}\, dz + \int_{\rho}^{R} \frac{e^{iz}}{z}\, dz \right] = \pi i$$

$$P.V. \int_{-\infty}^{\infty} \frac{\sin x}{x}\, dx = \mathrm{Im}\, (\pi i) = \pi$$

例題 20：Prove

$$I = \int_{0}^{\infty} \frac{\sin^2 x}{x^2}\, dx = \frac{\pi}{2}$$　　　　【清華電機，交大電子】

解　　　$$\int_{0}^{\infty} \frac{\sin^2 x}{x^2}\, dx = \frac{1}{2} \int_{-\infty}^{\infty} \frac{\sin^2 x}{x^2}\, dx = \frac{1}{4} \int_{-\infty}^{\infty} \frac{1 - \cos 2x}{x^2}\, dx$$

$$= \frac{1}{4} \lim_{\substack{R \to \infty \\ \rho \to 0}} \left[\int_{-R}^{-\rho} \frac{1 - \cos 2x}{x^2} dx + \int_{\rho}^{R} \frac{1 - \cos 2x}{x^2} dx \right]$$

$$= \frac{1}{4} \lim_{\substack{R \to \infty \\ \rho \to 0}} \mathrm{Re} \left[\int_{-R}^{-\rho} \frac{1 - e^{i2x}}{x^2} dx + \int_{\rho}^{R} \frac{1 - e^{i2x}}{x^2} dx \right]$$

$$\lim_{\substack{\rho \to 0 \\ R \to \infty}} \oint_C \frac{1 - e^{i2z}}{z^2} dz = \lim_{\substack{\rho \to 0 \\ R \to \infty}} \left[\int_{C_R} \frac{1 - e^{i2z}}{z^2} dz + \int_{C_\rho} \frac{1 - e^{i2z}}{z^2} dz \right.$$

$$\left. + \int_{-R}^{-\rho} \frac{1 - e^{i2z}}{z^2} dz + \int_{\rho}^{R} \frac{1 - e^{i2z}}{z^2} dz \right] = 0$$

其中　$\displaystyle \lim_{R \to \infty} \int_{C_R} \frac{1 - e^{i2z}}{z^2} dz = 0$

$$\lim_{\rho \to 0} \int_{C_\rho} \frac{1 - e^{i2z}}{z^2} dz = -\pi i R(0) = -2\pi$$

$$\therefore \int_0^\infty \frac{\sin^2 x}{x^2} dx = \frac{1}{4} 2\pi = \frac{\pi}{2} \quad 得證$$

例題 21：求解 $\displaystyle \int_{-\infty}^{\infty} \frac{\cos x}{\pi^2 - 4x^2} dx$　　　　　　　　【中央物理】

解

原式 $= \mathrm{Re} \left\{ \displaystyle \int_{-\infty}^{\infty} \frac{e^{ix}}{\pi^2 - 4x^2} dx \right\}$

$$\lim_{\substack{\rho \to 0 \\ R \to \infty}} \oint_C \frac{e^{iz}}{\pi^2 - 4z^2} dz = \lim_{\substack{\rho \to 0 \\ R \to \infty}} \left[\int_{C_R} \frac{e^{iz}}{\pi^2 - 4z^2} dz + \int_{-\frac{\pi}{2} - \rho_2}^{-R} \frac{e^{iz}}{\pi^2 - 4z^2} dz + \int_{C_2} \frac{e^{iz}}{\pi^2 - 4z^2} dz \right.$$

$$\left. + \int_{-\frac{\pi}{2} + \rho_2}^{\frac{\pi}{2} - \rho_3} \frac{e^{iz}}{\pi^2 - 4z^2} dz + \int_{C_2} \frac{e^{iz}}{\pi^2 - 4z^2} dz + \int_{\frac{\pi}{2} + \rho_3}^{R} \frac{e^{iz}}{\pi^2 - 4z^2} dz \right] = 0$$

$$\lim_{R \to \infty} \int_{C_R} \frac{e^{iz}}{\pi^2 - 4z^2} dz = 0$$

$$\lim_{\rho \to 0} \int_{C_2} f(z) e^{iz} dz = -\pi i R\left(\frac{-\pi}{2} \right)$$

$$= -\pi i \left(\frac{-i}{4\pi} \right) = \frac{-1}{4}$$

$$\lim_{\rho \to 0} \int_{C_3} f(z) e^{iz} dz = -\pi i R\left(\frac{\pi}{2} \right) = -\pi i \left(\frac{-i}{4\pi} \right) = \frac{-1}{4}$$

$$\Rightarrow \int_{-\infty}^{\infty} \frac{\cos x}{\pi^2 - 4x^2} dx = \frac{1}{2}$$

例題 22：Find the Cauchy principal value of $\displaystyle\int_{-\infty}^{\infty}\frac{\cos(mx)}{x^4-1}\,dx$ where m is a constant.

【101 成大光電】

解

$$\text{原式}=\mathrm{Re}\left\{\int_{-\infty}^{\infty}\frac{e^{imx}}{x^4-1}\,dx\right\}$$

$$\lim_{\substack{\rho\to0\\R\to\infty}}\oint_{C}\frac{e^{imz}}{z^4-1}\,dz=\lim_{\substack{\rho\to0\\R\to\infty}}\left[\int_{C_R}\frac{e^{imz}}{z^4-1}\,dz+\int_{-1-\rho_2}^{-R}\frac{e^{imz}}{z^4-1}\,dz+\int_{C_2}\frac{e^{imz}}{z^4-1}\,dz+\int_{-1+\rho_2}^{1-\rho_3}\frac{e^{imz}}{z^4-1}\,dz+\right.$$

$$\left.\int_{C_3}\frac{e^{imz}}{z^4-1}\,dz+\int_{1+\rho_3}^{R}\frac{e^{imz}}{z^4-1}\,dz\right]=2\pi iR(i)$$

$$\lim_{R\to\infty}\int_{C_R}\frac{e^{imz}}{z^4-1}\,dz=0$$

$$\lim_{\rho\to0}\int_{C_2}f(z)e^{imz}\,dz=-\pi iR\,(-1)=-\pi i\left(\frac{1}{4}e^{im}\right)$$

$$\lim_{\rho\to0}\int_{C_3}f(z)e^{imz}\,dz=-\pi iR(1)=-\pi i\left(-\frac{1}{4}e^{-im}\right)$$

$$\therefore\int_{-\infty}^{\infty}\frac{\cos(mx)}{x^4-1}\,dx=-\frac{\pi}{2}\sin m-\frac{\pi}{2}e^{-m}$$

例題 23：Find the Cauchy principal value of $\displaystyle\int_{-\infty}^{\infty}\frac{1}{(x^2-3x+2)(x^2+1)}\,dx$.

【101 北科大光電】

解

$$\int_{-\infty}^{\infty}\frac{1}{(x^2-3x+2)(x^2+1)}\,dx+\int_{C_R}\frac{1}{(z^2-3z+2)(z^2+1)}\,dz=2\pi iR(i)+\pi i\,[R(1)+R(2)]$$

$$\lim_{R\to\infty}\int_{C_R}\frac{1}{(z^2-3z+2)(z^2+1)}\,dz=0$$

$$R(1)=\lim_{z\to1}\frac{1}{(z-2)(z^2+1)}=-\frac{1}{2}$$

$$R(2)=\lim_{z\to2}\frac{1}{(z-2)(z^2+1)}=\frac{1}{5}$$

$$R\,(i)=\lim_{z\to i}\frac{1}{(z^2-3z+2)(z+i)}\,dz=\frac{1}{2}\frac{1}{3+i}$$

$$\therefore\int_{-\infty}^{\infty}\frac{1}{(x^2-3x+2)(x^2+1)}\,dx=\frac{\pi}{10}$$

18-4　特殊圍線積分

題型一：分式函數型

例題 24：$\int_0^\infty \frac{1}{x^3+1}dx$

 〈法 1〉見例題 9

〈法 2〉

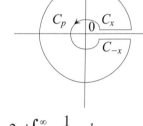

$c_x:\ \ln z = \ln x\quad x: 0\to\infty$

$c_R:\ z = Re^{i\theta};\ R\to\infty,\ \theta: 0\to 2\pi$

$c_{-x}:\ \ln z = \ln x + 2\pi i;\ x: \infty\to 0$

$c_\rho:\ z = \rho e^{i\theta}, \rho\to 0,\ \theta: 2\pi\to 0$

$$\oint_c \frac{\ln z}{z^3+1}dz = \int_0^\infty \frac{\ln x}{x^3+1}dx + 0 + \int_\infty^0 \frac{\ln x + 2\pi i}{x^3+1}dx + 0 = -2\pi i\int_0^\infty \frac{1}{x^3+1}dx$$

$$= 2\pi\left[R(-1) + R\left(\frac{1+\sqrt{3}i}{2}\right) + R\left(\frac{1-\sqrt{3}i}{2}\right)\right]$$

$$= -\frac{4\sqrt{3}\pi^2}{9}i$$

$$\therefore \int_0^\infty \frac{1}{x^3+1}dx = \frac{2\sqrt{3}}{9}\pi$$

〈法 3〉Beta function

例題 25：$\int_0^\infty \frac{1}{x^2+x+1}dx = ?$

---

 consider $\oint_c \frac{\ln z}{z^2+z+1}dz$ 如圖之圍線積分

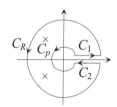

poles: $z = \frac{-1+\sqrt{3}i}{2},\ z = \frac{-1-\sqrt{3}i}{2}$

$$\therefore \oint_c \frac{\ln z}{z^2+z+1}dz = \int_0^\infty \frac{\ln x}{x^2+x+1}dx + 0$$

$$+ \int_\infty^0 \frac{\ln x + 2\pi i}{x^2+x+1}dx + 0$$

$$= 2\pi i\left[R\left(\frac{-1+\sqrt{3}i}{2}\right) + R\left(\frac{-1-\sqrt{3}i}{2}\right)\right]$$

$$\Rightarrow -2\pi i\int_0^\infty \frac{1}{x^2+x+1}dx = 2\pi i\left(\frac{2\sqrt{3}}{9}\pi - \frac{4\sqrt{3}}{9}\pi\right)$$

$$\therefore \int_0^\infty \frac{1}{x^2+x+1}dx = \frac{2\sqrt{3}}{9}\pi$$

題型二：指數函數型

例題 26：$\int_0^\infty e^{-x^2}\cos 2ax\,dx$

解

原式：$\dfrac{1}{2}\text{Re}\left[\int_{-\infty}^{\infty} e^{-x^2} e^{2iax}\,dx\right]$

$c_2: z=R+iy,\ dz=idy$

$\therefore \int_{c_2}=i\int_0^a e^{-(R+yi)^2} e^{2ia(R+iy)}\,dy = ie^{-R^2+2iaR}\int_0^a e^{y^2-2ay-2Ryi}\,dy=0$

同理 $\int_{c_4}=0$

$c_3: z=x+ai,\ dz=dx,\ x:R\to -R$

$\displaystyle\lim_{R\to\infty}\int_{R+ai}^{-R+ai} e^{-z^2} e^{2iaz}\,dz = \int_R^{-R} e^{2ia(z+ai)} e^{-(x+ai)^2}\,dx$

$\qquad\qquad\qquad = -e^{-a^2}\int_{-\infty}^{\infty} e^{-x^2}\,dx = -e^{-a^2}\sqrt{\pi}$

$c_1: z=x\quad x:-R\to R$

$\displaystyle\lim_{R\to\infty}\int_{-R}^{R} e^{-z^2} e^{2iaz}\,dz = \int_{-\infty}^{\infty} e^{-x^2} e^{2iax}\,dx$

$\therefore \oint_c e^{-z^2} e^{2iaz}\,dz = \int_{-\infty}^{\infty} e^{-x^2} e^{2iax}\,dx - e^{-a^2}\sqrt{\pi}=0$（圍線內無 poles）

$\therefore \int_{-\infty}^{\infty} e^{-x^2} e^{2iax}\,dx = e^{-a^2}\sqrt{\pi}$

$\therefore \int_0^\infty e^{-x^2}\cos 2ax\,dx = \dfrac{\sqrt{\pi}}{2} e^{-a^2}$

例題 27：$\int_{-\infty}^{\infty} \dfrac{e^{ax}}{e^x+1}\,dx = ?(0<a<1)$

解

$\displaystyle\oint_c \frac{e^{az}}{e^z+1}\,dz = \int_{-\infty}^{\infty}\frac{e^{ax}}{e^x+1}\,dx + 0$

$\displaystyle + \int_{\infty}^{-\infty}\frac{e^{a(x+2\pi i)}}{e^{x+2\pi i}+1}\,dx + 0$

$\qquad\qquad = 2\pi R(\pi i) = -2\pi i e^{i\pi a}$

$\therefore \int_{-\infty}^{\infty}\dfrac{e^{ax}}{e^x+1}\,dx = \dfrac{\pi}{\sin a\pi}$

觀念提示： 1. 若選擇無窮大之半圓以形成封閉迴路,被積分函數將不會收斂到 0

2. 選擇 C_3 之原因為指數複變函數具虛週期 $2\pi i$，

$C_1: \int_{-\infty}^{\infty}\dfrac{e^{ax}}{e^x+1}\,dx$

$$C_3 : \int_\infty^{-\infty} \frac{e^{a(x+2\pi i)}}{e^{x+2\pi i}+1} \, d\,(x+2\pi i) = -e^{a2\pi i} \int_{-\infty}^{\infty} \frac{e^{ax}}{e^x+1}\,dx$$

例題 28： $\displaystyle\int_{-\infty}^{\infty} \frac{\sinh ax}{\sinh \pi x}\,dx = ?$ $|a| < \pi$

解 Though $\sinh \pi z = 0$, at $z = 0$ and $z = i$

but only $z = i$ is pole

$$\therefore \oint_c \frac{\sinh az}{\sinh \pi z}\,dz = \int_{-\infty}^{\infty} \frac{\sinh ax}{\sinh \pi x}\,dx + 0 + \lim_{R \to \infty}\int_{R+i}^{-R+i} \frac{\sinh az}{\sinh \pi z}\,dz - \pi i R(i) + 0 = 0$$

$$\text{其中} \lim_{R\to\infty}\int_{R+i}^{-R+i} \frac{\sinh az}{\sinh \pi z}\,dz = -\int_{-\infty}^{\infty} \frac{\sinh a(x+i)}{\sinh \pi(x+i)}\,dx$$

$$= -\int_{-\infty}^{\infty} \frac{\sinh ax \cos a + i \cosh ax \sin a}{-\sinh \pi x}\,dx$$

$$= \int_{-\infty}^{\infty} \cos a \frac{\sinh ax}{\sinh \pi x}\,dx$$

$$R(i) = \lim_{z \to i} \frac{\sinh az}{\pi \cosh \pi z} = \frac{i \sin a}{-\pi}$$

$$\therefore (1 + \cos a)\int_{-\infty}^{\infty} \frac{\sinh ax}{\sinh \pi x}\,dx = \sin a$$

$$\Rightarrow \int_{-\infty}^{\infty} \frac{\sinh ax}{\sinh \pi x}\,dx = \frac{\sin a}{1 + \cos a}$$

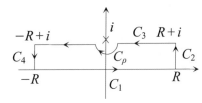

題型三：積分路徑包含極點

例題 29： $\displaystyle\oint_c \frac{2z-1}{z(z+1)}\,dz = ?$ $c:|z|=1$

 $$\oint_c \frac{2z-1}{z(z+1)}\,dz - \pi i R(-1) = 2\pi i R(0)$$

$$\text{其中}\ R(0) = \lim_{z\to 0}\frac{2z-1}{z+1} = -1,$$

$$R(-1) = \lim_{z\to -1}\frac{2z-1}{z} = 4$$

$$\therefore \oint_c \frac{2z-1}{z(z+1)}\,dz = 2\pi i$$

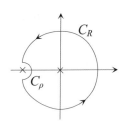

18-5　避開 Branch cut 的積分

若複平面上有 branch cut，則應用留數定理時，積分路徑必須完全的避開 branch point 及 branch cut。

題型一：$I = \int_0^{+\infty} x^{\alpha-1} \dfrac{p(x)}{q(x)} dx$ ；$0 < \alpha < 1$

應用 residue theorem 之過程如下：

(1)將實變函數 $x^{\alpha-1} \dfrac{p(x)}{q(x)}$ 看作複變函數 $z^{\alpha-1} \dfrac{p(z)}{q(z)}$，則其積分路徑便是複平面上的正實軸。

(2)應用 residue theorem，必須形成封閉迴路，假設在複平面上 branch point 為原點，而 branch cut 為正實軸，則積分路徑必須選擇如圖 18-5 的路徑

$$(3)\ 2\pi i \Sigma R\left[z^{\alpha-1}\frac{p(z)}{q(z)}\right] = \lim_{\substack{R\to\infty \\ \rho\to 0 \\ \varepsilon\to 0}}\left[\int_{C_R} z^{\alpha-1}\frac{p(z)}{q(z)}dz + \int_{C_\rho} z^{\alpha-1}\frac{p(z)}{q(z)}dz\right.$$

$$\left. + \int_{C_x} z^{\alpha-1}\frac{p(z)}{q(z)}dz + \int_{C_{-x}} z^{\alpha-1}\frac{p(z)}{q(z)}dz\right] \tag{27}$$

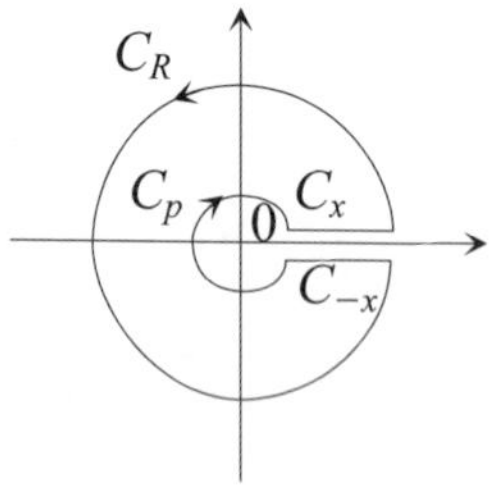

圖 18-5

1. C_R: $z = Re^{i\theta}$, $dz = iRe^{i\theta}d\theta = iz d\theta$

   只要 $\deg(q(z)) \geq \deg(p(z)) + 1$

$$\lim_{R\to\infty} \int_{C_R} z^{\alpha-1}\frac{p(z)}{q(z)}dz = \lim_{|z|\to\infty}\int_0^{2\pi} z^{\alpha-1}\frac{zp(z)}{q(z)}d\theta = 0 \tag{28}$$

2. C_ρ: $z = \rho e^{i\theta}$, $dz = i\rho e^{i\theta}d\theta = iz d\theta$

$$\lim_{\rho\to 0} \int_{C_\rho} z^{\alpha-1}\frac{p(z)}{q(z)}dz = \lim_{|z|\to 0} i\int_{2\pi}^0 z^{\alpha-1}\frac{zp(z)}{q(z)}d\theta = 0 \tag{29}$$

3. C_x: $z = x + i\varepsilon = \sqrt{x^2+\varepsilon^2}\exp\left(i\tan^{-1}\dfrac{\varepsilon}{x}\right)$, $dz = dx$

$$\lim_{\substack{R\to\infty \\ \rho\to 0 \\ \varepsilon\to 0}} \int_{C_x} z^{\alpha-1}\frac{p(z)}{q(z)}dz = \int_\infty^0 x^{\alpha-1}\frac{p(x)}{q(x)}dx \tag{30}$$

4. C_{-x}: $z = x - i\varepsilon = \sqrt{x^2+\varepsilon^2}\exp\left(i\left(2\pi - \tan^{-1}\dfrac{\varepsilon}{x}\right)\right)$; $dz = dx$

$$\lim_{\substack{R \to \infty \\ \rho \to 0 \\ \varepsilon \to 0}} \int_{C_{-x}} z^{\alpha-1} \frac{p(z)}{q(z)} \, dz = \int_{\infty}^{0} x^{\alpha-1} e^{i2\pi(\alpha-1)} \frac{p(x)}{q(x)} \, dx = -e^{i2\pi\alpha} \int_{0}^{\infty} x^{\alpha-1} \frac{p(x)}{q(x)} \, dx \tag{31}$$

Substituting (28)～(31) into (27), we have

$$(1 - \exp(i2\alpha\pi)) \int_{0}^{\infty} x^{\alpha-1} \frac{p(x)}{q(x)} \, dx = 2\pi i \Sigma R\left[z^{\alpha-1} \frac{p(z)}{q(z)} \right] \Rightarrow$$

$$\begin{aligned}
\int_{0}^{\infty} x^{\alpha-1} \frac{p(x)}{q(x)} \, dx &= \frac{2\pi i}{(1 - \exp(i2\alpha\pi))} \Sigma R\left[z^{\alpha-1} \frac{p(z)}{q(z)} \right] \\
&= \frac{-\pi \exp(-i\alpha\pi)}{\dfrac{\exp(i\alpha\pi) - \exp(-i\alpha\pi)}{2i}} \Sigma R\left[z^{\alpha-1} \frac{p(z)}{q(z)} \right] \\
&= \frac{\pi}{\sin\alpha\pi} \Sigma R\left[(ze^{-i\pi})^{\alpha-1} \frac{p(z)}{q(z)} \right]
\end{aligned} \tag{32}$$

由以上之討論可得以下之定理：

定理 10

$I = \displaystyle\int_{0}^{+\infty} x^{\alpha-1} \frac{p(x)}{q(x)} \, dx;\ 0 < \alpha < 1$，若：

(1) $p(x)q(x)$ 均為 x 之多項式

(2) $q(x)$ 之冪次比 $p(x)$ 高出 1 次以上

(3) $q(x) = 0$ 無實根存在（則複平面上的實軸無極點）。則

$$\int_{0}^{\infty} x^{\alpha-1} \frac{p(x)}{q(x)} \, dx = \frac{\pi}{\sin\alpha\pi} \Sigma R\left[(ze^{-i\pi})^{\alpha-1} \frac{p(z)}{q(z)} \right] \tag{33}$$

題型二：$I = \displaystyle\int_{-\infty}^{0} x^{\alpha-1} \frac{p(x)}{q(x)} \, dx$；$0 < \alpha < 1$

應用 residue theorem 之過程如下：

(1)將實變函數 $x^{\alpha-1} \dfrac{p(x)}{q(x)}$ 看作複變函數 $z^{\alpha-1} \dfrac{p(z)}{q(z)}$，則其積分路徑便是複平面上的負實軸。

(2)應用 residue theorem，必須形成封閉迴路，假設在複平面上 branch point 為原點，而 branch cut 為負實軸，則積分路徑必須先選擇如圖 18-6 的路徑

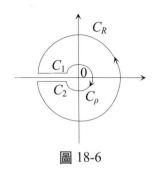

圖 18-6

1. C_1: $z = re^{i\pi}$, $dz = e^{i\pi}dr$, $r: R \rightarrow \rho$

$$\lim_{\substack{R \to \infty \\ \rho \to 0}} \int_{C_1} z^{\alpha-1} \frac{p(z)}{q(z)} \, dz = \lim_{\substack{R \to \infty \\ \rho \to 0}} \int_R^\rho (re^{i\pi})^{\alpha-1} \frac{p(-r)}{q(-r)} \exp(i\pi) dr$$

$$= \exp(i\alpha\pi) \int_\infty^0 r^{\alpha-1} \frac{p(-r)}{q(-r)} \, dr$$

$$= -(-1)^{\alpha-1} \exp(i\alpha\pi) \int_{-\infty}^0 x^{\alpha-1} \frac{p(x)}{q(x)} \, dx \qquad (34)$$

2. C_2: $z = re^{-i\pi}$, $dz = e^{-i\pi}dr$, $r: \rho \rightarrow R$

$$\lim_{\substack{R \to \infty \\ \rho \to 0}} \int_{C_1} z^{\alpha-1} \frac{p(z)}{q(z)} \, dz = \lim_{\substack{R \to \infty \\ \rho \to 0}} \int_\rho^R (re^{-i\pi})^{\alpha-1} \frac{p(-r)}{q(-r)} e^{-i\pi}dr$$

$$= \exp(-i\alpha\pi) \int_0^\infty r^{\alpha-1} \frac{p(-r)}{q(-r)} \, dr$$

$$= (-1)^{\alpha-1} \exp(-i\alpha\pi) \int_{-\infty}^0 x^{\alpha-1} \frac{p(x)}{q(x)} \, dx \qquad (35)$$

From (34)and (35), we can obtain

$$(-1)^{\alpha-1} (e^{-i\alpha\pi} - e^{i\alpha\pi}) \int_{-\infty}^0 x^{\alpha-1} \frac{p(x)}{q(x)} \, dx = 2\pi i \Sigma R \left[z^{\alpha-1} \frac{p(z)}{q(z)} \right]$$

$$\therefore \int_{-\infty}^0 x^{\alpha-1} \frac{p(x)}{q(x)} \, dx = \frac{-\pi}{\sin \alpha\pi} \Sigma R \left[(-z)^{\alpha-1} \frac{p(z)}{q(z)} \right]$$

由以上之討論可得以下定理：

定理 11

$$I = \int_{-\infty}^{0} x^{\alpha-1} \frac{p(x)}{q(x)} \, dx; \; 0 < \alpha < 1，若：$$

(1)$p(x)\, q(x)$ 均為 x 之多項式

(2)$q(x)$ 之冪次比 $p(x)$ 高出 1 次以上

(3)$q(x) = 0$ 無實根存在（則複平面上的實軸無極點）。則

$$\int_{-\infty}^{0} x^{\alpha-1} \frac{p(x)}{q(x)} \, dx = \frac{-\pi}{\sin \alpha \pi} \Sigma R \left[(-z)^{\alpha-1} \frac{p(z)}{q(z)} \right] \tag{36}$$

題型三：$I_1 = \int_{0}^{\infty} \ln x f(x) dx \quad I_2 = \int_{0}^{\infty} f(x) dx$

應用 residue theorem，必須形成封閉迴路，假設在複平面上 branch point 為原點，而 branch cut 為正實軸，則積分路徑必須先選擇如題型 1 的路徑：

$$\lim_{\substack{R \to \infty \\ \rho \to 0 \\ \varepsilon \to 0}} \oint_{C} f(z)(\ln z)^{k+1} \, dz = 2\pi i \{ \Sigma R \, [f(z)(\ln z)^{k+1}] \}$$

$$\lim_{\substack{R \to \infty \\ \rho \to 0 \\ \varepsilon \to 0}} \oint_{C} f(z)(\ln z)^{k+1} \, dz = \lim_{\substack{R \to \infty \\ \rho \to 0 \\ \varepsilon \to 0}} \left\{ \int_{C_R} f(z)(\ln z)^{k+1} \, dz + \int_{C_\rho} f(z)(\ln z)^{k+1} \, dz + \int_{C_1} f(z)(\ln z)^{k+1} \, dz \right.$$

$$\left. + \int_{C_2} f(z)(\ln z)^{k+1} \, dz \right\}$$

其中

$$\lim_{\substack{R \to \infty \\ \rho \to 0 \\ \varepsilon \to 0}} \int_{C_1} f(z)(\ln z)^{k+1} \, dz = \int_{0}^{\infty} f(x)(\ln x)^{k+1} \, dx (\because z = x + i\varepsilon, \; \varepsilon \to 0) \tag{37}$$

$$\lim_{\substack{R \to \infty \\ \rho \to 0 \\ \varepsilon \to 0}} \int_{C_2} f(z)(\ln z)^{k+1} \, dz = - \int_{0}^{\infty} f(x)(\ln x + 2\pi i)^{k+1} \, dx (\because z = x - i\varepsilon, \; \varepsilon \to 0) \tag{38}$$

其中 $C_1: \ln z = \ln \sqrt{x^2 + \varepsilon^2} + i \tan^{-1} \dfrac{\varepsilon}{x}; \text{ as } \varepsilon \to 0, \ln z \to \ln x$

$\qquad C_2: \ln z = \ln \sqrt{x^2 + \varepsilon^2} + i \left(2\pi - \tan^{-1} \dfrac{\varepsilon}{x} \right); \text{ as } \varepsilon \to 0, \ln z \to \ln x + 2\pi i$

$$\lim_{\substack{R \to \infty \\ \rho \to 0 \\ \varepsilon \to 0}} \int_{C_R} f(z)(\ln z)^{k+1} \, dz = \lim_{R \to \infty} \int_{0}^{2\pi} iz f(z)(\ln z)^{k+1} \, d\theta$$

$$= \lim_{R \to \infty} \int_0^{2\pi} iz^{1+a} f(z) \left[z^{-\frac{a}{k+1}} \ln z \right]^{k+1} d\theta \tag{39}$$

$$\lim_{\substack{\rho \to 0 \\ \varepsilon \to 0}} \int_{C_\rho} f(z)(\ln z)^{k+1} \, dz = \lim_{\rho \to 0} \int_{2\pi}^0 if(z) \left(z^{\frac{1}{k+1}} \ln z \right)^{k+1} d\theta \tag{40}$$

若 $a \in R^+$, 下列二式必定成立:

(1) $\displaystyle \lim_{|z| \to \infty} \left| z^{-\frac{a}{k+1}} \ln z \right| = \lim_{|z| \to \infty} \frac{|\ln z|}{\left| z^{\frac{a}{k+1}} \right|} = 0 \left(\because \lim_{x \to \infty} \frac{\ln x}{x^a} = 0 \right)$ \tag{41}

(2) $\displaystyle \lim_{|z| \to 0} \left| z^{\frac{1}{k+1}} \ln z \right| = 0 \left(\because \lim_{x \to 0} x \ln x = \lim_{x \to 0} \frac{\ln x}{\frac{1}{x}} = 0 \right)$ \tag{42}

代入(39)式(40)式可得到以下條件:

(1) $f(z)$ 在 $z \to 0$ 時為 finite $\Rightarrow$ (42)式之極限值為零

(2)存在 $a \in R^+$, 使 $|z^{1+a} f(z)|$ 在 $|z| \to \infty$ 時為 finite $\Rightarrow$ (39)式之極限值亦為零

$$\therefore \int_0^\infty f(x)(\ln x)^{k+1} \, dx - \int_0^\infty f(x)(\ln x + 2\pi i)^{k+1} \, dx$$
$$= 2\pi i \Sigma R \left[f(z)(\ln z)^{k+1} \right] \tag{43}$$

令 $k = 0$, 可得

$$\int_0^\infty f(x) \, dx = -\Sigma R \left[f(z)(\ln z) \right]$$

令 $k = 1$, 可得

$$-4\pi i \int_0^\infty f(x) \ln x \, dx + 4\pi^2 \int_0^\infty f(x) \, dx = 2\pi i \Sigma R \left[f(z)(\ln z)^2 \right]$$

$$\Rightarrow \Sigma R \left[f(z)(\ln z)^2 \right] = -2 \int_0^\infty f(x) \ln x \, dx - i2\pi \int_0^\infty f(x) \, dx$$

$$\therefore \int_0^\infty f(x) \ln x \, dx = -\frac{1}{2} \text{Re} \{ \Sigma R \left[f(z)(\ln z)^2 \right] \}$$

$$\int_0^\infty f(x) \, dx = -\frac{1}{2\pi} \text{Im} \{ \Sigma R \left[f(z)(\ln z)^2 \right] \}$$

由上述討論可得以下定理:

定理 12

(1)若 $f(z)$ 在正實軸及原點均 analytic 且無 branch cut

(2)存在 $a \in R^+$，且使 $|z^{1+a} f(z)|$ 在 $|z| \to \infty$ 時為 finite 則

$$\int_0^\infty f(x) \ln x \, dx = -\frac{1}{2} \text{Re}\{\Sigma R \, [f(z)(\ln z)^2]\} \tag{44}$$

定理 13

(1)若 $f(z)$ 在正實軸及原點均 analytic 且無 branch cut

(2)存在 $a \in R^+$，且使 $|z^{1+a} f(z)|$ 在 $|z| \to \infty$ 時為 finite 則

$$\int_0^\infty f(x) \, dx = -\frac{1}{2\pi} \text{Im}\{\Sigma R \, [f(z)(\ln z)^2]\} \tag{45}$$

$$\int_0^\infty f(x) \, dx = -\Sigma R \, [f(z)(\ln z)] \tag{46}$$

例題 30：$\displaystyle\int_0^\infty \frac{\sqrt{x}}{1+x^2} dx = ?$　　　　　　　　　【101 台聯大】

解　　〈法 1〉

$$\oint_C \frac{\sqrt{z}}{1+z^2} dz = \int_0^\infty \frac{\sqrt{x}}{1+x^2} dx + 0 + \int_\infty^0 \frac{\sqrt{x} e^{\pi i}}{1+x^2} dx + 0$$

$$= 2\pi i \, [R \, (i) + R \, (-i)]$$

其中 $R \, (i) = \lim_{z \to i} (z - i) \dfrac{\sqrt{z}}{1+z^2} = \dfrac{e^{\frac{\pi}{4} i}}{2i}$

$R \, (-i) = \lim_{z \to -i} (z + i) \dfrac{\sqrt{z}}{1+z^2} = \dfrac{e^{\frac{3\pi}{4} i}}{-2i}$

$\displaystyle\int_0^\infty \frac{\sqrt{x} e^{\pi i}}{1+x^2} dx = \int_0^\infty \frac{\sqrt{x}}{1+x^2} dx$

$\therefore \displaystyle\int_0^\infty \frac{\sqrt{x}}{1+x^2} dx = \pi i \left(\frac{e^{\frac{\pi}{4} i}}{2i} - \frac{e^{\frac{3\pi}{4} i}}{2i} \right) = \frac{\sqrt{2}\pi}{2}$

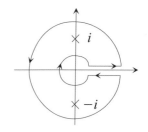

〈另解〉

$$\oint_C \frac{\sqrt{z}}{1+z^2} dz = \int_0^\infty \frac{\sqrt{x}}{1+x^2} dx + 0 + \int_{C_2} \frac{\sqrt{z}}{1+z^2} dz + 0$$

$$= 2\pi i R \, (i)$$

其中 $\int_{C_2} \dfrac{\sqrt{z}}{1+z^2} dz = \int_0^\infty \dfrac{\sqrt{re^{i\pi}}}{1+(re^{i\pi})^2} \exp(\pi i)\, dr$

$$= i\int_0^\infty \dfrac{\sqrt{r}}{1+r^2}\, dr = i\int_0^\infty \dfrac{\sqrt{x}}{1+x^2}\, dx$$

$$\therefore (1+i)\int_0^\infty \dfrac{\sqrt{x}}{1+x^2}\, dx = 2\pi i\, \dfrac{\exp\left(\dfrac{\pi}{4}i\right)}{2i}$$

$$\Rightarrow \int_0^\infty \dfrac{\sqrt{x}}{1+x^2}\, dx = \dfrac{\sqrt{2}}{2}\pi$$

觀念提示： 當被積分函數除了多值函數（如 $\sqrt{x}$）外，為偶函數時亦可採用法 2 之
圍線求解。

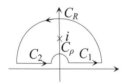
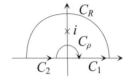

例題 31： Use residue theory to find

$$I = \int_0^\infty \dfrac{x^{\alpha-1}}{x+1}\, dx;\ 0 < \alpha < 1 \qquad\text{【101 彰師大光電，清華核工】}$$

解　由於 α 非整數，$z^{\alpha-1}$ 為多值函數，必須取 branch cut，將 branch cut 取於
正實軸，考慮如下圖之複變函數封閉線積分：

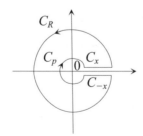

$$\oint_{C_R+C_\rho+C_x+C_{-x}} \dfrac{z^{\alpha-a}}{z+1}\, dz = 2\pi i R(-1) = 2\pi i\exp(\pi(\alpha-1)i)$$

$$\lim_{R\to\infty}\int_{C_R} \dfrac{z^{\alpha-1}}{z+1}\, dz = \lim_{R\to\infty}\int_0^{2\pi} \dfrac{z^{\alpha-1}}{z+1}\, iz d\theta = \lim_{|z|\to\infty}\int_0^{2\pi} \dfrac{iz^\alpha}{z+1}\, d\theta = 0\ (\because 0 < \alpha < 1)$$

$$\lim_{\rho\to0}\int_{C_\rho} \dfrac{z^{\alpha-1}}{z+1}\, dz = \lim_{\rho\to0}\left[-\int_0^{2\pi} \dfrac{z^{\alpha-1}}{z+1}\, iz d\theta\right] = \lim_{|z|\to0}\left[-\int_0^{2\pi} \dfrac{iz^\alpha}{z+1}\, d\theta\right] = 0$$

在路徑 C_x 上：$z = x + i\varepsilon,\, dz = dx$

$$\lim_{\varepsilon \to 0}(1+z) = 1+x,\ \lim_{\varepsilon \to 0}\ln z = \lim_{\varepsilon \to 0}\{\ln|z| + i\theta\} = \ln x$$

$$\lim_{\substack{R \to \infty \\ \varepsilon,\rho \to 0}} \int_{C_x} \frac{z^{\alpha-1}}{z+1}\,dz = \lim_{\substack{R \to \infty \\ \varepsilon,\rho \to 0}} \int_{C_x} \frac{\exp((\alpha-1)\ln z)}{z+1}\,dz = \int_0^\infty \frac{x^{\alpha-1}}{x+1}\,dx$$

在路徑 C_{-x} 上：$z = x - i\varepsilon,\, dz = dx$

$$\lim_{\varepsilon \to 0}(1+z) = 1+x,\ \lim_{\varepsilon \to 0}\ln z = \lim_{\varepsilon \to 0}\{\ln|z| + i\theta\} = \ln x + 2\pi i$$

$$\lim_{\substack{R \to \infty \\ \varepsilon,\rho \to 0}} \int_{C_{-x}} \frac{z^{\alpha-1}}{z+1}\,dz = \lim_{\substack{R \to \infty \\ \varepsilon,\rho \to 0}} \int_{C_{-x}} \frac{\exp((\alpha-1)\ln z)}{z+1}\,dz$$

$$= \exp(2\pi(\alpha-1)i)\int_\infty^0 \frac{x^{\alpha-1}}{x+1}\,dx$$

綜合上式可得：

$$\oint_{C_R + C_\rho + C_x + C_{-x}} \frac{z^{\alpha-a}}{z+1}\,dz = 2\pi i \exp(\pi(\alpha-1)i)$$

$$= \int_0^\infty \frac{x^{\alpha-1}}{x+1}\,dx - \exp(2\pi(\alpha-1)i)\int_0^\infty \frac{x^{\alpha-1}}{x+1}\,dx$$

$$\int_0^\infty \frac{x^{\alpha-1}}{x+1}\,dx = \frac{2\pi i \exp(\pi(\alpha-1)i)}{1 - \exp(2\pi(\alpha-1)i)} = \frac{\pi}{\sin \alpha\pi}$$

例題 32：Evaluate the following integral by complex function theory

$$\int_0^\infty \frac{1}{\sqrt{x}(x+4)(x-5)}\,dx$$ 　　　　　　【101 台師大光電】

解　　考慮如上例之複變函數封閉線積分：

$$R(-4) = \lim_{z \to -4} (z+4) \frac{z^{-\frac{1}{2}}}{(z+4)(z-5)} = \frac{i}{18}$$

$$R(5e^{i0}) = \lim_{z \to 5e^{i0}} (z - 5e^{i0}) \frac{z^{-\frac{1}{2}}}{(z+4)(z-5)} = \frac{1}{9\sqrt{5}}$$

$$R(5e^{i2\pi}) = \lim_{z \to 5e^{i2\pi}} (z - 5e^{i2\pi}) \frac{z^{-\frac{1}{2}}}{(z+4)(z-5)} = \frac{-1}{9\sqrt{5}}$$

$$C_x : z = re^{i0}$$

$$\int_{C_x} \frac{z^{-\frac{1}{2}}}{(z+4)(z-5)}\,dz = \int_0^\infty \frac{r^{-\frac{1}{2}}}{(r+4)(r-5)}\,dr$$

$$C_R : z = Re^{i\theta},\ R \to \infty$$

$$\int_{C_R} \frac{z^{-\frac{1}{2}}}{(z+4)(z-5)} dz = 0$$

$$C_{-x}: z = re^{i2\pi}$$

$$\int_{C_{-x}} \frac{z^{-\frac{1}{2}}}{(z+4)(z-5)} dz = \int_{\infty}^{0} \frac{(re^{i2\pi})^{-\frac{1}{2}}}{(r+4)(r-5)} dr = \int_{0}^{\infty} \frac{r^{-\frac{1}{2}}}{(r+4)(r-5)} dr$$

$$C_{\rho}: z = \varepsilon e^{i\theta}, \ \varepsilon \to 0$$

$$\int_{C_\rho} \frac{z^{-\frac{1}{2}}}{(z+4)(z-5)} dz = 0$$

$$\therefore \int_{0}^{\infty} \frac{r^{-\frac{1}{2}}}{(r+4)(r-5)} dr - \pi i R(5e^{i\theta}) + 0 + \int_{0}^{\infty} \frac{r^{-\frac{1}{2}}}{(r+4)(r-5)} dr - \pi i R(e^{i2\pi}) + 0 = 2\pi i R(-4)$$

$$\Rightarrow 2\int_{0}^{\infty} \frac{1}{(r+4)(r-5)\sqrt{r}} dr = 2\pi i \times \frac{i}{18} + \pi i \times \frac{1}{9\sqrt{5}} + \frac{-1}{9\sqrt{5}} + \pi i$$

$$\therefore \int_{0}^{\infty} \frac{1}{(x+4)(x-5)\sqrt{x}} dx = -\frac{\pi}{18}$$

例題 33：Prove that

$$\int_{0}^{\infty} \frac{\ln(x^2+1)}{x^2+1} dx = \pi \ln 2$$

【中央土木】

解 由於 $\ln(1+z^2)$ 之 branch point 在 $z = \pm i$，而複平面在被以這兩個分支點為端點所引出的 branch cut，分割後將使得封閉路線無法形成。考慮複數圍線積分如右圖所示：

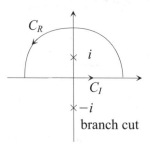

branch cut

$$\lim_{R \to \infty} \oint_{C = C_1 + C_R} \frac{\ln(z+i)}{z^2+1} dz = 2\pi i R(i)$$

$$= 2\pi i \frac{\ln 2 + \frac{\pi i}{2}}{2i} = \pi \ln 2 + \frac{\pi^2 i}{2}$$

其中，對數函數 $\ln(i+z)$ 在 $z = -i$ 為 branch point 而 branch cut 取向負虛軸

$$\lim_{R \to \infty} \int_{C_R} \frac{\ln(z+i)}{z^2+1} dz = \lim_{|z| \to \infty} \int_{0}^{\pi} \frac{iz\ln(z+i)}{z^2+1} d\theta = \lim_{|z| \to \infty} \int_{0}^{\pi} \frac{iz^2\ln(z+i)}{z(z^2+1)} d\theta = 0$$

其中 $\lim_{x \to \infty} \frac{\ln x}{x} = \lim_{y \to \infty} \frac{y}{e^{ay}} = 0$（取 $x = e^y$）

$$\lim_{R \to \infty} \int_{C_I} \frac{\ln(z+i)}{z^2+1} dz = \lim_{|z| \to \infty} \int_{-\infty}^{\infty} \frac{\ln(x+i)}{x^2+1} dx$$

$$= \int_{-\infty}^{0} \frac{\ln(x+i)}{x^2+1}\,dx + \int_{0}^{\infty} \frac{\ln(x+i)}{x^2+1}\,dx$$

$$\int_{-\infty}^{0} \frac{\ln(x+i)}{x^2+1}\,dx = \int_{0}^{\infty} \frac{\ln(i-x)}{x^2+1}\,dx = \int_{0}^{\infty} \frac{\ln(x-i)+i\pi}{x^2+1}\,dx$$

$$= \int_{0}^{\infty} \frac{\ln(i-x)}{x^2+1}\,dx + \frac{\pi^2}{2}i$$

$$\lim_{R\to\infty}\int_{C_l} \frac{\ln(z+i)}{z^2+1}\,dz = \int_{0}^{\infty} \frac{\ln(x-i)}{x^2+1}\,dx + \int_{0}^{\infty} \frac{\ln(x+i)}{x^2+1}\,dx + \frac{\pi^2}{2}i$$

$$= \int_{0}^{\infty} \frac{\ln(x^2+1)}{x^2+1}\,dx + \frac{\pi^2}{2}i$$

$$= \pi\ln 2 + \frac{\pi^2}{2}i$$

$$\Rightarrow \int_{0}^{\infty} \frac{\ln(x^2+1)}{x^2+1}\,dx = \pi\ln 2$$

例題 34：Evaluate

(a) $\int_{0}^{\infty} \frac{\ln x}{(x^2+1)^2}\,dx$　(b) $\int_{0}^{\infty} \frac{1}{(x^2+1)^2}\,dx$　　【交大電物】

解　令 $\int_{0}^{\infty} \frac{\ln x}{(x^2+1)^2}\,dx = I_1$，$\int_{0}^{\infty} \frac{1}{(x^2+1)^2}\,dx = I_2$ 選取圍線積分路徑如例題 25 所示：

$$\lim_{\substack{R\to\infty\\ \varepsilon,\rho\to 0}}\oint_{C} \frac{(\ln z)^2}{(z^2+1)^2}\,dz = 2\pi i\,[R(i)+R(-i)]$$

$$R(-i)=\lim_{z\to -i}\frac{d}{dz}\frac{(\ln z)^2}{(z-i)^2}=\lim_{z\to -i}\left[\frac{2\ln z}{z(z-i)^2}-2\frac{(\ln z)^2}{(z-i)^3}\right]=\frac{3\pi}{4}+\frac{9\pi^2}{16i}$$

$$R(i)=\lim_{z\to i}\frac{d}{dz}\frac{(\ln z)^2}{(z+i)^2}=\lim_{z\to i}\left[\frac{2\ln z}{z(z+i)^2}-2\frac{(\ln z)^2}{(z+i)^3}\right]=\frac{-\pi}{4}-\frac{\pi^2}{16i}$$

$$\oint_{C} \frac{(\ln z)^2}{(z^2+1)^2}\,dz = 2\pi i\left(\frac{\pi}{2}+\frac{\pi^2}{2i}\right)=\pi^2\,(\pi+i)$$

$$= \int_{C_R} \frac{(\ln z)^2}{(z^2+1)^2}\,dz + \int_{C_\rho} \frac{(\ln z)^2}{(z^2+1)^2}\,dz + \int_{C_x} \frac{(\ln z)^2}{(z^2+1)^2}\,dz + \int_{C_{-x}} \frac{(\ln z)^2}{(z^2+1)^2}\,dz$$

當 $\varepsilon\to 0, \rho\to 0, R\to\infty$ 時，可證得：

$$\int_{C_R} \frac{(\ln z)^2}{(z^2+1)^2}\,dz\to 0,\ \int_{C_\rho} \frac{(\ln z)^2}{(z^2+1)^2}\,dz\to 0$$

在路徑 C_x 上：$z=x+i\varepsilon, dz=dx$

$$\lim_{\varepsilon\to 0}(1+z)=1+x,\ \lim_{\varepsilon\to 0}\ln z=\lim_{\varepsilon\to 0}\{\ln|z|+i\theta\}=\ln x$$

$$\lim_{\substack{R\to\infty\\ \varepsilon,\rho\to 0}} \int_{C_x} \frac{(\ln z)^2}{(z^2+1)^2}\, dz = \int_0^\infty \frac{(\ln x)^2}{(x^2+1)^2}\, dx$$

在路徑 C_{-x} 上：$z = x - i\varepsilon,\ dz = dx$

$$\lim_{\varepsilon\to 0}(1+z) = 1+x,\ \lim_{\varepsilon\to 0}\ln z = \lim_{\varepsilon\to 0}\{\ln|z| + i\theta\} = \ln x + 2\pi i$$

$$\lim_{\substack{R\to\infty\\ \varepsilon,\rho\to 0}} \int_{C_{-x}} \frac{(\ln z)^2}{(z^2+1)^2}\, dz = \int_\infty^0 \frac{(\ln x + 2\pi i)^2}{(x^2+1)^2}\, dx$$

$$= -\int_0^\infty \frac{\ln^2 x + 4\pi i\ln x - 4\pi^2}{(x^2+1)^2}\, dx$$

$$= -\int_0^\infty \frac{\ln^2 x}{(x^2+1)^2}\, dx - 4\pi i I_1 + 4\pi^2 I_2$$

綜合上式可得：

$$-\int_0^\infty \frac{\ln^2 x}{(x^2+1)^2}\, dx - 4\pi i I_1 + 4\pi^2 I_2 + \int_0^\infty \frac{(\ln x)^2}{(x^2+1)^2}\, dx = \pi^2\,(\pi + i)$$

$$\therefore I_1 = -\frac{\pi}{4},\ I_2 = \frac{\pi}{4}$$

〈另解〉

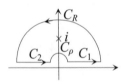

$$\oint_C \frac{(\ln z)}{(z^2+1)^2}\, dz = \int_0^\infty \frac{\ln x}{(x^2+1)^2}\, dx + 0 + \int_{C_2} \frac{\ln z}{(z^2+1)^2}\, dz + 0 = 2\pi i\ R(i)$$

其中 $R\,(i) = \lim_{z\to i} \frac{d}{dz}\left(\frac{\ln z}{(z+i)^2}\right) = \frac{2 - \pi i}{-8i}$

$$\int_{C_2} \frac{\ln z}{(z^2+1)^2}\, dz = \int_\infty^0 \frac{\ln r + \pi i}{(r^2+1)^2}\, e^{\pi i}\, dr = \int_0^\infty \frac{\ln r + \pi i}{(r^2+1)^2}\, dr$$

$$= \int_0^\infty \frac{\ln x}{(x^2+1)^2}\, dx + \pi i \int_0^\infty \frac{1}{(x^2+1)^2}\, dx$$

$$\therefore 2\int_0^\infty \frac{\ln x}{(x^2+1)^2}\, dx + \pi i \int_0^\infty \frac{1}{(x^2+1)^2}\, dx = 2\pi i\left(\frac{2 - \pi i}{-8i}\right)$$

因等式左右兩邊之實部需相等

$$\therefore \int_0^\infty \frac{\ln x}{(x^2+1)^2}\, dx = -\frac{\pi}{4}$$

因等式左右兩邊之虛部需相等

$$\therefore \int_0^\infty \frac{1}{(x^2+1)^2}\, dx = \frac{\pi}{4}$$

觀念提示：　選擇半圓積分遠比選擇 key hole 積分簡單，理由如下：

(1)只需算 $\oint_c \dfrac{\ln z}{(z^2+1)^2}dz$ 而非 $\int_c \dfrac{(\ln z)^2}{(z^2+1)^2}dz$

(2)只需算上半圓之留數，且留數較易計算，理由同(1)

例題 35：計算 $\displaystyle\int_0^\infty \dfrac{\ln x}{x^2+a^2}dx$ 之值；$a>0$　　　　　【淡江環工】

解　將 $\ln z$ 之 branch cut 設定在負虛軸，進行如右圖
所示之圍線積分：

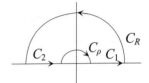

$$\lim_{\substack{R\to\infty\\ \varepsilon,\rho\to 0}}\oint_C \frac{\ln z}{z^2+a^2}dz = 2\pi i R\,(ai) = 2\pi i\frac{\ln ai}{2ai}$$

$$= \frac{\pi}{a}\left(\ln a + \frac{\pi i}{2}\right)$$

$$\lim_{R\to\infty}\int_{C_R}\frac{\ln z}{z^2+a^2}dz = \lim_{|z|\to\infty}\int_0^\pi \frac{iz^2}{z^2+a^2}\frac{\ln z}{z}d\theta = 0$$

$$\lim_{\rho\to 0}\int_{C_\rho}\frac{\ln z}{z^2+a^2}dz = \lim_{|z|\to 0}\int_\pi^0 \frac{iz\ln z}{z^2+a^2}d\theta = 0$$

$$\lim_{\substack{R\to\infty\\ \rho\to 0}}\int_{C_1}\frac{\ln z}{z^2+a^2}dz = \int_0^\infty \frac{\ln z}{z^2+a^2}dz = \int_0^\infty \frac{\ln x}{x^2+a^2}dx$$

$$\lim_{\substack{R\to\infty\\ \rho\to 0}}\int_{C_2}\frac{\ln z}{z^2+a^2}dz = \int_{-\infty}^0 \frac{\ln z}{z^2+a^2}dz = \int_{-\infty}^0 \frac{\ln|x|+i\pi}{x^2+a^2}\left[-d\,(-x)\right]$$

$$= \int_0^\infty \frac{\ln x+i\pi}{x^2+a^2}dx = \int_0^\infty \frac{\ln x}{x^2+a^2}dx + \frac{i\pi^2}{2a}$$

$$\therefore \frac{\pi}{a}\left[\ln a + \frac{\pi i}{2}\right] = 2\int_0^\infty \frac{\ln x}{x^2+a^2}dx + \frac{i\pi^2}{2a}$$

$$\Rightarrow \int_0^\infty \frac{\ln x}{x^2+a^2}dx = \frac{\pi}{2a}\ln a$$

18-6　應用留數定理求解 Laplace 反轉換

$$F(s) = L\{f(t)\} = \int_0^\infty f(t)\, e^{-st}\, dt \tag{47}$$

$$f(t) = L^{-1}\{F(s)\} = \frac{1}{2\pi i} \int_{c-i\infty}^{c+i\infty} F(s)\, e^{st}\, ds \quad t > 0 \tag{48}$$

(48)式中 Laplace 反轉換的計算事實上即為在複平面上的線積分，積分路徑則是穿越實軸上 $x = c$（$c > 0$）點的垂直線。如前所述，實常數 c 可以任意的大，卻不能任意的小，因為 c 必須夠大以保證 $F(s)$ 在複平面的所有不解析點均在積分路徑 $x = c$ 的左側。

應用留數定理以求解(48)式之 Laplace 反轉換時，首先須先將路徑封閉（如圖 18-7 所示）進行圍線積分。故(48)式可表示為：

$$\int_{c-i\infty}^{c+i\infty} F(s)\, e^{st}\, ds = \lim_{R\to\infty} \left(\oint_C F(s)\, e^{st}\, ds - \int_{C_R} F(s)\, e^{st}\, ds \right) \tag{49}$$

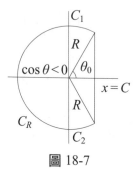

圖 18-7

我們希望沿著 C_R 的積分結果為 0，或能找出使其為 0 的條件。由於在 C_R 上 $s = Re^{i\theta} = R\cos\theta + iR\sin\theta$，則有

$$\lim_{R \to \infty} \int_{C_R} F(s)\, e^{st}\, ds = \lim_{R \to \infty} \left[\int_{\theta_0}^{\frac{\pi}{2}} isF(s)e^{iRt\sin\theta}\, e^{Rt\cos\theta}\, d\theta + \int_{\frac{\pi}{2}}^{\frac{3\pi}{2}} isF(s)e^{iRt\sin\theta}\, e^{Rt\cos\theta}\, d\theta + \right.$$

$$\left. \int_{\frac{3\pi}{2}}^{-\theta_0} isF(s)e^{iRt\sin\theta}\, e^{Rt\cos\theta}\, d\theta \right] \tag{50}$$

as $\dfrac{\pi}{2} < \theta < \dfrac{3\pi}{2}$, $\cos\theta < 0$, $t > 0$, then $\displaystyle\lim_{R \to \infty} \exp\,(Rt\cos\theta) = 0$

$$\int_{\theta_0}^{\frac{\pi}{2}} e^{Rt\cos\theta}\, d\theta < \int_{\theta_0}^{\frac{\pi}{2}} e^{Rt\cos\theta_0}\, d\theta \ (\cos\theta \ \text{decreasing}) = \int_{\theta_0}^{\frac{\pi}{2}} e^{ct}\, d\theta \ (\cos\theta_0 = \frac{c}{R}) \tag{51}$$

顯然的，上式之結果必為有限值。故只要 $\displaystyle\lim_{s \to \infty} |sF(s)| = 0$，(50)式之積分將收斂至 0，綜合上述可得以下定理：

定理 14

對於函數 $F(s)$ 若滿足 $\displaystyle\lim_{s \to \infty} |sF(s)| = 0$ 則有

$$\lim_{R \to \infty} \int_{C_R} F(s)e^{st}ds = 0$$

$$f(t) = \frac{1}{2\pi i} \oint_C F(s)e^{st}ds = \Sigma R\,[F(z)e^{tz}]$$

例題 36：在 z-plane 上做 Contour integral 求解 $L^{-1}\left\{\dfrac{1}{s(s^2+1)}\right\}$ 　【清華電機】

解　$F(z) = \dfrac{1}{z(z^2+1)}$ 之極點位於 $z = 0, +i, -i$ 均為 simple pole

$F(z)e^{zt}$ 在這些極點上之留數為

$$R(i) = \lim_{z \to i} \frac{e^{zt}}{z(z+i)} = \frac{-e^{it}}{2}, \ R\,(-i) = \lim_{z \to -i} \frac{e^{zt}}{z(z-i)} = \frac{-e^{-it}}{2}$$

$$R(0) = \lim_{z \to 0} \frac{e^{zt}}{z^2+1} = 1$$

本題中顯然有 $\displaystyle\lim_{s \to \infty} |sF(s)| = 0$，故由定理可得

$$f(t) = \frac{1}{2\pi i} \int_{C-i\infty}^{C+i\infty} F(s)e^{st}\, ds = 1 - \frac{e^{it} + e^{-it}}{2} = 1 - \cos t$$

例題 37：Use residue theorem to find $L^{-1}\left\{\dfrac{1}{\sqrt{s}}\right\}$

解

$$L^{-1}\left(\frac{1}{\sqrt{s}}\right)=\frac{1}{2\pi i}\int_{c-i\infty}^{c+i\infty}\frac{1}{\sqrt{z}}e^{zt}dz=\frac{1}{2\pi i}\int_{c_1}\frac{e^{zt}}{\sqrt{z}}dz$$

$\because \sqrt{z}$ 為多值函數，$z=0$ 為 Branch point.

$\therefore$取負實數軸為 Branch cut 進行如下圖之圍線積分

$$\oint_c\frac{e^{zt}}{\sqrt{z}}dz=0(\text{no pole})$$

$$=\int_{c_1}+0+\int_{c_3}+0+\int_{c_4}+0$$

$$\int_{c_3}\frac{e^{zt}}{\sqrt{z}}dz=\int_{\infty}^{0}\frac{e^{tre^{i\pi}}}{\sqrt{re^{i\pi}}}e^{i\pi}dr=-i\int_0^{\infty}\frac{e^{-tr}}{\sqrt{t}}dr=-2i\int_0^{\infty}e^{-tu^2}du=-i\sqrt{\frac{\pi}{t}}$$

$$\int_{c_4}\frac{e^{zt}}{\sqrt{z}}dz=\int_0^{\infty}\frac{e^{tre^{-i\pi}}}{\sqrt{re^{-i\pi}}}e^{-i\pi}dr=-i\int_0^{\infty}\frac{e^{-tr}}{\sqrt{t}}dr=-i\sqrt{\frac{\pi}{t}}$$

$$\therefore\int_{c_1}\frac{e^{zt}}{\sqrt{z}}dz=2i\sqrt{\frac{\pi}{t}}$$

$$\Rightarrow L^{-1}\left(\frac{1}{\sqrt{s}}\right)=\frac{1}{2\pi i}\cdot 2i\sqrt{\frac{\pi}{t}}=\frac{1}{\sqrt{\pi t}}$$

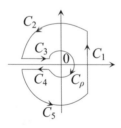

綜合練習

1. Prove that $\displaystyle\int_0^{\frac{\pi}{2}}\ln(\sin x)dx=\frac{-\pi\ln 2}{2}$ 【台大材料】

2. Evaluate the integral

$$I=\int_0^{\infty}\frac{x^{\frac{1}{2}}}{(x^2+1)}dx$$ 【成大造船】

3. Evaluate the integral

$$I=\int_0^{\infty}\frac{(\ln x)^2}{(x^2+1)}dx$$ 【交大光電】

4. Evaluate the integral

$$I = \int_{-\infty}^{\infty} \frac{x \sin \pi x}{(x^2+1)(x^4-1)} dx$$ 　【台大造船】

5. Evaluate $I = \int_{-\infty}^{\infty} \frac{1}{(x-1)(x^2+3)} dx$ 　【台大機料】

6. 求定積分

$$I = \int_{0}^{\infty} \frac{\sin mk}{x(x^2+k^2)} dx \ (m>0, k>0)$$

7. Evaluate $I = \int_{0}^{\infty} \frac{1}{x^{100}+1} dx$

8. Evaluate $I = \int_{0}^{\infty} \frac{1}{x^4+1} dx$ 　【中央機械，交大控制】

9. Evaluate the following integral $(a>0, b>0)$

$$I = \int_{0}^{\infty} \frac{\cos x}{(x^2+a^2)(x^2+b^2)} dx$$ 　【台大材料】

10. Evaluate the following integral

$$I = \int_{0}^{\infty} \frac{\cos 2x}{4x^4+13x^2+9} dx$$ 　【中央電機】

11. Evaluate the following integral

$$I = \int_{-\infty}^{\infty} \frac{x^2}{(x^2+1)(x^2+4)} dx$$ 　【交大機械】

12. Evaluate the following integral

$$I = \int_{0}^{\infty} x^2 (x^4+5x^2+4)^{-1} dx$$ 　【交大控制】

13. Evaluate the following integral

$$I = \int_{0}^{\infty} \frac{x^2}{(x^2+4) dx}$$ 　【交大土木】

14. Evaluate $\int_{0}^{2\pi} \cos^n \theta d\theta, \int_{0}^{2\pi} \sin^n \theta d\theta$ 之值 　【交大電物】

15. Evaluate the following integral

$$I = \int_{0}^{\pi} \frac{d\theta}{a+b\cos\theta}; \ a>b>0$$ 　【台大機械】

16. Evaluate the following integral

$$I = \int_{0}^{\frac{\pi}{2}} \frac{d\theta}{a+\sin^2\theta}; \ a>0$$

17. Evaluate the following integral

$$I = \int_{-1}^{1} \frac{dx}{(1-x^2)^{\frac{1}{2}}(1+x^2)}$$ 　【台大應力】

18. Evaluate the following integral

$$I = \int_{0}^{2\pi} \frac{d\theta}{3-2\cos\theta}$$ 　【成大醫工】

19. Evaluate the following integral

$$I = \int_0^\pi \frac{d\theta}{1 - 2a\cos\theta + a^2} \; ; \; 0 < a < 1$$ 　　　　　　【交大機械】

20. Evaluate the given integral

$$I = \int_0^{2\pi} \frac{d\varphi}{1 + k\cos\varphi}; \; -1 < k < 1$$ 　　　　　　【交大電信】

21. Evaluate the given integral over the given curve. All integrals are taken in counterclockwise direction

$$\oint_{C_2} \frac{z^4}{(z - 3i)^2} dz$$

(a)C is around $|z| = 1$

(b)C is around $|z - 3i| = 1$ 　　　　　　【台科大化工】

22. 已知 C_1 與 C_2 分別包圍 $z = 2$ 及 $z = -2$ 的單連封閉曲線，分別就此二路徑計算

$$\oint_C \frac{z + 1}{z^2 - 4} dz$$ 　　　　　　【清華電機】

23. Find the value of the integral

$$\oint_{C_2} \frac{6z^2 - 4z + 1}{(z - 2)(4z^2 + 1)} dz$$

where C is around $|z| = 1$ and taken in the counterclockwise direction 　　　　　　【台科大】

24. Evaluate

$$\oint_{C_2} \frac{\sin 2z}{(z + 4)(z + 1)^2} dz$$ 　　　　　　【交大控制】

where C_2 is a rectangle with edges $3 + i$, $-2 + i$, $-2 - i$, and $3 - i$. The direction of C_2 is in the sense of counterclockwise

25. Evaluate

$$\oint_C \frac{2z + 1}{z^3 - iz^2 + 6z} dz$$

with C the circle of radius $\frac{1}{3}$ about the point $(0, 3)$ 　　　　　　【清大電機】

26. $\displaystyle\int_0^\infty \frac{dx}{1 + x^{100}} = ?$

27. Using the residue integration method, derive the following real integrals:

(a)$\displaystyle\int_0^\infty \frac{2dx}{1 + x^4}$　　(b)$\displaystyle\int_{-\infty}^\infty \frac{2dx}{2 + 3x^2 + x^4}$ 　　　　　　【中央電機】

28. Find $\displaystyle\int_0^\infty \frac{x\sin x}{2 + x^2} dx$ 　　　　　　【交大電子物理】

29. Calculate the following integrals by Residue theory:

(a)$\displaystyle\int_{-\infty}^\infty \frac{\ln|x|}{x^2 + 4} dx$

(b)$\displaystyle\int_0^{2\pi} \frac{\sin\theta}{5 + 4\cos\theta} d\theta$ 　　　　　　【交大控制】

30. Find the following integral by contour integrations:

$$\int_0^{2\pi} \frac{\cos\theta}{(1 - 2a\cos\theta + a^2)} d\theta$$

where a is real 　　　　　　【交大電信】

31. Evaluate $\int_{-\infty}^{\infty} \dfrac{x}{9+x^2} \sin\sqrt{5}x\,dx$ 　【台科大電機】

32. Determine the value of the following integrals

$\int_{0}^{\infty} \left(\dfrac{\sin 5t}{t}\right)^2 dt$ 　【成大電機】

33. (a)Calculate for real a, $0<a<1$

$\int_{0}^{\infty} \dfrac{x^{2a-1}}{1+x}\,dx$

(b) Is it necessary to have a restriction on a? Why? 　【成大電機】

34. Compute the inverse Laplace transform $L^{-1}\left\{\dfrac{s+1}{(s+2)^2(s+3)}\right\}$ via the viewpoint of complex inversion integral.

　【中正電機】

35. Evaluate $\int_{0}^{2\pi} \dfrac{\cos\theta}{1+\frac{1}{4}\cos\theta}\,d\theta$ 　【台科大電機】

36. Evaluate $\int_{-\infty}^{\infty} \dfrac{e^{i\omega x}\cos x}{1+x^2}\,dx$, consider the cases $\omega \le -1$, $-1 \le \omega \le 1$, $\omega \ge 1$ 　【交大電信】

37. Evaluate $F^{-1}\left\{\dfrac{4e^{(2\omega-6)i}}{5-(3-\omega)i}\right\}$ 　【逢甲機械】

38. Evaluate $\int_{0}^{\infty} \dfrac{x^{\frac{1}{3}}}{(1+x^2)x}\,dx$ 　【台科大機械】

39. Evaluate $\int_{0}^{\infty} \dfrac{1}{(1+x)\sqrt{x}}\,dx$ 　【交大應化】

40. Evaluate P.V. $\int_{-\infty}^{\infty} \dfrac{e^{ax}}{(1+e^x)}\,dx$; $0<a<1$ 　【交大機械】

41. 求 $\int_{1}^{\infty} \dfrac{dx}{(x^2-2x+2)(x^2-2x+5)} = ?$ 　【技師】

42. Evaluate the integral $\int_{-\infty}^{\infty} \dfrac{dx}{x^4+16}$ 　【交大光電】

43. 求 $\int_{-\infty}^{\infty} \dfrac{dx}{(x^2+4)^3} = ?$ 　【技師】

44. Calculate $\int_{0}^{\infty} \dfrac{x\sin ax}{x^2+\lambda^2}\,dx$ where $a, \lambda \in R$ and $\lambda^2>0$ 　【台大農工，交大電信】

45. Use residues theorem to evaluate the following integrations 　【中央電機，中山光電，交大物理】

1. $\int_{-\infty}^{\infty} \dfrac{\cos(kx)}{x^2+a^2}\,dx$ $(a>0)(k>0)$

2. $\int_{-\infty}^{\infty} \dfrac{\cos(bx)-\cos(ax)}{x^2}\,dx$ $(a>b>0)$

46. Determine $f(t)$ for all real values of t $f(t)=\dfrac{1}{2\pi}\int_{-\infty}^{\infty} \dfrac{e^{i\omega t}}{1+\omega}\,d\omega$ 　【交大電信】

47. Use the method of residues to evaluate the integral $\int_{-\infty}^{\infty} \dfrac{1}{1+x^2}\,dx$ 　【101 高應大電子】

48. Evaluate the integral $\int_{-\infty}^{\infty} \dfrac{2}{x^4-1}\,dx$ 　【中央大氣】

49. 請用 Residue theorem 求下列積分之值

1. $\int_{-\infty}^{\infty} \dfrac{\sin^2 x}{x^2}\,dx$ 　2. $\int_{-\infty}^{\infty} \dfrac{x^2}{1+x^4}\,dx$ 　【中央太空】

50. Find the inverse Fourier transform of $\dfrac{\sin(3\omega)}{\omega(2+i\omega)}$ 　【台科大電子】

51. Evaluate $\int_0^{2\pi} \dfrac{\cos 2\theta \, d\theta}{1 - \cos \theta + 0.25}$ 　　　　　　　　　　　　　【交大機械】

52. Evaluate $\int_0^\pi \dfrac{d\theta}{[5 + 3 \sin (2\theta)]^2} = ?$ 　　　　　　　　　　　　　【技師】

53. Evaluate $\int_0^{2\pi} \dfrac{\cos 2\theta \, d\theta}{1 - 2p \cos \theta + p^2}$ where $-1 < p < 1$ 　　　【台科大電子】

54. (1) $\int_0^\infty \cos (x^2) dx = ?$ 　(2) $\int_0^\infty \sin (x^2) dx = ?$

55. Use residue theorem to find the inverse Laplace transform $f(t)$ of the following:

$$F(s) = \frac{s}{s^2 + 1}$$ 　　　　　　　　　　　　　　　　　　　　【中央電機】

56. Use the method of residues to evaluate the integral $I = \displaystyle\int_0^{2\pi} \frac{\cos \theta}{(1 - 4\cos \theta + 4)} \, d\theta$

57. Use the method of residues to evaluate the integral $\displaystyle\int_{-\infty}^0 \frac{dx}{1 + x^4}$

58. Use the method of residues to evaluate the integral $\displaystyle\int_{-\infty}^\infty \frac{\cos x}{(4x^2 + 1)(x^2 + 4)} \, dx$

59. Use the method of residues to evaluate the integral $\displaystyle\int_{-\infty}^0 \frac{2 \cos x}{1 - x^2} \, dx$

60. Use the method of residues to evaluate the integral $\displaystyle\int_{-\infty}^\infty \frac{1}{(1 + 4x^2)^3} dx$

19

Z轉換與離散時間系統

I succeeded because I willed it; I never hesitated.

Napoleon

19-1　離散時間信號

連續時間信號或稱為類比信號表示為 $x(t)$，其中 t 為連續時間變數，將 $x(t)$ 等間隔取樣之後即可得到離散時間信號，例如若每隔 T 秒取樣一次（即取樣週期為 T 秒），則可得離散序列 $\{x(nT)\}_{-\infty<n<\infty}$，其中 n 為整數代表離散時間變數，故 $x(nT)$ 即表示在時間點 $t=nT$ 時之取樣值。一般為了簡化符號會將「T」省略，直接表示為 $x(n)$，故 $x(n)=x(nT)$，其中 n 為整數，代表離散時間變數。

1. 常見的離散序列如下：

(1)單位階梯序列

$$u(n)=\begin{cases}1，n\geq 0\\0，n<0\end{cases}$$

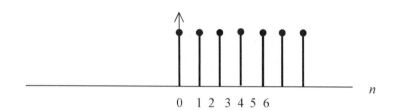

$$u(n-n_0)=\begin{cases}1，n\geq n_0\\0，n<n_0\end{cases}$$

(2)單位脈衝序列

$$\delta(n)=\begin{cases}1，n=0\\0，n\neq 0\end{cases}$$

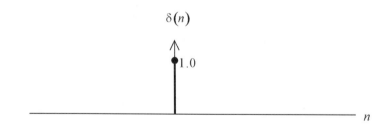

$$\delta(n-n_0)=\begin{cases}1，n=n_0\\0，n\neq n_0\end{cases}$$

2. 序列的相關性（correlation）

相關性是用來量測序列間之相似的程度

(1)互相關（cross correlation）函數

$$r_{xy}(l) = \sum_{n=-\infty}^{\infty} x(n)y(n-l) \tag{1}$$

$$r_{yx}(l) = \sum_{n=-\infty}^{\infty} y(n)x(n-l) \tag{2}$$

(2)自相關（auto correlation）函數

$$r_{xx}(l) = \sum_{n=-\infty}^{\infty} x(n)x(n-l) \tag{3}$$

19-2　離散時間系統

若輸入序列為 $x(n)$，離散時間系統代表一種轉換或映射，將 $x(n)$映射到唯一的輸出序列 $y(n)$，亦即

$$y(n) = T\{x(n)\}$$

輸入 $x[n]$ → 系統（system）→ 輸出 $y[n]$

1. 線性系統（Linear system）：滿足疊加（superposition）理論的系統稱為線性系統。說明如下：

若當輸入序列為 $x_1(n)$ 時，輸出序列為 $y_1(n)$；當輸入序列為 $x_2(n)$ 時，輸出序列為 $y_2(n)$，則對於任意實數 a, b 線性系統恆滿足：

$$T\{ax_1(n) + bx_2(n)\} = aT\{x_1(n)\} + bT\{x_2(n)\} \tag{4}$$
$$= ay_1(n) + by_2(n)$$

例題 1：判別下列離散時間系統是否為線性

(1)$y(n) = \dfrac{1}{5}[x(n) + x(n-1) + x(n-2) + x(n-3) + x(n-4)]$

> (2)$y(n) = nx(n)$
>
> (3)$y(n) = x(n^2)$
>
> (4)$y(n) = x^2(n)$
>
> (5)$y(n) = Ax(n) + B$

解　(1)線性

(2)線性

$$y_1(n) = nx_1(n),\ y_2(n) = nx_2(n)$$

$$y_3(n) = T\{ax_1(n) + bx_2(n)\} = n\,(ax_1(n) + bx_2(n))$$

$$= nax_1(n) + nbx_2(n)$$

$$= ay_1(n) + by_2(n)$$

(3)線性

$$y_1(n) = x_1(n^2),\ y_2(n) = x_2(n^2)$$

$$y_3(n) = T\{ax_1(n) + bx_2(n)\} = ax_1(n^2) + bx_2(n^2)$$

$$= ay_1(n) + by_2(n)$$

(4)非線性

$$y_1(n) = x_1^2(n),\ y_2(n) = x_2^2(n)$$

$$y_3(n) = T\{ax_1(n) + bx_2(n)\} = \{ax_1(n) + bx_2(n)\}^2$$

$$\neq ay_1(n) + by_2(n)$$

(5)非線性

$$y_1(n) = Ax_1(n) + B,\ y_2(n) = Ax_2(n) + B$$

$$y_3(n) = T\{ax_1(n) + bx_2(n)\} = A\{ax_1(n) + bx_2(n)\} + B$$

$$\neq ay_1(n) + by_2(n)$$

2.非時變系統 （time-invariant (TI) system）：

　　若輸入序列位移或產生時間延遲，則輸出序列不變，但具有相同位移或時間延遲的系統稱為非時變系統。

$$T\{x(n)\} = y(n) \Rightarrow T\{x(n-k)\} = y(n-k) \tag{5}$$

　　若一系統不滿足上式，則稱為時變（time-varying, TV）系統

例題 2：判別下列離散時間系統是否為非時變系統

(1)$y(n) = \dfrac{1}{5}[x(n) + x(n-1) + x(n-2) + x(n-3) + x(n-4)]$

(2)$y(n) = nx(n)$

(3)$y(n) = x(-n)$

解　　(1) TI

(2) TV

$$y(n) = nx(n) \Rightarrow T\{x(n-k)\} = nx(n-k) \neq y(n-k)$$
$$= (n-k)x(n-k)$$

(3) TV

$$y(n) = x(-n)$$
$$T\{x(n-k)\} = x(-n-k) \neq y(n-k) = x(-n+k)$$

3.線性非時變系統（Linear Time-Invariant (LTI) system）

$$y(n) = T\{x(n)\} = T\left\{\sum_{k=-\infty}^{\infty} x(k)\delta(n-k)\right\} \tag{6}$$
$$= \sum_{k=-\infty}^{\infty} x(k)T\{\delta(n-k)\}$$

定義：單位脈衝響應（Impulse response）：

一線性非時變系統對輸入 $\delta(n)$ 之響應，$h(n) = T\{\delta(n)\}$

由於一線性非時變系統，$h(n-k) = T\{\delta(n-k)\}$，因此(6)式可重新表示為

$$y(n) = \sum_{k=-\infty}^{\infty} x(k)T\{\delta(n-k)\} = \sum_{k=-\infty}^{\infty} x(k)h(n-k) \tag{7}$$
$$= x(n) * h(n)$$

其中　「 * 」代表迴旋和（convolution sum）。因此迴旋和是由下列步驟完成：

(1)摺（Folding）：將 $h(k)$ 針對原點對摺，可得 $h(-k)$。

(2)移（Shifting）：將 $h(-k)$ 往右邊移 n（若 $n > 0$）個單位或往左邊移 n（若 $n < 0$）

(3)乘（Multiplication）：$x(k)h(n-k)$

(4)和（Summing）：$y(n) = \sum_{k=-\infty}^{\infty} x(k)h(n-k)$

觀念提示： *1.* 一線性非時變系統之特性完全由其單位脈衝響應 $h(n)$ 所決定，換言之，給定 $h(n)$，則對於任何輸入 $x(n)$ 均可計算其相對應之輸出 $y(n)$。

2. 若 $h(n)$ 為無限長度，則稱之為無限脈衝響應（Infinite Impulse Response, IIR）

若 $h(n)$ 為有限長度，則稱之為有限脈衝響應（Finite Impulse Response, FIR）

3. $$\begin{cases} x(n) * h(n) = h(n) * x(n) \text{（交換性）} \\ [x(n) * h_1(n)] * h_2(n) = x(n) * [h_1(n) * h_2(n)] \text{（結合性）} \\ x(n) * [h_1(n) + h_2(n)] = x(n) * h_1(n) + x(n) * h_2(n) \text{（分配性）} \end{cases} \quad (8)$$

4. (7) 式代表線性迴旋和。若考慮兩個週期性序列，$x_1(n), x_2(n)$ 其週期均為 N。則圓形迴旋和（circular convolution）定義為：

$$y(n) = x_1(n) \otimes x_2(n) \quad (9)$$
$$= \sum_{m=0}^{N-1} x_1(m) x_2(n - m, \pmod N); \ n = 0, 1, \cdots, N-1$$

例題 3： Determine the output sequence $y(n)$ if input sequence and impulse response are $h(n) = \{2, -1, 0.5\}$, $x(n) = \{2, 1, 0, -2, 1\}$

解

$$\begin{aligned} y(n) &= x(n) * h(n) = \sum_{k=0}^{\infty} x(k) h(n-k) \\ &= x(0)h(n) + x(1)h(n-1) + x(2)h(n-2) + x(3)h(n-3) + x(4)h(n-4) \\ &= 2h(n) + h(n-1) - 2h(n-3) + h(n-4) \\ &= \sum_{k=0}^{\infty} h(k) x(n-k) \\ &= h(0)x(n) + h(1)x(n-1) + h(2)x(n-2) \\ &= 2x(n) - x(n-1) + 0.5x(n-2) \end{aligned}$$

例題 4： Compute (a) linear and (b) circular convolutions of the two sequences $x_1(n) = \{1, 1, 2, 2\}$, $x_2(n) = \{1, 2, 3, 4\}$

解

(a)$x_1(n) * x_2(n) = 1 \times [1, 2, 3, 4, 0, 0, 0] + 1 \times [0, 1, 2, 3, 4, 0, 0] + 2 \times [0, 0, 1, 2, 3, 4, 0] + 2 \times [0, 0, 0, 1, 2, 3, 4]$

$= [1, 3, 7, 13, 14, 14, 18]$

(b)$x_1(n) \otimes x_2(n) = 1 \times [1, 2, 3, 4] + 1 \times [4, 1, 2, 3] + 2 \times [3, 4, 1, 2] + 2 \times [2, 3, 4, 1]$
$= [15, 17, 15, 13]$

例題 5：Find the impulse response for the following input-output relationship
(a)$y(n) = 3x[n] + x[n-1] + 0.5x[n-2]$
(b)$y(n) = 0.5x[n] + 0.4x[n-1] - 0.4y[n-1]$

解　　(a)

$h[n] = 3\delta[n] + \delta[n-1] + 0.5\delta[n-2]$

$\Rightarrow h[0] = 3, h[1] = 1, h[2] = 0.5$

此系統稱之為有限長度脈衝響應（Finite Impulse Response, FIR）系統

(b)

$h(0) = 0.5$

$h(1) = 0.4 - 0.4 \times 0.5 = 0.2$

$h(2) = -0.4 \times 0.2 = -0.08$

$h(3) = -0.4 \times -0.08 = 0.032$

$h(4) = -0.4 \times 0.032 = -0.0128$

$\vdots$

此系統稱之為無限長度脈衝響應（Infinite Impulse Response, IIR）系統

4. 因果系統（Causal system）

對於所有時間參數 n_0，若在時間參數 n_0 時之輸出 $y(n_0)$ 僅與 $n \leq n_0$ 之輸入序列有關，則稱此系統為因果系統。

說例：(1)$y[n] = \dfrac{1}{3}(x[n] + x[n-1] + x[n-2])$：因果（不含未來）

(2)$y[n] = \dfrac{1}{3}(x[n+1] + x[n] + x[n-1])$：非因果（含未來）

未來

(3)$y[n] = x[3n]$：非因果（含未來）

(4)$y[n] = x[n^2]$：非因果（含未來）

(5)$y[n] = x[-n]$：非因果（含未來）

定理 1

一線性非時變（LTI）系統為因果系統之充要條件為其脈衝響應滿足

$h(n) = 0$；$\forall n < 0$

5. 穩定系統（Stable system）

　　若對於所有有限輸入序列必產生一有限輸出序列，亦即，$|x(n)| < \infty \Rightarrow |y(n)| < \infty$，則稱此系統為有限輸入－有限輸出（bounded-input-bounded-output, BIBO）穩定

說例：$y[n] = \dfrac{1}{3}(x[n] + x[n-1] + x[n-2])$：穩定

　　　$y[n] = 2^n x[n]$：不穩定

　　　$y[n] = \displaystyle\sum_{k=0}^{\infty} 2^k x[n-k]$：不穩定

定理 2

一線性非時變（LTI）系統為 BIBO 穩定之充分條件為：

$\displaystyle\sum_{n=-\infty}^{\infty} |h(n)| < \infty$

觀念提示：藉由脈衝響應函數 $h[n]$ 可以判斷因果、無記憶、穩定、可逆：

　　　　　causal: $h[n] = 0, n < 0$

　　　　　memoryless: $h[n] = c\delta[n]$

　　　　　stable: $\displaystyle\sum_{n=-\infty}^{\infty} |h(n)| < \infty$

　　　　　invertible: $h[n] * h^{-1}[n] = \delta[n]$

以差分方程式（Difference equation）描述離散時間系統：

　　　　一離散時間系統可表示為下列差分方程式

$$y(n) = \sum_{k=0}^{M} b_k x(n-k) - \sum_{k=1}^{N} a_k y(n-k) \tag{10}$$

觀念提示：　1. (10) 亦可表示為

$$\sum_{k=1}^{N} a_k y(n-k) = \sum_{k=0}^{M} b_k x(n-k)\,;\ a_0 = 1 \tag{11}$$

　　　　　2. 正整數 N 稱為差分方程式之階數（order）或稱離散時間系統之階數。

　　　　　3. 若 $a_k \neq 0$，則此系統為具回授之系統，任何具回授之系統為無限長度脈衝響應（IIR）。

　　　　　4. 若 $a_k = 0$，則此系統為不具回授之系統，任何不具回授之系統為有限長度脈衝響應（FIR）。

例題 6：Consider a discrete-time system $y[n] = x[n] - x[n-1]$ with input $x[n]$ and output $y[n]$. Which of the following statements of the system is wrong?

(a)The system is causal.

(b)The system is memoryless.

(c)The system is time-invariant.

(d)The system is stable.

(e)The system is linear.　　　　　　　　　　　　　　　【97 中正通訊】

 (b)

例題 7：Consider the following three systems:

System A: $y(t) = x(t+2)\sin(\omega t+2)$

System B: $y(n) = \left(-\dfrac{1}{2}\right)^n (x(n)+1)$

System C: $y(n) = \displaystyle\sum_{k=1}^{n} (x^2(k+1) - x(k))$

For each of the system, please state whether or not the system is (1) linear (2) TI (3) causal.　　　　　　　　　　　【97 中山資工】

 System A: (1) linear

　　　　　　　　(2)$x(t-2) \to x(t)\sin(\omega t+2) \neq x(t)(\sin(\omega t-2)+2) = y(t-2)$

　　　　　　　　not TI

　　　　　　　　(3) non-causal.

　　　　　System B: (1) Non-linear

$$c_1 x_1(n) + c_2 x_2(n) \to \left(-\frac{1}{2}\right)^n (c_1 x_1(n) + c_2 x_2(n) + 1)$$

$$\neq c_1\left(-\frac{1}{2}\right)^n (x_1(n)+1) + c_2\left(-\frac{1}{2}\right)^n (x_2(n)+1)$$

$$(2)x(n-k) \to \left(-\frac{1}{2}\right)^n (x(n-k)+1) \neq \left(-\frac{1}{2}\right)^{n-k} (x(n-k)+1)$$

$$= y(n-k)$$

　　　　　　　　not TI

　　　　　　　　(3) causal.

　　　　　System C: (1) Non-linear

$$c_1 x_1(n) + c_2 x_2(n) \to \sum_{k=1}^{n} (c_1 x_1(k+1) + c_2 x_2(k+1))^2 - (c_1 x_1(k) + c_2 x_2(k))$$

$$\neq c_1 y_1(n) + c_2 y_2(n)$$

$$(2) x(n-a) \rightarrow \sum_{k=1}^{n} (x^2(k-a+1) - x(k-a)) \neq y(n-a)$$

not TI

(3) non-causal.

差分方程式之解

1. 齊性解（homogeneous solution）

即為 $y(n) + \sum\limits_{k=1}^{q} b_k y(n-k) = 0$ 之解。令 $y(n) = \alpha^n$ 代入原式可得

$$\alpha^n + \sum_{k=1}^{q} b_k \alpha^{n-k} = 0 \Rightarrow 1 + \sum_{k=1}^{q} b_k \alpha^{-k} = 0 \tag{12}$$

$1 + \sum\limits_{k=1}^{q} b_k \alpha^{-k} = 0$ 稱為特徵方程式（多項式），與常係數O.D.E.之解法相同，特徵方程式之解包括下列三種情況：

(1)若特徵方程式之解為 $\alpha_1, \alpha_2, \cdots, \alpha_q$ 等相異實根，則

$$y_h(n) = c_1 \alpha_1^n + c_2 \alpha_2^n + \cdots + c_q \alpha_q^n \quad \forall c_i \in R \tag{13}$$

(2)若具有重根，$\alpha_1 = \alpha_2 = \cdots = \alpha_m, \alpha_{m+1}, \cdots, \alpha_q$，則齊性解為

$$y_h(n) = c_1 \alpha_1^n + c_2 n \alpha_1^n + \cdots + c_m n^{m-1} \alpha_1^n + \cdots + c_q \alpha_q^n \quad \forall c_i \in R \tag{14}$$

(3)若具有共軛複根，$\alpha_1 = A + jB, \alpha_2 = A - jB, \alpha_3, \cdots, \alpha_q$，則齊性解為

$$y_h(n) = \left(\sqrt{A^2 + B^2}\right)^n \left[c_1 \cos\left(\tan^{-1}\left(\frac{B}{A}n\right)\right) + c_2 \sin\left(\tan^{-1}\left(\frac{B}{A}n\right)\right) \right] + c_3 \alpha_3^n + \cdots + c_q \alpha_q^n \tag{15}$$

2. 非齊性解（nonhomogeneous solution）

即為 $y(n) + \sum\limits_{k=1}^{q} b_k y(n-k) = \sum\limits_{k=1}^{p} a_k x(n-k)$ 之解。與 O.D.E. 之待定係數法（undetermined coefficients）之解法相同，先根據 $x(n-k)$ 之型式假定 $y_p(n)$（係數待定），再代回原式後比較係數求解。

$x(n-k)$	$y_p(n)$
α^n	$A\alpha^n$
$\cos(\omega_0 n)$ or $\sin(\omega_0 n)$	$A\cos(\omega_0 n)+B\sin(\omega_0 n)$
n^k	$A_0+A_1 n+\cdots+A_k n^k$
$u(n)$	$Au(n)$
$\alpha^n n^k$	$\alpha^n(A_0+A_1 n+\cdots+A_k n^k)$

3. 通解（general solution）

$$y(n)=y_h(n)+y_p(n) \tag{16}$$

例題 8： Find $y(n)$, if $y(n)+4y(n-1)+3y(n-2)=3^n u(n)$; $y(0)=y(1)=0$

解　令 $y_h(n)=\alpha^n$ 代入原式可得特徵方程式

$\alpha^2+4\alpha+3=0 \Rightarrow \alpha=-1,-3$

$\Rightarrow y_h(n)=c_1(-1)^n+c_2(-3)^n$

Let $y_p(n)=A3^n$ 代回原式可得

$A3^n+4A3^{n-1}+3A3^{n-2}=A3^n\left(1+\dfrac{4}{3}+\dfrac{1}{3}\right)=\dfrac{8}{3}A3^n=3^n$

$\Rightarrow A=\dfrac{3}{8}$

$\therefore y(n)=c_1(-1)^n+c_2(-3)^n+\dfrac{3}{8}3^n$

$\begin{cases} y(0)=0 \Rightarrow c_1+c_2=-\dfrac{3}{8} \\ y(1)=0 \Rightarrow -c_1-3c_2=-\dfrac{9}{8} \end{cases}$

例題 9： A discrete-time signal $x[n]=u[n]$ is processed by a linear system with the impulse response given by $h[n]=\alpha^n$ for $n=0,1,2,\cdots$, and $=0$ for $n<0$.

(1) Find the output $y[n]$ of the linear system.

(2) Find the region of convergence of $y[n]$. 【台大電信】

解　(1) 由題意看出此系統為因果，

$\therefore y[n]\equiv x[n]*h[n]=\sum_{k=0}^{n}u[k]h[n-k]=\sum_{k=0}^{n}u[k]\alpha^{n-k}u[n-k]$

$$\therefore y[n] = \sum_{k=0}^{n} u[k]\alpha^{n-k}u[n-k] = \alpha^n + \cdots + \alpha + 1 = \frac{1-\alpha^{n+1}}{1-\alpha}$$

(2)當 $0 < \alpha < 1$ 時會收斂。

例題 10：Consider each of the systems with the input-output difference equation given as follows:

(1)$y[n] = x[n] - x[n-1]$

(2)$y[n] = \sum_{k=0}^{n} x[k]$

(3)$y[n] = nx[n]$

(4)$y[n] = 2x[n-1]$

Answer the following questions:

(a)Which of the four systems are linear?

(b)Which of the four systems are time-invariant?

(c)Find the unit impulse response $h[n]$ for those systems that are both linear and time-invariant.　　　　　　　　　　　　　　　　　　【96 台大電信】

解　(a)每一個皆為線性。

(b)僅(3)是時變，其餘皆為非時變。

(c)(1)令 $x[n] = \delta[n]$ 代入得 $y[n] = h[n] = \delta[n] - \delta[n-1]$

或取 Fourier 變換得 $Y(e^{j\omega}) = X(e^{j\omega}) - X(e^{j\omega})e^{-j\omega}$

$H(e^{j\omega}) = \dfrac{Y(e^{j\omega})}{X(e^{j\omega})} = 1 - e^{-j\omega}$ ，

$\therefore h[n] = \mathfrak{I}^{-1}\{1 - e^{-j\omega}\} = \delta[n] - \delta[n-1]$。

(2)令 $x[n] = \delta[n]$ 代入得 $y[n] = h[n] = \delta[n] + \delta[n-1] + \delta[n-2] + \cdots = u[n]$

或由 $y[n] = \sum\limits_{k=0}^{n} x[k]$ 相當於 $y[n] = y[n-1] + x[n]$

取 Fourier 變換得 $Y(e^{j\omega}) = Y(e^{j\omega})e^{-j\omega} + X(e^{j\omega})$

$H(e^{j\omega}) = \dfrac{Y(e^{j\omega})}{X(e^{j\omega})} = \dfrac{1}{1-e^{-j\omega}} = 1 + e^{-j\omega} + e^{-2j\omega} + \cdots$ 。

$\therefore h[n] = \mathfrak{I}^{-1}\{1 + e^{-j\omega} + e^{-2j\omega} + \cdots\} = \delta[n] + \delta[n-1] + \delta[n-2] + \cdots = u[n]$。

(4)令 $x[n] = \delta[n]$ 代入得 $y[n] = 2\delta[n-1]$。

例題 11：A discrete-time sequence of $x(0) = 0.2$, $x(1) = 0.9$, $x(2) = 0.6$, $x(3) = 0.6$, $x(4)$ $= 0.7$, $x(5) = 0.9$, $x(6) = 0.1$, $x(7) = 0.0$, $x(8) = 0.2$, $x(9) = 0.4$, $x(10) = 0.5$, $x(11)$

$= 0.5$, $x(12) = 0.6$, $x(13) = 0.2$, $x(14) = 0.4$, $x(15) = 0.4$, $x(16) = 0.9$, $x(17) = 0.4$, $x(18) = 0.1$, $x(19) = 0.3$ is passing through a finite impulse response(FIR) filter having coefficients of $h[0] = 1.0$, $h[1] = 0.5$, $h[2] = 0.4$ and zero otherwise. If the output is $y[n]$, please calculate $y[16], y[17]$. 　【96 台大電信】

解

$$y[n] = \sum_{k=-\infty}^{\infty} x[k]h[n-k] = \sum_{k=-\infty}^{\infty} h[k]x[n-k]$$

以本題而言，$y[n] = \sum_{k=0}^{2} h[k]x[n-k]$

$\therefore y[16] = h[0]x[16] + h[1]x[15] + h[2]x[14] = 1.0 \times 0.9 + 0.5 \times 0.4 + 0.4 \times 0.4$
$\quad = 1.26$

$y[17] = h[0]x[17] + h[1]x[16] + h[2]x[15] = 1.0 \times 0.4 + 0.5 \times 0.9 + 0.4 \times 0.4$
$\quad = 1.01$。

例題 12：Given two four-point sequences $x[n] = [-2, -1, 0, 2]$ and $y[n] = [-1, -2, -1, -3]$.

Determine:

(1) the linear convolution.

(2) the circular convolution.

(3) the cross-correlation of $x[n]$ and $y[n]$.

(4) the cross-correlation of $y[n]$ and $x[n]$.

(5) the autocorrelation of $x[n]$. 　【淡江電機】

解

$(1) z[n] = \sum_{k=-\infty}^{\infty} x[k]y[n-k]$

n	0	1	2	3	4	5	6
$y[n]$	-1	-2	-1	-3			
$y[n-1]$		-1	-2	-1	-3		
$y[n-2]$			-1	-2	-1	-3	
$y[n-3]$				-1	-2	-1	-3
$x[0]y[n]$	2	4	2	6			
$x[1]y[n-1]$		1	2	1	3		
$x[2]y[n-2]$			0	0	0	0	
$x[3]y[n-3]$				-2	-4	-2	-6
$z[n]$	2	5	4	5	-1	-2	-6

(2) Circular convolution 之定義為 $z[n] = \sum\limits_{k=0}^{N-1} x[k]\,y[n-k]$

n	0	1	2	3
$y[n]$	-1	-2	-1	-3
$y[n-1]$	-3	-1	-2	-1
$y[n-2]$	-1	-3	-1	-2
$y[n-3]$	-2	-1	-3	-1
$x[0]y[n]$	2	4	2	6
$x[1]y[n-1]$	3	1	2	1
$x[2]y[n-2]$	0	0	0	0
$x[3]y[n-3]$	-4	-2	-6	-2
$z[n]$	1	3	-2	5

(3) Cross correlation 之定義為 $r_{xy}(l) = \sum\limits_{n=-\infty}^{\infty} x(n)\,y(n-l)$，計算如下。

$$r_{xy}[3] = \sum_{n=-\infty}^{\infty} x[n]\,y[n-3] = x[3]\,y[0] = -2$$

$$r_{xy}[2] = \sum_{n=-\infty}^{\infty} x[n]\,y[n-2] = x[2]\,y[0] + x[3]\,y[1] = 0 - 4 = -4$$

$$r_{xy}[1] = \sum_{n=-\infty}^{\infty} x[n]\,y[n-1] = x[1]\,y[0] + x[2]\,y[1] + x[3]\,y[2]$$
$$= 1 + 0 - 2 = -1$$

$$r_{xy}[0] = \sum_{n=-\infty}^{\infty} x[n]\,y[n] = x[0]\,y[0] + x[1]\,y[1] + x[2]\,y[2] + x[3]\,y[3]$$
$$= 2 + 2 + 0 - 6 = -2$$

$$r_{xy}[-1] = \sum_{n=-\infty}^{\infty} x[n]\,y[n+1] = x[0]\,y[1] + x[1]\,y[2] + x[2]\,y[3]$$
$$= 4 + 1 + 0 = 5$$

$$r_{xy}[-2] = \sum_{n=-\infty}^{\infty} x[n]\,y[n+2] = x[0]\,y[2] + x[1]\,y[3] = 2 + 3 = 5$$

$$r_{xy}[3] = \sum_{n=-\infty}^{\infty} x[n]\,y[n+3] = x[0]\,y[3] = 6$$

(4) Cross correlation 之定義為 $r_{yx}(l) = \sum\limits_{n=-\infty}^{\infty} y(n)\,x(n-l)$，計算如下。

$$r_{yx}[3] = \sum_{n=-\infty}^{\infty} y[n]\,x[n-3] = y[3]\,x[0] = 6$$

$$r_{yx}[2] = \sum_{n=-\infty}^{\infty} y[n]\,x[n-2] = y[2]\,x[0] + y[3]\,x[1] = 2 + 3 = 5$$

$$r_{yx}[1] = \sum_{n=-\infty}^{\infty} y[n]x[n-1] = y[1]x[0] + y[2]x[1] + y[3]x[2]$$
$$= 4 + 1 + 0 = 5$$

$$r_{yx}[0] = \sum_{n=-\infty}^{\infty} y[n]x[n] = y[0]x[0] + y[1]x[1] + y[2]x[2] + y[3]x[3]$$
$$= 2 + 2 + 0 - 6 = -2$$

$$r_{yx}[-1] = \sum_{n=-\infty}^{\infty} y[n]x[n+1] = y[0]x[1] + y[1]x[2] + y[2]x[3]$$
$$= 1 + 0 - 2 = -1$$

$$r_{yx}[-2] = \sum_{n=-\infty}^{\infty} y[n]x[n+2] = y[0]x[2] + y[1]x[3] = 0 - 4 = -4$$

$$r_{yx}[-3] = \sum_{n=-\infty}^{\infty} y[n]x[n+3]z[3] = y[0]x[3] = -2$$

(5) Autocorrelation 之定義為 $r_{xx}(l) = \sum_{n=-\infty}^{\infty} x(n)x(n-l)$，計算如下。

$$r_{xx}[3] = \sum_{n=-\infty}^{\infty} x[n]x[n-3] = x[3]x[0] = -4$$

$$r_{xx}[2] = \sum_{n=-\infty}^{\infty} x[n]x[n-2] = x[2]x[0] + x[3]x[1] = 0 - 2 = -2$$

$$r_{xx}[1] = \sum_{n=-\infty}^{\infty} x[n]x[n-1] = x[1]x[0] + x[2]x[1] + x[3]x[2]$$
$$= 2 + 0 + 0 = 2$$

$$r_{xx}[0] = \sum_{n=-\infty}^{\infty} x[n]x[n] = x[0]x[0] + x[1]x[1] + x[2]x[2] + x[3]x[3]$$
$$= 4 + 1 + 0 + 4 = 9$$

$$r_{xx}[-1] = \sum_{n=-\infty}^{\infty} x[n]x[n+1] = x[0]x[1] + x[1]x[2] + x[2]x[3]$$
$$= 2 + 0 + 0 = 2$$

$$r_{xx}[-2] = \sum_{n=-\infty}^{\infty} x[n]x[n+2] = x[0]x[2] + x[1]x[3] = 0 - 2 = -2$$

$$r_{xx}[-3] = \sum_{n=-\infty}^{\infty} x[n]x[n+3] = x[0]x[3] = -4$$

觀念提示：　(1) $r_{yx}(-l) = r_{xy}(l)$

(2) $r_{xx}(l) = r_{xx}(-l)$, Autocorrelation function 之最大值發生在 $l=0$，其值恆正，且為信號之能量

$$r_{xx}[0] = \sum_{n=-\infty}^{\infty} x^2[n] = E_x$$

19-3 Z 轉換

定義：Z 轉換將序列（取樣值）轉換為 z 之函數

$$X(z) = \sum_{n=0}^{\infty} x(n)z^{-n} \tag{17}$$

定義：收斂區間，Region of convergence (ROC)

　　所有使 $x(z)$ 存在或有限（收斂）之 z 值所成的集合

說例：$x(n) = \{2, -0.5, 3, 0, -0.8\} \rightarrow X(z) = 2 - 0.5z^{-1} + 3z^{-2} - 0.8z^{-4}$

觀念提示： 1. $X(z)$ is a power series of z^{-1}, therefore, the ROC is $|z| > a$

　　　　　 2. $\{x(n)\}$ 通常來自於對於類比信號週期性取樣

$$\{x(n)\} = x(t)\sum_{n=0}^{\infty} \delta(t - nT) = \sum_{n=0}^{\infty} x(nT)\delta(t - nT) \tag{18}$$

其中 T 為取樣間隔。Taking Laplace transform on both sides of (18), we have

$$L\{x(n)\} = \sum_{n=0}^{\infty} x(nT)L\{\delta(t - nT)\} = \sum_{n=0}^{\infty} x(nT)\exp(-snT) = \sum_{n=0}^{\infty} x(nT)z^{-n}$$

其中 $z = e^{-sT}$

　　3. $X(z)$ 之係數代表取樣值，指數部分則為時間延遲。

　　4. Z 轉換亦可延伸至 $n \in [-\infty, 0]$，稱之為雙邊 Z 轉換，定義如下：

$$X(z) = \sum_{n=-\infty}^{\infty} x(z)z^{-n} \tag{19}$$

表 19-1　重要的 Z transform 性質

Property	Time domain	Frequency domain
Linearity	$c_1x_1(n) + c_2x_2(n)$	$c_1X_1(z) + c_2X_2(z)$
Time-shifting	$x(n - n_0)$	$X(z)z^{-n_0}$
Scaling	$x(n)z_0^n$	$X\left(\dfrac{z}{z_0}\right)$

Property	Time domain	Frequency domain
Folding	$x(-n)$	$X\left(\dfrac{1}{z}\right)$
Convolution	$x_1(n) * x_2(n)$	$X_1(z)\,X_2(z)$
Differentiation	$nx(n)$	$-z\dfrac{dX(z)}{dz}$

證明：Differentiation: $\dfrac{dX(z)}{dz} = \sum\limits_{n=-\infty}^{\infty} x(n)\,(-n)\,z^{-n-1} = -z^{-1}\sum\limits_{n=-\infty}^{\infty} nx(n)\,z^{-n} = -z^{-1}Z\{nx(n)\}$

Folding: $Z\{x(-n)\} = \sum\limits_{n=-\infty}^{\infty} x(-n)\,z^{-n} = \sum\limits_{l=-\infty}^{\infty} x(l)\,(z^{-1})^{-l} = X(z^{-1})$

表 19-2　重要的 Z transform pair

$x(n)$	$X(z)$	ROC
$\delta(n)$	1	any z
$\delta(n-n_0)$	z^{-n_0}	any z except $z=0$
$u(n)$	$\dfrac{1}{1-z^{-1}}$	$|z|>1$
$-u(-n-1)$	$\dfrac{1}{1-z^{-1}}$	$|z|<1$
$a^n u(n)$	$\dfrac{1}{1-az^{-1}}$	$|z|>|a|$
$-a^n u(-n-1)$	$\dfrac{1}{1-az^{-1}}$	$|z|<|a|$
$na^n u(n)$	$\dfrac{az^{-1}}{(1-az^{-1})^2}$	$|z|>|a|$
$\cos(\omega_0 n)u(n)$	$\dfrac{1-z^{-1}\cos\omega_0}{1-2z^{-1}\cos\omega_0+z^{-2}}$	$|z|>1$
$\sin(\omega_0 n)u(n)$	$\dfrac{z^{-1}\sin\omega_0}{1-2z^{-1}\cos\omega_0+z^{-2}}$	$|z|>1$
$a^n\cos(\omega_0 n)u(n)$	$\dfrac{1-az^{-1}\cos\omega_0}{1-2az^{-1}\cos\omega_0+a^2z^{-2}}$	$|z|>|a|$
$a^n\sin(\omega_0 n)u(n)$	$\dfrac{az^{-1}\sin\omega_0}{1-2az^{-1}\cos\omega_0+a^2z^{-2}}$	$|z|>|a|$

觀念提示：　1. 如表 19-2 所示，相異之 $x(n)$ 可能對應至相同之 $x(z)$，但收斂區間不同。

2. 對於具有因果性之信號而言，ROC 在圓外，對於反因果（anticausal）信號而言，ROC 在圓內。換言之，對於不具因果性之信號而言，ROC 為環狀區域。

證明：

$$(1) x(n) = \cos(\omega_0 n) u(n) = \frac{1}{2} [\exp(j\omega_0 n) u(n) + \exp(-j\omega_0 n) u(n)] \Rightarrow$$

$$X(z) = \frac{1}{2} [Z\{\exp(j\omega_0 n) u(n)\} + Z\{\exp(-j\omega_0 n) u(n)\}]$$

$$= \frac{1}{2} \left[\frac{1}{1 - \exp(j\omega_0) z^{-1}} + \frac{1}{1 - \exp(-j\omega_0) z^{-1}} \right]$$

$$= \frac{z(z - \cos\omega_0)}{(z^2 - 2z\cos\omega_0 + 1)}; \text{ROC: } |z| > 1$$

$$(2) x(n) = \sin(\omega_0 n) u(n) = \frac{1}{2j} [\exp(j\omega_0 n) u(n) - \exp(-j\omega_0 n) u(n)] \Rightarrow$$

$$X(z) = \frac{1}{2j} [Z\{\exp(j\omega_0 n) u(n)\} - Z\{\exp(-j\omega_0 n) u(n)\}]$$

$$= \frac{1}{2j} \left[\frac{1}{1 - \exp(j\omega_0) z^{-1}} - \frac{1}{1 - \exp(-j\omega_0) z^{-1}} \right]$$

$$= \frac{z\sin\omega_0}{(z^2 - 2z\cos\omega_0 + 1)}; \text{ROC: } |z| > 1$$

$$(3) x(n) = a^n \sin(\omega_0 n) u(n) \Rightarrow$$

$$Z\{x(n)\} = Z\{\sin(\omega_0 n) u(n)\} \Big|_{z \to \frac{z}{a}} = \frac{az\sin\omega_0}{(z^2 - 2az\cos\omega_0 + a^2)}$$

3. 一般逆 Z 轉換的採取以下之方法

1. 目視法（直接由表 19-2 求出）

2. 長除法

3. 部分分式展開法

$$X(z) = \frac{\sum\limits_{k=0}^{M} b_k z^{-k}}{\sum\limits_{k=0}^{N} a_k z^{-k}} = \frac{b_0 \prod\limits_{k=1}^{M} (1 - c_k z^{-1})}{a_0 \prod\limits_{k=1}^{N} (1 - d_k z^{-1})} \tag{20}$$

Case 1: $M < N$ 且極點（pole）皆為一階（可分解為一次因式之乘積）

$$X(z) = \sum\limits_{k=1}^{N} \frac{A_k}{1 - d_k z^{-1}} \tag{21}$$

其中 $A_k = (1 - d_k z^{-1}) X(z) \Big|_{z = d_k}$

Case 2: $M \geq N$ 且極點（pole）皆為一階（可分解為一次因式之乘積）

$$X(z) = \sum_{l=0}^{M-N} B_l z^{-l} + \sum_{k=1}^{N} \frac{A_k}{1 - d_k z^{-1}} \tag{22}$$

其中 $A_k = (1 - d_k z^{-1}) X(z) \big|_{z = d_k}$，$B_l$ 可因長除法獲得

例題 13：$X(z) = \dfrac{1}{z(z-1)(2z-1)}$, find $x(n)$

解　法 I .Partial fraction expansion

$$X(z) = \frac{1}{z(z-1)(2z-1)} = \frac{1}{z} + \frac{1}{(z-1)} - \frac{4}{(2z-1)}$$

$$= z^{-1} \left(1 + \frac{z}{(z-1)} - \frac{2z}{z-0.5} \right)$$

$$x(n) = \delta(n-1) + u(n-1) - 2(0.5^{n-1} u(n-1))$$

$$= \{0, 0, 0, 0, 5, 0.75, 0.875, \cdots \}$$

法 II .長除法

$$X(z) = \frac{1}{2z^3 - 3z^2 + z} = 0.5z^{-3} + 0.75z^{-4} + 0.875z^{-5} + \cdots$$

例題 14：$X(z) = \dfrac{1}{1 - 1.5z^{-1} + 0.5z^{-2}}$, find $x(n)$ if

(1) ROC: $|z| > 1$, (2) ROC: $|z| < 0.5$, (3) ROC: $0.5 < |z| < 1$

解

$$X(z) = \frac{1}{1 - 1.5z^{-1} + 0.5z^{-2}} = \frac{2}{1 - z^{-1}} + \frac{1}{1 - 0.5z^{-1}}$$

(1) ROC: $|z| > 1 \Rightarrow x(n) = 2u(n) - (0.5)^n u(n)$

(2) ROC: $z| < 0.5 \Rightarrow x(n) = -2u(-n-1) + (0.5)^n u(-n-1)$

(3) ROC: $0.5 < |z| < 1 \Rightarrow x(n) = -2u(-n-1) - (0.5)^n u(n)$

例題 15：Find the time - domain signals corresponding to the following z- transform with the ROC:

(1) $X(z) = \dfrac{\frac{1}{4}z^{-1}}{\left(1 - \frac{1}{2}z^{-1}\right)\left(1 - \frac{1}{4}z^{-1}\right)}$, ROC: $\dfrac{1}{4} < |z| < \dfrac{1}{2}$

(2) $X(z) = \dfrac{2z^3 + 2z^2 + 3z + 1}{2z^4 + 3z^3 + z^2}$, ROC: $|z| > 2$　　【97 暨南電機】

解

$(1) X(z) = \dfrac{\dfrac{1}{4}z^{-1}}{\left(1 - \dfrac{1}{2}z^{-1}\right)\left(1 - \dfrac{1}{4}z^{-1}\right)} = \dfrac{1}{\left(1 - \dfrac{1}{2}z^{-1}\right)} - \dfrac{1}{\left(1 - \dfrac{1}{4}z^{-1}\right)}$

$\therefore x(n) = -\left(\dfrac{1}{2}\right)^n u(-n-1) - \left(\dfrac{1}{4}\right)^n u(n)$

$(2) X(z) = \dfrac{2z^3 + 2z^2 + 3z + 1}{2z^4 + 3z^3 + z^2} = \dfrac{-\dfrac{3}{14}}{z} + \dfrac{\dfrac{1}{2}}{z^2} + \dfrac{2}{z+1} + \dfrac{\dfrac{13}{4}}{z+2}$

$\therefore x(n) = -\dfrac{3}{14}\delta(n-1) + \dfrac{1}{2}\delta(n-2) + 2(-1)^{n-1} u(n-1) + \dfrac{13}{4}(-2)^{n-1}$

$u(n-1)$

例題 16：The Z-transform of a discrete-time system is given by

$$X(z) = \frac{30z^3 - 16z^2 + 2z + 3}{6z^3 - z^2 - z}, \text{ ROC: } |z| > \frac{1}{2}$$

Find $x(n)$ 【98 清大電機】

解

$X(z) = 5 + \dfrac{-11z^2 + 7z + 3}{z(2z-1)(3z+1)} = 5 - \dfrac{3}{z} + \dfrac{3}{(2z-1)} - \dfrac{1}{(3z+1)}$

$\quad\quad = 5 - 3z^{-1} + \dfrac{3}{2}z^{-1}\dfrac{1}{1 - \dfrac{1}{2}z^{-1}} - \dfrac{1}{3}z^{-1}\dfrac{1}{1 + \dfrac{1}{3}z^{-1}}$

$\therefore x(n) = 5\delta(n) - 5\delta(n-1) + \dfrac{3}{2}\left(\dfrac{1}{2}\right)^{n-1} u(n-1) - \dfrac{1}{3}\left(\dfrac{1}{3}\right)^{n-1} u(n-1)$

例題 17：

(一) Please find the z-transform of the signal $x[n]$,

$$x[n] = \left(\frac{1}{2}\right)^n u[n] * \left(n\left(\frac{-1}{4}\right)^n u[n]\right),$$

where $u[n]$ is discrete-time unit-step function, and $*$ denotes the discrete-time convolution operator.

(二) Please find the inverse z-transform of $X(z)$.

$$X(z) = \left(\frac{1}{1 - az^{-1}}\right)^2$$

【99 清大電機】

解

$(1) \left(\dfrac{1}{2}\right)^n u(n) \rightarrow \dfrac{1}{1 - \dfrac{1}{2}z^{-1}} \quad |z| > \dfrac{1}{2}$

$$n\left(-\frac{1}{4}\right)^n u[n] \rightarrow \frac{-\frac{1}{4}z^{-1}}{\left(1+\frac{1}{4}z^{-1}\right)^2} \quad |z| > \frac{1}{4}$$

$$\therefore X(z) = \frac{1}{1-\frac{1}{2}z^{-1}} \times \frac{-\frac{1}{4}z^{-1}}{\left(1+\frac{1}{4}z^{-1}\right)^2} \quad |z| > \frac{1}{2}$$

$$(2) X(z) = \frac{1}{(1-az^{-1})^2} = \frac{1}{a}z \frac{az^{-1}}{(1-az^{-1})^2}$$

$$x(n) = na^n u(n) \times \frac{1}{a}\bigg|_{n \rightarrow n+1}$$

$$= (n+1)a^n u(n+1)$$

4. 轉移函數

考慮一離散 LTI 系統，其輸入一輸出關係如下：

$$y(n) = \sum_{k=0}^{p} a_k x(n-k) - \sum_{k=1}^{q} b_k y(n-k) \tag{23}$$

Taking Z-transform on both sides of (23), we have

$$H(z) = \frac{Y(z)}{X(z)} = \frac{a_0 + a_1 z^{-1} + \cdots + a_p z^{-p}}{1 + b_1 z^{-1} + \cdots + b_q z^{-q}} \tag{24}$$

觀念提示：　1. 若分子之冪次大於分母則為 noncausal system

2. 若 N LTI 系統（with transfer functions $H_1(z), H_2(z), \cdots, H_N(z)$）串接，則等效轉移函數為

$$H_{eff}(z) = \prod_{i=1}^{N} H_i(z)$$

3. 若 N LTI 系統並聯，則等效轉移函數為

$$H_{eff}(z) = \sum_{i=1}^{N} H_i(z)$$

4. $Y(z) = H(z)X(z)$. A BIBO stable system implies that $H(z)$ must be finite for $|z| > 1$

$$H(z) = \frac{a_0 + a_1 z^{-1} + \cdots + a_p z^{-p}}{1 + b_1 z^{-1} + \cdots + b_q z^{-q}} = \frac{(z-z_0)\cdots(z-z_p)}{(z-z_0)\cdots(z-z_q)} \tag{25}$$

其中 $\{z_1, \cdots, z_p\}$ 為零點（zeros）$\{p_1, \cdots, p_q\}$ 為極點（poles）

定理 3：對於穩定系統而言，所有極點必須在單位圓內

說例：

$$H(z) = \frac{1}{z - \alpha} \Rightarrow zY(z) - \alpha Y(z) = X(z)$$

$$\Rightarrow y(n+1) - \alpha y(n) = x(n)$$

$$\Rightarrow h(n) = \alpha h(n-1) + \delta(n-1)$$

$$\Rightarrow h(n) = \{0, 1, \alpha, \alpha^2, \cdots\}$$

If $|\alpha| < 1$, as $n \to \infty$, $h(n) \to 0$, otherwise, it grows without limit.

例題 18：Consider the block diagram of the discrete - time system.

Find the transfer function of $H(z) = \dfrac{Y(z)}{X(z)}$ 【98 台科大電機】

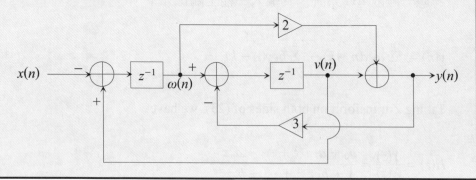

解

$$\begin{cases} w(n) = x(n-1) + v(n-1) \\ v(n) = w(n-1) - 3y(n-1) \\ \quad y(n) = 2w(n) + v(n) \end{cases} \Rightarrow \begin{cases} W(z) = X(z)z^{-1} + V(z)z^{-1} \\ V(z) = W(z)z^{-1} - 3Y(z)z^{-1} \\ \quad Y(z) = 2W(z) + V(z) \end{cases}$$

$$\Rightarrow H(z) = \frac{Y(z)}{X(z)} = \frac{2z+1}{z^2+3z+5}$$

例題 19：The system function of a LTI filter is given by

$$H(z) = z^{-1}(1 - z^{-1})(1 - jz^{-1})(1 + jz^{-1})$$

(1) Write the difference equation that gives the relation between the input $x(n)$

and the output $y(n)$

(2) Find the output when the input is

$$x(n) = \delta(n) - 2\delta(n-1) + 2\delta(n-3) + \delta(n-4)$$

(3) If the input to the system is of the form $x(n) = \exp(j\hat{\omega}n)$, for what values of $\hat{\omega}$ will the output be zero for all n?　　　　【97 台科大電機】

解
(1) $H(z) = z^{-1}(1 - z^{-1})(1 - jz^{-1})(1 + jz^{-1})$

$\quad = z^{-1} - z^{-2} + z^{-3} - z^{-4} = \dfrac{Y(z)}{X(z)}$

$\quad \Rightarrow y(n) = x(n-1) - x(n-2) + x(n-3) - x(n-4)$

(2) $y(n) = \delta(n-1) - 3\delta(n-2) + 3\delta(n-3) - \delta(n-4) + \delta(n-5) + \delta(n-6) -$

$\quad \delta(n-7) - \delta(n-8)$

(3) $Y(\omega) = H(\omega)X(\omega)$

$\quad = (e^{-j\omega} - e^{-j2\omega} + e^{-j3\omega} - e^{-j4\omega})\, 2\pi\delta(\omega - \hat{\omega})$

$\quad = 2\pi(e^{-j\hat{\omega}} - e^{-j2\hat{\omega}} + e^{-j3\hat{\omega}} - e^{-j4\hat{\omega}})$

$\quad = 4\pi\cos\hat{\omega}\, e^{-j\frac{5}{2}\hat{\omega}}\!\left(2j\sin\!\left(\dfrac{\hat{\omega}}{2}\right)\right) = 0$

$\quad \Rightarrow \hat{\omega} = \dfrac{2k-1}{2}\pi,\ 2k\pi$

例題 20：

Consider a discrete-time, causal LTI system with input $x[n]$ and output $y[n]$. The system is described by the following pairs of difference equations, involving an intermediate signal $w[n]$:

$$y[n] - \frac{5}{4}y[n-1] + w[n] + \frac{1}{4}w[n-1] = \frac{1}{10}x[n]$$

$$y[n] - \frac{3}{2}y[n-1] + 2w[n] = \frac{2}{5}x[n]$$

(一) Derive the frequency response of this system.

(二) Derive the impulse response of this system.

(三) Find a single difference equation relating $x[n]$ and $y[n]$.

【99 清大、中央電機】

解
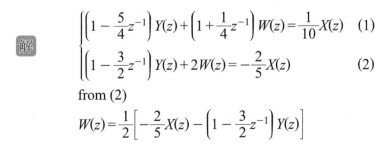

$$\begin{cases} \left(1 - \dfrac{5}{4}z^{-1}\right)Y(z) + \left(1 + \dfrac{1}{4}z^{-1}\right)W(z) = \dfrac{1}{10}X(z) & (1) \\[3mm] \left(1 - \dfrac{3}{2}z^{-1}\right)Y(z) + 2W(z) = -\dfrac{2}{5}X(z) & (2) \end{cases}$$

from (2)

$$W(z) = \frac{1}{2}\left[-\frac{2}{5}X(z) - \left(1 - \frac{3}{2}z^{-1}\right)Y(z)\right]$$

substitute into (1)

$$\Rightarrow \left(\frac{1}{2} - \frac{5}{8}z^{-1} + \frac{3}{16}z^{-2}\right)Y(z) = \left(\frac{3}{10} + \frac{1}{20}z^{-1}\right)X(z)$$

$$\Rightarrow \frac{1}{2}y(n) - \frac{5}{8}y(n-1) + \frac{3}{16}y(n-2) = \frac{3}{10}x(n) + \frac{1}{20}x(n-1)$$

$$H(z) = \frac{Y(z)}{X(z)} = \frac{\left(\frac{3}{10} + \frac{1}{20}z^{-1}\right)}{\left(\frac{1}{2} - \frac{5}{8}z^{-1} + \frac{3}{16}z^{-2}\right)} \Rightarrow H(\omega) = \frac{\left(\frac{3}{10} + \frac{1}{20}e^{-j\omega}\right)}{\left(\frac{1}{2} - \frac{5}{8}e^{-j\omega} + \frac{3}{16}e^{-j\omega}\right)}$$

$$= \frac{\left(\frac{3}{5} + \frac{1}{10}z^{-1}\right)}{\left(1 - \frac{1}{2}z^{-1}\right)\left(1 - \frac{3}{4}z^{-1}\right)}$$

$$= \frac{-\frac{8}{5}}{\left(1 - \frac{1}{2}z^{-1}\right)} + \frac{\frac{11}{5}}{\left(1 - \frac{3}{4}z^{-1}\right)}$$

$$\therefore h(n) = -\frac{8}{5}\left(\frac{1}{2}\right)^n u(n) + \frac{11}{5}\left(\frac{3}{4}\right)^n u(n)$$

19-4 離散時間之 Fourier 分析

1. 離散 Fourier 級數（DFS）：週期序列之頻域表示法

在第七章中討論了連續性週期信號可表示成 Fourier 複係數級數

$$\begin{cases} x(t) = \sum\limits_{k=-\infty}^{\infty} c_k \exp\left(j\frac{2k\pi t}{T_0}\right) = \sum\limits_{k=-\infty}^{\infty} c_k \exp(jk\omega_0 t) \\ c_k = \frac{1}{T_0} \int\limits_{T_0} x(t) \exp\left(-j\frac{2k\pi t}{T_0}\right) dt \end{cases} \tag{26}$$

其中 T_0 為 $x(t)$ 之週期，$f_0 = \frac{1}{T_0}$ 為主要頻率，$\omega_0 = 2\pi f_0 = \frac{2\pi}{T_0}$ 為主要角頻率，將 $x(t)$ 每隔 T 秒取樣一次後可得離散信號 $x(nT)$。令 N 為在週期 T_0 內之取樣總數，則有 $T_0 = NT$, $\omega_0 = 2\pi f_0 = \frac{2\pi}{NT}$。(26)可改寫為

$$x(n) = \sum\limits_{k=-\infty}^{\infty} c_k \exp\left(j\frac{2k\pi n}{N}\right) = \sum\limits_{k=-\infty}^{\infty} c_k \exp(jk\omega_0 n) \tag{27}$$

顯然的，$\exp\left(j\dfrac{2k\pi n}{N}\right)$ 為週期為 N 之序列

(1) $x\,(n+N)=x(n)$

(2) N 個相異且正交之函數為 $\left\{1,\exp\left(j\dfrac{2\pi}{N}\right),\exp\left(j\dfrac{4\pi}{N}\right),\cdots,\exp\left(j\dfrac{2\pi(N-1)}{N}\right)\right\}$

(3) 週期性之線頻譜每隔 $f_s=\dfrac{1}{T}=Nf_0$ Hz 便重複一次。在每個重複之區間內有 N 個等間隔之頻率，其頻率間隔為 $f_0=\dfrac{1}{NT}=\dfrac{1}{T_0}$（fundamental frequency）

根據以上討論，DFS 之分析與合成方程式為：

$$x\,(n)=\sum_{k=0}^{N-1}c_k\exp\left(j\dfrac{2k\pi n}{N}\right)\text{(synthesis equation)} \tag{28}$$

$$c_k=\dfrac{1}{N}\sum_{n=0}^{N-1}x(n)\exp\left(-j\dfrac{2k\pi n}{N}\right)\text{(analysis equation)} \tag{29}$$

指標 k、n 之頭尾表示法除了從 $k=0,1,2,\cdots,N-1$ 外，依據週期性之觀念，亦可以表示成 $k=1,2,\cdots,N$ 或 $k=-1,0,1,2,\cdots,N-2$ 或 $k=-5,0,1,2,\cdots,N-6$ 等等（亦即總共有 N 項和），$c_{k+N}=c_k$

DFS 之性質

(1) Time-shifting

$$x\,(n)\leftrightarrow c_k \Rightarrow x\,(n-n_0)\leftrightarrow c_k\exp\left(-j\dfrac{2\pi kn_0}{N}\right) \tag{30}$$

觀念提示： *1.* 時間延遲只改變相位頻譜，振幅頻譜並不受影響。

2. 若 $n_0=N$，則連相位頻譜亦不變。換言之位移 n_0 與位移 n_0+mN 無法區別。

(2) Circular convolution

$$\begin{cases}x_1(n)\leftrightarrow a_k\\x_2(n)\leftrightarrow b_k\end{cases}\Rightarrow x_1(n)\otimes x_2(n)\leftrightarrow Na_kb_k \tag{31}$$

Time domain convolution is equivalent to frequency domain multiplication.

(3) Parseval's theorem

$$P_x=\dfrac{1}{N}\sum_{n=0}^{N-1}|x(n)|^2=\sum_{k=0}^{N-1}|c_k|^2 \tag{32}$$

2. Discrete-time Fourier Transform (DTFT)：離散、非週期序列之頻域表示法

非週期序列可被視為一週期序列，其週期 $N \to \infty$。由(29)中令 $N \to \infty$，可得

(1) $c_k \to 0$

(2) c_k comes closer

(3) $N c_k$ remains finite

令 $\omega = \dfrac{2\pi k}{N}$, $X(\omega) = N c_k$，則有

$$X(\omega) = \sum_{n=-\infty}^{\infty} x(n) \exp(-j\omega n) \tag{33}$$

觀念提示： 1. 由(33)，可得，$X(\omega) = X(\omega + 2\pi)$，故非週期序列之頻譜每隔 2π 重複一次。

2. For real-valued $x(n)$, $X(-\omega) = X^*(\omega)$.

3. $\displaystyle\int_{0}^{2\pi} \exp(-j\omega n) \exp(j\omega n)\, d\omega = \begin{cases} 2\pi \; ; \; m = n \\ 0 \; ; \; m \neq n \end{cases}$ $\tag{34}$

由(33), (34)可得

$$x(n) = \frac{1}{2\pi} \int_{2\pi} X(\omega) \exp(j\omega n)\, d\omega \tag{35}$$

(33)與(35)分別為離散時間 Fourier 轉換（DTFT）與逆轉換（IDTFT）

DTFT 之重要性質

(1) Time-shifting

$$x(n) \leftrightarrow X(\omega) \Rightarrow x(n - n_0) \leftrightarrow X(\omega) \exp(-j\omega n_0) \tag{36}$$

A shift in the time domain corresponds to the phase shifting in the frequency domain.

(2) frequency -shifting

$$x(n) \leftrightarrow X(\omega) \Rightarrow x(n) \exp(j\omega_0 n) \leftrightarrow X(\omega - \omega_0) \tag{37}$$

(3) Convolution

$$\begin{cases} x_1(n) \leftrightarrow X_1(\omega) \\ x_2(n) \leftrightarrow X_2(\omega) \end{cases} \Rightarrow x_1(n) * x_2(n) \leftrightarrow X_1(\omega) X_2(\omega) \tag{38}$$

Time domain convolution is equivalent to frequency domain multiplication.

(4) Parseval's theorem

$$E_x = \sum_{n=-\infty}^{\infty} |x(n)|^2 = \frac{1}{2\pi} \int_0^{2\pi} |X(\omega)|^2 d\omega \tag{39}$$

例題 21：求單向指數波 $x[n] = a^n u(n)$ 之 DTFT？其中 $|a| < 1$

解

$$X(\omega) = \sum_{n=-\infty}^{\infty} x[n]e^{-j\omega n} = \sum_{n=-\infty}^{\infty} a^n u[n]e^{-j\omega n} = \sum_{n=0}^{\infty} a^n e^{-j\omega n} = \sum_{n=0}^{\infty} (ae^{-j\omega})^n$$

$$= \frac{1}{1 - ae^{-j\omega}} \, \circ$$

例題 22：求雙向指數波 $x[n] = a^{|n|}$ 之 DTFT？其中 $|a| < 1$

解

$$X(\omega) = \sum_{n=-\infty}^{\infty} x[n]e^{-j\omega n} = \sum_{n=-\infty}^{-1} a^{-n} e^{-j\omega n} + \sum_{n=0}^{\infty} a^n e^{-j\omega n}$$

$$= \sum_{n=-1}^{-\infty} (ae^{j\omega})^{-n} + \sum_{n=0}^{\infty} (ae^{-j\omega})^n = \sum_{m=1}^{\infty} (ae^{j\omega})^m + \sum_{n=0}^{\infty} (ae^{-j\omega})^n$$

$$= \frac{ae^{j\omega}}{1 - ae^{j\omega}} + \frac{1}{1 - ae^{-j\omega}} = \frac{1 - a^2}{1 - 2a\cos\omega + a^2} \, \circ$$

例題 23：求 $x[n] = \delta[6 - 2n] + \delta[6 + 2n]$ 之 DTFT？

解

$$x[n] = \delta[6 - 2n] + \delta[6 + 2n] = \delta[2n - 6] + \delta[2n + 6] = \frac{1}{2}\{\delta[n - 3] + \delta[n + 3]\}$$

$$X(\omega) = \sum_{n=-\infty}^{\infty} x[n]e^{-j\omega n} = \sum_{n=-\infty}^{\infty} \frac{1}{2}\{\delta[n - 3] + \delta[n + 3]\} e^{-j\omega n}$$

$$= \frac{1}{2}\{e^{-3j\omega} + e^{3j\omega}\} = \cos(3\omega) \, \circ$$

例題 24：Find the frequency and impulse responses (using DTFT) of the following discrete-time system

(1) $y(n - 2) + 5y(n - 1) + 6y(n) = 8x(n - 1) + 18x(n)$

(2) $y(n - 2) - 9y(n - 1) + 20y(n) = 100x(n) - 23x(n - 1)$ 【97 暨南電機】

解

$$(1)H(\omega)=\frac{18+18e^{-j\omega}}{6+5e^{-j\omega}+e^{-j2\omega}}=\frac{2}{2+e^{-j\omega}}+\frac{6}{3+e^{-j\omega}}$$

$$=\frac{1}{1+\frac{1}{2}e^{-j\omega}}+\frac{2}{1+\frac{1}{3}e^{-j\omega}}$$

$$\Rightarrow h(n)=\left(-\frac{1}{2}\right)^n u(n)+2\left(-\frac{1}{3}\right)^n u(n)$$

$$(2)H(\omega)=\frac{100-23e^{-j\omega}}{20-9e^{-j\omega}+e^{-j2\omega}}=\frac{8}{4-e^{-j\omega}}+\frac{15}{5-e^{-j\omega}}$$

$$=\frac{1}{1-\frac{1}{4}e^{-j\omega}}+\frac{3}{1-\frac{1}{5}e^{-j\omega}}$$

$$\Rightarrow h(n)=2\left(\frac{1}{4}\right)^n u(n)+3\left(\frac{1}{5}\right)^n u(n)$$

例題 25：(1) Prove the Parseval's theorem of DTFT

(2) Using Parseval's theorem, evaluate the following integral

$$\int_0^\pi \frac{4}{5+4\cos\omega}\,d\omega$$

【98 清大電機】

解

$$(1)E_x=\sum_{n=-\infty}^{\infty}|x(n)|^2=\frac{1}{2\pi}\int_0^{2\pi}|X(\omega)|^2\,d\omega$$

$$(2)\int_0^\pi \frac{4}{5+4\cos\omega}\,d\omega=\frac{1}{2}\int_0^{2\pi}\frac{4}{5+4\cos\omega}\,d\omega$$

$$\frac{4}{5+4\cos\omega}=\frac{1}{1+a^2-2a\cos\omega}\Rightarrow a=-\frac{1}{2}$$

$$\therefore \frac{1}{2}\int_0^{2\pi}\frac{4}{5+4\cos\omega}\,d\omega=\frac{1}{2}\int_0^{2\pi}\left|\frac{1}{1+\frac{1}{2}e^{j\omega}}\right|^2 d\omega=\pi\sum_{-\infty}^{\infty}\left|\left(-\frac{1}{2}\right)^n u(n)\right|^2$$

$$=\frac{4}{3}\pi$$

---

3. 離散 Fourier 轉換（DFT）：離散、非週期、有限長度序列之頻域表示法

一有限長度時間序列可被視為週期序列中之一段。此與第七章中全幅展開式之觀念相同。故 DFT 之分析與合成方程式可由 DFS 延伸得到，表示如下：

$$X(k)=\sum_{n=0}^{N-1}x(n)\exp\left(-j\frac{2k\pi n}{N}\right)(\text{DFT}) \tag{40}$$

$$x(n) = \frac{1}{N}\sum_{k=0}^{N-1} X(k) \exp\left(-j\frac{2k\pi n}{N}\right)(\text{IDFT}) \tag{41}$$

觀念提示： *1.* DTFT 可應用於任意長度序列，而 DFT 只可應用於有限長度。

2. DFT 與 *Z*-transform 之關係

Recall from the *Z*-transform of *x(n)*

$$X(z) = \sum_{n=0}^{N-1} x(n)z^{-n} \tag{42}$$

其中 $z = e^{sT} = e^{(\sigma+j\omega)T}$. If $\sigma = 0$, then Z-transform is evaluated on unit circle. Compare (40) with (42), DFT corresponds to the Z-transform evaluated at *N* equally-spaced points on the unit circle in *z*-plane.

3. DFT 與 DTFT 之關係

Recall from the DTFT of *x(n)*

$$X(\omega) = \sum_{n=0}^{N-1} x(n)\exp(-j\omega n) \tag{43}$$

If $X(\omega)$ is sampled at *N* equally-spaced frequencies within its period 2π,

$$\omega_k = \frac{2\pi k}{N}; k = 0, 1, \cdots, N-1$$

or

$$X(k) = X(\omega)\Big|_{\omega = \frac{2\pi k}{N}} \tag{44}$$

此與(40)相同，故 DFT 即為 DTFT 在週期 2π 內，等間隔取樣 *N* 點後之結果

DFT 之性質

Let $X(k)$ be the *N*-point DFT of *x(n)*, then

(1) Periodicity

$x(n+N) = x(n) \quad \forall n$

$X(k+N) = X(n) \quad \forall k$

(2) Time-shifting

$$x(n) \leftrightarrow X(k) \Rightarrow x(n-n_0) \leftrightarrow X(k)\exp\left(-j\frac{2\pi kn_0}{N}\right) \tag{45}$$

A shift in the time domain corresponds to the phase shifting in the frequency domain.

(3) Frequency-shifting

$$x(n) \leftrightarrow X(k) \Rightarrow x(n) \exp\left(j\frac{2\pi ln}{N}\right) \leftrightarrow X(k-l) \tag{46}$$

(4) Circular convolution

$$\begin{cases} x_1(n) \leftrightarrow X_1(k) \\ x_2(n) \leftrightarrow X_2(k) \end{cases} \Rightarrow x_1(n) \otimes x_2(n) \leftrightarrow X_1(k)X_2(k) \tag{47}$$

Time domain circular convolution is equivalent to frequency domain multiplication.

(5) Multiplication of two sequences

$$\begin{cases} x_1(n) \leftrightarrow X_1(k) \\ x_2(n) \leftrightarrow X_2(k) \end{cases} \Rightarrow x_1(n)x_2(n) \leftrightarrow \frac{1}{N}X_1(k) \otimes X_2(k) \tag{48}$$

(6) Parseval's theorem

$$E_x = \sum_{n=0}^{N-1} |x(n)|^2 = \frac{1}{N}\sum_{k=0}^{N-1} |X(k)|^2 \tag{49}$$

例題 26：A N-sample signal $x(n)$ has the DFT $X(k)$. Write down expressions for the DFTs of signals:

(1) $2x(n)+x(n-2)$ (2) $x(n)x(n-1)$

(1) $X(k)\left[2 + \exp\left(-j\frac{4\pi k}{N}\right)\right]$

(2) $\frac{1}{N}\left[X(k) \otimes X(k)\exp\left(-j\frac{2\pi k}{N}\right)\right] = \frac{1}{N}\sum_{m=0}^{N-1} X(m)X(k-m)$

     $\exp\left(-j\frac{2\pi(k-m)}{N}\right)$

19-5　線性非時變系統的頻域表示法

定義：頻率響應（轉移函數）

若一 LTI 系統之脈衝響應為 $h(n)$，則其頻率響應即為對 $h(n)$ 取 DTFT

$$H(\omega) = \sum_{n=-\infty}^{\infty} h(n)\exp(-j\omega n) \tag{50}$$

觀念提示： *1.* LTI 系統對於複指數（complex exponential）輸入之響應

$$
\begin{aligned}
y(n) &= h(n) * \exp(j\omega_0 n) = \sum_{k=-\infty}^{\infty} h(k)\exp(j\omega_0(n-k)) \\
&= \left[\sum_{k=-\infty}^{\infty} h(k)\exp(-j\omega_0 k) \right] \exp(j\omega_0 n) \\
&= H(\omega_0)\exp(j\omega_0 n)
\end{aligned}
\tag{51}
$$

The response of a LTI system to a complex exponential is a complex exponential with the same frequency and a change in amplitude and phase.

2.差分方程式之轉移函數

Consider the discrete-time LTI system with input-output relationship

$$y(n) = \sum_{m=0}^{M} b_m x(n-m) - \sum_{i=1}^{N} a_l y(n-l) \tag{52}$$

Taking DTFT on both sides of (52)，可得

$$H(\omega) = \frac{Y(\omega)}{X(\omega)} = \frac{\sum_{m=0}^{M} b_m(-j\omega m)}{1 + \sum_{l=1}^{N} a_l \exp(-j\omega l)} \tag{53}$$

其中 $\begin{cases} |Y(\omega)| = |H(\omega)||X(\omega)| \\ \angle Y(\omega) = \angle H(\omega) + \angle X(\omega) \end{cases}$ \hfill (54)

例題 27：A LTI system has IR

$$h(n) = 3\left(\frac{1}{2}\right)^n u(n)$$

Use the DTFT to find the output of this system when the input is

$$x(n) = \left(\frac{1}{5}\right)^{n-2} u(n-2) \qquad \text{【97 中央電機】}$$

$$H(\omega) = \frac{3}{1 - \frac{1}{2}e^{-j\omega}}, \quad X(\omega) = \frac{e^{-j2\omega}}{1 - \frac{1}{5}e^{-j\omega}} \Rightarrow$$

$$Y(\omega) = H(\omega)X(\omega) = \frac{-2e^{-j2\omega}}{1 - \frac{1}{5}e^{-j\omega}} + \frac{5e^{-j2\omega}}{1 - \frac{1}{2}e^{-j\omega}}$$

$$\Rightarrow y(n) = -\left(\frac{1}{5}\right)^{n-2} u\,(n-2) + \left(\frac{1}{5}\right)^{n-2} u\,(n-2)$$

例題 28：A discrete-time signal $x(n)$ has the following properties:

(1)$x(n)$ is real and odd

(2)$x(n)$ is periodic with period $N = 6$

(3)$\frac{1}{N} \sum_{n=\langle N \rangle} |x\,(n)^2| = 10$

(4)$\sum_{n=\langle N \rangle} (-1)^{\frac{\pi}{3}} x(n) = 6j$

(5)$x(1) > 0$

Find an expression of $x(n)$ in the form of sines and cosines.【99 台大電信】

$$x(n) = \sum_{k=0}^{N-1} c_k \exp\left(j\frac{2k\pi n}{N}\right)\text{(synthesis equation)}$$

$$c_k = \frac{1}{N} \sum_{n=0}^{N-1} x(n)\exp\left(-j\frac{2k\pi n}{N}\right)\text{(analysis equation)}$$

$x(n)$ is odd, then c_k is odd and pure imaginary, $x(n)$ is Fourier sine series

$$c_{-k} = -c_k, \; c_k = c_{k+6} \Rightarrow c_0 = 0, \; c_3 = 0, \; c_2 = -c_4, \; c_1 = -c_5$$

$$\sum_{n=\langle N \rangle} (-1)^{\frac{\pi}{3}} x(n) = \sum_{n=\langle N \rangle} (e^{-j\pi})^{\frac{\pi}{3}} x(n) = \sum_{n=\langle N \rangle} e^{-j\frac{n\pi}{3}} x(n) = 6j$$

$$\Rightarrow c_1 = \frac{1}{6} \sum_{n=\langle N \rangle} e^{-j\frac{2n\pi}{6}} x(n) = j = -c_{-1} = -c_5$$

$$\frac{1}{N} \sum_{n=\langle N \rangle} |x(n)|^2 = \sum_{n=\langle N \rangle} |c_k|^2 = 0 + 1 + |c_2|^2 + 0 + |c_4|^2 + 1 = 2 + 2|c_2|^2 = 10 \Rightarrow c_2 = \pm 2j$$

$$x(1) = \sum_{k=0}^{5} c_k \exp\left(j\frac{k\pi}{3}\right)$$

$$= j\left(\exp\left(j\frac{\pi}{3}\right) - \exp\left(j\frac{5\pi}{3}\right)\right) + c_2\left(\exp\left(j\frac{2\pi}{3}\right) - \exp\left(j\frac{4\pi}{3}\right)\right)$$

$$= -2\sin\frac{\pi}{3} + 2jc_2\sin\frac{2\pi}{3} = \sqrt{3}\,(jc_2 - 1) > 0$$

$$\Rightarrow c_2 = -2\,j$$

$$\therefore x(n) = \sum_{k=0}^{5} c_k \exp\left(j\frac{2k\pi n}{6}\right) = -2\sin\frac{n\pi}{3} + 4\sin\frac{2n\pi}{3}$$

綜合練習

1. For the discrete - time system given by: $y(n)+1.5y(n-1)+0.5y(n-2)=x(n)-x(n-1)$

   Where the input is the unit - step function

   (1) compute $y(n)$ for $n=0, 1, 2, 3$ given that $y(-2)=1, y(-1)=2$

   (2) Find $Y(z)$

   (3) Find $y(n)$(express it in closed form) by taking inverse z-transform of $Y(z)$　　　　【98 台科大電機】

2. Find the Z transform of the signal $x(n)=(-0.5)^n u(n)$, indicate the region of convergence (ROC).

3. Find the difference equation that matches the transfer function.

   $$H(z)=\frac{z}{(2z-1)(4z-1)}$$

4. Find the inverse z transform of

   $$H(z)=\frac{0.5}{z(z-1)(z-0.6)}$$

5. The difference equation for a filter is

   $$y(n)+0.8y(n-1)-0.9y(n-2)=x(n-2)$$

   Is the filter stable? Why?

6. A filter has the transfer function

   $$H(z)=\frac{2}{1+0.4z^{-1}}$$

   (1) Find the pole-zero plot for the filter. Is this filter stable?

   (2) Find the impulse response of the filter.

   (3) Find the step response of the filter.

7. Explain:

   (1) The distinction between the DFS and DFT

   (2) The distinction between the DTFT and DFT

8. For the following system

   $$h(n)=10\left(\frac{-1}{2}\right)^n u(n)-9\left(\frac{-1}{4}\right)^n u(n)$$

   Which of the following statements is (are) correct?

   (1) this system is a causal and stable system

   (2) this system cannot be a causal and stable system

   (3) Its inverse system is a causal and stable system

   (4) Its inverse system cannot be a causal and stable system　　　　【98 清大電機】

9. Sketch the following discrete-time signals

   (1) $-u(n-3)$　　(2) $u(n+1)\delta(n-1)$　　(3) $3u(n+2)-u(3-n)$

10. Two DSP systems having unit-impulse responses of $\{0.5, 2, 1\}$ and $\{2, 2, 1, -1\}$

    (a) If the two DSP systems are connected in series, determine the output sequence for the digital input sequence $\{-1, 1\}$

    (b) Repeat (a) with the two DSP systems connected in parallel.

11. A discrete-time signal is given by $x(n) = a^n u(n) - b^{2n} u(-n-1)$

    Find the bilateral z-transform and ROC 【97 台大電信】

12. A FIR DSP system is characterized by the difference equation

    $y(n) = 0.2x(n) - 0.5x(n-2) + 0.4x(n-3)$

    Given that the digital input sequence $\{-1, 1, 0, -1\}$ is applied to this DSP system, determine the corresponding digital output sequence.

13. Find the impulse response, $h[n]$, of the discrete time causal LTI system described by the following difference equation. $y[n] - \frac{1}{3}y[n-2] = x[n]$ 【北科大資工】

14. True/False question:

    (a)A discrete-time system with transfer function $\frac{z^3}{(z+1)^2}$ is non-causal.

    (b)A discrete-time system described by $y(n+2) - 1.7y(n+1) + 0.6y(n) = x(n)$ is stable.

    (c)The imaginary part of the Fourier transform of an imaginary-valued signal has even symmetry.

    (d)The Nyquist sampling rate of $x(t) = \frac{\sin(0.5\pi t)}{\pi t}$ is 2 Hz.

    (e)$\int_{-\infty}^{\infty} \delta(v-2)(t-v)^3 dv = (t-2)^3$, where $\delta(t)$ is the impulse function. 【92 交大電子乙】

15. Consider a system which is a cascade of two linear time-invariant (LTI) systems.

    (a)Let the first LTI system have the input-output difference equation given by $y[n] = x[n] + \frac{5}{6}x[n-1]$ and the second LTI system have the system function $H_2(z) = 1 - 2z^{-1} + z^{-2}$. Find the system function of the overall cascade system.

    (b)Let the first LTI system be a general finite impulse response (FIR) filter. Determine the conditions on the system function $H_1(z)$ of first LTI system if $H_2(z)$ is to be a stable and causal inverse filter for $H_1(z)$. 【96 台大電信】

16. Consider a stable, discrete-time LTI system with the input-output relationship as shown in the following:

    $y[n-1] - \frac{10}{3}y[n] + y[n+1] = x[n]$,

    where $x[n]$ and $y[n]$ are the input and output sequences respectively. Find the unit impulse response $h[n]$ of the system. 【99 台大電信】

17. Consider a discrete-time system described by the block diagram below, where "D" denotes the unit delay.

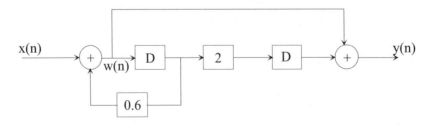

    (1) Find the transfer function $H(z) = \frac{Y(z)}{X(z)}$. (Show derivation clearly)

    (2) Is the system stable and why?

    (3) Given $x[n]$, $n = -\infty, \cdots, \infty$, if we want to compute the output $y[n]$ starting from $n = 0$, what is the minimum condition of this system we need to know? 【93 交大電子乙】

18. Consider the discrete-time signal $x[n] = a^n u[n]$, $|a| < 1$ and $u[n]$ is the unit step function. Find the Fourier transform $X(e^{j\omega})$ of $x[n]$, and plot $|X(e^{j\omega})|$ for $a > 0$ and $a < 0$. 【92 暨南電機】

19. Prove that a discrete non-recursive (FIR) filter has zero phase, if its impulse response is real and even.

【87 台大】

20. Consider the Z-transform $X(z) = \dfrac{2 - \dfrac{5}{2}z^{-1}}{\left(1 - \dfrac{1}{2}z^{-1}\right)(1 - 2z^{-1})}$.

Find out the corresponding time domain signal $x[n]$ if the region of convergence is

(a)$|z| > 2$ (b)$\dfrac{1}{2} < |z| < 2$ (c)$|z| < \dfrac{1}{2}$. 【92 暨南電機】

21. Find the inverse z-transform of $X(z) = \dfrac{16z^2 - 4z + 1}{8z^2 + 2z - 1}$ with ROC $|z| > \dfrac{1}{2}$. 【92 交大電資】

22. In this problem, we consider that a discrete-time signal $s(n) = 1$ for $n = 0, 1, 2, \cdots$ and $= 0$ for $n < 0$, is processed by a linear system with the impulse response given by $h(n) = \alpha^n$ for $n = 0, 1, 2, \cdots$ and $= 0$ for $n < 0$.

(a)Find the signal $y(n)$ at the output of the linear system.

(b)Find the region of convergence of $y(n)$. 【91 台大電信】

23. Let the difference equation of a system be $y[n] + \dfrac{1}{4}y[n-1] - \dfrac{3}{8}y[n-2] = -x[n] + 2x[n-1]$

(a)Determine the transfer function of the system.

(b)Determine the impulse response of the system. 【92 交大電資】

24. Consider the system as shown in Figure.

(a)Write down a difference equation relation $y[n]$ and $x[n]$.

(b)Write down the transfer function $H[z]$ for the system and draw the pole-zero plot.

(c)Is this system stable? 【92 暨南電機】

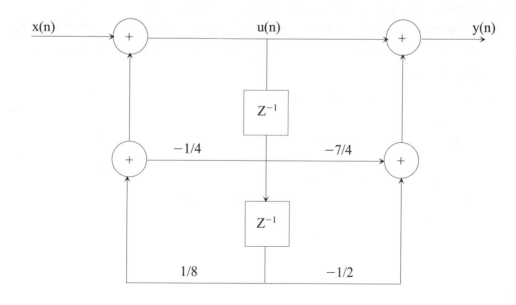

25. Consider a causal linear-time invariant system whose input $x[n]$ and output $y[n]$ are related through the block diagram representation shown below:

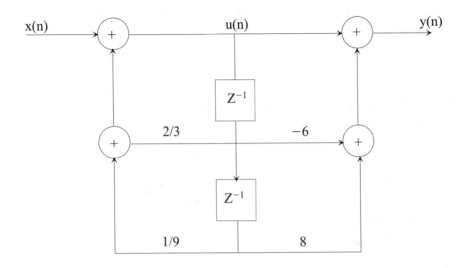

(a)Determine a difference equation relating $y[n]$ and $x[n]$.

(b)Find poles and zeros of the system function $H(z) = \dfrac{Y(z)}{X(z)}$, with $X(z)$ and $Y(z)$ being the z-transform of $x[n]$ and $y[n]$, respectively.

(c) Is this system stable? Why?　　　　　　　　　　　　　　【89 台大電信】

26. Consider the discrete-time system given by the input/output difference equation

$y[n] - 0.4y[n-1] = x[n]$

(a)Find the unit-pulse response $h[n]$. (Express your answer in closed form)

(b)Find the unit-step response $g[n]$. (Express your answer in closed form)　　　【90 台科大電機乙】

27. Consider the first-order discrete-time causal linear time-invariant system described by the difference equation $y[n] - \dfrac{1}{2}y[n-1] = x[n]$.

(a)Find the frequency response of this system.

(b)Find and plot the impulse response of this system.

(c)Find and plot the step response of this system.　　　　　　【89 台大電信】

28. (a)Find the transfer function of the system described by the block diagram as shown below

(b)Draw the pole-zero plot of the system given in (a).

(c)When is the system given in (a) linear? Time-invariant? Causal? Stable? Why?

(d)Draw the region of convergence for the system given in (a).　　　【87 台大】

29. Let the difference equation of a system be $y[n] + \frac{1}{4}y[n-1] - \frac{3}{8}y[n-2] = -x[n] + 2x[n-1]$

   (1) Determine the transfer function of the system.

   (2) Determine the impulse response of the system. 【92 交大電資】

30. A system is a cascade of two subsystems. The impulses response of the two subsystems are $h_1[n] = \delta[n] - \delta[n-1] + 2\delta[n-2] - \delta[n-3]$ and $h_2[n] = -\delta[n-1] + 2\delta[n-2] + \delta[n-3]$ where $\delta[n]$ is the unit impulse function. Find the impulse response of the system. 【92 交大電資】

31. For the system $H(\omega) = 1 + e^{-j\omega}$ and the input $x(n) = 2 + 2\sin\left(\frac{n\pi}{2}\right)$, find the output $y(n)$. 【98 台科大電機】

32. $y[n] = x[n] + \alpha x[n-k]$

   (1) Determine $r_{yy}(l)$ in terms of $r_{xx}(l)$, α, k

   (2) Can we obtain α, k by observing $r_{yy}(l)$?

33. Consider a discrete-time LTI system with IR $h(n)$. Which of the following statements is (are) correct?

   (1) If the system is causal, then it has memory.

   (2) If $h(n)$ is a right-sided sequence, then it is causal.

   (3) A necessary and sufficient condition for the system to be stable is that h(n) is absolutely summable

   (4) If $h(n) = u(n)$, then the system is invertible. 【98 清大電機】

參考資料

1.　Donald Trim, *Calculus for Engineers*, 4th edition, Pearson Prentice Hall 2008.

2.　M. D. Greenberg and A. H. Haddad, *Advanced Engineering Mathematics*, Pearson Prentice Hall 2010.

3.　M. C. Potter, J. L. Goldberg and E. F. Aboufadel, *Advanced Engineering Mathematics*, 3rd edition, Oxford University Press 2005.

4.　Erwin Kreyszig, *Advanced Engineering Mathematics*, 8th edition, John Wiley & Sons Inc. 1999.

5.　P. V. O'neil, *Advanced Engineering Mathematics*, 3rd edition, Wadsworth Inc. 1991.

6.　J. H. Mathews and R. W. Howell, *Complex Analysis for Mathematics and Engineering*, 4th edition, Johns and Bartlett 2001.

7.　R. V. Churchill and J. W. Brown, *Complex Variables and Applications*, 5th edition McGRAW-HILL 1990.

8.　程隽，高等工程數學，文笙書局

9.　劉明昌，工程數學學習要訣，文笙書局

10.　研究所歷屆工程數學科考題

理工推薦熱賣：
必備精選書目

儀器分析原理與應用

作　者　施正雄
國家教育研究院主編
ＩＳＢＮ　978-957-11-6907-1
書　號　5BE9
定　價　1000元

　　本書共二十七章，除第一章儀器原理導論外，其他各章概分六大單元，包括一般儀器分析所含之光譜／質譜、層析及電化學等三主要單元及特別加強介紹的「微電腦界面」、「電子／原子顯微鏡」／「放射（含核醫）及生化（含感測器及生化晶片）／環境和熱分析」等三單元。

光學與光電導論

作　者　林清富
ＩＳＢＮ　978-957-11-6830-2
書　號　5DF1
定　價　480元

　　本書主要做為光學與光電知識的入門書籍，以深入淺出的方式，探討光學與光電領域的一些基本原理和相關應用，可做為入門課程的教科書，也可應用到研究工作上。內容從光的研究歷史談起，接著討論光對現代科技的影響。再來就從幾何光學、波動光學、光子等角度探究光的特性和相關原理，之後深入探討光與物質的交互作用，包括有不具能量交換和具能量交換的交互作用，然後探討運用這些原理所製作的各類光學元件、光電元件以及光電系統等等，包括有透鏡、光柵、照明光源、發光二極體、雷射、顯示器、數位相機、太陽能電池、光通訊系統等等。希望此書可以讓讀者一窺光學與光電領域的全貌，也能夠為讀者奠立良好的光學與光電基礎。

線性代數—基礎與應用

作　　者	武維疆
ＩＳＢＮ	978-957-11-6898-2
書　　號	5BG0
定　　價	450元

ＩＳＢＮ　978-957-11-6898-2

本書特色

1. 定義嚴謹，論述完整而簡潔，注重觀念分析，適合作為大學線性代數之教科書，亦適合工程師及研究人員作為工具書。
2. 包含作者多年之教學心得，配合豐富多樣之例題說明，以及精彩之解題技巧，使讀者易學易懂。
3. 內容完整，由淺入深，包含大學生應具備之基礎知識以及研究生應具備之入門知識。
4. 完整收錄國內各大學相關系所研究所考古題，為有志升學者必備之工具書籍，並提供讀者正確之準備方向。

快速讀懂日文資訊（基礎篇）—科技、專利、新聞與時尚資訊

作　　者	汪昆立
ＩＳＢＮ	978-957-11-6262-1
書　　號	5A79
定　　價	420元

本書特色

　　日本的科技技術並不亞於歐美國家，甚至在某些方面更為超越，因此獲取其相關資訊，是了解最新科技發展技術與知識的最佳途徑。有感於日文對研究發展之重要性，本書匯整學習科技日文所需的相關知識，撰寫方式以非熟悉日文讀者為對象，由五十音、日文的電腦輸入與查詢、助詞的基本用法、動詞的基本變化、長句的解析、科技日文中常見的語法及用法等，作出系統整理；對於日本資訊抱持興趣、卻因看不懂坊間文法書而不得其門而入的讀者，藉由本書將有助短時間內學會如何看懂日文科技資訊，甚而進一步引發對語言的興趣，為一知識與實用兼具之日文學習書。

最佳課外閱讀：
閱讀科普系列

當快樂腳不再快樂
―認識全球暖化

作　者　汪中和
2013台積電盃―青年尬科學
競賽指定閱讀書籍
Ｉ Ｓ Ｂ Ｎ　978-957-11-6701-5
書　　號　5BF6
定　　價　240元

本書特色

　　是災難？還是全人類所要面對的共同危機或轉機？

　　台灣未來因氣候暖化，海平面不斷升高，蘭陽平原反而在下沉，一升一降加成的效應，使得蘭陽平原將成為台灣未來被淹沒最嚴重的區域，我們應該要正視這個嚴重的問題，及早最好完善的規劃。全書以深入淺出方式，期能喚醒大眾正視全球暖化議題，針對現階段台灣各地區可能會因全球暖化所造成的衝擊，提出因應辦法。

伴熊逐夢－台灣黑
熊與我的故事

作　者　楊吉宗
Ｉ Ｓ Ｂ Ｎ　978-957-11-6773-2
書　　號　5A81
定　　價　300元

本書特色

　　本書為親子共讀繪本，內文具豐富手繪插圖、全彩，並標示注音，除可由家長陪伴建立孩子對愛護動物及保育觀念，中、低年級孩童亦能自行閱讀。

　　作者以淺白易懂的文字，讓讀者皆能細細體會保育動物－台灣黑熊媽媽被人類馴化、黑熊寶寶的孕育，直至最後野化訓練。是為最貼近台灣黑熊的深情故事繪本。

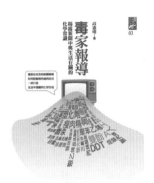

毒家報導－揭露新聞中與生活有關的化學常識

作　　者　高憲明
I S B N　978-957-11-6733-6
書　　號　5BF7
定　　價　380元

本書總共分成十個課題，藉由有機食品與有機化學之間的連結性，展開一趟結合近年來新聞報導相關的生活化學之旅，透過以輕鬆詼諧的口吻闡述生活及食品中重要的化學物質，尤其是對食品添加物潛藏的安全危機多所著墨，適用的讀者對象包含一般社會大眾及在學學生。

您不可不知道的幹細胞科技

作　　者　沈家寧、郭紘志、
　　　　　黃效民、謝清河、
　　　　　賴佳昀、吳孟容、
　　　　　張苡珊、蘇鴻麟、
　　　　　潘宏川、林欣榮、
　　　　　陳婉昕
I S B N　978-957-11-7043-5
書　　號　5P19
定　　價　320元

為了幫助大家能夠清楚了解幹細胞科技的內涵及發展現況，更為了釐清大家對幹細胞科技的誤解，並避免受到不肖業者的誤導欺騙，本書邀請國內實際從事幹細胞研究的學者及臨床醫師來撰寫本書，本書首先透過描述細胞的發現經過，來幫助大家了解幹細胞的特性；接下來進一步介紹目前了解最透徹的胚幹細胞、造血幹細胞及間葉幹細胞；再來藉由介紹過心臟與神經性疾病之細胞療法，讓大家了解幹細胞將如何被運用在修復病人受損的器官；最後將告訴大家幹細胞如何被保存以及幹細胞生技產業的發展趨勢，希望本書可以提供讀者對先端幹細胞科技初步的概念。

國家圖書館出版品預行編目資料

工程數學——基礎與應用／武維疆著. －－
初版.－－臺北市：五南, 2013.05
　　面；　公分
ISBN 978-957-11-7127-2（平裝）

1.工程數學

440.11　　　　　　　　　102008588

5BG5

工程數學——基礎與應用

作　　者 — 武維疆

發 行 人 — 楊榮川

總 編 輯 — 王翠華

主　　編 — 王正華

責任編輯 — 金明芬

封面設計 — 小小設計

出 版 者 — 五南圖書出版股份有限公司

地　　址：106台北市大安區和平東路二段339號4樓

電　　話：(02)2705-5066　　傳　真：(02)2706-6100

網　　址：http://www.wunan.com.tw

電子郵件：wunan@wunan.com.tw

劃撥帳號：01068953

戶　　名：五南圖書出版股份有限公司

台中市駐區辦公室／台中市中區中山路6號

電　　話：(04)2223-0891　　傳　真：(04)2223-3549

高雄市駐區辦公室／高雄市新興區中山一路290號

電　　話：(07)2358-702　　傳　真：(07)2350-236

法律顧問　林勝安律師事務所　林勝安律師

出版日期　2013年5月初版一刷

定　　價　新臺幣720元